复式箕状断陷地质特征与油气藏富集规律

——海拉尔—塔木察格盆地勘探理论与实践

蒙启安　李春柏　张晓东　等著

石油工业出版社

内 容 提 要

本书基于海拉尔—塔木察格盆地地层、构造、烃源岩等成藏主要要素，集中阐述了大地构造格局和地层格架、盆地沉积构造特征演化及原型盆地，系统介绍了复式箕状断陷地质特征、油气富集规律和勘探方向。

本书可供石油地质工作者、科研院所相关专业领域的研究人员及高校师生参考。

图书在版编目（CIP）数据

复式箕状断陷地质特征与油气藏富集规律：海
拉尔—塔木察格盆地勘探理论与实践 / 蒙启安等著 . —
北京：石油工业出版社，2024.4
　　ISBN 978-7-5183-6548-7

Ⅰ. ①复… Ⅱ. ①蒙… Ⅲ. ①断陷盆地 – 地质特征②
断陷盆地 – 油气勘探 Ⅳ. ① P618.130.8

中国国家版本馆 CIP 数据核字（2024）第 042663 号

出版发行：石油工业出版社
　　　　　（北京安定门外安华里 2 区 1 号　　100011）
　　　　　网　　址：www.petropub.com
　　　　　编辑部：（010）64523760
　　　　　图书营销中心：（010）64523633
经　　销：全国新华书店
印　　刷：北京中石油彩色印刷有限责任公司

2024 年 4 月第 1 版　2024 年 4 月第 1 次印刷
787×1092 毫米　开本：1/16　印张：25
字数：640 千字

定价：200.00 元

《复式箕状断陷地质特征与油气藏富集规律
——海拉尔—塔木察格盆地勘探理论与实践》

编 写 组

组　长：蒙启安

副组长：李春柏　　张晓东

成　员：吴海波　　万传彪　　李军辉　　王　雪

　　　　刘　赫　　彭　威　　王　江　　王国臣

序

海拉尔—塔木察格盆地横跨中国东北和蒙古东部，是目前中国发现并投入商业开发的唯一一个跨国界线的大型含油气沉积盆地，最高年产石油达到150万吨。对该区的地质调查研究可上溯至19世纪中叶，油气勘探调查始于20世纪50年代，油气突破发现已是80年代，并开始了规模性的油气勘探开发工作，由此中国又诞生了一个新的油田——海拉尔油田，蒙古依托百万吨级的塔木察格油田成为一个新的工业产油国。为在更宽、更广范围内参与国家"一带一路"建设，高质量推进能源资源国际合作，对其进行系统的总结和科学的研究，具有极为重要的意义。

本书作者及其团队，通过近30年来在海拉尔以及塔木察格盆地开展油气地质研究和勘探开发实践，从含油气性与复式断陷结构、裂陷作用方式密切相关的独特视角，将原型盆地研究作为切入点，深入分析、总结和提升，从成盆、成烃和成藏角度，系统阐述了地层沉积、盆地形成演化与控油规律、烃源岩与成藏模式以及勘探实践成果和启示。厘定了盆内基底、群组的时代和归属，解决了多年来盆内以及盆缘地层划分与对比争议难题；剖析了盆地结构与演化特征，提出了侏罗纪与白垩纪两期盆地与分布；揭示了原型盆地、断陷复式与叠加型式对烃源岩的控制作用，多期构造活动及演化对油藏的控制作用；构建了不同领域油气成藏新模式，明确了重点凹陷油气资源潜力和勘探方向；发展了断陷盆地复式油气成藏地质理论，指导了盆地油气勘探开发实践，特别是塔木察格油田的勘探开发，推动了中蒙两国石油事业的发展和人文交流，是中蒙两国合作具有标志性的工程。

值此海拉尔油田发现井——海参4井发现40周年之际，本书出版付梓，尤为值得称赞。2007年至2019年，我曾多次到该区及蒙古乌兰巴托进行现场调查研究和访问工作，我认为这是目前为止关于海拉尔—塔木察格盆地最系统、最全面的一部优秀专著。感谢大庆油田首席技术专家蒙启安及其团队，也希望有更多的研究者、实践者以此为基础，不断取得新进步、新成绩。

中国工程院院士 孙龙德

前　言

　　海拉尔—塔木察格盆地位于中国东北和蒙古东部，是叠置于兴—蒙古生代造山带—额尔古纳地块基底之上发育起来的中—新生代陆相断陷盆地，面积 $79610×10^4km^2$。盆地经历了长期的历史演化，沉积盖层厚达 4000~8000m，其中上三叠统—上侏罗统以火山碎屑岩沉积和火山岩为主，残余地层厚度和分布差异较大。下白垩统及以上地层为陆相碎屑岩地层，厚度为 3000~6000m。盆地纵向上主要发育 3 套烃源岩层系，其中 1 套上侏罗统和 2 套下白垩统。

　　海拉尔盆地的油气勘探工作始于 1958 年，可划分为 3 个大的勘探阶段，盆地区域勘探油气发现阶段（1958—1984 年）、构造油藏勘探突破阶段（1985—2000 年）、多类型油藏勘探增储和扩展阶段（2001 年至今）。以"源控论"为指导，以凹陷为勘探单元，按照地震先行、定凹选带、大构造背斜油藏模式坳陷找油的勘探思路，1984 年海参 4 井首次在海拉尔盆地获得日产 3t 以上的工业油流，标志着海拉尔油田的发现。勘探实践中逐步认识到断陷盆地的复杂性和近洼断裂构造带控油特点，由坳陷找油转变为断陷找油，以复式油气聚集（区）带勘探理论为指导，从断块区入手，寻找油气富集区，1995—2000 年实现产量的大突破，发现了呼和诺仁断鼻、苏仁诺尔断块和霍多莫尔断背斜油藏，打开了勘探局面。2001 年以后认识到盆地原型基本特征，构建了白垩纪盆地三期构造叠加及演化模式。转变勘探思路，由上部断坳构造层转到下部断陷构造层，发现了以贝 302 井高产高丰度断块和贝 16 井断块与潜山复合油藏为代表的呼和诺仁和苏德尔特油田。2005 年成功收购蒙古塔木察格盆地 3 个区块以后，开展盆地整体研究，揭示了盆地原型特征、复式箕状断陷湖盆地质和油气富集规律。转变勘探观念，提出了早期复式箕状断陷断裂构造带和洼槽—斜坡区是最有利的勘探突破区，发现了北部以海拉尔小次凹多类型、断块—岩性复合油藏为主的贝中油田、乌东油田和霍多莫尔油田，南部以塔木察格多次凹断裂构造带、主次凹转换斜坡带控油的复合油藏为主的塔南和南贝尔油田。此后，持续深化地质研究和技术攻关，提出了侏罗纪、白垩纪两期成盆，双源侧向供烃窗口的叠置区是侏罗纪盆地的油气有利聚集区带，实现了侏罗系勘探的突破，发现了全新的勘探领域。2001 年发现呼和诺仁油田，并于当年建产投入开发。2007 年海拉尔油田年产油超过 $50×10^4t$，2013 年以后海塔油田年产油超过 $100×10^4t$，最高年产油达到 $150×10^4t$，成为大庆油田外围原油稳产 $600×10^4t$ 以上重要的石油生产基地。

　　本书结合多年的地质研究和勘探实践，由地层、构造、沉积等基础地质研究入手，从成盆、成烃和成藏角度，以成藏主要要素为研究对象，进行系统的总结。对已发现主要油田进行了地质特征描述，总结了经验和启示，并对地震勘探方法与技术进行了论述，对不同物探技术在不同类勘探目标中的技术应用进行了总结。集中阐述了大地构造格局和地层层序、盆地沉积构造特征演化及原型盆地，系统研究了复式箕状断陷油气地质特征、富集规律和勘探方向。具体体现在：

（1）重新厘定了盆地地层序列，为盆地整体地质规律认识奠定了基础。在野外地质调查基础上，基于多重地层学理论，建立与完善了海拉尔—塔木察格盆地与盆缘地层的时代厘定和地层群组统层。提出盆地基底为前古生界、古生界和中生界三叠系上统，其沉积盖层为中生界侏罗系中上统、白垩系和新生界新近系及第四系。

（2）提出海拉尔—塔木察格盆地为一叠加在前古生界和古生界双重基底之上，由侏罗纪残留盆地和早白垩世伸展断陷及晚白垩世坳陷盆地组成。侏罗纪盆地下—中侏罗统为挤压型断陷—坳陷盆地，受到了后期构造的强烈改造。上侏罗统为陆内伸展环境下与火山活动相关的断陷盆地。白垩纪盆地经历早白垩世初期泛火山充填、早期伸展断陷、中晚期弱伸展（走滑）、抬升扭压变形转入晚白垩世坳陷盆地，末期构造反转变形及新生代构造运动的复杂构造演化历程，对油气成藏过程产生重要控制作用。

（3）提出白垩纪盆地沉积充填演化具有多幕式的特点，经历了初始裂陷期"窄盆浅水"—强烈裂陷期"窄盆深水"—坳陷期"广盆浅水"的盆地演化过程。构建了构造坡折带、构造转换带控砂的砂分散体系模式，沉积充填体系类型的差异性及砂分散体系样式造成不同的油气聚集特征，缓坡扇（辫状河）三角洲前缘砂体是形成规模油藏的决定性因素。

（4）揭示了盆地发育3套主要烃源岩层，下白垩统南屯组一段含钙泥岩段发育优质烃源岩是盆地主力生油层。藻类勃发是优质烃源岩形成的一个重要机制，构造沉降、沉积充填与湖平面升降有机耦合为优质烃源岩形成创造了条件。具有侧向连续、集中充注模式和复合型运聚模式，油气成藏时期主要为伊敏组沉积晚期至末期。

（5）揭示了盆地的沉积岩、火山—沉积碎屑岩、火山碎屑岩、火山岩和缝洞型变质岩多类型储层，各类储集空间多形成火山碎屑岩特有的储集空间组合。储层成岩演化主要受成岩环境、构造作用和火山岩的控制。富含火山碎屑岩储层次生孔隙发育，在深洼槽仍然发育有好储层。

（6）提出复式断陷的复合与叠加过程直接影响沉积盆地的油气成藏条件，揭示了原型盆地演化、断陷复式与叠加型式对烃源岩的控制作用，断裂构造活动对油气成藏和分布的控制作用。构建了主注槽供源、长轴扇体供砂、断层—斜坡控圈、多层油藏叠合的成藏模式，形成三种主要类型的复式油气聚集带。

（7）提出构造沉积演化控制着宏观上油气富集带和油气藏的分布规律。富烃主注槽内或边缘的断裂隆起带和缓坡带富油，复式箕状断陷洼槽—斜坡区聚油，是勘探的首选区带和目标，明确了重点凹陷油气资源潜力和勘探方向。

（8）针对复杂断陷盆地地震成像差的难点，形成了"四高、四精确、三小、二中、一宽、三措施"的复杂断陷盆地地震资料采集技术系列，发展了逆时叠前深度偏移、高分辨地震双向拓频处理技术和精细构造解释及储层预测技术，为复杂构造区目标识别、刻画和评价提供了保障。

基于海拉尔—塔木察格盆地地质研究与勘探生产实践的成果，揭示了复杂断陷盆地原型的地质特征与分布规律，发展了多期活动型复式箕状断陷油气成藏地质理论与地震勘探技术，指导了海拉尔—塔木察格盆地油气勘探部署，实现了领域发现、产量突破和规模效益增储建产并投入开发。

全书由蒙启安、李春柏和张晓东确定框架与提纲，并组织撰写。前言由蒙启安、李春柏撰写；第一章由万传彪撰写；第二章由李春柏撰写；第三章由李军辉、吴海波撰写；第四章王雪、蒙启安撰写；第五章由刘赫、张晓东、王国臣撰写；第六章由彭威、蒙启安、李春柏撰写；第七章由李春柏、蒙启安、彭威编写；第八章由王江、李春柏、张晓东撰写。最后由蒙启安、李春柏统稿定稿。

本书反映了近 20 年来有关海拉尔—塔木察格盆地的研究成果，是近年来将海拉尔盆地和塔木察格盆地作为统一的盆地整体研究比较全面、系统的一部专著。书中主要观点对复杂断陷盆地油气勘探也具有一定的借鉴作用。在编撰本书的过程中始终得到了大庆油田勘探开发研究院领导的支持和鼓励，勘探系统相关研究人员给予了热情帮助与支持，在此一并致谢。由于资料跨度时间较长、内容丰富，盆地又极为复杂，加之著者水平有限，难免存在疏漏之处，敬请读者批评指正。

目 录

CONTENTS

第一章　地层与岩石学特征

海拉尔—塔木察格盆地地处蒙古高原东部，属断陷群盆地，由21个断陷构成。盆地基底为前古生界、古生界和中生界三叠系上统，其沉积层为中生界侏罗系中上统、白垩系和新生界新近系及第四系。依据岩性、古生物、地震及同位素等资料与盆地周边地层对比，将海拉尔—塔木察格盆地地层系统自下而上划分为4个群、8个组，即，布达特群南平组（J_2np）、塔木兰沟组（$J_{2\text{-}3}tm$），兴安岭群铜钵庙组（K_1t）、南屯组（K_1n，分南一段、南二段），扎赉诺尔群大磨拐河组（K_1d，分大一段、大二段）、伊敏组（K_1y，分伊一段、伊二段、伊三段），贝尔湖群青元岗组（K_2q）、呼查山组（N_2h）和第四系（Q）。沉积盖层总厚度超过6000m，但在各断陷分布差异较大。上述地层各组间均有不同程度的沉积间断，而以铜钵庙组与塔木兰沟组之间，南屯组与铜钵庙组之间，大磨拐河组与南屯组之间，青元岗组与伊敏组之间的不整合接触最为明显。

第一节　地层研究沿革

海拉尔盆地地处东经115°30′~120°00′，北纬46°00′~49°00′，行政区划上位于内蒙古自治区呼伦贝尔市境内，东起伊敏河，西至呼伦湖西岸，北达海拉尔河以北，南端伸入蒙古境内，称为塔木察格盆地。海拉尔—塔木察格盆地是一个中—新生代陆相沉积盆地，盆地总面积79610km²，其中海拉尔盆地面积为44210km²（图1-1-1），塔木察格盆地面积为35400km²。

早在1865年起，就有中外地质工作者对海拉尔盆地及周边地区陆续开展地质调查工作[1]。据《海拉尔盆地白垩纪介形类》一书记载[1]，1919—1920年，Anderson曾对化德一带古近纪—新近纪做过考察，采集到一些哺乳动物化石。但呼伦贝尔盟境内没有化德这一地名，笔者认为Anderson考察的地点是内蒙古乌兰察布盟的化德县[2]。因此，对海拉尔地区地层系统建立有贡献的第一位学者应属侯德封先生，他将海拉尔盆地煤系地层命名为扎赉诺尔煤系（表1-1-1），时代定为古近纪—新近纪。此后地层工作者又陆续提出过几十种不同的地层划分意见，现将对研究区地层序列建立影响较大的研究工作介绍如下。

吉泽甫（1937年）将伊敏地区煤系地层命名为伊敏层，时代定为白垩纪。森田义人（1943年）将扎赉诺尔煤系时代定为晚白垩世。但刘国昌等（1951年）在大兴安岭、龙江和满洲里一带作地质调查时，仍认为扎赉诺尔煤系时代为古近纪—新近纪，并为侏罗纪煤系另创大磨拐河煤系一名。地质部103队（1953年）将煤系地层时代定为中侏罗世。中苏合作大兴安岭区测队（1956年），宁奇生等[3]（1959年），地质部第二普查大队（1961年）和斯行健等（1962年）先后在本区进行地质考察，对中生代做了较为详细的划分（表1-1-1）。地质部第二普查大队（1961年）在本区建立了贝尔湖群，自下而上划分为雪乡岗组、巴达图组和青元岗组，将扎赉诺尔群划分为北煤沟组、灵泉组和砂子山组。黑龙江省煤田地质公司 109 队和黑龙江省地质局水文地质工程队（1972—1974 年）建立新的地层层序，认为海拉尔盆地中生代发育三套火山岩、三套含煤层系，基性火山岩覆盖在中酸性火山岩之上，并将巴达图组和雪乡岗组并入伊敏组。伊敏煤田会战指挥部（1973 年）将煤系及相关地层自下而上划分为中酸性熔岩碎屑岩组、大磨拐河组和伊敏组。黑龙江煤田地质公司 109 队和沈阳地质矿产研究所联合组成的"大兴安岭区中生代地层专题组"（1974 年），提出新的地层划分方案，自下而上为上侏罗统兴安岭群龙江组、九峰山组和甘河组，上侏罗统—下白垩统扎赉诺尔群大磨拐河组和伊敏组。1974 年东北三省中生代地层会议总结了前人地层研究成果，建立了能为当时大多数科研单位及学者接受的统一地层系统（自下而上为中侏罗统；上侏罗统兴安岭群、大磨拐河组、伊敏组；上白垩统青元岗组），被《东北地区区域地层表黑龙江省分册》采纳 [4]，成为海拉尔盆地层研究者的经典，对本区后续的地层研究有重要的影响，可以看成是本区第一次规模、意义较大的地层研究总结。

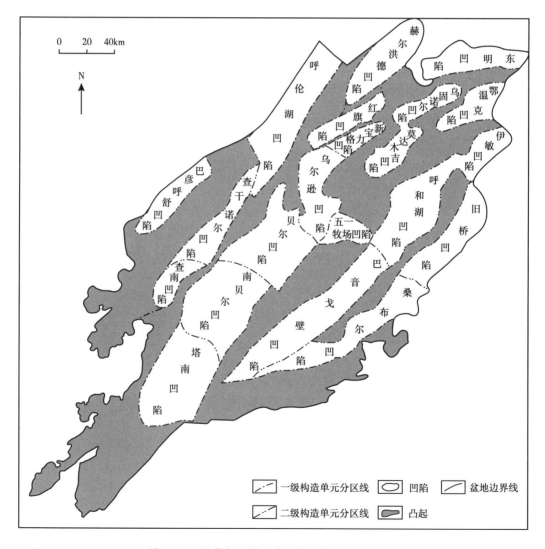

图 1-1-1　海拉尔—塔木察格盆地构造分区示意图

表1-1-1 海拉尔盆地地层划分对比主要意见沿革表

时代	侯德封(1932年)	宁奇生、唐克东等(1959年)	地质部第二普查队(1961年)	斯行健、周志炎(1962年)	伊敏煤田会战指挥部(1973年)	大兴安岭区中生代地层专题组*(1974年)	黑龙江省地层表(1979年)	张莹(1985年)
E			乌尔逊河组	未划分	略	未划分	呼查山组	未划分
K2	扎赉诺尔群	砂砾岩组	青元岗组				青元岗组	青元岗组
K1		上兴安岭火山岩组	巴达图组 / 雪乡岗组 / 砂子山组	上兴安岭群	伊敏组	伊敏组	缺失	呼伦组
		大磨拐河含煤组	灵泉组	扎赉诺尔群	大磨拐河组	大磨拐河组	伊敏组	伊敏组
J3	未划分	下兴安岭火山岩组	北湖沟组	下兴安岭群	中酸性熔岩碎屑岩	甘河组 / 九峰山组 / 龙江组	大磨拐河组 / 兴安岭群(甘河组)	大磨拐河组 / 贝尔组 / 兴安岭群
J1-2		砂砾岩组		中下侏罗统				
?	未划分		未划分		未划分	未划分	未划分	未划分

时代	王英民、王成善(1989年)	程学儒(1989年)	"统层会"(1990年)	内蒙古地矿局[地质志](1991年)	王成善等(1992年)	万传彪(1994年)[5-6]	内蒙古地矿局[地质志](1996年)	海拉尔盆地项目(2004年)	万传彪(2006年)
E	呼查山组	呼查山组	呼查山组	中新统	呼查山组	呼查山组 / 古新统	呼查山组 / 二连组	呼查山组 / 古新统	呼查山组 / 古新统
K2	青元岗组	青元岗组	青元岗组	青元岗组	青元岗组	青元岗组	伊敏组	青元岗组	青元岗组
K1	伊敏组	伊敏组	伊敏组	伊敏组	伊敏组	伊敏组	甘河组	伊敏组	伊敏组
	大磨拐河组	大磨拐河组	大磨拐河组	大磨拐河组	大磨拐河组	大磨拐河组	大磨拐河组	大磨拐河组	大磨拐河组 / 伊利克得组
	乌尔逊组	南屯组	南屯组	欧布河组	南屯组	南屯组	梅勒图组	南屯组	南屯组
		贝尔组	铜钵庙组	伊利克得组 / 上库力组	铜钵庙组	铜钵庙组	白音高老组 / 玛尼吐组	铜钵庙组	铜钵庙组
J3	兴安岭群	中基性火山岩段 / 火山岩夹煤岩段	中基性火山岩段 / 火山岩夹煤层段	木端组 / 七一牧场组 / 吉祥峰组	伊利克得组 / 上库力组 / 木端组	阿尔公组	满克头鄂博组	苏德尔特群	塔木兰沟组
J2		火山岩夹煤岩段 / 中酸性火山岩段	中酸性火山岩段	塔木兰沟组	塔木兰沟组		塔木兰沟组		火山碎屑岩组
J1				南平组 / 太平川组			万宝组		杂色砂砾岩组
?	未划分	未划分	布达特群	下侏罗统	布达特群	东宫组	红旗组	基底	深色砂砾岩组

注：*黑龙江煤田地质公司109队和沈阳地质矿产研究所联合组成的"大兴安岭区中生代地层专题组"。

　　东北煤田地质局 109 队（1987 年）依据扎赉诺尔群的古生物组合面貌及沉积旋回具三分性，将鄂温克凹陷南屯地区 81-33 孔、81-34 孔、86-5 孔的大磨拐河组下部命名为南屯组。1984—1990 年，大庆石油管理局在盆地内钻了几十口探井，系统揭示了盆地内部地层，原有的地层划分方案已经无法满足钻井地层划分对比的需要，因此，1990 年 4 月，大庆石油管理局邀请国内 14 个单位的 57 名地层方面的专家参加海拉尔盆地地层研讨会（以下简称"统层会"），总结了前人的地层研究成果，确立了一套新的地层划分对比方案，自下而上划分为前侏罗系布达特群，上侏罗统兴安岭群中酸性火山岩段、中基性火山岩夹煤段、中基性火山岩段，上侏罗统—下白垩统扎赉诺尔群铜钵庙组（分一段、二段、三段）、南屯组（分下段、上段）、大磨拐河组（分下段、上段）和伊敏组（分一段、二段、三段），白垩系—古近系—新近系贝尔湖群的晚白垩世青元岗组，古近系—新近系呼查山组，第四系。统层会将贝 1 井、贝 2 井、海参 2 井、海参 5 井钻遇的胶结坚硬的杂色砾岩，蚀变较重的轻微变质的火山岩、火山碎屑岩，蚀变和轻变质的砂砾岩，似砂状结构的火山碎屑岩笼统归到布达特群，没有选建群的标准剖面及上述四组岩性的上下关系，只是依据这四套岩性与盆地内及盆地外兴安岭群难以对比，与兴安岭群之下的中下侏罗统有相似之处，因此置于兴安岭群之下，称为布达特群。同时有人也认为该套地层是兴安岭群的同时异相，或者是基底地层。与会者一致认为需要今后进一步研究确定。并将当时已钻的 25 口探井进行统一地层划分对比，该方案在《大庆石油地质与开发》期刊（1990 年）上做了简要报道[5]。《中国石油地质志》第二卷[6]（上册，1993 年）采用了该方案。这次会议可以看成是本区第二次规模、意义较大的地层研究总结。

　　内蒙古地质矿产局经过多年的地层研究认为，在兴安岭东坡适用的兴安岭群划分方案，在兴安岭西坡和海拉尔盆地及邻区较难应用，提出将兴安岭群及下伏侏罗纪沉积划分为下侏罗统，中侏罗统太平川组和南平组，上侏罗统塔木兰沟组、吉祥峰组、七一牧场组、木瑞组、上库力组、伊利克得组和欧肯河组[2]。这之后，随着海拉尔盆地钻井数量的增加（至 2020 年底已超过 400 口井），与盆缘地层对比的资料增多，对地层划分方案又有新的认识。王成善等（1992 年）将海拉尔盆地地层自下而上划分为上三叠统布达特群，上侏罗统塔木兰沟组、木瑞组、上库力组、伊利克得组、铜钵庙组、南屯组，下白垩统大磨拐河组、伊敏组，上白垩统青元岗组，古近系—新近系呼查山组。万传彪等（1994 年）将海拉尔盆地地层自下而上划分为下侏罗统东宫组，下白垩统阿尔公组、铜钵庙组、南屯组、大磨拐河组、伊敏组、呼伦组，上白垩统青元岗组，呼查山组，第四系。内蒙古地质矿产局[7]（1996 年）将包括海拉尔盆地在内的兴安岭北—中段以西地区中生代自下而上划分为下侏罗统红旗组、中侏罗统万宝组、塔木兰沟组、土城子组，上侏罗统满克头鄂博组、玛尼吐组、白音高老组，下白垩统梅勒图组、大磨拐河组、甘河组、伊敏组，上白垩统二连组，古近系—新近系呼查山组及第四系。任延广、李春柏等（2004 年）将海拉尔盆地地层自下而上划分为前侏罗系基底，下白垩统苏德尔特组、铜钵庙组、南屯组、大磨拐河组、伊敏组，上白垩统青元岗组，古近系—新近系呼查山组，第四系，将前人的布达特群依据岩性一部分归为苏德尔特组及上部地层，一部分归为古生界基底。万传彪等（2006 年）依据钻井揭示的接触关系将布达特群自下而上细分为深色砂泥岩组、杂色砂泥岩组和火山碎屑岩组；依据铜钵庙组和南屯组岩性、古生物及同位素资料与兴安岭西坡的兴安岭群上库力组对比，将盆地内兴安岭群划分为塔木兰沟组（存疑归入）、铜钵庙组、南屯组和伊

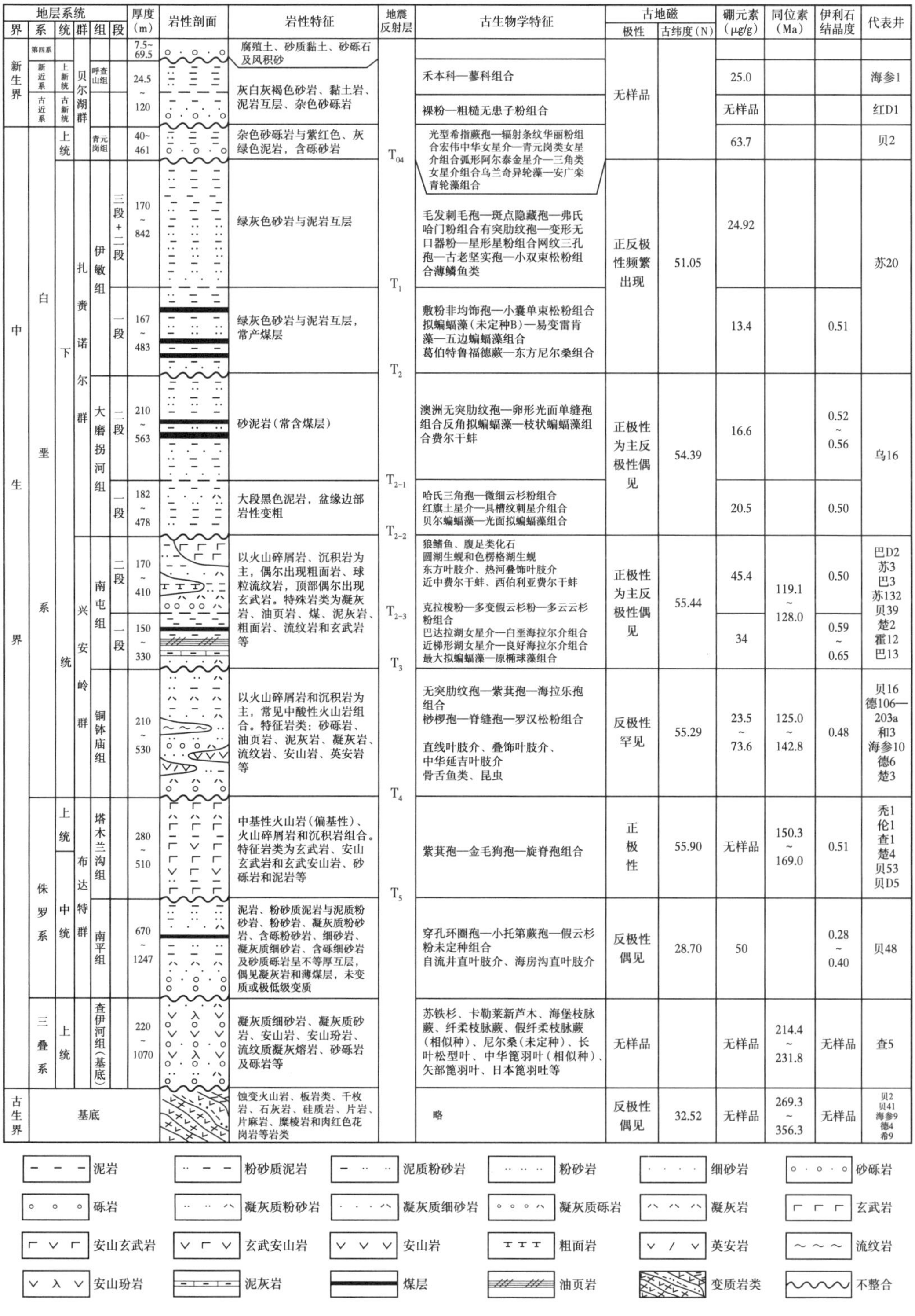
地层系统
界
系
统
群
组
段
厚度（m）
岩性剖面
岩性特征
地震反射层
古生物学特征
古地磁
极性
古纬度（N）
硼元素（μg/g）
同位素（Ma）
伊利石结晶度
代表井
新生界
第四系
7.5~69.5
腐殖土、砂质黏土、砂砾石及风积砂
新近系
上新统
贝尔湖群
呼查山组
24.5~120
灰白灰褐色砂岩、黏土岩、泥岩互层、杂色砂砾岩
禾本科—蓼科组合
无样品
25.0
海参1
古近系
古新统
裸粉—粗糙无患子粉组合
无样品
红D1
中生界
白垩系
上统
青元岗组
40~461
杂色砂砾岩与紫红色、灰绿色泥岩，含砾砂岩
T_{04}
光型希指蕨孢—辐射条纹华丽粉组合宏伟中华女星介—青元岗类女星介组合弧形阿尔泰金星介—三角类女星介组合乌兰奇异轮藻—安广栾青轮藻组合
63.7
贝2
下统
扎赉诺尔群
伊敏组
三段+二段
170~842
绿灰色砂岩与泥岩互层
毛发刺毛孢—斑点隐藏孢—弗氏哈门粉组合有突肋纹孢—变形无口器粉—星形星粉组合网纹三孔孢—古老坚实孢—小双束松粉组合薄鳞鱼类
正反极性频繁出现
51.05
24.92
苏20
T_1
一段
167~483
绿灰色砂岩与泥岩互层，常产煤层
敷粉非均饰孢—小囊单束松粉组合拟蝙蝠藻（未定种B）—易变雷肯藻—五边蝙蝠藻组合
葛伯特鲁福德蕨—东方尼尔桑组合
13.4
0.51
T_2
大磨拐河组
二段
210~563
砂泥岩（常含煤层）
澳洲无突肋纹孢—卵形光面单缝孢组合反角拟蝙蝠藻—枝状蝙蝠藻组合费尔干蚌
正极性为主反极性偶见
54.39
16.6
0.52~0.56
乌16
T_{2-1}
一段
182~478
大段黑色泥岩，盆缘边部岩性变粗
哈氏三角孢—微细云杉粉组合
红旗土星介—具槽纹刺星介组合
贝尔蝙蝠藻—光面拟蝙蝠藻组合
20.5
0.50
T_{2-2}
兴安岭群
南屯组
二段
170~410
以火山碎屑岩、沉积岩为主，偶尔出现粗面岩、球粒流纹岩，顶部偶尔出现玄武岩。特殊岩类为凝灰岩、油页岩、煤、泥灰岩、粗面岩、流纹岩和玄武岩等
狼鳍鱼、腹足类化石
圆湖生蚬和色楞格湖生蚬
东方叶肢介、热河叠饰叶肢介
近中费尔干蚌、西伯利亚费尔干蚌
正极性为主反极性偶见
55.44
45.4
119.1~128.0
0.50
巴D2
苏3
巴3
苏132
贝39
楚2
霍12
巴13
T_{2-3}
一段
150~330
克拉梭粉—多变假云杉粉—多云云杉粉组合
巴达拉湖女星介—白垩海拉尔介组合
近梯形湖女星介—良好海拉尔介组合
最大拟蝙蝠藻—原椭球藻组合
34
0.59~0.65
T_3
铜钵庙组
210~530
以火山碎屑岩和沉积岩为主，常见中酸性火山岩组合。特征岩类：砂砾岩、油页岩、泥灰岩、凝灰岩、流纹岩、安山岩、英安岩等
无突肋纹孢—紫萁孢—海拉乐孢组合
桫椤孢—脊缝孢—罗汉松粉组合
直线叶肢介、叠饰叶肢介、
中华延吉叶肢介
骨舌鱼类、昆虫
反极性罕见
55.29
23.5~73.6
125.0~142.8
0.48
贝16
德106—203a
和3
海参10
德6
楚3
T_4
侏罗系
上统
布达特群
塔木兰沟组
280~510
中基性火山岩（偏基性）、火山碎屑岩和沉积岩组合。特征岩类为玄武岩、安山玄武岩和玄武安山岩、砂砾岩和泥岩等
紫萁孢—金毛狗孢—旋脊孢组合
正极性
55.90
无样品
150.3~169.0
0.51
秃1
伦1
查1
楚4
贝53
贝D5
T_5
中统
南平组
670~1247
泥岩、粉砂质泥岩与泥质粉砂岩、粉砂岩、凝灰质粉砂岩、含砾粉砂岩、细砂岩、凝灰质细砂岩、含砾细砂岩及砂质砾岩呈不等厚互层，偶见凝灰岩和薄煤层，未变质或极低级变质
穿孔环圈孢—小托第蕨孢—假云杉粉未定种组合
自流井直叶肢介、海房沟直叶肢介
反极性偶见
28.70
50
0.28~0.40
贝48
三叠系
上统
查伊河组（基底）
220~1070
凝灰质细砂岩、凝灰质砂岩、安山岩、安山玢岩、流纹质凝灰熔岩、砂砾岩及砾岩等
苏铁杉、卡勒莱新芦木、海堡枝脉蕨、纤柔枝脉蕨、假纤柔枝脉蕨（相似种）、尼尔桑（未定种）、长叶松型叶、中华篦羽叶（相似种）、矢部篦羽叶、日本篦羽吐等
无样品
无样品
214.4~231.8
无样品
查5
古生界
基底
蚀变火山岩、板岩类、千枚岩、石灰岩、硅质岩、片岩、片麻岩、糜棱岩和肉红色花岗岩等岩类
略
反极性偶见
32.52
无样品
269.3~356.3
无样品
贝2
贝41
海参9
德4
希9
泥岩
粉砂质泥岩
泥质粉砂岩
粉砂岩
细砂岩
砂砾岩
砾岩
凝灰质粉砂岩
凝灰质细砂岩
凝灰质砾岩
凝灰岩
玄武岩
安山玄武岩
玄武安山岩
安山岩
粗面岩
英安岩
流纹岩
安山玢岩
泥灰岩
煤层
油页岩
变质岩类
不整合

图 1-1-2 海拉尔—塔木察格盆地地层综合柱状图

列克得组；扎赉诺尔群由大磨拐河组和伊敏组组成，保持与盆缘扎赉诺尔群划分含义一致；贝尔湖群仍由青元岗组、呼查山组、第四系组成（表 1-1-1）。2007 年以来，海拉尔—塔木察格盆地地层序列在生产上的使用趋于一致，自下而上是，基底为前古生界、古生界、上三叠统布达特群，盖层为中侏罗统—下白垩统兴安岭群塔木兰沟组、铜钵庙组、南屯组，下白垩统扎赉诺尔群大磨拐河组、伊敏组，贝尔湖群上白垩统青元岗组、上新统呼查山组及第四系。

近年来的研究成果表明[8]，海拉尔—塔木察格盆地基底为前古生界、古生界和中生界三叠系上统，其沉积盖层为中生界侏罗系中上统、白垩系和新生界新近系及第四系。依据岩性、古生物、地震及同位素等资料可将海拉尔—塔木察格盆地地层系统自下而上划分为：前中生界基底，中生界中—上侏罗统布达特群南平组（J_2np）、塔木兰沟组（$J_{2-3}tm$），下白垩统兴安岭群铜钵庙组（K_1t）、南屯组（K_1n，分一段、二段），下白垩统扎赉诺尔群大磨拐河组（K_1d，分一段、二段）、伊敏组（K_1y，分一段、二段、三段），贝尔湖群上白垩统青元岗组（K_2q）、新近系上新统呼查山组（N_2h）和第四系（Q）。沉积盖层总厚度超过6000m。上述地层各组间均有不同程度的沉积间断，而以铜钵庙组与塔木兰沟组之间，南屯组与铜钵庙组之间，大磨拐河组与南屯组之间、伊敏组与大磨拐河组之间，青元岗组与伊敏组之间的不整合接触最为明显（图 1-1-2）。

第二节　盆缘地层层序简介

一、前中生界

1. 前寒武系（An∈）

零星出露于嵯岗以南乌兰陶老商鄂博一带和依后山以北，岩性为一套灰色、浅褐色及浅红色片麻岩、花岗片麻岩、眼球状片麻岩及片麻砾岩、石墨质片岩、石英片岩等深变质、强烈褶曲的岩系，有后期花岗岩侵入和"吞食"，厚度不详。在巴彦山隆起的核部，出露黑云母片麻岩，可能属于早元古代兴华渡口群（Pt_1x）。在巴彦山隆起可见黑云、长英、石榴石变粒岩、片岩、浅粒岩、石英岩及变质英安岩等，出露厚度约200m，呈单斜地层产出，从岩性上可归于 1996 年内蒙古地层清理小组定义的青白口纪佳疙疸组（Qnj），该组在鄂温克旗胡山、牙克石塔尔其—全胜林场分布，以黑云母片岩、黑云石英片岩、二云石英片岩、斜长角闪片岩为主，夹阳起石片岩、片理化石英岩，下部出现斜长角闪片岩、次闪斜长片岩，厚度335~3060m。在牙克石塔尔其铁矿见有各种片岩和条带状大理岩组合，1996 年内蒙古地层清理小组将其划归为震旦系额尔古纳河组。类似地层在巴伦查拉山西北也有零星出露。

2. 下古生界（Pz_1）

盆地及盆缘尚未发现寒武纪和志留纪地层，仅零星出露奥陶纪地层，自下而上见有铜山组（O_1t）、多宝山组（O_1d）和裸河组（$O_{2-3}lh$）。

铜山组（O_1t）系陈德森 1981 年创建于黑龙江省多宝山铜矿，由灰黑色微层状板岩与黄色杂砂质长石砂岩、黄白色流纹质凝灰砾岩、凝灰岩组成。在新巴尔虎左旗巴日图东见有 370m 厚的绢云板岩和砾质板岩，被多宝山组（O_1d）火山岩覆盖。

多宝山组（O_1d）系王莹和彭云彪 1985 年创建于黑龙江省嫩江县，由中性和中酸性火山岩构成。在牙克石市扎敦河林场主要为安山岩、熔结凝灰岩、凝灰熔岩、岩屑晶屑凝灰岩夹板岩、泥质粉砂岩、细砂岩等；新巴尔虎右旗及鄂温克旗为板岩、砂岩、亮晶灰岩等与蚀变安山岩、玄武安山岩、安山玢岩、酸性熔岩等呈互层或夹层，敖尼尔河北岸以安山岩、玄武岩为主夹板岩和千枚岩等，产苔藓虫化石；在新巴尔虎左旗的巴日图林场为安山岩和砾质板岩。

裸河组（$O_{2-3}lh$）系张国华和彭云彪 1960 年创建于黑龙江省裸河，由浅海相变质砂岩、板岩、变质泥岩、千枚状变质粉砂岩夹少量砂质灰岩构成。在大兴安岭及其西坡分布广泛，岩性较稳定，以变质粉砂岩、绢云母板岩、石英砂岩为主，沉积于多宝山组火山岩之上，在海拉尔盆地边缘的牙克石市扎敦河林场，裸河组厚度为 855m，在新巴尔虎左旗的巴日图林场为砾质板岩，上部夹凝灰质粉砂岩。本组化石丰富，前人采集过腕足类 *Hesperorthis*、*Dolerorthis*、*Glyptorthis* 等；三叶虫 *Isalauxina*、*Encrinuroides*、*Calyptaulax* 等；介形虫 *Ceratobolbina allikuensis*、*Sibirobolbina ivari* 等，以及珊瑚化石等。

3. 上古生界（Pz_2）

在盆地及盆缘零星出露泥盆纪和石炭纪地层，自下而上见有泥盆纪的泥鳅河组（$D_{1-2}n$）、大民山组（D_3d）、安格尔音乌拉组（D_3a），石炭纪的红水泉组（C_1h）、莫尔根河组（C_1m）、新伊根河组（C_2x）。在盆缘东部扎兰屯一带出露早二叠世大石寨组（P_1d），在盆地内的贝尔凹陷见有大石寨组蚀变火山岩，乌尔逊凹陷见有中二叠世蚀变火山岩，在盆地北部乌固诺尔凹陷见有早二叠世花岗岩和英云闪长岩。

泥鳅河组（$D_{1-2}n$）系矢部长克等 1942 年建立于黑龙江省爱辉县泥鳅河。岩性为灰绿色、黄绿色、灰黑色长石石英砂岩、粉砂岩、泥质粉砂岩、凝灰质粉砂岩，夹生物碎屑灰岩、珊瑚礁灰岩透镜体，下部偶夹少量火山岩。上界多被第四系覆盖，仅在牙克石地区见与大民山组呈平行不整合接触，下界在牙克石扎敦河林场西北见其不整合在裸河组之上。附属于本组的乌奴耳石灰岩是一个珊瑚礁，分布在牙克石乌奴耳地区，下界不整合覆于裸河组之上，上界被大民山组平行不整合覆盖。岩性上主要是一套石灰岩，生物上发育大量的 *Lyrielasma*、*Heterophrentis*、*Leptoinophyllum*、*Tryplasma hercynica* 等四射珊瑚为特征。

大民山组（D_3d）系宁奇生等 1959 年创名的下大民山组和上大民山组合并后的修订名。分布于大兴安岭大民山一带的海相中基性火山岩、酸性火山岩、火山碎屑岩及碎屑岩、碳酸盐岩及硅质岩、放射虫硅质岩等。厚度百米到数千米不等。纵横向岩性、岩相变化较大。与下伏泥鳅河组平行不整合接触，其上多被第四系覆盖，仅在布格图北被安格尔音乌拉组整合覆盖。主要出露于牙克石扎敦河林场、乌奴耳一带。呈北北东方向断续带状展布。下部以砂砾岩、凝灰质含砾粗砂岩为主，碎屑粒度较粗，向上粒度变细，以细碎屑岩为主，构成一个正粒序沉积旋回。火山活动较弱，偶有酸性熔岩，以平行不整合覆于泥鳅河组之上。上部发育了多层中酸性熔岩、石英角斑岩、流纹岩等，说明了火山活动的增强。在海盆的浅水区，生物繁盛。在沉积岩层中化石丰富，珊瑚：*Temnophyllum*、*Tabulophyllum*、*Phillipsastraea*、*Cladopora*、*Barrandeophyllum*、*Thamnopora* 等；腕足类：*Tastaria*、*Schuchertella*、*Atrypa*、*Productella*、*Cytospirifer*、*Leptostrophia*、*Cariniferella* 等；牙形刺：*Polygnathus varcus*、*Icriodus dificilis* 等，以及海百合茎、红藻等。在较深的海域则形成放射虫硅质岩。在顶部的紫红色砂质灰岩、生物碎屑灰岩中含大量的菊石，俗称海神石灰岩。主要有：*Sporadoceras*、*Tornoceras*（*Protornoceras*）、*Michelinoceras*、*Prionoceras*、*Hesperoceras*、*Cheiloceras*、*Eoschizodus*、*Platyclymenia* 等；同时还有珊瑚：*Nalivkinella*、*Peneckiella*；三叶虫：*Trimerocephalus* 及海百合茎、层孔虫等。

安格尔音乌拉组（D_3a）系内蒙古区测一队 1973 年创建于东乌珠穆沁旗安格尔音乌拉，由陆相及滨海相砂板岩构成。分布于鄂温克旗布格图北的安格尔音乌拉组整合沉积在大民山组之上，产 *Lepidodendropsis cyclostigmatoides*、*Sublepidodendron* sp.、*Protocephalopteris* sp. 等植物化石，岩性为灰黑色、暗灰绿色泥质粉砂岩。

红水泉组（C_1h）系俞建章 1956 年创建于内蒙古自治区额尔古纳右旗的红水泉。指大兴安岭地区早石炭世海相正常碎屑岩、石灰岩，局部夹凝灰岩的地层序列。顶部有时被中生代覆盖，底部整合于安格尔音乌拉组之上。本组露头连续性差，零星散布于陈巴尔虎旗哈达图牧场，牙克石市大南沟、乌奴耳，化石资料丰富，主要有腕足类 *Fusella ussiensis*、*Imbrexia* sp.、*Dictyoclostus irsuensis*、*Syringothyris* sp.、*Ovatia* sp. 等；珊瑚 *Zaphrentites* sp.、*Hapsiphyllum* sp. 等，时代为杜内阶。

莫尔根河组（C_1m）系杜琦等 1956 年创建于额尔古纳右旗莫勒格尔河左岸。指大兴安岭地区早石炭世海相火山岩地层序列，与红水泉组碎屑岩呈指状交错接触。正层型为内蒙古陈巴尔虎旗莫勒格尔河左岸剖面。自下而上见有暗绿色具斜长石斑晶的安山玢岩，灰色块状结晶灰岩，含海百合茎、苔藓虫、腕足类及珊瑚 *Bradyphyllum* sp.，黑色粉砂岩，暗绿色具中长石斑晶的安山玢岩，未见顶和底。

新伊根河组（C_2x）系黑龙江省区调二队 1981 年创建于额尔古纳右旗伊力根牧场，由陆相或海陆交互相的碎屑岩构成。分布于大兴安岭地区，以平行不整合覆于红水泉组之上的晚石炭世陆相或海陆交互相的碎屑岩组合，含安格拉型植物化石，顶部常被中生代火山岩覆盖。新伊根河组分布局限，只零星见于加格达奇至海拉尔一带。岩性稳定，结构较细，常含铁质结核。

大石寨组（P_1d）系内蒙古区测二队 1965 年创建于科尔沁右翼前旗大石寨地区。在盆缘东部扎兰屯一带出露的大石寨组原称高家窝棚组，主要是一套中酸性火山岩，即安山玢岩、流纹斑岩夹火山碎屑岩，部分为正常沉积岩，与科尔沁右翼前旗大石寨地区的建组剖面相比，岩性组合有一定的差别。

二、中生界

对于盆缘中生界的划分，大庆油田与内蒙古自治区地质矿产局的观点尚有一定的不同。大庆油田地层工作者多数认为盆缘缺失中三叠统和下侏罗统，自下而上见有下三叠统老龙头组，上三叠统查伊河组，中侏罗统南平组（包括太平川组），中上侏罗统塔木兰沟组，下白垩统兴安岭群上库力组、伊列克得组和下白垩统扎赉诺尔群大磨拐河组、伊敏组，上白垩统青元岗组。内蒙古地质矿产局[7]将包括海拉尔盆地在内的兴安岭北—中段以西地区中生代自下而上划分为下三叠统老龙头组和哈达陶勒盖组，下侏罗统红旗组、中侏罗统万宝组、塔木兰沟组，土城子组，上侏罗统满克头鄂博组、玛尼吐组、白音高老组，下白垩统梅勒图组、大磨拐河组、甘河组、伊敏组，上白垩统二连组。两者均认为盆缘缺失中三叠统，前者的上三叠统查伊河组相当于后者下侏罗统红旗组，前者的中侏罗统南平组（包括太平川组）相当于后者的中侏罗统万宝组，前者的中上侏罗统塔木兰沟组相当于后者的中侏罗统塔木兰沟组，前者的下白垩统上库力组相当于后者的中侏罗统土城子组，上侏罗统满克头鄂博组、玛尼吐组及白音高老组，前者的伊列克得组相当于后者的下白垩统梅勒图组，前者认为下白垩统扎赉诺尔群大磨拐河组与伊敏组之间不存在火山岩，后者认为大磨拐河组与伊敏组之间存在甘河组火山岩，但向海拉尔盆地方向尖灭，前者的上白垩统青元岗组相当于后者的二连组。本书按照大庆油田对盆缘中生界划分的观点介绍相关地层。

1. 三叠系（T）

盆地内及盆缘缺失中三叠世地层，盆内探井见有晚三叠世花岗岩、查伊河组流纹质凝灰熔岩，盆缘见有下三叠统老龙头组、上三叠统查伊河组。

1）老龙头组（T_1l）

在龙江县济沁河乡孙家坟东山建立的老龙头组[9]延伸至海拉尔盆地东缘的扎兰屯刘家葳子、哈拉苏、小栾沟、龙头北山及华他营子一带，以含双壳类 Palaeanodonta sp.、Palaeomutela sp.，叶肢介 Diaplexa sp.、Notocrypta sp.、Bipemphygus sp. 及植物化石的湖相细碎屑岩，以及中酸性火山碎屑岩和少量中酸性火山熔岩为特征，横向不稳定，厚度变化大，自西向东、自南向北逐渐变薄，火山物质由少变多，时代为早三叠世。盆地内尚未发现这套地层，该组同时代岩性相近的地层在内蒙古兴安盟西部五叉沟一带称之为哈达陶勒盖组（T_1ha）。

2）查伊河组（T_3c）

在扎兰屯柴河下游右岸山脊建组的查伊河组[4]，主要分布于柴河（曾经称为查伊河）下游及兴安盟扎赉特旗的西巴音乌兰一带。由中性熔岩和酸性喷出岩夹沉积碎屑岩组成。可分上、下两部分：上部为中酸性喷出岩和沉积碎屑岩，厚约 300m；下部以玢岩为主，底部为厚层砾岩，厚 400~600m。总厚 220~1070m。产植物化石：Podozamites sp. 苏铁杉、Neocalamites carrerei 卡勒莱新芦木、Pelourdea sp. 彼洛尔德叶、Cladophlebis haiburnensis 海堡枝脉蕨、C. raciborskii 拉契波斯基枝脉蕨、C.delicatula 纤柔枝脉蕨、C.cf. pseudodelicatula 假纤柔枝脉蕨（相似种）、Nilssonia sp. 尼尔桑（未定种）、Pityophyllum longifolium 长叶松型叶、Ctenis cf.chinensis 中华篦羽叶（相似种）、C.yabei 矢部篦羽叶、C.japonica 日本篦羽叶。与上覆中侏罗统南平组接触关系不清，与下伏古生代地层呈不整合接触。时代为晚三叠世。盆地内在查干诺尔凹陷查 5 井见到晚三叠世流纹质凝灰熔岩等，其 LAICP-MS 锆石 U-Pb 同位素年龄为 214.4Ma±4.3Ma[10]，应与查伊河组相当，在乌尔逊凹陷铜 12 井见到晚三叠世花岗岩（1830.0m，231.8Ma±1.6Ma）。分布在盆缘东部的查伊河组曾被划归为下侏罗统红旗组[8]，但本组不产煤，岩性组合及植物化石特征与建立在吉林省红旗煤矿的红旗组有较大区别[11]，且红旗组没有发现晚三叠世古生物的证据，因此本次工作恢复使用查伊河组，代表盆地内及盆地东缘晚三叠世火山碎屑岩沉积地层。

2. 侏罗系（J）

盆地内及盆缘均缺失早侏罗世地层，均见有中侏罗统南平组（包括太平川组，与万宝组大致相当）和中上侏罗统塔木兰沟组。

1）南平组（J_2np）

本组由黑龙江省煤田公司 109 队于 1973 年在扎兰屯市太平川煤田建立[4]，由砾岩夹薄层砂岩、粉砂岩、泥岩及薄煤层组成，厚 200~1000m，产叶肢介、植物及孢粉化石，顶部常与上库力组火山岩平行不整合接触，下伏地层常为上古生界变质火山岩，在海拉尔盆地盆缘分布较为广泛，盆地内在贝尔凹陷也有揭露（未见底）。本组在盆地西缘新巴尔虎右旗至中蒙边境一带分布广泛，向西延入蒙古境内，厚度大于966m，主要岩性为灰色砾岩、粗粒岩屑砂岩、中细粒岩屑砂岩、褐黄色硅泥质粉砂岩、细粒岩屑砂岩、泥质粉砂岩等，在鄂布德格乌拉一带地层产状平缓，水平层理发育，北侧希林好来音一带地层倾斜，希林好来音剖面产 *Sphenobaiera angustiloba* 窄叶契拜拉、*Schizoneura* sp. 裂脉叶（未定种）等植物化石，以及 *Euestheria ziliuingensis* 自流井真叶肢介、*E. haifanggouensis* 海房沟真叶肢介等叶肢介化石，时代为中侏罗世[12]。本组在盆地北缘主要分布于额尔古纳市，以灰黄色、灰色粗碎屑岩为特点，基本不含煤层，局部夹煤线及少许酸性凝灰岩，厚度小于400m。本组在盆地东缘出露于牙克石市的免渡河地区，在扎兰屯市则分布于太平川、惠丰川一带，向南延伸至扎赉特旗的二道关门山、新林大队，向东延伸至龙江县的小湾四队，丰荣车站等地，由砾岩夹薄层砂岩、粉砂岩、泥岩及薄煤层组成。厚度200~660m，产植物化石：*Coniopteris* cf. *burejensis* 布列亚锥叶蕨（相似种）、*Cladophlebis* sp. 枝脉蕨、cf. *Raphaelia diamensis* 相似于狄阿姆拉发尔蕨、*Phoenicopsis angustifolia* 狭叶拟刺葵、*P.* sp. 拟刺葵（未定种）、*Czekanowskia rigida* 坚直茨康诺夫斯基叶、*Cladophlebis* cf. *argutula* 微尖枝脉蕨（相似种）、*Raphaelia* sp. 拉发尔蕨（未定种）、*Podozamites lonceolatus* 披针苏铁杉、*Equisetites* sp. 似木贼、*Coniopteris* sp. 锥叶蕨，时代为中侏罗世，这套地层在东北地区区域地层表称之为南平组（J_2np）和太平川组（J_2tp）[4]，因这两组岩性相似，且太平川组分布局限，不如南平组分布广泛，故本书将这两组合并称为南平组。本组向南部延伸进入兴安盟境内煤层逐渐加厚，称之为万宝组。

2）塔木兰沟组（$J_{2-3}tm$）

黑龙江省区调二队王荣富等1981年创名，命名地点在呼伦贝尔盟牙克石市绰尔镇塔木兰沟。塔木兰沟组总体为中基性火山熔岩夹火山碎屑岩及不稳定的沉积岩，横向上有从北向南由基性逐渐向中性过渡的特点。其下与南平组平行不整合接触，其上被上库力组中酸性火山岩不整合覆盖。各地区厚度一般为400~800m。在中基性火山熔岩的沉积夹层中含少量植物化石 *Pityophyllum* sp.、*Podozamites* sp. 等及孢粉化石。

在额尔古纳左旗木瑞农场为灰绿色、灰黑色、灰紫色橄榄玄武岩、辉石玄武岩、玄武岩，厚度为609.8m；哈达图牧场和七一牧场为灰绿色、灰褐色辉石安山岩、玄武安山岩夹凝灰岩及砂砾岩，厚度为416m；满洲里市至新巴尔虎右旗地区为灰绿色、灰黑色气孔杏仁状橄榄玄武岩、玄武岩、安山玄武岩、英安岩夹凝灰岩及杂砂岩，厚度为441m；向南延至东乌珠穆沁旗地区为褐紫色伊丁玄武岩，厚度小于100m；霍林河地区为灰色、灰绿色安山玄武岩、安山岩夹凝灰岩，厚度为858.8m。

内蒙古自治区地质矿产局1991年和1996年发表的火山岩同位素年龄为144Ma（K-Ar等时线年龄），145.1Ma（Rb-Sr等时线年龄），152~158Ma（4个K-Ar全岩年龄）[2, 7]。二根河等地剖面K-Ar同位素年龄为157.41Ma（$W_{27}P_{10}JD$）、160.17Ma（$W_{28}P_{15}JD_{60}$）和166.06Ma（$W_{27}P_{10}JD_5$），在二十三站剖面取样年龄为154Ma[9]。Rb-Sr等时线同位素年龄值为150.2~160.8Ma[13]。满洲里灵泉地区塔木兰沟组辉石安山岩LAICP-MS锆石U-Pb同位素年龄为166Ma±2Ma[14]。大兴安岭北段新林区塔木兰沟组玄武安山岩LAICP-MS锆石U-Pb同位素年龄为（153.2±1.1）~（153.6±1.2）Ma、扎兰屯塔木兰沟组玄武安山岩锆石SHRIMP U-Pb同位素年龄为146.7Ma±2.2Ma[15]。扎鲁特旗塔木兰沟组安山岩全岩

激光 $^{40}Ar/^{39}Ar$ 同位素年龄为（165.2±1.3）~（172.2±2.0）Ma[16]。同位素及古生物资料表明，盆缘塔木兰沟组时代为中—晚侏罗世。

3. 白垩系（K）

盆缘下白垩统发育较好，上白垩统发育不全。自下而上可划分为下白垩统兴安岭群上库力组、伊列克得组和下白垩统扎赉诺尔群大磨拐河组、伊敏组，上白垩统青元岗组。

1）上库力组（K₁sk）

1980 年黑龙江省区调二队建立，命名剖面位于额尔古纳右旗上库力村。由一套厚度巨大的流纹质—安山质火山熔岩及火山碎屑岩构成。大兴安岭西坡的上库力组，按其岩性特征和互相接触关系，自下而上可分为三个岩性段：一段为灰白、灰绿、灰紫色流纹质火山碎屑岩，产 *Eosestheria* 等化石；二段为淡紫、灰绿色碱性流纹质英安质、碱性粗面质熔岩，夹少量凝灰岩、火山角砾岩及火山玻璃；三段以碱性流纹岩为主，其次为角砾熔岩、火山玻璃，出露零星。本组厚度变化大，最厚可达 1421m。其分布受所在火山机构及古地理条件的控制，在木瑞农场伊列克得组（K₁yl）玄武岩以喷发不整合覆于本组二段之上；在上乌尔根伊列克得组（K₁yl）玄武岩以喷发不整合覆于本组一段之上；在拉布达林煤田普查勘探区 ZKO-1 孔，大磨拐河组（K₁d）覆盖在上库力组一段之上；在根河一带以流纹质火山碎屑岩为主，熔岩较少；在博克图至库都尔一带为流纹质火山碎屑岩；在博克图以南至成吉思汗一带，为近火山口的火山碎屑岩或远火山口的沉火山碎屑岩。本组产瓣鳃类 *Ferganoconcha sibirica*、*F.* cf. *jeniseca*、*F.* cf. *sibirica*、*Tutuella* sp.、*Corbicula* sp.；叶肢介 *Eosestheria middendorfii*、*E. persculpta*、*E.* aff. *jinganshanensis*、*E.* aff. *lingyuansnsis*、*Distheria* sp.、*Pseudograpta* sp.；昆虫类 *Ephemeropsis trisetalis*、*Coptoclava longipoda*；植物 *Onychiopsis* sp.、*Equisetites* sp.、*Schizolepis* sp. 等。

2）伊列克得组（K₁yl）

1980 年黑龙江省区调二队建立，命名剖面位于牙克石市伊利克得北山。由安山质—玄武质火山熔岩、玄武岩、钾质粗安岩和粗面岩等构成，牙克石市大雁煤矿局部可见沉积岩夹层。厚 10~306m，主要分布在金河镇东沟顶，三河镇上乌尔根一一〇队南，库都尔木瑞东北、图里河镇西、库都尔南等，博克图镇北 26 号地，伊列克得车站后山，乌尔旗汗林场南山、牧原车站沟北，巴都尔，乌里西，特尼河村，奈吉及九—牧场等地。

3）大磨拐河组（K₁d）

系刘国昌等 1951 年创建于呼伦贝尔盟牙克石市五九煤矿。分布于五九—牙克石等含煤盆地，以及大磨拐河流域和海拉尔河一带。在免渡河、大雁、拉布达林等煤田亦发育较好。是一套陆相含煤地层，由砾岩、砂岩、粉砂岩、泥岩夹煤层组成。产动、植物化石。厚度 450~1000m。一般为 800m 左右。在五九、免渡河、大雁、拉布达林煤田等地均见本组与下伏伊列克得组呈不整合接触。产植物：*Coniopteris hymenophylloides* 膜蕨型锥形蕨、*C. nympharum* 蛹形锥叶蕨、*C. setacea* 刚毛锥叶蕨、*Acanthopteris gothani* 高腾刺蕨、*Enotsvid lobifolia* 裂叶爱博拉契蕨、*Toditeswilliamsonii* 威廉逊似托第蕨、*Baiera furcata* 叉状拜拉、*Sphenobaiera longifolia* 长叶楔拜拉、*Pityophyllum* cf. *lindstroemi* 林德斯缺姆松型叶（相似种）、*Phoenicopsis* sp. 拟刺葵（未定种）、*Equisetites* sp. 木贼（未定种）、*Ctenis* sp. 蓖羽叶（未定种）、*Cephalotaxopsis* sp. 拟粗榧、*Podozamites astartensis* 阿斯塔尔特苏铁杉、*P. gramineus* 禾形苏铁杉、*Ginkgo digitata* 指状银杏、*G. huttoni* 胡顿银杏；瓣鳃类：

Ferganoconcha subcentralis 近中费尔干蚌、*F.* sp. 费尔干蚌（未定种）；叶肢介：*Liograpta* sp. 平滑雕饰叶肢介、*Bairdestheris* sp. 柏氏叶肢介（未定种）等。还见有丰富的孢粉化石，鄂温克族自治旗伊敏煤田第十七勘探线（73-300 孔、73-264 孔）大磨拐河组代表剖面第 4 层的孢粉组合中裸子植物花粉（50.2%）与蕨类植物孢子（49.8%）的百分含量相近，在牙克石市免渡河煤田 B-B′ 大磨拐河组代表剖面第 14 层的孢粉组合中裸子植物花粉（71.6%）占绝对优势，蕨类植物孢子（27.7%）的百分含量中等，见零星疑拟被子植物三沟型花粉（0.8%）。

4）伊敏组（K_1y）

系黑龙江省伊敏煤田地质会战指挥部 1973 年创建于海拉尔市南约 50km 的伊敏煤矿，由灰白色粉砂岩、砂岩、砾岩夹碳质页岩及泥岩构成，含多层煤。一般厚度 200~600m，层型剖面厚 550.9m。除伊敏煤矿外，发育较好的伊敏组露头剖面少见，但在海拉尔盆地、二连盆地及其周边的断陷盆地的覆盖区，伊敏组普遍存在。产植物：*Coniopteris burejensis* 布列亚锥叶蕨、*Ruffordia goepperti* 葛伯特鲁福德蕨、*Ginkgoites sibiricus* 西伯利亚似银杏、*G. digitata* 指状银杏、*Taeniopteris* sp. 带羊齿（未定种）；孢粉：蕨类植物孢子百分含量略占优势（54.8%），裸子植物花粉为次（44.9%），被子植物花粉罕见（0.3%）。

5）青元岗组（K_2q）

系地质部第二普查大队 1961 年创建于内蒙古新巴尔虎右旗贝尔湖地区贝 4 孔。地表露头剖面较少，且主要以砂岩为主，泥质岩类罕见，主要分布于南部、西南部的贝尔湖一带、呼查山及东部的马达木吉、巴彦山等地，海拉尔盆地许多凹陷的钻井地层剖面中有揭露。主要为粉红色、红色和少量灰色粉砂质泥岩、泥质粉砂岩与粉砂岩互层，夹砂砾岩。具旋回性，富含钙质。产介形类、轮藻及孢粉化石。介形类有：*Cypridea* cf. *amoena* 愉快女星介（相似种）、*C.* aff. *cavernosa* 穴状女星介（亲近种）、*Lycopterocypris cuneata* 楔形狼星介、*Candona prona* 斜玻璃介。层型剖面厚 334m。与下伏伊敏组为不整合接触。

三、新生界

盆缘新生界缺失古近系，发育有新近系和第四系。

1. 新近系（N）

本区新近系地层厚度不大，仅见有上新统呼查山组，缺失中新统。

呼查山组（N_2h）系黑龙江省地质矿产局地质矿产研究所 1978 年建立，选层型为呼伦贝尔盟新巴尔虎右旗杭乌拉苏木呼查乌拉山剖面，本组主要分布于鄂伦春旗东南古里河、欧肯河、新巴尔虎地区的克鲁伦河、呼伦湖及贝尔湖一带。岩性为较疏松的灰白、灰褐色砂岩，棕黄、红色泥质岩，绿灰、灰色泥岩互层，底部常具杂色砂砾岩，成岩性差，胶结不好，较松散，以河流相沉积为主。不整合于晚白垩世青元岗组之上，上界被第四系覆盖。产孢粉、腹足类和双壳类化石，厚度 150m。新巴尔虎右旗贝尔湖地区贝 4 孔产腹足类：*Cathaica* aff. *hipparonum* 三趾马层蜗牛（亲近种）、*Planorbis chihlinensis* 直隶扁卷螺等。

2. 第四系（Q）

本系自下而上包括：白土山组（Q_1b）、中更新统（Q_2）、海拉尔组（Q_3h）、达布逊组（Q_3d）。

白土山组（Q_1b）。该组分布较广。为灰白色夹棕黄色、铁锈色的含水砂、砾石，间夹窝状白黏土透镜体。厚 10~50m。与下伏新近系泥岩呈平行不整合接触，或不整合覆盖在前第四系之上。与上覆红色黏土层为一明显的区域性波状剥蚀面相隔。

中更新统（Q_2）。本地层在盆地内普遍分布。由砖红色亚黏土、黏土或砖红色砂、砾组成，见冰积现象：有冻析、冻囊和冻球。厚一般 4~5m，个别达 20~30m。与白土山组假整合接触。

海拉尔组（Q_3h）。该组广泛分布于海拉尔河沿岸及高平原上。下部由浅绿黄色、浅灰白色的含砾中、细砂组成，夹灰绿色黏土和粉土透镜体。厚 4~15m。上部由黄白色、黄色至褐黄色的黄土状亚砂土、粉土组成，含白色钙质斑点，具大孔隙和垂直节理。厚 2~23m。本组与下伏地层呈平行不整合接触。含哺乳动物化石：*Equus caballus* 普通马、*Equus henmionus* 野驴、*Bison* sp. 野牛（未定种）、*Cervus* sp. 斑鹿（未定种）、*Gazella* sp. 羚羊（未定种）、*Marmota* sp. 旱獭（未定种）、*Ochotona* sp. 鼠兔（未定种）、*Mammuthus* sp. 猛犸象（未定种）、*Bison exiguus* 东北野牛。

达布逊组（Q_3d）。该组分布在盐湖中及各水系附近，主要为盐类堆积，与含盐淤泥或砂层成互层。顶部风积砂、沼泽堆积的砂质黏土、泥质粉砂，或河流、河漫滩沉积的砂、粉砂质黏土砂砾石等。厚度 4~13m。含盐、芒硝、天然碱等。与下伏上更新统呈平行不整合接触。

第三节 海拉尔—塔木察格盆地地层序列

一、地层划分方案

海拉尔盆地盖层的地层层序划分方案已基本趋于统一，但对扎赉诺尔群、兴安岭群及布达特群的划分仍存在不同认识。

大庆油田在海拉尔盆地内使用的扎赉诺尔群是依据盆缘的扎赉诺尔群特征引入的。引入之初，盆内与盆缘对扎赉诺尔群的划分均是自下而上为大磨拐河组和伊敏组。之后，大庆油田将大磨拐河组下部划分为铜钵庙组和南屯组，其中南屯组的划分参考了东煤地质局109队 1987 年在鄂温克凹陷南屯地区 81-33 孔、81-34 孔、86-5 孔创建的南屯组划分方案，但将其南屯组下部砂砾岩段划出另立一组，即铜钵庙组。这样，扎赉诺尔群自下而上可划分为铜钵庙组、南屯组、大磨拐河组和伊敏组。随着地层研究工作的深入，通过与盆缘地层对比，逐渐确认盆地内重新厘定的铜钵庙组和南屯组的岩性、古生物及同位素可与兴安岭西部地区兴安岭群上库力组对比，因此盆地内的大磨拐河组和伊敏组归入扎赉诺尔群，保持与盆缘扎赉诺尔群划分含义一致，铜钵庙组和南屯组归入兴安岭群，明确了与盆缘兴安岭群的对比关系。

1990 年 4 月"海拉尔盆地地层研讨会"将贝 1 井、贝 2 井、海参 2 井、海参 5 井钻遇的胶结坚硬的杂色砾岩，蚀变较重的轻微变质的火山岩、火山碎屑岩，蚀变和轻变质的砂砾岩，似砂状结构的火山碎屑岩笼统归到布达特群，没有选建群的标准剖面及上述四组岩性的上下关系，只是依据这四套岩性与盆地内及盆地外兴安岭群难以对比，与兴安岭群之下的中下侏罗统有相似之处，因此置于兴安岭群之下，地质时代推测为晚三叠世—侏罗纪，称之为布达特群（T_3—Jb）。同时也有人认为该套地层是兴安岭群的同时异相，或者是基底地层。布达特群建立之初，对井下深部地层的划分对比提供了指导原则，解决了急需的地层划分问题。但随着钻井数量的增多，许多划归到布达特群的井段依据古生物和同位素资料判断，并不应该划归到布达特群中。例如贝尔凹陷希 9 井 2679.5~2775.0m 酸性凝灰岩和砂泥岩井段，录井报告划归到布达特群，但在 2695.29m 和 2694.44m 处所测得的同位素年龄分别为 348.5Ma±4.5Ma 和 356.3Ma±4.5Ma[8]，按岩性特征和同位素年龄数据可划归到盆缘的下石炭统红水泉组（C_1h）；1990 年统层会将贝 2 井 1788.5~3022.0m 蚀变火山岩夹砂泥岩井段确定为布达特群的代表剖面之一，但该井段所测得的 4 个火山岩锆石 U-Pb 年龄范围是（295±3）~（318±8）Ma，远老于布达特群的晚三叠世—侏罗纪时间范围，地质时代上大致相当盆缘的新伊根河组（C_2x）。显然，类似这样有岩性及同位素证据的井段，应该毫无疑问地从布达特群中划出，归入相应的层位中去。还有相当多划归到布达特群的井段，其岩性、古生物和同位素支持与盆缘分布的上三叠统查伊河组、中侏罗统南屯组和中上侏罗统塔木兰沟组对比。例如查干诺尔凹陷查 5 井 2110.5~2175.0m 流纹质凝灰熔岩井段划归到布达特群，所测同位素年龄为 214.4Ma±4.3Ma，地质时代及岩性可与分布在盆缘东部由中性熔岩和酸性喷出岩夹沉积碎屑岩组成的查伊河组（T_3c）大致对比；贝尔凹陷贝 48 井布达特群 698.5~1946m 井段产 *Annulispora perforate—Todisporites mimor—Pseudopicea* sp. 孢粉组合（中侏罗统），可与盆缘中侏罗统南平组对比，据此推测贝尔凹陷部分井原划分为布达特群深色砂泥岩组的层位应为南平组。上述例子的地质时代均在 1990 年统层会设定的晚三叠纪—侏罗纪范围内，因此可以将上三叠统查伊河组、中侏罗统南屯组和中上侏罗统塔木兰沟组划归到布达特群。

综上所述，海拉尔—塔木察格盆地的基底为前古生界、古生界，沉积盖层为中生界三叠系上统—侏罗系中统、侏罗系上统、白垩系和新生界新近系及第四系，其中下白垩统是盖层的主体。本书依据岩性、古生物及同位素等新资料，将海拉尔—塔木察格盆地的地层序列自下而上划分为：前古生界（AnPz），古生界（Pz），中生界上三叠统—侏罗系布达特群查伊河组（T_3c）、南平组（J_2np）、塔木兰沟组（$J_{2-3}tm$），下白垩统兴安岭群铜钵庙组（K_1t）、南屯组（K_1n，分一段、二段），下白垩统扎赉诺尔群大磨拐河组（K_1d，分一段、二段）、伊敏组（K_1y，分一段、二段、三段），贝尔湖群上白垩统青元岗组（K_2q）、新近系上新统呼查山组（N_2h）和第四系（Q）。沉积盖层总厚度超过 6000m。上述地层各组间均有不同程度的沉积间断，而以铜钵庙组与塔木兰沟组之间，南屯组与铜钵庙组之间，大磨拐河组与南屯组之间，伊敏组与大磨拐河组之间，青元岗组与伊敏组之间的不整合接触最为明显（图 2）。

二、布达特群（T_3—Jb）

海拉尔—塔木察格盆地的布达特群自下而上为上三叠统查伊河组、中侏罗统南屯组和中上侏罗统塔木兰沟组。现将各组岩石等特征介绍如下。

1. 上三叠统查伊河组（T_3c）

分布在盆缘东部的查伊河组曾被划归为下侏罗统红旗组[7]，但盆缘查伊河组不产煤，岩性组合及植物化石特征与建立在吉林省红旗煤矿的红旗组有较大区别[11]，且红旗组没有发现晚三叠世古生物的证据，因此本书恢复使用查伊河组，代表盆地内及盆地东缘晚三叠世火山碎屑岩沉积地层。本组系本书依据同位素和岩性特征，将分布在盆缘东部柴河（曾经称为查伊河）下游及兴安盟扎赉特旗西巴音乌兰一带由中性熔岩和酸性喷出岩夹沉积碎屑岩组成的查伊河组（T_3c）引入海拉尔—塔木察格盆地地层系统。与盆缘查伊河组相比较，海拉尔盆地西部查干诺尔凹陷查 5 井 2110.5~2175.0m 井段流纹质凝灰熔岩 LAICP-

MS 锆石 U-Pb 同位素年龄为 214.4Ma±4.3Ma[10]，除了尚未见到沉积碎屑岩外，在岩性上两者相似，同位素年龄与盆缘查伊河组古生物确定的地质时代相同，故可以用查 5 井 2110.5~2175.0m 井段作为查伊河组在海拉尔—塔木察格盆地的代表剖面。查伊河组在盆地内分布局限，仅在查干诺尔凹陷查 5 井钻遇，此外在乌尔逊凹陷铜 12 井见到晚三叠世花岗岩（1830.0m，231.8Ma±1.6Ma）。塔木察格盆地南贝尔凹陷塔 21-63 井 2584.5~2773.0m 井段原定为盆地基底，由紫红色泥岩与绿灰色、紫红色凝灰质砂砾岩、灰色凝灰质细砂岩、紫红色凝灰质砾岩、绿灰色凝灰岩及大套绿灰、紫红色安山玢岩、荧光安山玢岩，夹薄层紫红色泥岩构成，可与查伊河组层型剖面（布特哈旗查伊河下游右岸山脊剖面）岩石组合对比，可作为查伊河组在塔木察格盆地的次层型剖面。现将查 5 井查伊河组次层型剖面介绍如下。

海拉尔盆地查干诺尔凹陷查 5 井布达特群查伊河组剖面

上覆地层：兴安岭群铜钵庙组

~~~~~~~~~~ 角度不整合 ~~~~~~~~~~

查伊河组	2110.5~2175.0m	厚 64.5m
5. 浅红色流纹质凝灰熔岩。		30.5m
4. 深紫色粗安岩。		4.5m
3. 浅红色流纹质凝灰熔岩。		4.5m
2. 深紫色粗安岩。		3.5m
1. 浅红色流纹质凝灰熔岩。		21.5m

（未见底）

2. 中侏罗统南平组（J_2np）

本组系本书依据岩性和古生物资料，将黑龙江省煤田公司 109 队于 1973 年在扎兰屯市太平川煤田建立的南平组引入海拉尔—塔木察格盆地[4]。海拉尔盆地的巴彦乎舒、贝尔、乌尔逊、五一牧场、莫达木吉、乌固诺尔及呼和湖等 7 个凹陷均有揭露，塔木察格盆地的南贝尔、塔南和巴音戈壁凹陷也有多口探井钻遇南平组。盆地内由砂砾岩和砂泥岩组成，偶见凝灰岩及薄煤层或煤线，主要分布于贝尔凹陷，厚 0~1248m，产孢粉化石，顶部主要与塔木兰沟组或铜钵庙组不整合接触，在盆地断陷的边缘也常与南屯组和大磨拐河组不整合接触，下伏地层常为上古生界变质火山岩。在贝尔凹陷贝 48 井区，南平组岩性组合为泥岩、粉砂质泥岩与泥质粉砂岩、粉砂岩、凝灰质粉砂岩、含砾粉砂岩、细砂岩、凝灰质细砂岩、含砾细砂岩及砂质砾岩呈不等厚互层，局部见凝灰岩，产 *Annulispora perforate* 穿孔环圈孢—*Todisporites mimor* 小托第孢—*Pseudopicea* sp. 假云杉粉未定种孢粉组合，主要分子见有 *Annulispora perforata*、*Osmundacidites* sp.、*Acanthotriletes* sp.、*Cibotiumspora* sp.、*Todisporites mimor*、*Lycopodiumsporites* sp.、*Cyathidites* sp.、*Leiotriletes* sp.、*Quadraeculina* sp.、*Pseudopicea* sp.、*Protopinus* sp.、*Pinuspollenites* sp.、*Abietineaepollenites* sp.、*Abiespollenites* sp.、*Piceaepollenites* sp. 和 *Podocarpidites* sp. 等。时代为中侏罗世。本书将贝 48 井 698.5~1946.5m 作为南平组在海拉尔—塔木察格盆地的井下代表剖面，将塔 21-17 井 2658.5~2960m 作为南平组在塔木察格盆地的井下代表剖面，现介绍如下。

海拉尔盆地贝尔凹陷贝 48 井布达特群南平组剖面

上覆地层：大磨拐河组

～～～～～～～ 角度不整合 ～～～～～～～

南平组	698.5~1946.5m	厚 1248.0m

25. 灰、绿灰砂砾岩与绿灰色泥岩不等厚互层，产孢粉化石。　74.0m

24. 灰、深灰色中厚层砂砾岩夹黑灰色泥岩、绿灰色粉砂质泥岩及泥质粉砂岩。　64.5m

23. 灰、深灰色砂砾岩与泥岩不等厚互层。　34.0m

22. 深灰色砂砾岩与粉砂质泥岩不等厚互层。　18.5m

21. 深灰色砂砾岩与灰黑色泥岩不等厚互层。　108.0m

20. 深灰色砂砾岩夹灰、绿灰色粉砂质泥岩。　31.5m

19. 灰黑色泥岩、绿灰色粉砂质泥岩、深灰色粉砂岩及砂砾岩。　13.5m

18. 绿灰色泥岩夹粉砂质泥岩、泥质粉砂岩。　15.0m

17. 灰色粉砂岩与灰黑色泥岩不等厚互层夹粉砂质泥岩及泥质粉砂岩，产孢粉化石。　71.5m

16. 灰绿色砂砾岩夹灰黑色泥岩及粉砂质泥岩。　14.5m

15. 灰黑色泥岩与灰色粉砂岩互层夹灰色泥质粉砂岩及粉砂质泥岩，底部为一层灰色
厚层砂砾岩。　35.5m

14. 灰绿色泥岩与灰色粉砂岩不等厚互层夹绿灰色泥质粉砂岩、粉砂质泥岩，产孢粉
化石。　132.0m

13. 灰黑色泥岩为主，上部与灰色泥质粉砂岩互层，下部夹灰黑色的粉砂质泥岩，偶
夹灰色粉砂岩，顶底各一层灰色砂砾岩。　31.0m

12. 灰黑色泥岩、粉砂质泥岩、泥质粉砂岩、灰色粉砂岩。　34.0m

11. 灰黑色泥岩夹粉砂质泥岩及灰色粉砂岩，顶底各一层灰绿色砂岩。　23.0m

10. 灰黑色泥岩与灰色粉砂岩不等厚互层夹灰绿色粉砂质泥岩及灰色泥质粉砂岩，
底部为一层灰白色薄层凝灰岩，中部偶夹绿灰色凝灰质粉砂岩，产孢粉化石。　121.0m

9. 灰黑色泥岩与灰色粉砂岩不等厚互层夹绿灰色粉砂质泥岩、灰色泥质粉砂岩，中
部夹两层灰白色凝灰岩。　134.5m

8. 杂色砂砾岩。　13.5m

7. 灰黑色泥岩夹灰色泥质粉砂岩。　18.0m

6. 灰绿色为主，上部与灰色粉砂岩不等厚互层，夹灰绿色粉砂质泥岩，下部与灰色
泥质粉砂岩互层，夹绿灰色粉砂质泥岩及灰色粉砂岩。　55.0m

5. 灰、深灰色泥岩夹黑灰色泥质粉砂岩、粉砂质泥岩、灰色粉砂岩，上部偶夹深灰
色粗砂岩，底部为浅灰色凝灰质粉砂岩，产孢粉化石。　65.0m

4. 灰色泥岩夹灰色泥质粉砂岩、灰色粉砂质泥岩，偶夹灰色、绿灰色粉砂岩。　49.0m

3. 杂色砂砾岩。　23.5m

2. 黑灰色泥岩与深灰色粉砂岩及泥质粉砂岩互层，上部夹黑灰色粉砂质泥岩及杂色
砂砾岩。　27.5m

1. 杂色砂砾岩夹黑灰色泥岩、粉砂质泥岩。　40.5m

———————— 平行不整合 ————————

下伏地层：古生代基底

塔木察格盆地南贝尔凹陷塔 21-17 井布达特群南平组次层型剖面

上覆地层：铜钵庙组

～～～～～～～ 角度不整合 ～～～～～～～

南平组	2658.5~2960.0m	厚301.5m

16. 自下而上为灰色粉砂岩、深灰色泥质粉砂岩和灰黑色粉砂质泥岩。 15.5m

15. 上部和下部为灰黑色粉砂质泥岩、深灰色泥质粉砂岩，中部为灰黑色泥岩。 9.0m

14. 上部为灰色粉砂岩夹灰黑色泥岩，中部为灰黑色泥岩，下部为灰色粉砂岩。 25.5m

13. 上部为深灰色粉砂质泥岩、泥质粉砂岩和黑灰色含砂泥岩，下部为深灰色泥质粉砂岩、粉砂质泥岩和灰黑色泥岩。 20.5m

12. 上部为深灰色泥质粉砂岩，下部为灰色粉砂岩。 22.0m

11. 自下而上为灰色粉砂岩、深灰色泥质粉砂岩和灰黑色粉砂质泥岩。 11.0m

10. 黑灰色粉砂质泥岩与深灰色泥质粉砂岩不等厚互层。 28.0m

9. 灰色粉砂岩与深灰色泥质粉砂岩不等厚互层，偶夹灰黑色泥岩和粉砂质泥岩。 38.5m

8. 灰色粉砂岩。 21.5m

7. 上部为灰黑色泥岩，中部为灰色粉砂岩夹深灰色泥质粉砂岩，下部为灰黑色泥岩、深灰色粉砂质泥岩和泥质粉砂岩。 19.0m

6. 上、下部为灰色粉砂岩，中部为灰黑色泥岩、深灰色粉砂质泥岩和泥质粉砂岩。 23.0m

5. 深灰色泥质粉砂岩夹灰黑色泥岩，顶部一层深灰色粉砂质泥岩。 6.5m

4. 深灰色粉砂质泥岩夹灰色粉砂岩。 8.5m

3. 深灰色泥质粉砂岩夹灰色粉砂岩及灰黑色泥岩。 16.5m

2. 灰黑色泥岩与灰色砂砾岩不等厚互层。 23.0m

1. 灰色凝灰质细砂岩。 13.5m

（未见底）

3. 中—上侏罗统塔木兰沟组（J$_{2-3}$tm）

塔木兰沟组层型剖面在内蒙古自治区呼伦贝尔盟牙克石市绰尔镇塔木兰沟，由中基性火山岩夹火山碎屑岩及不稳定的沉积岩构成。万传彪等在研究海拉尔—塔木察格盆地地层层序时认为，盆地内玄武岩层不是一期喷发的产物，140~160Ma 喷发的玄武岩及其沉积岩夹层与塔木兰沟组相当，110~120Ma 喷发的玄武岩及其沉积岩夹层与伊列克得组相当，不宜使用兴安岭东坡建立的甘河组来笼统地代表这两期玄武岩喷发事件，建议正式将塔木兰沟组引入海拉尔—塔木察格盆地地层系统，并选乌 D1 井 910.8~948.08m 井段和贝 16 井 1737.0~2030.0m 井段为塔木兰沟组代表剖面。本书认为这两个剖面缺少古生物方面的资料，且均未钻穿塔木兰沟组，并非塔木兰沟组最佳剖面。到目前为止，盆内钻遇塔木兰沟组的钻井已有几十口，但钻穿塔木兰沟组的探井很少，仅红 6 井钻穿塔木兰沟组，且在玄武岩夹层中发现中—晚侏罗世（*Perinopollenites—Podocarpidites—Pseudowalchia*）孢粉化石组合[19]，在火山岩中获得晚侏罗世同位素数据，是海拉尔—塔木察格盆地迄今为止最符合塔木兰沟组原始定义的井下标准剖面之一，故本书选红旗凹陷红 6 井 2541.0~3565.0m 井段作为海拉尔—塔木察格盆地塔木兰沟组的井下代表剖面。此外选塔南凹陷塔 19-120 井 3183.0~3400.0m 井段作为塔木察格盆地塔木兰沟组的井下代表剖面。海拉尔盆地的塔木兰沟组分布在巴彦呼舒、查干诺尔、呼伦湖、贝尔、乌尔逊、红旗、乌固诺尔、东明、呼和湖和伊敏凹陷；塔木察格盆地的塔木兰沟组分布在查南、南贝尔和塔南凹陷。为地震反射面 T₅ 和 T₄ 反射层之间的一套以玄武岩、安山玄武岩、玄武安山岩为主的火山岩，火山碎屑岩及正常沉积的粗碎屑岩地层。现将红 6 井和塔 19-120 井塔木兰沟组剖面介绍如下。

海拉尔盆地红旗凹陷红 6 井布达特群塔木兰沟组（J₂₋₃tm）剖面

上覆地层：铜钵庙组（K₁t）

———————— 平行不整合 ————————

| 塔木兰沟组 | 2541.0~3565.0m | 总厚度 1024.0m |

23. 灰绿、黑灰色玄武岩。 98.0m

22. 灰绿色安山岩。2652.01m 处 LA–ICP–MS 锆石 U–Pb 法所测年龄为 149.8Ma±3.6Ma。 22.0m

21. 黑灰色泥岩。产孢粉化石，其中蕨类孢子有 *Calamospora*、*Granulatisporites*、*Baculatisporites*、*Laevigatosporites*、*Cibotiumspora*、*Lycopodiumsporites* 和 *Biretisporites* 等，裸子类花粉主要有 *Podocarpidites*、*Abiespollenites*、*Piceaepollenites*、*Pinuspollenites*、*Abietineaepollenites*、*Cedripites*、*Taxodiaceaepollenites*、*Inaperturopllenites*、*Cerebropollenites*、*Perinopollenites*、*Protopinus*、*Piceites*、*Paleoconiferus*、*Protoconiferus*、*Pseudowalchia*、*Pseudopicea*、*Psophosphaera*、*Quadraeculina* 和 *Classopollis* 等。 19.0m

20. 灰绿色玄武岩。 44.0m

19. 黑灰色粉砂质泥岩。 16.0m

18. 灰色凝灰质粉砂岩。 24.0m

17. 黑灰色玄武岩夹黑灰色泥岩。 69.0m

16. 灰色凝灰质粉砂岩。 22.0m

15. 灰色砂质砾岩。 41.0m

14. 黑灰色泥岩夹灰色凝灰质粉砂岩。泥岩中产孢粉化石，其中蕨类孢子有 *Stereisporites*、*Undulatisporites*、*Baculatisporites*、*Granulatisporites*、*Leiotriletes*、*Apiculatisporites*、*Osmundacidites*、*Cibotiumspora*、*Biretisporites*、*Schizosporis*、*Punctatisporites*、*Rotverrusporites* 和 *Densoisporites* 等，裸子类花粉主要有 *Cycadopites*、*Ginkgo*、*Podocarpidites*、*Dacrycarpites*、*Rugubivesiculites*、*Araucariacites*、*Abiespollenites*、*Piceaepollenites*、*Pinuspollenites*、*Abietineaepollenites*、*Cedripites*、*Callialasporites*、*Taxodiaceaepollenites*、*Inaperturopllenites*、*Cerebropollenites*、*Perinopollenites*、*Protopinus*、*Piceites*、*Paleoconiferus*、*Protoconiferus*、*Protopodocarpus*、*Pseudowalchia*、*Pseudopicea*、*Pseudopinus*、*Psophosphaera* 和 *Quadraeculina* 等。 74.0m

13. 灰绿色晶屑凝灰岩夹灰黑色泥岩。 137.0m

12. 灰色晶屑凝灰岩。 57.0m

11. 灰黑色泥岩夹黑灰色玄武岩。 110.0m

10. 深灰色玄武岩。 77.0m

9. 灰白色晶屑凝灰岩。 17.0m

8. 灰色长石砂岩。 31.0m

7. 黑灰色玄武岩。 11.0m

6. 灰色晶屑凝灰岩。3426.02m、3427.12m 和 3428.72m 处晶屑凝灰岩 LA-ICP-MS 锆石
　　U–Pb 法所测年龄分别为 151.6Ma±2.6Ma、150.1Ma±3.7Ma 和 150.5Ma±2.0Ma。 25.0m

5. 黑灰色泥岩。 25.0m

4. 灰白色长石砂岩。 20.0m

3. 灰色晶屑凝灰岩。 21.0m

2. 黑灰色泥岩夹灰色砾岩。 49.0m

1. 灰色砂质砾岩。 15.0m

～～～～～～ 角度不整合 ～～～～～～

下伏地层：古生界基底

塔木察格盆地塔南凹陷塔 19–120 井布达特群塔木兰沟组（$J_{2-3}tm$）次层型剖面
上覆地层：铜钵庙组（K_1t）

～～～～～～ 角度不整合 ～～～～～～

塔木兰沟组 3183.0~3400.0m 厚217.0m

16. 灰色凝灰岩。 17.0m

15. 凝灰质角砾岩。 4.0m

14. 黑灰色沉凝灰岩夹灰色凝灰岩。 15.5m

13. 灰、深灰色凝灰岩。 14.5m

12. 黑灰色沉凝灰岩夹深灰色凝灰岩。 10.5m

11. 深灰色凝灰岩。 12.0m

10. 深灰色凝灰岩与黑灰色沉凝灰岩互层。 9.5m

9. 黑灰色沉凝灰岩。 32.5m

8. 灰黑色玄武岩夹灰色凝灰岩。 19.0m

7. 黑灰色沉凝灰岩与灰黑色玄武岩互层。 5.5m

6. 黑灰色沉凝灰岩。 7.0m

5. 灰黑色玄武岩。 12.5m

4. 黑灰色沉凝灰岩夹灰黑色玄武岩。 9.5m

3. 灰黑色玄武岩。 25.0m

2. 黑灰色沉凝灰岩。 10.0m

1. 灰黑色玄武岩。 13.0m

（未见底）

三、兴安岭群（K₁x）

海拉尔—塔木察格盆地兴安岭群发育齐全，主要分布在盆地一级断陷带部位，在隆起上的凹陷沉积薄而不全，自下而上划分铜钵庙组和南屯组（分一段、二段）。盆缘兴安岭群上库力组与铜钵庙组和南屯组中下部相当、伊列克得组与南屯组上部或顶部相当。

1. 铜钵庙组（K₁t）

1990年"统层会"命名的铜钵庙组选海参3井2061.0~2936.0m井段为铜钵庙组井下层型剖面，细分为三段，但没有剖面描述。1994年万传彪等对铜钵庙组进行了修订，将含凝灰岩的火山碎屑岩部分划归到兴安岭群，并选海参6井1700.0~2506.0m井段为铜钵庙组井下层型剖面，细分为三段，有详细描述。上述工作成果没有见到正式发表资料。本书沿用大家熟悉的铜钵庙组一名，但所使用的铜钵庙组含义在岩性上有所扩大，即包括了原始定义中出现的凝灰岩、凝灰质岩类，砾岩和砂砾岩等较粗的快速堆积岩类，也包括了有一定厚度的颜色较深的泥岩、砂泥岩甚至是油页岩等湖相较深水沉积岩类，还包括了流纹岩、英安岩等酸性火山岩。

2006年万传彪等依据等时对比（而不是纯粹岩性对比）的年代地层学原理，重新定义铜钵庙组含义，即界定铜钵庙组的核心标准是地震反射面T₃和T₄之间的一套地层，以深色砂泥岩、杂色砂砾岩为主，在沉降中心部位常出现油页岩、泥灰岩层，且普遍含凝灰质砂泥岩和凝灰质砂砾岩的岩系，经常出现流纹岩、英安岩、凝灰岩等中酸性火山岩、火山碎屑岩（相当于盆缘上库力组的下部地层）。与下伏塔木兰沟组或前侏罗系呈不整合接触。视电阻率曲线高阻，厚度一般为200~400m。全区广泛分布。产孢粉、叶肢介、腹足类、鱼类、昆虫等门类化石。其中孢粉划分两个组合，下部是以贝16井为代表的 *Cyathidites* 桫椤孢—*Biretisporites* 脊缝孢—*Podocarpidites* 罗汉松粉组合，主要特征是：（1）蕨类植物孢子百分含量较高（55.6%），裸子植物花粉百分含量稍低（44.4%），没有发现被子植物花粉；（2）蕨类植物孢子中，*Cyathidites* 百分含量最高（8.7%），其次是 *Biretisporites*（4.9%）、*Cibotiumspora*（4.9%）、*Punctatisporites*（3.7%）和 *Microfoveolatisporites*（3.7%）。百分含量为2.5%的类型有 *Leiotriletes*、*Granulatisporites*、*Lycopodiumsporites*、*Cicatricosisporites*、*Apiculatisporis*、*Dictyotriletes* 等；（3）裸子植物花粉中，*Podocarpidites* 百分含量最高（8.7%），其次为 *Abiespollenites*（2.5%），由于化石保存不好，有16.1%的花粉只能鉴定到 Pinaceae 科，零星出现的类型有 *Ginkgo*、*Inaperturopollenites*、*Erlianpollis*、*Abietineaepollenites*、*Pinuspollenites*、*Piceaepollenites*、*Pseudopinus* 和 *Classopollis* 等。上部是以贝16井为代表的 *Cicatricosisporites* 无突肋纹孢—*Osmundacidites* 紫萁孢—*Hailaerisporites* 海拉尔孢组合，主要特征是：（1）蕨类植物孢子百分含量占绝对优势（85.9%~94.5%），裸子植物花粉百分含量极低（5.5%~14.1%），没有发现被子植物花粉；（2）蕨类植物孢子中，以 *Cicatricosisporites*（21.2%~28.8%）和 *Osmundacidites*（6.8%~19.8%）含量高，经常出现 *Hailaerisporites*（0~1.4%）、*Bayanhuasporites*（0~2.7%）为特征，百分含量较高或百分含量较稳定的孢子还有 *Cyathidites*、*Cibotiumspora*、*Granulatisporites*、*Baculatisporites*、*Lycopodiumsporites*、*Densoisporites*、*Hsuisporites* 等；（3）裸子植物花粉中，*Cycadopites*（2.7%~2.8%）和 *Paleoconiferus*（0.8%~2.8%）的百分含量较高，出现有时代意义的类型有 *Schizosporis reticulatus* 和 *Schizosporis parvus*

等。万传彪等在塔木察格盆地塔 19-30 井铜钵庙组建立的 *Osmundacidites* 紫萁孢—*Hailaerisporites* 海拉尔孢—*Podocarpidites* 罗汉松粉组合，以及在塔 21-6 井铜钵庙组建立的 *Bayanhuasporites* 巴彦花孢—*Cyathidites* 桫椤孢—*Lycopodiumsporites* 石松孢组合可分别与贝 16 井铜钵庙组下部和上部孢粉组合进行对比。叶肢介见有 *Orthestheria* sp. 直线叶肢介（未定种）、*Diestheria* sp. 叠饰叶肢介（未定种）、*Yanjiestheria* cf. *sinensis*（Chi）中华延吉叶肢介（相似种）、*Yanjiestheria* sp. 延吉叶肢介（未定种）等热河生物群典型分子。鱼化石见有可能属于热河生物群典型分子 *Asiatolepis* 亚洲鱼的骨舌鱼类化石（德 106-203a 井）。在德 106-203a 井发现的 2 枚昆虫化石，其特征近似于热河生物群中重要的 *Ephemeropsis trisetalis* 三尾拟蜉蝣。

满洲里呼伦湖东岸上库力组下部（相当于铜钵庙组）流纹岩 LAICP-MS 锆石 U-Pb 同位素年龄为 144.3Ma±0.6Ma[18]；呼伦湖西岸上库力组下部英安质熔结凝灰岩相同方法所测同位素年龄为 141Ma±1Ma、粗面英安岩同位素年龄为 142Ma±1Ma[14]；满洲里南部上库力组下部流纹岩同位素年龄为（141±1）~（139±1）Ma[19]；盆地北缘的温库吐地区上库力组火山岩形成年龄为 141.3Ma±1.7Ma；盆缘柴河地区上库力组下部安山岩和英安岩同位素年龄为（141±2）~（145±3）Ma[20]，流纹岩同位素年龄为 134.5Ma±1.5Ma[21]，流纹质晶屑凝灰岩同位素年龄为 131Ma±1Ma[22]；来自海拉尔—塔木察格盆地内井下铜钵庙组安山岩和流纹质凝灰岩的 18 块标本的同位素年龄范围为（124.0±1.0）~（142.8±4.0）Ma，与盆缘上库力组年龄相近似，具有可比性。

海参 6 井 1700.0~2506.0m 井段岩性特征不能体现本次修订的铜钵庙组岩石组合特征，故指定贝 16 井 1328.0~1825.5m 井段为兴安岭群铜钵庙组井下正层型剖面，指定德 106-203A 井 1335.5~1833.1m 井段为兴安岭群铜钵庙组井下副层型剖面，指定塔木察格盆地塔 19-7 井 2477.0~3265.0m 井段为兴安岭群铜钵庙组井下次层型剖面。

贝 16 井位于海拉尔盆地贝尔凹陷苏德尔特构造带苏德五 -6 号构造，地理位置是内蒙古自治区呼伦贝尔市新巴尔虎右旗贝尔乡西 11.5km 处。

海拉尔盆地贝尔凹陷贝 16 井兴安岭群铜钵庙组正层型剖面
（万传彪等 2006 年测制）

上覆地层：南屯组（K_1n）

———————— 平行不整合 ————————

铜钵庙组（K_1t）　　　　　　　　1328.0~1825.5m　　　　　　　　　　厚 497.5.0m

25. 1328.0~1364.0m 棕、灰棕色凝灰岩夹凝灰质砂砾岩和凝灰质粗砂岩及灰、浅灰
　　色粉砂岩，绿、灰绿色粉砂质泥岩产孢粉化石。　　　　　　　　　　　　　　36.0m

24. 灰、浅灰色泥岩，泥质粉砂岩，粉砂质泥岩，粉砂岩及凝灰质泥岩。产孢粉化石。　4.5m

23. 棕、灰棕色粗砂岩与绿、灰绿色泥岩互层，夹灰、浅灰色泥质粉砂岩和绿、灰
　　绿色粉砂质泥岩，上部粗砂岩含凝灰质成分。　　　　　　　　　　　　　　　43.0m

22. 下部为棕、灰棕色粗砂岩夹灰、浅灰色泥质粉砂岩；中上部为棕、灰棕色细砂
　　岩与绿、灰绿色泥岩互层，中部夹粉砂质泥岩。　　　　　　　　　　　　　　36.0m

21. 下部为绿、灰绿色泥岩和灰、浅灰色泥质粉砂岩及棕、灰棕色粉砂岩；上部为
　　灰、浅灰色泥质粉砂岩，棕、灰棕色粉砂岩和粗砂岩及细砂岩，深灰、灰绿色

泥岩和粉砂质泥岩；底部为棕、灰棕色细砂岩。　44.0m

20.棕、灰棕色砂砾岩和凝灰质砂砾岩夹绿、灰绿色泥岩和棕、灰棕色凝灰质粗砂岩。　9.0m

19.棕、灰棕色粗砂岩与绿、灰绿色泥岩互层，夹粉砂质泥岩和泥质粉砂岩及细砂岩，底部为棕、灰棕色砂砾岩和灰、浅灰色凝灰质粗砂岩。产孢粉化石。　31.5m

18.棕、灰棕色细砂岩，灰、浅灰色泥质粉砂岩，绿、灰绿色泥岩和粉砂质泥岩。　12.5m

17.下部灰、浅灰色粉砂岩与绿、灰绿色粉砂质泥岩互层；上部灰、浅灰色泥质粉砂岩夹绿、灰绿色泥岩和粉砂质泥岩及棕、灰棕色粉砂岩。　24.5m

16.下部绿、灰绿色泥岩和粉砂质泥岩；上部灰、浅灰色泥质粉砂岩与绿、灰绿色泥岩和粉砂质泥岩及灰、浅灰色粉砂岩互层。　24.5m

15.浅棕色、灰、浅灰色粉砂岩夹绿、灰绿色泥岩和灰、浅灰色泥质粉砂岩及粉砂质泥岩。　14.0m

14.灰、浅灰色泥质粉砂岩与绿、灰绿色粉砂质泥岩互层。　20.5m

13.棕、灰棕色粉砂岩为主，下部夹绿、灰绿色泥岩及灰、浅灰色泥质粉砂岩，中上部夹绿、灰绿色泥质粉砂岩和灰、浅灰色泥质粉砂岩。　69.3m

12.棕、灰棕色流纹质晶屑玻屑凝灰岩为主，下部夹一层粉砂岩。　3.2m

11.绿、灰绿色泥岩为主，下部与绿、灰绿色粉砂质泥岩互层，中上部夹灰、浅灰色泥质粉砂岩及含砾粉砂岩，顶部夹两层绿、灰绿色粉砂质泥岩。　36.5m

10.浅棕色、灰、浅灰色粉砂岩，灰、浅灰色泥岩和粉砂质泥岩及灰、浅灰色泥质粉砂岩，绿、灰绿色角闪安山岩，棕、灰棕色流纹质玻屑凝灰岩。　9.0m

9.灰、浅灰色凝灰质粉砂岩夹绿、灰绿色泥岩和粉砂质泥岩，中部夹两层绿、灰绿色玻屑凝灰岩，底部为一层绿、灰绿色玻屑凝灰岩，顶部为绿、灰绿色玻屑凝灰岩和灰、浅灰色凝灰质细砂岩。　34.5m

8.中下部为灰、浅灰色凝灰质泥质粉砂岩，凝灰质粉砂岩夹绿、灰绿色泥岩和粉砂质泥岩；底部为绿、灰绿色凝灰质粉砂岩和凝灰质泥岩；上部为浅棕色、灰、浅灰色凝灰质粉砂岩，绿、灰绿色泥岩和粉砂质泥岩。　45.0m

———————平行不整合————————

下伏地层：塔木兰沟组（K_1tm）

　　德106-203A井位于海拉尔盆地贝尔凹陷苏德尔特构造带，地理位置是内蒙古自治区呼伦贝尔市新巴尔虎右旗贝尔苏木乡东北15.0km处。德106-203A井完钻井深1935m，取心265.51m，是目前海拉尔盆地兴安岭群取心最长的一口井，也是海拉尔盆地钻井揭露的兴安岭群铜钵庙组产古生物大化石最丰富的一口井，发现较为丰富的孢粉、叶肢介、鱼和昆虫化石，为本区井下兴安岭群铜钵庙组生物地层学对比和地质时代确定提供了宝贵资料。

海拉尔盆地贝尔凹陷德106-203A井兴安岭群铜钵庙组副层型剖面
（万传彪等2006年测制）

上覆地层：兴安岭群南屯组（K_1n）

　　　　　　　　-------- 平行不整合 --------

铜钵庙组　　　　　　　　　1335.5~1833.1m　　　　　　　　厚 497.6m

27. 灰色凝灰质含砾粗砂岩与灰色凝灰质细砂岩及凝灰质中砂岩互层，夹薄层沉
　　凝灰岩、深灰色流纹岩（15cm）。　　　　　　　　　　　　　　　　19.5m

26. 凝灰质含砾粗砂岩、凝灰质粗砂岩、凝灰质中、细砂岩、夹灰白色沉凝灰岩、
　　夹薄层灰色凝灰质泥质粉砂岩。产孢粉化石。　　　　　　　　　　　16.7m

25. 灰绿色凝灰质泥质粉砂岩夹凝灰质粗砂岩。产孢粉化石。　　　　　　　8.3m

24. 凝灰质含砾粗砂岩与凝灰质砾岩与凝灰质粗砂岩互层。产孢粉、叶肢介化石。32.0m

23. 绿灰色凝灰质泥质粉砂岩夹薄层绿灰色凝灰质粉砂岩。产孢粉化石。　　18.0m

22. 凝灰质含砾粗砂岩、凝灰质砾岩、凝灰质粗砂岩夹绿黑色凝灰质泥质粉砂岩。
　　产孢粉化石。　　　　　　　　　　　　　　　　　　　　　　　　　15.0m

21. 凝灰质含砾粗砂岩、凝灰质砾岩夹薄层灰黑色凝灰质泥质粉砂岩。　　　25.0m

20. 灰绿色、绿灰色凝灰质泥质粉砂岩与凝灰质砾岩、凝灰质中、粗砂岩互层。产
　　孢粉、叶肢介化石。　　　　　　　　　　　　　　　　　　　　　　34.0m

19. 凝灰质含砾粗砂岩、凝灰质砾岩夹薄层灰黑色凝灰质泥质粉砂岩。产孢粉化石。7.0m

18. 灰色、灰黑色凝灰质泥质粉砂岩夹凝灰质含砾粗砂岩夹凝灰质中、粗砂岩。产
　　孢粉、叶肢介、昆虫化石。　　　　　　　　　　　　　　　　　　　9.0m

17. 灰色凝灰质泥质粉砂岩夹灰色凝灰质粉砂岩夹极薄层沉凝灰岩。　　　　50.0m

16. 绿灰色凝灰质泥质粉砂岩与绿灰色凝灰质粉砂质泥岩互层，夹薄层绿灰色凝灰质
　　泥岩夹薄层灰白色凝灰岩夹薄层灰白色沉凝灰岩。　　　　　　　　　28.2m

15. 灰色凝灰质泥质粉砂岩夹灰色凝灰质粉砂岩夹极薄层沉凝灰岩。产孢粉、叶肢
　　介、鱼化石等。　　　　　　　　　　　　　　　　　　　　　　　20.3m

14. 绿色凝灰质粉砂岩与绿灰色凝灰质泥质粉砂岩互层。产孢粉化石。　　　5.5m

13. 绿灰色凝灰质泥质粉砂岩夹薄层灰色凝灰质砂岩。　　　　　　　　　19.0m

12. 绿灰色凝灰质泥质夹绿灰色凝灰质粉砂质泥岩夹极薄层灰白色沉凝灰岩、凝
　　灰岩。产叶肢介、孢粉化石。　　　　　　　　　　　　　　　　　　8.0m

11. 灰色沉凝灰岩夹绿灰色凝灰质粉砂质泥岩和灰色流纹岩。产孢粉化石。　19.0m

10. 灰色沉凝灰岩夹灰绿色凝灰质泥质粉砂岩夹薄层绿灰色凝灰质粉砂岩。　15.52m

9. 绿灰色凝灰质泥质粉砂岩与绿灰色凝灰质粉砂质泥岩互层。　　　　　　10.32m

8. 灰绿色凝灰质砾岩。　　　　　　　　　　　　　　　　　　　　　　7.07m

7. 绿灰色凝灰质泥质粉砂岩与绿灰色凝灰质粉砂质泥岩互层，夹薄层绿灰色凝
　　灰质泥岩夹薄层灰白色凝灰岩夹薄层灰白色沉凝灰岩。　　　　　　　47.2m

6. 灰绿色凝灰质砾岩。　　　　　　　　　　　　　　　　　　　　　　13.23m

5. 绿灰色、灰绿色凝灰质细砂岩与灰色凝灰质泥质粉砂岩，夹薄层灰白色沉
　　凝灰岩、夹薄层灰色凝灰质粉砂质泥岩。　　　　　　　　　　　　　14.9m

4. 绿灰色、灰绿色凝灰质中砂岩与绿灰色、灰绿色凝灰质粉砂岩互层，夹薄层
　　灰白色沉凝灰岩、薄层灰绿色凝灰质泥质粉砂岩。　　　　　　　　　22.56m

3. 灰色泥岩级沉凝灰岩。　　　　　　　　　　　　　　　　　　　　　2.52m

2. 绿灰色、灰绿色凝灰质砾岩夹薄层灰白色凝灰岩、薄层灰白色沉凝灰岩、薄层
   灰绿色凝灰质粉砂岩、薄层灰绿色凝灰质细砂岩、薄层含砾粗砂岩。 16.55m

1. 绿灰色、灰绿色凝灰质砾岩夹薄层灰白色凝灰岩、薄层灰白色沉凝灰岩、薄
   层绿灰色火山角砾岩。 13.59m

———————— 平行不整合 ————————

下伏地层：塔木兰沟组（K_1tm）

塔木察格盆地塔 19-7 井兴安岭群铜钵庙组次层型剖面

上覆地层：南屯组（K_1n）

———————— 平行不整合 ————————

铜钵庙组（K_1t）　　　　2477.0~3265.0m　　　　厚 788.0m

23. 灰色砂岩与灰色泥质砂岩夹薄层灰黑色泥岩。 28.0m

22. 灰色砂岩为主，夹灰黑色凝灰质泥岩，底部为一段泥质粉砂岩。 19.0m

21. 灰色砂砾岩，中间夹薄层砂岩。 27.0m

20. 灰色砂岩夹薄层灰黑色凝灰质泥岩。 9.0m

19. 灰黑色泥岩为主，夹灰色泥质粉砂岩及砂岩。 32.0m

18. 灰色凝灰质砂岩与灰黑色泥岩不等厚互层，中间夹一薄层粉砂岩。 56.0m

17. 灰白色凝灰质砂岩夹灰黑色泥岩。 74.0m

16. 灰黑色泥岩夹灰白色凝灰质砂岩。 30.0m

15. 灰白色凝灰质砂岩夹灰黑色泥岩。 23.0m

14. 灰白色凝灰质砂岩与灰黑色泥岩互层。 14.0m

13. 灰白色凝灰质砂岩夹灰黑色泥岩。 16.0m

12. 灰黑色泥岩夹灰泥质粉砂岩。 20.0m

11. 灰白色凝灰质砂岩夹灰黑色泥岩。 23.0m

10. 灰白色凝灰质砂岩与灰黑色泥岩互层。 14.0m

9. 灰白色凝灰质砂岩夹灰黑色泥岩。 27.0m

8. 灰白色凝灰质砂岩与灰黑色泥岩互层。 20.0m

7. 灰白色凝灰质砂岩和灰色凝灰质粉砂岩互层。 18.0m

6. 灰色凝灰质砂岩和灰黑色泥岩互层，顶部为一层灰黑色泥岩。 42.0m

5. 灰色凝灰质砂岩夹薄层灰黑色泥岩。 45.0m

4. 灰色凝灰质砂岩和灰黑色凝灰质泥岩互层。 20.0m

3. 巨厚层状灰色凝灰质砂岩为主，夹少量薄层的灰黑色凝灰质泥岩。 141.0m

2. 灰色、绿灰色、灰绿色凝灰质砂岩为主，上部夹绿灰色凝灰质砂岩，下部夹薄层灰
   黑色凝灰质泥岩。 51.0m

1. 灰绿色、杂色砂砾岩为主，夹灰色凝灰质砂岩、粉砂岩。 39.0m

～～～～～～～ 角度不整合 ～～～～～～～

下伏地层：布达特群

2. 南屯组（K_1n）

该组系东煤地质局 109 队 1987 年创建，建组剖面位于鄂温克凹陷南屯地区 81-33 孔、81-34 孔、86-5 孔综合剖面。该队据扎赉诺尔群的古生物组合面貌及沉积旋回具三分性，将大磨拐河组下部命名为南屯组。1990 年"统层会"基本采纳上述划分意见，但将该组下部砂砾岩段划出另立一组（铜钵庙组），故"统层会"的南屯组相当于 109 队南屯组的中上段。但东煤地质局 109 队定义的南屯组迄今为止没有正式发表。万传彪等按照"统层会"方案，将海参 3 井 1289.0~3061.0m 井段补充为南屯组井下代表剖面。

2006 年万传彪等对海拉尔盆地南屯组的定义是，位于地震反射层 T_{2-2} 和 T_3 之间的一套受火山活动影响的陆源碎屑岩组合，表现为深色砂泥岩互层，在边部多夹粗砂岩，经常出现泥灰岩、油页岩、凝灰质砂泥岩、凝灰岩，局部井区出现煤层或煤线，巴 13 井见有霏细岩，楚 2 井见有球粒流纹岩，苏 8 井和巴 3 井出现粗面岩。海拉尔盆地南屯组产孢粉、沟鞭藻、介形类、叶肢介、双壳类、腹足类、鱼类、植物等门类化石，其中孢粉以 *Classopollis* sp. 克拉梭粉（未定种）—*Pseudopicea variabiliformis* 多变假云杉粉—*Piceaepollenites multigrumus* 多云云杉粉组合为代表，主要特征为：（1）以裸子植物花粉含量占首位（74.8%~92.0%），蕨类植物孢子次之（1.7%~8.0%）；（2）裸子植物花粉中含量由高到低的是 *Piceaepollenites multigrumus*（0.9%~34.4%），*Concentrisporites flagilis*（0~22.3%）、*Abietineaepollenites* spp.（4.2%~7.6%）、*Pinuspollenites* spp.（2.5%~16.0%）、*Cycadopites* spp.（0~13.8%），出现了少量有时代意义的类型，如 *Jiaohepollis flexuosus*、*Jiaohepollis verus* 等；（3）蕨类植物孢子中 *Leiotriletes* spp.（0~3.6%）较常见，具有确定时代意义的化石有 *Cicatricosisporites australiensis*、*Cicatricosisporites* sp.、*Lygodiumsporites subsimplex*、*Fixisporites* sp.、*Foraminisporis wonthaggiensis*、*Hsuisporites* sp. 等。该孢粉组合可与在塔木察格盆地塔南凹陷和巴音戈壁凹陷南屯组建立的 *Foraminisporis asymmetricus* 不对称有孔孢—*Classopollis* sp. 克拉梭粉（未定种）—*Pseudopicea* sp. 假云杉粉（未定种）组合对比。海拉尔盆地南屯组沟鞭藻在南一段和南二段都有分布 [25-26]，南一段 *Protoellipsodinium* 原椭球藻组合特有分子有：*Palaeohystrichodinium panshanense*、*Protellipsodinium hangqiensis*、*P. subrotundus*、*Sentusidinium* sp.、*Scenedesmus bifidus*、*Tetrastrum* cf. *heterocanthum*，其他分子有：*Pediastrum boryanum*、*Botryococcus braunii*、*Leiosphaeridia taxoformis*。南二段 *Vesperopsis maximus* 最大拟蝙蝠藻组合特有分子有：*Vesperopsis granulate* subsp.4、*V.granulata* cf. *granulata*、*V. maximus oodeus*、*V. maximus dissitus*、*V.*sp.2、*V.*sp.3、*Nyktericysta beierensis hailaerensis*、*Dinogymniopsis daqingensis*、*Tetranguladinum conspicuum*、*Pseudoceratium opimus*、*Tetraedron* sp.、*Psiloschizosporis parva*、*Leiosphaeridia hyalina* 等，首次出现的分子有：*Vesporopsis granulata granulata*、*V.granulata* subsp.1、*V.glabra*、*Nyktericysta beierensis* subsp.A、*N.*sp.1、*Scenedesmus beierensis*、*S.* cf. *dimorphus*、*Granodiscus granulatus* 等；延续上来的分子有：*Botryococcus braunii* 等。介形类可分两个组合，南一段以 *Limnocypridea subscalara* 近梯形湖女星介—*Hailaeria dignata* 良好海拉尔介组合为代表，主要特征为：*Cypridea* 女星介，*Hailaeria* 海拉尔介，*Limnocypridea* 湖女星介三属相对丰富，属种及个体数量均较多，*Ilyocyprimorpha* 土星介和个体较小的 *Ziziphocypris* 枣星介有一定数量，同时还出现少量的 *Djungarica* 准噶尔介，*Timiriasevia* 季米里亚介，*Darwinula* 达尔文介等属的分子，组合中化石个体壳饰相对简单，以壳面光滑、具峰孔和网纹的占绝大多数，少量个体具条纹或小瘤刺。南二段

以 *Cypridea badalahuensis* 巴达拉湖女星介—*Hailaeria cretacea* 白垩海拉尔介组合为代表，主要特征为：*Cypridea* 女星介，*Limnocypridea* 湖女星介仍有一定数量，但 *Ziziphocypris* 枣星介个体数量明显减少，壳面具小瘤刺的 *Ilyocyprimorpha* 土星介种数减少，但个体数量增加，壳面具浅网纹、小坑的 *Hailaeria* 海拉尔介化石种富集，种数增多。叶肢介见有 *Eosestheria* sp. 东方叶肢介（未定种）、*Diestheria jeholensis* 热河叠饰叶肢介和 *D.* sp. 叠饰叶肢介（未定种）。双壳类见有 *Ferganoconcha subcentralis* 近中费尔干蚌、*Ferganoconcha sibirica* 西伯利亚费尔干蚌、*Limnocyrena* cf. *rotunda* 圆湖生蚬（相似种）和 *Limnocyrena* cf. *selenginensis* 色楞格湖生蚬（相似种）等。腹足类在南一段见有 *Lioplacodes* cf. *cholndyi*、*Vivparus* sp.；在南二段见有 *Robicia* (*Robicia*) cf. *pleurodia*、*Probaicalia vitimensis*、*Pleurolimnaea* cf. *shelingensis*、*Zaptychius* cf. *delicatus* 和 *Phytophorus* cf. *fuxinensis* 等。鱼类见有产于海参 10 井南一段的 *Lycoptera* sp. 狼鳍鱼（未定种），在红 D1 井、红 D3 井见鱼椎骨化石及大量保存精美的鱼鳞化石。植物见有 *Dicksonia concinna*、*Brachyphyllum* sp.、*Carpolithus* sp.、*Coniopteris* sp.、*Cladophlebis* sp.、*Czekanowskia setacea*、*Ginkgo digitata*、cf. *Gonatosoras ketovai*、*Baiera furcata*、*Pityophyllum* sp.、*Podozamites* sp. 和 *Equisetites* sp. 等。

南屯组视电阻率曲线呈锯齿状起伏。厚度一般为 280~420m。全区广泛分布。依据地震反射层特征，可将南屯组自下而上划分为一段、二段。

张文才等在兴安岭北段西坡建立伊列克得组（梅勒图组），为玄武岩、安山玄武岩、凝灰岩和粗安岩，在盆地西缘、北缘和东缘均有分布，多直接出露地表，或为第四系覆盖。盆内仅在鄂温克凹陷巴 D2 井见有伊列克得组玄武岩伏于大磨拐河组之下（厚 98.4m，未见底），呈平行不整合接触。牙克石市南部伊列克得组钾玄岩 Rb-Sr 等时线年龄为 125Ma±2Ma[23-24]，盆地北缘上护林—向阳盆地伊列克得组（梅勒图组）玄武岩 LAICP-MS 锆石 U-Pb 同位素年龄峰值为 125Ma[27]，相同方法所测满洲里达石莫北西伊列克得组玄武岩同位素年龄为 129Ma±2Ma[14]。同位素数据表明，盆缘分布的上库力组上部（相当于盆内南屯组上部）碱性流纹岩在层位上与伊列克得组有重叠，与伊列克得组玄武岩构成双峰式岩石组合[23-24]，据此理念，将盆内大磨拐河组之下局部分布的玄武岩划归入南屯组上部（主要分布在顶部），相当于盆缘的伊列克得组（梅勒图组）和上库力组上部。来自盆地内井下南屯组霏细岩、细粒英安质晶屑凝灰岩、流纹质玻屑晶屑岩屑凝灰岩和球粒流纹岩的 4 块标本 LAICP-MS 锆石 U-Pb 同位素年龄范围为（119.1±4.8）~（128±2）Ma，与盆缘上库力组上部同一方法测得锆石同位素年龄值范围相近似，具有可比性。

1）南屯组一段（K_1n_1）

灰黑色泥岩夹浅灰色砂泥岩，或与浅灰色粉砂岩、泥质粉砂岩互层，部分地区产有油页岩、含油砂岩，边部粗砂岩含量增高，偶见粗面岩。双侧向曲线高阻。一般厚度为 150~260m。该段位于地质反射层 T_{2-3} 和 T_3 之间，与铜钵庙组呈不整合接触。

2）南屯组二段（K_1n_2）

岩性为浅灰色细—粉砂岩、灰黑色砂泥岩，或与泥质粉砂岩互层。位于地震反射面 T_{2-2} 和 T_{2-3} 之间，其底界与南一段为整合接触，局部为不整合接触。双侧向曲线呈锯齿状，一般厚度为 150~300m，主要分布在深凹部位，隆起区大部分缺失。

本书选海拉尔盆地乌尔逊凹陷苏 8 井 1669.0~2197.0m 井段为南屯组正层型剖面，选巴 3 井 2036.0~2870.0m 井段为南屯组副层型剖面，选塔木察格盆地塔南凹陷塔 19-53 井 2059.5~2549.5m 井段为兴安岭群南屯组次层型剖面。

苏 8 井位于海拉尔盆地乌尔逊凹陷苏仁诺尔构造带苏六—7—Ⅰ号构造，地理位置是内蒙古自治区呼伦贝尔市新巴尔虎左旗铜钵庙北约 23.5km。

海拉尔盆地乌尔逊凹陷苏 8 井兴安岭群南屯组 K_1n 层型剖面
（万传彪等 2006 年测制）

上覆地层：大磨拐河组（K_1d）

<center>~~~~~~~~~ 角度不整合 ~~~~~~~~~</center>

南屯组（K_1n）	1669.0~2197.0m	厚 528.0 m
南二段（K_1n_2）	1669.0~1921.5m	厚 252.5 m
25. 黑灰色泥岩、粉砂质泥岩、浅灰色泥质粉砂岩不等厚互层。		9.5m
24. 黑色泥岩。		9.0m
23. 黑色泥岩与粉砂质泥岩、浅灰色泥质粉砂岩不等厚互层。		30.5m
22. 浅灰色粉砂岩、黑色泥岩、粉砂质泥岩。		12.5m
21. 黑灰色泥岩、浅灰色泥质粉砂岩互层。		15.5m
20. 浅灰色粉砂岩、细砂岩。		6.5m
19. 黑灰色泥岩夹粉砂质泥岩、浅灰色泥质粉砂岩和粉砂岩。		23.5m
18. 黑灰色泥岩为主，上、下部与黑灰色粉砂质泥岩互层，中部与浅灰色粉砂岩互层。		21.5m
17. 黑色泥岩为主，上部夹黑色粉砂质泥岩，中下部与浅灰色粉砂岩互层，夹泥质粉砂岩。		21.0m
16. 黑色泥岩与粉砂质泥岩不等厚互层，夹浅灰色泥质粉砂岩。		17.0m
15. 黑色泥岩与浅灰色泥质粉砂岩及黑色粉砂质泥岩不等厚互层，上部夹两层浅灰色粉砂岩。		27.5m
14. 黑色泥岩与粉砂质泥岩互层，夹一层浅灰色粉砂岩。		18.5m
13. 浅灰色粗砂岩夹黑色泥岩、粉砂质泥岩。		8.0m
12. 黑色泥岩夹浅灰色泥质粉砂岩。		6.5m
11. 黑灰色泥岩与浅灰色粗砂岩互层，夹粉砂岩、粉砂质泥岩。		25.5m
南一段（K_1n_1）	1921.5~2197.0m	厚 275.5m
10. 黑灰色泥岩、浅灰色泥质粉砂岩互层，夹粉砂质泥岩、粉砂岩。		9.5m
9. 黑色泥岩与浅灰色粗砂岩不等厚互层，夹黑色粉砂质泥岩，偶夹泥质粉砂岩。		45.0m
8. 浅灰色粗砂岩与泥质粉砂岩不等厚互层。		16.5m
7. 黑色泥岩与粗砂质泥岩不等厚互层，夹浅灰色粗砂岩。		41.5m
6. 浅灰、黑灰色粗面岩。		34.0m
5. 浅灰色粗砂岩与黑色泥岩、粉砂质泥岩不等厚互层。		50.0m
4. 黑色泥岩夹粉砂质泥岩薄层。		10.5m
3. 黑色泥岩与粉砂质泥岩、浅灰色粗砂岩不等厚互层。		31.5m

2. 黑色粉砂质泥岩夹泥岩、浅灰色粗砂岩和泥质粉砂岩。　　　　　　　　　　15.5m

1. 黑色泥岩与浅灰色粗砂岩薄互层，夹浅灰色粗砂岩薄互层，夹浅灰色细砂岩、
   黑色粉砂质泥岩，底部一层浅灰色砂砾岩。　　　　　　　　　　　　　　　21.5m

　　　　　　　　———— 平行不整合 ————

下伏地层：铜钵庙组（$K_1 t$）

　　巴 3 井位于海拉尔盆地乌尔逊凹陷新三构造，地理位置是内蒙古自治区呼伦贝尔市新巴尔虎左旗巴彦塔拉乡西北 14.5km。

海拉尔盆地乌尔逊凹陷巴 3 井兴安岭群南屯组（$K_1 n$）新副层型

（万传彪等 2006 年测制）

上覆地层：大磨拐河组（$K_1 d$）

　　　　　～～～～～～～ 角度不整合 ～～～～～～～

　　南屯组（$K_1 n$）　　　　　　1614.5～2036.0m　　　　　　厚 421.5m

　　南二段（$K_1 n_2$）　　　　　1614.5～1858.0m　　　　　　厚 243.5m

42. 黑色泥岩与黑灰色粉砂质泥岩不等厚互层，中部夹一层浅灰色粉砂岩　　　39.5m

41. 上部浅灰色泥质粉砂岩，中下部黑灰色粉砂质泥岩夹黑色泥岩、浅灰色泥质粉砂岩。10.5m

40. 黑色泥岩夹黑灰色粉砂质泥岩　　　　　　　　　　　　　　　　　　　21.0m

39. 浅灰色粉砂岩与黑色泥岩互层夹黑灰色粉砂质泥岩，偶夹浅灰色泥质粉砂岩。27.0m

38. 上部为黑色泥岩，下部浅灰色泥质粉砂岩夹黑色泥岩、浅灰色粉砂岩。　　10.0m

37. 黑色泥岩夹黑灰色、浅灰色泥岩。　　　　　　　　　　　　　　　　　9.5m

36. 黑色泥岩与黑灰色粉砂质泥岩不等厚互层。　　　　　　　　　　　　　66.5m

35. 厚层灰白色砂砾岩与黑灰色泥岩薄层互层，偶夹黑灰色粉砂质泥岩。　　64.0m

　　南一段（$K_1 n_1$）　　　　　1858.0～2036.0m　　　　　　厚 178.0m

34. 黑灰色泥岩。　　　　　　　　　　　　　　　　　　　　　　　　　10.5m

33. 黑灰色泥岩与粉砂质泥岩不等厚互层。　　　　　　　　　　　　　　41.5m

32. 黑灰色泥岩。　　　　　　　　　　　　　　　　　　　　　　　　　14.5m

31. 黑灰色泥岩与粉砂岩不等厚互层。　　　　　　　　　　　　　　　　61.0m

30. 黑灰色粗面岩。　　　　　　　　　　　　　　　　　　　　　　　　8.5m

29. 黑灰色泥岩与浅灰色粗砂岩不等厚互层，顶部一层黑灰色粉砂质泥岩。　20.0m

28. 黑灰色泥岩为主，中部夹浅灰色细砂岩，顶部一层浅灰色砂砾岩。　　　10.0m

27. 上部浅灰色粗砂岩夹黑灰色泥岩，下部黑灰色泥岩、粉砂质泥岩。　　　12.0m

　　　　　　　　———— 平行不整合 ————

下伏地层：铜钵庙组（$K_1 t$）

　　塔 19-53 井地理位置是：蒙古塔木察格盆地 19 合同区块 19-31 井东北约 2.2km；构造位置是：塔木察格盆地塔南凹陷。

塔木察格盆地塔南凹陷塔 19-53 井兴安岭群南屯组（K_1n）次层型剖面

（万传彪等 2006 年测制）

上覆地层：大磨拐河组（K_1d）

———————— 平行不整合 ————————

南屯组（K_1n）	2059.5~2549.5m	厚 490.0m
南二段（K_1n_2）	2059.5~2351.5m	厚 292.0m

26. 灰色粉砂岩为主，下部偶夹泥岩。 15.5 m

25. 灰色粉砂质泥岩夹泥质粉砂岩和粉砂岩。 10.0m

24. 灰色粉砂岩与泥岩不等厚互层。 28.5m

23. 灰、灰黑色泥岩，下部夹灰色粉砂质泥岩。 19.5m

22. 灰色粉砂岩。 17.0m

21. 大段灰黑色泥岩夹深灰色粉砂质泥岩，上部偶夹深灰色泥质粉砂岩。 57.0m

20. 深灰色粉砂质泥岩夹灰黑色泥岩。 47.5m

19. 灰黑色泥岩为主，上部偶夹深灰色粉砂质泥岩。 14.5m

18. 灰黑色泥质粉砂岩。 9.0m

17. 灰黑色泥岩。 73.5m

南屯组一段（K_1n_1）　　2351.5~2549.5m　　厚 198.0m

16. 深灰色粉砂质泥岩与灰黑色泥岩不等厚互层，偶夹深灰色泥质粉砂岩。 19.5m

15. 深灰色泥质粉砂岩为主，下部夹一层灰黑色泥岩。 7.5m

14. 上部为深灰色粉砂岩夹粉砂质泥岩和细砂岩，下部为深灰色粉砂质泥岩与细砂岩互层，偶夹粉砂岩。 4.5m

13. 灰色细砂岩。 9.5m

12. 上部为灰色粉砂岩和粉砂质泥岩，下部为灰色细砂岩。 5.5m

11. 灰黑色泥岩夹灰色粉砂岩。 4.0m

10. 深灰色粉砂岩。 11.0m

9. 灰黑色泥岩夹深灰色粉砂岩，偶夹深灰色泥质粉砂岩。 12.5m

8. 上部为深灰色粉砂岩，下部为灰黑色泥岩和深灰色泥质粉砂岩。 16.5m

7. 灰色粉砂岩与粉砂质泥岩不等厚互层。 8.5m

6. 灰色泥质粉砂岩与深灰色粉砂质泥岩不等厚互层，中部夹一层厚层灰色粉砂岩。 20.5m

5. 灰色粉砂岩与深灰色粉砂质泥岩不等厚互层，偶夹灰色泥质粉砂岩。 32.5m

4. 灰色粉砂岩夹泥质粉砂岩薄层。 17.5m

3. 深灰色粉砂质泥岩与灰色粉砂岩不等厚互层，偶夹灰色泥质粉砂岩。 11.0m

2. 深灰色粉砂质泥岩与灰色泥质粉砂岩不等厚互层。 9.0m

1. 深灰色泥岩为主，下部夹一层灰色泥质粉砂岩。 8.5m

———————— 平行不整合 ————————

下伏地层：铜钵庙组（K_1t）

四、扎赉诺尔群（K_1z）

海拉尔—塔木察格盆地下白垩统扎赉诺尔群十分发育，各凹陷均有分布，但在隆起部位基本缺失，自下而上划分为大磨拐河组（K_1d，分一段、二段）、伊敏组（K_1y，分一段、二段、三段）。

1. 大磨拐河组（K_1d）

建组剖面位于喜桂图旗大磨拐河右岸的五九煤田。位于地震反射层 T_2 和 T_{2-2} 之间。下部以湖相泥岩为主，泥质岩含量达 30%~90%，上部为砂泥岩，夹较多煤层的湖沼沉积，产孢粉、沟鞭藻、介形类、叶肢介、双壳类、腹足类、植物等门类化石。其中海拉尔盆地大一段孢粉可以以海参 5 井 *Deltoidospora hallii* 哈氏三角孢—*Piceaepollenites exilioides* 微细云杉粉组合为代表[28]，主要特征为：（1）裸子植物花粉含量（74.68%~86.36%）高于蕨类植物孢子（13.64%~25.32%），未见被子植物花粉；（2）裸子植物花粉以较多的两气囊花粉为特征，含量高且普遍见到的有 *Piceaepollenites exilioides*（5.26%~35.45%）、*P. multigrumus*（3.51%~19.38%）、*Pseudopicea variabiliformis*（4.39%~25.19%）等，常见类型还有 *Pinuspollenites minutus*（0.88%~4.46%）等，含量较高的类型还有 *Pseudopicea mag-nifica*（0~9.3%）、*Cycadopites nitidus*（0~7.02%）等；（3）蕨类植物孢子中以 *Cyathidites minor*（5.43%~11.4%）为主，其次为 *Deltoidospora hallii*（0.91%~5.36%）、*Baculatisporites comaumensis*（0~4.39%），重要类型有 *Concavissimisporites venitus*（0~0.78%）、*Leptolepidites verrucatus*（0~0.91%）、*Pilosisporites setisferus*（0~0.91%）、*Cicatricosisporites australiensis*（0~2.63%）、*C. gracilis*（0~0.88%）、*C. minutaetriatus*（0~0.89%）、*Fixisporites tortus*（0~0.88%）、*Densoisporites valatus*（0~0.88%）、*Triporoletes singularis*（0~0.88%）等。大二段以海参 4 井 *Cicatricosisporites australiensis* 澳洲无突肋纹孢—*Laevigatosporites ovatus* 卵形光面单缝孢组合为代表[28]：（1）蕨类植物孢子类型丰富，见有 30 个属（40.91%~78.4%），裸子植物花粉含量为 21.6%~59.09%，被子植物花粉未见；（2）蕨类植物孢子中海金砂科属种频繁出现，其中 *Cicatricosisporites* 属类型最丰富，含量较高的类型有 *Cyathidites minor*（6.45%~14.92%）、*Stereisporites antiquasporites*（0~27.03%）、*Laevigatosporites ovatus*（5.97%~13.08%）等，重要类型有 *Lygodiumsporites subsimplex*（0~1.49%）、*Leptolepidites major*（0~1.61%）、*L. psarosus*（0~1.61%）、*L. verrucatus*（0~1.35%）、*Klukisporites foveolatus*（0~1.49%）、*K. pseudoreticulatus*（0~1.61%）、*Appendicisporites crimensis*（0~0.94%）、*A. macrorhyzus*（0~1.61%）、*A. sp.*（0~2.99%）、*Foraminisporites asymmetricus*（0~1.49%）、*Triporoletes cenomanianus*（0~1.35%）、*T. reticulatus*（0~1.49%）、*T. singularis*（0~1.61%）等；（3）裸子植物花粉中，*Piceaepollenites* sp.（2.7%~32.26%）含量最高，其次是 *Protoconiferus* sp.（0~9.68%），重要分子有 *Rugubivesiculites reductus*（0~1.35%）、*Exesipollenites tumulus*（0~1.35%）等。在塔木察格盆地塔南凹陷和巴音戈壁凹陷大磨拐河组上部建立的 *Cicatricosisporites australiensis* 澳洲无突肋纹孢—*Matonisporites equiexinus* 相等马通孢—*Protopicea* sp. 原始云杉粉未定种组合可与上述海拉尔盆地大磨拐河组二段的孢粉组合大致对比，值得注意的是，前者组合零星见到早期被子植物花粉 *Clavatipollenites*，暗示大磨拐河组的上部或者顶部已经进入 Barremian 期[29]。海拉尔盆地沟鞭藻在大一段和大二段都有分布，大一段 *Nyktericysta beierensis beierensis* 贝尔蝙蝠藻— *Vesperopsis glabra* subsp.1 光面拟蝙蝠藻未定亚种 1 组合特有分子有 *Vesperopsis glabra* subsp.1、*V. suibinensis*、*Nyktericysta beierensis beierensis*、*N. beierensis* subsp. B、*N. beierensis beierensis*、*N. beierensis* subsp. B、*N. beierensis* cf. *puyangensis*、*N.* sp.2、*N.* sp.3、*Horologinella*、*Cooksonella* sp.，首次出现分子有 *Vesperopsis glabra hailaerensis*、*V. glabra* subsp. 2、*V. granulata* subsp. 2、*V. granulata* subsp.3、*V. sanjiangensis* subsp.1、*V.* sp.、*V.* sp.1、*Nyktericysta reticulata* subsp. A、*N. reticulata reticella*、*Ovoidites* sp.、*Psiloschizosporis* sp.、*Leiosphaeridia* sp. 等，延续上来的分子有 *Vesperopsis granulata* subsp.1、*Nyktericysta beierensis* subsp.A、*N.*sp.1、*Granodiscus granulatus*；大二段 *Vesperopsis contrangularia* 反角拟蝙蝠藻 —*Nyktericysta ramiformis* 枝状蝙蝠藻组合特有分子有 *Vesperopsis reticulata* subsp.2、*V. reticulata* subsp. 3、*V. reticulata* subsp.4、*V.granulata granulata*、*V. huangqiniaoensis*、*V. huangqimiaoensis* subsp.1、*V. jixianensis* subsp.2、*V.*sp.4、*V.*sp.Z、*V.*（C）*granulata*、*Nyktericysta reticulata aspera*、*N.ramiformis*、*N.r.aspera*、*N.beierensis* subsp.D、*Psendoceratium* sp.、*Dinogymniopsis tuberculata*、*Batiacasphaera* sp.、*Bosedinia* sp.、*Pareodinia* sp.、*Lecaniella headii*、*Concertricystis* sp. 等，首次出现分子有 *Vesperopsis jixianensis* subsp.1、*Dinogymniopsis granulata*、*Rugasphaera* sp. 等，延续上来的分子有 *Vesperopsis granulata granulata*、*V.granlata* subsp.1、*V.glabra glabra*、*V.glabra hailaerensis*、*V.glabra* subsp.2、*V.granulata* subsp. 2、*V.granulata* subsp.3、*V.sanjiangensis* subsp.1、*V.*sp.、*V.*sp.1、*Nyktericysta reticulata* subsp. A、*N.reticulata reticulata*、*N.beierensis* subsp.C、*Dinogymniopsis* sp.、*Perticella songliaoensis*、*Leiosphaeridia* sp.、*Scenedesmus* cf.*dimorphus*、*Pediastrum boryanum*、*Botryococcus braunii*、*Granodiscus granulatus* 等 [26]。介形类仅在大一段分布，以 *Ilyocyprimorpha hongqiensis* 红旗土星介—*Rhinocypris rivulosus* 具槽纹刺星介组合为代表，主要特征为：新出现的分子有 *Ilyocyprimorpha hongqiensis*、*I.spatulata*、*Rhinocypris rivulosus*、*Limnocypridea obsoleta* 等，延续至本组合后期，组合中的全部属种相继衰退或绝灭，组合中以 *Ilyocyprimorpha hongqiensis*、*I.spatulata*、*Rhinocypris rivulosus* 为特征分子，以 *Hailaeria microrata* 为优势种。在盆地边缘煤田钻孔大磨拐河组中见有 *Neimongolestheria* cf. *guyanensis* 固阳内蒙古叶肢介（相似种）、*N.gongyiminensis* 公义明内蒙古叶肢介、*Eosestheria* sp. 东方叶肢介（未定种）等。双壳类见有 *Ferganoconcha* sp. 费尔干蚌（未定种），在 1548 孔还见有 *Ferganoconcha sibirica* 西伯利亚费尔干蚌、*F.subcentralis* 亚中费尔干蚌、*Sibireconcha* cf. *golovae* 库地西伯利亚蚌（相似种）、*Corbicula anderssonia*（安氏兰蚬）等。大二段见有腹足类化石，保存不好，不能鉴定。

在煤田浅井大磨拐河组中见有：*Coniopteris nympharum*、*C. bureijensis*、*C. humerphylloides*、*Cladophlebis denticulata*、*C.whitbyensis*、*Baiera furcata*、*Sphenobaiera* cf. *langifoilia*、*Elatdadus manchurica*、*Pagiophyllum* sp.、*Taenipteris* sp.、*Onychiopsis elongata*、*Ginkgoites sibiricus* 和 *G.huttoni* 等植物化石。

视电阻率曲线下部低平，上部锯齿状含中高阻异常。厚度一般为 300~550m。全区广泛分布。可分为上、下段。

1）大磨拐河组一段（K₁d₁）

该段以厚层黑色泥岩为主，夹泥质粉砂岩，中、薄层细砂岩。视电阻率曲线低平，夹小锯齿及块状较高阻层，底部为 30Ω·m 小起伏段。一般厚 200~350m。位于地震反射层

T_{2-1} 和 T_{2-2} 之间。与南屯组呈整合接触或上超接触。

2）大磨拐河组二段（K_1d_2）

该段在全盆地均有分布，为黑色泥岩与灰色粉、细砂岩、泥质粉砂岩互层，呈反韵律，夹煤层，泥质岩含量达 70% 左右。视电阻率低平，间夹锯齿。厚 140~300m。位于地震反射层 T_2 和 T_{2-1} 之间。与大一段呈不整合接触。

选乌 16 井 1760.0~2151.0m 井段和塔 19-76 井 1519.0~1975.0m 为海拉尔—塔木察格盆地井下大磨拐河组的代表剖面。乌 16 井地理位置：内蒙古自治区呼伦贝尔盟新巴尔虎左旗巴彦塔拉乡西北 24.0km。构造位置：海拉尔盆地乌尔逊凹陷乌中构造带。现将大磨拐河组代表剖面介绍如下。

海拉尔盆地乌尔逊凹陷乌 16 井大磨拐河组（K_1d）代表剖面

上覆地层：伊敏组（K_1y）

———————— 平行不整合 ————————

大磨拐河组（K_1d）	1760.0~2151.0m	厚391.0m
大二段（K_1d_2）	1760.0~1902.0m	厚142.0m

44. 黑灰色泥岩为主，与浅灰色泥质粉砂岩及粉砂质泥岩互层，偶夹浅灰色粉砂岩，两层煤。 15.5m

43. 黑灰色泥岩，上部与粉砂质泥岩互层，中部夹黑灰色粉砂质泥岩、浅灰色泥质粉砂岩，下部夹黑灰色粉砂质泥岩。 13.0m

42. 上部为浅灰色粉砂岩、黑灰色泥岩、粉砂质泥岩及一层煤，下部为浅灰色粉砂岩。 8.5m

41. 黑灰色泥岩与粉砂质泥岩互层，夹浅灰色泥质粉砂岩，底部为浅灰色粉砂岩。 28.5m

40. 黑灰色泥岩，中上部与浅灰色泥质粉砂岩互层，偶夹黑灰色粉砂质泥岩，夹两层煤。 17.5m

39. 黑灰色粉砂质泥岩夹泥岩、浅灰色泥质粉砂岩及粉砂岩。 7.5m

38. 灰白色、浅灰色砂砾岩与黑灰色泥岩互层，偶夹黑灰色粉砂质泥岩。 27.5m

37. 黑灰色泥岩，中部夹粉砂质泥岩、浅灰色粉砂岩，底部为浅灰色泥质粉砂岩。 12.5m

36. 浅灰色粉砂岩夹黑灰色泥岩、粉砂质泥岩。 11.0m

大一段（K_1d_1）	1902.0~2151.0m	厚249.0m

35. 黑色泥岩为主，偶夹粉砂质泥岩，底部为浅灰色粉砂岩。 73.5m

34. 黑色泥岩，中部夹浅灰色粉砂岩。 21.5m

33. 上部为黑色泥岩、粉砂质泥岩、浅灰色泥质粉砂岩，下部为浅灰色粉砂岩。 8.7m

32. 黑色泥岩夹浅灰色泥质粉砂岩、粉砂岩，底部为浅灰色粉砂岩、泥质粉砂岩及粉砂质泥岩。 18.8m

31. 黑灰色泥岩夹粉砂质泥岩、浅灰色泥质粉砂岩。 15.0m

30. 浅灰色泥质粉砂岩及粉砂岩。 3.0m

29. 黑色泥岩。 31.5m

28. 黑色泥岩与浅灰色泥质粉砂岩互层，顶部为浅灰色粉砂岩。 7.5m

27. 黑色泥岩，中部夹粉砂质泥岩。 17.5m

| 26. 浅灰色粉砂岩夹黑色泥岩。 | 2.7m |
| 25. 黑色泥岩，下部夹粉砂质泥岩。 | 49.3m |

~~~~~~~~ 角度不整合 ~~~~~~~~

下伏地层：南屯组二段（K_1n_2）

塔 19-76 井其地理位置：蒙古塔木察格盆地 19 合同区块塔 19-67 井东南 2.5km，构造位置：塔木察格盆地塔南凹陷中部次凹北部。

塔木察格盆地塔南凹陷塔 19-76 井大磨拐河组（K_1d）次层型剖面

上覆地层：伊敏组（K_1y）

————— 平行不整合 —————

大磨拐河组（K_1d）	1519.0~1975.0m	厚 456.0m
大二段（K_1d_2）	1519.0~1767.0m	厚 248.0m
18. 灰色泥岩与粉砂岩不等厚互层。		7.5m
17. 大段灰色粉砂岩中部夹一薄层泥岩。		31.5m
16. 灰色泥岩夹粉砂岩，从上而下粉砂岩厚度依次变薄。		24.5m
15. 灰色粉砂岩。		17.0m
14. 灰色泥岩与粉砂岩不等厚互层。		23.5m
13. 上部为灰色泥岩，中下部为灰色粉砂岩。		25.0m
12. 深灰色泥岩与灰色粉砂岩不等厚互层。		33.5m
11. 深灰色泥岩为主，中部夹深灰色粉砂质泥岩。		9.5m
10. 灰色粉砂岩为主，中部夹一薄层深灰色泥岩。		24.5m
9. 深灰色泥岩为主，中下部夹灰色粉砂岩。		9.5m
8. 灰色粉砂岩。		27.0m
7. 灰色粗砂岩，顶部一层深灰色泥岩。		15.0m
大一段（K_1d_1）	1767.0~1975.0m	厚 208.0m
6. 大段深灰色泥岩，上部夹一薄层深灰色泥岩。		66.0m
5. 灰色粉砂岩夹深灰色泥岩。		6.0m
4. 黑灰色泥岩。		35.0m
3. 黑灰色泥岩为主，顶底分别为一层灰色粉砂岩和泥质粉砂岩。		9.0m
2. 黑灰色泥岩。		28.0m
1. 灰黑色泥岩与灰色粉砂岩不等厚互层。		64.0m

———— 平行不整合 ————

下伏地层：南屯组（K_1n）

2. 伊敏组（K_1y）

系伊敏煤田会战指挥部地质室 1973 年建立，建组剖面在鄂温克族自治旗伊敏煤田第

三、第十七勘探线 73-299 孔、73-29 孔。该组全区分布，以湖相沉积为主，岩性为砂泥岩、煤层呈不等厚互层。一般厚 600~1400m。视电阻率值低，曲线呈低平小起伏或小棒状异常形态。位于地震反射面 T_{04} 和 T_2 之间。与下伏大磨拐河组呈整合或平行不整合接触，顶部被上白垩统青元岗组或新生界不整合覆盖，厚 600~1000m。自下而上可分为一段、二段、三段。产孢粉、藻类、叶肢介、双壳类、鱼类、昆虫、植物化石等。海拉尔盆地伊一段可以以 *Impardecispora purveruleta* 敷粉非均饰孢—*Abietineaepollenites microalatus* 小囊单束松粉组合为代表[30]，主要特征为：（1）蕨类植物孢子变化范围是 21.64%~85.3%，裸子植物花粉为 13.9%~69.79%，被子植物花粉零星出现（0~1.3%）；（2）蕨类植物孢子中 *Cicatricosisporites australiensis* 含量最高（0~27.2%），其次是 *Cyathidites minor*（0~20.15%）、*Cicatricosisporites minutaetriatus*（0~17.16%）、*Impardecispora purveruleta*（0~13.9%）、*Pilosisporites verus*（0~13.9%），重要分子有 *Impardecispora marlylandensis*（0~7.6%）、*Leptolepidites verrucatus*（0~1.49%）、*Klukisporites foreslatus*（0~4.0%）、*Appendicisporites auriflerus*（0~0.75%）、*A. erdtmanii*（0~4.0%）、*Cicatricosisporites* sp.（0~6.3%）、*Fixisporites tortus*（0~0.67%）、*Crybelosporites striatus*（0~6.0%）、*Foraminisporites wonthaggiensis*（0~1.6%）、*A. verrucosus*（0~2.0%）、*Couperisporites complexus*（0~0.75%）等；（3）裸子植物花粉中 *Abietineaepollenites microalatus* 含量最高（0~28.48%），其次为 *Pseudopicea variabiliformis*（0~13.43%）、*Podocarpidites nageieforms*（0~12.0%）等，重要的分子有 *Jiaohepollis* cf. *verus*（0~0.8%）、*J. verus*（0~0.6%）等；（4）被子植物花粉见有 *Clavatipollenites hughesii*、*C.* sp. 和 *Asteropollis* sp. 等。伊二段可以以 *Triporoletes reticulatus* 网纹三孔孢—*Stereisporites antiquasporites* 古老坚实孢—*Pinuspollenites minutus* 小双束松粉组合为代表[30]，主要特征为：（1）蕨类植物孢子含量最高（38.16%~90.9%），裸子植物花粉次之（7.51%~61.28%），被子植物花粉零星见及（0.56%~2.13%）；（2）蕨类植物孢子中 *Laevigatosporites ovatuo* 含量最高（5.85%~37.56%），含量较高的还有 *Deltoidospora hallii*（1.06%~14.48%）、*Cicatricosisporites australiensis*（1.12%~14.81%）、*C. minor*（0~11.3%）、*C. minutaestriatus*（0~5.32%）等，重要化石有 *Impardecispora apiverrucata*、*I. cavernosa*、*I. Purverulenta*、*I. Tribotrys*、*Pilosisporites brevipapillosus*、*P. concavus*、*P. scitulus*、*P. setiferus*、*P. trichopapillosus*、*Piceaepollenites exilioides*、*P. multigrumus*、*P. prologatus*、*Triporoletes involuratus*、*T. reticulatus*、*T. singularis*、*Aequitriradites echinatus*、*A. spinulosus*、*A. verrucosus* 等；（3）裸子植物花粉以 *Pinuspollenites minutus* 为主（0.53%~10.11%），*Abietineaepollenites enodatus*（0~10.67%）、*Pinuspollenites enodatus* 次之（0~7.87%），重要分子有 *Jiaohepollis annulatus*、*J. verus* 等；（4）被子植物花粉仅见 *Tricolpopollenites* sp.、*Asteropollis* sp. 等。伊三段中下部以 *Appendicisporites* sp. 有突肋纹孢（未定种）—*Inaperturopollenites dubius* 变形无口器粉—*Asteropollis asteroides* 星形星粉组合为代表[30]，主要特征为：（1）蕨类植物孢子百分含量 36.53%~65.05%，裸子植物花粉百分含量为 33.01%~58.71%，被子植物花粉百分含量低，为 1.94%~5.5%；（2）蕨类植物孢子中 *Cyathidites minor* 含量最高（4.0%~20.39%），*Cicatricosisporites* 属分子丰富多彩，见有 *Cicatricosisporites augustus* 等 10 个种，*Concavissimisporites minimus*（0~2.38%）、*C. punctatus*（0~3.88%）、*Appendicisporites* sp.（0.97%~3.0%）占一定地位，其他重要分子有 *Lygodiumsporites subsimplex*、*Impardecispora minor*、*Pilosisporites trichopapillosus*、

P. verus、*Klukisporites pseudoreticulatus*、*Appendicisporites crenensis*、*A. potomacensis*、*A. tricornitatus*、*Foraminisporites asymmetricus*、*Cooksonites* sp.、*Triporoletes reticulatus*、*T. radiatus*、*Aequitritadites verrucosus*、*Trilobosporites* sp.、*Schizaeoisporites certus*、*S. evidensis*、*Schizosporis parvus* 等；（3）裸子植物花粉中 *Taxodiaceaepollenites hiatus*（0.97%~11.91%）、*T.* sp.（0~19.42%）、*Inaperturopollenites dubius*（4.5%~14.29%）等百分含量高，重要类型有 *Exesipollenites tumulus* 等；（4）被子植物花粉见有 *Clavatipollenites hughesii*（0~0.97%）、*C.* sp.（0~1.0%）、*Asteropollis asteroides*（0.97%~3.97%）、*Tricolpites* sp.（0~0.5%）、*Tricolporoidites* sp.（0~0.5%）等，类型及百分含量较伊二段有所增加。伊三段上部以 *Pilosisporites trichopapillosus* 毛发刺毛孢—*Crybelosporites punctatus* 斑点隐藏孢—*Hammenia fredericksburgensis* 弗里德利堡哈门粉组合为代表[30]，主要特征为：（1）蕨类植物孢子占第一位（41.1%~57.2%），裸子植物花粉为第二位（22.4%~37.3%），被子植物花粉含量上升到20.4%~21.6%；（2）蕨类植物孢子中 *Triporoletes laevigatus* 含量较高（0~16.0%），其次是 *Appendicisporites silvestris*（3.2%~5.2%）、*A. bilateralis*（2.8%~4.0%）、*Pilosisporites tripapillosus*（1.6%~3.2%）、*Triporoletes radiatus*（0.4%~4.4%）、*Crybelosporites punctatus*（0.4%~3.2%）等，重要分子还有 *Densoisporites microrugulatus*（0.4%~0.4%）、*Gabonispris labyrinthus*（0.4%~2.0%）、*Cicatricosisporites australiensis*（0.4%~1.2%）、*C. pseudotripartitus*（0.4%~2.4%）、*C. potomacensis*（0~2.0%）、*Concavissimisporites punctatus*（0.4%~2.4%）、*Impardecispora apiverrucata*（0.4%~2.8%）、*I. Trioreticulata*（0.4%~1.2%）、*Appendicisporites crimensis*（0~2.4%）、*Lygodiumsporites subsimplex*（0~0.4%）、*Aequitriradites echinatus*（0~0.4%）、*A. minutus*（0~0.4%）、*A. ornatus*（0~0.4%）、*A. vaerrucosus*（0~0.4%）、*Triporoletes asper*（0~0.4%）、*T. cenomaimus*（0~0.4%）、*T. involucratus*（0~0.4%）、*Cooksonites variabilis*（0~0.4%）、*Leptolepidites vermcatus*（0~0.4%）等；（3）裸子植物花粉以 *Piceaepollenites* sp. 为主（16.0%~28.8%），*Piceaepollenites alatus*（0~4.0%）、*Taxodiaceaepollenites hiatus*（0~2.0%）次之，重要类型还有 *Jiaohepollis verus*（0~0.4%）等；（4）被子植物花粉含量较伊敏组三段中下部显著增加，其中 *Hammenia fredericksburgensis* 含量最高（2.0%~12.0%），*Asteropollis asteroides* 次之（2.0%~10.0%），*Clavatipollenites hughesii* 也具有相当含量（1.2%~6.0%）。塔木察格盆地伊敏组孢粉组合研究程度不高，仅能划分出一个孢粉组合，在塔南凹陷和巴音戈壁凹陷建立的 *Appendicisporites macrorhyzus* 粗角有突肋纹孢—*Pinuspollenites* sp. 双束松粉未定种—*Retitricolpites geogensis* 乔治网面三沟粉组合与海拉尔盆地伊敏组二段及伊敏组三段下部孢粉组合面貌相当。海拉尔盆地藻类仅在伊一段中有分布，以 *Vesperopsis* sp. B 拟蝙蝠藻（未定种B）—*Lecaniella proteiformis* 易变雷肯藻 —*Nyktericysta pentaedrus* 五边蝙蝠藻组合为代表，组合特有分子有 *Vesperopsis* sp. B、*V. opimus*、*V. granulata*、*Nyktericysta reticulata* subsp.C、*N. pentaedrus*、*N. beierensis puyangensis*、*Protoellipsodinium* sp.、*Chytroeisphaeridia* sp.、*Perticella concolorus*、*Lecaniella proteiformis*、*Pediastrum* sp.、*Granoreticell* sp. 等，延续上来的分子有 *Nyktericysta* sp.1、*N. reticulata reticulata*、*N. beierensis* subsp.C、*Vesperopsis* sp.、*V.* sp.1、*V. jixianensis* subsp.1、*Dinogymniopsis granulats*、*Ovoidites* sp.、*Psiloschizosporis* sp.、*Rugasphaera* sp.、*Leiosphaeridia taxoformis*、*Perticella songliaoensis*、*Scenedesmus beierensis*、*S.* cf. *dimorphus*、*Granodiscus granulatus*

等。在海拉尔市北宝日希勒 1548 孔伊敏组中见有 *Orthestheriopsis* cf. *tongfosiensis* 铜佛寺似直叶肢介（相似种）、*Orthestheria* sp. 直线叶肢介等叶肢介。在盆地边缘煤田钻孔伊敏组产 *Sphaerium* sp. 球蚬、*Corbicula* sp. 兰蚬等双壳类化石。在灵泉煤矿伊敏组剖面，见有可能属于薄鳞鱼属（*Leptolepis*）的薄鳞鱼类（*Leptolepididae*）化石。伊一段植物化石见有 *Ruffordia goepprti*、*Acanthopteris onychioides*、*Nilssonia orientalis*、*Nilssoniopteris hailarensis*、*Ginkoadian toides*、*Ginkgoites sibiricus*、*G.* sp.、*Pagiophyllum* sp.、*Onychiopsis* sp.、*Coniapteris onychiopsis* 和 C. *bureiensis* 等。

1）伊敏组一段（K_1y_1）

该段全区分布，为灰、深灰、黑灰色泥岩，灰白色粉砂岩、中粗砂岩、含砾砂岩，灰绿色过渡岩，呈不等厚互层，夹煤层。盆地边缘变粗，煤层发育。双侧向曲线呈齿形，煤层呈刺刀状尖峰。厚 120m。与大磨拐河组呈整合或平行不整合接触。

2）伊敏组二＋三段（K_1y_{2+3}）

该段分布于呼伦湖凹陷（含煤）、赫尔洪德凹陷（含煤）、乌尔逊凹陷、贝尔凹陷，为灰、深灰色泥岩，灰绿色泥质粉砂岩夹砂岩薄层。近底部常为砂泥岩过渡岩性。双侧向曲线呈齿形，煤层为尖峰状，呈笔架形，泥岩为 $5\Omega \cdot m$，砂岩为 $20 \sim 25\Omega \cdot m$。一般厚 150m。与下伏伊一段整合接触。

本书选苏 20 井 320.0~1094.0m 井段和塔 19-37 井 230.0~1150.5m 井段为海拉尔盆地井下伊敏组的次层型剖面。苏 20 井地理位置：内蒙古自治区呼伦贝尔市新巴尔虎左旗铜钵庙北偏西约 17.5km；构造位置：海拉尔盆地乌尔逊凹陷铜钵庙构造带。

现将海拉尔—塔木察格盆地井下伊敏组次层型剖面介绍如下。

海拉尔盆地乌尔逊凹陷苏 20 井伊敏组（K_1y）次层型剖面

上覆地层：上白垩统青元岗组（K_1q）

———————— 平行不整合 ————————

伊敏组（K_1y）	320.0~1094.0m	厚 774.0m
伊二＋三段（K_1y_{2+3}）	320.0~775.0m	厚 455.0m

97. 浅灰色粉砂质泥岩夹泥岩。 8.0m

96. 浅灰色泥岩为主，中部夹粉砂岩，下部夹粉砂质泥岩，底部为粉砂岩。 25.0m

95. 浅灰色泥岩，上部夹泥质粉砂岩。 8.5m

94. 浅灰色粉砂岩与粉砂质泥岩互层，下部夹泥岩。 13.0m

93. 浅灰色泥岩为主，顶部夹粉砂质泥岩，底部为粉砂岩。 23.5m

92. 浅灰色泥岩为主，下部夹泥质粉砂岩，底部为粉砂岩。 17.5m

91. 浅灰色泥岩为主，上部夹泥质粉砂岩。 24.0m

90. 浅灰色粉砂质泥岩与泥岩互层。 9.0m

89. 浅灰色泥岩，中部夹粉砂质泥岩。 23.0m

88. 浅灰色泥岩与粉砂岩互层，中部夹粉砂质泥岩。 21.0m

87. 浅灰色泥岩为主，夹泥质粉砂岩、粉砂质泥岩，底部为粉砂岩。 7.0m

86. 浅灰色泥岩、粉砂质泥岩、泥质粉砂岩。 9.0m

85. 浅灰色泥岩偶夹泥质粉砂岩。 31.8m

84. 浅灰色粉砂质泥岩夹泥岩。 9.2m

83. 浅灰色泥岩夹粉砂质泥岩。 11.5m

82. 浅灰色泥质粉砂岩夹粉砂岩。 7.0m

81. 浅灰色泥岩为主，上部夹粉砂质泥岩、泥质粉砂岩，底部为粉砂岩。 20.5m

80. 浅灰色泥岩偶夹粉砂质泥岩，底部为粉砂质泥岩、泥质粉砂岩。 16.0m

79. 浅灰色泥岩偶夹粉砂质泥岩、泥质粉砂岩，底部为泥质粉砂岩。 39.5m

78. 浅灰色泥岩偶夹粉砂质泥岩。 35.5m

77. 浅灰色泥岩与泥质粉砂岩互层，底部夹粉砂质泥岩。 15.0m

76. 浅灰色泥岩，中部夹粉砂质泥岩、泥质粉砂岩。 28.0m

75. 浅灰色泥岩与泥质粉砂岩互层，上部夹粉砂质泥岩。 23.0m

74. 浅灰色泥岩为主，中上部夹粉砂质泥岩、粉砂岩，下部夹一厚层浅灰色粉砂岩。 29.5m

伊一段（K_1y_1） 775.0~1094.0m 厚 319.0m

73. 浅灰色泥岩、粉砂质泥岩互层，夹粉砂岩。 26.0m

72. 浅灰色细砂岩夹泥岩、泥质粉砂岩、粉砂质泥岩。 13.5m

71. 浅灰色泥岩与泥质粉砂岩、粉砂质泥岩互层。 15.5m

70. 浅灰色泥岩，中上部夹粉砂质泥岩。 30.5m

69. 浅灰色泥岩夹泥质粉砂岩，底部为粉砂岩。 23.0m

68. 黑灰色、浅灰色泥岩夹浅灰色粉砂质泥岩，底部为浅灰色粉砂岩。 21.5m

67. 黑灰色泥岩，底部为浅灰色粉砂岩夹泥质粉砂岩。 34.0m

66. 黑灰色泥岩为主，夹浅灰色泥质粉砂岩、绿灰色粉砂岩，底部为绿灰色粉砂岩。 24.5m

65. 黑灰色泥岩。 26.8m

64. 浅灰色粉砂岩。 15.2m

63. 黑灰色泥岩为主，上部夹泥质粉砂岩，下部夹粉砂质泥岩、泥质粉砂岩，底部
   为浅灰色粉砂岩。 15.5m

62. 黑灰色泥岩为主，上部与粉砂质泥岩互层，下部夹泥质粉砂岩、浅灰色粉砂岩。 27.5m

61. 黑灰色泥岩为主，上部夹浅灰色泥质粉砂岩，下部夹浅灰色粉砂岩，顶部为
   浅灰色粉砂岩。 30.5m

60. 下部为黑灰色泥岩、浅灰色泥质粉砂岩、绿灰色粉砂岩，上部为绿灰色粉砂
   岩夹泥质粉砂岩。 15.0m

———————— 平行不整合 ————————

下伏地层：大磨拐河组二段（K_1d_2）

塔 19-37 井地理位置：蒙古塔木察格盆地 19 合同区块发现井 19-17 井东北 13.0km；
构造位置：塔木察格盆地塔南凹陷西部构造带塔西—17 号构造。

塔木察格盆地 塔 19-37 井塔南凹陷伊敏组次层型剖面

上覆地层：青元岗组（K_2q）

—————— 平行不整合 ——————

伊敏组（K_1y）	230~1150.5m	厚 920.5m

44. 灰色泥岩与灰色粉砂质泥岩不等厚互层。 94.0m

43. 灰色泥岩、灰色粉砂质泥岩、灰色泥质粉砂岩。 5.5m

42. 灰色粉砂质泥岩与泥岩不等厚互层，底部为一层薄层泥质粉砂岩。 27.0m

41. 灰色粉砂质泥岩与泥岩不等厚互层，底部为一层厚层泥质粉砂岩。 19.0m

40. 灰色粉砂质泥岩、灰色泥质粉砂岩不等厚互层。 8.0m

39. 灰色粉砂质泥岩、灰色泥岩不等厚互层。 23.0m

38. 灰色粉砂质泥岩、灰色泥质粉砂岩不等厚互层。 11.0m

37. 灰色粉砂质泥岩、灰色泥岩不等厚互层，底部为一薄层灰色粉砂岩。 17.0m

36. 灰色粉砂质泥岩、灰色泥岩不等厚互层，底部为一层灰色泥质粉砂岩。 38.0m

35. 灰色泥岩夹灰色泥质粉砂岩，底部为一薄层灰色粉砂岩。 8.0m

34. 灰色泥岩夹灰色泥质粉砂岩，底部为灰色泥质粉砂岩。 44.0m

33. 灰色泥岩、灰色粉砂岩不等厚互层。 19.0m

32. 灰色泥岩、灰色粉砂质泥岩不等厚互层。 9.5m

31. 灰色泥岩、灰色粉砂岩不等厚互层，底部为灰色粉砂质泥岩。 17.5m

30. 灰色泥岩、灰色粉砂岩不等厚互层。 12.0m

29. 灰色泥岩、灰色泥质粉砂岩不等厚互层。 8.0m

28. 灰色泥岩、灰色粉砂质泥岩与灰色泥岩、灰色粉砂岩不等厚互层。 30.0m

27. 灰色泥岩、灰色粉砂岩不等厚互层。 11.0m

26. 灰色泥岩、灰色粉砂质泥岩不等厚互层。 14.0m

25. 灰色泥岩、灰色粉砂岩不等厚互层。 31.0m

24. 灰色泥岩夹灰色泥质粉砂岩，偶夹灰色粉砂质泥岩，底部为灰色粉砂岩、灰色粉砂质泥岩。 21.0m

23. 灰色粉砂岩、灰色泥岩不等厚互层。 33.0m

22. 灰色泥质粉砂岩、灰色泥岩不等厚互层，偶夹灰色粉砂质泥岩。 21.0m

21. 上部为厚层灰色粉砂岩；中部为灰色泥质粉砂岩、灰色泥岩不等厚互层；下部为灰色粉砂。 18.0m

20. 灰色泥岩、灰色泥质粉砂岩不等厚互层。 11.0m

19. 灰色泥岩夹灰色泥质粉砂岩，底部为厚层灰色粉砂岩。 6.0m

18. 灰色泥岩、灰色粉砂质泥岩与灰色泥岩、灰色泥质粉砂岩互层。 8.0m

17. 灰色泥岩、灰色泥质粉砂岩与灰色泥岩、灰色粉砂质泥岩不等厚互层，底部为厚层灰色粉砂岩。 24.0m

16. 灰色泥岩、灰色粉砂质泥岩不等厚互层。 7.5m

15. 灰色泥岩夹灰色泥质粉砂岩，偶夹灰色粉砂质泥岩。 16.0m

14. 含砾不等粒灰色砂岩。 9.0m

13. 灰色泥岩、灰色泥质粉砂岩不等厚互层，上部偶夹灰色粉砂岩，下部偶夹灰色

细砂岩。　　　　　　　　　　　　　　　　　　　　　　　　　28.0m

12. 灰色泥岩、灰色泥质粉砂岩不等厚互层，偶夹灰色粉砂岩。　　14.0m

11. 灰色泥岩、灰色粉砂质泥岩不等厚互层。　　　　　　　　　　14.5m

10. 灰色泥岩、灰色细砂岩不等厚互层。　　　　　　　　　　　　18.5m

9. 灰色泥岩、灰色泥质粉砂岩互层。　　　　　　　　　　　　　　4.0m

8. 灰色泥岩、灰色粉砂质泥岩不等厚互层，下部偶夹灰色细砂岩。39.0m

7. 灰色泥岩、灰色细砂岩不等厚互层，偶夹灰色粉砂质泥岩。　　67.0m

6. 灰色泥岩、粉砂质泥岩不等厚互层，偶夹灰色泥质粉砂岩。　　29.0m

5. 灰色泥岩、细砂岩不等厚互层，偶夹灰色粉砂质泥岩。　　　　53.0m

4. 灰色泥岩、泥质粉砂岩不等厚互层。　　　　　　　　　　　　9.0m

3. 灰色泥岩、粉砂质泥岩不等厚互层。　　　　　　　　　　　　9.0m

2. 灰色泥岩夹灰色泥质粉砂岩，底层为灰色粉砂质泥岩。　　　　6.0m

1. 灰色泥岩为主，夹灰色粉砂岩、泥质粉砂岩、粉砂质泥岩。　　8.5m

———————— 整 合 ————————

下伏地层：大磨拐河组（K_1d）

五、贝尔湖群（K_2—Qb）

贝尔湖群分布较广，但海拉尔—塔木察格盆地各凹陷发育程度不同，自下而上为上白垩统青元岗组、新近系呼查山组和第四系。

1. 青元岗组（K_2q）

系地质部第二普查大队1961年建立，建组剖面位于新巴尔虎右旗贝尔湖地区贝4孔[4]，在海拉尔盆地分布比较普遍。几乎每个凹陷均有不同程度分布。岩性为紫红色，灰绿色砂泥岩，砂砾岩，富含钙质，位于地震反射面 T_{04} 之上。视电阻率曲线低平，具有小起伏。与下伏伊敏组呈不整合接触，上部被古近系或新近系不整合覆盖，一般厚150~340m。产孢粉、介形类、轮藻和腹足类等化石。其中孢粉以 Schizaeoisporites laevigataeformis 光型希指蕨孢—Callistopollenites radiatostriatus 辐射条纹华丽粉组合为代表[31]，主要特征为：（1）以被子植物花粉为主，占36.4%~50.8%，裸子植物花粉（13.6%~37.99%）与蕨类植物孢子（24.02%~35.6%）含量近似；（2）蕨类植物孢子中 Schizaeoisporites 属含量较高并且类型丰富，见有8个种，含量较高的种有 Schizaeoisporites laevigataeformis（3.91%~16.0%）、S. kulandyensis（0~8.09%）、S. praeclarus（0~8.0%）等，Yichangsporites triclosus（0~6.7%）、Triporoletesreticulatus（0~5.89%）占有一定数量，重要类型还有 Gabonisporis labyrinthus、Husisporites multiradiatus、Cicatricosisporites augustus、C. tersus、Triporoletes asper、T. cenomanianus；（3）裸子植物花粉中 Abietineaepollenites micro-alatus f.minor 含量最高，占0~12.85%，其次为 Taxodiaceaepollenites hiatus（1.2%~12.13%），含量较高的还有 Ephedripites viesensis（0~10.66%）、Taxodiaceaepollenites bockwi-tzensis（0~8.09%）、Podocarpidites radiatus（0~7.26%）等，重要类型还有 Jiaohepollis sp.（0~0.37%）等；（4）被子植物花粉中 Callistopollenites 属丰富多彩，是本组合的最重要特征，见有 Callistopollenites radiatostriatus（5.52%~13.97%）、C. comis（1.47%~4.4%）、C. tumidoporus（0~2.23%），

Tricolpites sp.（4.47%~15.6%）也是组合中的重要分子，其次是 *Tricolporites* sp.（0~9.19%）、*Lytharites triangulatus*（0~4.0%）、*Cranwellia striata*（0~3.31%）、*Beaupreaidites centenoformis*（0.37%~1.12%）、*B. bellus*（0~1.68%）、*Tricolporopollenites* sp.（0~5.03%）、*T. microcirculatus*（0~4.8%）、*T. crassus*（0~1.12%）等。介形类划分为两个组合，下部以 *Altanicypris obesa* 弧形阿尔泰金星介—*Talicypridea triangulata* 三角类女星介组合为代表，主要特征为：出现了晚白垩世特征属 *Altanicypris* 阿尔泰金星介、*Talicypridea* 类女星介、*Harbinia* 海拉尔介和 *Neimongolia* 内蒙古介等，以 *Altanicypris* 阿尔泰金星介和 *Talicypridea* 类女星介出现共繁盛为特征，*Cypridea* 女星介、*Mongolocypris* 蒙古星介、*Neimongolia* 内蒙古介和 *Candona* 玻璃介等具一定数量，组合中化石个体壳饰相对简单，以壳面光滑的类型占主导地位，具蜂孔的类型有一定数量。上部以 *Chinocypridea augusta* 宏伟中华女星介—*Talicypridea qingyuangangensis* 青元岗类女星介组合为代表，主要特征为：中、小个体的 *Talicypridea* 类女星介、*Candona* 玻璃介和 *Harbinia* 海拉尔介等属繁盛，新出现了 *Lycopterocypris* 狼星介和 *Triangulicypris* 三角星介等属的分子，壳饰类型多样化特征明显，既有壳面具蜂窝网纹及小瘤刺壳饰的 *Cypridea* 女星介和 *Chinocypridea* 中华女星介、壳面具网纹和条纹的 *Harbinia* 哈尔滨介和 *Timiriasevia* 季米里亚介、壳面具横脊的 *Ziziphocypris* 枣星介，也有壳面光滑的 *Mongolocypris* 蒙古星介、*Mongolianella* 蒙古介、*Trianglicypris* 三角星介和 *Lycopterocypris* 狼星介等，既有小个体的 *Talicypridea* 类女星介、*Candona* 玻璃介、*Ziziphocypris* 枣星介和 *Timiriasevia* 季米里亚介，中等个体的 *Cypridea* 女星介、*Harbinia* 哈尔滨介和 *Trianglicypris* 三角星介，也有大个体的 *Mongolocypris* 蒙古星介和 *Mongolianella* 蒙古介等属的分子。轮藻以 *Atopochara ulanensis* 乌兰奇异轮藻—*Hornichara anguangensis* 安广栾青轮藻组合带为代表，重要分子有 *Atopochara* sp.、*A. ulanensis*、*Aclistochara* sp.、*Euaclistochara mundula*、*Grambastchara tornata*、*H. anguangensis* 和 Maelderisphaera sp.，其他共生分子有 *Aclistochara* cf. *jilinensis*、*A. jilinensis*、*Charites* sp.、*Grovesichara* sp.、*G.* cf. *changzhousis*、*G.* sp.、*Grambastichara* sp.、*G. communis*、*Hornichara* sp.、*Mesochara qiananensis*、*M. xiagouensis*、*Obtusochara* sp.、*O. hailaerensis*、*O. hailaerensis*、*O. altanulaensis* 和 *Retuchara* sp. 等。腹足类化石保存不好无法鉴定。本书选贝尔凹陷贝 2 井 84.5~334.0m 井段和塔 19-37 井 31.0~230.0m 井段。为本组井下次层型剖面。

海拉尔盆地贝尔凹陷贝 2 井青元岗组（K₁q）次层型剖面

上覆地层：新近系

~~~~~~~ 角度不整合 ~~~~~~~

青元岗组（K₂q）	84.5~334.0m	厚 249.5m
5. 紫红、灰绿色泥岩夹粉砂质泥岩。		37.5m
4. 紫红、灰绿色泥岩。		107.0m
3. 灰白、绿灰色砂砾岩，紫红、灰绿色泥岩互层。顶部为绿灰色泥质粉砂岩。		45.0m
2. 紫红色泥岩夹绿灰色粉砂岩、粉砂质泥岩。		31.0m
1. 绿灰色砂砾岩，紫红、灰绿色泥岩、粉砂质泥岩。		29.0m

~~~~~~~ 角度不整合 ~~~~~~~

下伏地层：下白垩统伊敏组（K$_1y$）

塔木察格盆地塔南凹陷塔 19-37 井青元岗组（K$_2q$）次层型剖面

上覆地层：新近系灰黄色粗粒流砂岩

———————— 平行不整合 ————————

青元岗组（K$_2q$）	31.0~230.0m	厚 199.0m

2. 褐色泥岩。　　　　　　　　　　　　　　　　　　　　　69.0m

1. 巨厚层灰色砂砾岩。　　　　　　　　　　　　　　　　130.0m

———————— 平行不整合 ————————

下伏地层：伊敏组（K$_1y$）

2. 呼查山组（N$_2h$）

系黑龙江省地质矿产局地质矿产研究所 1978 年建立，代表剖面位于新巴尔虎右旗贝尔湖地区贝 4 孔[4]，本组分布与青元岗组相似，岩性为较疏松的灰白、灰褐色砂岩，棕黄、红色泥质岩，绿灰、灰色泥岩互层，底部常具杂色砂砾岩，成岩性差，胶结不好，较松散，以河流相沉积为主。产孢粉、腹足类等化石。孢粉以 Gramineae 禾本科—Polygonum 蓼科组合为代表[31]，主要特征为：（1）以被子植物花粉占绝对优势为特征（89.66%），裸子植物花粉（6.89%）和蕨类植物孢子（3.45%）含量低；（2）蕨类植物孢子仅见有 Polypodiaceae（3.45%）；（3）裸子植物花粉见有 Ephedra、Abies、Larix、Pinus 和 Picea；（4）被子植物花粉中以 Chenopodiaceae 含量最多（46.21%），Artemisia 次之（27.59%），此外还见有 Gramineae、Polygonum 等 11 个类型。贝尔凹陷贝 4 孔见有 Cathaica aff. hipparonum、Planorbis chihlinensis 等腹足类化石。视电阻率曲线上部低平，下部较高。一般厚 30~90m。与下伏古新统或青元岗组呈不整合接触。选海参 1 井 26.5~100.0m 井段为海拉尔盆地井下呼查山组代表剖面，地理位置：内蒙古自治区呼伦贝尔市新巴尔虎左旗拉然宾庙东南 7.0km；构造位置：海拉尔盆地乌尔逊凹陷拉然宾庙向斜北部上倾部位。

3. 第四系（Q）

盆缘第四系（Q）自下而上划分为白土山组（Q$_1b$）、中更新统（Q$_2$）、海拉尔组（Q$_3h$）、达布逊组（Q$_3d$），但盆地内因不是石油勘探的主要层位，故没有做进一步的划分，主要由含砂腐殖土、灰白色砂砾层、含砂黏土等构成，与下伏新近系呈不整合接触。

第四节　海拉尔—塔木察格盆地与邻区地层对比

海拉尔盆地基底为中生界三叠系上统、古生界和前古生界，其沉积盖层为中生界侏罗系中上统、白垩系和新生界新近系及第四系。现将盆地内钻井揭露的基底和盖层地层自下而上与盆缘相关地层对比如下（图 1-4-1）。

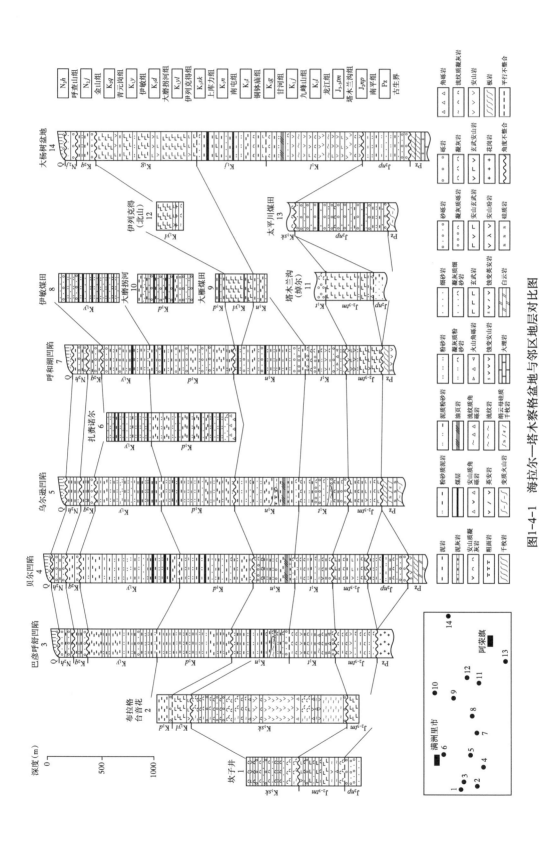

图1-4-1 海拉尔—塔木察格盆地与邻区地层对比图

一、前寒武系（An∈）

盆地内贝尔凹陷贝 D4 井 1539~1543m 井段白云岩，可与分布在盆地北缘额尔古纳河流域和牙克石一带的震旦系额尔古纳河组对比，额尔古纳河组由大理岩、白云岩和结晶灰岩夹少量变质碎屑岩的碳酸盐岩组合构成。盆地内红旗凹陷红 D3 井 797.30~850.15m 井段变粒岩、红 3 井 2245.0~2350.0m 井段灰黑色片岩，伊敏凹陷伊 D1 井 1586~1693m 变质流纹质凝灰岩与变质玄武安山岩不等厚互层夹石英岩可与分布在巴彦山隆起一带由变粒岩、片岩、浅粒岩、石英岩及变质英安岩等构成的青白口纪佳疙疸组（Qnj）大致对比。因此盆地内井下所产白云岩、变粒岩、片岩、变质火山岩和石英岩的层位可称为前寒武系（An∈）基底。

二、下古生界（Pz₁）

盆地内贝尔凹陷贝 302 井黑色板岩（1415~1450m，未见底），海参 5 井泥板岩（2852~3510m，未见底），贝尔凹陷与乌尔逊凹陷过渡带巴 2 井黑色泥板岩（1780~1940m），巴 4 井黑色板岩（1486~1670m），乌尔逊凹陷乌 9 井泥板岩（1586~1966m）及乌 13 井黑色及灰白色板岩和闪长玢岩（1740.5~1969.0m），可以与盆缘由绢云板岩和砾质板岩构成的铜山组（O₁t），或由变质粉砂岩、绢云母板岩、石英砂岩构成的裸河组（O₂₋₃lh）大致对比，后者在大兴安岭及其西坡分布广泛，岩性较稳定，故盆地内见到的板岩与之关系更为密切，因此盆地内产板岩为主的地层可称为下古生界（Pz₁）基底，海参 5 井见有均分潜迹 *Chondrites* sp. 等遗迹化石。

三、上古生界（Pz₂）

盆地内乌尔逊凹陷乌 5 井硅质岩（2821.0~2909.43m，未见底）可以与盆缘由海相中基性火山岩、酸性火山岩、火山碎屑岩及碎屑岩、碳酸盐岩及硅质岩、放射虫硅质岩等构成的大民山组（D₃d）大致对比。盆地内产厚层硅质岩或其他岩性与硅质岩为主构成的地层可以称为上古生界（Pz₂）泥盆系基底。

贝尔凹陷希 9 井 2668~2774.63m 酸性凝灰岩和砂泥岩井段（2675.29m，348.5Ma±4.5Ma；2694.44m，356.3Ma±4.5Ma），可与分布于陈巴尔虎旗哈达图牧场，牙克石市大南沟、乌奴耳一带由早石炭世海相正常碎屑岩、石灰岩，局部夹凝灰岩构成的红水泉组（C₁h）对比。贝 2 井 1788.5~3022.0m 蚀变火山岩夹砂泥岩井段（2123.76~2124.96m，英安质岩屑凝灰岩，312.5Ma±6.2Ma；2400.10~2402.60m，蚀变英安岩，313.9Ma±3.3Ma）；海参 9 井 1782~2552.32m 火山岩、少量煤层和角砾岩井段 [2304.87~2307.37m，英安质（流纹质）岩屑凝灰岩，312.2Ma±2.8Ma] 在岩性上可与出露在陈巴尔虎旗莫勒格尔河左岸由早石炭世海相火山岩构成的莫尔根河组（C₁m）大致对比，但同位素年龄为晚石炭世，年代地层学特征可以与岩石组合不同的新伊根河组（C₂x）大致对比，后者由陆相或海陆交互相的碎屑岩组成。

贝尔凹陷德 4 井 1936~2139m 蚀变火山岩井段（1992.65~1997.02m，297.7Ma±3.6Ma；2000.0m，284Ma±3Ma）、贝 41 井 2412~2950m 蚀变英安岩夹凝灰岩井段（2751.28m，284.7Ma±2.2Ma），乌尔逊凹陷乌 27 井 2335.5~2400.0m 变质流纹岩井段（2382.55m，269.3Ma±4.5Ma），可与盆缘扎兰屯一带出露的早二叠世大石寨组（P₁d）中酸性火山岩及正常沉积岩组合对比。在盆地北部乌固诺尔凹陷海参 10 井见有早二叠世花岗岩

（2318.0m，中细粒英云闪长岩，282.7Ma±2.4Ma；2318.0~2322.65m，细粒黑云母二长花岗岩，294.5Ma±3.2Ma）。

推测盆地内钻井揭露的部分原布达特群火山碎屑岩组应属于红水泉组、莫尔根河组或新伊根河组和大石寨组。因此盆地内有同位素年龄数据支持划归为石炭纪—二叠纪蚀变火山岩夹砂泥岩（含少量煤层）组合的地层可分别称上古生界（Pz₂）石炭系基底和二叠系基底。

四、中生界

海拉尔—塔木察格盆地中生界见有上三叠统、侏罗系中上统和白垩系，缺失三叠系中下统和下侏罗统。现将盆地内钻井揭露的中生界自下而上与盆缘相关地层对比如下。

1. 三叠系（T）

盆地内钻井仅揭示了上三叠统查伊河组，缺失下—中三叠统沉积地层。

盆地西部查干诺尔凹陷查 5 井 2110.5~2175.0m 流纹质凝灰熔岩井段划归查伊河组（T₃c），所测 LAICP-MS 锆石 U-Pb 同位素年龄为 214.4Ma±4.3Ma[10]，属于晚三叠世，地质时代及岩性可与分布在盆缘东部柴河（曾经称为查伊河）下游及兴安盟扎赉特旗西巴音乌兰一带由中性熔岩和酸性喷出岩夹沉积碎屑岩组成的查伊河组（T₃c）大致对比。乌尔逊凹陷铜 12 井见到晚三叠世花岗岩（1830.0m，231.8Ma±1.6Ma），在乌珠尔苏木露头剖面采集的花岗闪长岩获得的同位素年龄是 233.4Ma±1.4Ma。塔木察格盆地南贝尔凹陷塔 21-63 井2584.5~2773.0m 井段由紫红色泥岩与绿灰色、紫红色凝灰质砂砾岩、灰色凝灰质细砂岩、紫红色凝灰质砾岩、绿灰色凝灰岩及大套绿灰、紫红色安山玢岩、荧光安山玢岩，夹薄层紫红色泥岩构成，可与布特哈旗查伊河下游右岸山脊查伊河组层型剖面岩石组合对比。

2. 侏罗系（J）

盆地内钻井揭示的侏罗纪地层为中侏罗统南平组（J₂np）和中—上侏罗统塔木兰沟组（J₂₋₃tm），现将与盆缘对比意见介绍如下。

1）南平组（J₂np）

贝尔凹陷贝 48 井南平组（698.5~1946.5m）为泥岩、粉砂质泥岩与泥质粉砂岩、粉砂岩、凝灰质粉砂岩、含砾粉砂岩、细砂岩、凝灰质细砂岩、含砾细砂岩及砂质砾岩呈不等厚互层，局部见凝灰岩，产 *Annulispora perforate* 穿孔环圈孢— *Todisporites mimor* 小托第蕨孢— *Pseudopicea* sp. 假云杉粉未定种孢粉组合，主要分子有 *Annulispora perforata*、*Osmundacidites* sp.、*Acanthotriletes* sp.、*Cibotiumspora* sp.、*Todisporites mimor*、*Lycopodiumsporites* sp.、*Cyathidites* sp.、*Leiotriletes* sp.、*Quadraeculina* sp.、*Pseudopicea* sp.、*Protopinus* sp.、*Pinuspollenites* sp.、*Abietineaepollenites* sp.、*Abiespollenites* sp.、*Piceaepollenites* sp. 和 *Podocarpidites* sp. 等。其中 *Annulispora perforata* 在中国分布于晚三叠世至中侏罗世的沉积中 [32]，由于本组合中没有出现晚三叠世—早侏罗世的特征孢粉化石，时代可确定为中侏罗世。盆缘南平组产 *Euestheria ziliuingensis*、*E. haifanggouensis* 等中侏罗世叶肢介 [12]，*Sphenobaiera angustiloba*、*Schizoneura* sp.、*Coniopteris* cf. *burejensis*、*Cladophlebis* sp.、*Phoenicopsis angustifolia*、*P.* sp.、*Czekanowskia rigida*、*Cladophlebis* cf.*argutula*、*Raphaelia* sp.、*Podozamites lonceolatus*、*Equisetites* sp. 和 *Coniopteris* sp. 等中侏罗世植物化石组合 [4, 12]，故本书认为盆内南平组与盆缘广泛分布的南平组相当。海拉尔—塔木察格盆地原划分为布达特群深色砂泥岩组的层位应为南平组。与兴安盟境内万宝

组岩性相似，生物化石确定的地质时代相同（中侏罗世），故可与之对比。

2）塔木兰沟组（$J_{2-3}tm$）

海拉尔—塔木察格盆地部分钻井钻遇塔木兰沟组，岩性为玄武岩夹砂泥岩、安山岩及凝灰岩等，秃 1 井产 *Osmundacidites* sp.—*Cibotiumspora* sp.—*Duplexisporites* sp. 孢粉组合（中侏罗世晚期至晚侏罗世早期），红 6 井在玄武岩夹层中产中—晚侏罗世 *Perinopollenites*—*Podocarpidites*—*Pseudowalchia* 孢粉组合[11]，LAICP-MS 锆石 U-Pb 同位素年龄为（150.3±6.5）~（169.0±3.5）Ma，塔木察格盆地塔 19-63 井塔木兰沟组玄武岩 LAICP-MS 锆石 U-Pb 同位素年龄为 157.0Ma±2.8Ma（表 1-4-1）。盆缘广泛分布的塔木兰沟组测得大量同位素数据。内蒙古自治区地质矿产局 1991 年和 1996 年发表的火山岩同位素年龄为 144Ma（K-Ar 等时线年龄），145.1Ma（Rb-Sr 等时线年龄），152~158Ma（4 个 K-Ar 全岩年龄）[2,7]。黑龙江省地质矿产局 1993 年发表的二根河等地剖面 K-Ar 同位素年龄为 157.41Ma（W27P10JD）、160.17Ma（W28P15JD60）和 166.06Ma（W27P10JD5），在二十三站剖面取样年龄为 154Ma[9]。黑龙江省地质矿产局 1997 年发表的 Rb-Sr 等时线同位素年龄值为150.2~160.8Ma[13]。满洲里灵泉地区塔木兰沟组辉石安山岩 LAICP-MS 锆石 U-Pb 同位素年龄为 166Ma±2Ma[14]。大兴安岭北段新林区塔木兰沟组玄武安山岩 LAICP-MS 锆石 U-Pb 同位素年龄为（153.2±1.1）~（153.6±1.2）Ma、扎兰屯塔木兰沟组玄武安山岩锆石 SHRIMP U-Pb 同位素年龄为 146.7Ma±2.2Ma[15]。扎鲁特旗塔木兰沟组安山岩全岩激光 ^{40}Ar/^{39}Ar 同位素年龄为（165.2±1.3）~（172.2±2.0）Ma[16]。在中基性火山熔岩的沉积夹层中含少量植物化石 *Pityophyllum* sp.、*Podozamites* sp. 等。上述同位素及古生物资料表明，海拉尔—塔木察格盆地内和盆缘各地塔木兰沟组时代均为中—晚侏罗世，在岩性上也可对比。

表 1-4-1　海拉尔—塔木察格盆地探井塔木兰沟组同位素测年数据表

序号	井号	深度（m）	岩性	年龄（Ma）	定年方法
1	红 6	2652.01	玄武岩	155.0±4.0	LAICP-MS
2	红 6	3426.02	玄武岩	151.6±2.6	LAICP-MS
3	红 6	3427.12	玄武岩	150.1±3.7	LAICP-MS
4	红 6	3428.72	流纹质凝灰熔岩	150.5±2.0	LAICP-MS
5	秃 1	1659.00~1667.00	玄武岩	152.3±3.1	LAICP-MS
6	伦 1	2088.15~2091.25	安山岩	160.0±1.1	LAICP-MS
7	查 1	1880.00~1885.00	安山质凝灰角砾岩	158.3±3.8	LAICP-MS
8	楚 4	2051.68	绿泥石化（皂石化）安山岩	150.3±6.5	LAICP-MS
9	贝 53	3282.00	斜长安山岩	168.0±5.0	LAICP-MS
10	贝 53	3284.30	碎裂斜长安山岩	159.0±10.0	LAICP-MS
11	贝 D5	1146.20	富铁质安山岩	169.0±3.5	LAICP-MS
12	和 6	1866.00	玄武安山岩	154.0±4.0	LAICP-MS
13	苏 52	3229.85	安山质角砾岩	157.9±1.1	LAICP-MS
14	苏 37-49	3509.79	玄武粗面安山岩	157.3±1.3	LAICP-MS
15	塔 19-63	2818.30	蚀变玄武岩	157.0±2.8	LAICP-MS

3. 白垩系（K）

1）兴安岭群铜钵庙组（K_1t）和南屯组（K_1n）

海拉尔—塔木察格盆地井下铜钵庙组产 *Orthestheria* sp. 直线叶肢介（未定种）、*Diestheria* sp. 叠饰叶肢介（未定种）、*Yanjiestheria* cf. *sinensis*（Chi）中华延吉叶肢介（相似种）、*Yanjiestheria* sp. 延吉叶肢介（未定种）等；骨舌鱼类等；与 *Ephemeropsis* 化石比较接近的昆虫化石等。南屯组产 *Eosestheria* sp. 东方叶肢介（未定种）、*Diestheria jeholensis* 热河叠饰叶肢介和 *D.* sp. 叠饰叶肢介（未定种）；*Ferganoconcha subcentralis* 近中费尔干蚌、*Ferganoconcha sibirica* 西伯利亚费尔干蚌、*Limnocyrena* cf. *rotunda* 圆湖生蚬（相似种）和 *Limnocyrena* cf. *selenginensis* 色楞格湖生蚬（相似种）等；*Lycoptera* sp. 狼鳍鱼（未定种）等。上述化石均是热河生物群的主要分子，广泛分布于兴安岭北段西坡和海拉尔盆地周边露头的上库力组，故海拉尔盆地井下铜钵庙组和南屯组无论在岩性变化规律上还是古生物化石的成分上均与兴安岭北段西坡和海拉尔盆地周边露头的上库力组基本相当。

兴安岭东坡的光华组常与下伏的龙江组（狭义）相伴出露，以灰白色酸性凝灰岩、沉凝灰岩和黏土岩为主，夹灰绿色杂砂岩和紫灰色安山岩。灰白色酸性凝灰岩和沉凝灰岩中产热河动物群：叶肢介：*Plocestheria damiaoensis*、*Pseudograpta murchisoniae* 和 *Longjiangestheria opima* 等；昆虫类：*Ephemeropsis trisetalis* 和 *Coptoclava longipoda* 等；双壳类：*Ferganoconcha sibirica*、*F. subcentralis* 和 *Sphaerium* cf. *pusilla* 等；介形虫：*Darwinula contracta*、*Ziziphocypris* cf. *Simakovi*、*Z.* sp. 和 *Cypridea* sp. 等；腹足类：*Valvata* aff. *suturalis* 等。兴安岭东坡的九峰山组产 *Lycoptera davidi*、*Ephemeropsis trisetalis*、*Eosestheria middendorfii*、*E. intermedia*、*E. chii*、*E. elongata*、*E.* cf. *magnipostica*、*Diestheria jeholensis*、*Dongbeiestheria naketaensis*、*Bairdestheria reticuformis*、*B. silongela*、*B. longissima*、*Pseudograpta murchisoniae* 和 *Longjiangestheria cericula* 等。是典型的热河生物群特征，与海拉尔盆地井下铜钵庙组和南屯组热河生物群有许多共有的分子，与兴安岭北段西坡和海拉尔盆缘上库力组的热河生物群有许多共有的分子。九峰山组与海拉尔盆地井下铜钵庙组和南屯组所产孢粉组合均属于贝利阿斯期（Berriasian）—凡兰吟期（Valanginian）。

从同位素年龄上看，上库力组上部（相当于盆地内南屯组上部）碱性流纹岩在层位上与伊列克得组有重叠，与伊列克得组玄武岩构成双峰式岩石组合[23-24]，因此盆地内部分井南屯组上部（主要分布在顶部）的玄武岩相当于盆缘的伊列克得组（梅勒图组）和上库力组上部。甘河组广泛分布在兴安岭北段东坡，但规模多较小，多发育在火山喷发带（盆地）的上部，是中生代大兴安岭火山岩带中最晚一期中基性火山活动的产物，锆石 U-Pb 同位素主体年龄为 110~120Ma[33-34]，与伊列克得组大致相当。

龙江组主要分布于大兴安岭火山岩带的东缘，是大兴安岭东坡火山喷发带（盆地）的下部层位，由安山岩、英安岩、安山—英安质火山碎屑岩夹沉积碎屑岩组成，沉积夹层中产有 *Eosestheria* sp.、*Lycoptera* sp.、*Ephemeropsis trisetalis* 和 *Cypridea* sp. 等化石。锆石 U-Pb 同位素年龄为 120~128Ma，$^{40}Ar/^{39}Ar$ 年龄为 125Ma[33]。从同位素年龄值来看，大兴安岭东坡的龙江组大致相当海拉尔盆地井下铜钵庙组。

因此盆地内井下兴安岭群铜钵庙组和南屯组整体上相当于兴安岭北段西坡的上库力组和伊列克得组，相当于东坡的广义龙江组、九峰山组和甘河组。依据古生物与邻区对比，海拉尔—塔木察格盆地井下兴安岭群铜钵庙组和南屯组的时代大致为早白垩世最早期的贝利阿斯期（Berriasian）—戈特列夫期（Hauterivian）；但依据同位素与邻区对比（表1-4-2），铜钵庙组和南屯组的时代应为贝利阿斯期（Berriasian）—阿普第期（Aptian）。

表1-4-2　海拉尔—塔木察格盆地兴安岭群铜钵庙组和南屯组同位素数据表

序号	井号	井深（m）	薄片鉴定	层位	年龄结果（Ma）	定年方法
1	德6	1133.00	流纹质凝灰岩	铜钵庙组	137.0±3.0	LAICP-MS
2	海参10	2003.77~2008.52	流纹质角砾凝灰岩	铜钵庙组	130.9±1.6	LAICP-MS
3	海参10	2004.57	英安质晶屑岩屑熔结凝灰岩	铜钵庙组	137.9±1.5	LAICP-MS
4	海参3	3040.00~3045.30	杏仁安山岩	铜钵庙组	138.3±3.3	LAICP-MS
5	巴6	1096.30~1105.00	蚀变安山岩	铜钵庙组	142.0±2.0	LAICP-MS
6	和9	2463.95	流纹质玻屑岩屑凝灰岩	铜钵庙组	138.6±1.7	LAICP-MS
7	贝16	1746.00	流纹岩	铜钵庙组	135.0±2.0	LAICP-MS
8	贝36-50	1290.55	安山岩	铜钵庙组	130.3±7.6	LAICP-MS
9	希11	2436.00	流纹质玻屑岩屑凝灰岩	铜钵庙组	142.8±2.0	LAICP-MS
10	楚3	1611.90	球粒流纹岩	铜钵庙组	127.0±4.0	LAICP-MS
11	楚3	1616.53	球粒流纹岩	铜钵庙组	125.0±1.0	LAICP-MS
12	楚3	2178.82	硅化流纹岩	铜钵庙组	125.0±1.0	LAICP-MS
13	楚3	2179.27	硅化流纹岩	铜钵庙组	126.0±1.0	LAICP-MS
14	贝13	1819.63	绢云母化晶屑流纹岩	铜钵庙组	128.3±1.3	LAICP-MS
15	苏37	2160.00	安山岩	铜钵庙组	142.0±1.0	LAICP-MS
16	塔19-24	1944.00	流纹质玻屑晶屑凝灰岩	铜钵庙组	125.0±2.0	LAICP-MS
17	楚2	1606.00	流纹岩	南屯组	129.0±1.0	LAICP-MS
18	塔22-3	2419.00	安山岩	铜钵庙组	124.0±1.0	LAICP-MS
19	楚2	1606.92	球粒流纹岩	南屯组	128.0±2.0	LAICP-MS
20	贝39	2380.77	流纹质玻屑晶屑岩屑凝灰岩	南屯组	127.8±2.3	LAICP-MS
21	霍12	2603.95	细粒英安质晶屑（岩屑）凝灰岩	南屯组	123.2±3.6	LAICP-MS
22	巴13	1448.50	霏细岩	南屯组	119.1±4.8	LAICP-MS

　　2）扎赉诺尔群大磨拐河组（K_1d）和伊敏组（K_1y）

　　大磨拐河组产2个孢粉组合：*Deltoidospora hallii* 哈氏三角孢—*Piceaepollenites exilioides* 微细云杉粉组合、*Cicatricosisporites australiensis* 澳洲无突肋纹孢—*Laevigatosporites ovatus* 卵形光面单缝孢组合[28]。出现了大量的早白垩世早中期特征分子，表现为海金砂科的孢子自下而上不仅数量增加，而且类型也逐渐呈现多样化的趋势，没有出现侏罗纪特有的分子，仅在塔木察格盆地塔南凹陷塔19-36井大磨拐河组见有零星的早期被子植物花粉 *Clavatipollenites* sp.[29]，其组合面貌可与大磨拐河组代表剖面对比[4]，也可以与兴安岭地区伊敏、扎赉诺尔、大雁、免渡河、锡林浩特、黑河等煤田的大磨拐河组对比[35]，可以与松辽盆地营城组、三江盆地的城子河组、辽西地区的沙海组对比（表1-4-3）。海拉尔盆地大磨拐河组所产沟鞭藻类化石可以与三江盆地的城子河组对比[36-37]，孢粉组合确定的地质时代是早白垩世 Hauterivian-Barremian 期。

伊敏组产4个组合，伊敏组一段中上部产 Impardecispora purveruleta 敷粉非均饰孢—Abietineaepollenites microalatus 小囊单束松粉组合；伊敏组二段＋三段产3个孢粉组合，自下而上为 Triporoletes reticulatus 网纹三孔孢—Stereisporites antiquasporites 古老坚实孢—Pinuspollenites minutus 小双束松粉组合，Appendicisporites sp. 有突肋纹孢（未定种）—Inaperturopollenites dubius 变形无口器粉—Asteropollis asteroides 星形星粉组合，最上部为 Pilosisporites trichopapillosus 毛发刺毛孢—Crybelosporites punctatus 斑点隐藏孢—Hammenia fredericksburgensis 弗里德利堡哈门粉组合[30]。前3个组合以蕨类植物孢子占优势，海金砂科分子空前繁盛，可以与松辽盆地登娄库组、三江盆地穆棱组孢粉组合对比，均指示的是早白垩世，特别是3个孢粉组合均出现少量原始被子植物花粉 Clavatipollenites sp.、Asteropollis asteroides 等，因此孢粉组合指示的地质时代可进一步确定为早白垩世巴列姆期（Barremian）—早阿尔必期（early Albian）。第4个孢粉组合在海金砂科分子仍空前繁盛的基础上，被子植物花粉含量突然升高，出现了有时代对比意义的重要被子植物花粉：Clavatipollenites hughesii、C. minutus、Asteropollis asteroides、A. vulgaris、Hammenia fredericksburgensis、Polyporites asper、P. psilatus 和 Tricolpites sp. 等，特别是 Hammenia fredericksburgensis 的出现，证明海拉尔盆地部分凹陷的伊敏组一直到早白垩世晚期（阿尔必期）仍接受沉积，其组合特征可以与二连盆地赛汉塔拉组三沟粉带中的网面三沟粉亚带和多孔粉亚带对比（表1-4-3），第4组合中被子类花粉演化阶段特征相当松辽盆地泉头组一段、二段。伊敏组层型剖面孢粉组合中没见到 Hammenia fredericksburgensis，证明第4个孢粉组合的层位比层型剖面的伊敏组层位高，也比海拉尔盆地周边地区煤田的伊敏组层位高，产第4孢粉组合这段地层曾称为呼伦组，由于分布面积较小，岩性上与伊敏组不易区分，本书将其归入伊敏组，在此说明，以示区别。伊一段所产 Vesperopsis sp. B 拟蝙蝠藻未定种 B—Lecaniella proteiformis 易变雷肯藻—Nyktericysta pentaedrus 五边蝙蝠藻沟鞭藻类组合可以与松辽盆地登娄库组、三江盆地穆棱组、阜新盆地及开鲁盆地阜新组巴列姆期的藻类组合对比[37-38]。孢粉组合确定伊敏组的地质时代为巴列姆期（Barremian）—早阿尔必期（early Albian）。

3）贝尔湖群青元岗组（K_2q）

本组所产的 Schizaeoisporites laevigataeformis 光型希指蕨孢—Callistopollenites radiatostriatus 辐射条纹华丽粉孢粉组合中，出现了重要的被子植物花粉化石 Callistopollenites、Beaupreaidites、Proteacidites、Tricolporopollenites、Tricoipites、Wodehouseia、Cranwellia 和 Retitricolpites 等，同时蕨类植物孢子中 Schizaeoisporites 空前繁盛，组合特征可以与松辽盆地四方台组对比[39]，也可与三江盆地雁窝组下部对比[40]。本组所产的介形类（自下而上为 Altanicypris obesa—Talicypridea triangulata 组合，Chinocypridea augusta—Talicypridea qingyuangangensis 组合）、轮藻（Atopochara ulanensis—Hornichara anguangensis 组合）可与松辽盆地四方台组对比[41-42]。古生物指示的地质时代均为晚白垩世坎佩尼期（Campanian）—早马斯特里赫特期（early Maastrichtian）。

表 1-4-3　海拉尔—塔木察格盆地中—新生代地层划分及与邻区地层对比表

地层系统			二连盆地 陶明华（2003年）	海拉尔盆地 黑龙江（1979年）	海拉尔盆缘及大兴安岭北段西坡 内蒙古（1991年）	内蒙古（1996年）	海塔盆地 本书		大兴安岭东坡 黑龙江（1997年）	内蒙古（1996年）	松辽盆地 万传彪（2003年）	三江盆地 孙革（2001年）	辽西地区 辽宁（1997年）
累	系	统											
新生界	第四系		第四系	第四系	第四系	第四系	第四系		第四系	第四系	第四系	第四系	第四系
	新近系	上新统	宝格达乌拉组	呼查山组	五叉沟组	五叉沟组	呼查山组		孙吴组	五叉沟组	泰康组	缺失	缺失
		中新统	通古尔组			呼查山组				呼查山组	大安组	富锦组	船底山旋回
	古近系	渐新统	呼尔井组	缺失	缺失	缺失	缺失		缺失	缺失	依安组	宝泉岭组	缺失
		始新统	乌兰戈楚组 沙拉木伦组 伊尔丁曼哈组 阿山头组										那立闪旋回
		古新统	脑木更组	青元岗组			古新统 青元岗组						
中生界	白垩系	上统	缺失 二连组	缺失	二连组	二连组	缺失	贝尔湖群	缺失	二连组	明水组 四方台组	缺失	缺失 大兴庄组
		下统	缺失 赛汉塔拉组 腾格尔组 阿尔善组	伊敏组 大磨拐河组	伊敏组 大磨拐河组	伊敏组 大磨拐河组	伊敏组 大磨拐河组	扎赉诺尔群	甘河组 大磨拐河组	甘河组 大磨拐河组	嫩江组 姚家组 青山口组 泉头组	雁窝组 海浪组	孙家湾组 阜新组 沙海组 九佛堂组
				甘河组 九峰山组 龙江组	伊列克得组 上库力组（广义）	梅勒图组 白音高老组 玛尼吐组 满克头鄂博组	南屯组 铜钵庙组	兴安岭群	西岗子组 九峰山组 光华组 龙江组	光华组 龙江组	登娄库组 营城组	缺失 猴石沟组 东山组 穆棱组 城子河组	义县组
	侏罗系	上统	东乌组	缺失	塔木兰沟组	土城子组 塔木兰沟组	塔木兰沟组		塔木兰沟组	土城子组 塔木兰沟组	沙河子组	滴道组 东荣组	土城子组 髫髻山组
		中统		南平组	南平组	万宝组	南平组			万宝组		绥滨组	海房沟组 北票组
		下统		太平川组	太平川组 下侏罗统	红旗组	缺失	布达特群	缺失	红旗组	火石岭组		兴隆沟组 羊草沟组
	三叠系	上统		查伊河组	缺失	缺失	查伊河组			缺失	缺失	缺失	老虎沟组 后富隆山组
		中统		缺失			缺失						缺失
		下统		老龙头组	哈达陶勒盖组	老龙头组			老龙头组	哈达陶勒盖组			红砬组

五、新生界

海拉尔—塔木察格盆地井下新近纪上新统呼查山组分布较为广泛，对比如下（第四系略）。

呼查山组产的 Gramineae 禾本科—Polygonum 蓼科组合中，以被子植物花粉为主，裸子植物花粉和蕨类植物孢了含量低。被子植物花粉中乔木植物花粉有 *Salix* 柳属、*Betula* 桦属、*Corylus* 榛属、*Ulmus* 榆属、*Fraxinus* 岑属等；草本植物花粉有 *Potamogeton* 眼子菜属、Gramineae 禾本科、Cyperaceae 莎草科、Solanacea 茄科、Polygonum 蓼科、Chanopodiaceae 藜科、*Artemisia* 蒿属、Compositae 菊科、*Retitricolpites* 网面三沟粉、*Tricolporopollenites* 三孔沟粉等，具有上新世的典型特征。其组合面貌可与松辽盆地泰康组[43-44]、虎林地区的道台桥组孢粉组合对比[45]，时代上与二连盆地宝格达乌拉组相当。

参 考 文 献

[1] 叶得泉，黄清华，刘振文，等.海拉尔盆地白垩纪介形类[M].北京：石油工业出版社，2003.

[2] 内蒙古自治区地质矿产局编写组.内蒙古自治区区域地质志[M].北京：地质出版社，1991.

[3] 宁奇生，唐克东.大兴安岭区域地质及其成矿远景[J].地质月刊，1959（8）：37-43.

[4] 黑龙江省区域地层表编写组.东北地区区域地层表—黑龙江省分册[M].北京：地质出版社，1979.

[5] 子仁."海拉尔盆地地层讨论会"在大庆召开[J].大庆石油地质与开发，1990，9（2）：12.

[6] 大庆石油地质志编写组.中国石油地质志：卷二　大庆.吉林油田（上册）[M].北京：石油工业出版社，1993.

[7] 内蒙古自治区地质矿产局编写组.内蒙古自治区岩石地层[M].北京：中国地质大学出版社，1996.

[8] 蒙启安，万传彪，朱德丰，等.海拉尔盆地"布达特群"的时代归属及其地质意义[J].中国科学：地球科学，2013，43（5）：779-788.

[9] 黑龙江省地质矿产局编写组.黑龙江省区域地质志[M].北京：地质出版社，1993.

[10] 陈崇阳，高有峰，吴海波，等.海拉尔盆地火山岩的锆石 U-Pb 年龄及其地质意义[J].地球科学，2016，41（8）：1259-1274.

[11] 吉林省地质矿产局编写组.全国地层多层划分对比研究：吉林省岩石地层[M].武汉：中国地质大学出版社，1997.

[12] 宝音乌力吉，苏茂荣，谭甜，等.内蒙古满洲里西中蒙边境一带中侏罗统万宝组的厘定[J].地质与资源，2011，20（1）：12-15.

[13] 黑龙江省地质矿产局编写组.黑龙江省岩石地层[M].北京：中国地质大学出版社，1997.

[14] 孟恩，许文良，杨德斌，等.满洲里地区灵泉盆地中生代火山岩的锆石 U-Pb 年代学、地球化学及其地质意义[J].岩石学报，2011，27（4）：1209-1226.

[15] 杨华本，王文东，闫永生.大兴安岭北段新林区塔木兰沟组火山岩成因及地幔富集作用[J].地质论评，2016，62（6）：1471-1486.

[16] 丁秋红，李晓海，姚玉来，等.内蒙古扎鲁特旗地区中侏罗统塔木兰沟组的厘定[J].地质与资源，2015，24（5）：402-407.

[17] WAN C B, XUE Y F, SUN Y W, et al. Discovery of Late Jurassic Sporopollen Assemblage from the Tamulangou Formation in the Hongqi Sag of the Hailar Basin, Inner Mongolia, China[J].Acta Geologica Sinica（English Edition），2020，94（5）：1718-1720.

[18] 黄明达，崔晓庄，裴圣良，等.兴安地块白音高老组流纹岩锆石 U-Pb 年龄及其构造意义[J].中国煤炭地质，2016，28（11）：30-37.

[19] 荀军，孙德有，赵忠华，等.满洲里南部白音高老组流纹岩锆石 U-Pb 定年及岩石成因[J].岩石学报，2010，26（1）：333-344.

[20] 司秋亮，崔天日，唐振，等.大兴安岭中段柴河地区玛尼吐组火山岩年代学、地球化学及岩石成因 [J].吉林大学学报（地球科学版），2015，45（2）：389-403.

[21] 李世超，徐仲元，刘正宏，等.大兴安岭中段玛尼吐组火山岩 LA-ICP-MS 锆石 U-Pb 年龄及地球化学特征 [J].中国地质，2013，32（2/3）：399-407.

[22] 张乐彤，李世超，赵庆英，等.大兴安岭中段白音高老组火山岩的形成时代及地球化学特征 [J].世界地质，2015，34（1）：44-54.

[23] 葛文春，林强，李献华，等.大兴安岭北部伊列克得组玄武岩的地球化学特征 [J].矿物岩石，2000，20（3）：14-18.

[24] 葛文春，李献华，林强，等.呼伦湖早白垩世碱性流纹岩的地球化学特征及其意义 [J].地质科学，2001，36（2）：176-183.

[25] 万传彪，乔秀云，王仁厚，等.海拉尔盆地红旗凹陷非海相微体浮游藻类 [J].微体古生物学报，1997，14（4）：405-418.

[26] 万传彪，张莹.海拉尔盆地早白垩世沟鞭藻类和疑源类的发现 [J].大庆石油地质与开发，1994，9（3）：1-14.

[27] 徐美君，徐文良，孟恩，等，内蒙古东北部额尔古纳地区上护林—向阳盆地中生代火山岩 LA-ICP-MS 锆石 U-Pb 年龄和地球化学特征 [J].地质通报，2011，30（9）：1321-1338.

[28] 蒙启安，万传彪，乔秀云，等.内蒙古海拉尔盆地大磨拐河组孢粉组合 [J].地层学杂志，2003，27（3）：173-184.

[29] WANG L Y，WAN C B，SUN Y W. A Sporo-pollen Assemblages from the Damoguaihe Formation in the Tamutsag Basin，Mongolia and Its Geological Implication[J].Acta Geologica Sinica（English Edition），2014，88（1）：46-61.

[30] WAN C B，QIAO X Y，XU Y B.Sporopollen Assemblages from the Cretaceous Yimin Formation of the Hailar Basin，Inner Mongolia，China[J].ACTA GEOLOGICA SINICA，2005，79（4）：459-470.

[31] 万传彪，任延广，迟元林，等.海拉尔盆地孢粉组合及其地层时代 [J].长春科技大学学报，2000，30（地质地球物理综合专辑）：60-65.

[32] 宋之琛，尚玉珂，刘兆生，等.中国孢粉化石第二卷：中生代孢粉 [M].北京：科学出版社，2000.

[33] 杨晓平，江斌，杨雅军.大兴安岭早白垩世火山岩的时空分布特征 [J].地球科学，2019，44（10）：3237-3251.

[34] 杨雅军，杨晓平，江斌，等.大兴安岭中生代火山岩地层时空分布与蒙古—鄂霍茨克洋、古太平洋板块俯冲作用响应 [J].地学前缘，2022，29（2）：115-131.

[35] 蒲荣干，吴洪章.兴安岭地区兴安岭群和扎赉诺尔群的孢粉组合及其地层意义 [J].中国地质科学院沈阳地质矿产研究所所刊，1985（11）：47-113.

[36] 万传彪，乔秀云.黑龙江省三江盆地 206 孔早白垩世非海相沟鞭藻组合 [J].古生物学报，1994，33（4）：499-508.

[37] 万传彪，吕茜，尹楠.三江盆地西部藻类地层学特征 [J].大庆石油地质与开发，1994，13（3）：7-11.

[38] 万传彪，乔秀云.开鲁盆地广 1 井白垩纪藻类组合 [J].大庆石油地质与开发，1996，15（3）：14-17.

[39] 高瑞祺，赵传本，乔秀云，等.松辽盆地白垩纪石油地层孢粉学 [M].北京：地质出版社，1999.

[40] 赵传本.黑龙江省东部晚白垩世地层及孢粉组合新发现 [J].地质论评，1985，31（3）：204-212.

[41] 叶得泉，黄清华，张莹，等.松辽盆地白垩纪介形类生物地层学 [M].北京：石油工业出版社，2002.

[42] 王振，卢辉楠，赵传本.松辽盆地及其邻区白垩纪轮藻类 [M].哈尔滨：黑龙江省科学技术出版社，1985.

[43] 万传彪，孙跃武，薛云飞，等.松辽盆地西部斜坡区新近纪孢粉组合及其地质意义 [J].中国科学：地球科学，2014，44（7）：1429-1442.

[44] 赵传本，叶得泉，魏德恩，等.中国油气区第三系（Ⅲ）东北油气区分册 [M].北京：石油工业出版社，1994.

[45] 刘耕武，李浩敏，冷琴.黑龙江省桦南县道台桥组植物孢粉化石初步报道 [J].古生物学报，1995，34（6）：755-756.

第二章 盆地构造特征及其演化

海拉尔—塔木察格盆地横跨中国东北和蒙古东部，盆地经历了多期建造与改造，现今盆地主要是白垩纪以来的中—新生代陆相沉积盆地。总体呈三个断陷带和两个隆起带的构造格局，总面积 $79610×10^4km^2$。

海拉尔—塔木察格盆地是叠置于兴—蒙古生代造山带—额尔古纳地块之上，由中—晚侏罗世一期盆地和早白垩世一期盆地叠置而成，构造上位于西伯利亚板块、华北板块和太平洋板块形成近东西向构造和北东向构造的汇聚区。中国东北地区经历了长期的构造演化，特别是从晚古生代到中生代，经历了古亚洲洋、蒙古—鄂霍茨克洋和古太平洋板块构造体制的先后叠加与复合作用。侏罗纪盆地早—中侏罗世为受控于蒙古—鄂霍茨克造山作用的挤压型断陷—坳陷盆地，受到了后期构造的强烈改造。晚侏罗世为陆内伸展环境下与火山活动相关的火山断陷盆地，形成广泛分布的火山—沉积序列。白垩纪盆地早白垩世初期泛火山充填、早期伸展断陷、中晚期弱伸展（走滑）、抬升扭压变形转入晚白垩世坳陷盆地，末期构造反转变形及新生代构造运动的复杂构造演化历程，对油气成藏过程产生重要控制作用。早白垩世断陷复合和叠加过程，决定了复式箕状断陷湖盆的地质特点、成藏条件，制约了主控因素与配置关系，决定了油气的分布规律。

第一节 区域构造背景

东北地区是我国中—新生代盆地的主要发育地区。其中，海拉尔、漠河、孙吴—嘉荫、三江和虎林等 5 个盆地分别与蒙古境内的塔木察格盆地和俄罗斯境内的乌舒蒙、阿穆尔、结雅、中阿穆尔及阿尔昌盆地相连，构成规模较大的跨境沉积盆地（图 2-1-1）[1]。经历了长期的构造演化，特别是从晚古生代到中生代，经历了古亚洲洋、蒙古—鄂霍茨克洋和古太平洋板块构造体制的先后叠加与复合作用。

一、区域构造演化

东北亚大地构造单元主要由西伯利亚克拉通、中亚造山带、华北克拉通及环太平洋构造带组成（图 2-1-2）[2]。构造发展经历了古亚洲洋、蒙古—鄂霍茨克洋和古太平洋的俯冲碰撞作用。其构造体制的先后作用和叠加转换地带，是显生宙地壳构造运动强烈的地区，具有复杂的地壳成分和结构。

东北亚构造格局主要形成于显生宙，经历了古生代和中—新生代两个大的阶段。古生代构造主要发育于古亚洲洋构造域，形成中亚造山带，北部包括北蒙古—外贝加尔造山带、中蒙古地块、额尔古纳地块、图瓦—蒙古地块，主体属早—中古生代造山带；南部包括南蒙古—兴蒙造山带、内蒙古—吉林造山带和温都尔庙造山带（图 2-1-2）。多数学者认为在古生代末期，或延伸进早中生代早期，古亚洲洋自西向东以"剪刀式"闭合，形成东亚大陆主体。

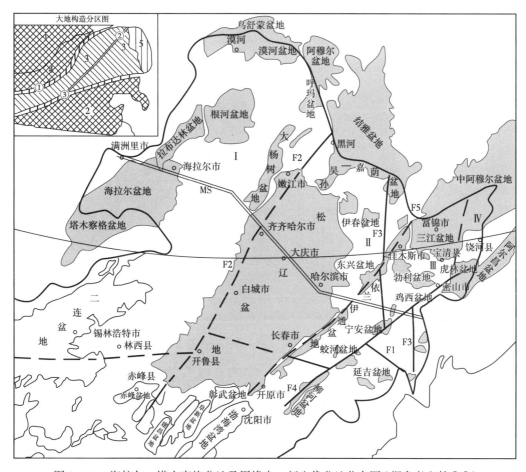

图 2-1-1 海拉尔—塔木察格盆地及周缘中—新生代盆地分布图（据参考文献［1］）

1—西伯利亚板块；2—华北板块；3—黑龙江板块；4—早古生代造山带；5—中生代增生杂岩；
①—蒙古—鄂霍茨克缝合带；②—嫩江—开鲁缝合带；③—西拉木伦河—长春—珲春缝合带；
Ⅰ—额尔古纳—兴安地块；Ⅱ—松嫩地块；Ⅲ—佳木斯地块；Ⅳ—完达山增生杂岩；F1—西拉木伦河—长春—珲春断裂带；
F2—嫩江—开鲁断裂；F3—嘉荫—牡丹江—老黑山断裂带；F4—敦化—密山断裂；F5—佳木斯—伊通断裂；
MS—满洲里—绥芬河地学断面

在晚古生代—中生代，该大陆在东缘还发育弯曲状的蒙古—鄂霍茨克洋（也有人认为属于古太平洋分支）。该大洋经历了晚古生代—中生代后撤俯冲和自西向东呈"剪刀式"闭合，形成巨型的山弯构造，形成最终的东亚大陆即欧亚大陆东缘。在中生代，东北亚地区主体进入到古太平洋构造域和蒙古—鄂霍茨克构造域联合影响的阶段[3-4]。蒙古—鄂霍茨克洋的向南俯冲和最后的关闭，又强烈改造了兴蒙造山带[5]。

可见，东北亚地区构造格局主要是古亚洲洋于二叠纪—早三叠世闭合和蒙古—鄂霍茨克洋于晚侏罗世闭合奠定的，形成了东亚大陆。之后，遭受了中—新生代为主的古太平洋板块俯冲作用。该大陆构造格局确定后，还经历了侏罗纪的多向挤压汇聚导致的陆内造山和早白垩世的巨型面状伸展。由于上述多重板块构造体制长期的影响，东北亚地区发育了强烈的岩浆作用，成为全球岩浆岩最为发育的地区之一（图 2-1-3）。

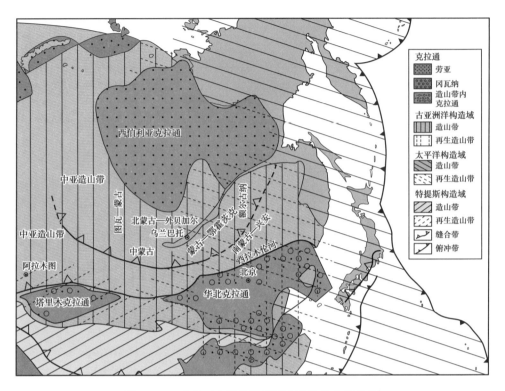

图 2-1-2　东北亚大地构造简图（据参考文献［2］）

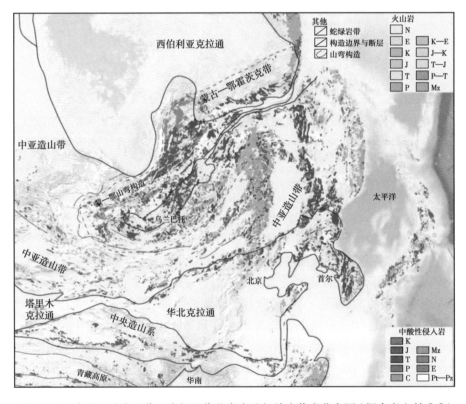

图 2-1-3　东北亚晚古生代—中新生代花岗岩及相关岩浆岩分布图（据参考文献［6］）

东北亚地区的岩浆岩以巨量面状发育为主要特征，不同类型岩浆岩的出露面积从多到少分别为：花岗岩、玄武岩、流纹岩、安山岩、闪长岩、辉长岩、安山玄武岩和碱性岩等。从发育时间及其对应面积来看，东北亚地区的晚古生代—中新生代岩浆岩主要集中于石炭纪—二叠纪、晚三叠世、早白垩世和新生代4个峰期，而在晚三叠世—早侏罗世之间为岩浆活动相对平静期。其中侵入岩主要发育于白垩纪及其之前；火山岩主要发育于二叠纪、晚侏罗世、早白垩世和新生代（图2-1-4）[6]。

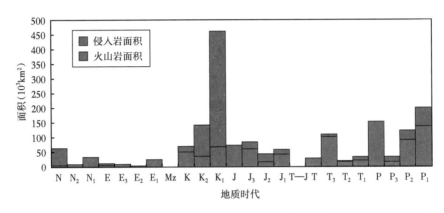

图 2-1-4　东北亚晚古生代—中新生代岩浆岩面积直方图（据参考文献［6］）

二、岩浆活动及构造格架

从蒙古到中国东部，以及俄罗斯远东等广大地区发育大量的中—新生代伸展盆地（图2-1-5）。这些盆地在空间展布上大体上可以分两组。第一组为兴安—蒙古裂谷盆地群，走向大致平行于蒙古—鄂霍茨克缝合带，属于中晚侏罗世—早白垩世断陷盆地群，如海拉尔—塔木察格盆地，以及二连盆地和银根—额济纳旗盆地，以及蒙古境内大量中生代裂谷盆地等；第二组为环西太平洋断陷盆地群，走向近平行于古太平洋缝合带或现今西太平洋板块俯冲带，如渤海湾盆地、南华北盆地、苏北—南黄海盆地、北黄海盆地，以及中国东南沿海等新生代盆地或中—新生代叠合盆地[7]。

东北地区中—新生代的盆山格局及演化主要受古亚洲造山带、蒙古—鄂霍茨克造山带、环太平洋造山带三大构造体系的控制。受基底断裂控制，东北地区分为3个盆地群，现今盆地主要是白垩纪以来的中—新生代盆地。西部盆地群包括漠河/乌舒蒙盆地、根河盆地、拉布达林盆地、海拉尔盆地、二连盆地等，海拉尔盆地向南延至蒙古的塔木察格盆地。中部盆地群主要是松辽盆地及其周缘的小盆地。东部盆地群包括三江盆地及其周缘小盆地等，共50多个规模不一的盆地（图2-1-1）。

1. 深部结构与前中生代基底

东北地区处于华北和西伯利亚两大古板块所夹持的中亚构造带东端，东邻西太平洋构造域的沟—弧—盆体系。满洲里—绥芬河地学断面系统揭示了东北地区深达地幔尺度的岩石圈结构特征，明确提出该区的莫霍面不是一个连续的界面，而是一个垂向上具有一定厚度变化，横向上具有间断的过渡层，并根据莫霍过渡层的间断特点和莫霍层与壳内高导层的埋深特点，分别以嫩江和牡丹江断裂为界将该区由西向东分为3个岩石圈结构单元[8]。

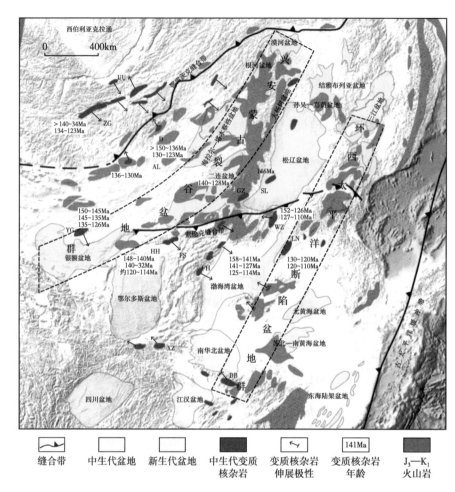

图 2-1-5 蒙古—鄂霍茨克洋构造域与古太平洋构造域中—新生代盆地与火山岩
耦合分布特征（据参考文献 [7]）

嫩江断裂以西是大兴安岭中生代火山岩和以海拉尔—塔木察格及漠河盆地为代表的中—新生代盆地发育区，以莫霍过渡层厚度大（最厚达 12km）、埋深大（38~42km）和壳内高导层埋深大（约 30km）为特点；嫩江断裂和牡丹江断裂之间是松辽盆地发育区，以莫霍层和壳内高导层埋深小为特点，分别为 29~38km 和 15~20km；牡丹江断裂以东分布有以三江、勃利和鸡西等为代表的众多中—小型盆地，由于受西太平洋大陆边缘构造的影响，岩石圈结构较为复杂，东端出现向东倾斜的双壳内高导层（图 2-1-6）[1]。作为一种对比，沿北纬 47°线编制西起蒙古东部，东至俄罗斯锡霍特—阿林，横跨东北地区的岩石圈速度剖面（图 2-1-7）。根据幔内第一个低速层顶界面为岩石圈底界面的普遍性认识，嫩江断裂将该区分为东、西两个厚度明显不同的岩石圈单元，以西到蒙古东部地区的岩石圈厚度约 150km，以东到俄罗斯锡霍特—阿林地区的岩石圈厚度变化较大，但总体厚度小于80km。牡丹江断裂（图 2-1-6 中的 F2）是控制东部岩石圈减薄区内部莫霍层和幔内低速高导层埋深的界线。深部构造与地壳浅表层构造的关系显示，嫩江断裂以西地区岩石圈及地壳厚度大，结构较为稳定，对应的地质构造单元为发育有漠河及海拉尔等盆地的额尔古纳—兴安地块；嫩江断裂与牡丹江断裂之间的区域是莫霍层和幔内低速高导层隆起幅度最大的区域，对应的地质构造单元为发育有松辽盆地的松嫩地块；牡丹江断裂以东地区受到以完达山地体为代表的中生代增生杂岩和以敦密断裂为代表的北东向构造的影响，岩石圈结构较为复杂。深部构造单元与中—新生代盆地的对应关系充分说明岩石圈尺度上的深部构造作用对地壳浅表层构造具有明显的控制作用。

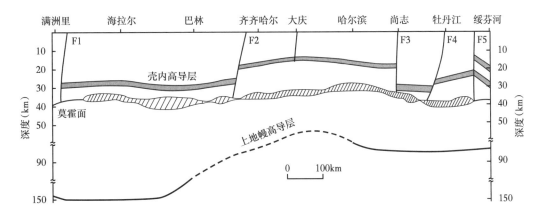

图 2-1-6　满洲里—绥芬河断面岩石圈结构（剖面位置见图 2-1-1MS，据参考文献 [1]）

F1—海拉尔盆地西缘（嵯岗）断裂；F2—嫩江断裂；F3—佳伊断裂；F4—牡丹江断裂；F5—黑山断裂

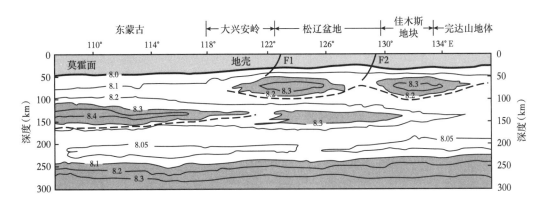

图 2-1-7　东北及邻区北纬 47° 线剖面速度（v_p）分布（剖面位置见图 2-1-1 中 47° 线，据参考文献 [1]）

虚线示幔内第一个低速高导层顶界面深度与形态；F1—嫩江断裂；F2—牡丹江断裂；8.0—v_p

2008 年国家启动"深部探测技术与实验研究"专项，开展了自东部虎林盆地开始，向西经过张广才岭、方正断陷、松辽盆地，再越过大兴安岭，到达西部的海拉尔盆地西缘的深部探测剖面，全长 1400 多千米，与早年满洲里—绥芬河大剖面走向相一致。

东北深地震反射剖面（海拉尔—大兴安岭—松辽盆地—方正断陷）构造解释，揭示出盆地形成的深部成因，在认识大型油气盆地成因、东北亚构造演化及资源预测方面均具有重要的意义 [9]。从虎林—海拉尔大剖面西段可见（图 2-1-8），在海拉尔、大兴安岭，以及松辽盆地西侧存在的三个明显的向东倾斜连续反射面（图 2-1-9），特别是莫霍面之下能看到很清楚，暗示可能存在向东的俯冲，这较人们观念中有明显的不同。同时在松辽盆地东侧也可以见到向西的倾斜面（图 2-1-10）。

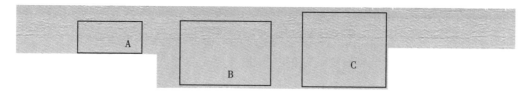

图 2-1-8   虎林—海拉尔大剖面西段（海拉尔—松辽）深剖面处理结果

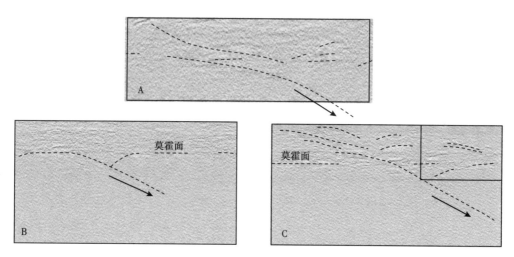

图 2-1-9   东北大剖面西段局部信息解释

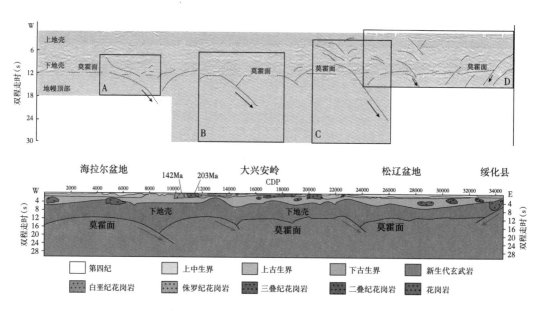

图 2-1-10   东北大剖面西段总体解释结果

　　将东西两段剖面接起来，可以看到，海拉尔盆地存在向东倾斜的反射，松辽盆地两侧存在向东、向西倾斜的反射，两侧均倾向松辽盆地之下（图 2-1-11）。实际上在早期的满绥断面也显示出这些信息，只是当时人们更多地强调向西的俯冲（图 2-1-12）。该剖面显示松辽盆地、海拉尔盆地均坐落在褶皱基底之上，油气构造形成明显受蒙古—鄂霍茨克构造带和太平洋板块相向俯冲与汇聚作用的控制，海拉尔—塔木察格盆地处于两个板块汇聚区。

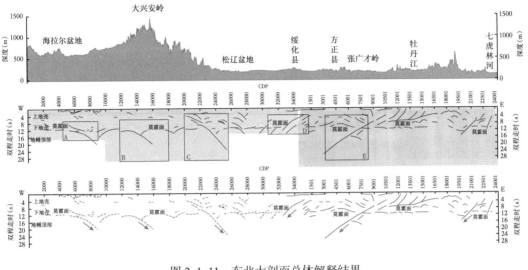

图 2-1-11 东北大剖面总体解释结果

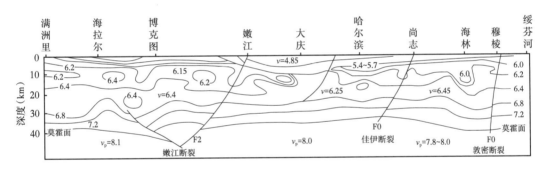

图 2-1-12 满绥断面速度模型图

东北地区与中—新生代盆地形成演化密切相关的基底构造单元主要为额尔古纳—兴安地块和松嫩—佳木斯地块。这两个基底地块都是早古生代早期 500Ma 变质固结的前寒武纪微大陆，二者在石炭纪中期沿黑河—嫩江—开鲁一线碰撞拼合，形成统一的东北大陆板块。东北统一陆块形成后，晚古生代大陆板块整体处于伸展构造背景，东北及内蒙古东部地区形成了以晚石炭世—早二叠世火山岩为主的断陷盆地，到中二叠世发展演化成为一个规模巨大的海相沉积盆地。在南部的古亚洲洋于晚二叠世—早三叠世开始发生俯冲、消亡和闭合，与华北板块拼合，形成索伦—西拉木伦河—长春—延吉缝合带，即兴蒙造山带，从而奠定了东北地区早期东西向的构造格局。三叠纪，受古亚洲洋闭合造山后伸展作用的影响，华北克拉通北缘形成近东西向分布的碱性火成岩和双峰式火成岩。

2. 古生代—中生代火山岩时空分布

地表出露的地质体，保存了地球地质历史和地壳结构构造的重要信息。在东北亚地区，地表和地下浅部保存了几乎在所有地质时期形成于不同地球动力学环境的各种地质记录。东北亚花岗岩类等岩浆岩时空演化显示了古亚洲洋、蒙古—鄂霍茨克洋和古太平洋域的俯冲／闭合过程及其影响的时空范围。

早古生代岩浆事件（475~505Ma），对应中寒武世—早奥陶世，这期花岗岩在各地块内均有分布，基本与同时代形成的角闪岩相—麻粒岩相区域变质岩石紧密伴生，具有地壳部分重熔的岩石学和地球化学特征[11]，是该区早古生代发生的一次重要的陆壳固结事件。从图 2-1-13 中可见，东北地区基本缺失 350~450Ma 的花岗质岩浆活动的锆石年龄记录，显示从晚奥陶世—早石炭世初该区基本没有花岗质岩浆活动的记录，说明各地块在经历了早古生代早期的区域变质和岩浆活动后进入了一个相对稳定的构造演化阶段。

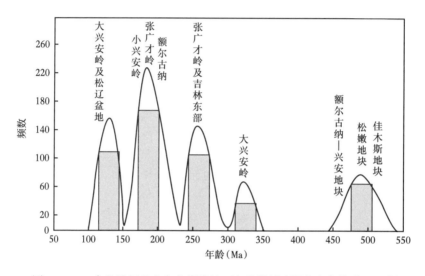

图 2-1-13　东北地区显生宙花岗岩锆石年龄统计（据参考文献［10-11］）

晚古生代岩浆事件（310~340Ma），对应早石炭世—晚石炭世，这期花岗岩主要分布在大兴安岭地区，呈北北东向展布。早石炭世为钙碱性闪长岩—花岗闪长岩—二长花岗岩组合，具有活动陆缘钙碱性岩浆弧的典型地球化学特征。晚石炭世为高钾钙碱性二长花岗岩—钾长花岗岩，具有碰撞后成因的岩石地球化学特征。空间上这 2 套花岗岩组合沿大兴安岭北北东向带状展布，从俯冲到碰撞后的连续演化特点，进一步支持了大兴安岭东缘存在一条重要的碰撞拼合带的认识，即佳木斯—松嫩地块与额尔古纳—兴安地块的碰撞拼合事件。东北地区整体处于地壳增厚和隆升背景，以普遍缺失石炭纪中期的沉积为标志。晚石炭世晚期开始整体转为伸展构造背景，形成时代为 284~307Ma 的晚石炭世晚期—早二叠世，火山岩及断陷盆地为中二叠世大规模海相沉积盆地的形成奠定了基础。中二叠世，早期断陷盆地进一步演化形成范围更广的海相沉积盆地，并始终表现出具有北陆南海的构造—沉积古地理格局。

晚古生代末期岩浆事件（240~270Ma），对应中二叠世—早三叠世，这期花岗岩主要分布在张广才岭和吉林东部地区。古亚洲洋体制主要发育于中亚造山带南缘，自西向东的岩浆演化迁移，揭示和限定了古亚洲洋"剪刀状"闭合的过程及其时空范围。同时期，蒙古—鄂霍茨克洋发育呈山弯状活动陆缘，南侧至少影响到南蒙古—额尔古纳一带。在二叠纪，古亚洲洋和蒙古—鄂霍茨克洋两大板块构造体制交汇于中蒙边界一带。

中生代三叠纪岩浆事件（200~240Ma），在三叠纪，岩浆岩分布主要发育在中亚造山带南部、东北部和东部。古亚洲洋体制（沿着西拉木伦河缝合带一带）主体进入后碰撞环境，其南部岩浆带还是受到古亚洲洋体制制约，但分布数量相对较少，仅在其东端可能仍然有俯冲记录；蒙古—鄂霍茨克三叠纪岩浆岩带分布被包围在弧形的石炭纪—二叠纪岩浆岩带之中，它们更靠近蒙古—鄂霍茨克洋缝合带，多为花岗闪长岩、二长花岗岩和正长岩，显示 I 型花岗岩特征。中蒙古—额尔古纳地区以发育 I 型弧花岗岩为主，分布在额尔古纳地块的三叠纪花岗岩具有明显的弧岩浆特征，与蒙古—鄂霍茨克洋的向南俯冲相关。在大兴安岭北段发育三叠纪岩浆岩，属于蒙古—鄂霍茨克洋构造体制。而大兴安岭南段，三叠纪岩浆岩的构造属性比较复杂；在我国东部到朝鲜半岛和日本岛，发育三叠纪岩浆岩，应该是早期古太平洋构造体制下的产物[6]。

侏罗纪岩浆事件（158~200Ma），该期花岗岩出露广泛，在额尔古纳地块、松嫩地块的小兴安岭—张广才岭和吉黑东部地区均有分布。早—中侏罗世（173~190Ma）火山岩在额尔古纳和吉黑东部地区主要为钙碱性火山岩系列，而小兴安岭—张广才岭则为一套双峰式火成岩。中—晚侏罗世（158~166Ma）火山岩只分布在松辽盆地以西地区，主要为一套亚碱性—碱性的过渡类型。东北西部地区发育一系列近东西向展布的早—中侏罗世山间陆相沉积盆地，而晚侏罗世发育大面积北北东向展布的火山岩。这一特点说明，该区在早—中侏罗世处于南北向挤压的地壳增厚构造背景，而晚侏罗世转为伸展背景。

早白垩世岩浆事件（115~145Ma），该期花岗岩主要分布在大兴安岭和松辽盆地，呈北东向展布。伴随花岗质岩浆的侵入和大规模的火山喷发，大兴安岭以东地区的岩石圈急剧减薄，地表形成大规模的含油气盆地。对应这样一种转化过程可能与蒙古—鄂霍茨克带的闭合，以及东侧大陆边缘的北东向转换构造有着密切的关系。

东北地区晚侏罗世—早白垩世火山岩的时空演化具有明显的规律性。晚侏罗世火山岩主要发育在大兴安岭及其以西地区，而松辽盆地及其以东地区主要发育早白垩世火山岩，显示出火山活动具有由西向东迁移、强度逐渐减弱的演化特点。从大兴安岭中生代火山岩地层的空间展布趋势看，中—晚侏罗世火山岩地层呈北东向带状展布，产出位置和构造线方向反映了蒙古—鄂霍茨克洋板块南东向俯冲的伸展背景。早白垩世火山岩地层呈北北东向展布，产出位置和构造线方向反映了伊泽奈岐板块向东亚大陆北西向俯冲的伸展背景。

东北亚地区早白垩世发生了以变质核杂岩为代表的地壳巨量伸展。其中，大范围发育的变质核杂岩和伸展穹隆与侏罗纪—白垩纪花岗岩发育时间一致，而且，侏罗纪花岗岩多发育伸展剪切变形，而白垩纪花岗岩多为同构造晚期侵入，表现为弱变形到不变形。这表明东北亚伸展主要发育在 120~150Ma。它们为该时期花岗岩定位的伸展构造环境提供了有力证据，并揭示了东北亚地壳增厚到伸展减薄的过程。通过野外系统地质调查和实测地质剖面研究，在海拉尔盆地内部及其周边地区识别出盆地基底碴岗伸展变形带和额尔古纳伸展变形带，它们以韧性变形为主要特征。2 条伸展变形带在盆地北部出露，向南或组成盆地西部边界断裂，或潜入盆地内部、构成盆地内重要的构造单元界线。

东北地区与中生代盆地演化相关的火山活动主要发生在中—晚侏罗世、早白垩世早期和早白垩世晚期。侏罗纪火山岩主要发育在大兴安岭及其以西地区。早—中侏罗世为受控于蒙古—鄂霍茨克造山作用的挤压型断陷—坳陷盆地，受到了后期构造的强烈改造。晚侏罗世为陆内伸展环境下与火山活动相关的火山断陷盆地。早白垩世火山岩全区均有分布，且具有由西向东时代变新的演化趋势。早白垩世盆地由于与大陆边缘的距离不同，其盆地的沉积充填特征和后期构造改造特点也不尽相同。西部以海拉尔盆地为代表的早白垩世盆地主要发育以火山岩为主的断陷沉积,之后长期处于隆升环境;中部以松辽盆地为代表的白垩纪盆地不但发育早白垩世早期的断陷沉积,而且之上基本连续叠加了早白垩世晚期和晚白垩世坳陷沉积;东部盆地群由三江、勃利、鸡西和虎林等众多中、小型盆地构成,它们在早白垩世早期曾是一个统一的近海大陆边缘盆地(大三江盆地),以发育海陆交互相沉积为特点。

3. 主要断裂构造

为揭示东北地区主要断裂构造的分布及其深部特点,以 1:200000 重力资料为基础,对全区重力资料进行了不同深度的水平总梯度矢量模处理。结果显示,上延 10km 后的重力场基本上能够反映该区深大断裂构造的总体分布格架。将东北地区具有一定深度规模的断裂按异常幅度分为北北东、近东西、北东和近南北向 4 组深断裂(图 2-1-14)[11]。

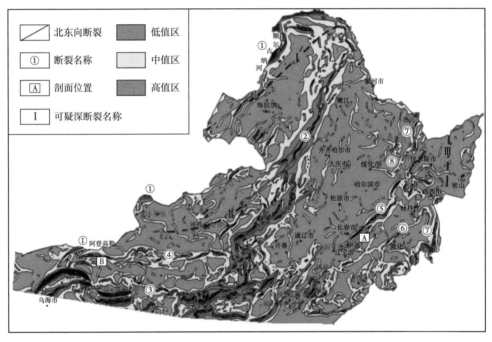

图 2-1-14　重力上延 10km 后水平总梯度矢量模平面图(据参考文献[11])

①—额尔古纳河—查干敖包—阿登高勒断裂;②—黑河—嫩江—开鲁断裂;③—楚鲁图—赤峰—开原断裂;④—西拉木伦河断裂;⑤—依兰—伊通断裂;⑥—敦化—密山断裂;⑦—嘉荫—牡丹江断裂;⑧—嘉荫—哈尔滨断裂;Ⅰ—得尔布干断裂;Ⅱ—贺根山断裂;Ⅲ—跃进山断裂;A—吉林永吉地区下石炭统与泥盆系角度不整合和下石炭统与上志留统不整合剖面位置;B—内蒙古达茂旗地区上志留统与加里东期花岗闪长岩接触和上石炭统与上志留统一下泥盆统不整合剖面位置

北北东向断裂发育在大兴安岭两侧。西侧的一条规模及幅度较小,大致沿中蒙边界额尔古纳河—海拉尔盆地西缘—内蒙古查干敖包—阿登高勒一线断续展布。另一条即为著名的大兴安岭重力梯度带,地质上通常称为黑河—嫩江—开鲁断裂。其南段明显被北东向构造所改造,异常呈北东向斜列式展布。该断裂不但是大兴安岭和松辽盆地之间重要的盆—岭分界线,而且是整个东北地区东西两侧岩石圈和地壳厚度的突变带。北东向断裂对其南段的改造作用说明,该断裂在整体上不但是深部软流圈物质由东向西侵蚀的屏障,而且在浅部成为西太平洋北东向构造域影响的西缘转换带。

两条近东西向展布的断裂—南、一北平行展布在东北地区南缘。南部为楚鲁图—赤峰—开源断裂，并被作为华北板块的北缘断裂；北部为著名的西拉木伦河断裂；是华北板块北缘俯冲增生带的南、北界线。重力异常特征显示，这两条断裂带的西端均被北北东向的额尔古纳河—查干敖包—阿登高勒断裂所截，但其东端二者的异常特征明显不同。西拉木伦河断裂似乎只延续到开鲁一带，并与北北东向的嫩江—开鲁断裂相连，并未延伸到松辽盆地之内；而楚鲁图—赤峰—开源断裂向东延伸到辽西地区，被北东向的郯庐断裂系所改造，但在北东向断裂带以东地区没有异常显示。

北东向断裂和近南北向断裂主要发育在吉黑东部地区。北东向断裂明显有3条，南部一条分别为依兰—伊通断裂和敦化—密山断裂，北部的一条沿嘉荫—哈尔滨一线展布，该断裂南部被松辽盆地所掩盖。这3条平行展布的北东向断裂强烈改造了近南北向断裂，在敦化—密山断裂以南，南北向断裂发生了明显的左行位移。这一南北向断裂习惯上称为嘉荫—牡丹江断裂。该断裂东侧发育含蓝片岩的构造混杂岩带，其构造位置处于佳木斯地块与松嫩地块之间，认为嘉荫—牡丹江断裂是俯冲增生杂岩的西界断裂。

上述重力异常特征清楚地显示了该区主要深断裂的幅度、规模及彼此的时空关系。但德尔布干、贺根山和那丹哈达岭3条重要的断裂带在图2-1-14中并没有明显地反映。有多条重、磁、电剖面穿越了这3条断裂，结果也都显示其深部没有明显的物性异常间断，可能是薄皮逆冲构造在浅部产生的一种断裂—岩性组合带。

第二节　侏罗纪盆地构造特征

海拉尔—塔木察格盆地深层侏罗系因其遭受多期改造，盆地的原形结构破坏殆尽，资料又相对较少，研究一直较为薄弱。侏罗系—下白垩统沉积地层和火山岩一直未分开，侏罗纪—早白垩世地层作为海拉尔盆地初始断陷孕育阶段的产物，盆地地层、构造特征和演化认识及观点差异较大。2006年以后，加大了两个盆地的油气勘探和研究工作，将海拉尔—塔木察格盆地作为统一盆地，从区域构造、盆缘到盆内开展整体研究。通过十多年的工作，尝试重塑了盆地基底、侏罗纪盆地和白垩纪盆地基本构造面貌、构造特征和演化，可以为该区和其他地区的油气勘探提供一定的启示和借鉴意义。

总体上，蒙古东部—中国东北部地区古生代—早中生代的区域构造发育受制于古亚洲洋和蒙古—鄂霍茨克洋。古生代末，东北地区结束了海相沉积演化的历史，形成了统一的古生代基底。中—晚三叠世碰撞造山后的伸展体制下形成了正长花岗岩组合和凝灰熔岩。侏罗纪经历两期成盆演化及后期改造，早—中侏罗世为受控于蒙古—鄂霍茨克造山作用的挤压型断陷—坳陷盆地，受到了后期构造的强烈改造。晚侏罗世为陆内伸展环境下与火山活动相关的火山断陷盆地，塔木兰沟组火山—沉积序列与白垩纪盆地叠置区是重要的油气勘探领域。

一、区域构造与成盆背景

海拉尔—塔木察格盆地位于蒙古东部—中国东北部地区，前中生代基底隶属中亚构造带东段的兴蒙构造带，夹持在蒙古—鄂霍茨克缝合带和西拉木伦—长春缝合带之间，呈北东向展布（图 2-2-1）。在古生代期间经历了古亚洲构造体系的演化，以多个微陆块之间的碰撞—拼合和古亚洲洋的最终闭合为特征，陆壳增生方式以侧向增生为主；中生代期间，其构造演化主要受古太平洋构造体系和蒙古—鄂霍茨克构造体系的影响。

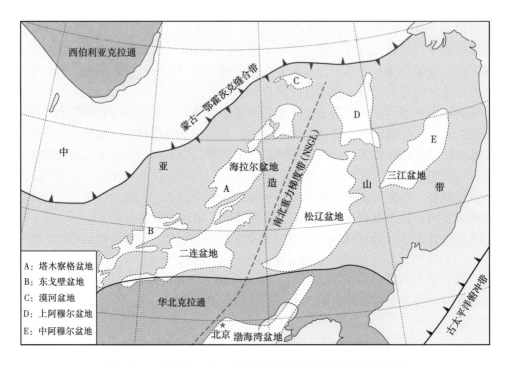

图 2-2-1　海拉尔—塔木察格盆地及周缘盆地大地构造简图

中国东北地区的兴蒙造山带是在早石炭世额尔古纳地块与布列亚—佳木斯地块完成拼贴而初步形成的，并经历了中二叠世古亚洲洋闭合碰撞的影响。古生代末，东北地区结束了海相沉积演化的历史，形成了统一的古生界基底。中生代以后，北部的蒙古—鄂霍茨克洋开始呈剪刀式快速消减闭合，并在侏罗纪末期或者早白垩世早期最终完成拼贴，形成亚洲大陆。

侏罗纪兴蒙构造带可以分为六个构造带，即蒙古前陆盆地、额尔古纳岩浆带、漠河前陆盆地、大兴安岭岩浆带、早中侏罗世褶皱冲断带—晚侏罗世伸展盆地群、张广才岭岩浆带，挤压与伸展作用并存（图 2-2-2）。中生代岩浆作用在早—中侏罗世以花岗岩为主，与古太平洋板块的平板俯冲和鄂霍茨克洋闭合所产生的挤压作用有关，晚侏罗世火山作用占据主导，指示区域进入伸展作用。

海拉尔盆地钻井和盆内及盆缘露头勘测结果表明，基底岩石主要由前中生代变质、弱变形或者成岩性极高的沉积岩和火山—侵入岩共同组成。盆地中部贝尔凹陷的贝 2 井，样品深度 1967.56m，为碳酸盐化流纹质凝灰岩，阴极发光图像显示，锆石呈自形晶和半自形晶，Th/U 比值介于 0.26~1.19。锆石 $^{206}Pb/^{238}U$ 年龄分为两组，一组 19 个锆石的加权平均年龄为（314±3）Ma，锆石的稀土元素配分模式图具有典型的 Eu 负异常，表明为岩浆结晶的产物，火山岩的形成时代为晚石炭世。另外 2 个锆石的年龄介于 408~409Ma，其加权平均年龄为（409±10）Ma，可能是岩浆上升过程中的捕获锆石。样品深度 2400.60m，为蚀变英安岩，锆石为自形—半自形晶，具有清晰的岩浆成因环带，锆石的 Th/U 比值介于 0.21~1.00。其中 9 个锆石 $^{206}Pb/^{238}U$ 加权平均年龄为（295±3）Ma，稀土元素配分模式图具有典型的 Eu 负异常，为岩浆结晶的锆石，火山岩的形成时代为早二叠世（图 2-2-3 和图 2-2-4）[12]。乌尔逊凹陷铜 7 井基底细粒黑云母二长花岗岩（样品深度 1749.80m），锆石的 $^{206}Pb/^{238}U$ 年龄介于 282~357Ma，19 个数据的加权平均年龄为（306±6）Ma，形成时代为晚石炭世末期。盆地北部赫尔洪德凹陷的海参 10 井基底细粒黑云母二长花岗岩（样品深度 2320.10m），锆石的 $^{206}Pb/^{238}U$ 年龄介于 294~321Ma，20 个数据的加权平均年龄为（295±3）Ma，形成时代为早二叠世早期。锆石 U-Pb 的测年结果证实，火山—侵入岩主要形成于晚石炭世—早二叠世（290~320Ma），年龄峰值为 310Ma，并不是前人认为的晚三叠世。

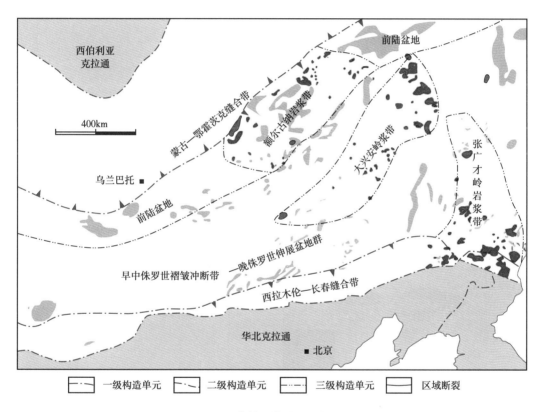

图 2-2-2　兴蒙构造带侏罗纪构造区划图

贝尔凹陷贝 2 井在 1788.5~2430.0m 井段，单层火山岩厚度从 5m 至 50m 不等，与沉积地层交互发育。英安岩具玻晶交织结构，可见少量斑晶，为斜长石和石英，基质主要由自形的斜长石微晶和玻璃质组成；德 4 井见有厚度超过 200m（未穿）的粗面安山岩；德 5 井见有厚度约 120m 的粗面安山岩，上下为粉砂岩和泥岩等高成岩沉积地层。基底火山岩具有中酸性成分特征，属于高钾钙碱性和准铝质岩石系列，富硅和高铝，高 Sr、Sr/Y 和 La/Yb，相容元素 Mg、Cr 和 Ni 含量低，总体特征与增厚下地壳部分熔融成因的 Adakite（埃达克岩）非常相似（图 2-2-5 和图 2-2-6），反映了兴蒙造山带陆壳在晚古生代期间存在显著的垂向上增生加厚过程。

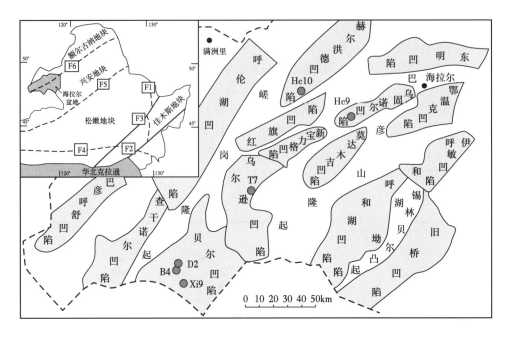

图 2-2-3　海拉尔盆地基底火山岩钻井位置示意图
F1—牡丹江断裂；F2—敦化—密山断裂；F3—伊通—依兰断裂；F4—西拉木伦—长春断裂；
F5—嫩江断裂；F6—塔源—喜桂图断裂

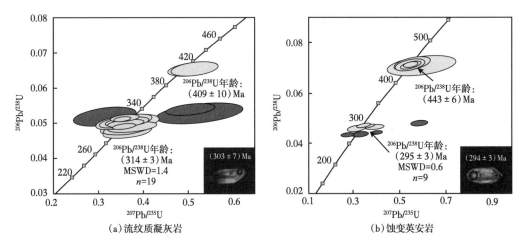

(a)流纹质凝灰岩　　　　　　　　　(b)蚀变英安岩

图 2-2-4　贝 2 井基底火山岩样品锆石 U-Pb 年龄谐和图

　　从花岗岩岩浆事件研究来看，兴安地块的花岗质岩浆事件多以中生代晚期为主，主要认为与滨太平洋构造活动有关，而额尔古纳地块则以中生代早期居多，多与蒙古鄂霍茨克构造活动有关。沿中蒙边界额尔古纳河—海拉尔盆地西缘—内蒙古查干敖包—阿登高勒一线，向北延入俄罗斯，向南延入蒙古，也称额尔古纳断裂（带），沿带形成和分布有莫尔道嘎、太平川、乌奴格吐山等斑岩钼矿藏。对其花岗岩分析，满洲里—额尔古纳地区中三叠世花岗岩为正长花岗岩组合，241Ma 黑云母正长花岗岩和 229Ma 正长花岗岩，可能形成于古亚洲洋最终闭合后的伸展环境。早—中侏罗世二长花岗岩—正长花岗岩组

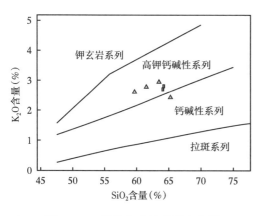

图 2-2-5　海拉尔盆地基底火山岩
SiO₂—K₂O 图解

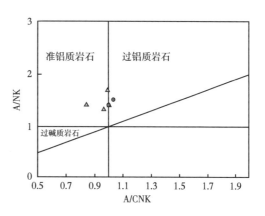

图 2-2-6　海拉尔盆地基底火山岩 A/CNK
与 A/NK 图解

合，其 $^{206}Pb/^{238}U$ 年龄介于 184~240Ma，上部（240±1）Ma 和中部（212±1）Ma 代表了花岗岩中捕获锆石的形成时代，下部（185±1）Ma 代表了花岗岩的形成时代——早侏罗世。它的存在及斑岩型钼矿的形成，暗示该区处于活动陆缘的构造背景，应是蒙古——鄂霍茨克洋南东方向俯冲作用的结果[13]。额尔古纳地块西缘八大关杂岩的岩石类型主要为黑云角闪斜长片麻岩、花岗质糜棱岩及花岗闪长质糜棱岩。2 个黑云斜长角闪片麻岩形成时代分别为（210±2）Ma、（214±2）Ma，花岗质糜棱岩的原岩年龄为（203±3）Ma，形成时代是晚三叠世。杂岩中存在约 501Ma 和约 795Ma 的捕获/继承锆石，表明额尔古纳地块具有前寒武纪结晶基底。杂岩具有高钠、铝等特点，富集 Rb、Ba、K、Sr 等大离子亲石元素、强烈亏损 Nb、Ta、P、Ti 等高场强元素，显示出活动大陆边缘弧环境的地球化学特征，形成于蒙古—鄂霍茨克洋向额尔古纳地块俯冲的环境；太平川斑岩型铜钼矿床成矿斑岩具有埃达克岩的地球化学特征，矿床形成于蒙古—鄂霍茨克洋向额尔古纳地块俯冲陆缘弧环境，时代为（202±5.7）Ma；在中蒙边境 Hangayn 地区发育一套安第斯型大陆边缘弧火山岩，形成时代为（241.3±1.5）Ma；蒙古额尔登特的大型斑岩型铜钼矿床容矿岩体为岛弧背景下的产物，与鄂霍茨克洋的俯冲有关，其形成时代为（240Ma±5.7）Ma。大兴安岭北段新巴尔虎右旗韧性剪切带，分布于克鲁伦河北岸，新巴尔虎右旗西约 20km 处，为左行—逆断层性质。韧性剪切带内变形的最年轻地质体为早三叠世花岗闪长岩，其被侏罗系覆盖，且下侏罗统柴河组未发生韧性变形。通过 SHRIMP 锆石 U-Pb 测年，年龄加权平均值为（249.3±4.1）Ma，认为其形成于蒙古—鄂霍茨克洋三叠纪晚期向额尔古纳地块南向俯冲的活动大陆边缘构造背景，为额尔古纳河—阿龙山北东向韧性变形域的南部延伸。综合上述成果，说明蒙古—鄂霍茨克洋三叠纪存在向南的俯冲作用，在额尔古纳地块上发育大量的早中生代花岗岩及斑岩型铜钼矿床为特征，这一认识也为蒙古—鄂霍茨克洋向南俯冲提供了年代学的制约[14]。

额尔古纳地块中生代花岗岩主要分布于德尔布干断裂北西侧的满洲里地区（乌奴格吐山、巴杨山）、额尔古纳地区（八大关、上护林盆地、恩和盆地），以及满归、奇乾北部的大部分区域，其余地区也有零星分布[15]。根据对额尔古纳地块中生代花岗岩锆石 U-Pb 定年结果的统计，存在 245Ma、225Ma、205Ma、195Ma、182Ma、174Ma、153Ma、

145Ma 和 125Ma 九个峰期（图 2-2-7）。早—中三叠世花岗质岩浆活动的年龄范围介于
249~237Ma，其峰期年龄为 245Ma。在蒙古—鄂霍茨克缝合带南东侧广泛存在，南东侧
的中蒙古地块上，该期花岗质岩浆作用同样十分普遍。晚三叠世花岗质岩浆活动的年龄
范围为 229~201Ma，225Ma 这期花岗质岩浆活动在额尔古纳地块分布较少，见于满洲里、
八大关地区。与 205Ma 峰期一致的花岗质岩浆事件在满归、莫尔道嘎、乌奴格吐山等地
区广泛存在。早—中侏罗世花岗质岩浆活动时限在 199~171Ma，存在 195Ma、182Ma 和
174Ma 三个峰期。与 195Ma 年龄一致的花岗质岩浆事件在满归西部、金河、莫尔道嘎等
地有过报道，与 182Ma 较为一致的花岗质岩浆事件在漠河、盘古、乌奴格吐山等地出现，
与 174Ma 峰期年龄较一致的花岗质岩浆事件位于满归、查干陶勒盖山、乌奴格吐山等地。
晚侏罗世花岗质岩浆事件年龄介于 155~149Ma，峰期年龄 153Ma。其主要存在于满归、室
韦、八大关和阿日哈沙特等地区。

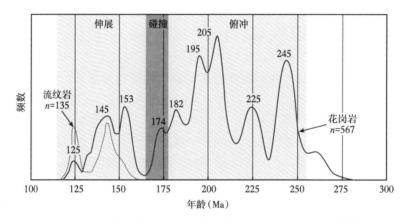

图 2-2-7　额尔古纳地块中生代花岗岩锆石 U-Pb 年龄频谱图

　　额尔古纳地块中生代花岗质岩石主要为一套花岗闪长岩—二长花岗岩—正长花岗岩组
合，不同期次花岗岩的主量元素变化不明显，但它们的微量元素表现为随时代变新，Sr/Y、
Eu/Eu*，以及 Sr 含量不断降低，而 Zr 及 Y 含量逐渐升高的特征。众多研究显示 Sr/Y 的
变化与地壳厚度之间是存在相关性的，额尔古纳地块中生代花岗岩 Sr/Y 不断下降的趋势
应是对于地壳厚度不断减薄的微观反映。中生代早期（包括三叠纪和早侏罗世）该区经历
了蒙古—鄂霍茨克大洋板块的南向俯冲作用，处于活动陆缘的构造背景，这与该区早中生
代陆壳加厚过程的存在相吻合（早中生代存在活动陆缘环境下形成的埃达克质岩石）。到
中侏罗世，大兴安岭北段具 "S" 形花岗岩地球化学属性的白云母花岗岩的发现证明了蒙
古—鄂霍茨克洋的闭合和陆—陆碰撞的发生，这些均说明该阶段确实存在陆壳加厚过程。
而晚侏罗世—早白垩世 A 型花岗岩和碱性流纹岩的出现，揭示了额尔古纳地块造山后伸
展环境的存在和地壳减薄作用的发生[15]。

二、早—中侏罗世盆地特征

　　早中生代蒙古及相邻俄罗斯地区的主控构造是蒙古—鄂霍茨克洋的演化，它在早侏
罗世末到中侏罗世初消减闭合，蒙古东部—中国东北部地区侏罗纪盆地的演化分为两大阶

段：早—中侏罗世的盆地发育与造山作用有关，晚侏罗世的盆地则指示了蒙古—鄂霍茨克造山带的坍塌[16]。在内蒙古和黑龙江有 4 条古缝合线，因蒙古—鄂霍茨克洋的消减而活化，形成 4 条燕山期的陆内造山带（褶皱冲断带），并控制了 4 个陆内造山的磨拉石盆地发育[17]；其中，除最北的漠河盆地北延入俄罗斯外，其他 3 个盆地（自北向南依次为海拉尔、二连和阴山—燕山盆地）均延入蒙古境内（图 2-2-8）。

北带磨拉石盆地属海拉尔盆地的西延，其北界在俄、蒙边境线附近，向西经温都尔汗至额尔德尼达来；南界自塔木察格布拉克以北、苏赫巴托向西经德勒格尔至赛汗鄂博。之后，该盆地带折向西北，经阿尔拜赫雷至乌彦嘎（翁金河源头）。北带磨拉石盆地东段为北东东向，向西延伸逐渐靠近蒙古—鄂霍茨克缝合线；除东部下—中侏罗统零星出露于断陷盆地的肩部隆起区或次级断隆上以外，含煤地层发育和保存较好，矿点密布。北带磨拉石盆地和中带磨拉石盆地东段均以北界断裂为控盆断裂，两者都发生过向南的冲断，这说明三者有相同的成盆动力学机制：因蒙古—鄂霍茨克洋向北消减，洋盆南侧的原被动大陆边缘区反转成前陆褶皱冲断带，并激活基底中的北东东向断裂或东西向断裂发生向南的冲断，在其下盘各控制了一个磨拉石盆地发育。

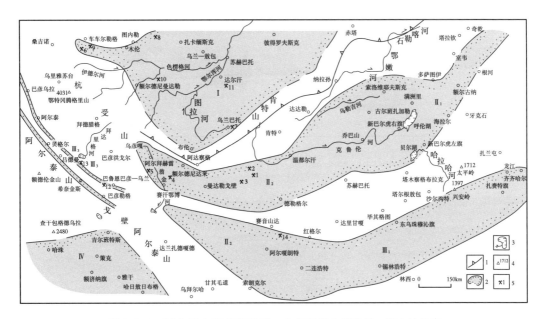

图 2-2-8　蒙古及中蒙交界区早—中侏罗世含煤盆地（带）的分布

1—蒙古—鄂霍茨克缝合线；2—早—中侏罗世盆地（虚线示推测边界）；3—河流湖泊；4—山峰（旁注数字为其海拔）；5—煤矿及编号；✖1—Sharyngol；✖2—shivee ovoo；✖3—Khoctiin khonbor；✖4—Tsagaan ovoo；✖5—Bayanteeg；✖6—Ovoot；✖7—Nalaih；✖8—Baga nuur；✖9—Mogoin gol；✖10—Saihan ovoo；✖11—Sharuin gol；✖12—Lkh Bogd；✖13—Alug Tsaluir；✖14—Khamaryn khural；Ⅰ—鄂尔浑—色楞格盆地；Ⅱ₁—海拉尔盆地；Ⅱ₂—北带磨拉石盆地（蒙古）；Ⅲ₁—二连盆地；Ⅲ₂—中带磨拉石盆地东段（蒙古）；Ⅲ₃—中带磨拉石盆地西段（蒙古）；Ⅳ—银根盆地＋南带磨拉石盆地（蒙古）

塔木察格布拉克以北、苏赫巴托向西地区，所属的塔木察格盆地塔南和南贝尔凹陷，21-18 井等探井见有中侏罗世煤层，地震剖面在早白垩世断陷之下揭示一套卷入强烈挤压变形的构造层（图 2-2-9 至图 2-2-11），可能与蒙古—鄂霍茨克洋闭合及贺根山缝合带后造山伸展作用有关。

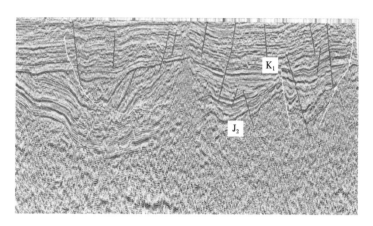

图 2-2-9　塔木察格盆地塔南凹陷三维地震 Trace1350 线剖面

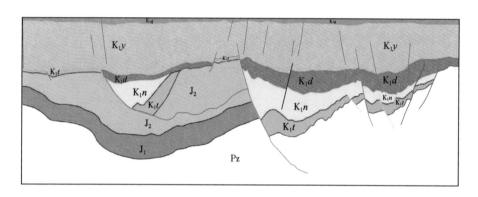

图 2-2-10　塔木察格盆地塔南凹陷 NNE 向地质剖面

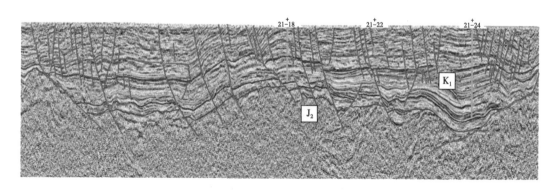

图 2-2-11　塔木察格盆地南贝尔凹陷三维地震北北东向过井剖面

　　贝尔湖以西地区，所属的海拉尔盆地贝尔凹陷中部苏德尔特和东南部的布勒洪布斯凸起上，从地震反射剖面上可见（图 2-2-12a 至图 2-2-12d），在白垩纪盆地之下（T₅），存在一期层状反射构造层。这套层状反射构造层北部产状趋于平缓简单，其北部被上覆呈杂乱或空白反射的楔状体所截，两者突变接触（图 2-2-12a 至图 2-2-12d）；向南东方向逐步过渡为弧形歪曲构成典型的向斜形态，顶部被 T₅ 反射层（区域性不整合面）截切（图 2-2-12c和图 2-2-12d）；在该构造带西南部，上部还存在一规模很小的层状反射层楔形体，其与下部产状平缓的大套层状反射层斜交接触（图 2-2-12a 和图 2-2-12b）。基于上述反射结构与特征，认为贝尔凹陷东南部断陷层序之下的这套层状反射清楚的沉积地层总体以挤压变形样式为主，主要表现为受一条北东东向的大型逆掩断层控制的逆冲推覆构造系统[18]。逆掩断层上盘主要以空白反射或杂乱反射为特征的基底岩层，在其向上突破的前端变形较强，并派生出两条分支冲断层，向上终止于 T5 反射层（图 2-2-12a 至图 2-2-12c），分支断层围限的沉积地层受断层切割旋转与下伏产状平缓地层斜交接触（图 2-2-12a 和图 2-2-12b）；逆掩断层下盘，总体表现为北东东向的大型宽缓的向斜构造（图 2-2-12c 和图 2-2-12d），翼部局部发育微幅箱状背斜构造（图 2-2-12a 和图 2-2-12b）及小型逆冲断层（图 2-2-12a 至图 2-2-12c）。

上述构造特征和变形组合样式反映了北北西—南南东方向构造挤压特征，变形时间主要发生在早白垩世大规模断陷盆地形成之前，并遭受了强烈的剥蚀和夷平过程。贝 48 井钻探揭示，钻遇一套陆相湖盆碎屑岩建造，岩性组合为泥岩、泥质粉砂岩与含砾细砂岩呈不等厚互层，局部见凝灰岩。化石和锆石同位素年龄证实时代为中侏罗世，定为南平组。

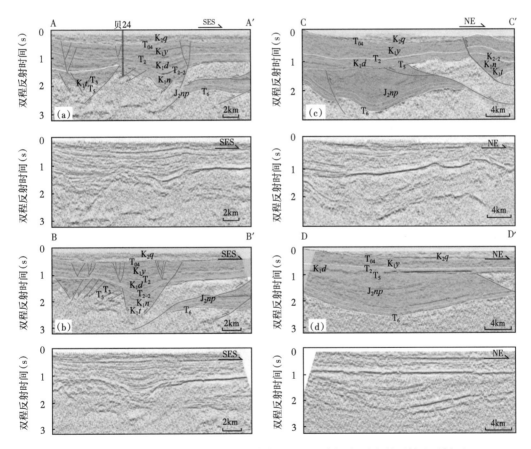

图 2-2-12　海拉尔盆地贝尔凹陷东南部地震解释剖面与对应的原始地震剖面

从兴蒙造山带不同盆地侏罗系结构特征来看，二连盆地残余下—中侏罗统，与上覆下白垩统呈明显角度不整合；东戈壁盆地保存早—中侏罗世逆冲褶皱体系，与上覆白垩系呈角度不整合接触；漠河盆地晚三叠世—中侏罗世发育海陆过渡相地层和陆相地层。从海陆过渡相暗色泥岩中获得 176Ma 凝灰岩夹层年龄，中侏罗世南缘处于张性应力环境，盆地南缘构造类型属于断陷盆地。中侏罗世之后，盆地不再出现海相地层，推测大洋关闭时间为中侏罗世。蒙古—鄂霍茨克洋关闭，由于两侧地体发生碰撞，发育大型逆冲推覆构造。为活动陆缘挤压构造环境，而非大陆裂谷型的拉张环境。

蒙古—中国东北部早—中侏罗世盆地演化的主控构造是蒙古—鄂霍茨克洋的消减闭合。大体经历初始盆地阶段、盆地的扩大阶段和盆地发育的全盛阶段。中侏罗世末，鄂尔浑—色楞格盆地和北带、中带、南带 3 个磨拉石盆地都反转闭合，遭受隆起剥蚀（图 2-2-13）[17]。

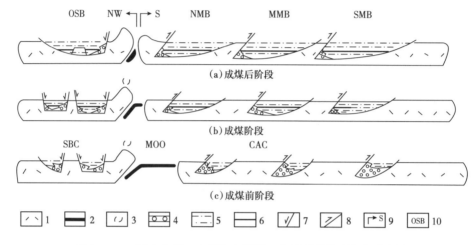

图 2-2-13　蒙古北部、东部和南部早—中侏罗世盆地演化示意图

1—大陆地壳；2—洋壳；3—火山弧；4—砾岩；5—砂页岩；6—煤层；7—正断层；8—逆冲断层；9—剖面方向；10—构造单元名称；SBC—西伯利亚次大陆；MOO—蒙古—鄂霍茨克洋；CAC—中国—东南亚次大陆；OSB—鄂尔浑—色楞格盆地；NMB—北带磨拉石盆地；MMB—中带磨拉石盆地（东段）；SMB—南带磨拉石盆地

三、晚侏罗世盆地特征

东北地区侏罗系分布受多个断陷盆地控制，地层分异性强，各地区地层序列差异较大。上侏罗统的火山岩建造与沉积岩建造相互叠合交织，构成东北地区的火山—沉积序列的鲜明特征。火山作用对沉积盆地的形成演化有着密切成因关系，形成"盆岭相间"的特点。

大兴安岭北部满洲里新巴尔虎右旗地区塔木兰沟组发育粗面安山岩—粗面岩—流纹岩岩石组合，其中，中基性火山岩的 SiO_2 含量为 56.23%~61.53%，具有较高的 Al_2O_3（15.38%~16.62%）、K_2O（2.72%~3.87%）和全碱（6.28%~8.79%），较低的 MgO（0.91%~3.8%），为高钾钙碱性火山岩组合，中部的流纹岩具有高 SiO_2（79.88%~80.46%），相对低的 MgO（0.04%）、FeO（0.26%）和 Al_2O_3（9.61%~10.17%）的特征[19]。海拉尔盆地西北部的秃 1 井塔木兰沟组具有贫碱、富铝钙镁的特征，为亚碱性系列的粗安岩，其地球化学特征反映与晚侏罗世蒙古—额霍茨克洋闭合造山后伸展作用有关。这可以与南部冀北地区以髫髻山组为代表的碱性火山岩相对比，总体反映了陆壳加厚垮塌的重力伸展环境。

海拉尔盆地侏罗系局部发育中侏罗统南平组，主要发育上侏罗统塔木兰沟组，下伏地层为浅变质—变质岩及火山—侵入岩基底，多数井未钻揭基底。钻井揭示塔木兰沟组火山岩测年数据资料，盆地中部红旗凹陷红2井火山岩的锆石U-Pb年龄为145~149Ma，相当于晚侏罗世。红6井3426.02~3428.73m流纹质凝灰熔岩样品的锆石U-Pb年龄为150.5~151.6Ma，相当于晚侏罗世。盆地西北部秃1井下下部塔木兰沟组粗安岩的锆石U-Pb年龄为151Ma，盆地西南部楚8井1655.54m塔木兰沟组英安岩的锆石U-Pb年龄为147~153Ma，相当于晚侏罗世。在秃1井西南方向约100km的满洲里新巴尔虎右旗地区的火山岩剖面中，塔木兰沟组的锆石U-Pb年龄在149~162Ma，相当于晚侏罗世。在盆地以外的阿尔山哈拉哈河南岸地区的塔木兰沟组，玄武安山岩的锆石U-Pb年龄为152~157Ma，为晚侏罗世。但也有资料显示在满洲里新巴尔虎右旗地区灵泉盆地的火山岩剖面塔木兰沟组安山岩的锆石U-Pb年龄为166Ma，相当于中侏罗世晚期。

侏罗纪沉积末期，东北地区经历了整体隆升、剥蚀，形成了侏罗系顶部的角度不整合界面。不同构造单元的不同凹陷，残留的地层和结构构造样式差异较大。在海拉尔盆地西部断陷带南部巴彦呼舒凹陷的楚4井过井地震剖面可见，塔木兰沟组受坡坪式低角度断裂控制的半地堑，西侧靠近断裂地层增厚，东侧延伸到磴岗隆起带上，多处见有露头。下伏中生界—古生界基底靠近断裂地层减薄，为先存逆冲断层的解体结果（图2-2-14），北部呼伦湖凹陷整体为同向多断控制的半地堑，局部发育不对称地堑和半地堑组合结构，最大厚度约2200m（图2-2-15）；中部断陷带中南部的乌尔逊凹陷为"同向多断"特征，为低角度断面、不对称的半地堑（图2-2-16）。中北部的红旗凹陷红6井过井地震剖面可见与上覆下白垩统铜钵庙组呈角度不整合接触，超覆在塔木兰沟组之上，东侧塔木兰沟组延伸到巴彦山隆起带上（图2-2-17）。为西断东超的半地堑，呈现典型的断层—火山机构联控结构。平面上，红旗—新宝力格—乌尔逊凹陷为一个断陷湖盆，被北东向控陷断裂分隔成两个次凹（图2-2-18）；中部断陷带南部的呼和湖凹陷是一个由北东向断层控制的东断西超的半地堑（图2-2-19）。

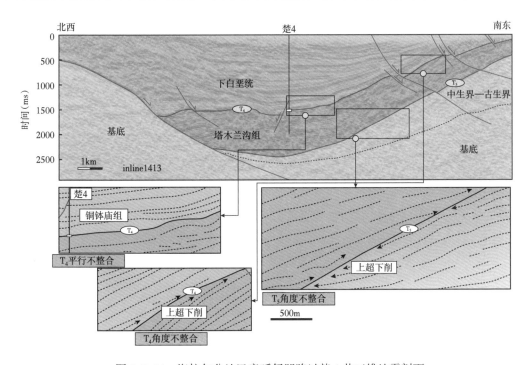

图2-2-14 海拉尔盆地巴彦呼舒凹陷过楚4井三维地震剖面

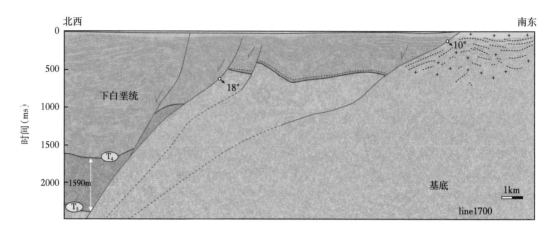

图 2-2-15　海拉尔盆地呼伦湖凹陷北西—南东向二维地震剖面

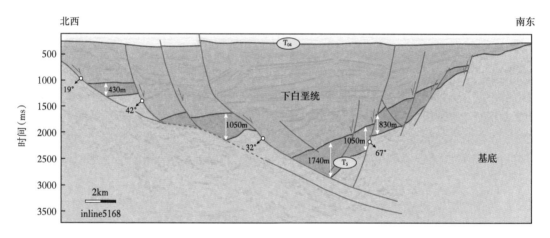

图 2-2-16　海拉尔盆地乌尔逊凹陷北西—南东向三维地震剖面

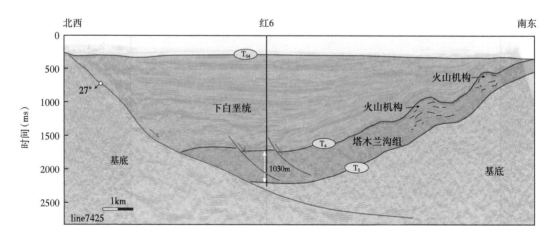

图 2-2-17　海拉尔盆地红旗凹陷过红 6 井地震剖面

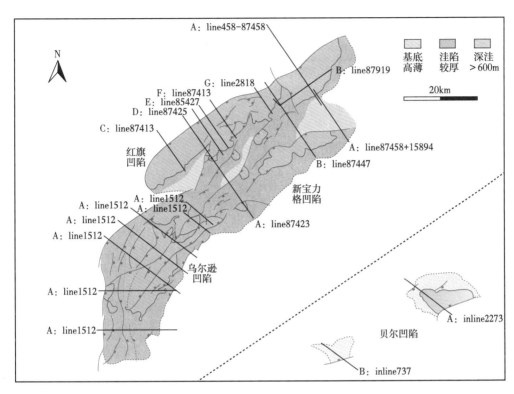

图 2-2-18　海拉尔盆地乌尔逊—红旗凹陷塔木兰沟组地层与构造分区图

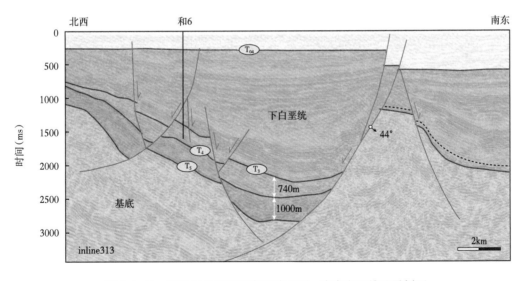

图 2-2-19　海拉尔盆地呼和湖凹陷北西—南东向三维地震剖面

　　总体上，塔木兰沟组呈多个、分散的半地堑—地堑样式，表现出分割性明显的断控特征。自西向东分为三个带，即西部断陷带、中部断陷带和东部断陷带。西部断陷带深洼以低角度断陷为主；中部断陷带较为复杂，高—中—低角度断陷共存；东部断陷带以高角度断陷为主。控洼断层走向基本与深大断裂走向一致，沉降中心分布在深大断裂两侧，西部和中部断陷带的凹陷较大，尤其中部断陷带的凹陷沉积厚度较大（图2-2-20）。

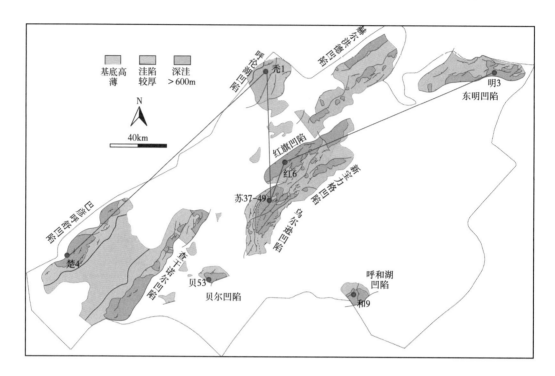

图 2-2-20　海拉尔盆地构造单元与侏罗系塔木兰沟组分布图

上侏罗统塔木兰沟组主要以各类紫红色、杂色火山岩夹沉积岩为主，厚度较大，为一套典型的火山—沉积建造。下部主要是火山爆发相、火山溢流相和火山沉积相的安山岩、玄武岩、火山角砾岩、凝灰岩、火山碎屑岩等，中部为深湖—半深湖相的细粒砂泥岩间互沉积。上部是扇三角洲相粗粒砂砾岩和火山喷发—溢流相的安山岩—玄武岩[20]。

海拉尔盆地塔木兰沟组有两期火山喷发旋回，第一期主要为粗安岩和流纹岩，第二期主要为粗安岩、流纹岩和流纹质凝灰岩，两期均为高钾钙碱性火山岩。喷发时间为160~145Ma。红6井钻遇塔木兰沟组的火山—沉积序列为火山岩与沉积岩的互层，表现为砂泥岩—中酸性火山岩—砂泥岩—中基性火山岩序列，发育爆发相及溢流相火山岩与扇三角洲相砂砾岩储层，岩性主要为安山岩、玄武岩、流纹质凝灰熔岩、粉砂岩、砂质砾岩及泥岩等，厚度1024m，其中火山岩累计厚641m，沉积岩累计厚383m，泥岩累计厚206m。塔木兰沟组在区域上划分出5个岩性段，红6井缺失底部的第一段，自下而上分为4个岩性段（图2-2-21）。

海拉尔盆地上侏罗统塔木兰沟组在不同凹陷单元有不同的火山—沉积序列特征。由于不同凹陷的分割性，地震剖面和钻井揭示的塔木兰沟组火山—沉积序列对比较为困难。即使在同一凹陷内不同部位的塔木兰沟组火山—沉积序列也有一定的差异。总体上，中部断陷带的红旗凹陷、乌尔逊凹陷和东明凹陷塔木兰沟组以火山岩和砂泥岩均较发育为特征，外围凹陷以火山岩和砂砾岩为主。在西部断陷带的呼伦湖凹陷和巴彦呼舒凹陷，东部断陷带的伊敏凹陷和呼和湖凹陷，南部的贝尔凹陷东部及塔木察格盆地遭受强烈剥蚀（图 2-2-20）。

虽然钻遇塔木兰沟组的井较少，但根据钻井揭示较全的红 6 井和区域地层对比，可将塔木兰沟组火山—沉积序列划分为 5 个岩性段。不同凹陷钻遇的井，其地层岩石组合又有一定的差异（图 2-2-22）。

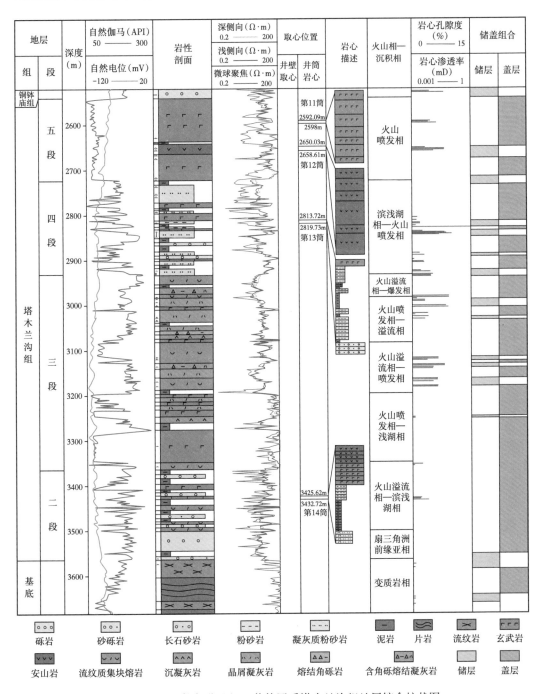

图 2-2-21　海拉尔盆地红 6 井侏罗系塔木兰沟组地层综合柱状图

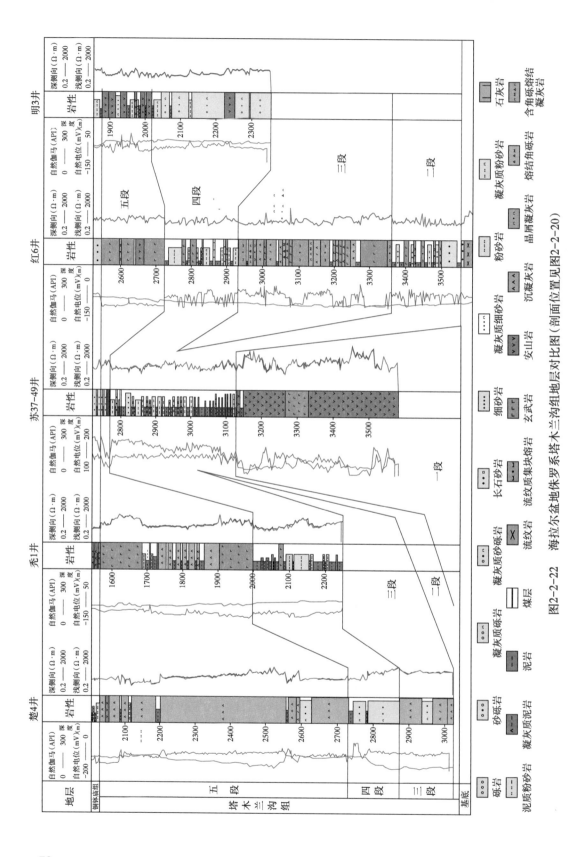

图2-2-22 海拉尔盆地侏罗系塔木兰沟组地层对比图（剖面位置见图2-2-20）

区域成盆动力学分析表明，早—中侏罗世，古太平洋板块快速平板俯冲和鄂霍茨克洋关闭，导致海拉尔盆地处于前陆—褶皱冲断环境。区域挤压应力来自北西和南东两个方向，因此海拉尔盆地内部发育两组倾向相反的逆冲体系。晚侏罗世，古太平洋板块由平板俯冲转为回撤，对东亚大陆的作用也由挤压转为伸展；鄂霍茨克洋闭合后，板片发生断离，诱发增厚的地壳垮塌。两者的联合作用，导致海拉尔盆地由挤压环境进入裂陷期，早期深大断裂与逆冲褶皱体系解体、反转，沉积了断层—火山联合控制的塔木兰沟组。晚侏罗世末，古太平洋板块回撤速度减弱、以俯冲作用为主，鄂霍茨克洋板片影响逐渐消失，盆地伸展作用停止，塔木兰沟组被抬升剥蚀（图 2-2-23 ）。

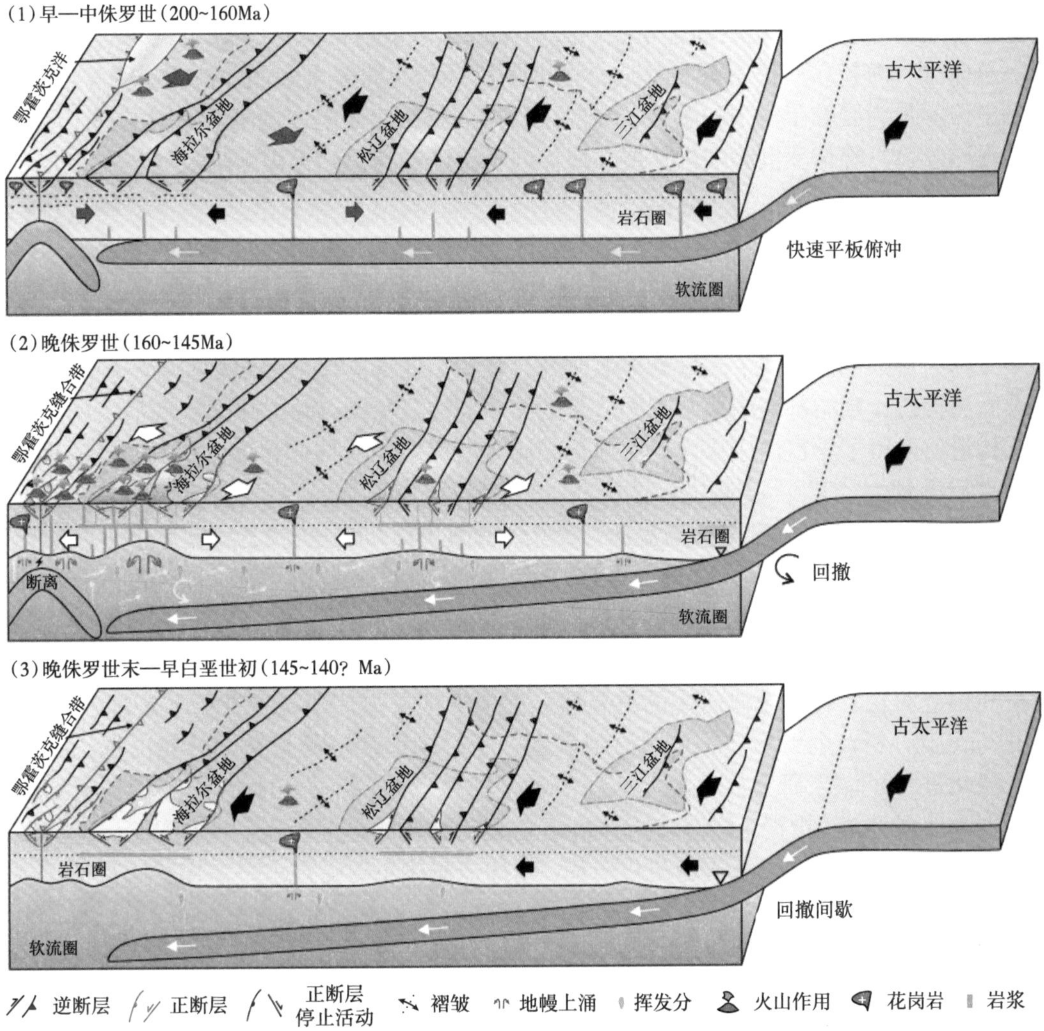

(1)早—中侏罗世(200~160Ma)

(2)晚侏罗世(160~145Ma)

(3)晚侏罗世末—早白垩世初(145~140? Ma)

图 2-2-23 海拉尔盆地侏罗纪成盆动力学模型

海拉尔—塔木察格盆地塔木兰沟组（夏宁组）构造复杂，后期改造强烈，原型盆地认识不清。北部的海拉尔盆地，在火山活动相对较弱的中部地区发育有沉积岩。南部的塔木察格盆地，是一个地形起伏强烈的火山高地，不是经长期剥蚀而几近夷平的隆起区。晚侏罗世主体没有沉积盆地发育，零星分布沉积地层。该地的上侏罗统夏宁组是钙碱性系列的中酸性火山熔岩、火山碎屑岩和凝灰岩，已褶皱并伴有侏罗纪的花岗岩侵入。整体上，晚侏罗世区域进入伸展裂陷和火山喷发演化阶段，使早—中侏罗世形成的褶皱冲断体系解体反转，沉积了塔木兰沟组，为火山作用强烈的断陷湖盆，盆地展布受控于深大断裂和先存构造，地层发育具有断控和断层—火山联控两种模式；伸展作用和火山作用向东递减，凹陷结构沿走向差异性明显。晚侏罗世的伸展作用是鄂霍茨克洋闭合造山与板片断离及古太平洋板块俯冲与回撤联合作用的结果。

中国北部晚侏罗世演化的最醒目特征是强烈的中酸性火山岩喷发和大兴安岭隆起，后者使晚侏罗世的盆地面貌与早—中侏罗世含煤盆地的近东西向—北东东向明显不同，反映了晚侏罗世新生构造对盆地发育的控制。早—中侏罗世的盆地可东延至黑龙江西南的龙江等地，而晚侏罗世的盆地东延止于大兴安岭，因大兴安岭的隆起仅限于大兴安岭以西发育。总体上，海拉尔—塔木察格盆地早—中侏罗世和晚侏罗世的盆地性质有明显的不同，早—中侏罗世为受控于蒙古—鄂霍茨克造山作用的挤压型断陷—坳陷盆地，受到了后期构造的强烈改造。晚侏罗世为陆内伸展环境下与火山活动相关的火山断陷盆地。

第三节 白垩纪盆地构造特征

20世纪80—90年代到21世纪初，在油气勘探实践过程中，逐步认识到海拉尔盆地地质条件的复杂性。开展了三轮盆地级研究，认识由浅部断坳层隆起构造带与斜坡带的背斜及断鼻构造，到中部断陷层复式构造带的简单断块及复杂断块，以及基底潜山构造带的地层构造，取得了丰富的成果，但对地层归属和时代、构造特征和演化及与油藏关系，认识观点差异较大[21-25]。长期以来形成的一个基本认识是，盆地是在海西期褶皱基底上发育起来的中—新生代断陷—坳陷盆地，经历了断陷期、坳陷期和萎缩期3个主要演化阶段[26-27]。它们形成的动力学背景也多与西太平洋板块对东北亚大陆东缘的俯冲及转换机制相联系[28-29]。

2006年以后，海拉尔—塔木察格盆地具备整体研究的条件，深刻地认识到断陷盆地原型和构造演化及控藏规律研究的重要性。近十多年来，基于新的二维地震和三维地震、钻井与实验分析及盆缘资料，采用原型识别、断裂构造变形解析技术，对白垩纪盆地原型、演化进行了深入研究，认为盆地经历了早白垩世初期泛火山盆地、早期伸展断陷盆地、中晚期弱伸展（走滑）盆地、抬升扭压变形转入晚白垩世坳陷盆地，末期构造反转变形及新生代构造运动的复杂构造演化历程，其构造演化主要受古太平洋构造体系基底构造再活动和蒙古—鄂霍茨克及太平洋构造体系的影响，对油气成藏过程产生重要控制作用。在晚古生代基底和侏罗纪盆地之上发育的白垩纪盆地，呈北东向三坳二隆的构造格局，由22个中小型断陷湖盆群组成。现今表现为断陷带（凹陷）与隆起（凸起）相间，每个凹陷是由大量地堑、半地堑以不同型式复合与叠合形成的，盆地结构和构造样式受盆地内部地堑、半地堑的叠加与复合方式的影响，构成一个相对独立的构造沉积成油单元。

一、区域构造与成盆背景

随着完达山增生杂岩在侏罗纪晚期至白垩纪初期的就位，中国东北地区的地壳固结已经完成。从白垩纪开始，该区进入了一个新的地质时期。中国东北地区的白垩纪地质记录，可以大体划分为早白垩世早—中期大规模岩浆活动，早白垩世中—晚期陆相沉积盆地的出现，北东走向大型左行走滑构造的形成，以及大致同期的伸展构造[30]。

早白垩世早—中期岩浆活动，在大兴安岭地区以火山岩为主，在小兴安岭南段和长白山脉，主要为侵入岩，且分布零星。该期岩浆活动在空间上要比中生代其他时期分布更广泛，特别是相对于晚侏罗世而言，其分布区域明显向西扩展遍布全区，并且向西还可以在毗邻的蒙古境内大部分地区和中国阿拉善北部地区见到这一时期岩浆岩的记录。该区早白垩世的岩浆岩具有多种岩石组合和多样的岩石地球化学成分，文献中多将其成因与古太平洋及相关的陆缘演化联系起来，有的认为其形成环境为大陆裂谷，有的认为其形成与蒙古—鄂霍茨克洋闭合以后的岩石圈伸展有关，有的认为其形成先是与加厚陆壳的坍塌或拆沉，继之与大陆东缘的古太平洋板块的俯冲及弧后伸展或拆沉有关，还有的认为先是蒙古—鄂霍茨克造山带造山后伸展，继之为亚洲大陆东缘弧后伸展（图 2-1-3）。

与这一时期的岩浆活动相伴生大规模的左行走滑构造。这一大规模壳源为主少量幔源的岩浆活动和大规模左行走滑构造的伴生，显示出与美洲大陆西缘科迪勒拉地区新生代构造环境的某种相似性。早白垩世早期火山岩（145~120Ma）主要分布在大兴安岭，大兴安岭北部早白垩世火山岩主要分布在上库力组和伊列克得组，南部主要分布在白音高老组和梅勒图组。上库力组是本区火山岩主体，由流纹岩、英安质火山熔岩和火山碎屑岩组成，火山岩年龄分为两个期次：140~135Ma、130~120Ma。与海拉尔盆地铜钵庙组和松辽盆地火石岭组火山岩同位素年龄大体相当。这些火山岩具有低 MgO，LILE、LREE 富集，Nb-Ta 亏损，正的 Nd 同位素比值和弱 Sr 同位素亏损特征，代表了火山岩来自被流体交代的富集岩石圈地幔。火山构造判别图解显示早白垩世早期火山岩投点在造山后范围，表明其形成于伸展环境[31]。

早白垩世晚期火山岩（120~100Ma），主要分布在大兴安岭北部、东部及松辽盆地深层及周边。大兴安岭北部伊列克得组和东部甘河组，主要由玄武岩及玄武安山岩组成，火山岩年龄主要集中在 130~105Ma。与松辽盆地营城组火山岩大体相当，营城组火山岩锆石U-Pb 年龄峰值为 105~120Ma，属于早白垩世晚期。海拉尔盆地未见到这期火山岩。

在白垩纪早期大规模岩浆活动之后，区域上广泛发育了白垩纪早—中期的沉积盆地。其分布范围与比其略早的岩浆活动范围大体相当，揭示它们之间有可能具有成因联系。结合古地貌的恢复，推测除了亚洲大陆东缘的古太平洋岩石圈板块的俯冲作用外，沿蒙古—鄂霍茨克造山带陆陆碰撞导致的地壳加厚，继之形成的古高原演化晚期的地壳深熔作用，有可能也是导致该期岩浆活动的主要因素之一。时间稍晚的大规模沉积盆地的发育，可能是该古高原在大规模岩浆活动之后地壳热塌陷的表现（图 2-1-4）。

晚白垩世东北地区火山活动很弱。晚白垩世岩浆岩空间分布范围相对于早白垩世而言，明显缩小，其分布区的西界大体位于大兴安岭的东麓。显示其成因可能主要与古太平洋板块向欧亚板块之下的俯冲有关。

海拉尔盆地霍尔坡山岩体、阿浪托洛果伊岩体，以及嵯岗岩体的花岗质岩石岩石学和锆石 LA-ICP-MSU-Pb 年代学研究，分别采自各岩体的 3 个花岗岩样品的锆石均呈半自形—自形柱状，显示典型的岩浆生长环带，Th/U 比值为 0.26~2.08，具有典型的岩浆成因特征。嵯岗岩体细粒钾长花岗岩中锆石的 $^{206}Pb/^{238}U$ 加权平均年龄为 226.2Ma±2.3Ma，表明其形成时代为晚三叠世，霍尔坡山岩体钾长花岗岩和阿浪托洛果伊岩体的斜长花岗岩锆石的 $^{206}Pb/^{238}U$ 加权平均年龄分别为 155.8Ma±1.8Ma 和 131.5Ma±1.8Ma，代表两个岩体的形成时代分别为晚侏罗世和早白垩世。分析认为嵯岗岩体钾长花岗岩的形成可能为古亚洲洋闭合后伸展作用的产物；霍尔坡山岩体钾长花岗岩的形成应与蒙古—鄂霍茨克洋造山后伸展作用有关；阿浪托洛果伊岩体的斜长花岗岩形成于板内裂谷环境，其形成与蒙古—鄂霍茨克洋的演化密切相关[32]（图 2-3-1）。

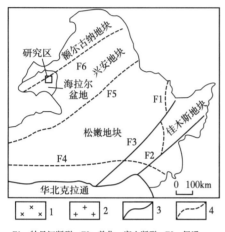
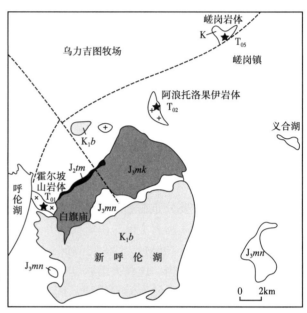

F1—牡丹江断裂；F2—敦化—密山断裂；F3—伊通—依兰断裂；F4—西拉木伦—长春断裂；F5—嫩江断裂；F6—塔源—喜桂图断裂；K_1b—下白垩统白音高老组；J_3mn—中侏罗统玛尼吐组；J_3mk—上侏罗统满克头鄂博组；J_2tm—中侏罗统塔木兰沟组；K—钾长花岗岩；1—钾长花岗岩；2—斜长花岗岩；3—地质界线；4—隐伏深大断裂

图 2-3-1　海拉尔盆地嵯岗地区地质简图

盆地基底构造属于巨大的中亚—蒙古拗拉槽的一部分，以德尔布干断裂为界，西面属于额尔古纳褶皱系，东面属于大兴安岭褶皱系。基底结构的复杂性，使各个方向的构造薄弱带在中—新生代不同时期的构造应力场中复活，进而控制了中—新生代不同走向、不同规模、不同沉降特征的各期裂陷的发育。

二、盆地深部结构与基底断裂构造

1. 盆地深部结构构造

海拉尔盆地 07-HT-Ⅱ 深反射剖面横穿全盆地，记录长度达 17s，既起到了衔接各个凹陷的作用，又揭示了地壳深部丰富的构造信息。由海拉尔盆地 07-HT-Ⅱ 深反射的地质剖面可见，盆地上地壳与下地壳的地震反射特征差异很大，莫霍面以上反射波非常发育，而莫霍面以下基本上看不见地震反射波，揭示了地壳深部物质构成和物理赋存状态之间的巨大差异。上、下地壳之间的界面中段高两端低，满洲里隆起位置反射时间 8.0s 左右；嵯岗隆起位置反射时间 6.5~7.0s；贝尔—乌尔逊凹陷位置反射时间 5.5s 左右；大兴安岭隆起位置反射时间 8.0s 左右。莫霍面深度变化较大，满洲里隆起位置反射时间 11.5s 左右；查干诺尔凹陷位置反射时间 12.0s 左右；嵯岗隆起位置反射时间 11.0s；贝尔—乌尔逊凹陷位置反射时间 12.5~13s；五一牧场—巴彦山隆起位置反射时间 11.0s 左右；呼和湖—旧桥凹陷位置反射时间 12.0s 左右（图 2-3-2 至图 2-3-4）。

利用有限项调和级数表示水平方向起伏连续变化的磁性体下界面，根据经过航磁化极上延 30km 处理后的 ΔT 磁异常在空间域反演计算下界面，采用直立棱柱体组合模型。由区域 07-HT-Ⅱ线区域地震、重力和磁力大剖面，根据磁力反演，上地壳与下地壳之间的界限居里面深度平均 20km，起伏的幅度 7.6km。满洲里隆起至嵯岗隆起下方，居里面呈凹陷状，查干诺尔下方，最深为 23.2km。中部断陷带至大兴安岭隆起，居里面呈拱起状，巴彦山隆起处最浅，为 15.6km。盆地区平均居里面深度 18km，新巴尔虎右旗—海拉尔一带居里面较浅，深度在 13~16km。这一带两侧居里面较深，在 18km 以上。莫霍面是地壳深层结构面，属地震速度变换面、地壳下界面。重力反演的莫霍面形态相对平缓，西高东低，起伏不大，幅度仅 0.8km。满洲里隆起下方为东倾斜坡，呈缓倾幔坡。中部断陷带至东部断陷带西段，莫霍面呈凹陷状，最深 40.5km，为幔坳，东部断陷带东段至大兴安岭，莫霍面微凸，凸起处深 40.4km，略呈幔坪状。与地震资料解释结果相比，两者的起伏格局基本一致，仅在西部断陷带起伏特征略有差异。盆地区北部莫霍面埋深在海拉尔市至额尔古纳市地区为一低值中心，低于 39km，南部莫霍面埋深在 40km 以上（图 2-3-2 至图 2-3-4）。

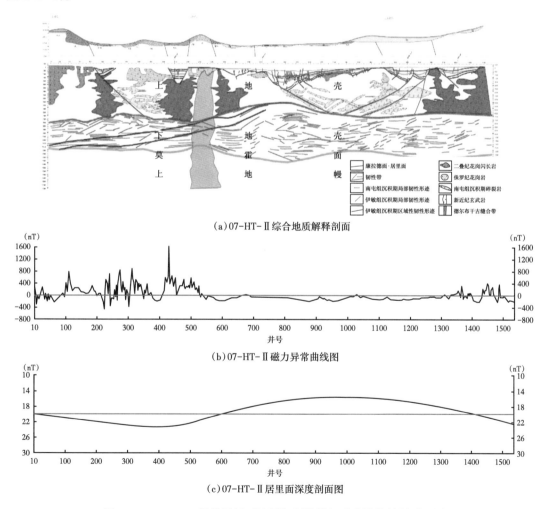

（a）07-HT-Ⅱ综合地质解释剖面

（b）07-HT-Ⅱ磁力异常曲线图

（c）07-HT-Ⅱ居里面深度剖面图

图 2-3-2　07-HT-Ⅱ线居里面地震解释结果与磁力计算结果对比图

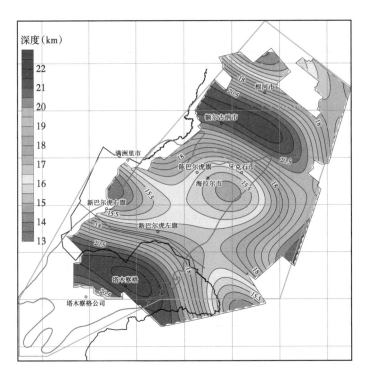

图 2-3-3　海拉尔—塔木察格盆地及周缘居里面深度图（一）

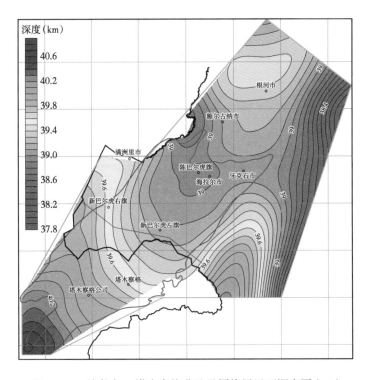

图 2-3-4　海拉尔—塔木察格盆地及周缘居里面深度图（二）

2. 盆地基底大型伸展变形带

变质核杂岩带是一类重要的地质现象，也被称作伸展变形带或韧性剪切带。20 世纪 70 年代 Davis 和 Coney 等最早总结了具有双层结构特征的科迪勒拉式变质核杂岩[33-34]，指由深变质的核部和滑脱面上的不变质盖层组成。国内外学者对变质核杂岩的结构特征、形成的构造背景与力学机制做了大量的研究，逐步认识到变质核杂岩是大陆伸展构造的重要表现形式之一（图 2-3-5）[35-36]。Davis 等[37] 认为变质核杂岩的基本要素是作为上盘的上地壳基底岩石、大规模的拆离断层及与断层相关的糜棱岩和片麻岩下盘。关于变质核杂岩形成的构造背景及力学机制（图 2-3-6），大量的学者研究认为变质核杂岩的隆升与岩浆活动密切相关。

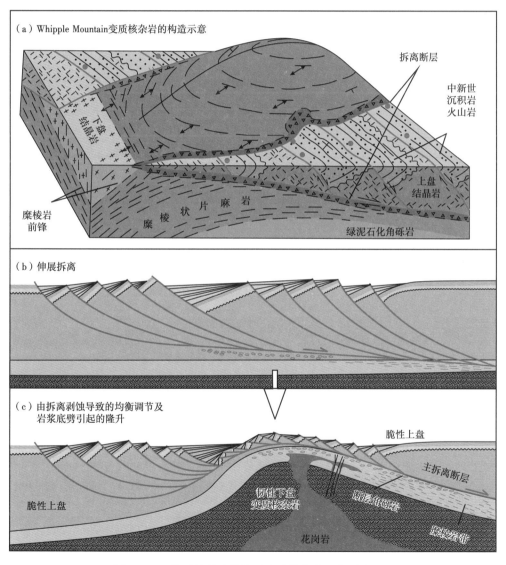

（a）Whipple Mountain变质核杂岩的构造示意

拆离断层

中新世
沉积岩
火山岩

下盘
结晶岩

上盘
结晶岩

糜棱岩
前锋

糜棱状片麻岩

绿泥石化角砾岩

（b）伸展拆离

（c）由拆离剥蚀导致的均衡调节及
岩浆底劈引起的隆升

脆性上盘

主拆离断层

脆性上盘

韧性下盘
变质核杂岩

断层角砾岩

糜棱岩带

花岗岩

图 2-3-5 典型的科迪勒拉型变质核杂岩及其形成过程

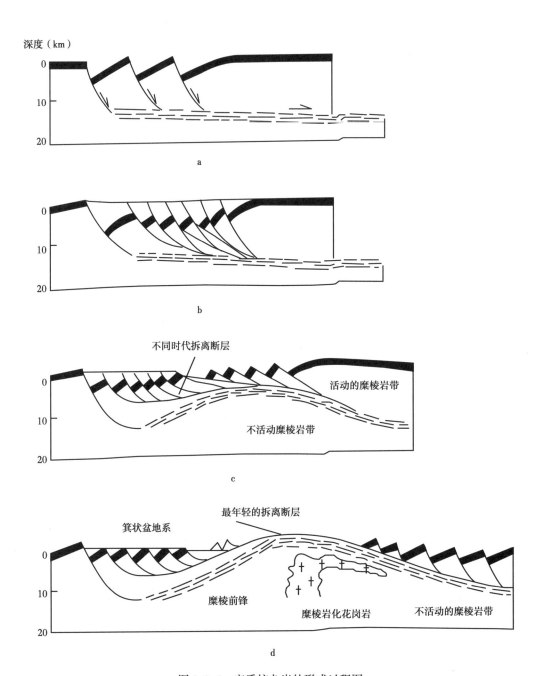

图 2-3-6　变质核杂岩的形成过程图

a—初始的近水平韧性剪切带在深处把中、下地壳与上覆发育陡倾正断层的上盘拆离；b—低角度正断层从韧性
剪切带向上发育，使上盘的伸展形态复杂化，从底部剪切带分出来的拆离断层作为主断层活动，控制着以后
各时代的断裂；c—下盘由于响应浅处的卸载和深处花岗岩侵入的均衡效应而弓形上隆，同时新的拆离断层
不断从成长中的褶隆上分出来，老断层则同步弯曲；d—变质核杂岩在相对年轻的拆离断层下出露

　　海拉尔盆地基底大型伸展变形带主要包括碦岗伸展变形带和额尔古纳伸展变形带
（图 2-3-7），它们以韧性变形为主要特征。2 条伸展变形带在盆地北部出露，向南延伸形
成了西部断陷带东部边界断裂和中部断陷带的西部边界断裂。

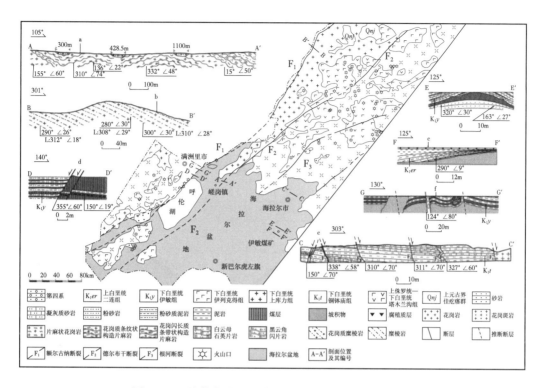

图 2-3-7　海拉尔盆地及其周边露头区构造样式分布图

A—A′—海拉尔市嵯岗镇伸展变形带实测剖面；B—B′—额尔古纳市额尔古纳伸展变形带实测剖面；C—C′—海拉尔市北部日军要塞堡垒、断阶构造实测剖面；D—D′—满洲里市灵泉煤矿大型正断层剖面；E—E′—伊敏伊敏煤矿顶厚褶皱剖面；F—F′—伊敏煤矿大型同沉积褶皱剖面；G—G′—满洲里市灵泉煤矿断褶带实测构造剖面

（1）额尔古纳大型伸展变形带。出露于额尔古纳市黑山头镇五卡一线，呈北东向带状沿额尔古纳河东岸展布，中国境内出露长度 200km 左右，宽 1~2km（图 2-3-7B—B′），向南组成了海拉尔盆地的西部边界断裂，再向南延入蒙古境内。伸展变形带主要切割了海西期花岗岩，花岗岩经韧性剪切形成糜棱岩或初糜棱岩。岩石中 σ 型和 δ 型旋转残斑广泛发育，残斑成分以碱性长石和斜长石为主，韧性剪切带发育低角度的糜棱叶理（叶理产状 260°~310°∠ 8°~30°），显示出向北西西方向低角度伸展滑动特征。根据花岗岩与围岩接触关系及韧性剪切带被塔木兰沟地层覆盖等条件，初步认为韧性剪切带形成于 165Ma 到塔木兰沟组沉积期之间，即中—晚侏罗世。在新巴尔虎右旗发现一条韧性剪切带，运动性质为左行—逆韧性断层。韧性剪切带中糜棱岩化花岗闪长岩 U-Pb 年龄为 249.3Ma±4.1Ma，变形时代归属于中—晚三叠世。对比分析认为，额尔古纳河韧性剪切带可能属于多期构造演化、叠加的韧性剪切带。

（2）嵯岗大型伸展变形带。在海拉尔市嵯岗镇附近出露一条宽度为 3km 以上的大型伸展变形带，主要由构造片麻岩所组成。岩石遭受到强烈的韧性变形，变形带内岩石叶理倾向主要为南东向（叶理产状 82°∠ 25°~40°），总体上显示向南东伸展特征。嵯岗构造片麻岩中发育一系列特征性旋转应变组构，如不对称塑性流动褶皱、S-C 组构和 a 型线理等。暗色条带中定向排列浅色眼球状构造。构造片麻岩形成于地壳深部构造层次韧性变形中，构造片麻岩中黑云母 $^{40}Ar/^{39}Ar$ 坪台年龄是（130.9±1.4）Ma，该年龄值代表了变形带强烈伸展时期，这一时期也是大兴安岭中生代火山活动最为强烈的时期，说明在早白垩世时期开始发生第二次伸展，形成早白垩世断陷盆地。

在平面上，海拉尔盆地磋岗隆起带变质核杂岩中心的片麻状花岗岩抬升至上地壳后，冷却至居里温度而发生强磁化，具有正的航磁异常，平均磁化系数为 600×10^{-6}。航磁异常形态表明，这些穹窿具有不对称性，在 15km 深处发育近水平根部。靠近拆离断层，片麻状花岗岩周围发育糜棱岩带，糜棱岩矿物组成和变形特征表明其形成于韧性流变环境。在磋岗隆起带东部低角度拆离断层之下，已经有乌 13 井、巴 7 井、乌 63 井、红 6 井等钻到了侵入的花岗岩和糜棱岩，证实变质核杂岩带一直沿着嵯岗隆起向南延伸（图 2-3-8）。

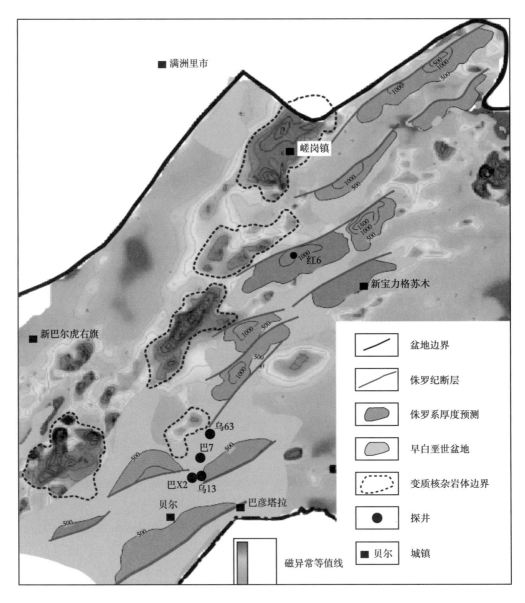

图 2-3-8　海拉尔盆地变质核杂岩带及中生代盆地分布简图

　　由海拉尔盆地 07-HT-Ⅱ深反射剖面可见，上地壳中发育中—新生代盆地、控制中—新生代盆地发育和改造的各级脆性断裂形迹、各期岩体、低角度断面下延产生的拖网状赋存的糜棱岩化碎裂岩；下地壳中则以韧性构造形迹发育为特征（图 2-3-9）。

　　结合区域地质图，从 07-HT-Ⅱ剖面上，识别出三叠纪花岗闪长岩、侏罗纪花岗岩和新近纪玄武岩三期 11 个岩体。三叠纪花岗岩的形成可能为古亚洲洋闭合后伸展作用的产物（图 2-3-9①），侏罗纪花岗岩体的形成应与蒙古—鄂霍茨克洋造山后伸展作用有关，分布多与南屯组沉积期低角度伸展断裂相关（图 2-3-9②），新近纪岩体发育于新近纪凹陷与隆起的交界处（图 2-3-9③），与现今地形有密切联系。剖面上在各凹陷的早期伸展控陷断裂的深部识别出了很多南屯组沉积期碎裂岩，发育于控陷断裂向深部的延伸部位，呈条带、网状发育，这些形迹一直向深部延伸到下地壳的韧性带，这些碎裂岩主要是南屯组沉积期的伸展控陷断裂在深部的形迹（图 2-3-9 和图 2-3-10）。

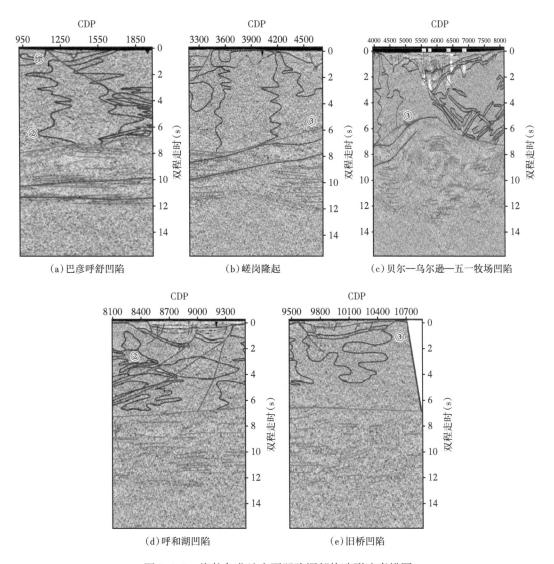

图 2-3-9　海拉尔盆地主要凹陷深部构造形迹素描图

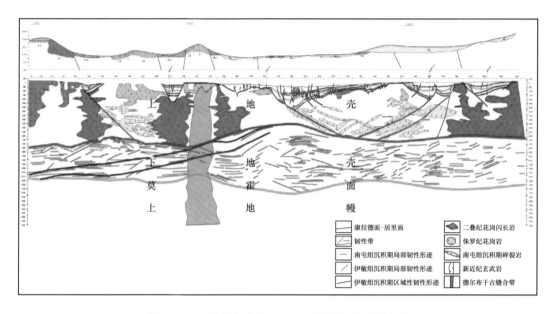

图 2-3-10　海拉尔盆地 07-HT-Ⅱ线综合解释剖面

　　从 07-HT-Ⅱ深反射剖面可见，海拉尔—塔木察格盆地南屯组沉积期的伸展过程仅停留在上述过程的 a 阶段和 b 阶段（图 2-3-5 和图 2-3-6）。a 阶段初始的近水平韧性剪切带在深处把中、下地壳与上覆发育陡倾正断层的上盘拆离；b 阶段低角度正断层从韧性剪切带向上发育，使上盘的伸展形态复杂化，从底部剪切带分出来的拆离断层作为主断层活动，控制着以后各时代的断裂。与之相应的深部韧性形迹，广泛见于 07-HT-Ⅱ深反射剖面上，表现为透入性的近水平断续强反射（图 2-3-9）。还存在非透入性的有一定角度的断续强反射及区域性的连续的强反射，推测前者是伊敏组沉积期高角度断裂走滑过程中在深部造成的局部韧性形迹，后者是伊敏组沉积期高角度走滑中在深部造成的区域性韧性形迹。

3. 盆地基底断裂构造

　　断裂使得地质体在三维空间发生位移和错断，断裂两侧由于地层密度差异，在重力异常上表现为重力异常梯度带。基底断裂和区域性断裂可能是深部岩浆活动、区域构造所致，因此断裂带附近又常伴随岩浆活动，故在断裂两侧及断裂带上存在磁异常。布格重力异常和航磁异常的 0°、45°、90°、135° 水平一阶导数可以分别突出东西、北西、南北、北东向线性异常特征。盆地构造线方向主要为北东—北东东向，其中一组重力 135° 方向水平取导能明显反映北东方向的断裂（图 2-3-11），另一组近东西向的构造线，重力 0° 方向水平取导能反映该方向的断裂（图 2-3-12）。0° 方向水平一阶导数异常除了反映东西向构造形迹，近北东向的构造线依然十分明显，可知北东向断裂是全区最为明显的构造线，强大而延伸范围广。一方面是由于断裂两侧构造起伏剧烈，地质体有着明显的密度差，另一方面这组方向的断裂是盆地最新的构造线，没有被改造或湮没，从而完整地存在。而 0° 方向水平一阶导数异常显得较弱，说明东西向原始断裂早于北东向，所存形迹较为模糊，但仍有反映。

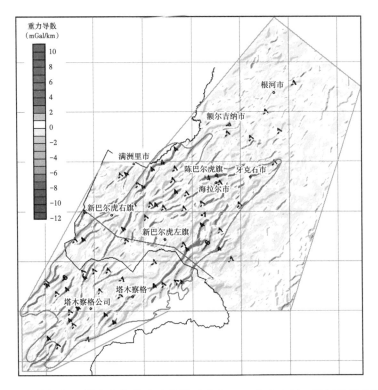

图 2-3-11　海拉尔—塔木察格盆地及其邻区重力 135° 方向水平一阶导数异常平面图

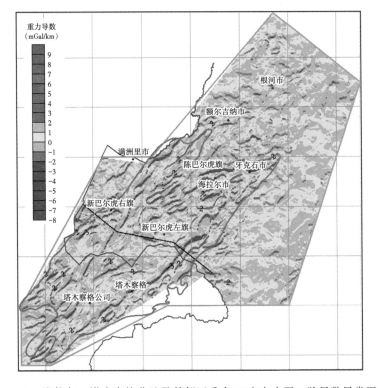

图 2-3-12　海拉尔—塔木察格盆地及其邻区重力 0° 方向水平一阶导数异常平面图

断裂在重力布格异常上处于梯度带上。控盆、控凹断裂即以重力135°与0°水平方向一阶导数异常为依据，结合水平总梯度异常，沿着异常轴线勾划断裂。断裂分级，视断裂异常的规模、强弱及其地质作用而定。上述异常所显示的断层都穿过基岩，皆为基底断裂。其中延长很长、控制盆地边界与一级单元，区域上成规模的断裂则划入区域性大断裂，划分出F1~F9，9条区域性断裂（图2-3-13）。

图2-3-13　海拉尔—塔木察格盆地及其邻区断裂分布图

额尔古纳断裂（F2）：断裂走向北东，北段略偏向北东东，倾向推测南东，为盆地西侧的分界断裂，区内长805km。该断裂135°方向取导为负异常，0°方向取导为正异常，均表现其倾向为南东。断裂南端为盆地的边界。其西有成片的塔木兰沟组与上库力组分布，出露有二叠纪花岗岩与侏罗纪花岗岩，属满洲里隆起带。其东为盆地西缘的呼伦湖、巴彦呼舒、巴彦呼舒南断陷带，显示西高东低的构造态势。断裂北段为盆地外围根河坳陷区的西界。

德尔布干断裂（F3）：呈北东向延伸，在黑龙江省及内蒙古长达890km，向北延入俄罗斯境内，向南与蒙古境内的中蒙古深断裂相连。该断裂异常显示明显。135°方向一阶导数异常，南北连贯成带，并有多处异常出现分叉、斜交的现象，反映出大断层由数段斜列式断层组合形成，张扭剪切的形迹也十分明显。断裂南段通过盆地内部，是西部断陷带的东缘断层。西侧分布白垩系与中—新生界；其东出露花岗岩与新元古界，即嵯岗隆起带。

形成明显的西低东高的构造态势。断裂北段进入根河地区，是拉布大林—根河盆地的西部边界断裂，控制了盆地的分布。

新帐房—海拉尔断裂（F6）：为盆地东部断陷带内的一条线型断裂。走向北东，倾向北西，延长500km。断裂的异常显示十分明显而连续。135°水平一阶导数为正异常带。于伊敏镇南该异常扭曲错动。北端于煤田镇并入F8断裂。海西期、印支期花岗岩基本上分布在断裂带以东地区，古生代地层也大部分分布在断裂带以东，反映了在中生代以断裂带为界呈现东隆西拗的构造格局。在设计07-HT-Ⅷ地震剖面中不存在FE1断裂，因此F6断裂在其北端可能没有被错断。

塔源—喜桂图旗断裂（F8）：为盆地东侧边界断裂。向北延至根河地区，断裂渐弱。走向北东，倾向北西，长580km。该断裂是额尔古纳微板块和大兴安岭微板块的分界线，沿断裂有零星的蛇绿岩和蓝片岩分布，推断这条断裂具有缝合带性质。

前述区域性断裂均为基底断裂，因规模巨大而另列。现述次一级的基底断裂，即对断陷有控制并为重力异常所能发现的断裂。这些基底断裂，位于区域性断裂之间，为一系列与其平行或斜交的断裂，均切断基底与上覆盖层的下构造层。考虑其在区位上的分布，分为六个断层区，编号冠以FA~FF。

FA1~FA5：位于满洲里隆起区，F2断裂以西。分布于满洲里市西南。五条断层呈北东向，多弯曲。FA1倾向北西，FA2与FA3对倾，形成地堑式凹陷。FA4、FA5均倾向南东，与箕状凹陷有关。

FB1~FB8：位于盆地西部断陷带，F2断裂与F3断裂之间。分布于呼伦湖凹陷以南地区，呈一束帚状断裂向西南散开。断层之间由于断层的对倾与背倾，而形成凹陷与凸起。由呼伦湖凹陷槽部断裂（FB5）向南西分出FB1，至查干诺尔凹陷又分FB2、FB3与FB4，以致构成三凹夹两凸的构造格局。FB7、FB8位于F3断裂北段的西侧，为由F3主断裂向西分支的两条小断裂。

FC1~FC5：位于根河地区盆外的伊图里河断隆带，F3断裂与F4断裂之间。为F3断裂的分支断裂或夹于F3断裂与F4断裂之间的小断裂，与白垩纪凹陷有关。

FD1~FD29：分布于盆地中部断陷带，次级基底断裂十分发育。该区中部近东西向断裂发育，由FD26与FD29将该区断裂分成各具特点的三个部分。北部发育大量斜列式断层。断层走向由北东向至近东西向，大部分为北东东向，与主断裂F4成约20°的夹角。成为控制巴彦山隆起内各个凹陷的主控断层。中部为一个由四条东西向断层控制的区块叠加北东向断层。其中FD19向北为乌尔逊凹陷的主控断裂；向南与FD18共同组成贝尔凹陷中部的次凸，并南延进入塔南凹陷。南部为北北东向断裂组合，多为由中部向南延伸的断层，与主断裂平行或相交。

FE1~FE2：分布于盆地东部断陷带。FE1为错动F6断裂、F7断裂的横断层。实际上是F6断裂与F7断裂的强烈扭曲所致，显示为一横向断层。FE2为南部一条与主断裂平行的断层，控制一个断陷。

FF1~FF15：位于盆地以东的大兴安岭斜坡。其中FF2与FF10~FF13为两条北北东向的延伸较长的断裂，将大兴安岭隆起区的南部分割成二凸夹一凹的格局，控制了隆起区白垩纪凹陷的主要分布区。

线型大断裂与斜列式断层形成盆地断裂的两大特色。盆地西缘与东缘断裂呈延伸很长的线型断裂，构成西部与东部断陷带的断裂。盆地中部的断裂特征主要是斜列式断裂组合，一般断裂与主断裂成20°左右的交角，并明显反映出左旋的特征。这些斜列式断层及斜列式边坡控制了斜列式断陷的分布。

帚状断裂系统深大断裂呈三个带，西部为德尔布干深大断裂带，中部为盆东深大断裂带，东部为鄂伦春索伦深大断裂带，各带向下深至莫霍面，为壳断裂；向上分叉至中浅部成区域性大断裂（图2-3-14）。地质历史发展过程中，微地块拼接时的缝合带，是后来成为本区深大断裂的诱发因素或根源。德尔布干深大断裂带位于额尔古纳与海拉尔两微地块的缝合带上；盆东深大断裂与鄂伦春索伦深大断裂两者之间曾为海拉尔与大兴安岭微地块之间的缝合带，后因花岗岩的侵入将该缝合带湮没。深大断裂向中浅部分叉发展成区域性断裂，其位置与基底岩性密切相关。

断裂系统的发展源于张扭性应力。先是剪切应力作用（西伯利亚板块的南移），发生走滑型深大断裂与区域性大断裂的雏形。并在盆地中部古生界基底上产生斜切式与扭动型基底断裂。后由于地幔上隆，地壳变薄发生拉张，断裂接受张裂，进一步发育为裂陷—断陷盆地。

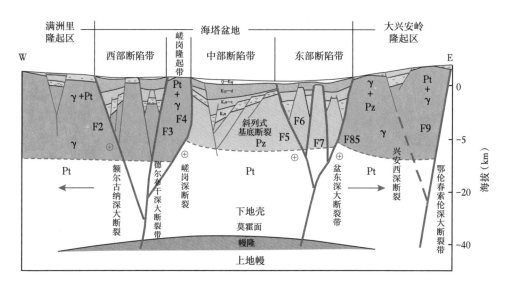

图2-3-14　海拉尔—塔木察格盆地与邻区构造模式图

重力剩余异常经全平面反演，得到近似的基底埋深平面图（图2-3-15）。全平面反演所用参数：（1）剩余密度0.3g/cm³，为凹陷充填物的平均密度2.33g/cm³与基岩（Pz+γ）的平均密度2.63g/cm³之差；（2）平均深度1.3km，为凹陷平均深度之半，因区内凹凸相间。

基底隆起按反演的基底埋深浅于1200m圈划。北东向隆起有盆西外缘凸起，扎赉诺尔矿区—布日敦—巴彦呼舒凹陷西侧，断续成带。嵯岗隆起带，八大关牧场—嵯岗镇—根子—汗盖诺尔，连续成带。伊敏西、锡林贝尔凸起带，牙克石市—伊敏镇—呼和湖南—呼呼诺尔东南，连续成带。自北向南东西向隆起有盆北缘，东乌珠尔—宝日希勒镇—牙克石市；巴音塔拉凸起，巴10井—巴音塔拉及其东；麦伦东兵站凸起，蒙古地震队南—麦伦兵站东分站—柴达木呼都格；其他规模较小的凸起，如贝尔凹陷内与南贝尔凹陷内次凸，塔南凹陷周缘凸起。

　　基底凹陷按重力平面反演的近似基底埋深大于1800m圈划。西缘北东向凹陷，胡列也图、呼伦湖凹陷，其向南分列巴彦呼舒及向南、查干诺尔西至麦伦西站和查干诺尔至戈壁音诺尔等三条较连续的凹陷。东缘北东向凹陷，煤田镇—伊敏—呼和湖—呼呼诺尔凹陷带，免渡河—旧桥—桑布尔—哈拉盖特诺尔凹陷带。中部凹陷，巴音塔拉次凸以北为斜列式凹陷、南北向凹陷，以南为夹有次级凸起的凹陷。

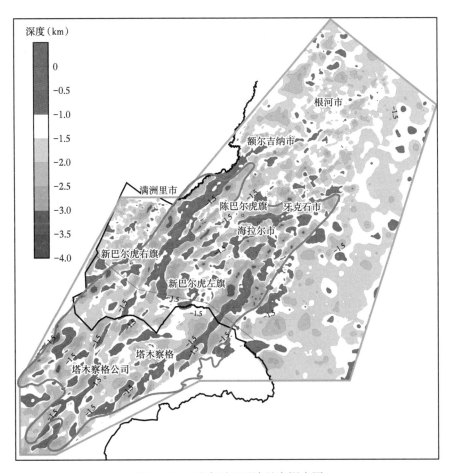

图 2-3-15　重力平面反演基底深度图

4.盆地基底岩性

　　海拉尔盆地基底岩性以古生界变质岩为主，并广泛发育海西期花岗岩（图 2-3-11 和图 2-3-12 ）。嵯岗隆起上，在其正磁异常背景上发育很多局部高值异常。对应着这些局部异常，地面出露有海西期花岗岩及被 M49、M50、6-2- 西 1 等钻孔揭露的燕山期花岗岩。在嵯岗北有前寒武系变质岩出露，嵯岗附近的 3CK27 孔也钻到前寒武系变质岩，因而推测嵯岗隆起为较早的隆起带，并被花岗岩岩体侵入。

　　盆地东南部的贝尔、新巴尔虎左旗、伊敏煤矿等广大地区，航磁异常以低频磁异常为背景，其上发育数处高频正磁异常。该区于巴彦山周围地区见到石炭—二叠系和寒武系等古生界；对应于负磁场区有 3CK4、ZK2904、M84、ZK07、ZK08、M98 等钻孔钻穿新生界见到古生界。因而推测该区大面积的负磁异常主要反映古生界变质岩系，即其基底为古生界变质岩。在负磁异常背景上于巴彦山区、辉索木东南、将军庙等处分布有强度和梯度都较大的正磁异常块体。对应于巴彦山、辉索木东南的正磁异常块体的地区有大面积的海西期花岗岩岩体出露。在露头附近有 M102、M77、M79 等钻孔见到海西期花岗岩，因而推断该区强度和梯度较大的正异常主要为花岗岩岩体的反映。扎赉诺尔坳陷的低频负磁异常与上述大面积的负磁异常可对比，为古生界变质岩系的反映。

从出露的岩性来看，乌奴尔西南基底为泥盆系碳酸岩化和绿帘石化的辉石安山岩；嵯岗隆起的基底是兴华渡口群混合岩化黑云角闪变粒岩。海拉尔盆地周边，除嵯岗隆起北部出露元古宇加疙瘩群片岩、片麻岩和兴华渡口群外，古生界沉积岩和火山岩普遍已遭受蚀变，均为低变质岩。由于断陷内基岩埋深大，虽能在地震剖面上识别出基底变质岩系，但反射界面不明显。在乌尔逊凹陷南部巴 2 井、巴 4 井、巴 6 井、乌 13 井和乌 9 井等探井均钻遇基岩，岩性为古生界黑色泥质板岩。贝尔地区为极低级变质的砂岩、凝灰质泥岩和安山质晶屑凝灰岩。地震剖面上表现为上部平行反射和下部杂乱反射的特征，测井曲线出现明显的台阶，岩性特征也明显。海拉尔盆地是在与二连盆地相似的海西褶皱基底上发育的中—新生代断—坳陷盆地，以德尔布干断裂为界，东部属大兴安岭—内蒙古褶皱系，西部属额尔古纳褶皱系。

乌尔逊凹陷的正磁异常背景上的局部峰值推测为花岗岩岩体的反映。在扎和庙的东南，航磁异常呈鼻状向东北延伸，从航磁异常总的形态上看可能与其西侧由 M49 井、M50 井、66-2- 西 1 浅井揭露的花岗岩体属同一岩体，其间被断层切割。铜 1 井钻到基底花岗岩，因而推测该鼻状正异常为燕山期花岗岩体所引起。

在扎和庙—伊敏河牧场断裂以北地区，航磁异常频率较高，对应于火山岩出露区的异常频率则更高。该区的海拉尔、乌固诺尔两处存在规模和强度都很突出的等轴状正磁异常，与地面出露的海西期花岗岩正好对应，因而认为这些正磁异常主要由海西期花岗岩引起。该区的 ZK641、ZK647、ZK649、ZK4553、3CK25、85-6、85-8、81-34、81-38、86-19 等钻孔都到了塔木兰沟组火山岩，在上延图上，该区与东南的大面积负磁异常连成一片，综合推断该区基底以古生界变质岩系为主，有花岗岩体侵入，其上又被塔木兰沟组火山岩覆盖。

整体上，盆地西侧以元古宇与花岗岩组合（B 区、C 区），与盆内古生界（F 区、G 区、H 区）接触，盆地东侧与花岗岩（I 区）接触。这两条不同岩类的成规模的接触带有利于长距离的线型断裂的脆性走滑，制约了海塔盆地东西两侧的范围，以及西、东部长条状断陷带的走向。盆地北侧东西向老地层与花岗岩镶嵌的岩区（E 区），构成了盆地北部屏障，并使盆北缘的构造线也趋于东西向。盆地内古生界沉积岩、浅变质岩为主的基底岩性，具塑性，为柔性基底，扭动应力在其上留下了构造印记，即许多斜列式断层及斜列式断陷（图 2-3-16）。

综上所述，海拉尔盆地基底以古生界变质岩系为主，有海西期花岗岩广泛侵入。花岗岩岩体多沿断裂或其交叉处分布并具北东向。盆地的西部及北部塔木兰沟组火山岩发育，而乌尔逊和呼和湖等凹陷则发育较少。

图 2-3-16 海拉尔—塔木察格盆地及其邻区基底岩性预测图

三、盆地构造单元划分与盆地结构

1. 盆地构造单元划分

以往对海拉尔—塔木察格盆地构造单元研究，都是分别针对海拉尔盆地和塔木察格盆地进行一级、二级构造单元划分。将海拉尔盆地划分为三坳两隆 5 个一级构造单元，分别为扎赉诺尔坳陷、嵯岗隆起、贝尔湖坳陷、巴彦山隆起和呼和湖坳陷。共发育 16 个凹陷和 4 个凸起。将塔木察格盆地划分为三坳二隆 5 个一级构造单元，分别为西部坳陷区、巴兰—沙巴拉格隆起区、中部坳陷区、贝尔—布伊诺尔隆起区、巴音—桑布尔坳陷等，共发育 7 个凹陷。

本节对海拉尔—塔木察格盆地的一级、二级构造单元的划分，主要考虑了盆地的基底结构特征、盆地的构造特征、沉积岩的厚度、沉积层的展布特征、岩浆活动情况、生储盖组合的发育程度等因素。

盆地边界的确定：盆地的东部和北部边界按照前中生界变质岩出露区与中生界变质岩出露区和中—新生界接触带具体确定，盆地西界按照盆地边界的大型断裂带确定。

一级构造单元边界的确定：根据地面的重力、航磁、电测深、地震及钻探资料解释的基底性质、埋深、推算的沉积岩厚度，并重点考虑构造变形特征和构造线的展布方向等，确定盆地一级构造单元边界，具体边界主要按照控陷断层和伊敏组超覆线的位置确定。

二级构造的边界的确定：二级构造单元的划分主要考虑基底起伏、构造特征、沉积岩厚度变化及分布和主要勘探目的层的分布特点，具体主要按照大型控陷断层的边界和大磨拐河组分布范围确定各二级构造单元的边界。

依据上述基本划分原则，盆地基底构造、盖层沉积构造和油气勘探现状，本节对海拉尔—塔木察格盆地内部划分为 5 个一级构造单元，分别是西部断陷带、嵯岗隆起、中部断陷带、巴彦山隆起和东部断陷带，并可进一步划分为 26 个二级构造单元，由 23 个凹陷组成，凹陷总面积 36510km² （图 2-3-17 ）。

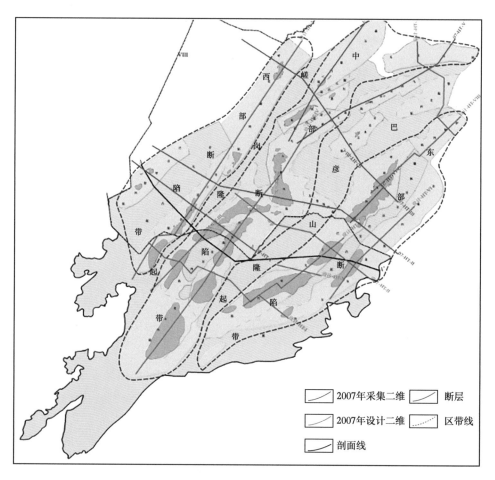

图 2-3-17　海拉尔—塔木察格盆地构造单元划分图

在区域构造背景下，海拉尔—塔木察格盆地在早白垩世，形成了 3 个断陷带和 2 个隆起，发育多个分割性强的断陷群，为多期活动型小型断陷湖盆，具发育时期早、断陷规模小、活动性强、多凸多凹的特点。这些断陷均是不对称的半地堑和半地垒，断陷长而窄、小且深，沉积厚度达 5000m。沉积盖层下部的箕状断陷群中普遍发育一套双峰式火山熔岩、火山碎屑岩建造，反映了盆地形成初期是区域岩浆活动和火山喷发的高峰期。总体上，盆地早白垩世属强烈的拉张断陷。东西向由于两大隆起带的分割，使得凹陷间分割性强。北东向展布的断陷带内的凹陷具有一定的连通性。中带埋藏适中，配置关系好。西带早厚晚薄，东带早薄晚厚，西带优于东带。早白垩世末期的区域构造反转，在晚白垩世形成统一的坳陷型盆地，凹陷间相互连通。晚白垩世抬升、剥蚀，沉积不发育，厚度一般200~400m。海拉尔—塔木察格盆地地质大剖面如图2-3-18所示。

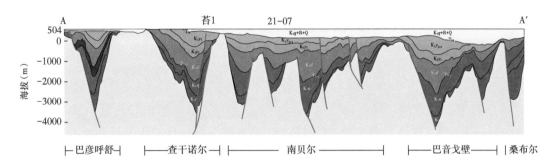

图 2-3-18　海拉尔—塔木察格盆地地质大剖面

平面上，西部断陷带，西界断层控制，发育最早，为单断结构。北西向走滑带控制呼伦湖、查干诺尔、查南边界断层倾向的改变。断陷带南部以中部凸起为界，西部凹陷为西断东超结构，东部凹陷为东断西超结构。呼伦湖凹陷为双断结构，面积3510km²，长128m，宽27m，深达5800m；巴彦呼舒凹陷为西断东超结构，面积1500km²，长89m，宽21m，深达3500m；查干诺尔凹陷为东断西超结构，面积1420km²，长117m，宽14m，深达4000m。

中部断陷带，乌尔逊、贝尔凹陷是统一的沉积凹陷。乌尔逊凹陷为西断东超结构，走向北北西到北东向。凹陷面积2240km²，长76m，宽27m，深达6200m；贝尔凹陷由2个东断西超半地堑组成，是复合断陷，凹陷面积3010km²，长57m，宽54m，深达5600m。乌尔逊、贝尔凹陷之间的巴彦塔拉构造带是重要的构造调节带，导致凹陷走向发生改变。贝尔凹陷为宽阔复合凹陷，发育低凸起，向南凸起抬高、增大，与南贝尔相接。南贝尔北部发育高凸起，向南逐渐消失，凹陷由窄变宽，由2个东断西超半地堑组成，是复合断陷，凹陷面积2600km²，长74m，宽57m，深达3700m。塔南凹陷为开阔的复合断陷，发育2个断裂构造带，凹陷面积2500km²，长92m，宽64m，深达4600m。北部的赫尔洪德、红旗凹陷为西断东超单断式凹陷。整体上乌尔逊、贝尔、南贝尔和塔南凹陷演化过程中基本保持连通，南部较为开阔。

东部断陷带，主体上以中部凸起为界，西部凹陷为东断西超结构，东部凹陷为西断东超结构。呼和湖凹陷2500km²，长98m，宽43m，深达6000m。巴音戈壁凹陷1600km²，长128m，宽27m，深达4500m。南部转变为西断东超结构。

整体上，盆地内各凹陷在平面上也具有一定组合和展布特征。在盆地南部，东侧的巴音戈壁、锡林贝尔—达巴安凸起、旧桥—桑布尔凹陷均向西收敛于塔南凹陷，而西侧的查干诺尔和查南凹陷也有向东收敛于塔南凹陷的趋势。在盆地中部和北部，断陷盆地群表现出发散的特征。南部的各断陷走向为北北东向，北部的断陷走向发生旋转，沿北东、北东东向延伸，东明凹陷的走向为近东西向，各断陷呈雁行状展布。上述的现象表明这些盆地的发育过程不仅受到了垂直控陷断层方向的拉伸作用影响，同时还受到沿控陷断层方向的走滑作用影响。

2. 区域剖面构造特征

通过 2007 年采集的横跨全盆地的 6 条地震反射大剖面和设计的 10 条过凹陷区的井震剖面的构造解析，露头部分将地震测线投影到地质图上，利用重磁电平剖成果进行拼接工作，对地震解释可以验证其可靠性。

中部 07-HT-I 区域大剖面（图 2-3-17、图 2-3-19 和图 2-3-20）位于海拉尔盆地最南端，邻近中蒙边界布设，由西至东横穿巴彦呼舒凹陷—汗乌拉凸起—查干诺尔凹陷—嵯岗隆起—贝尔凹陷，长度 148.22km。剖面西段自巴彦呼舒凹陷中部横穿而过，测线穿过处凹陷宽度 19km。巴彦呼舒凹陷西边受阿敦楚鲁断裂控制，并随断裂的发育和活动而逐渐加深，断裂根部地层厚、凹陷深，楚 2 井以东被西倾的断层逐步抬升，东部南屯组以上地层相继超覆尖灭，表现为典型的"西断东超"箕状断陷，后生次级断层对断陷起到一定的分异作用，但其箕状结构形态保持完好，形成了现今的构造格局。凹陷底部 T_5 反射层最深时间 1660ms，T_{2-2} 反射层最深时间 864ms，T_{04} 反射时间在 0ms 以上。阿敦楚鲁断裂是一条低角度区域性伸展断裂，控制了凹陷的发生、发育和演化（图 2-3-19）。07-HT-I 区域大剖面测线穿过查干诺尔凹陷宽度 35.5km，在凹陷西部原先分凹陷部署的地震测网未覆盖的区域，揭示了断陷期地层的发育。呈"东断西超"北东走向的狭长箕状断陷，F1 断裂是现今查干诺尔凹陷的东边界，断裂根部地层厚度没有明显加厚，分析认为 F1 断裂发育时期相对较晚，早期控陷的断裂在 F1 断裂东，F1 断裂东地层大幅度抬升并被剥蚀殆尽，断陷中还有很多晚期断层，使断陷复杂化，对断陷有一定的改造作用。凹陷底部 T_5 反射层最深时间 1820ms，T_{2-2} 反射层最深时间 1325ms，T_{04} 反射时间在 155ms 以上。查干诺尔凹陷与贝尔凹陷之间是嵯岗隆起，宽 12.5km，中部最高 T_5 层剖面时间 -110ms，两侧低。剖面东段贝尔凹陷断裂十分发育，其结构十分复杂，由多条控陷断裂控制、发育、演化而成，不同的构造单元受不同的断裂控制。伊敏组沉积阶段，贝尔断陷内早期控制分割断陷发育的伸展断裂系统早已停止活动，断陷内的早期孤立断陷相互连通，定型现今构造格局。贝西次凹早期受苏德尔特断裂带中的两条断裂控制、发育和演化，形成结构复杂的北东走向东断西超箕状断陷。贝西次凹 T_5 反射层最深时间 1580ms，T_{2-2} 反射层最深时间 1320ms，T_{04} 反射时间在 380ms 以上。贝中次凹受敖脑海断裂控制，发育于地堑东界，控制了断陷的发生、充填和演化，地堑西界断层是后期地层沉降拖拽形成的晚期断层，为近南北走向东断西超箕状断陷。敖脑海断裂根部南屯组沉积期地层"楔型"加厚，T_5 反射层最深时间 2175ms，T_{2-2} 反射层最深时间 1810ms，T_{04} 反射时间在 445ms 以上。贝东次凹受

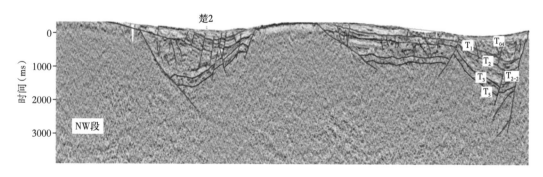

图 2-3-19　海拉尔—塔木察格盆地 07-HT-I 区域地震大剖面（北西段）

贝东断裂控制，贝东断裂控制该区域早期断陷的发生、充填、演化，表现出西断东超的南屯组沉积期箕状断陷特征。西界断层附近最深，T_5 反射层最深时间 1580ms，T_{2-2} 反射层最深时间 1080ms，T_{04} 反射时间在 50ms 以上。三个次凹间的贝中、贝东断隆带北东向主体部位的南屯组缺失区，T_5 反射层时间 840~580ms（图 2-3-20）。

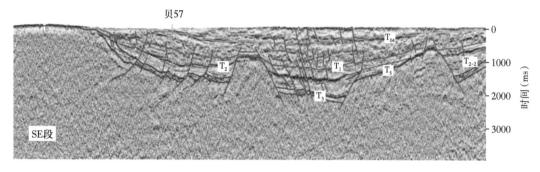

图 2-3-20　海拉尔—塔木察格盆地 07-HT-Ⅰ区域地震大剖面（南东段）

中东部设计 07-HT-Ⅱ区域大剖面（图 2-3-17、图 2-3-21 和图 2-3-22）穿越中蒙边界线，连接贝尔凹陷、巴彦山隆起、巴音戈壁凹陷到桑布尔凹陷，剖面长度 150.0km。剖面穿过贝尔凹陷北部，过贝西次凹北洼槽，从霍多莫尔构造、苏德尔特构造东北翼经过，揭示凹陷内伊敏组沉积时期形成的高角度断层十分发育，构造复杂，地层东倾，整体呈东断西超的特征。贝尔凹陷剖面与巴音戈壁凹陷剖面之间的巴彦山隆起空白段 36.0km，难以落实隆起两侧凹陷之间的关系。巴音戈壁凹陷东南边界断裂下降盘断陷期地层"楔型"加厚，反映断裂是巴音戈壁南屯组沉积期断陷的控陷断裂，它控制了早期巴音戈壁断陷的发生、充填和演化。断裂北西倾，剖面视倾角约 30°。凹陷地层南东倾，地层倾角约 10°，为东南断西北超的箕状断陷（图 2-3-21）。T_5 反射层最深时间 2660ms，T_{2-2} 反射层最深时间 1515ms，T_{04} 反射时间在 325ms 以上。巴音戈壁凹陷与达巴安凸起（锡林贝尔凸起南延部分）之间以北西倾断裂为界，达巴安凸起与桑布尔凹陷之间以南东倾断裂为界，达巴安凸起宽度 7.0km。桑布尔凹陷地层北西倾，地层倾角约 12°，西北断东南超，桑布尔南屯组沉积期断陷的控陷断裂，断裂南东倾，剖面视倾角 30° 左右。它控制了早期桑布尔断陷的发生、充填和演化。T_5 反射层最深时间 2690ms，T_{2-2} 反射层最深时间 1275ms，T_{04} 反射时间在 175ms 以上（图 2-3-22）。

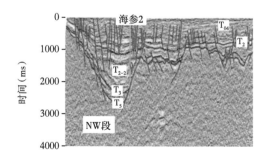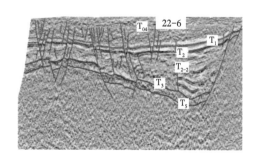

图 2-3-21　海拉尔—塔木察格盆地设计 07-HT-Ⅱ区域地震大剖面（北西段）

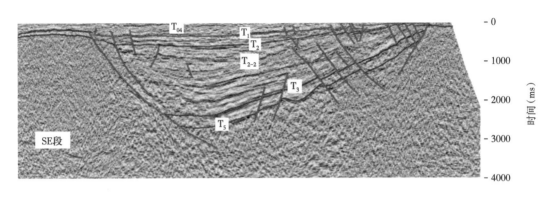

图 2-3-22　海拉尔—塔木察格盆地设计 07-HT-Ⅱ区域地震大剖面（南东段）

北部 07-HT-Ⅲ区域大剖面（图 2-3-17、图 2-3-23 和图 2-3-24）位于海拉尔盆地的北部，西起中蒙俄交界处的满洲里隆起，由西向东横穿呼伦湖凹陷—嵯岗隆起—红旗凹陷—五星队凸起—新宝力格凹陷—巴彦山隆起—莫达木吉凹陷—巴彦山隆起—呼和湖凹陷—锡林贝尔凸起，长度 229.0km。呼伦湖凹陷断裂发育，结构复杂，晚期断裂活动使南屯组沉积期断陷发生褶皱改造。呈东断西超箕状断陷特征，东边界低角度断裂是早期控陷断层，中部断裂是伊敏组沉积时期发育的高角度走滑断裂。F1 断裂西侧 T_5 反射层最深时间 2550ms，T_{2-2} 反射层最深时间 1350ms，由东向西"楔型"减薄，T_{04} 反射层最深时间 150ms 以上（图 2-3-23）。呼伦湖凹陷与赫尔洪德凹陷之间嵯岗隆起宽 18.0km，隆起部位 T_5 反射层时间在 140ms 左右，有东高西低的趋势。大剖面从赫尔洪德凹陷西南边缘经过，呈西断东超结构，T_5 反射层最深时间 720ms，T_3 反射层最深时间 500ms。红旗凹陷受红西断裂控制，表现出西断东超的南屯组沉积期箕状断陷特征。青元岗组沉积之前，发生过大幅度抬升剥蚀，凹陷边缘大磨拐河组以上遭削蚀，凹陷中部小范围残留不足 200ms 厚的伊敏组一段，推测凹陷东缘最大剥蚀厚度可能接近 1000m。凹陷中部 T_5 反射层最深时间 1340ms，T_3 反射层最深时间 1070ms，T_5—T_3 层时差 280~170ms 近似均匀等厚，T_{2-2} 反射层最深时间 795ms，T_3—T_{2-2} 层时差 600~0ms 由西向东"楔型"减薄，T_{04} 反射层最深时间 200ms 以上，T_2—T_{04} 层时差 200~0ms。由于削蚀造成的减薄，新宝力格凹陷与赫尔洪德凹陷、红旗凹陷结构相似，呈西断东超的特征。凹陷中部 T_{04} 层有向上褶曲，幅度 100ms。古近纪末曾发生强褶皱，局部抬升幅度较大。巴彦山隆起上的莫达木吉凹陷大

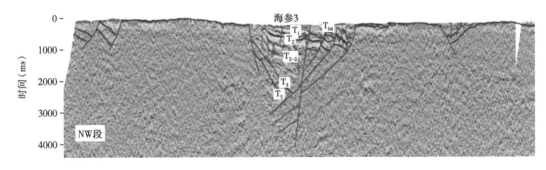

图 2-3-23　海拉尔—塔木察格盆地 07-HT-Ⅲ区域地震大剖面（北西段）

剖面处凹陷宽度13.5km，表现出西断东超南屯组沉积期断陷特征。大剖面东段穿过呼和湖凹陷北部，此处凹陷宽度48.0km。大剖面揭示了呼和湖北部东断西超的特征，现今凹陷东界断层（F1）倾角大，断层西侧下降盘根部地层没有明显加厚特征，解释是伊敏组沉积时期发育的断层，实际南屯组沉积时期发育的控陷断裂在F1断裂以东。剖面T_5反射层最深时间1800ms，T_{2-2}反射层最深时间1200ms，T_{04}反射层最深时间80ms以上（图2-3-24）。

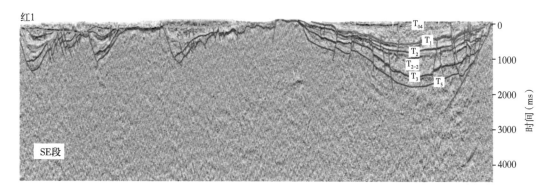

图2-3-24 海拉尔—塔木察格盆地07-HT-Ⅲ区域地震大剖面（南东段）

南部设计07-HT-Ⅰ区域大剖面（图2-3-17、图2-3-25和图2-3-26）位于蒙古一侧，由西到东穿过查南、南贝尔、巴音戈壁和桑布尔4个凹陷。查南凹陷走向北东，呈东南断西北超的特征。查南凹陷东南边界断层是伊敏组沉积时期发育的高角度走滑断裂，推测解释早期控陷断裂在该断裂的以东2km左右，被后期改造剥蚀殆尽。剖面中T_5反射层最深时间2025ms，T_{2-2}反射层最深时间1400ms，T_{04}反射层最深时间200ms。查南凹陷与南贝尔凹陷之间是巴兰沙巴拉格隆起（嵯岗隆起南延部分），隆起到南贝尔凹陷是斜坡过渡，凹陷的西北缘断层发育。剖面穿过凹陷中部，横跨南贝尔西次凹、南贝尔中部凸起、南贝尔东次凹3个单元，宽度63.0km。南贝尔西次凹西部边缘断层是典型的后期由于地层"拖拽"产生的顺向正断层，东部边缘发育低角度伸展断裂，断裂倾角缓，下降盘T_3—T_{2-2}层"楔型"加厚，断陷规模小。T_5反射层最深时间1845ms，T_{2-2}反射层最深时间1605ms，T_{04}反射层最深时间230ms。中部凸起主要覆盖大磨拐河组和伊敏组，T_5层面时间700~565ms。南贝尔东次凹中发育南北两个洼槽，剖面自洼槽间脊部穿过，断裂发育，主要为伊敏期的高角度正断层，切割了早期断陷，改造了南贝尔东次凹的西边界。断裂东

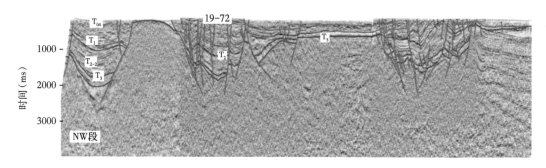

图2-3-25 海拉尔—塔木察格盆地设计07-HT-Ⅰ区域地震大剖面（北西段）

侧 T_3—T_{2-2} 层"楔形"加厚特征，是东次凹中南屯组沉积期断陷保存较好的部分。T_5 反射层最深时间 1615ms，T_{2-2} 反射层最深时间 1225ms，T_{04} 层资料切除看不到（图 2-3-25）。剖面在巴音戈壁凹陷南部穿过，揭示发育 2 个规模不等斜列的早期断陷，为西北断东南超的箕状断陷。西断陷地层埋藏深、沉积地层厚、地层倾角缓、控制面积大，东断陷地层埋藏较浅、沉积地层较薄、地层倾角较陡、控制面积小。剖面过桑布尔凹陷南部，末端未到凹陷边界，局部反映双断地堑特点（图 2-3-26）。

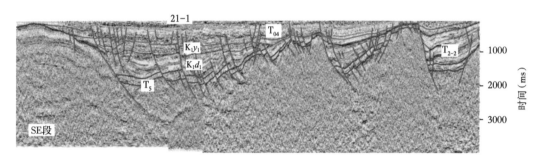

图 2-3-26　海拉尔—塔木察格盆地设计 07-HT-Ⅰ区域地震大剖面（南东段）

设计 07-HT-Ⅳ区域大剖面（图 2-3-17、2-3-27 至图 2-3-30）位于中部断陷带，由南到北穿过塔南、南贝尔、贝尔和乌尔逊 4 个主要凹陷。塔南凹陷走向北东，呈东南断西北超，"两隆两凹"，"隆""凹"相间的构造格局，表现出南北成带东西成块的特点。剖面从凹陷西部次凹穿过，长度 74.0km。凹陷内地层褶曲，正、负向构造交替转换，以中部低隆为界，可分南北两个洼槽。由角度低、断距大的断层控制，埋藏深，地层倾角陡。T_5 反射层最深时间 2470ms，T_{2-2} 反射层最深时间 1740ms，T_{04} 反射层最深时间 380ms。北洼较浅，T_5 反射层最深时间 2230ms，地层倾角较缓（图 2-3-27）。塔南凹陷与南贝尔凹陷大磨拐河组以上地层相通，南屯组沉积时期，为两个独立的箕状断陷，之间为古凸起所隔。剖面从南贝尔凹陷东次凹经过，呈现中间"隆"、南北低洼的结构。T_5 反射层最深时间 2105ms，T_{2-2} 反射层最深时间 1360ms（图 2-3-28）。剖面从贝尔凹陷贝中次凹、苏德尔特构造、霍多莫尔构造穿过。贝中次凹 T_5 反射层最深时间 2085ms，T_{2-2} 反射层最深时间 1720ms（图 2-3-29）。整体上，贝尔发育了多个独立的箕状断陷，呈东南断西北超的构造特征。剖面

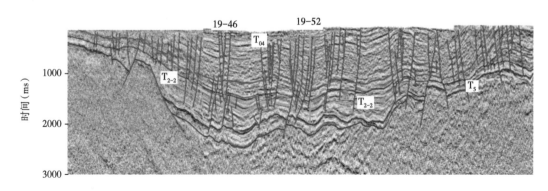

图 2-3-27　海拉尔—塔木察格盆地设计 07-HT-Ⅳ区域地震大剖面（一）

还揭示了贝尔凹陷与乌尔逊凹陷之间的隆起，向贝尔凹陷倾斜，与贝尔凹陷东北缘超覆斜坡相接。剖面从乌尔逊凹陷中部凸起部位经过，呈"两凹夹一隆"的构造格局，表现出复杂双断特点，地层向中部隆起缓慢超覆。乌南次凹剖面 T_5 反射层最深时间 2255ms，T_{2-2} 反射层最深时间 1465ms，由南向北南屯组快速减薄。乌尔逊凹陷北部早期发育 2 个斜列排列的西北断东南超的箕状断陷，剖面从苏仁诺尔断裂东北末端经过，仅展现了乌北南屯组沉积期断陷的东北边缘。T_5 反射层最深时间 1485ms，T_{2-2} 反射层最深时间 1055ms，由北向南南屯组快速减薄（图 2-3-30）。

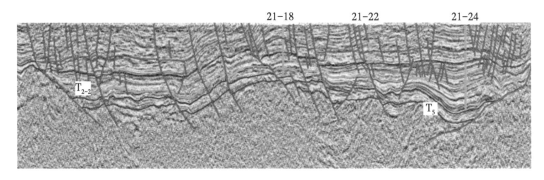

图 2-3-28 海拉尔—塔木察格盆地设计 07-HT-Ⅳ区域地震大剖面（二）

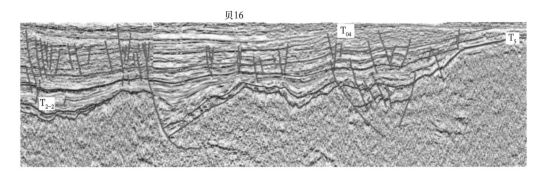

图 2-3-29 海拉尔—塔木察格盆地设计 07-HT-Ⅳ区域地震大剖面（三）

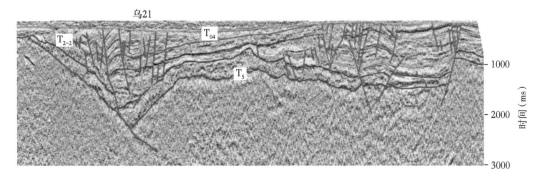

图 2-3-30 海拉尔—塔木察格盆地设计 07-HT-Ⅳ区域地震大剖面（四）

四、凹陷构造特征

海拉尔—塔木察格盆地主要发育北东东、北东两组控陷断裂，控陷断层活动形成了各个凹陷内凸凹相间的构造格局。每个凹陷实际上都是由多个小型半地堑复合而成的相对独立的构造—沉积单元，表现为复式断陷结构特点（图2-3-31）。

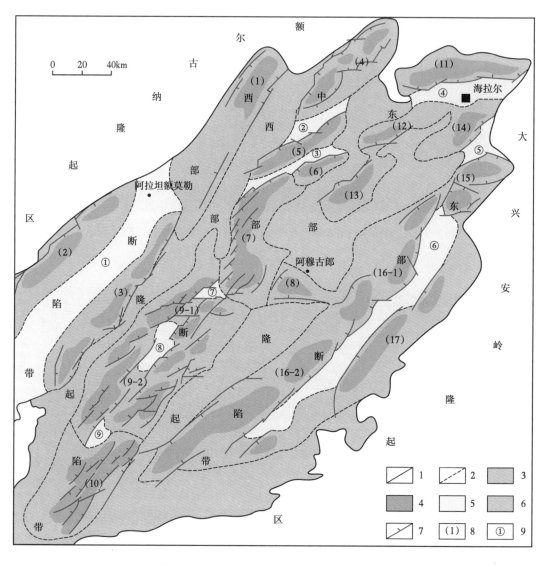

图 2-3-31　海拉尔—塔木察格盆地构造略图

1—盆地边界，三角指向盆地边缘超覆方向；2—构造单元大致边界，部分区段以断层为界；3—断陷带，充填下白垩统，上白垩统和新生界；4—凹陷的沉降—沉积中心，主要受正断层或走滑正断层控制；5—断陷带内部的凸起，缺少下白垩统部部分地层；6—隆起，缺失下白垩统；7—主干基底正断层；8—凹陷编号；9—凸起编号；（1）—呼伦湖凹陷；（2）—巴彦呼舒凹陷；（3）—查干诺尔凹陷；（4）—赫尔洪德凹陷；（5）—旗凹陷；（6）—新宝力格凹陷；（7）—乌尔逊凹陷；（8）—五一牧场凹陷；（9-1）—贝尔凹陷；（9-2）—南贝尔凹陷；（10）—塔南凹陷；（11）—东明凹陷；（12）—乌古诺尔凹陷；（13）—莫达木吉凹陷；（14）—鄂温克凹陷；（15）—伊敏凹陷；（16-1）—呼和湖—巴音戈壁凹陷（北部）；（16-2）—呼和湖—巴音戈壁凹陷（南部）；（17）—旧桥—桑尔凹陷；①—汗乌拉凸起；②—丘陵凸起；③—五星队凸起；④—海拉尔北凸起；⑤—伊敏西凸起；⑥—锡林贝尔—达巴安凸起；⑦—贝尔北低凸起；⑧—贝尔中低凸起；⑨—贝尔南低凸起

　　西部断陷带发育呼伦湖、巴彦呼舒、查干诺尔和查南等 4 个凹陷。北部呼伦湖凹陷大部分被呼伦湖水域覆盖，在北部只有少量二维地震和钻井资料。地震剖面解释结果表明，东部发育一条区域性伸展断裂，控制了凹陷的发育和演化。控陷断裂以东地层强烈掀升、褶皱、剥蚀，断裂以西地层保留比较完整，厚达 8700m。断陷总体呈北北东走向，为"东断西超"的箕状断陷，向西逐渐减薄。东南部的查干诺尔和查南凹陷，由于跨境原因分成 2 个。早期断陷的原始形态是由南、中、北三个东断西超北东东走向的箕状断陷组成。晚期受伊敏组沉积期断裂活动影响，形成统一的北东向的断陷，厚达 6200m。西南部的巴彦呼舒凹陷不同之处在于，它是一个西断东超的箕状断陷。具有南北隆凹相间、东西分带的构造格局，形成西部陡坡反转构造带、中部洼槽带和东部缓坡带，陡坡带南屯组沉积末期和伊敏组沉积末期发生两期构造反转，形成浩雷、阿敦楚鲁、哈尔达郎等 3 个较大型断鼻构造，沿断陷长轴方向分布巴南、巴中、巴北三个次凹（图 2-3-32）。地震剖面上，一种为边界断裂原始产状非常清晰，没有受到后期构造运动改造（图 2-3-33）；另一种为受后期的构造改造作用比较严重，原始产状发生挠曲改造变形（图 2-3-34）。总体上，三条早期北东向控陷断层和两条晚期近南北向断层改造形成了现今的雁列式箕状断陷组合。

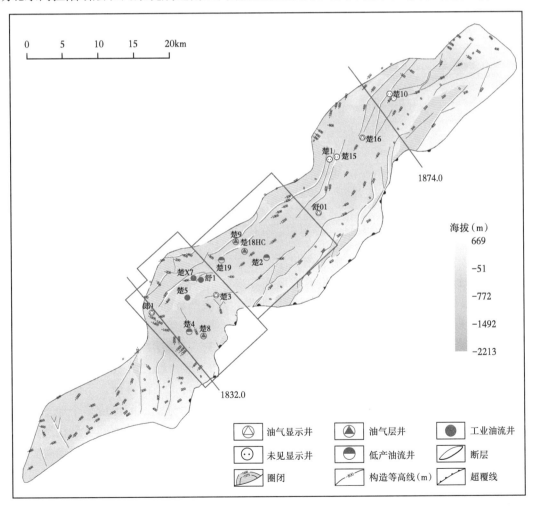

图 2-3-32　巴彦呼舒凹陷 T_{2-2} 反射层构造图

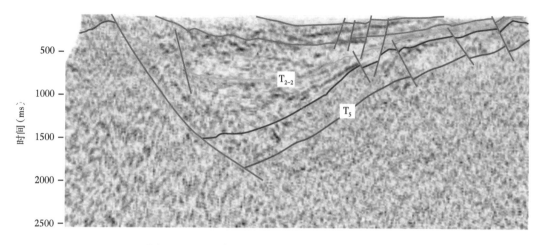

图 2-3-33　巴彦呼舒凹陷 1874.0 线二维地震剖面

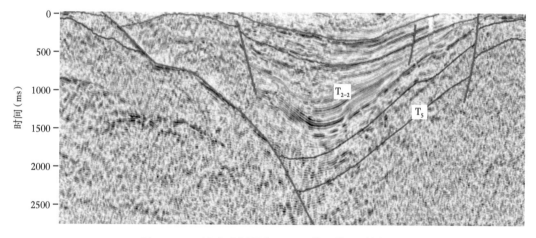

图 2-3-34　巴彦呼舒凹陷 1832.0 线二维地震剖面

中部断陷带从南到北发育塔南、南贝尔、贝尔、乌尔逊、新宝力格、红旗、赫尔洪德和东明等 8 个凹陷。塔木察格盆地发育有塔南和南贝尔凹陷，塔南凹陷可划分为东部陡坡带、东次凹、中部隆起带、中次凹、西部断阶带、西次凹和西部斜坡带（图 2-3-35）。以北东及北东东向控陷断裂为主，主体为 3 个半地堑、半地垒组成的东断西超宽缓的复式箕状断陷，凹隆相间，"复式箕状"继承性叠置（图 2-3-36）。深层断裂以北东东向和北东向为主，中浅层发育了北西向断层。剖面断层样式以"Y"形、反"Y"形、"人"字形居多，剖面断层关系十分复杂（图 2-3-37）。平面上同期断裂雁列式平行排列，不同时期的断层相互搭接、相互截挡。从剖面到平面构筑了立体的断层网，分割凹陷形成多个地堑。断陷盆地主干边界断裂大多具有分段生长机制，断层分段生长过程伴随着不同类型构造调节带的形成。东部陡坡带的两条控陷断裂，呈北东向雁列式伸展，发育有同向倾斜未叠置型构造调节带和同向倾斜叠置型构造调节带。南贝尔凹陷呈北东走向，中部有一个北东向的凸起将之分为西部次凹和东部次凹。西部次凹构造相对简单，其主体由 3 个北东向的洼槽组成。东部次凹的构造较西部次凹复杂，具东西分带、南北分区特点（图 2-3-31）。发育有北东东—近东西向剪切变换带而出现南、北分区的情况，北区的两条控盆断裂相背而倾，南区的两条控盆断裂相向而倾，其上盘发育的西部次凹的南洼槽和东部次凹的南洼槽在南端有水道相连，随沉积继续该水道不断向北东扩大范围，成为南部潜山披覆带，由此控制盆地发育有不同的构造特征。南贝尔凹陷东次凹到贝尔凹陷贝中次凹为"翘板式"结构，发育三个洼槽，洼槽间发育两个传递带。传递带构造活动强，易风化剥蚀，成为主要物源区（图 2-3-38 和图 2-3-39）。

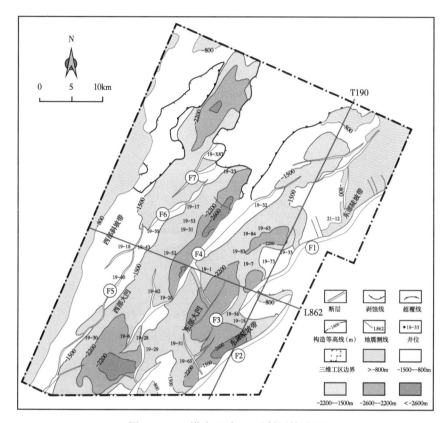

图 2-3-35　塔南凹陷 T₃ 反射层构造图

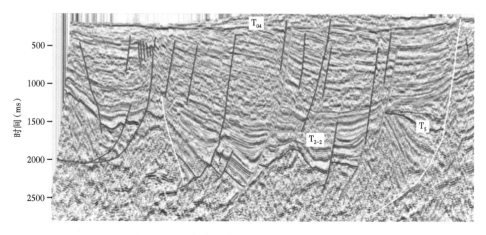

图 2-3-36　塔南凹陷 line862 线三维地震剖面

109

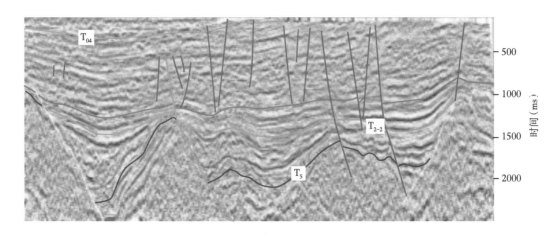

图 2-3-37 塔南凹陷 1190 线三维地震剖面

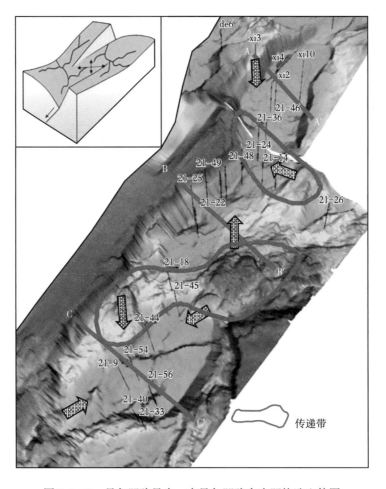

图 2-3-38 贝尔凹陷贝中—南贝尔凹陷东次凹构造立体图

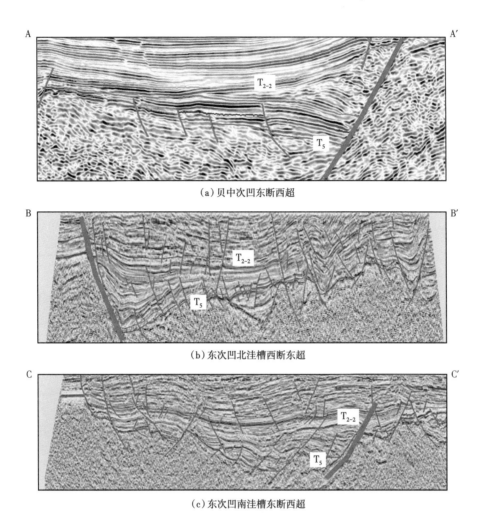

(a) 贝中次凹东断西超

(b) 东次凹北洼槽西断东超

(c) 东次凹南洼槽东断西超

图 2-3-39　贝尔凹陷贝中—南贝尔凹陷地震特征剖面

在海拉尔盆地一侧，中部断陷带发育有贝尔、乌尔逊、新宝力格、红旗和赫尔洪德等 5 个凹陷。贝尔、乌尔逊凹陷相关构造研究和发表的文献较多，研究认识与勘探程度较高[26-27, 38-40]。总体上，贝尔凹陷由北东东和近南北向两组控陷断裂控制，其中以北东东向控陷断裂为主，形成"多米诺式"复式箕状断陷，近南北向控陷断裂则形成地堑式断陷，由此形成了相互分割的 5 个次凹（图 2-3-40 和图 2-3-41）。乌尔逊凹陷以近南北向晚期控陷断裂为主，北部被两条早期北东东向控陷断裂控制，南部早期发育北东东向控陷断裂，晚期受北西西向断裂复杂化，形成乌北、乌南 2 个箕状断陷的次凹。现今凹陷形态与盆地原型不一致。北部的红旗凹陷主要发育北东向、北东东向 2 组断裂[41]，最重要的断裂是分布于盆地西部边界的北东向展布的红西断层，其控制了凹陷的形成演化过程。红西断层在平面上具有分段式发育的特点，可分为西段、中段、东段 3 段，呈北东向斜列式分布，中间由北东东向转换断层连接。可划分陡坡带、洼槽带和斜坡带，进一步划分为 6 个次级构造单元。红西断层每一段控制一个沉降中心，中部由一个断隆带分割（图 2-3-42 至图 2-3-44）。

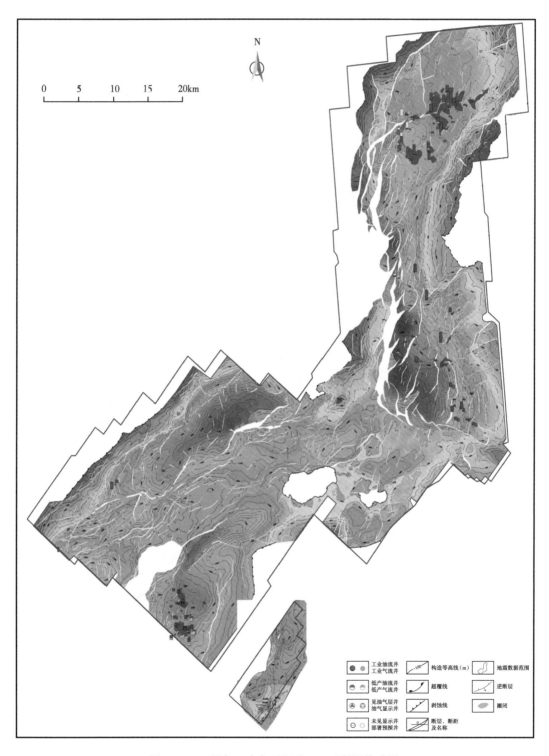

图 2-3-40　贝尔—乌尔逊凹陷 T_{2-2} 反射层构造图

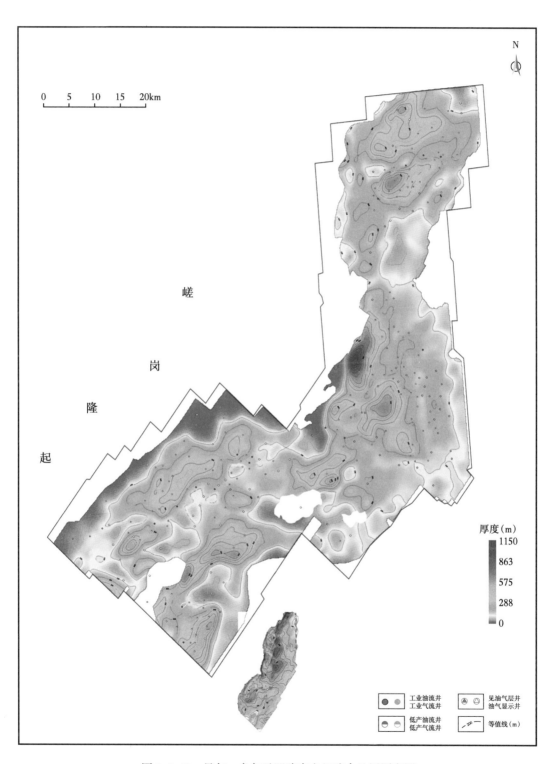

图 2-3-41　贝尔—乌尔逊凹陷南屯组残余地层厚度图

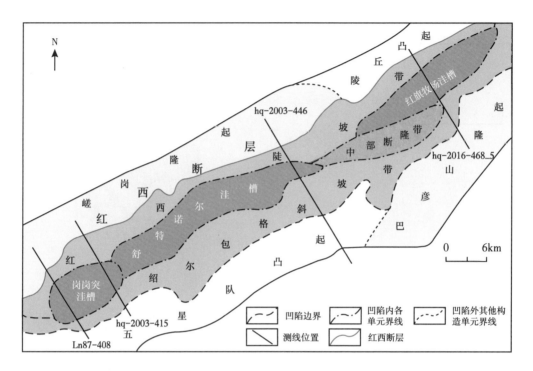

图 2-3-42　红旗凹陷构造单元划分图

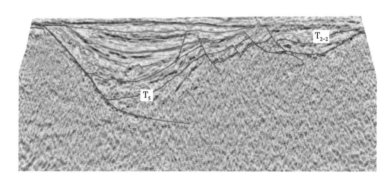

图 2-3-43　红旗凹陷 446.0 线二维地震剖面

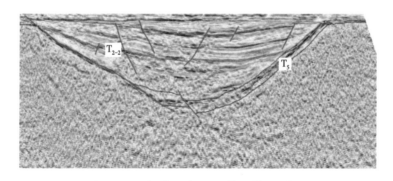

图 2-3-44　红旗凹陷 415.0 线二维地震剖面

区域上可见（图 2-3-13 和图 2-3-17），北东东—近东西向断裂的发育有南弱北强之势。位于南贝尔凹陷以南的塔南凹陷中未见明显的北东东—近东西向断裂。在海拉尔盆地北部则不仅可看到在凹陷内有多条该方向的断裂，而且可见它成为凹陷的边界断裂。贝尔凹陷早期断陷主体是北东东向，与现今构造面貌明显不一致。北部东明凹陷更是近东向控陷断裂控制的断陷，说明近东西向的变换构造带是东西向深大断裂活动的结果。新近纪北东东—近东西向断裂再度活动且改造了早白垩世盆地的面貌，故现存的海拉尔盆地的北界在海拉尔至牙克石一线，为北东东—近东西向。换言之，今日所见的海拉尔盆地只是早白垩世原型盆地的南段，原型盆地在海拉尔以北仍有发育[42]。

东部断陷带发育有巴音戈壁、桑布尔、呼和湖、旧桥和伊敏等 5 个凹陷。每个凹陷都由多个次凹组成，次凹具有典型的箕状断陷结构，沿凹陷走向发育陡坡带、洼槽带和缓坡带，具有分带、分区特点（图 2-3-31）。巴音戈壁凹陷是由西南部的"北断南超"和东北部的"南断北超"两个箕状断陷斜列组合而成，控陷断裂向凹陷内对倾，表现为典型的左旋"拉分盆地"特征，呈两洼夹一隆、凹隆相间的现今构造格局。西南部由一系列"北断南超"的箕状小断陷联合而成（图 2-3-36）。西北部呈"两洼夹一隆"构造格局，两洼槽南侧受控于同一北东走向的长期发育的生长断层，西部洼槽为"南断北超"的箕状结构，东部洼槽为"不对称"的双断结构，跨过锡林贝尔南凸起与桑布尔凹陷"不对称双断"结构相连（图 2-3-45）。呼和湖凹陷主体为东断西超的箕状断陷结构（图 2-3-24），由西部缓坡带、中部洼槽带和东部陡坡带组成，中部洼槽带被三个北西向的鼻状隆起带分割成 4 个次凹（图 2-3-46）。断陷期控陷断裂由北东向展布的断裂组成，断陷末期的北部改造断裂和晚期控陷断裂呈近南北向（图 2-3-47 和图 2-3-48）。旧桥是一西断东超的箕状断陷，伊敏凹陷为东断西超的箕状断陷，均可划分为南北两个次凹，凹陷规模和埋深较小（图 2-3-49）。

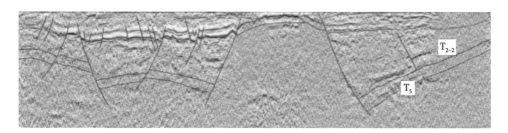

图 2-3-45　巴音戈壁—桑布凹陷 2003-22-22 测线二维地震剖面

总体上，海拉尔—塔木察格盆地断陷的基本类型有两种：箕状断陷和双断式断陷，且以箕状断陷为主，箕状断陷包括独立型和复合型。凹陷次凹或洼槽的平面组合特征总体上表现为同期反向组合和同期同向组合两大类。盆地内断裂样式繁多，成因复杂。按成因可分为基底断裂体系、拉张断裂体系、扭动断裂体系和反转断裂体系四种体系断裂，在平面和剖面上可组合成多种多样的组合类型，断裂发育，主体可分裂陷期和裂陷期后两期。凹陷的长宽比一般近于 1∶1 或 2∶1，构造上多表现多凸多凹、凹隆相间的构造格局，发育有规模较大的断裂构造带、凹中隆起带。一般凹陷较窄，大多数构造分布在陡坡带和缓坡带上，一系列顺向断裂或反向断裂形成的断阶带是斜坡区的主要构造特点，不同类

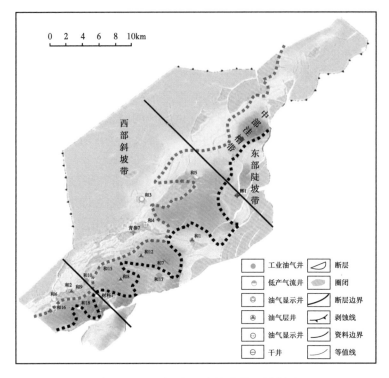

图 2-3-46 呼和湖凹陷构造单元划分图

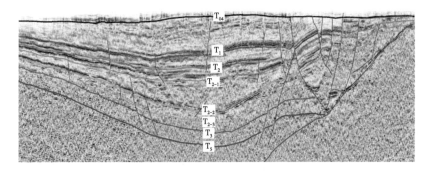

图 2-3-47 呼和湖凹陷北部地震剖面

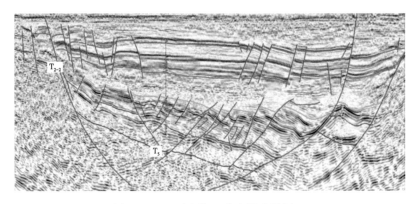

图 2-3-48 呼和湖凹陷南部地震剖面

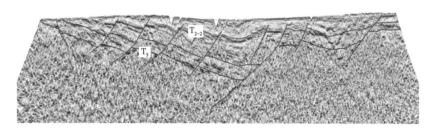

图 2-3-49　伊敏凹陷 2005-622 测线二维地震剖面

型的斜坡带具有不同的断裂组合样式。白垩纪盆地发生多期不同性质活动，继承性构造与新生构造并存及叠加，形成各具特色的构造样式。不同构造样式反映了盆地由老至新经历了不同的重要的变形事件。额尔古纳、德尔布干大型伸展变形带是在晚侏罗世—早白垩世早期海拉尔盆地基底发生的北西—南东向大规模伸展活动的产物，盆地基底的伸展制约了盆地的形成与早白垩世早期的演化，与沉积盖层配置形成不同类型的潜山带。由铜钵庙组沉积期末抬升掀斜—翘倾作用形成的反向断块和断鼻构造，南屯组沉积期伸展作用形成的断背斜、反向断块、顺向断块，主断层或主断层组位移沿走向差异的分段性形成的变换构造，南屯组沉积期后的抬升挤压构造，南屯组沉积期伸展作用、伊敏组沉积期弱伸展作用与伊敏组沉积期末褶皱作用多期叠置形成的断块、断鼻构造构成主要的构造样式。

五、断陷的复合与叠加

陆内裂陷盆地是地壳浅表层发育的以正断层或走滑正断层控制的沉积盆地[37-44]。正断层控制的断陷是构成陆内裂陷盆地的最基本的结构单元。边界控陷断层的几何学、运动学及断层组合方式往往决定了断陷的形态。中国裂陷盆地构造运动频繁，呈现多期叠加的特点[45]。裂陷盆地通常不是一次性沉降，常常经历了多层次的、多周期的幕式沉降过程。盆地的形成与演化往往是伸展、走滑、反转等多期构造运动联合或叠加作用下的复杂构造变形过程，构造运动的不同阶段应力场及作用强度不同，从而造就了不同的盆地结构特征及多种复杂的构造样式。通常是由大量地堑、半地堑以不同型式的复合与叠加而形成的，盆地结构和构造样式受盆地内部地堑、半地堑的叠加与复合方式的影响[46]。

根据海拉尔—塔木察格盆地下白垩统的盆地特点，提出了"复式断陷"概念，复式断陷是两个或两个以上的次级断陷以某种方式组合而成，在一定时期内，相邻的次级断陷各有独立的沉积物供给系统，但当各个次级断陷充填满以后，相邻的次级断陷具有统一的物源供给系统和水系连通特征，以较大的整体断陷形式继续发育。相对于一个大型的裂陷盆地而言，往往是在盆地构造演化过程中多个小型断陷复合叠加在一起的。本节提出的"复式断陷"概念是强调由多个孤立狭窄的小型断陷复合、叠加构成的大型断陷，是由多条基底卷入的正断层或走滑正断层共同控制下形成和演化的最终产物。主干基底正断层的复合、叠加型式是影响复式断陷结构特征的主要因素，也是导致不同断陷石油地质条件差异的根本原因[47]。

1. 断陷复合与叠加类型

（1）复式断陷的复合型式。在裂陷盆地发育早期，往往发育大量正断层，每一条正断层上盘都发育一个小型的半地堑（箕状断陷），随着地壳伸展变形的渐进发展，相邻的小型半地堑联合构成规模相对较大的构造—沉积单元。早期的小位移断层逐渐连接构成狭长的、呈线性延伸的断裂带，并成为控制构造—沉积单元的边界断层，使这一相对独立的构造—沉积单元表现出复式断陷特征。这种由多条正断层上盘发育的小型"半地堑"复合成为相对独立的复式断陷的过程可以称为断陷的复合。如图 2-3-50 所示，依据控制小型半地堑的基底断层的组合关系，可以将若干小型半地堑复合成为较大规模断陷的型式，分为串联式、并联式、斜列式和交织式四大类。串联式复合是指沿两条或两条以上走向基本相同的断层位于同一构造带，并使各自上盘的小型半地堑沿走向扩展使其首尾相连复合成为相对统一的断陷（带）。并联式复合是指沿两条或两条以上走向基本相同的断层大致平行排列，并使各自上盘的小型半地堑上超复合成为相对统一的断陷（区）。斜列式复合是指两条或两条以上走向基本相同的断层呈雁行展布，并使各自上盘的小型半地堑上超复合成为相对统一的断陷（区）。交织式复合是指两条或两条以上走向不同的断层交织在一起，共同控制断块下降形成相对统一的断陷（区）。

复式断陷早期往往发育多个沉降—沉积中心，但是在地壳渐进伸展变形过程中一些基底断层迅速扩展并成为复式断陷的边界断层，复式断陷内部的基底正断层的活动逐渐受到限制甚至停止活动，多个小型半地堑的复合也基本完成。从图 2-3-50 可以看出，不同于简单的半地堑断陷，复式断陷（区）的沉降—沉积作用是由主边界断层及复式断陷内部的次级基底断层共同控制的。海拉尔—塔木察格盆地中的西部断陷带、中部断陷带中的凹陷多数是由东断西超（翘）的半地堑复合而成的，东部断陷带中的凹陷则包括地堑复合型和同向半地堑复合型多种型式。每个凹陷的复合型式还受构造位置影响。

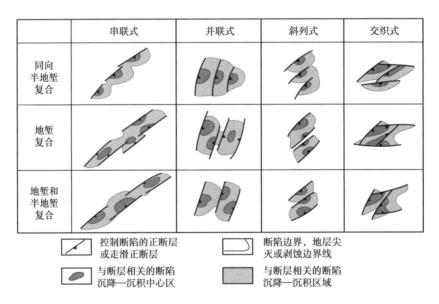

图 2-3-50　海拉尔—塔木察格盆地复式断陷的复合型式

（2）复式断陷的叠加型式。断陷的"复合"是指大致同一时期的多个小型半地堑联合成为一个规模较大的断陷（区），断陷的"叠加"则是不同时期的断陷叠置在一起。海拉尔—塔木察格盆地在早白垩世至少发育了两期断陷，按照同沉积断层的关系可以将断陷的叠加型式分为继承型叠加、利用型叠加、新生型叠加 3 种类型。图 2-3-51 概念性地表示

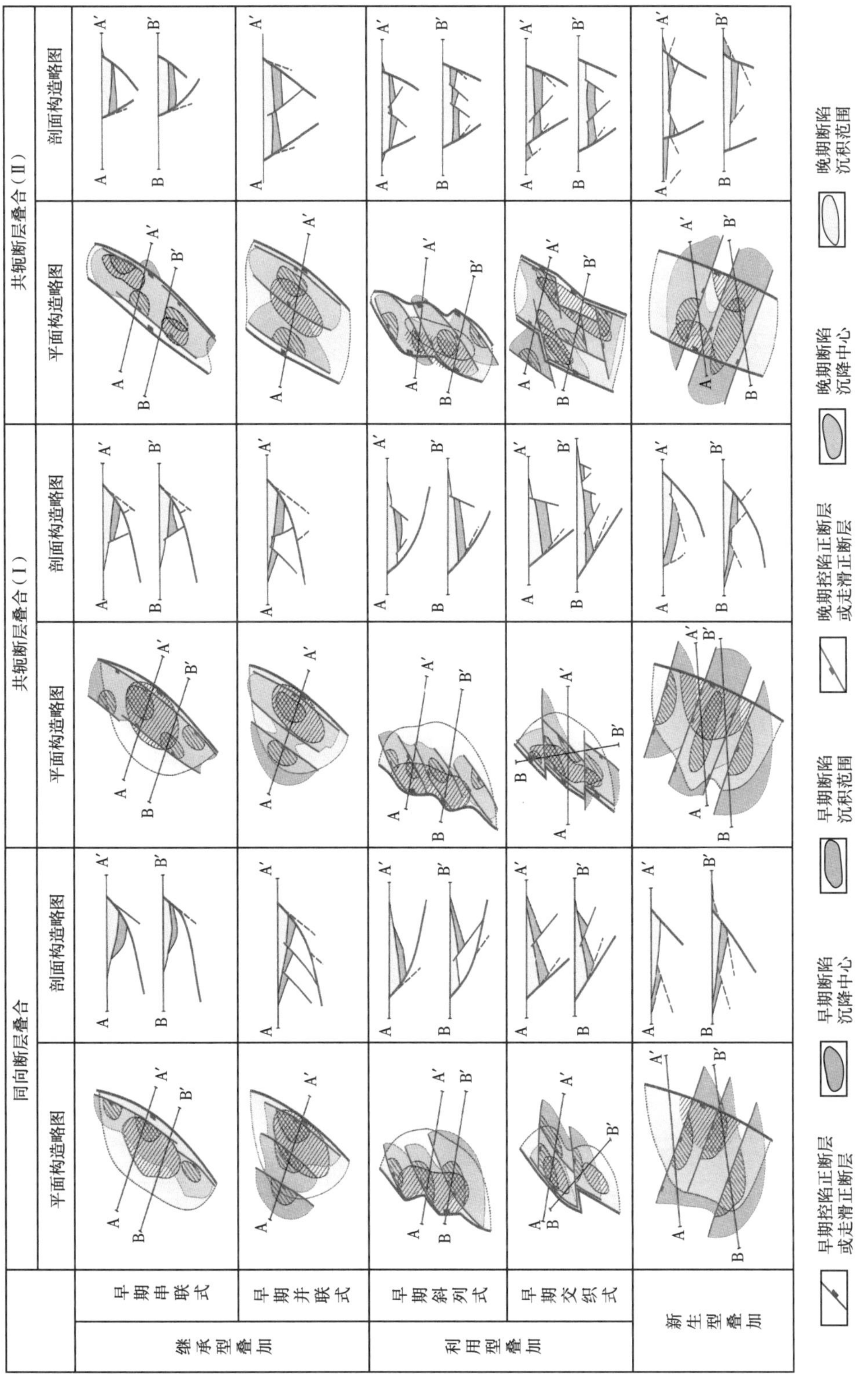

图2-3-51　海拉尔—塔木察格格盆地复式断陷的叠加型式

了这3种类型的叠加。继承型叠加是指控制晚期断陷的主边界断层是早期的同沉积断层，断层产状、运动性质均具有继承性，晚期断陷叠加在早期断陷之上。利用型叠加是指控制晚期断陷的主边界断层是利用两条以上早期同沉积断层进一步破裂扩张形成的，晚期断层活动性质也可能与早期不同，但是晚期断陷叠加在早期断陷之上。新生型叠加是指晚期断陷的主边界断层是新生的正断层或走滑正断层，控制的断陷叠置或部分叠置在早期断陷之上。晚期断陷可以在早期断陷基础上继承性发展，但是控制断陷的主干断层可能发生了变化，也可以是新生的断陷。早期断陷的主要基底断层在晚期断陷发育过程中可以被利用、部分利用或全部遗弃。图2-3-51中剖面上虚线表示早期断层在晚期断陷过程中不再活动，实线表示早期断层在晚期断陷过程中可能有继承性活动，但是断层位移性质也可以发生变化。

2. 断陷复合与叠加型式

海拉尔—塔木察格盆地中充填的下白垩统都是受基底正断层或走滑正断层控制，从地层厚度分布及其控制性断层之间的关系看，每个凹陷实际上都是由多个小型半地堑复合而成的相对独立的构造—沉积单元，表现为复式断陷结构。而分隔凹陷的凸起或低凸起上则缺失下白垩统，或下白垩统明显减薄。上白垩统和新生界相对较薄，呈毯状覆盖在坳陷、凹陷和相邻的隆起、凸起上，使其成为一个统一的白垩纪—新生代沉积盆地。

下白垩统铜钵庙组、南屯组之间发育明显的不整合面，表明早白垩世至少发育两期断陷。单个凹陷除边界主干基底断层表现出同生断层性质外，凹陷内部的部分次级基底断层也表现为同生断层性质，表明凹陷的形成是由多个小型断陷复合的结果。部分凹陷内部的次级基底断层从基底切割至铜钵庙组顶部，而边界的主干基底断层在南屯组沉积期仍然表现为同生断层活动。南屯组沉积期发育的同沉积基底正断层规模相对较大，它们形成的断陷叠加在铜钵庙组沉积期断陷之上，构成叠加的复式断陷。表2-3-1简要地归纳了海拉尔—塔木察格盆地铜钵庙组沉积期、南屯组沉积期的断陷复合和叠加型式。可以看出，盆地中的复式断陷主要是继承型叠加和利用型叠加，个别凹陷也具有新生型叠加特征。

表2-3-1　海拉尔—塔木察格盆地早白垩世复式断陷的复合与叠加型式简表

凹陷编号	凹陷名称	铜钵庙组沉积期	南屯组沉积期	叠加型式
（1）	呼伦湖凹陷	串联式地堑和半地堑复合	并联式地堑复合	利用型叠加
（2）	巴彦呼所凹陷	串联式半地堑复合	半地堑复合	利用型叠加
（3）	查干诺尔凹陷	串联式半地堑复合	半地堑复合	利用型叠加
（4）	赫尔洪德凹陷	串联式地堑和半地堑复合	并联式地堑复合	利用型叠加
（5）	红旗凹陷	串联式半地堑复合	半地堑复合	利用型叠加
（6）	新宝力格凹陷	串联式半地堑复合	半地堑复合	继承叠加
（7）	乌尔逊凹陷	斜列式半地堑复合	半地堑复合	利用型叠加
（8）	五一牧场凹陷	并联式地堑和半地堑复合	并联式地堑和半地堑复合	新生型
（9-1）	贝尔凹陷（北部）	并联式半地堑复合	并联式半地堑复合	继承型叠加
（9-2）	贝尔凹陷（南部）	并联式地堑和半地堑复合	半地堑复合	继承型叠加
（10）	塔南凹陷	并联式半地堑复合	半地堑复合	继承型叠加

续表

凹陷编号	凹陷名称	铜钵庙组沉积期	南屯组沉积期	叠加型式
（11）	东明凹陷	串联式半地堑复合	半地堑复合	利用型叠加
（12）	乌古诺尔凹陷	串联式半地堑复合	半地堑复合	新生型
（13）	莫达木吉凹陷	串联式半地堑复合	半地堑复合	继承型叠加
（14）	鄂温克凹陷	串联式半地堑复合	半地堑复合	利用型叠加
（15）	伊敏凹陷	并联式地堑复合	并联式地堑复合	新生型
（16-1）	呼和湖—巴音戈壁凹陷（北部）	串联式地堑和半地堑复合	串联式地堑和半地堑复合	利用型叠加
（16-2）	呼和湖—巴音戈壁凹陷（南部）	串联式地堑和半地堑复合	串联式地堑和半地堑复合	利用型叠加
（17）	旧桥—桑布尔凹陷	串联式半地堑复合	半地堑复合	利用型叠加

六、盆地原型特征与构造演化

1. 构造层划分与构造演化

构造层是地质演化过程中在一定构造单元里、在一定时期内形成的地层组合，它在时间上代表地壳演化历史中一定的构造时期，在空间上代表某一构造事件所影响的范围。盆地经历了多期伸展和反转作用，形成了多期构造的叠加和改造。纵向上叠置了盆底、裂陷、弱伸展（走滑）、坳陷和盆岭 5 个构造层。影响最大的是受上、下两套断裂系统控制的裂陷构造层内的南屯组沉积期伸展断陷盆地和伊敏组沉积期弱伸展（走滑）盆地[41]。

白垩纪盆地经历了早白垩世早期裂陷期泛火山盆地、伸展断陷盆地，中晚期后裂陷期弱伸展（走滑）盆地、抬升扭压变形及新生代构造运动的复杂构造演化历程，对油气成藏过程产生重要控制作用。

（1）盆底构造层。盆底构造层（T_5 以下）包含中生代侏罗纪盆地与古生代褶皱带两个亚构造层，经历了复杂的地质过程（图 2-3-52）。原型结构与现今赋存状况之间差异大，恢复困难。先存构造对裂陷盆地断层形成和演化的控制作用，这里不做详细论述。

（2）裂陷构造层。裂陷构造层（T_5—T_2）包含下白垩统铜钵庙组、南屯组、大磨拐河组，经历孕育、拉伸沉降和萎缩三个阶段（图 2-3-52b、图 2-3-53）。铜钵庙组沉积期伸展断裂系统尚未形成，大多数地震剖面上，伸展断裂系统相对于铜钵庙组表现为"后生断层特征"而非同生断层特征，表明伸展断裂系统形成于铜钵庙组沉积之后而不是控制铜钵庙组发育。在呼和湖等多个凹陷见到火山岩与沉积岩同时异相特征和被后期断裂切割，为火山岩台地环境。下部火山活动强烈，发育火山岩和火山碎屑岩。上部间歇性火山活动，可能存在山间残留盆地，发育冲积扇—冲积平原和相对较细的湖沼沉积。南屯组沉积期强烈断陷，北东东向低角度伸展断裂系统控制了盆地的沉降格局，在控陷断裂根部地层增厚，原始分布范围多限于控陷断裂上盘，远离控陷断裂则减薄超覆于铜钵庙组之上，形成"半地堑式""复式箕状"等不同结构型式。南屯组沉积期盆地沉降轴的走向为北东—北东东，盆地类型主要为小规模箕状断陷。是以构造沉降为主的时期，沉积地层以大断层为边界，断陷不断扩展，并使下伏铜钵庙组强烈掀斜，在伸展格局下遭受剥蚀或埋藏，铜钵庙组为剥蚀后残留结果。该期是断陷期湖相泥岩的主要发育时期。该期盆地以持续伸展沉降为特点，是盆地最大伸展沉降阶段。由"深盆深水"逐渐变为"广盆浅水"特征，发育扇三角洲、湖相沉积。大磨拐河组沉积期已变成受少量断层控制的断坳，呈弱挤压特征。大磨拐河组沉积时期，同沉积断裂发育萎缩，沉积范围已不受控陷断裂的控制，大磨拐河组大面积越过控陷断层，甚至大面积覆盖于南屯组沉积期同沉积断裂的上升盘，分布范围广，基本不受控陷断裂的控制和影响。沉积范围扩大，发育大型三角洲沉积。晚侏罗世—白垩世早期蒙古—鄂霍茨克造山带挤压和碰撞隆升停止，逆冲推覆转变为低角度正断层，挤压背景转为伸展机制。伸展期构造应力场呈北北西—南南东向拉张，反映蒙古—鄂霍茨克构造域的响应。

（a）呼伦湖凹陷北西—南东向地震剖面

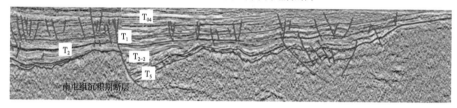

（b）贝尔凹陷南西—北东向地震剖面

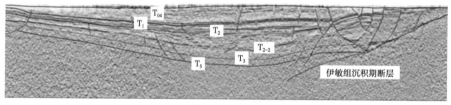

（c）呼和湖凹陷北西—南东向地震剖面

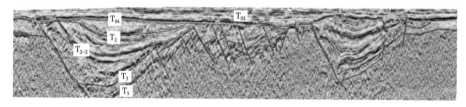

（d）新宝力格凹陷北西—南东向地震剖面

图 2-3-52　海拉尔—塔木察格盆地残留断陷断裂构造型式

（3）弱伸展（走滑）构造层。弱伸展（走滑）构造层（T_2—T_{04}）为早白垩世中晚期伊敏组沉积期盆地，受控于北北东—北东向高角度走滑断裂系统，构造应力场以北东—北北东向拉张断裂的右行走滑为特征。可能是北东东向蒙古—鄂霍茨克构造域向北北东向古太平洋构造域转换的响应。南屯组、大磨拐河组及伊敏组下部在高角度走滑断裂根部受到了强烈的拖曳改造作用，形成紧闭向斜褶皱，而伊敏组沉积期中上部地层基本上未受到影响（图2-3-52b和图2-3-52c）。北东东向分割箕状断陷终止发育（图2-3-52a），北北东向的乌尔逊凹陷和北东向的贝尔凹陷逐渐形成。早白垩世末，构造应力场转为近东西向的挤压，形成了轴向近南北褶皱构造，伊敏组卷入褶皱。

（4）坳陷构造层。坳陷构造层由上白垩统青元岗组（T_{04}—T_{02}）和古近系构成，青元岗组沉积和分布基本不受断层影响，为坳陷盆地。在新宝力格凹陷地震剖面可见青元岗组褶皱变形和削截不整合，南屯组沉积期伸展断裂复活呈"下正上逆"的逆冲断层，古近纪末构造应力场再次发生转化，以近南北向的区域性挤压为特征，形成了轴向近东西的褶皱构造。青元岗组卷入褶皱，与上覆古近系—新近系上超不整合接触，相对强度和幅度由东向西、由东南向西北渐次减弱，盆地构造由前期拉张转为挤压反转（图2-3-52d）。与松辽盆地明水组末的构造反转期相吻合，可能反映盆地主要受太平洋构造域影响。古近纪盆地隆升、剥蚀在中西部凹陷局部分布，盆地进入萎缩阶段。

（5）盆岭构造层。新近系呼查山组发育河流相沉积，盆地进入新的张裂阶段。第四系为泛滥平原沉积。钻井揭示，新近纪以来具有多个不整合面和沉积旋回特征，反映经历过多次沉降，新构造运动使老断层复活，为现今河流和湖泊的发育提供了场所，构成了盆岭构造层，形成了现今的地理盆地。

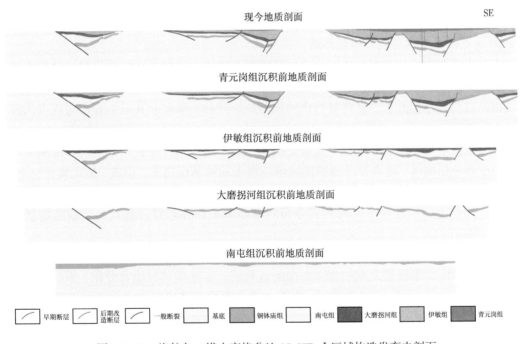

图2-3-53　海拉尔—塔木察格盆地07-HT-Ⅰ区域构造发育史剖面

2. 两期盆地原型特征

原型盆地作为盆地演化过程中某一地质时期的阶段表现，其对油气形成与分布的重要性不言而喻。每一阶段的盆地实体与相应的成油环境各异，将各个阶段或地质时期的"盆地"称为原型盆地[48]。随着构造运动的不断进行，不但有新的原型盆地形成，早期原型盆地也会随着后期原型盆地的叠加而被改造，现今盆地往往是多个阶段、多种原型盆地叠加的结果[49]。中国东部裂陷（断陷）盆地的构造格局、充填演化与油气关系研究一直是学术讨论的热点，也是制约勘探的难点[43, 50]。海拉尔—塔木察格盆地是叠置于内蒙古—大兴安岭古生代碰撞造山带之上的中—新生代盆地，呈北东向三坳二隆的构造格局。由于构造的复杂性，给构造层划分、原型盆地恢复带来困难。不同学者从不同角度对盆地构造和演化进行了深入研究，构造解析与地质认识的不同，也影响了油气规律的认识[38, 51-53]。依据近些年三维地震、钻井和实验分析资料，采用原型识别、断裂构造变形解析等技术手段，恢复了两大成盆期盆地原型的类型及分布，并对其控油作用进行了探讨，初步揭示了原型盆地的形成、演化与油气分布规律[41]。

盆地是经多期沉降过程叠加改造的结果，至少存在三大沉降期。第一期发生于南屯组沉积期，沉降作用受低角度伸展断裂系统控制。第二期发生于伊敏组沉积期，沉降作用受高角度断裂系统控制，且高角度断裂对原低角度断裂的伸展格局构成不同程度的改造。第三期发生于新近纪以来，作为统一地理盆地即形成于这一时期。

最大沉降过程发生在第二期，改造了第一期盆地原始赋存特征。一方面，部分第一期早期断陷被切割破坏、抬升剥蚀，部分在第二期沉降格局中被切割深埋（图 2-3-52a）。另一方面，第一期原来分割的几个断陷被埋藏在同一个第二期凹陷中（图 2-3-52b）。第一期沉降规模虽小，但是勘探目的层往往将伊敏组沉积期断裂误认成早期控陷断裂，陷入用第二期的沉降格局探讨第一期盆地的发育与演化的误区（图 2-3-52a 和图 2-3-52c）。晚期断层切割复杂化，使得早期古构造行迹、断层鉴别困难，造成对断裂体系及控藏要素的误判。

1）南屯组沉积期盆地的伸展格局

南屯组沉积期为强烈断陷发育期，伸展断裂系统控制了盆地的沉降格局。伴随断陷不断扩展，下伏地层强烈掀斜，遭受剥蚀或埋藏，铜钵庙组为剥蚀后残留结果。上述原因使其残留轮廓与南屯组相似，易将其当成伸展断陷期产物，事实上其原始分布与现今的残留特征相距甚远。

早白垩世早期南屯组断陷期，盆地受控于北东东向低角度伸展断裂系统。剖面上在控陷断裂根部地层增厚，远离控陷断裂则减薄超覆于铜钵庙组之上，形成"复式箕状""半地堑式""地堑式"等不同结构。原型盆地走向近东西、北东东，与现今北北东、近南北向不一致。如塔南凹陷北东东向雁列式分布的断陷原型保存较好，复式箕状断陷特征明显（图 2-3-54）。

南屯组沉积期盆地受控陷断裂控制，造成箕状断陷陡坡剧烈沉降与缓坡地层倾斜，形成复式箕状断陷。平面呈北东—北东东向的雁列式、多米诺式等型式分布，原型盆地与现今盆地北北东向不一致（图 2-3-55）。事实上现今盆地构造格局与原型盆地差异较大，受后期改造作用的影响，构造格局发生改变，现今构造为北北东向展布，而实际上原型盆地为北东、北东东向展布，后期构造改造强烈。如贝尔凹陷原型改造较强，残留几个箕状断陷。而乌尔逊凹陷南北发育两个独立的箕状断陷。其伸展格局特点为：

（1）断陷走向与基底中的构造薄弱带相关，北东东向小规模古老断裂在这一时期复活，燕山期花岗岩体展布多与北东东向伸展断裂有关。

（2）断陷的形成和分布与基底介质关系密切。在元古宙基底区域，南屯组沉积期伸展断陷面积小、古地貌反差大，断陷发育稀疏。在古生代基底区域，断陷面积大、古地貌反差小，断陷间有连片趋势。

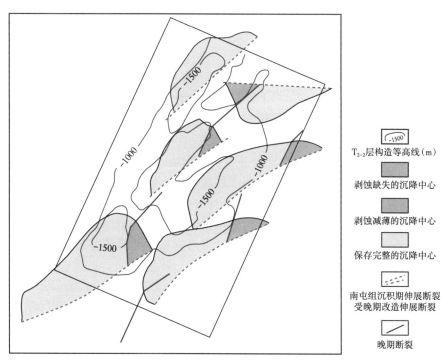

图 2-3-54　塔南凹陷南屯组沉积期盆地原型与改造残留格局

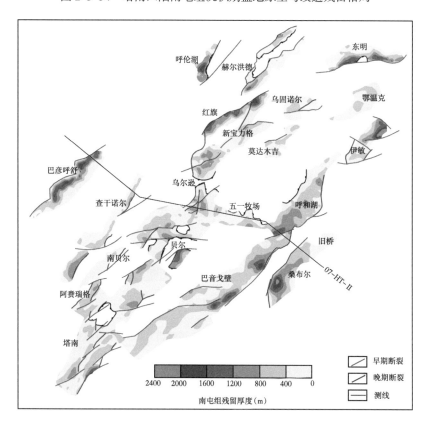

图 2-3-55　海拉尔—塔木察格盆地南屯组沉积末期断陷原型分布

（3）断陷分布范围广。盆地周边、大兴安岭广泛分布的上库力组是南屯组同时异相的产物，大磨拐河组露头更是广泛见于盆地的周边。事实上，该期断陷普遍发育于东北亚地区。

2）伊敏组沉积期盆地的沉降格局

随着构造应力场的变化，伊敏组沉积期的沉降格局相对南屯组沉积期发生了巨大变迁。伊敏组沉积期复活的则是德尔布干断裂带和乌努尔断裂带这两个区域性的叠接带，伊敏组沉积期的沉降和隆升格局对南屯组沉积期伸展断陷构成了切割改造。在沉降区，除前述多个南屯组沉积期小型断陷被归并埋藏于同一个伊敏组沉积期凹陷和在南屯组沉积期残留断陷上直接与伊敏组接触断陷发育停止外，还存在像乌尔逊凹陷西部在基岩之上直接发育伊敏组沉积期盆地。在乌尔逊凹陷南部地震剖面上花岗岩体刺穿大磨拐河组，在伊敏组发育负花状构造；在盆地北部海—满公路1km处露头剖面发现了四条近于垂直切穿上库力组砂泥岩地层的酸性岩墙或岩脉。这些构造活动和沉积记录表明早白垩世中晚期，即伊敏组沉积期盆地处于强烈伸展的构造环境。野外露头与区域调查表明，盆外未见到伊敏组，分析伊敏组沉积期盆地局部发育（图2-3-56）。

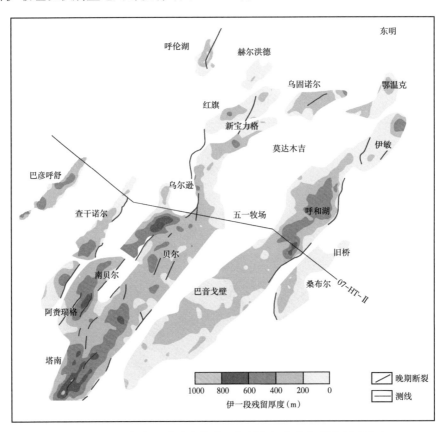

图2-3-56 海拉尔—塔木察格盆地伊敏组沉积末期断陷原型分布

宏观上，高角度走滑断裂区域呈"S"形延伸，"根河坳陷区"与"海拉尔坳陷区"的轮廓呈菱形。盆内伊敏组沉积期发育了嵯岗东断裂派生的"中部断陷带"和旧桥东断裂派生的"东部断陷带"，次级走滑断裂则控制了次级凸起和凹陷在平面上的错落。盆地中部乌西断裂控制了乌尔逊凹陷的形成，贝中凸起西缘的走滑断裂控制了贝西北伊敏组沉积期凹陷；盆地南部南贝尔中部凸起的西断裂控制了西部凹陷，塔南凹陷斜列的高角度断裂控制了几个沉降中心；盆地东部呼和湖凹陷东侧控陷断层重新活动，在断层根部受挤压作用形迹明显，在断层面上形成花状构造，由北向南形成差异升降、直立褶皱、斜歪褶皱及箱状褶皱；盆地西部巴彦呼舒凹陷在西侧控陷断层重新活动，形成被断层复杂化的逆牵引断背斜构造。

第四节　构造与油气分布

构造沉积演化控制着宏观上油气富集带和油气藏的分布规律。南屯组沉积期断陷控制烃源岩的赋存，伊敏组沉积期盆地控制烃源岩演化的成熟度，伊敏组沉积期末及白垩纪末构造反转活动控制油气的运聚和成藏，多期叠加的复式断陷主洼槽控制油气的形成和分布[51]。

断陷盆地的复杂性主要源于众多而富集的断层，由于断裂的控制，造成凹陷大小、深浅、展布方向和沉积的差异性。每个凹陷都是一个独立的油气生成、运移、聚集单元。生烃岩范围控制油气藏分布，富烃洼槽油气相对富集。

一、盆地构造演化对烃源岩的控制作用

1. 原型盆地演化对烃源岩的控制作用

原型盆地发育的规模、充填沉积的厚度，构造活动演化变形，直接影响和控制着烃源岩赋存规模和富集程度。盆地形成演化过程中各种构造作用与盆地沉积充填和改造过程是内陆构造活动盆地沉积体系域时空配置和生储盖发育分布的重要基础[54]。

南屯组沉积期断陷控制了油气成藏要素的分布，决定了不同凹陷、次凹（洼槽）范围、沉积充填特征、烃源岩赋存和优劣。烃源岩分布层位以伸展断陷南屯组为主，在彼此分隔或以不同方式组成的复式箕状断陷大小、厚度及沉积决定了烃源岩品质和油气资源规模。控陷断层控制了各断陷沉降、沉积中心，进而控制了湖盆沉积及烃源岩分布范围[41]。

伊敏组沉积期走滑盆地对南屯组沉积期盆地改造，控制了油气藏形成演化，决定了烃源岩的成熟范围。伊敏组沉积期盆地与南屯组残留断陷叠置关系，影响了烃源岩发育程度与成熟范围，深埋的叠置区富烃是重要的勘探领域。中部断陷带塔南等四大凹陷的 5 个由箕状断陷控制的洼槽区是勘探重点目标区，已发现的油田（藏）主要分布在主洼槽区内或边缘，呈现典型的"源控"和"洼槽控油"特征（图 2-4-1）。

2. 断陷复式与叠加型式对烃源岩的控制作用

海拉尔—塔木察格盆地由于断陷面积小且分割性强，多表现为复式断陷的特点，且储层成岩作用强，富含火山物质，经历了强烈的后期改造作用等特征，一度被认为勘探潜力有限。随着油气勘探工作的不断深入，在贝尔凹陷贝中次凹、南贝尔凹陷东次凹、塔南凹陷中部次凹和巴彦呼舒凹陷巴中次凹等小型断陷获得了很好的油气发现，充分展现了小型复式断陷的油气勘探前景。

盆地的铜钵庙组和南屯组均充填在受正断层或走滑正断层控制的复式断陷中，断陷演化过程中的复合、叠加方式控制了断陷湖盆"生烃中心"的形成。并联式、斜列式复合的复式断陷比串联式复合的复式断陷更能形成宽阔的断陷湖盆及在湖盆的几何中心形成稳定的沉降中心；继承型叠加，特别是在早期并联式、斜列式复合断陷基础上叠加的断陷可以

形成水体相对宽阔的湖泊。因此，那些在铜钵庙组沉积期经历并联式、斜列式复合并在南屯组沉积期发生继承型叠加的复式断陷有利于"烃源岩"发育，断陷内部基底断裂的继承性活动为形成"生烃中心"创造了有利的构造古地理环境。

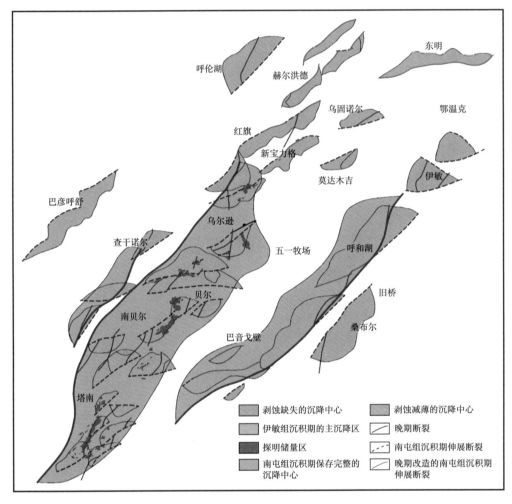

图 2-4-1　海拉尔—塔木察格盆地南屯组沉积期与伊敏组沉积期主沉降带叠合图

南屯组沉积期盆地具有多凸多凹、凹凸相间的复式断陷构造格局，并经历了"深盆浅水""深盆深水"再到"广盆、浅盆浅水"的构造古地理环境的变化。同沉积期断层与沉积相分布有密切关系，主边界断裂和复式断陷内部的次一级断裂对沉积相展布、沉积厚度分布都具有控制作用。继承型叠加在铜钵庙组沉积期断陷之上的南屯组沉积期断陷发育的烃源岩厚度较大、质量较好，例如乌尔逊凹陷、贝尔凹陷、塔南凹陷等。

3. 油气藏分布受生储盖组合的控制

受构造沉积演化控制，发育三套生储盖组合，以中下部为主。南一段远源扇三角洲砂体及铜钵庙组扇三角洲前缘砂体分布广，高含火山碎屑储层，次生孔隙发育，构成了良好的储集空间，与上覆优质烃源岩层构成中下部好的生储盖组合。如贝尔凹陷南一段下部含凝灰质、含钙泥岩，地球化学分析无论是有机碳还是氯仿沥青"A"质量分数（分别为

2.45% 和 0.2532%）及生烃潜量（13.68mg/g）均比同层南一段上部泥岩要高（分别为 1.97%，0.1211% 和 6.16mg/g），火山灰对烃源岩中有机质具有明显的富集效应，火山喷发活动对优质烃源岩的形成具有积极促进作用。有机显微组分以腐泥型为主，富含藻类，含有 β- 胡萝卜烷，反映微咸水环境，藻类勃发是优质烃源岩形成的重要机制[55]。生烃演化分析 1500m 进入生烃门限，2000m 进入排烃门限，具有早生、早排、生烃周期长的特点。虽优质烃源岩的质量分数仅占 35%~52%，但生油贡献比例却达 71%~87%，排油贡献比例更是高达 85%~94%，显示了优质烃源岩对成藏的突出贡献[56]，优质烃源岩分布对油藏有控制作用。已探明储量主要赋存在南一段和铜钵庙组，占总数的 85.1%，其中南一段占 52.1%。其他的在南二段占 8.2%、基岩占 4.3% 和大磨拐河组占 0.4%。

二、断裂构造活动对油藏的控制作用

1. 断裂构造演化控制油气富集程度

不同断裂构造活动变形形成了不同的沉积类型，进而决定了砂体和湖相泥岩的发育程度。继承性深断陷及多期叠加型断陷烃源岩厚度大、品质优、热演化充分，保存条件好，油气资源丰度较高，富烃凹陷在断隆带和缓坡带可形成中—大型油气田[57-58]。南屯组沉积期和伊敏组沉积期构造演化的不均衡性和差异性造就了东、中、西三带及带内南、北凹陷油气系统的差异性。造成中带塔南、南贝尔、贝尔和乌尔逊四大凹陷油气相对富集，在生烃主洼槽附近形成复式油气富集带（区）。东、西两带巴彦呼舒、查干诺尔、呼和湖和巴音戈壁凹陷次之，其他凹陷成藏条件较差。

2. 变换构造对油气的控制作用

在控制伸展断陷的首尾正断层或正断层组之间常常分布另一种构造形式的变换构造。在断层末端通过其他形式的构造使一条或一组主断层沿走向变换为另一条或另一组主断层，这种构造被称为变换构造。根据不同段首尾两条主断层或主断层系之间变换构造形式的差异或者说变换构造连接首尾断层的方式不同，将变换构造分为传递带、调节带和转换带[59]。变换构造作为盆地内的一类特殊构造形式，对盆地构造、沉积、油气成藏等都有重要的控制作用。

在伸展断陷盆地中，控制两个断陷的首尾两条主断层呈侧列状叠覆分布，首尾主断层与其间变换地带的其他形式构造在构造样式上有很大不同。在南贝尔凹陷东次凹到贝尔凹陷贝中次凹之间，呈现"翘板式"结构。控制两个断陷的首尾两条主断层呈侧列状叠覆分布，一条边界控凹主断层沿走向通过走向斜坡或斜向地垒的变形构造传递到或变换为另一条边界控凹主断层，在断陷期形成南北两个传递带，在转换斜坡形成长轴向扇三角洲砂体[51]，北洼槽残留断陷原型沉积厚度大、改造弱，有利于保存。长轴规模砂体与缓坡反向断裂带叠置，形成构造—岩性油藏有利区，发现了整装规模大油田（图 2-4-2）。

伸展裂陷盆地边界控陷断层具有分段生长的特征，沿边界控陷断层走向具有多个次级断陷复合的特点。伸展断陷中常常呈现出不同级次的分段作用，分段作用是由主断层或主断层组位移沿走向有规律变化造成的。由于差异沉降作用，断陷湖盆主干边界断层具有典型"强活动段控洼槽并控优质烃源岩"和"构造调节带控砂"特征。边界控陷断层分段生长演化历史具有差异性，这种差异性造成各个复式断陷沿边界控陷断层走向复合时期具有差异性，断层分段生长过程伴随着不同类型构造调节带的形成。塔南凹陷东部次凹东部的两条控凹陷断裂，呈北东向雁列式伸展，分别控制着凹陷北部和南部陡坡边界的形态。由于控凹断裂的分段性和差异断陷活动，发育有同向倾斜叠置型构造调节带，形成走向斜坡地貌。同向倾斜未叠置型构造调节带，上盘形成横向隆起（断鼻构造）地貌，进而控制着盆地强烈沉降期层序地层形成的主体物源方向、沉积体系类型与分布特征。是控制水下扇和扇三角洲砂体沿盆缘沟谷进入湖盆的通道，进而盆内砂体分散体系展布，控制着碎屑岩储层的分布，从而控制和形成不同的油气聚集特征。转换带与上述传递带和调节带不同之处在于它以陆内转换层为标志连接首尾正断层或正断层组和受其控制的断陷或断陷群。比较典型的是贝尔和乌尔逊凹陷间的巴彦塔拉构造转换带，伸展和走滑叠加形成复杂的断裂构造带，发育有潜山、铜钵庙组反向断块和大磨拐河组复杂断块多层系多类型油气藏。

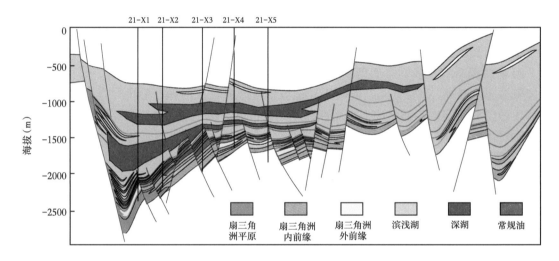

图 2-4-2　南贝尔东次凹北洼槽缓坡带反向断阶型油气成藏模式

3. 油源断裂与不整合控制油气运移

断裂的发育决定着圈闭的形成、油气运聚及盖层封闭性，以断层发育为核心的断源储盖的组合样式决定了油气的输导能力、圈闭的封闭性和充满度，从而最终控制了油气的成藏。南屯组沉积早期断层在南屯组沉积末期停止活动，对油气运聚起遮挡作用。早期伸展中期张扭断层在成藏关键时刻活动，为油源断层，但上覆和侧向封盖条件较好，仍是遮挡型断层，油气主要富集在南屯组及以下断层—构造油藏也说明了这一点。早期伸展中期张扭晚期反转断层，一方面长期活动增加了次凹深埋，促进主力生油层成熟，与烃源岩大面积接触，供油窗口大，使其控制着油气运移的路径、范围和圈闭中的聚集方式；另一方面因断层活动性质改变，易于破坏早期形成的封闭条件，从而调整早期聚集的油气在大磨拐河组形成次生油藏。乌20井含油包裹体颗粒指数（GOI）测试表明，南二段和南一段均存在古油藏，油源断层沟通，在大二段形成断块油藏，源自南屯组，证实这种调整过程的存在[60]。

从乌尔逊凹陷北部烃源岩与原油色质参数图上显示没有色层反映，指示砂体不是主要运移通道。而原油中含氮化合物半裸露异构体反映原油由生烃中心沿烃源断裂向苏仁诺尔构造带聚集[61]。贝尔凹陷苏德尔特构造带也具有类似特点，原油单体烃碳同位素从贝西次凹向构造带由 -2.996‰ 降到 -3.204‰，也支持了以断裂、不整合有效输导，断裂构造带为优势运移通道的认识。以往认为乌尔逊凹陷乌南次凹为生烃中心,生成的油气向巴彦塔拉构造带和乌东斜坡运移成藏。通过原型恢复,南屯组沉积期断陷沿北东东向由巴彦塔拉西部向乌东方向分布。在乌南地区暗色泥岩厚度图上主生烃范围与原型断陷分布方向相一致,而在优质烃源岩厚度图上呈巴彦塔拉西部、乌南次凹和乌东斜坡三个生烃中心。油源对比表明,巴彦塔拉构造带上南屯组、铜钵庙组原油与带内巴1井区南屯组烃源岩有好的亲缘关系,靠控油断裂与次级断层和不整合在近源反向断块成藏,而与乌南次凹南屯组和大磨拐河组两套烃源岩对比差。乌东斜坡存在两类原油[62],第一类原油 Ts/ Tm[18α(H)-22,29,30 叁降藿烷 /17α(H)-22,29,30 叁降藿烷] 大于1,伽马蜡烷指数小于 0.1。与乌东油藏下倾方向乌南次凹的南一段上部优质烃源岩具亲缘关系,如海参1井、乌32井2939m、2974m 泥岩段与乌39井2772m原油、乌33井2365m油砂相一致。以断裂、不整合侧向运移在乌东斜坡带的转换部位形成构造—岩性油藏带。而受油源断层控制在乌南次凹大磨拐河组形成断块油藏带;第二类原油 Ts/Tm 小于1,伽马蜡烷指数大于 0.1。与乌东斜坡带南一段下部及铜钵庙组优质烃源岩有好的亲缘关系,虽然生烃洼槽埋藏相对较浅,但其附近伊敏组沉积期断裂活动发育一条花岗岩带,使烃源岩受热烘烤,进入成熟窗,主生烃区范围与岩体关系密切[63]。如乌45井1826m泥岩段与乌33井2471m油砂、乌47井1922m油砂相一致。乌33井处在乌东斜坡带近凹断裂带内,油源既有来自乌南次凹侧向运移,又有来自带内垂向运移的有效输导形成断块油藏带。斜坡带高部位以带内油源垂向运移为主,形成断层—岩性油藏带(图2-4-3)。

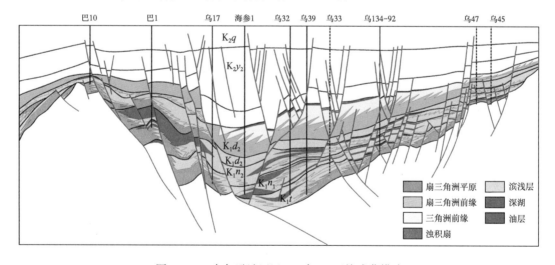

图 2-4-3 乌尔逊油田巴 1—乌 27 区块成藏模式

主成藏期与断裂构造活动期相一致。乌尔逊凹陷南屯组含油砂岩储层流体包裹体测温法确定主成藏期为 105~98Ma,次要成藏期分别为 120~117Ma、88~78Ma,反映伊敏组沉积末期为主成藏期,也是早期构造定型和晚期构造形成期。生排烃史法、K-Ar 同位素法确定乌尔逊凹陷最早成藏时间 120Ma,主成藏期 110~95Ma;贝尔凹陷最早成藏时间 122Ma,主成藏期 112~96Ma。故可分为两大成藏时期:早排油期(伊敏组沉积早期)和主排油期(伊敏组沉积末期),与这两个凹陷的断裂构造演化史是一致的[61]。另外,通过对盆地基岩 3 期构造裂缝及含油性研究,也佐证两期盆地断裂构造演化对成藏的控制作用[64]。

4. 断裂构造对油气成藏和分布具有控制作用

油气藏的形成是一个复杂的地质过程，控制这一过程的关键因素是构造作用。构造样式使其具有沟谷控源、坡折控砂、断陷控盆的特点，形成了次凹（主洼槽）供源、断层—斜坡控圈、多层油气藏叠合的"三元耦合"成藏的模式（图 2-4-4），富烃主洼槽内或边缘的断裂隆起带和缓坡断阶带有利于形成油气富集带，稳定洼槽区易形成岩性油气聚集带。伊敏组沉积晚期烃源岩大量排烃，控制早期原生油藏的形成，北东东向断裂控制构造油藏的分布，断陷期缓坡翘倾和扇体共同控制岩性—构造油藏的分布。伊敏组沉积期末及白垩世末构造反转，受控油断层再活动调整，在大二段形成次生断块油藏。

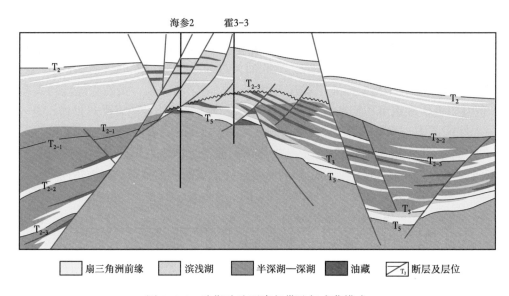

图 2-4-4 晚期改造型隆起带油气成藏模式

参 考 文 献

[1] 张兴洲，郭冶，曾振，等.东北地区中—新生代岩盆地群形成演化的动力学背景 [J].地学前缘，2015，22（3）：88-98.

[2] 任纪舜.新一代中国大地构造图——中国及邻区大地构造图（1∶5000000）附简要说明：从全球看中国大地构造 [J].地球学报，2003（1）：1-2.

[3] 王涛，张磊，郭磊，等.亚洲中生代花岗岩图初步编制及若干研究进展 [J].地球学报，2014，35(6)：655-662.

[4] 张岳桥，董树文.晚中生代东亚多板块汇聚与大陆构造体系的发展 [J].地质力学学报，2009，25(5)：613-641.

[5] 许文良，王枫，裴福萍，等.中国东北中生代构造体制与区域成矿背景：来自中生代火山岩组合时空变化的制约 [J].岩石学报，2013，29（2）：339-353.

[6] 王涛，张建军，李舢，等.东北亚晚古生代—中生代岩浆时空演化：多重板块构造体制范围及叠合的鉴别证据 [J].地学前缘，2022，29（2）：28-44.

[7] 冯志强，董立，童英，等.蒙古—鄂霍茨克洋东段关闭对松辽盆地形成与演化的影响 [J].石油与天然气地质，2021，42（2）：251-264.

[8] 张贻侠，孙运生，张兴洲，等.中国满洲里—绥芬河地学断面 [M].北京：地质出版社，1998.

[9] 董树文，李廷栋，陈宣华，等.深部探测揭示中国地壳结构、深部过程与成矿作用背景 [J].地学前缘，2014，21（3）：201-225.

[10] 张兴洲，杨宝俊，吴福元，等.中国兴蒙—吉黑地区岩石圈三维结构及演化 [M].北京：地质出版社，2011.

[11] 张兴洲，马玉霞，迟效国，等.东北及内蒙古东部地区显生宙构造演化的有关问题 [J].吉林大学学报（地球科学版），2012，42（5）：1269-1285.

[12] 蒙启安，万传彪，朱德丰，等.海拉尔盆地"布达特群"的时代归属及其地质意义 [J].中国科学：地球科学，2013，43（5）：779-788.

[13] 王伟，许文良，王枫，等.满洲里—额尔古纳地区中生代花岗岩的锆石 U-Pb 年代学与岩石组合：对区域构造演化的制约 [J].高校地质学报，2012，18（1）：88-105.

[14] 曾维顺，周建波，董策，等.蒙古—鄂霍茨克洋俯冲的记录：额尔古纳地区八大关变质杂岩的证据 [J].岩石学报，2014，30（7）：1948-1959.

[15] 孙晨阳，唐杰，许文良，等.造山带内微陆块地壳的增生与再造过程：以额尔古纳地块为例 [J].中国科学：地球科学，2017，47（7）：804-817.

[16] WU G Y. Palinspastic reconstruction and geological evolution of Jurassic basins in Mongolia and neighboring China[J]. Journal of Palaeogeography（English Ed.），2013，2（3）：306-317.

[17] 吴根耀.白垩纪—中国及邻区板块构造演化的一个重要变换期 [J].中国地质，2006，33（1）：64-77.

[18] 张科峰，邓彬，章凤奇，等.海拉尔盆地早白垩世早期挤压变形事件的厘定及其构造意义 [J].地球科学，2016，41（7）：1141-1155.

[19] CHEN Z G, ZHANG L C, ZHOU X H, et al.Geochronology and geochemical characteristics of volcanic rocks section in Manzhouli Xinyouqi, Inner Mongolia[J]. Acta Petrologica Sinica, 2006, 22（12）：2971-2986.

[20] 贾进华，陶士振，方向，等.东北地区深层侏罗系火山—沉积序列与储盖组合及勘探意义——以海拉尔盆地侏罗系为例 [J].地球学报，2021，95（2）：377-395.

[21] 龙永文，张吉光.海拉尔盆地石油地质特征及勘探前景 [J].石油与天然气地质，1986，7（1）：59-67.

[22] 张吉光.海拉尔盆地与二连盆地的相似与差异 [J].石油勘探与开发，1992，19（6）：15-36.

[23] 大庆油田石油地质志编写组.中国石油地质志：卷二——大庆油田 [M].北京：石油工业出版社，1993.

[24] 李春柏.海拉尔盆地油气勘探历程与启示 [J].新疆石油地质，2021，42（3）：374-380.

[25] 大庆油气区编纂委员会.中国石油地质志：卷二——大庆油气区 [M].北京：石油工业出版社，2022.

[26] 张晓东，刘光鼎，王家林.海拉尔盆地的构造特征及其演化 [J].石油实验地质，1994，16（2）：120-127.

[27] 陈均亮，吴河勇，朱德丰，等.海拉尔盆地构造演化及油气勘探前景 [J].地质科学，2007，42（1）：147-159.

[28] 刘德来，马莉.中生代东亚大陆边缘构造演化 [J].现代地质，1997，11（4）：444-451.

[29] 李锦轶，莫申国，和政军，等.大兴安岭北段地壳左行走滑运动的时代及其对中国东北及邻区中生代以来地壳构造演化 [J].地学前缘，2004，11（3）：157-168.

[30] 李锦轶，刘建峰，曲军峰，等.中国东北地区主要地质特征和地壳构造格架 [J].岩石学报，2019，35（10）：2989-3016.

[31] 孟凡超，刘嘉麒，崔岩，等.中国东北地区中生代构造体制的转变：来自火山岩时空分布与岩石组合的制约 [J].岩石学报，2014，30（2）：3569-3586.

[32] 黄明达，张恒利，张建强，等.海拉尔盆地三期花岗岩的锆石 U-Pb 年龄及其意义 [J].矿物岩石，2018, 38（3）：35-41.

[33] DAVIS G H, CONEY P J.Geologic development of the cordilleran metamorphic core complexes[J]. Geology, 1979, 7（3）：120-124.

[34] CONEY P J.Cordilleran metamorphic core complexes：an overview[J].Geological Society of America, 1980, 153：7-34.

[35] 朱志澄.变质核杂岩和伸展构造研究述评 [J].地质科技情报，1994, 13（3）：1-9.

[36] 宋鸿林.变质核杂岩研究进展、基本特征及成因探讨 [J].地学前缘，1995, 2（1/2）：103-111.

[37] DAVIS G A, 郑亚东.变质核杂岩的定义、类型及构造背景 [J].地质通报，2002, 21（4/5）：185-192.

[38] 沈华，李春柏，陈发景，等.伸展断陷盆地的演化特征：以海拉尔盆地贝尔凹陷为例 [J].现代地质，2005, 19（2）：287-294.

[39] 刘志宏，任延广，李春柏，等.海拉尔盆地乌尔逊—贝尔凹陷的构造特征及其对油气成藏的影响 [J].大地构造与成矿学，2007, 31（2）：151-156.

[40] 李子顺，彭威，申文静，等.海拉尔盆地外围凹陷与乌尔逊—贝尔凹陷油气地质特征类比 [J].大庆石油地质与开发，2014, 33（5）：131-137.

[41] 李春柏，蒙启安，朱德丰，等.海拉尔—塔木察格盆地原型特征与控油作用 [J].大庆石油地质与开发，2014, 33（5）：138-146.

[42] 刘绍军，高庚，朱德丰，等.蒙古国塔木察格盆地南贝尔凹陷早白垩世断裂发育和盆地演化 [J].大地构造与成矿学，2015, 39（5）：780-794.

[43] 马杏垣，刘和甫，王维襄.中国东部中新生代裂陷作用及伸展构造 [J].地质学报，1983, 57（1）：22-32.

[44] 刘和甫，梁慧社，李晓青，等.中国东部中新生代裂陷盆地与伸展山岭耦合机制 [J].地学前缘，2000, 7（4）：477-486.

[45] 贾承造，何登发，石昕，等.中国油气晚期成藏特征 [J].中国科学：地球科学，2006, 36（5）：412-420.

[46] 茹克.裂陷盆地半地堑分析 [J].中国海上油气，1990, 4（6）：1-10.

[47] 蒙启安，朱德丰，陈均亮，等.陆内裂陷盆地的复式断陷结构类型及其油气地质意义：以海—塔盆地早白垩世盆地为例 [J].地学前缘，2012, 19（5）：76-85.

[48] 童晓光，何登发.油气勘探原理和方法 [M].北京：石油工业出版社，2001.

[49] 温志新，童晓光，张光亚，等.全球板块构造演化过程中五大成盆期原型盆地的形成、改造及叠加过程 [J].地学前缘，2014, 21（3）：26-37.

[50] 张岳桥，赵越，董树文，等.中国东部及邻区早白垩世裂陷盆地构造演化阶段 [J].地学前缘，2004, 11（3）：123-132.

[51] 曹瑞成，朱德丰，陈均亮，等.海拉尔—塔木察格盆地构造演化特征 [J].大庆石油地质与开发，2009, 28（5）：39-43.

[52] 柳行军，刘志宏，冯永玖，等.海拉尔盆地乌尔逊凹陷构造特征及变形序列 [J].吉林大学学报（地球科学版），2006, 36（2）：215-220.

[53] 吴根耀，曹瑞成，蒙启安，等.东北亚晚中生代—新生代北东向断裂和盆地发育 [J].大庆石油地质与开发，2014, 33（1）：1-15.

[54] 林畅松.沉积盆地的构造地层分析——以中国构造活动盆地研究为例 [J].现代地质，2006, 20（2）：185-194.

[55] 吴海波，任延广，李军辉，等.乌尔逊—贝尔凹陷优质烃源岩发育特征及成因机制 [J].大庆石油地质与开发，2014, 33（5）：154-161.

[56] 卢双舫, 马延伶, 曹瑞成, 等. 优质烃源岩评价标准及其应用——以海拉尔盆地乌尔逊凹陷为例 [J]. 地球科学 (中国地质大学学报), 2012, 37 (3): 535-542.

[57] 冯志强, 张晓东, 任延广, 等. 海拉尔盆地油气成藏特征及分布规律 [J]. 大庆石油地质与开发, 2004, 23 (5): 16-19.

[58] 渠永红, 付晓飞, 王洪宇. 裂陷盆地断层相关圈闭含油气性控制因素分析——以海拉尔—塔木察格盆地塔南凹陷为例 [J]. 大庆石油地质与开发, 2011, 30 (1): 38-46.

[59] 陈发景, 汪新文, 陈昭年, 等. 伸展断陷中的变换构造分析 [J]. 现代地质, 2011, 25 (4): 617-625.

[60] 董焕忠. 海拉尔盆地乌尔逊凹陷南部大磨拐河组油气来源及成藏机制 [J]. 石油学报, 2011, 32 (1): 62-69.

[61] 侯启军, 冯子辉, 霍秋立. 海拉尔盆地乌尔逊凹陷石油运移模式与成藏期 [J]. 地球科学 (中国地质大学学报), 2004, 29 (4): 397-403.

[62] 王伟明, 卢双舫, 曹瑞成, 等. 海拉尔盆地乌东斜坡带优质烃源岩识别及油气运聚特征再认识 [J]. 石油与天然气地质, 2011, 32 (54): 692-697.

[63] 李春柏, 张新涛, 刘立, 等. 布达特群热流体及其对火山碎屑岩的改造作用 [J]. 吉林大学学报 (地球科学版), 2006, 36 (2): 221-226.

[64] 任丽华, 林承焰, 李辉, 等. 海拉尔盆地苏德尔特构造带布达特群裂缝发育期次研究 [J]. 吉林大学学报 (地球科学版), 2007, 37 (3): 484-490.

第三章　层序沉积特征

近十几年对海拉尔盆地做了系统研究，尤其是应用层序地层学、构造地层学、沉积地质学及盆地分析学科的新理论新方法，综合应用三维地震、钻测井及岩心资料，多学科交叉，开展整体性的、系统的层序地层、构造地层及沉积充填演化研究，揭示层序格架中的沉积体系和沉积相、储集砂体的构成和分布样式，断陷盆地的形成多旋回性特征。

第一节　层序地层特征

由于断陷盆地的形成具有多旋回性，是一个不连续的幕式沉降过程，从而导致了陆相湖盆沉积充填的多旋回性，控制了陆相层序的发育。因此，构造是陆相盆地控制层序的主导因素[1-3]。任建业等在二连盆地层序地层研究中指出幕式构造运动是盆地内高级别层序发育的主控因素，与盆地的沉积充填具有良好的响应关系。

一、层序地层划分方案

一个完整的裂陷期与盆地内的一级层序相对应，并控制盆地原型的构成，裂陷期内的裂陷幕控制了盆地内二级层序的发育；三级层序发育受控于低级别的幕式伸展事件[4]。

由于构造是控制层序充填的主控因素，层序划分即以盆地构造运动级别控制层序界面（表3-1-1）。前面论述的盆地构造演化特征表明，盆地的构造演化明显控制着沉积充填演

表3-1-1　乌尔逊—贝尔凹陷层序级次划分表

层序级别	层序界面特征	地质含义和层序结构	时间跨度（Ma）
一级（巨）层序	盆地范围内可追踪对比的角度或微角度不整合面	盆地或单一盆地从形成到衰亡的整体沉积序列	40~60
二级（超）层序	盆地较大范围内可追踪对比的角度或微角度不整合面、区域性沉积间断面，沿界面发育规模较大的下切谷充填或底砾岩层	由与盆地构造作用有关的区域性（二级）沉积旋回构成（幕式裂陷作用、多期盆地构造反转或区域应力场转化、区域岩浆—热事件等）	10~50
三级层序	由局部（盆地边缘）不整合和与其对应的整合面所限定。界面具有冲刷下切的水道砂砾岩或下切谷沉积、沉积体系叠置样式的转化或沉积环境的突变	由盆内三级的沉积旋回所构成。与盆内构造作用、湖平面变化或沉积基准面等周期性变化有关，包括气候引起的湖平面变化、断块掀斜作用、基底差异沉降、同沉积断裂活动等	1~10
四级层序	较明显的湖进界面，以湖相泥质沉积层为标志，盆地边缘有时具湖侵内碎屑泥砾沉积	由盆内四级的沉积旋回所构成，主要与湖平面或沉积基准面变化有关	0.08~1

化，不同演化时期的层序的构成样式和沉积体系类型都体现出旋回变化的特点，反映出盆地充填演化具有多期幕式的特点。一级层序边界往往是盆地范围分布的构造不整合面，在裂谷盆地中，裂陷期与坳陷期之间的不整合面可作为一级或二级层序超层序组的界面；盆地内部分布范围较大的不整合面构成二级层序边界，二级层序地层单元表现出一个较完整的水进到水退的沉积旋回；三级层序界面与湖平面的变化相关，有时断陷盆地中的三级层序界面与断块的掀斜旋转作用有关；三级以下的高频层序与湖平面的变化相关。每一个幕式的断陷构造活动对应着一个二级层序，代表了一个断陷构造幕的沉积充填。乌尔逊—贝尔凹陷早白垩世盆地建造过程具有多个沉降阶段，分别为断陷期（140.2~131.0Ma）、断坳转换期（131.0~125.0Ma）和坳陷期（125.0~88.5Ma）。其中断陷期可以进一步细分为断陷Ⅰ期——初始张裂期、断陷Ⅱ期——强烈拉张期和断陷Ⅲ期——稳定拉张期。每一个断陷期对应一个二级层序[5]。

二、层序地层展布特征

1. 层序界面特征

1）一级层序及其界面特征（中—上侏罗统的底、顶的区域性不整合界面；下白垩统的顶、底的区域性不整合界面）

海拉尔盆地由中—晚侏罗世盆地和白垩纪—新近纪盆地叠置而成。盆内中—上侏罗统底界面为盆地的底界（T5），广泛呈角度不整合上覆于三叠系轻变质的布达特群和古生界浅变质岩之上[6]。当基底不清楚有时无法准确确定其底界标志，不整合面上下地层倾角发生明显的变化，岩层倾角多在40°~60°，有时近于直立，在断陷的边部可以见到明显的角度不整合。该界面在地震剖面上为T5反射界面，常显示为不十分连续的强反射轴，可见到区域性分布的明显的角度不整合接触关系，界面上、下地层结构明显不协调。在地震剖面上边界下为明显的杂乱反射，削截现象明显，边界上多为高振幅强—中连续平行反射。该界面在测井曲线上特征明显，界面下伏地层的测井曲线背景值与上覆的白垩系发生突变，变化幅度大，易于识别。值得指出，在盆地深部依据地震剖面追踪有时不易确定。

中—上侏罗统顶界面亦是下白垩统底界（T4反射界面），是区域性不整合界面，从区域构造背景上看，塔木兰沟组沉积末海拉尔盆地发生了强烈的挤压作用，塔木兰沟组褶皱变形强烈，背斜部位遭受剥蚀形成削截不整合面，向斜形成上超不整合面，T4反射界面是一个区域不整合面。大部分地区显示为微角度不整合接触，单轨，高—中振幅、连续—断续反射，常呈起伏状。

下白垩统的顶界（T04反射界面）也属于盆地范围的角度不整合面，界面上覆青元岗组，下伏的下白垩统局部轻微褶皱变形，褶皱顶常被削蚀。地震剖面上显示为相连续的中—强反射轴，可观察到明显的角度不整合接触或削截现象，在凹陷部位表现为平行不整合接触。该界面在测井曲线上特征明显，界面之上青元岗组底部为一套含砾的粗碎屑沉积，与下伏伊敏组呈明显的不整合接触，测井曲线形态发生突变，易于识别（图3-1-1）。

下白垩统事实上是一个区域性的较为典型的一级沉积旋回，从盆地的初始形成，湖盆水进，到最后抬升，充填淤浅的演化过程，可看作是一个一级的沉积层序。

2）二级层序及其界面特征

把由较大范围（盆地大部分地区）可识别的、角度或微角度不整合界面为界的地层单元作为二级层序，其内一般显示出一个区域性的沉积旋回。

中—晚侏罗世的地层作为一个单独二级层序，地震剖面上 T_4 与 T_5 反射界面所限定的一套层序，底界为盆地底的角度不整合，是中国东北部裂陷广泛发育的火山岩和粗碎屑沉积。显示杂乱反射或变振幅波状反射结构。层序内的三级层序在地震剖面上难以划分。乌尔逊凹陷北部及红旗等其他凹陷发育，沉积了一套盆地裂陷期冲积—火山碎屑岩型层序，发育近岸洪积扇、冲积扇、扇三角洲、河流—浅湖、火山熔岩及火山碎屑岩，地层揭露程度较低，其内部没有做进一步的划分，有待以后的深入研究。

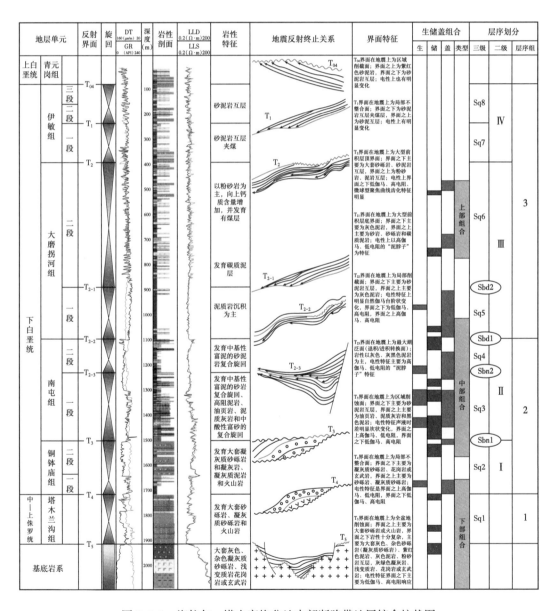

图 3-1-1　海拉尔—塔木察格盆地中部断陷带地层综合柱状图

下白垩统内划分出的二级层序 I 至 IV，大体与铜钵庙组、南屯组、大磨拐河组、伊敏组相当[7]。

二级层序 I：底界大体与地震剖面上的 T_4 反射界面一致或略偏低，是一明显的区域不整合界面，大部分地区显示为微角度不整合接触，单轨，高—中振幅、连续—断续反射，常呈起伏状。界面上、下地层的反射结构和波阻特征存在较明显的差异，较易识别，其上砾岩呈杂乱或中—低振幅、断续—较连续反射。该层序与铜钵庙组基本相当，但在底部发育有下切谷或大型下切水道充填时，层序的界面比 T_4 界面稍下，T_4 界面有时为初始水进面。该层序的粒度粗，以冲积扇和扇三角洲沉积为主，中部可出现一级、二级湖进，发育半深湖泥岩或砂质泥岩沉积。总体上由水进到水退的、不清晰的区域性沉积旋回组成（图 3-1-1）。

二级层序 II：底界与地震剖面上的 T_3 反射面基本一致，也是一较明显的区域性角度或微角度不整合。在地震上，边界下地震反射终止多为微削截现象，边界上上超现象明显，单轨，高—中振幅、连续—断续反射，常呈起伏状（低水位体系域存在）。其上砾岩呈杂乱或中—低振幅、断续—较连续反射。在凹陷中部的低洼带，表现为平行不整合或整合接触，并可观察到低位域的底超或双向底超。该层序与南屯组基本相当，在洼陷带底界比 T_3 界面略偏低。中下部粒度较粗，中上部变细，显示出不对称的、总体水进的一个二级的沉积旋回。值得指出，在测井曲线上，突变的界面是位于该层序底部略靠上的区域性水进面上；层序界面则位于区域水进面向下的一个相对明显的突变面上，常为下切谷或低位域河道充填的底界面上。但由于下伏的 SQ II 沉积较粗，界面有时不十分清晰（图 3-1-1）。

二级层序 III：大体相当于大磨拐河组，底界在相对高部位的斜坡、隆起区，与 T_{2-2} 地震反射界面一致；在低部位的洼陷区与低位域的底超面一致。该层序的底界面是一区域性的较为明显的不整合或角度不整合，地震剖面上高振幅、连续性强，表现为削截、下切或上超等不整合接触关系，特别是大面积的上超不整合是该界面的基本特征。该二级层序底部的三级层序的低位域较为发育，以砂岩、砂质泥岩沉积为主，向上粒度变细，顶部为全盆广布的细粒湖泊三角洲沉积。总体具有深湖盆地沉积背景。总体上也具有一个区域性的沉积旋回结构。在测井曲线上，底部的低位域底界显示突变，界面易于识别（图 3-1-1）。

二级层序 IV：相当于伊敏组，其底界相当于地震剖面上的 T_2 反射界面，双轨或多轨，高—中振幅、连续—较连续反射，是一个区域性的平行不整合和局部的微角度不整合，具有削截或顶超标志。在相对隆起区和贝尔西部次凹内可观察到较明显的角度不整合接触。这一界面多表现为大磨拐组顶部大套三角洲顶积层顶部的平行不整合，具有区域性的冲刷下切特征，注意该界面与下伏三角洲前积结构的关系有助于正确识别这一不整合面分布。这一界面是湖盆被淤浅充填后的一个相对的水平层面。以这一界面拉平可较好地进行等时旋回结构的对比（图 3-1-1）。

以上层序界面特征和层序划分表明，构造旋回控制层序边界，以角度不整合或平行不整合为顶底界的构造旋回，限制层序的形成与发展；层序边界是能够将其上部所有岩层与下部所有岩层分开的唯一广泛分布的面，界面上下沉积相、岩性组合特征、地震反射特征发生突变；层序边界的形成不受沉积物供应条件的限制，如果基准面快速下降、大量沉积物快速供应时，形成的层序边界以强烈的削截现象为标志；如果沉积物供给量少、扩散很慢时，形成的层序边界以广泛的暴露现象为标志；层序边界以有意义的区域侵蚀作用和地层上超终止为标志，控制了体系域和沉积相带的分布。

3）三级层序及其界面特征

在上述二级层序内，进一步可依据局部不整合及其对应的整合面为界，划分三级层序或沉积旋回。一般来说，在盆地边缘和相对隆起区，三级层序界面变化为下切或削蚀不整合面，向洼陷区过渡为整合接触。事实上，在盆地内进行追踪时，情况是相当复杂的，界面的表现形式是多样的，与古构造古地貌及沉积作用等的变化有关[8]。

Sbn1、Sbn2、Sbd1 等三级层序界面上常可观察到下切水道，或低位域湖底扇沉积，在测井曲线上呈现突变界面；三维地震剖面上可观察到削截、下切，或底超、上超等反射接触关系。在垂直沉积倾向的剖面上，低位域的含砾粗砂岩充填常显示下切、充填结构（图 3-1-1）。

一些三级层序界面主要表现为三级旋回的水退至水进的沉积转换面，即沉积体系或准层序叠置样式的转换面往往代表了三级层序面。Sbn2、Sbd1、Sbd2 等层序界面多显示为沉积体系转换面。界面下为深湖—半深湖泥岩沉积，向上突变为三角洲体系，三角洲前缘水下分流河道砂直接覆盖在深湖泥岩上。测井曲线由平直低幅的基值突变为中—高阻、高异常的箱形曲线。三级层序界面有时可追踪到高位域的顶超面或上超面，往往与水进体系域的底界面相一致，显示为上超面。

需要特别强调，各三级层序的界面特征、旋回结构及体系域的沉积相构成随着盆地背景的变化而显著不同。从铜钵庙组到大磨拐河组下部的三级层序，构成一个区域性的水进序列，沉积背景从浅水粗碎屑断陷湖盆到相对深水的坳陷湖盆演化，层序的界面和沉积构成发生了相应的变化。不同层序的发育和沉积中心的分布随着盆地的演化也发生了明显的变化，主要受到盆地古构造格架及其演化的控制。

2. 三级层序特征

1）SQt（铜钵庙组）层序

SQt 层序与铜钵庙组上库力组大体相当。由于钻井揭露程度低，暂作一个层序看待，其内未做进一步的划分。这一层序早期有酸性火山喷发，发育有角砾岩、流纹岩、凝灰岩，而后为沉积岩，沉积粒度粗，以冲积扇、河流和部分扇三角洲砂岩、砂砾岩沉积为主，局部地带发育浅湖、半深湖沉积的砂质泥岩和泥岩。层序中部一段可识别出相对水进的泥质沉积段，层序的下部和上部均以粗碎屑岩为主。底界是一个区域性的不整合面，具有下切、削蚀不整合接触特征（图 3-1-1）。

2）SQn1（南屯组一段）层序

SQn1 与南屯组一段大体相当，底界与 T3 反射界面基本一致，是一个分布范围较广的不整合层序界面。SQn1 具有较为明显地从水进到水退的三级旋回结构，但总体显示出水进的盆地背景。层序下部碎屑沉积以扇三角洲、辫状河三角洲及冲积扇等浅灰色、灰色砂砾岩沉积为主，层序中部发生大范围的湖进，以浅湖—半深湖沉积为主，上部发育扇三角洲、辫状河三角洲或湖底扇沉积。这一层序发育期是盆地从冲积浅水湖盆背景向深湖盆转化的阶段，盆地边缘和隆起区地层广泛上超。层序的底界削蚀现象多见，局部发育着下切谷充填，可见冲刷充填结构，属二级层序界面（图 3-1-1）。

3）SQn2（南屯组二段）层序

SQn2 层序的底界面是一局部的不整合界面，与反射界面 T2-3 基本一致。可观察到削蚀等不整合接触关系，但主要为整合接触。底界面上发育下切水道充填、湖底扇砂体，以及低位三角洲沉积等，测井曲线上具突变界面。层序中上部以湖泊细粒沉积为主，总体上显示出水进序列或从水进到弱水退的沉积旋回结构，以广泛分布的深湖泥质沉积为主。沿盆地边缘和相对隆起区地层上超；在相对洼陷带，可观察到低位域的底超或双向底超等反射结构（图 3-1-1）。

4）SQd1（大磨拐河组一段）层序

SQd1 层序与大磨拐河组一段相当，其底界为一明显的不整合界面，在前面已讨论过。该层序显示出较清晰地从水进到水退的三级沉积旋回，但层序上部水退不明显，高位域不十分发育。因此，整个层序从区域上看是具有水进的特点，在盆地边部或隆起斜坡整个层序是不断上超的。层序中上部以深湖泥质沉积和薄层浊积砂岩为主，中下部主要为湖底扇和湖相泥岩等沉积（图 3-1-1）。

5）SQd2（大磨拐河组二段）层序

二级 SQ Ⅳ（大磨拐河组）内一般可进一步划分为两个三级层序。上部的三级层序 SQd2 大体与大磨拐河组二段相当。该三级层序的底界在斜坡和相对隆起带大体与地震剖面上 T$_{2-1}$ 反射界面相当。地震反射界面 T$_{2-1}$ 事实上是一初始水进面，而不是前人一些研究认为是最大水进面或层序界面。在深洼带，T$_{2-1}$ 反映界面为低位域的顶界，由高振幅、强连续性反射层组成，区域上容易追踪。层序界面位于其下的一个具有局部削蚀或低位域的底超面。从斜坡到相对隆起区，其底界与 T$_{2-1}$ 合并，为一上超不整合层序界面。但在测井曲线上，由于沉积粒度细，这一界面有时是不易识别的。在发育下切水道或湖底扇时，界面上测井曲线形态突变，可追踪对比（图 3-1-1）。

该三级层序的最大水进面偏于层序的中下部，其上发育了由多期前积朵叶体构成的、十分壮观的河流三角洲复合体系。关于这套河流三角洲的内部结构，前人开展过较多的研究。一些研究成果在前积层内划分出所谓的斜坡扇等沉积体系。这种规模的倾斜层显然不能与被动大陆边缘的陆架斜坡等同，在倾斜层斜坡上不可能发育有实际意义的"斜坡扇"。笔者把这套倾斜层还是解释为湖泊三角洲的前积层。倾斜层内的一些砂岩透镜体事实上是水下水道充填，这种现象在湖泊三角洲中是广泛出现的，许多野外剖面上都可观察到前积层中的水下河道充填，其强烈冲刷可造成三角洲前缘沉积中出现正粒序层序。

在贝尔凹陷贝西次凹，SQd2 内存在一个可追踪对比的较为明显的水退界面，一般位于三角洲前积层顶部，并显示一定的冲刷特征，因而可把大二段划分为两个层序，分别由两套具有明显前积体的三角洲沉积序列组成。在乌尔逊凹陷，SQd2 内发育三套三角洲前积复合体或准层序组，可依据同期的前积层的底超面区分开。这三套前积层在乌北次凹最为典型。SQd2 上部的层序结构样式的这一特征对建立盆地的层序格架有特殊意义。研究表明，目前分层中 T$_2$ 反射界面从乌北次凹到贝尔各次凹的对比存在不统一现象，这将导致该层序以下各旋回或层序的对比错误。因此，明确 SQd2 的内部结构对正确标定其顶界 T$_2$ 界面具有重要意义。

该层序的底界常表现为薄层浊积、湖底扇或水下水道的冲刷面，仅在局部地带可观察到削截不整合或上超不整合接触关系。底界上局部的湖底扇显示双向底超不整合接触关系。

3. 主要层序的沉积厚度和沉降中心分布

（1）铜钵庙组层序（SQt）一般厚 300~400m，最大厚度达 500 多米。较厚的沉积中心位于贝西次凹中部、中北部，乌南次凹中部和乌北次凹的中北部。在贝尔凹陷内，西北部为最大的沉降带，呈北东向展布，主要受到深洼东侧北东向断裂的控制；另一较明显的地层加厚带位于苏德尔特断隆北段贝 12 井—贝 22 井一带。与北东、北东东向的断阶带的活动有关。因此，从贝西次凹北洼槽到苏德尔特北断阶带形成一近南北或北北西向展布的相对沉降带，受控于北东东向展布的断阶带。贝南次凹南部沉积厚度也较大，位于次级地堑的中部。乌尔逊凹陷的乌南和乌北次凹沉积厚度大，而其间存在一低凸起（乌中低凸起），厚度变厚。乌南次凹沉积厚度大，厚度带近南北向分布，是这一时期最明显的沉降中心之一。最大沉降带主要受到近南北向和北东东向断裂活动的控制。乌北次凹的最大沉降带呈北北东或北东向展布，与北东向的同沉积断裂活动有关。

（2）南一段（SQn1）层序一般厚 200~500m，总体的沉积厚度分布与 SQt 层序（铜钵庙组）的厚度分布相似，但分异性变小。在贝尔凹陷中西部，包括贝西次凹和苏德尔特断裂带北段连成一片相对沉降大的沉积区，最大厚度常位于贝西次凹北部的洼槽，达 500~600m。乌南次凹的沉降中心位于乌 12 井至乌 22 井之间的断洼带，最大厚度达 500m。往北乌 6 井、往南至贝 8 井一带沉积厚度也较大，与局部同沉积断裂的活动有关。乌北次凹的最大沉降带地层厚度 500 多米，呈北东向展布，受北东向同沉积断裂的控制。

（3）南二段层序（SQn2）的厚度分布的总体格局与 SQn1 基本一致。乌北次凹的沉积厚度相对小，为 200~300m，乌南地层厚 200~400m。中南部沉积厚度相对大。贝尔凹陷中西部仍然是相对沉降带，厚 300~500m。贝西北洼陷沉积厚度也较大，为 300~400m。

（4）大一段层序（SQd1）的沉积厚度分布与现今的构造格局关系密切。最大厚度分布于贝西次凹、贝南次凹、乌南和乌北次凹。贝西次凹内地层厚 300~700m，最大厚度带呈北东向展布，与现今的贝西次凹的深洼带一致，苏德尔特断裂带的北段沉积厚度变薄，为一相对隆起区，并与贝北低凸起相连，形成从北东到北东东向展布的地层缺失或变薄带，并分隔了贝西次凹与贝南次凹。后者呈北东向展布，也是一相对沉降带，SQd1 厚 300~400m。乌尔逊凹陷总体格局与南屯组沉积期相似。乌南次凹中南部和乌北次凹中北部沉积厚度较大，SQd1 层序分别厚 200~400m 和 150~300m。不难看出，SQd1 层序的厚度分布和沉积格局与南屯组沉积期相比发生了明显变化，突出表现在贝尔凹陷苏德尔特隆起的形成导致了沉积中心和地层厚度分布的显著差异。

（5）大二段层序（SQd2）的地层分布格局与 SQd1 相似，但沉积范围扩大，明显向隆起或低凸起区上超。贝西次凹内地层厚 700m，向东到苏德尔特断隆地层减薄到 100m。贝南次凹一般厚 600m，贝东和贝北低凸起上厚 200m。乌尔逊凹陷的乌北次凹最厚达 900m，最大沉降带仍然为北东向展布。乌南次凹最厚为 1000m，位于凹陷的中南部。

综上所述，乌尔逊凹陷各层序的厚度分布和变化趋势相对稳定，乌南和乌北次凹中的洼槽区沉积厚度较大，两次凹中部的乌中低凸起上地层厚度明显变薄。因此，整个早白垩世乌尔逊凹陷的沉积、沉降中心分布稳定，反映出盆地的古构造格局没有发生过显著变化。贝尔凹陷各层序的沉积厚度和分布则发生了明显的变迁。SQt 至 SQn1 层序发育期，贝西次凹以东至现今苏德尔特断隆中北段为一相对开阔的沉积区，地层厚度较大，构成一近南北向的断阶沉降带。

第二节　沉积体系类型及平面展布

海拉尔—塔木察格盆地沉积体系主要发育有冲积扇、扇三角洲（浅湖或深湖）、水下扇或湖底扇、辫状河三角洲、轴向大型河流三角洲、滨浅湖、深湖泥岩及浊积岩等多种沉积体系或沉积相组合。它们的发育和空间分布受到盆地构造、气候、湖平面及物源补给等因素的控制[9-10]。

一、典型沉积体系类型及特征

1.扇三角洲相

扇三角洲是冲积扇直接入湖而形成的沉积体系。首先，扇三角洲一般发育在厚层暗色泥岩指示的半深湖—深沉积背景，其次，发育了多类型的灰色砾岩、砂砾岩岩性组合，包括碎屑流砾岩、颗粒流砾岩，具大型交错层理的水下河道砂岩或砂砾岩等。由于堆积速度较快，往往发育同生变形构造、重荷模。主要由扇三角洲平原、扇三角洲前缘和前扇三角洲亚相组成（表3-2-1）。

表3-2-1　海拉尔—塔木察格盆地下白垩统主要沉积体系类型及特征

沉积体系			颜色和主要岩性	沉积构造	定向组构
湖泊体系	半深—深湖		暗色泥岩为主	水平、块状层理	植物碎片顺层分布
	滨浅湖	泥滩	灰绿、灰绿杂紫红色泥岩、粉砂质泥岩、钙质泥岩	水平、透镜状层理	泥砾、砾石定向排列
		砂泥混合滩	泥岩、粉砂质泥岩、钙质泥岩与粉砂岩、细砂岩薄互层	波纹、透镜状层理	
		砂质滩坝	中砂岩、细砂岩、粉砂岩，可向上变细（湖扩）、向上变粗（湖缩）	波纹、波纹交错层理	
近岸水下扇	内扇	主沟道	杂色杂基或颗粒支撑复成分砾岩，具粗砂岩等粗组分夹层，少见粉砂岩等细组分	块状层理，递变层理	复成分砾岩混杂
	中扇及外扇	辫状沟道	黑灰色等深色泥岩包裹砾岩、粗砂岩、细砂岩、粉砂岩多组分砂岩互层	递变层理、泄水构造、重荷模等变形层理	可见砾石定向排列
		浊积岩	薄层砂砾岩、细砂岩等单砂体嵌入暗色泥岩	包卷层理、砂球构造、水成岩脉	定向性差
扇三角洲	根部	泥石流	砾石、砂、泥混杂，分选极差	正、反递变层理	砾石杂乱分布
		水道	砾岩、砂砾岩，砾石叠瓦状排列或定向排列	斜层理，交错层理	泥砾、砾石定向排列
	前缘	近端坝	砾岩、砂砾岩、含砾粗砂岩	斜层理，交错层理	
		远端坝	含砾粗砂岩，粗砂岩，中砂岩，细砂岩与暗色泥质岩不等厚互层	波纹、波纹交错层理	
	前扇三角洲		暗色粉砂岩、泥岩	水平、块状层理	

续表

沉积体系			颜色和主要岩性	沉积构造	定向组构
辫状河三角洲	平原	河道间	灰绿色、紫红色粉砂岩、泥岩	块状层理	泥砾、砾石定向排列
		河道	砂砾岩、含砾粗砂岩，粗砂岩，中砂岩	交错层理	
	前缘	河口坝	砂砾岩、含砾粗砂岩，粗砂岩，中砂岩，细砂岩	交错层理	
		远沙坝	中、细砂岩，与暗色粉砂岩、泥质岩不等厚互层	波纹、波纹交错层理	
	前三角洲		暗色粉砂岩、泥岩	水平、块状层理	
湖底扇	碎屑流		砂砾岩、含砾粗砂岩、粗砂岩、中砂岩、细砂岩	正、反递变层理	泥砾、砾石杂乱分布
	浊流		细砂岩、粉砂岩、泥岩	正递变层理	

1）扇三角洲平原

沉积旋回一般以多个粗—中—细粒正向旋回为主，夹少量红色、杂色及灰绿色细砂岩、粉砂岩、泥质粉砂岩沉积，砂岩中常见槽状交错层理，具有冲刷面。在测井曲线上表现为钟形或者箱形，夹或有锯齿状的特点。

2）扇三角洲前缘

主要发育席状砂、河口坝及较小的水道沉积，岩性为灰色、灰黑色砂砾岩、砾岩与薄层灰绿、灰色泥岩组成。一般具有下粗上细的正旋回特点，磨圆、分选较差—中等，发育大型或者小型槽状交错层理、波状交错层理及变形层理等，底部具有明显冲刷特征。测井曲线呈现出典型的指状、钟形及漏斗形组合。垂向上准层序具有前积式特点。主要发育水下分流河道、水下分流河道间、河口坝、前缘席状砂等微相（图3-2-1）。

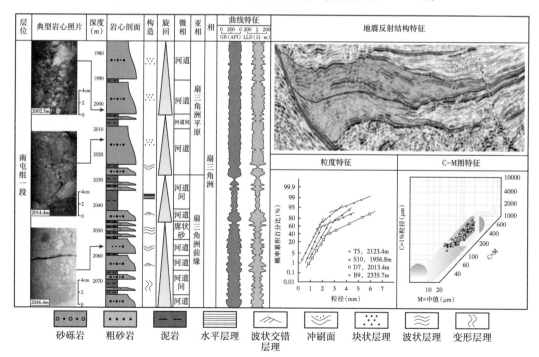

图 3-2-1　海拉尔—塔木察格盆地中部断陷带扇三角洲沉积特征识别标志综合图

（1）水下分流河道：扇三角洲沉积相中，水下分流河道微相占有重要的地位。主要由灰色、灰黑色含砾砂岩和砂岩构成，分选中等—较好。具有下粗上细的正韵律特点，底部有冲刷面，发育充填构造。垂向沉积结构特征与水上分流河道类似，但砂岩所夹泥岩不是红色而是黑色，沉积构造以中—小型槽状交错层理为主，由于受波浪和后期水流的改造，有时可能出现脉状层理。电测曲线特征表现为中—高阻值钟形或箱形。砂体呈条带状分布，垂直河道展布方向往往呈透镜状的特点。

（2）水下分流河道间：发育在水下分流河道的侧翼，由互层状的浅灰色、灰色、灰绿色泥岩夹粉砂岩及细砂组成。一般发育波状层理、水平层理，以及透镜状层理。水下分流河道间微相生物扰动程度高，发育较多的生物潜穴，波浪的改造作用明显。

（3）河口沙坝：一般位于扇三角洲入湖的地方，发育在水下分流河道分叉的位置。扇三角洲河口沙坝的沉积范围和规模相对河控三角洲较小，但含砂量高。岩性以分选较好的细粒粉砂—细砂为主，沉积旋回呈现反韵律特点。受季节性影响，常发育泥质夹层，沉积构造主要为小型交错层理、偶见板状交错层理。在较细的粉砂质泥岩中，可见生物扰动或滑动作用所形成的扰动构造或变形层理。

（4）前缘席状砂：是更加远岸的沉积，是沉积物进一步向湖推进形成的，紧邻前三角洲。岩石成熟度较高，分选、磨圆较好，岩性较细，一般呈现反韵律的粒序沉积特点，表现为砂泥互层，沉积构造可见变形层理、波状层理。

按离湖岸的距离远近，扇三角洲前缘可进一步分为扇三角洲外前缘和扇三角洲内前缘两类。内前缘一般以水下分流河道、河口坝等砂质沉积为主，外前缘以半深湖—深湖相的暗色泥岩为主，夹有前缘浊积砂或前缘席状砂等砂体。

3）前扇三角洲

前扇三角洲主要是黑色泥岩夹粉细砂岩或粉砂质泥岩，泥岩厚度大，质纯。测井曲线总体为低阻平缓特点，偶见小锯齿状，横向上与深水泥质沉积呈过渡关系，在实际操作中一般与深湖—半深湖相难以区分开来。

2. 辫状河三角洲相

辫状河三角洲一般发育在断陷盆地的缓坡，是辫状河流入到湖泊中，在河口区形成的鸟足状或朵叶状的三角形沉积体，是河流和湖泊相互作用的结果。

乌尔逊—贝尔凹陷辫状河三角洲沉积体系既发育在低水位体系域中，又发育在高水位体系域和湖侵中，一般为建设型辫状河三角洲，主要是由来自斜坡带远源河流携带碎屑岩物质流入开阔的湖泊中所形成的沉积体系，主要发育有中、小型槽状交错层理、板状交错层理、波状交错层理或水平层理等。

辫状河三角洲前缘朵叶状砂体不断向凹陷中心方向推进，在剖面上可看到粗相带前积在细相带之上，表现为反旋回特点，在测井曲线上为指形或齿化漏斗形。在地震剖面上，顺物源方向的地震反射特征为斜交型、S 型、斜交型—S 型复合前积结构，表现为连续性较好的中高振幅特征（图 3-2-2）。

辫状河三角洲沉积体系可进一步分为三角洲平原、三角洲前缘和前三角洲三个亚相，各个亚相又发育多种类型微相，各亚相特征如下。

1）辫状河三角洲平原亚相

三角洲平原亚相是三角洲沉积的陆上部分，是辫状河三角洲沉积的顶积层。由泥岩、粉砂岩与砂岩互层组成，具有大型槽状交错层理。地震剖面上表现为高振幅反射特征、连续性较好、亚平行或平行反射，垂向上为岩性向上变细的正向旋回。主要发育两种沉积微相：分流水道及水道间微相。

（1）分流水道微相：岩性以灰色粉砂岩、细砂岩为主，多呈向上变细的正旋回特点。粒度分选较好，磨圆为次棱角状—次圆状。一般发育大型槽状交错层理，底部具冲刷面。电测曲线常呈齿化箱形及钟形特点。

（2）分流水道间微相：岩石以泥质粉砂岩、粉砂质泥岩及泥岩为主。泥质岩颜色多样，有灰绿色、紫红色及紫红夹灰绿色。电测曲线为低阻小起伏的特点。

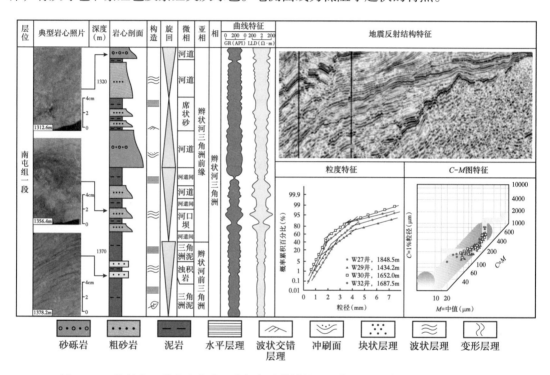

图 3-2-2　海拉尔—塔木察格盆地中部断陷带辫状河三角洲沉积特征识别标志综合图

2）辫状河三角洲前缘亚相

三角洲前缘亚相岩性以灰色细砂岩、粗砂岩及粉砂岩为主，局部夹泥岩。研究区在地震剖面上顺水流方向表现为斜交前积的特征，连续性较好中—高振幅的反射特征。前缘相带是辫状河三角洲的主体，发育油气最为富集储层，可细分为分流间湾、水下分流水道、远沙坝和河口坝、席状砂等微相。

（1）水下分流水道：是分流水道入湖后的水下延伸部分。向盆地中心推进的过程中，水下分流水道具有深度减小、流速减缓、分叉增多等特点。岩性由粉砂岩、细砂岩及粗砂岩组成，粒度分选、磨圆较好。一般发育冲刷面及充填构造及小型交错层理。顺水流方向一般呈条带状展布，垂直水流方向上呈透镜状。

（2）分流间湾：发育在水下分流河道之间与湖相通的湖湾地区，分流间湾以黏土、泥岩沉积为主，局部发育泥质粉砂和粉砂夹层。洪水期河床漫溢时有砂岩沉积，常为呈薄透镜状或黏土夹层，发育透镜状层理和水平层理。

（3）河口坝：河口坝是由辫状河入湖携带的沉积物质在河口处因流速降低堆积而成，沉积物由粉砂岩、中—细砂岩，局部泥质粉砂岩和粉砂质泥岩组合而成，分选中等—好，砂层呈厚层状，水退型河口坝微相多呈向上变粗的反旋回沉积特点，水进型河口坝微相多呈向上变细的正旋回沉积特点。电测曲线主要为中—高阻值的漏斗形、钟形和漏斗—箱形。沉积构造发育大型槽状交错层理、小型槽状交错层理和斜层理。

（4）席状砂：分布于辫状河三角洲前缘呈席状或带状分布的砂体，是由河口坝砂岩受岸流和波浪的淘洗改造后发生侧向迁移而形成。席状砂分选、磨圆好，沉积构造发育小型交错层理或水平层理，砂体具有向岸方向加厚、向湖方向减薄特点。

（5）远沙坝：又称为末端沙坝，位于河口前方较远部位。沉积物主要为细砂岩、粉砂岩沉积为主，有少量泥质粉砂岩和黏土沉积，砂岩粒度与河口坝相比较细，发育有小型斜层理，水流波痕，以及浪成波痕等。

3）辫状河前三角洲亚相

前三角洲亚相是辫状河三角洲的底积层，出现在三角洲复合旋回的底部，厚度较薄，岩性较细。岩性以深灰色和灰色泥岩、粉砂质泥岩为主，夹极薄层的泥质粉砂岩和粉砂岩，一般发育有水平层理。电测曲线呈低阻齿形。在地震剖面中为弱振幅、低—中连续反射。很难与浅湖相泥岩区分，但可据其位于三角洲旋回的底部，可与远沙坝、河口坝一起构成向上变粗的连续沉积的特征来加以区别。乌尔逊—贝尔凹陷缓坡带一般发育辫状河三角洲。

3. 曲流河三角洲

曲流河三角洲主要见于大二段，它是湖泊末期逐步充填的产物，砂体较细，以细砂为主，不含砾，这也是大磨拐河组沉积期，坳陷面积较大，古地形相对平缓，碎屑物经过较长距离搬运的结果。大二段中上部发育了常见的碳质泥岩、粉砂质泥岩等漫滩、沼泽沉积，夹分流河道砂体，反映了三角洲平原化的古地形特征，在地震剖面上，三角洲体系主要表现为斜交型、S型、S型—斜交型复合前积结构。测井曲线上，总体具有反旋回沉积特征。三角洲体系可进一步分为三角洲平原、三角洲前缘和前三角洲。

三角洲平原是三角洲沉积体的顶积层，为高振幅、连续性较好、平行或亚平行反射。由砂岩、粉砂岩与泥岩互层组成，具有大型交错层理；垂向上显示为向上变细的正向或反向旋回。发育分流河道、河道间漫流沉积。

三角洲前缘顺水流方向的地震反射特征为斜交前积型，具有中—高振幅、连续性较好的反射结构，由砂岩、泥岩互层组成。三角洲前缘是三角洲的主体。前三角洲是三角洲的底积层，在地震剖面中为低振幅、中—低连续性反射。主要由泥岩组成，夹薄层粉砂岩。

4. 湖底扇

湖底扇是一种砂、砾、泥混杂的重力流沉积，由阵发性洪水作用或滑塌事件所产生，一般是在半深水—深水沉积背景下发生的一种直插湖底的粗—中碎屑岩沉积体系，在湖盆陡岸或缓坡、三角洲、扇三角洲前缘区域，具有足够的坡角，均可形成湖底扇沉积体系。岩性为粗碎屑砂砾岩夹于半深湖相暗色泥岩中，具下粗上细的正韵律或发育鲍马序列，发育水平层理、包卷层理、递变层理、波状交错层理等。电阻率曲线为高阻箱形特点，具有底部突变接触，顶部渐变的正旋回特点，乌尔逊凹陷主要发育在南北两个洼槽部位，而贝尔凹陷主要在贝西洼槽及贝中次凹局部有发育（图3-2-3）。

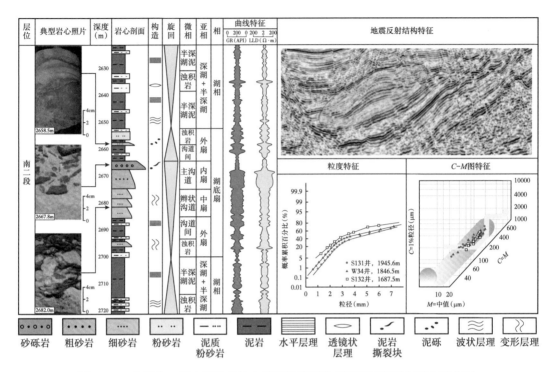

图 3-2-3　海拉尔—塔木察格盆地中部断陷带湖底扇沉积特征识别标志综合图

5. 湖泊

1）深湖—半深湖相

大一段是半深湖—深湖相最发育的层段，尤其在乌尔逊—贝尔的沉积中心深水特征尤为明显，岩性以厚层深灰、灰黑色及黑色泥岩夹薄层钙质粉砂质泥岩为主。沉积构造一般发育页理和水平层理，反映了浪基面之下能量较低的沉积环境。测井曲线上表现为低幅平直的特点。

南一段、南二段也发育深湖—半深湖沉积的暗色泥岩，但由于与浊积成因的粉砂岩频繁互层，属于扇三角洲、三角洲外前缘向深水过渡的地带，本工作中未在南一段、南二段中划分出明显的深湖—半深湖相带。换言之，南一段、南二段划分出的扇三角洲、三角洲外前缘亚相，基本属于常规的深湖—半深湖沉积。

2）滨浅湖

滨浅湖亚相一般发育于大二段，其他组段在缓坡带也常见滨浅湖沉积，岩性以灰色泥岩与纹层状粉砂岩互层，乌尔逊—贝尔凹陷湖盆水域不是很宽广，地形相对较陡，物源供给充足，滨湖区与浅湖区分异程度较差，故合为滨浅湖亚相。滨浅湖亚相是指在最高水位面之下与浪基面之上的浅水沉积。发育水平层理和波状层理。

二、沉积体系平面展布特征

海拉尔—塔木察格盆地早白垩世的沉积充填演化经历了从初始裂陷冲积—火山岩盆地充填和早期裂陷冲积河流—浅湖盆（铜钵庙组）、中期裂陷浅湖—半深湖和深湖盆地充填

（南屯组）到断坳期开阔浅湖—半深湖（大磨拐河组）、坳陷期开阔浅湖盆地的沉积演化。通过横跨凹陷的不同方向的连井剖面层序—体系域划分和沉积体系对比表明（图 3-2-4），不同原型盆地发育期各种沉积体系的发育和空间分布，受到了盆地古构造、湖平面变化及物源供给的控制作用。从总体上，盆地沉积相的组合分布可划分为下列几个沉积相域：平面上，各组在各断陷均为多物源、近物源，边缘有冲积扇、扇三角洲相沉积，中部为湖相沉积，在较为开阔的地带则发育有三角洲相沉积[3, 11]。

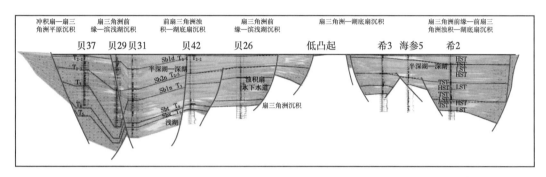

图 3-2-4　贝尔凹陷贝 37—贝 29—贝 31—贝 42—贝 26—希 3—海参 5—希 2 井
连井剖面层序—沉积剖面图

1. 塔木兰沟组沉积时期沉积体系展布特征

通过对比沉积相及组合的空间展布特征，上侏罗统塔木兰沟组上、下部 2 个火山沉积期沉积相和古地貌形态具有明显的变化。主要凹陷展布特征如下：

海拉尔盆地西部断陷带的巴彦呼舒凹陷主要发育复合火山机构，形成巨厚层凝灰岩、火山熔岩、火山碎屑岩大面积分布。砂砾岩等扇三角洲沉积仅在凹陷西部控凹断层处少量分布。整体而言，火山活动由西南向东北减弱。西南部为巨厚层的火山碎屑岩围绕多个火山中心堆积，分布在巴彦呼舒凹陷和查干诺尔凹陷的南部。向东北方向，火山活动减弱，主要发育浅湖相砂岩。这些特征与断裂带岩浆活动、火山喷发和伸展拉伸等过程关系密切。塔木兰沟组火山岩明显分布在断裂附近，额尔古纳断裂和德尔布干断裂是地壳深入大断裂[12]。

海拉尔盆地中部断陷带乌尔逊凹陷西断东超型断陷湖盆，断层倾角较缓，但是多级同向断层阶梯状下降，造成了大面积的沉积空间。断层交叉部位多出现火山喷发活动，造成湖盆隆起区和湖盆底部大量的火山熔岩和火山碎屑岩（如乌 D2 井、苏 43 井等），火山机构外围形成大面积的裙边扇体并逐渐过渡为湖相沉积，此类沉积占据了乌尔逊凹陷大部分的沉积空间。受断层活动影响，在断层边缘陡坡带发育近岸水下扇体，而缓坡带主要以扇三角洲为主，向湖盆中心逐渐过渡为细粒沉积。

赫尔洪德凹陷位于德尔布干断裂带上，整个湖盆凹陷由对称双断形成的两个次凹构成。断层活动形成的巨大落差导致发育扇三角洲和近岸水下扇，向湖盆中心逐渐过渡为三角洲前缘和浅湖沉积。火山机构主要发育在隆起区，少量发育在湖盆底部。在火山机构外围形成裙边扇体砂砾岩沉积，火山岩厚度变化是盆地中心向盆地边缘变薄。火山喷发表现为中心式喷发为主，与满洲里南部地区野外观察一致，导致火山岩分布相对集中在某区域。由双向断裂活动形成的极大的负地形地貌空间不能被火山岩完全占据，从而发育扇三角洲和浅湖沉积。赫1井的工业油流见于细砾岩和粉砂岩互层，与浅湖环境下的水下扇体有关。

东部断陷带的东明凹陷由北东向和东西向两条控凹断层控制形成。火山活动在两条断层的交汇处、东西向断层附近、湖盆底部的缓坡带和隆起区均有发育。沿着北东向断层发育近岸水下扇等沉积扇体；东西向断层与对应的北岸缓坡带及火山机构共同控制了扇三角洲、火山裙边扇的砂砾岩分布。这些砂砾岩向湖盆深部逐渐变为浅湖沉积。北东向和东西向断层交汇处可以形成较大的沉降量，但是被同时发育的火山机构和火山碎屑岩占据，导致浅湖沉积面积有限。

2. 铜钵庙组沉积时期沉积体系展布特征

铜钵庙组沉积时期构造活动较强，断陷处于初始拉张时期，粗碎屑杂乱堆积为沉积特点，主要发育冲积扇、扇三角洲、滨浅湖等沉积相类型，总体上的砂岩百分含量高和砂体厚度大，主要的砂地比为45%~80%。古地貌高差相对较小，发育具有浅湖—冲积层序，以粗碎屑的冲积扇和扇三角洲沉积体系为主。

海拉尔盆地西部断陷带的巴彦呼舒凹陷西部陡坡带发育一系列粗碎屑为主的扇三角洲扇体，几个扇体相互叠置，沿主断裂呈裙带状分布，规模很大，砂岩百分含量普遍较高，最大可达90%以上，扇体向洼槽延伸距离较短，相带较窄。楚1井砂地比高达99%，但所夹持泥岩为还原色，所以确定为扇三角洲前缘亚相沉积。在东部根据地震相分析也同样发育扇三角洲前缘亚相沉积。

海拉尔盆地中部断陷带沿贝尔凹陷和乌尔逊凹陷的西缘断裂带发育了宽5~7km的冲积扇—扇三角洲砂砾岩扇裙。乌北次凹西北缘扇三角洲较为发育，呈南东方向推进到中部洼槽区，沉积厚度和相带展布受到陡坡断裂带活动的控制。乌北次凹东缘也发育扇三角洲体系。东坡边缘在早期主要是受到铜钵庙组断裂控制的断阶状斜坡，控制着扇三角洲沉积体系的展布。断裂带以北东东向为主，形成多个次级凹陷。凹陷的洼槽区浅湖环境，局部发育半深湖环境。乌南次凹相对乌北次凹埋藏较深，洼槽范围较大，为半深湖和浅湖环境，主要粗碎屑扇三角洲沉积体系来自缓坡带北部长轴物源体系和南部物源体系。东斜坡的扇三角洲复合体的规模较大，在地震剖面上具有大型的扇三角洲前积结构和楔状特点的沉积体形态（图3-2-5）。

贝尔凹陷的沉积体系分布相对复杂。最深水区位于贝西次凹南部地区至苏德尔特断裂带的北段，为浅湖—半深湖沉积，物源来自塔拉汗低凸起、贝东隆起带，以及西侧嵯岗隆起。沿贝东低凸起西北缘至塔拉汗低凸起的西北缘，发育一个较宽的扇三角洲—滨浅湖沉积体系。沉积体系的沉积中心受到同沉积断裂的控制。贝西斜坡带发育了厚层的扇三角洲砂砾岩相带，特别是贝西北地区扇体规模较大，以粗粒的碎屑岩沉积为主。贝南次凹为一相对独立的深洼，周边都发育有一定规模的扇三角洲体系。

东部断陷带呼和湖凹陷铜钵庙组沉积时期主要发育粗碎屑的冲积扇、扇三角洲平原、扇三角洲前缘、滨浅湖和分布局限、连通性不好的深湖—半深湖等沉积相类型。在凹陷边缘地带以分布的滨浅湖沉积环境为主，发育了滨浅湖砂质滩坝沉积体系。西北缓坡带和东南陡坡带发育了冲积扇—扇三角洲扇体，分别推进到南部洼槽区，大面积的湖泊被充填淤浅，沉积厚度和相带展布受其断裂带活动的控制。在北部斜坡带和东南陡坡带也各发育了冲积扇—扇三角洲沉积体系，扇体规模均较大，向北部洼槽区推进到深湖—半深湖沉积环境中。在南部洼槽区形成另一个湖泊中心，为深湖—半深湖环境，主要碎屑体系来自西北缓坡带。

塔木察格盆地塔南—南贝尔凹陷在铜钵庙组沉积时期主要为冲积扇、洪泛平原、小型的扇三角洲及近岸水下扇和局部的湖泊相沉积环境。沉积中心此时主要位于塔南凹陷，即塔南湖域面积最大、水体最深。而南贝尔沉积沉降中心则位于东次凹北洼槽一带，水体比较浅，基本为满盆砂。沉积体系类型主要为大面积的洪泛平原、冲积扇、规模不一的扇三角洲、滨浅湖沉积体系组合。

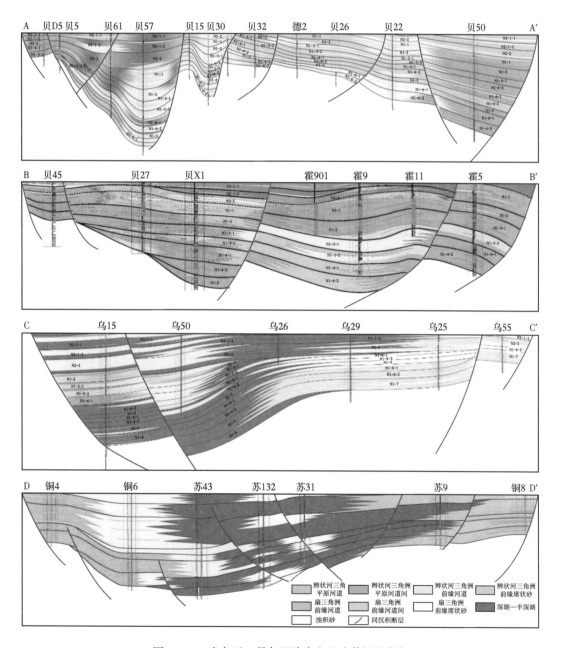

图 3-2-5　乌尔逊—贝尔凹陷南屯组连井沉积微相

3. 南屯组沉积时期沉积体系展布特征

1）南屯组一段（Sq3）层序形成期沉积体系

海拉尔盆地西部断陷带巴彦呼舒凹陷在南屯组一段沉积时期断陷边沉降边拉张，导致湖盆面积增大，湖水环境扩大，此时滨浅湖发育，深湖—半深湖在断陷的东部也开始发育，中部地区砂岩百分含量在 30% 以下；此时期断陷东西两侧扇三角洲相互叠置，西部陡坡带沿主断裂展布的裙带状扇体，从南向北多个发育，高值区一般 60%~90%；东部斜坡带以三角洲前缘沉积为主，沿斜坡带呈扇图状分布且分布范围很小。砂岩百分含量小于 30% 地区，发育了大面积的湖泊相沉积（图 3-2-5 和图 3-2-6）。

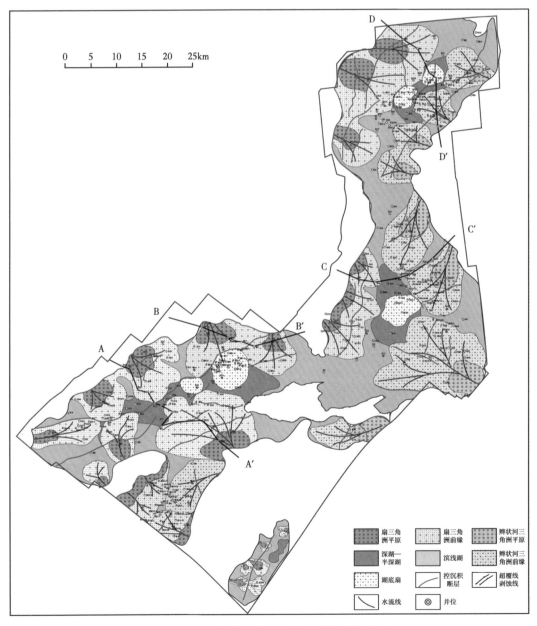

图 3-2-6　乌尔逊—贝尔凹陷南一段沉积相平面

海拉尔盆地中部断陷带乌尔逊凹陷乌南次凹两个区带发育粗碎屑沉积体系，一个是从乌6—乌26井一带的大型扇三角洲—前三角洲湖底扇复合体，扇三角洲前缘分布面积在180km²以上，由北东方向向西南推进到乌32井一带的湖盆中心。另一个扇三角洲沉积相带是沿贝北凸起以北的巴彦塔拉斜坡带分布，物源来自东部巴6井一带，以及西侧巴7井以北的隆起带。扇三角洲前缘相带分布很广，从东斜坡的乌9井至西缘的巴10井一带，面积220km²。乌北次凹东西两侧的扇三角洲体系也很发育，西缘断坡铜7井以东至苏131井、苏2井以东至新乌1井一带发育两个规模较大的扇三角洲—前三角洲湖底扇复合体，它们推进到了湖盆中部。乌北次凹东部斜坡发育的辫状河三角洲沉积体规模较小，沿铜5井至苏39井一带和苏46井至苏21井发育辫状河三角洲—湖底扇沉积复合体，整个斜坡带发育滨浅湖相沉积背景（图3-2-7）。

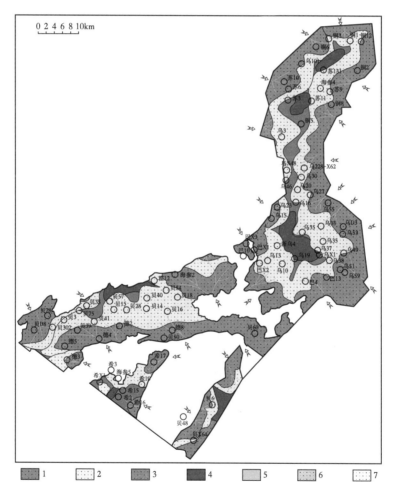

图 3-2-7　乌尔逊—贝尔凹陷铜钵庙组沉积相图

1—扇三角洲平原；2—扇三角洲前缘；3—辫状河三角洲平原；4—深湖—半深湖；
5—滨浅湖；6—辫状河三角洲前缘；7—湖底扇

　　贝尔凹陷粗碎屑沉积体系主要包括：贝西斜坡的扇三角洲沉积体系，在贝7井、贝37井、贝75井、贝61井一带为扇三角洲的沉积中心。苏德尔特北段断阶带的扇三角洲沉积体系，受早期同沉积断层控制，物源来自近源断隆及贝北、贝东隆起。发育在贝南次凹东、西两侧的扇三角洲体系，扇体推进到洼槽区的中部。另外，苏德尔特断隆西侧的扇三角洲—辫状河三角洲沉积体系的规模也较大，前缘相带沿德1井—德2井一带分布。

海拉尔盆地东部断陷带呼和湖凹陷南一段沉积时期处于强烈断陷期，控陷断层开始强烈活动，地壳发生沉降，在主控断层及其诱发的次级断层共同控制下，主要发育扇三角洲及湖相沉积体系。扇三角洲沉积体系主要发育在西部斜坡带及东部陡坡带，湖相沉积主要分布在洼槽区，在洼槽沉降中心部位分布深湖—半深湖亚环境。南次凹扇体规模比北次凹大，深湖—半深湖亚环境集中分布在南次凹（图3-2-8）[13]。

塔木察格盆地塔南—南贝尔凹陷在南一段沉积时期的沉积体系主要为凹陷东洼中发育的扇三角洲沉积体系，这些扇三角洲沉积体系在凹陷东次凹的陡坡带呈"裙状"连续分布，在湖泊水体的作用下可以在扇三角洲沉积体系的前缘形成远岸水下扇等沉积体系（图3-2-9）。

图3-2-8　乌尔逊—贝尔凹陷南一段沉积相图

1—扇三角洲平原；2—扇三角洲前缘；3—辫状河三角洲平原；4—深湖—半深湖；
5—滨浅湖；6—辫状河三角洲前缘；7—湖底扇

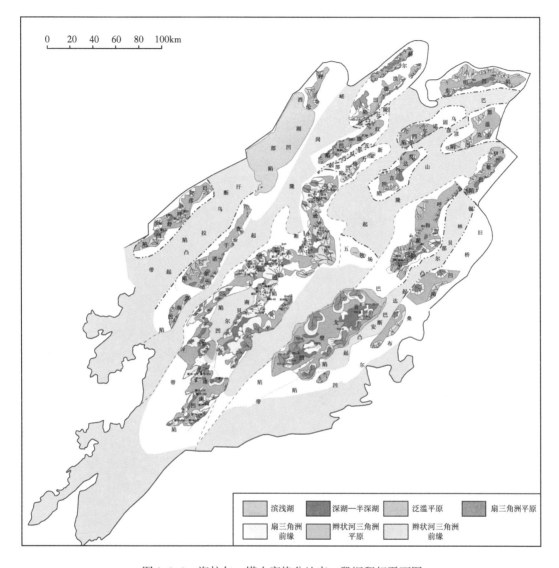

图 3-2-9　海拉尔—塔木察格盆地南一段沉积相平面图

2）南屯组二段（Sq4）层序形成期沉积体系

海拉尔盆地西部断陷带巴彦呼舒凹陷南屯组二段沉积时期，初期继承了南屯组一段沉积性质，湖水进一步扩张，滨浅湖亚相普遍发育，断陷南部的深湖—半深湖亚相扩大，总体地层含砂量降低，中部地区砂岩百分含量低于 20%，局部低于 10%；西部陡坡带扇三角洲沿主断裂呈断续的裙带状展布，砂岩含量一般在 40% 以上；东部斜坡带砂体砂地比一般为 30%~50%。

中部断陷带乌尔逊凹陷沉积格局继承了南屯组一段层序期的沉积特点，除了扇三角洲边界及湖底扇分布位置有所迁移外，沉积格局变化不大。乌北西北部的扇三角洲—湖泊体系向东南方向推进，发育有前三角洲的浊积砂体或湖底扇。苏 46 井、苏 42 井一带的扇三角洲—湖泊复合沉积体系较发育。乌南次凹的粗碎屑沉积体系主要来自东北部斜坡带，发育长轴沉积体系，乌 28 井、乌 26 井及乌 130-100 井一带仍然是大型扇三角洲及湖底扇的发育部位。乌南次凹南部斜坡乌59井、巴13井一带和陡坡带巴16井、乌23井一带都有近岸水下扇沉积体系分布，而南缘的贝东低凸起南屯组基本表现为超覆特点，发育滨浅湖相沉积（图3-2-10）。

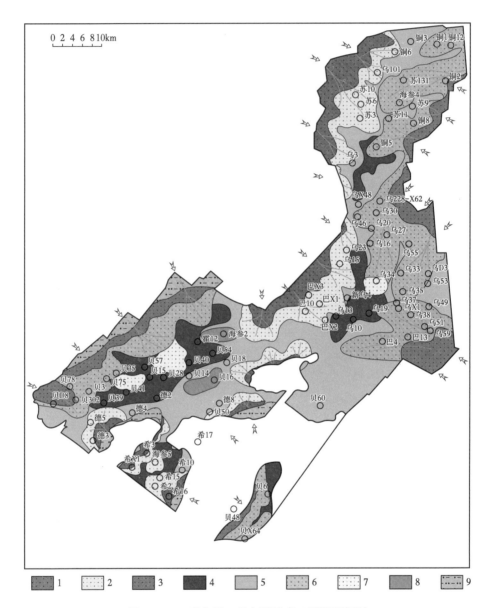

图 3-2-10　乌尔逊—贝尔凹陷南二段沉积相图

1—扇三角洲平原；2—扇三角洲前缘；3—辫状河三角洲平原；4—深湖—半深湖；5—滨浅湖；
6—辫状河三角洲前缘；7—湖底扇；8—滨浅湖滩坝；9—低凸起带冲击平原

　　贝尔凹陷的沉积格局继承南一段特点，但是沉积扇体分布范围相对南一段来说变小。贝东低凸起被超覆，出露面积减小，物源供给不充足，来自北东隆起带的物源体系变小。苏德尔特断裂带中北段抬升，南二段水体扩张，主要为浅湖环境，发育砂质滩坝沉积微相。深湖、半深湖环境向西退却，沿现今北东向展布的贝西中部洼槽带分布。贝西斜坡带的扇三角洲十分发育，斜坡北部贝7井至南部贝37井、下一断阶贝53井至贝70井，以及贝 D8 井一带都发育有规模较大的扇三角洲沉积。沿贝西洼槽南部发育的半深湖和深湖区，局部发育湖底扇，在霍 12 井至霍 42 井一带的湖底扇比较发育。贝南次凹也发育半深湖—深湖相，希 14 井、希 16 井一带发育来自东侧断隆的扇三角洲沉积体系为主，为贝中次凹形成规模储量奠定了物质基础。

海拉尔盆地东部断陷带呼和湖凹陷南二段沉积时期，控陷断层持续活动，控陷断层活动相对减弱，沉积补偿趋于平衡，整体水体变浅，湖盆呈"泛盆浅水"环境，沼泽化严重，煤层广泛分布。此时期在西部缓坡带分布辫状河三角洲沉积体系，东部陡坡带分布扇三角洲沉积体系，洼槽区以滨浅湖亚环境为主。南次凹物源体系延伸较长，扇体规模大；北次凹物源体系延伸较短，扇体规模小。

塔木察格盆地塔南—南贝尔凹陷在南二段沉积时期控陷断层进一步活动沉积了一套较厚的泥岩、泥质粉砂岩局部夹砂砾岩的地层，地层的展布整体上还是向东侧、南侧隆起区逐渐减薄。南二段沉积末期为一次较明显的构造运动，由于控陷断层拉伸走滑使得南贝尔南二段在东次凹西侧、西部南次凹地层增厚，西北侧地层翘倾遭受剥蚀，南二段沉积时期物源方向依然主要来自中部隆起带及凹陷两侧的隆起区，该时期湖体面积广大，整个凹陷形成"广盆浅水"的沉积状态。通过地震相信息、砂岩百分含量信息和钻井信息综合分析，该时期的沉积体系在塔南凹陷相对欠发育，主要发育浅湖相沉积环境，可能在凹陷周缘发育规模不大的扇三角洲沉积体系。

4. 大磨拐河组沉积时期沉积体系展布特征

1）大磨拐河组一段（Sq5）层序形成期沉积体系

海拉尔盆地西部断陷带巴彦呼舒凹陷大一段沉积时期继承了南屯组一段沉积性质，湖水进一步扩张，滨浅湖亚相普遍发育，断陷南部的深湖—滨浅湖亚相扩大，总体地层含砂量降低，砂岩百分含量低于 20%，占据凹陷 50% 以上面积，南部出现小范围滨浅湖沉积；断陷东西两侧扇体规模进一步减小，西部陡坡带扇三角洲沿主断裂呈断续的裙带状展布，扇体数量及规模明显小于南一段，砂岩含量一般在 20% 以上；东部斜坡带三角洲砂体面积大，重叠的砂体多，砂地比一般大于 30%，相带明显宽于陡带。

中部断陷带南二段沉积后盆地经历强烈的构造运动，盆内普遍遭受了抬升、剥蚀及断裂反转，大一段层序的底界就是发育在这广泛分布的微角度不整合面。在贝尔凹陷形成了北东向展布的、贯穿凹陷中部的苏德尔特隆起带、霍多莫尔隆起带及贝北低凸起带，分隔了贝西次凹和贝东洼槽群。乌尔逊中部转换带也遭受了抬升及剥蚀，乌尔逊凹陷西部缓坡和东部陡坡发生了抬升和剥蚀。这一沉积期以滨浅湖相大面积分布和低位—水进体系域扇三角洲沉积较为发育为特征。

贝尔凹陷发育北东向展布的半深湖区，而在东西两侧均发育有辫状河三角洲—滨浅湖沉积体系。乌北次凹西缘辫状河三角洲较为发育，洼槽中部半深湖区发育有湖底扇或前三角洲浊积沉积。乌南次凹为滨浅湖和半深湖沉积，砂质粗碎屑沉积包括滩坝和局部的辫状河三角洲和湖底扇沉积。总之，大磨拐河组一段层序是经历一次较明显的构造运动的抬升变革后，从断陷向坳陷转换的初始沉积，同时，物源区与盆地的地形高差变小，周边物源区向后迁移，湖盆范围向外扩大。

东部断陷带呼和湖凹陷大磨拐河组一段沉积时为区内第二次区域性大规模水进期，湖泊水域面积进一步扩宽、水体稳定加深，分别在南部洼槽和北部洼槽带的中央深凹地带发育了范围广阔的深湖—半深湖亚环境，连通性很好。湖水在湖盆边缘快速上超，物源区后退，陆源物质供给欠充分。全区主要发育辫状河三角洲沉积体系，扇体规模较南屯组明显缩小。南北洼槽区的深凹地带深水环境下由于同沉积断裂的发育，控制了水下重力流沉积的空间分布，形成湖底扇和深水浊积砂。

2）大磨拐河组二段（Sq6）层序形成期沉积体系

西部断陷带巴彦呼舒凹陷大二段沉积时期湖水面积减少，砂进湖退，平原与前缘相普遍发育。总体地层含砂量增加，区内砂岩百分含量普遍大于30%，低于30%的湖泊区域不足三分之一。缓坡砂岩百分比面积大，变化缓慢，陡坡变化快（图3-2-11）。

图 3-2-11　乌尔逊—贝尔凹陷大二段沉积相图

1—同沉积断层；2—曲流河三角洲前缘；3—辫状河三角洲平原/冲积平原；4—辫状河三角洲前缘；
5—湖底扇；6—滨岸、沿岸沙滩沙坝；7—滨浅湖；8—浅湖、半深湖；9—第Ⅰ期、第Ⅱ期……前积体

中部断陷带进入大磨拐河组二段沉积期，湖泊进一步扩展，可容空间变大，物源向凹陷边缘后退，出现了宽阔的坳陷浅湖—半深湖盆。发育了沿凹陷轴向前积大型轴向细粒三角洲—前三角洲浊积复合沉积体系。主要的物源体系来自乌南次凹的东斜坡带缓坡长轴物源体系，向南沿轴向进积，超过贝东低凸起和中部隆起带沿贝西次凹轴部向贝西南方向推进到凹陷的南部斜坡。乌北次凹大二段前积体，来自轴向三角洲体系的物源体系可能来自乌3井以西的嵯岗隆起，沿乌北地凹轴部由南向北进积，超过苏仁诺尔转换带，推进到乌北次凹的北端（图3-2-8）。

东部断陷带呼和湖凹陷大二段沉积时期仍以多旋回、振荡性沉降为主，但沉降幅度相对大一段较小，沉积环境发生了变化，主要是以滨浅湖、扇三角洲和辫状河三角洲相为主。湖泊面积缩小、水体变浅，连通性变差，深湖—半深湖沉积环境发育较差。以水退型沉积体系为主，由于沉积物不断充填湖盆，湖泊范围逐渐缩小，由于河道的废弃、湖泊被充填淤浅等因素，泥炭沼泽沉积环境异常发育，有厚煤层沉积。在西北缓坡带和东南陡坡带分别发育了沿凹陷轴向进积充填的规模较大的辫状河三角洲和扇三角洲的粗碎屑沉积体系，其中凹陷南部以辫状河三角洲沉积为主，而中部、北部以扇三角洲沉积体系发育广泛为特征。沿湖盆周缘发育滨浅湖相，局部深洼槽地区发育半深湖沉积，浅水重力流沉积不发育。

塔木察格盆地塔南—南贝尔凹陷在大二段沉积时期，控陷断层活动减弱至停止，沉积凹陷由断陷期向坳陷期转化，凹陷内大面积分布长轴方向的正常三角洲沉积体系，整个南贝尔凹陷主要存在三大物源体系，即过塔19-39井区的近南北向的物源、过塔21-17井的东西向物源和过塔21-5井的北东东向物源，大型前积现象明显，从单井上可以明显看到3套大型前积体，地震上前积反射结构也非常明显，主要发育河流—三角洲—湖泊沉积体系。在塔南凹陷内则主要发育浅湖相沉积环境，通过地震相信息、砂岩百分含量信息及钻井信息等可以确定其主要的物源发育方向为西北向东南侧，主要的沉积体系类型为三角洲沉积体系。

第三节　沉积充填与演化

一、沉积背景及物源分析

1. 沉积背景

海拉尔盆地经历了三期构造演化阶段，分别为早期伸展断陷阶段、中期热沉降断—坳阶段和晚期坳陷阶段，基本形成东超西断的构造格局。

（1）铜钵庙组沉积时期，处于断陷初始裂陷期阶段，地壳伸长，断裂活动，断块差异沉降明显，凹隆相间。物源区地形起伏高差大、盆缘陡，发育以冲积扇、扇三角洲为主的沉积体系，局部深洼部位发育深湖—半深湖相。（2）南屯组沉积时期，处于强烈裂陷沉降幕，并伴随着更强烈的拉张，使湖泊变深、变大。物源区后退，沉积物粒度变细。主要发育扇三角洲、辫状河三角洲和湖底扇沉积体系，同时发育一套以黑色泥岩为主的湖相沉积。（3）大磨拐河组沉积时期，进入热沉降期。热沉降早期，盆地经受轻微的伸展作用，而在后期盆地经历了右旋张扭走滑作用，造成该阶段沉积物上、下存在明显的差异[14]。

大一段沉积时期，湖泊水体稳定加深，水域面积空前扩大，沉积体系类型简单，规模较小，主要发育辫状河三角洲沉积体系，局部深湖—半深湖环境中发育湖底扇和深水浊积砂沉积体系。大二段沉积时期，沉积幅度相对大一段较小，湖泊面积缩小，主要发育滨浅湖和沼泽沉积体系，局部地区发育扇三角洲沉积体系。（4）伊敏组沉积时期，盆地整体隆升萎缩，沉积环境以河流、沼泽相为主，南北洼槽相互连通，此时沉积物分布面积最广，说明该时期构造活动减弱，凹陷具有由构造沉降向热沉降过渡的特点。

塔木察格盆地塔南—南贝尔凹陷在铜钵庙组至大磨拐河组沉积时期，经历了断陷初期、强烈断陷期、断—坳转化期等 3 个较为明显的沉积阶段，气候变化经历了干旱—半干旱至湿润潮湿阶段。对应沉积了铜钵庙组以扇三角洲、近岸水下扇、滨浅湖相为特征的较粗沉积地层；南屯组以深湖—半深湖、扇三角洲、远岸水下扇等为特征的细粒沉积地层；大磨拐河组以正常三角洲、浅湖、半深湖等为特征的中粗粒沉积地层的层序地层沉积。同时由于构造活动的强烈作用，火山作用较为明显，在铜钵庙组和南屯组中下部地层沉积时，火山灰、凝灰岩等火山影响较为明显。

2. 物源分析

沉积物物源分析是沉积盆地分析的重要内容，是再现沉积盆地演化、恢复古环境的重要依据，其主要研究手段是陆源碎屑组分及其重矿物组合，它们既受碎屑岩搬运距离的控制，也受母岩区岩石类型的影响。砂岩是陆源碎屑岩的主要岩石类型，其碎屑物质主要为母岩机械破碎的产物，是反映沉积物来源的重要标志[15]。物源分析在确定沉积物物源位置、性质和沉积物搬运路径，以及整个盆地的沉积格局和预测盆内砂体等方面有重要意义[16-18]。

随着现代分析手段的提高，物源分析方法日趋增多，并不断相互补充和完善。目前应用较多的为：重矿物法、碎屑岩类分析法[19-20]、地球化学法和同位素法[21-22]、古水流与古地貌法[17, 23]、测井曲线法、地震前积反射法、地层倾角测井分析法等。

不同的方法从不同的角度分析物源，各有侧重，各有优势。实践表明，任何一种研究方法，只要其理论、数据正确，测试或鉴定方法无误，均有其特定的优越性，而多种方法的综合运用将更加准确确立研究区的物源体系，这将是未来发展的方向。下面以构造格架及古地貌分析法和地层倾角测井分析法来说明。

1）构造格架及古地貌分析

盆地的构造格架控制着盆地的沉积中心和沉降中心，构造的各种组合样式，如梳状断裂系、帚状断裂系、雁行状断裂，以及构造转换带等，形成特定的构造古地貌，控制着物源的运移和分布、沉积体系的空间展布。因此，分析盆地的构造格架及古地貌，可以帮助研究人员分析主要沉积中心，勾绘出盆地物源通道，为物源分析提供宏观方向[24-28]。

以呼和湖凹陷为例，在白垩系演化过程中受右旋应力作用，内部产生了北西—南东向拉张和北东—南西向挤压两组应力，主要发育近北东向、南北向两组同沉积断层，由于受两组断裂系统的控制，形成了呼和湖凹陷"东西分带、南北分块、隆凹相间"的构造格局。可进一步划分为"两洼一凸三坡"的构造单元，而这两个次凹为碎屑物的沉积提供了空间。通过地层等厚图的分析，这些洼陷也正是呼和湖凹陷内部的沉积中心。对呼和湖凹陷内部断层组合样式的研究表明，缓坡带发育北东向的构造带，构成多级断坡，形成了沉积物向凹陷中心多级输送的路径，指示物源继续推进的方向；陡坡带的两组同向调节带为物源搬运提供了主要通道；北部的叉状断裂系控制了砂体空间的展布。

古地貌对沉积体系的展布有重要控制作用，通过对古地貌的分析可以确定盆地的隆洼展布形态，从而确定盆地的物源方向及物源区的位置。古地貌深度等值线及立体图可以显示各个三级地貌单元（可称之为微地貌）的细节行为，这些微地貌则严格地控制了古物源在空间上的展布[29]。

在呼和湖凹陷构造格架解释和层序地层格架构建的基础上，应用沉降回剥分析技术，经过去压实、沉积物重力均衡沉降及古水深等校正后，经计算机模拟，恢复了呼和湖凹陷南屯组发育初期古地貌。可以直观地看出各个层序发育时期的"沟—脊—槽"等地貌单元在地理空间上的变化，为物源分析奠定了坚实的基础（图3-3-1）。总体上，呼和湖凹陷南屯组沉积时期的古地貌特征表现出"三洼两隆"的构造特征。东部锡林贝尔凸起和西部巴彦山隆起围绕着呼和湖凹陷分布。这2个隆起区是呼和湖凹陷南屯组沉积时期的重要物源区。凹陷内的隆凹格局明显，沉积物由物源区搬运过来顺着盆缘沟谷、低隆之间的鞍部或断层之间的转换带前进，直到盆地内的低洼区沉积下来，这与构造格架分析结果相吻合。通过对恢复的南屯组的古地貌特征分析，缓坡、陡坡为主要物源方向，南部隆起为次要物源方向。

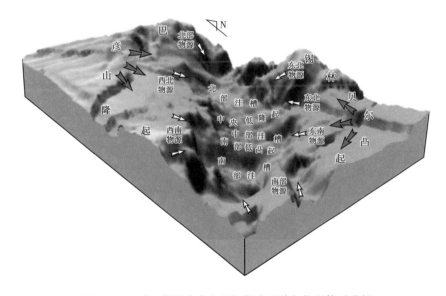

图3-3-1　呼和湖凹陷南屯组初期古地貌与物源体系分析

2）地层倾角测井分析法

以南贝尔凹陷为例，该区倾角测井资料比较丰富，通过红、蓝、绿不同组合模式可以对古水流流向进行识别从而判断古物源方向，因此利用地层倾角资料分析古水流是最重要的方法。有两种方法确定古水流：（1）利用沉积倾角处理成果图，用全方位频率统计法，统计目的层段内所有纹层的倾向，取方位频率图主要方向代表古水流方向；（2）统计目的层段内所有蓝模式矢量的方向，一般水流层理和顺流加积常表现为蓝色模式，即倾向大体一致，倾角随深度增加而减小的一组矢量，取其主要方向代表古水流方向。红色模式的矢量方向通常指示河道加厚方向。考虑到测量时的误差及其他因素，主要采用后一种方法。以东次凹北洼槽塔21-20井倾角测井分析为例，根据图3-3-2塔21-20井2002~2037m段（SQ1层序上部）地层倾角测井资料分析，物源大致主要呈南东→北西方向展布。但是，利用地层倾角测井资料进行古水流向恢复时是有局限性的，一般只对河道或河道边部有效，因此，在南贝尔凹陷做地层倾角测井分析时，因为河道砂较发育层段主要位于铜钵庙组、南一段及南二段局部，因此，通过地层倾角测井分析能够很好预测物源体系在平面上的展布。

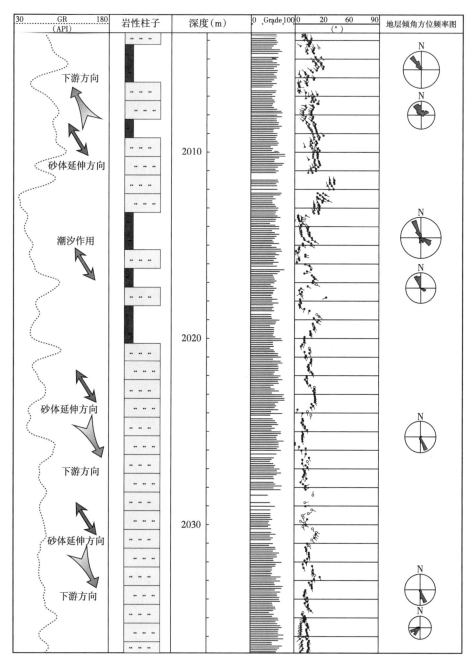

图 3-3-2　南贝尔塔 21-20 井 Sq1 层序顶部利用倾角测井分析物源

综上所述，恢复物源方向，确定物源区位置和母岩性质不仅限于上述方法和手段，基于不同的构造带和资料的丰富程度，组合方式会有所变化和调整。

二、沉积充填与演化

陆相层序地层学理论认为，层序地层结构发育特征由构造沉降、物源供给、湖平面变化、气候变化等多种因素综合控制，层序格架内的沉积体系是层序地层结构内部的"血与肉"，因此沉积体系的空间演化也受到上述的各种因素的控制。

海拉尔—塔木察格盆地经历了多期的建造和改造过程，盆地的形成过程控制着盆地的沉积充填演化过程，中—晚侏罗世断陷盆地期（T_5—T_4），白垩纪—新生代盆地4个形成期包括断陷期（铜钵庙组—南屯组）、断坳期（大磨拐河组—伊敏组）、坳陷期（青元岗组）和萎缩期（新生代）。其中断陷期进一步可分为初始张裂（T_4—T_3）、强烈拉张阶段（T_3—T_{2-3}）、稳定拉张阶段（T_{2-3}—T_{2-2}）。断陷期和断坳期沉积充填演化与油气的生成、聚集关系密切，作为重点阐述，其他不做论述。综合运用岩心、录井、钻井、测井、地震及古生物等资料，以层序地层学理论为指导，将下白垩统划分为2个二级层序组、4个二级层序和7个三级层序（图3-3-3）。盆地的构造演化明显控制着沉积充填演化，不同演化时期的沉积体系类型、堆积样式都体现出旋回变化的特点，反映出盆地充填演化具有多期幕式的特点。每一个幕式的断陷构造活动对应着一个二级层序，代表了一个断陷构造幕的沉积充填。

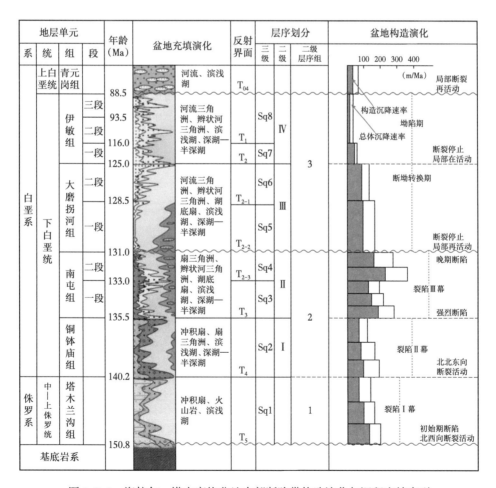

图 3-3-3　海拉尔—塔木察格盆地中部断陷带构造演化与沉积充填序列

1. 断陷期（铜钵庙组—南屯组）沉积充填与演化

1）初始张裂阶段——铜钵庙组

Sq1层序沉积时期（铜钵庙组沉积时期）的沉积充填，地壳拉张、断层强烈活动，断块之间差异沉降大，沉积了一套裂陷期粗碎屑岩浅湖盆层序，发育河流、冲积扇、扇三角洲、浅湖和局部半深湖沉积。在深洼部位半深湖湖相泥岩亦是有利烃源岩，扇三角洲等粗碎屑沉积砂体为油气成藏提供了有利储层。铜钵庙组在湖盆形成早期，处于凹陷断裂强烈活动的拉张阶段，整体构造作用以断陷为主。断裂活动，构造沉降差异大，沉降速率总体较低，湖盆内构造分异大，湖泊水体浅，水体动荡，沉积环境不稳定，沉积区距物源区近，碎屑物质充足。在主控盆缘断裂带发育以冲积扇—扇三角洲为主的沉积体系，主要形成砾岩、砂砾岩体。随着湖平面的下降，沉积物也大量快速地向湖盆中心推进。局部深洼部位发育规模较小的深湖—半深湖沉积环境。

中部断陷带的乌尔逊凹陷在铜钵庙组沉积厚度较大、贝尔凹陷沉积相对较薄，局部缺失，地层厚度大的部位可明显划分出三个段，并形成三个水进—水退沉积旋回。

东部断陷带的呼和湖凹陷，处在湖盆形成早期，处于凹陷断裂强烈活动的拉张阶段，整体构造作用以断陷为主。断裂活动，构造沉降差异大，沉降速率总体较低，湖盆内构造分异大，湖泊水体浅，水体动荡，沉积环境不稳定，沉积区距物源区近，碎屑物质充足。在主控盆缘断裂带发育以冲积扇—扇三角洲为主的沉积体系，主要形成砾岩、砂砾岩体。随着湖平面的下降，沉积物也大量快速地向湖盆中心推进。局部深洼部位发育规模较小的深湖—半深湖沉积环境。

南贝尔凹陷铜钵庙组处在断陷盆地的断裂分割期，构造活动强烈，存在多个沉积中心，并且各个次级洼陷彼此分割独立，互不连通，在西次凹洼槽内，主要发育一套陆上的河流—冲积扇体系，湖泊分布比较局限，而南部潜山披覆带在这一时期可能仍然继承中—上侏罗统的地貌特征，仍为隆起区，并向四周洼陷提供物源；在东次凹洼槽内，主要发育一套扇三角洲—湖泊沉积体系，并呈现多物源、多沉积中心、扇体叠置为特点的沉积体系展布特征。

2）强烈拉张阶段——南一段

Sq2层序沉积时期盆地发生了强烈拉张，盆地充填地层厚度大，湖盆面积扩大，可容空间变大。形成了一套裂陷滨浅湖—半深湖—深湖盆型层序，沉积物以黑色泥质岩为主，局部有油页岩。

中部断陷带乌尔逊—贝尔凹陷优质烃源岩发育于该时期，优质烃源岩的形成为研究区形成优质储量奠定了物质基础。发育辫状河三角洲、扇三角洲、湖底扇、近岸水下扇和浅湖—深湖沉积，构成了区内最重要的储层并形成了有利生、储、盖组合。T_{2-3}是一个区域不整合界面，连续性一般，斜坡带部位的地震反射轴为一系列上超终止；向凹陷部位，上超特征逐渐消失，取而代之的为一整合接触。

南贝尔凹陷随着凹陷内断陷活动的继续，铜钵庙组沉积初期形成的分散状断洼也逐渐在平面上连通、扩大，形成整个凹陷内较为统一的沉积区域，在南一段（Sq2）的物源沉积体系主要围绕凹陷断洼周围发育，沉积体系类型主要为扇三角洲沉积体系，随着铜钵庙组沉积中后期气候转为潮湿，湖泊水体逐渐扩大，在凹陷内断洼中央部位形成深湖、半深湖相沉积环境，凹陷周缘发育的扇三角洲沉积体系也表现出退积的沉积趋势（图3-3-4a、

图 3-3-4d 和图 3-3-7a)。

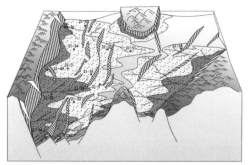
（a）南贝尔凹陷东次凹北洼槽沉积相立体模式（Sq1+Sq2）

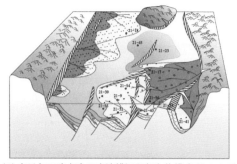
（d）南贝尔凹陷东次凹南洼槽沉积相立体模式（Sq1+Sq2）

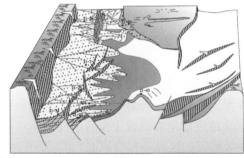
（b）南贝尔凹陷东次凹北洼槽沉积相立体模式（Sq3LST+TST）

（e）南贝尔凹陷东次凹南洼槽沉积相立体模式（Sq3LST+TST）

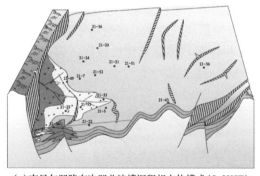
（c）南贝尔凹陷东次凹北洼槽沉积相立体模式（Sq3HST）

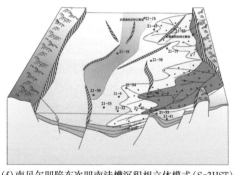
（f）南贝尔凹陷东次凹南洼槽沉积相立体模式（Sq3HST）

 冲积扇　 扇（辫）三角洲平原　 扇三角洲前缘　洪泛平原　近岸水下扇　湖底扇　 深湖—半深湖　 滨浅湖　示意性河道　 基底

图 3-3-4　南贝尔凹陷东部构造带沉积相模式图

　　东部断陷带呼和湖凹陷发生第一次区域性大规模水进，使湖泊变深变广，由于多向物源和近源快速补给，陆源碎屑入湖后快速堆积，总体上，Sq2 层序盆地南部主要发育扇三角洲沉积体系，北部主要发育辫状河三角洲沉积体系，局部深湖地区发育湖底扇沉积体系，由于扇三角洲前缘砂体储层物性较好、邻近生油凹陷中心、具有充足的油源，且南部已有探井在该层见油气显示，因而该时期沉积体系应是较为有利的勘探区域（图 3-3-5)。

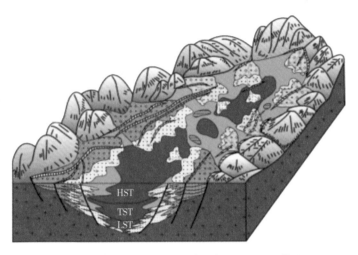

图 3-3-5 呼和湖凹陷 Sq2 层序（南一段）沉积模式图

3）稳定拉张阶段——南二段

Sq3 层序沉积时期盆地构造作用变弱，南二段各凹陷沉积范围变大，盆地水体相对变浅。主要为一套灰色、灰绿色、灰白色细砂岩和泥质粉砂岩，局部夹有灰色、灰绿色砾岩和厚层灰黑色泥岩。南二段沉积之后盆地隆起，受挤压作用构造发生反转，伴随断块的区域性掀斜翘倾，盆地遭受剥蚀规模大，形成区内最重要的区域不整合界面（T_{2-2}）。

东部断陷带呼和湖凹陷进入该沉积期，断裂持续活动，水体加深，湖泊面积扩大，全区广泛发育辫状河三角洲沉积体系，凹陷带发育湖底扇体系，深湖—半深湖亚环境主要发育于洼槽沉降中心部位，在局部滨浅湖亚环境发育少量沙坝砂体。同时由于具多旋回、振荡性沉降的特点，沼泽相比较发育。由于该期沉积体系砂体储集物性较好，邻近烃源岩，因而该时期沉积体系也应为有利的勘探区域（图 3-3-6）。

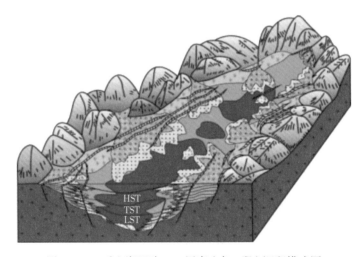

图 3-3-6 呼和湖凹陷 Sq3 层序（南二段）沉积模式图

中部断陷带南贝尔凹陷南二段沉积时期则处在裂谷发育高峰期，全区构造沉降速度加快，造成全区大范围的湖侵，近岸水下扇、扇三角洲近源沉积体系广泛发育，沿深大断裂根部呈裙带状分布，深湖区主要分布在东部的次级凹陷带内，并在塔 21-18 井、塔 21-9 井及塔 21-21 井区发育一系列湖底扇及一些深水重力流成因的浊积体系。由于三级、四级断裂在东部次级凹陷带内形成了一系列二台阶及多台阶，因此对物源的分布及走向控制作用明显。西部次级凹陷带内，主要发育河流—湖泊—扇三角洲沉积体系，并以湖泊相为主体；南部潜山披覆带主要发育南二段，并主要发育一套三角洲—湖泊沉积体系。凹陷整体表现为"广盆、浅盆、浅水"的沉积水体环境，凹陷东次凹的扇三角洲沉积体系已经开始自凹陷外部边缘向凹陷内部进积（图 3-3-4b、图 3-3-4e 和图 3-3-7b）。

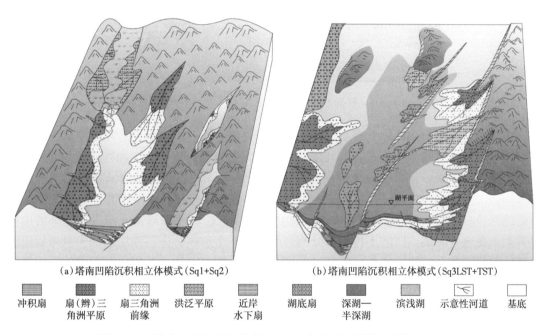

（a）塔南凹陷沉积相立体模式（Sq1+Sq2）　　　　（b）塔南凹陷沉积相立体模式（Sq3LST+TST）

| 冲积扇 | 扇(辫)三角洲平原 | 扇三角洲前缘 | 洪泛平原 | 近岸水下扇 | 湖底扇 | 深湖—半深湖 | 滨浅湖 | 示意性河道 | 基底 |

图 3-3-7　塔南凹陷沉积相模式图（纪友亮编图，单敬福清绘，2008）

2. 断坳期（大磨拐河组—伊敏组）沉积充填与演化

Sq4+sq5 层序沉积时期（大磨拐河组沉积时期），盆地总体处于断—坳沉降期形成的沉积充填，同时伴有走滑拉伸作用，断裂在局部地区持续活动，热衰减沉降作用加强，沉积了一套断—坳期半深湖—深湖盆型层序，发育三角洲、河流三角洲、曲流河三角洲、前三角洲浊积、半深湖及深湖沉积。大磨拐河组总体构成了一个三级的水进—水退旋回，大一段底部层序界面为盆地内区域不整合面 T_{2-2} 界面或 T_{2-2} 之下的一个反射轴；大二段总体为一套三角洲—滨浅湖—浅湖沉积体系，三角洲前缘砂体是乌尔逊—贝尔凹陷大二段局部油气成藏有利的储层，大二段地层沉积厚度大，依据大磨拐河组内的一个主要水进—水退沉积转换界面可进一步将其划分出 2 个三级层序。

东部断陷带呼和湖凹陷在大磨拐河组沉积时期，地层的发育虽然不像断陷时期那样明显地受控陷断层的控制，但部分早期活动的主要断裂继承性活动，对沉积厚度仍具有一定的控制作用。湖泊面积进一步扩大，盆地边缘快速上超，物源区后退，发育分布连续广泛的滨浅湖、半深湖沉积体系，构成了盆地重要的区域性盖层；该时期沉积类型简单，主要以辫状河三角洲为主，局部深湖区发育有湖底扇和浊积砂沉积体系（图 3-3-8）。

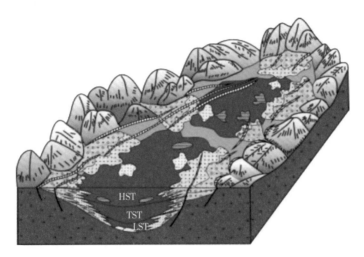

图 3-3-8　呼和湖凹陷 Sq4 层序（大一段）沉积模式图

中部断陷带南贝尔凹陷大磨拐河组沉积时期，处在断—坳转换期，正常三角洲—湖泊沉积体系为主体，物源比较单一，并以盆地长轴方向物源为主体，沉积物的粒度较细，湖面较为宽缓，前缘砂被水下分流河道搬运的距离较远，形成一系列的大型前积现象（俗称卸车构造），尤其在塔 19-39 井区较为典型。低位域发育较薄甚至不发育，这与北部贝中凹陷的低位域（大一段）有很好的过渡，即由北向南低位域逐渐减薄并消失在南部潜山披覆带上。在这一时期，凹陷不再东西分割，而成为一个整体，中间地层的缺失只是后来伊敏组后期构造抬升剥缺造成的。深湖区范围与南屯组相比有很大的缩小，但湖体面积依然较广，并在塔 21-9 井、塔 21-19 井等个别井区仍然见有湖底扇等一系列小型扇体展布；南部潜山披覆带以湖泊—正常三角洲沉积体系为主体，地势较为宽缓，少有物源分布。

第四节　构造坡折带对沉积砂体的控制作用

一、构造坡折带类型及划分

构造坡折带是指由同沉积构造长期活动引起的沉积斜坡明显突变的地带[30]。构造坡折带的发育特征、空间分布、演化过程和组合样式决定了盆地的可容空间和物源系统，因而制约了沉积物的分散过程和砂体的分布样式。揭示构造坡折带与沉积相的展布关系，将有助于阐明盆地内部沉积体系分布规律，有效地进行砂体预测。近年来，构造坡折带在油气勘探中的应用日益引起油气勘探家的注意，成为研究的一个热门课题[30-35]。

坡折带在凹陷内广泛分布，不论在沉积湖盆中还是在剥蚀区都可能发育坡折带。目前主要从构造活动的控制作用、盆地演化的阶段性，以及不同类型坡折带的差异性等方面展开研究，重点研究坡折带的分类、形成机制及其对层序、沉积体系的控制。根据坡折带的成因机制，陆相湖盆坡折带可以分为沉积坡折带、构造坡折带和侵蚀坡折带等。

在断陷盆地中，规模较大的、活动时期贯通到地表的同沉积断裂常构成断裂坡折带，简称断坡带。断坡带是同沉积断裂活动产生明显差异升降和沉积地貌突变的古构造枢纽带，构成盆内古构造地貌单元和沉积区域的边界，是沉积相带和沉积厚度发生突变的地带，在不同的盆地演化阶段控制着特定的沉积相域的展布[33]。在断坡带下降盘一侧由于沉积旋回增多，与上升盘相比，碎屑体系到达的部位砂体的层数和厚度明显加大。在洼陷边缘坡折带以下是低水位沉积区，在高水位期则构成从浅水区到深水区的突变界线。

本区由于控陷断层和凹陷内部断层活动规模、性质、强度的不同，所形成的古地貌形态有所差异。依据古地貌的形态特点，将其划分为陡坡断崖型、陡坡断阶型、陡坡断坡型、缓坡同向断阶型和缓坡反向断阶型 5 种古坡折类型（图 3-4-1）。不同构造部位、不同类型坡折带控制的沉积体系类型不同。总体上，这些断坡带构成了凸起、缓坡、洼陷、陡坡带等古构造单元的分界，它们的活动程度和分布配置决定着盆地的古构造格架样式和总体的构造古地貌特征，从而对盆地充填样式产生深刻影响。一般而言，陡坡断崖型坡折带地形较陡，湖水较深，近岸水下扇沉积体系较为发育，沉积体系规模较小，沉积相带较窄；陡坡断阶型坡折带地形也较陡，在离岸较近的一断阶上，常发育扇三角洲沉积体系，而在离岸较远的二断阶上，常发育远岸湖底扇沉积体系；缓坡断阶型坡折带地形坡度较缓，沉积体系规模较大，常发育辫状河三角洲等沉积体系。在研究区，乌西断阶带发育断控陡坡型层序构成样式。因构造演化阶段的不同，该类型层序样式展现出不同的特征（图 3-4-2）。

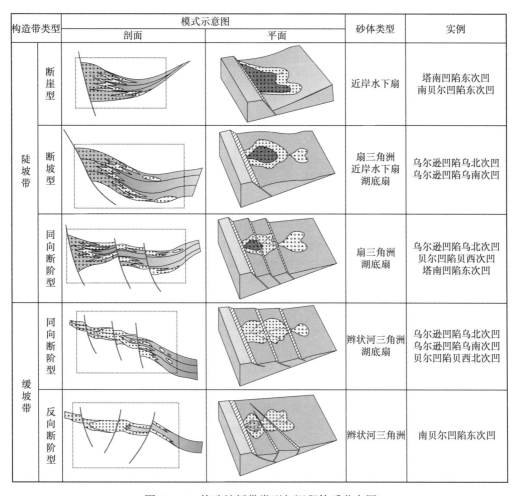

图 3-4-1　构造坡折带类型与沉积体系分布图

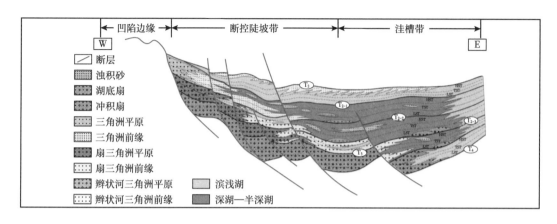

图 3-4-2　乌尔逊凹陷断控陡坡型层序构成样式

1. 陡坡断崖型坡折带与近岸水下扇

陡坡断崖型坡折带与近岸水下扇主要分布于塔木察格盆地的塔南凹陷北部,位于凸起的西侧,其形成受早期、长期活动的基底断裂控制。通常凹陷沉积中心与沉降中心靠近断崖一侧,断崖前缘为深水湖区,为湖盆最大可容空间发育区。由于断崖型坡折带紧邻物源补给区,隆起上的沟谷较为发育,来自隆起上的水系所携带的沉积物直接入湖快速堆积,形成近岸水下扇沉积体系,扇体沿断裂走向分布,砂体规模大小不等(图 3-4-1)。

2. 陡坡断坡型坡折带与扇三角洲和湖底扇

陡坡断坡型坡折带主要分布在乌尔逊凹陷的乌北次凹和乌南次凹的陡坡带,其形成与基底断裂有关,而断层断面倾角略缓于断崖型,主干断裂为盆缘断裂,近盆缘断裂部位地形相对较陡,而前方常发育伴生同沉积断裂。冲积扇入湖后,可在凸起前缘形成扇三角洲沉积体系,然后沉积物由于重力滑塌作用,在前方地形低洼处堆积形成湖底扇。

在乌尔逊凹陷的西部陡坡带,由于西部的控陷断层派生的二级断层的存在,形成断阶型陡坡坡折带。靠近主断层部位发育扇三角洲沉积体系,而在二台阶下部常发育湖底扇沉积体系(图 3-4-1)。

3. 陡坡同向断阶型坡折带与扇三角洲和湖底扇

陡坡同向断阶型坡折带发育多条同向断层,受次级断阶控制,使盆缘凸起与凹陷相接,可容纳空间变小,易形成陡坡扇三角洲沉积体系。由于盆缘物源供给充足,陡坡扇三角洲沿着斜坡向下进入凹陷内。由于同向阶梯状分布的断裂为扇三角洲沉积体系的推进增加了动力,使沉积物沿着斜坡向下搬运距离较远,在次级断层的下降盘易形成湖底扇沉积体。湖底扇沉积规模较小,沉积物粒度细,延伸距离较短,例如,乌尔逊凹陷和贝尔凹陷陡坡带的扇三角洲和湖底扇沉积体系(图 3-4-1)。

4. 缓坡同向断阶型坡折带与辫状河三角洲和湖底扇

缓坡同向断阶型坡折带,在缓坡带一侧,斜坡背景上发育多条平行于斜坡走向断层,呈阶梯状分布,坡度相对较陡。搬运距离相对较远,沉积物粒度相对较细,在断裂上升盘部位发育辫状河三角洲沉积体系,在断裂下降盘,由于重力流的滑塌、浊流等作用易触发形成湖底扇沉积体系或浊积砂体,通过岩心观察,发育有递变层理、包卷层理、滑塌构造、泥岩撕裂块等（图3-4-3）。

缓坡同向断阶型坡折带主要发育在乌尔逊凹陷乌南次凹和乌北次凹的缓坡带及贝尔凹陷贝西北次凹的斜坡带，沉积体系主要以辫状河三角洲与湖底扇沉积体系为主（图3-4-1）。

苏40井，2031.91m，　　乌34井，2678.73m，　　乌34井，2676.23m，　　乌34井，2669.5m，
　滑塌变形　　　　　　　　滑塌变形　　　　　　　泥岩撕裂块　　　　　　正递变层理

图3-4-3　洼漕带重力流沉积的岩心相特征

5. 缓坡反向断阶型坡折带与辫状河三角洲和湖底扇

缓坡反向断阶型坡折带主要发育在南贝尔凹陷东次凹缓坡带和贝西南次凹缓坡带，其特点是斜坡被多条反方向正断层切割，从而形成多个逐渐向凹陷深入的断阶，由于搬运距离较远，沉积物粒度较细，以辫状河三角洲沉积为主，靠近湖盆断裂的下降盘，由于滑塌过来的重力流在此沉积，形成湖底扇（图3-4-1）。

二、构造坡折带的组合样式与砂体分散体系

构造坡折带类型与同沉积断裂紧密相连，同沉积断裂具有多种组合样式，受控于多期次构造幕式的旋回作用，从而控制砂体的分布[5]。根据断裂发育特征及组合样式，在海塔盆地识别出帚状、叉状、平行断阶状、雁列状、梳状、调节型等6种同沉积断裂组合样式，造就湖盆内复杂多变的构造古地貌及断裂坡折体系，严格控制着湖盆内砂体分散体系的沉积和堆积模式（图3-4-4和图3-4-5）。

1. 平行断阶状断裂体系的砂体分布样式

这类断裂体系在缓坡带一侧较常见，顺着构造带的延伸方向，发育多个平行分布的同向断层，呈阶梯式展布。如贝尔凹陷贝西次凹 D8 井区，乌尔逊凹陷乌北次凹 T7 井区，南贝尔凹陷东次凹 N5 井区都发育该类断裂体系，使辫状河三角洲砂体顺着台阶断层逐渐向前方富集，通常也与其他类型同生断裂体系共同控制着砂体横向展布。研究表明，平行断阶状断裂体系的形成通常与区域拉张拆离作用机制相关。在每个拆离式断层的下降盘，底部可以富集 800~150m 厚的沉积砂体，深入研究该类断裂体系将有助于指导油田生产实践（图3-4-4和图3-4-5）。

2. 帚状断裂体系的砂体分布样式

帚状断裂体系是由一条主干断裂向一端发散或分叉成多条次级断裂而形成的断裂体系，呈帚状特征，该类断裂体系在陡坡和缓坡两侧均可发育，其发育与走滑作用的叠加有密切关系。当水流方向与帚状断裂的断层面倾向相反或大角度斜交时（反向组合），主干

断裂发散的部位控制着砂质沉积中心，主要断裂的延伸控制着碎屑体系向盆内的推进方向。如在塔南凹陷 T19-90 井区与南贝尔凹陷 T21-17 井区的帚状断裂带（图 3-4-4），帚状断裂通常控制着扇体主体河道的迁移方向，发散部位常位于同沉积断裂相交处，为构造低部位，往往与厚度较大的所谓"断角砂体"伴生，进而控制着局部的次级沉积中心，如果找到主断裂的方向，对于找到主河道砂体无疑具有很好的指向意义。

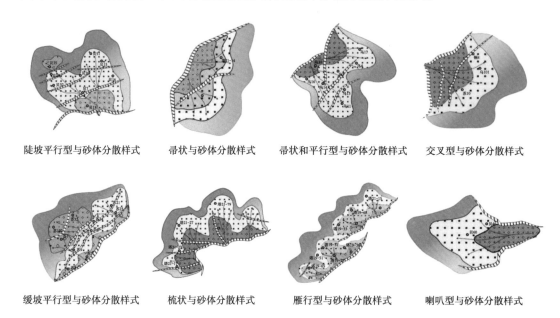

陡坡平行型与砂体分散样式　　帚状与砂体分散样式　　帚状和平行型与砂体分散样式　　交叉型与砂体分散样式

缓坡平行型与砂体分散样式　　梳状与砂体分散样式　　雁行型与砂体分散样式　　喇叭型与砂体分散样式

图 3-4-4　断裂坡折带组合样式与砂体展布特征图

3. 叉状断裂体系的砂体分布样式

该类断裂体系是由两条同沉积断裂相交所形成的叉形断裂构造，通常顺物源方向的是主干断裂，另一个方向是次级断裂，共同控制沉积相带的展布。一般主断裂控制扇体朵叶的展布与走向，次级断裂调节扇体朵叶的形态。如乌北次凹乌西断阶带的断裂与东北陡坡带的断裂带相交所形成的叉状断裂组合，西北部物源的粗碎屑体系沿断层下降盘堆积，形成朵叶状的扇体沉积，明显控制着物源的方向和扇体朵叶的展布形态（图 3-4-4 和图 3-4-5）。

4. 调节型断裂体系的砂体分布样式

盆内的不同规模、不同类型的构造转换带或者调节带对水系发育均起到重要的控制作用。一般来说，断层末端的断距变小，地形坡度变缓，地势相对较低。尤其是在两条断层的末端处，常常形成构造低地，往往是最大水系的注入位置。砂体在两条断层交汇处沉积，形成"朵叶状"或"叶片状"扇体分布。如乌北次凹 S10 井区乌西断阶带的断裂与东北陡坡带的断裂带所形成的调节型断裂组合，西北部物源的粗碎屑体系沿断层下降盘堆积，形成朵叶状的扇体沉积（图 3-4-4 和图 3-4-5）。

5. 梳状断裂体系的砂体分布样式

所谓"梳状断裂体系"是由主干同沉积断裂和发育于下降盘并与之高角度相交的一组伴生次级调节断裂构成。次级断裂的形成与沿主干走向的断距变化引起的调整或近于垂直的另一组主干断裂活动产生的断裂作用有关。典型实例见于南贝尔凹陷东次凹 N17 井区

（图 3-4-4）。

6. 雁列式断裂体系的砂体分布样式

雁列式断裂体系是由一组平行错列或斜列的产状及性质相同的断裂构成。各单条断裂长度相近且皆较短，相邻断裂端部尖灭呈现依次排列。以塔南凹陷 N18 井区为代表，斜列的同沉积断裂系末端也为构造低地，易于捕获水系。砂体由东北向西南方向推进，在断裂间的低地和中间断层末端的前方堆积（图 3-4-4）。

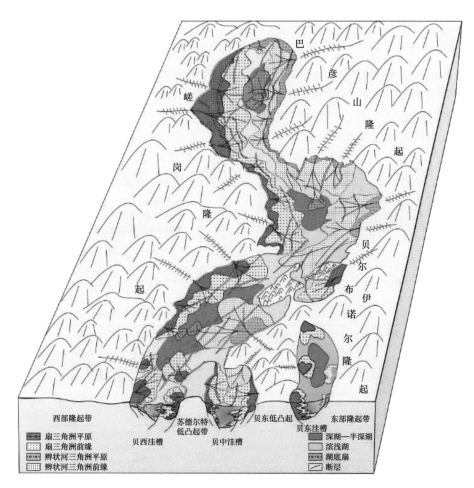

图 3-4-5　乌尔逊—贝尔凹陷南一段沉积体系分布

三、断裂坡折带控制的砂体与油气藏富集的关系

同沉积断裂坡折带不仅控制着砂体的厚度和展布形态，而且还控制优质烃源岩的发育位置，从而控制着油气藏的发育位置[32, 36]。不同构造部位发育的油气藏类型不同（图 3-4-6）。区内油气勘探实践已表明，长期活动的同沉积断裂或断裂坡折带是有利的油气聚集带，尤其是断陷边缘的断裂坡折带往往具有较理想的生、储、盖组合条件，是砂岩油气藏最有利的形成部位，是最为有利的勘探方向。

在陡坡坡折带的断层下降盘，低位域砂体较发育，储层物性良好，与发育在低位域砂体之上的湖侵域和高位域早期的优质烃源岩直接接触，从而构成良好的生储盖组合。由于断控断层的生长指数较大，易造成断层侧向封堵，从而形成有利的断层封闭[37]，因此，在断控陡坡带附近易形成断鼻和断层—岩性油气藏（图 3-4-6）。

缓坡断阶带由于受多级断阶的控制，砂体较发育，砂体搬运距离较远，储层物性良好，且由于缓坡带内邻生油洼槽、地层现今坡度小、构造变动相对缓慢、地层超覆不整合发育，有利于油气侧向运移。低位域的砂体与湖侵域或高位域的早期优质烃源岩直接接触，在缓坡断阶带外侧易形成地层油气藏，而内侧由于断层较为发育，与砂体配合，有利于形成断层—岩性和断块型油气藏（图 3-4-6）。

洼槽带不仅是盆地的沉积中心，同时也是凹陷的油源中心，岩性圈闭较发育。缓坡带、陡坡带的扇三角洲和辫状河三角洲前缘砂体等储集体垮塌沉积可发育大量浊积砂体，不仅储层物性良好，而且与湖侵域的优质烃源岩直接接触，易形成透镜体型油气藏。另外，在洼槽边缘坡折带的扇三角洲、辫状河三角洲前缘砂体，易形成断层—岩性油气藏（图 3-4-6）。

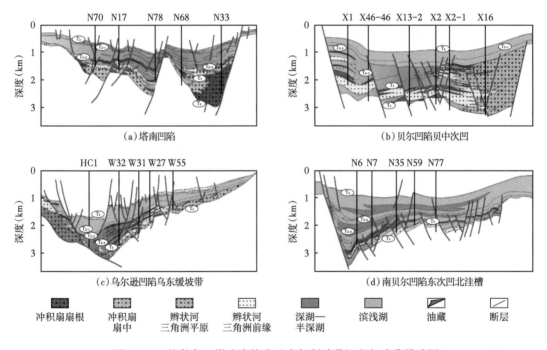

图 3-4-6 海拉尔—塔木察格盆地中部断陷带沉积与成藏模式图

如呼和湖凹陷西南缓坡带存在多级构造坡折（图 3-4-7），该区的和 10 井已获得工业油流。这主要是因为洼槽边缘的断裂坡折带控制着深湖、半深湖洼陷的分布，决定着优质烃源岩的发育范围；其次是在洼槽边缘断裂坡折带的断层下降盘，沉积了较厚的扇三角洲前缘或辫状河三角洲前缘砂体，且储层物性良好；同时，由于断裂坡折带内的同沉积断裂可成为重要的油气通道，洼陷边缘断裂坡折带的沉积砂体常直接与烃源岩接触，紧邻生油中心，油源充足；而且断层的生长指数大，易形成断面泥质涂抹层，造成侧向封堵，形成有利的断层封闭。再次，南屯组上覆地层发育巨厚的泥岩作为区域盖层，为形成油气圈闭创造最为有利的条件，构成了良好的生、储、盖组合。因此，在洼槽边缘断裂坡折带容易形成断层—岩性油气藏。

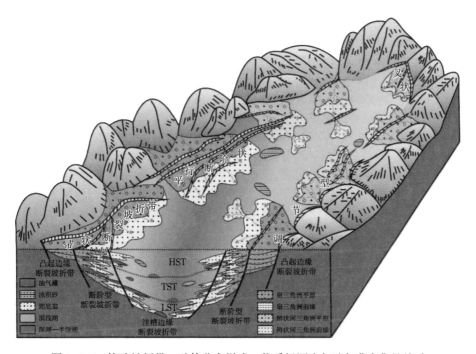

图 3-4-7　构造坡折带、砂体分布样式、优质烃源岩与油气藏富集的关系

参 考 文 献

[1] 池英柳，张万选，张厚福，等.陆相断陷盆地层序成因初探［J］.石油学报，1996，17（3）：19-26.

[2] 解习农.断陷盆地构造作用与层序样式［J］.地质论评，1996，42（3）：398-412.

[3] 林畅松，王清华，肖建新，等.库车坳陷白垩纪沉积层序构成及充填响应模式［J］.中国科学D辑（地球科学），2004，34（S）：74-82.

[4] 任建业，林畅松，李思田，等.二连盆地乌里亚斯太断陷层序地层格架及其幕式充填演化［J］.沉积学报，1999，17（4）：553-559.

[5] 李占东，于鹏，邵碧莹，等.复杂断陷盆地沉积充填演化与构造活动的响应——以海拉尔—塔木察格盆地中部断陷带为例［J］.中国矿业大学学报，2015，44（5）：853-860.

[6] 李军辉，卢双舫，柳成志，等.贝尔凹陷贝西斜坡南屯组层序特征及其油气成藏模式研究［J］.沉积学报，2009，27（2）：306-311.

[7] 吴海波，李军辉，刘赫.海拉尔盆地乌尔逊—贝尔凹陷层序构成样式及油气成藏模式［J］.岩性油气藏，2015，27（5）：155-160.

[8] 柳成志，李军辉.海拉尔盆地乌尔逊凹陷南屯组层序地层及沉积体系分析［J］.地层学杂志，2013，37（3）：303-312.

[9] 于兴河.碎屑岩系油气储层沉积学［M］.北京：石油工业出版社，2002.

[10] 吴河勇，李子顺，冯子辉，等.海拉尔盆地乌尔逊—贝尔凹陷构造特征与油气成藏过程分析［J］.石油学报，2006，21（S1）：1-6.

[11] 李思田，林畅松，解习农，等.大型陆相盆地层序地层学研究［J］.地学前缘，1995，2（3-4）：133-136.

[12] 吴海波，李军辉，刘赫.乌尔逊—贝尔凹陷岩性—地层油藏形成条件及分布规律 [J].中南大学学报（自然科学版），2015，46（6）：2178-2187.

[13] 李军辉，卢双舫，蒙启安，等.海拉尔盆地呼和湖凹陷南屯组典型砂体的特征分析 [J].地质学报，2010，84（10）：1495-1501.

[14] 侯艳平，朱德丰，任延广，等.贝尔凹陷构造演化及其对沉积和油气的控制作用 [J].大地构造与成矿学，2008，32（3）：300-307.

[15] 刘宝珺，曾允孚.岩相古地理基础和工作方法 [M].北京：地质出版社，1985.

[16] 赵红格，刘池洋.物源分析方法及研究进展 [J].沉积学报，2003，21（3）：409-415.

[17] 王世虎，焦养泉，吴立群，等.鄂尔多斯盆地西北部延长组中下部古物源与沉积体空间配置 [J].地球科学（中国地质大学学报），2007，32（2）：201-208.

[18] 蔡雄飞，黄思骥，肖劲东，等.人工重矿物组分的研究法在岩相古地理研究中的应用——以厂坝王家山组浅变质岩系为例 [J].岩相古地理，1990，10（1）：12-17.

[19] 刘立，胡春燕.砂岩中主要碎屑成分的物源区意义 [J].沉积与特提斯地质，1991，11（6）：48-53.

[20] 李忠，李仁伟，孙枢，等.合肥盆地南部侏罗系砂岩碎屑组分特征及其物源构造属性 [J].岩石学报，1999，15（3）：438-445.

[21] 陈江峰，周泰禧，邢凤鸣，等.皖南浅变质岩和沉积岩的钕同位素组成及沉积物源区 [J].科学通报，1989，34（20）：1572-1574.

[22] 刘少峰，张国伟，张宗清，等.合肥盆地花岗岩砾石的同位素年代学示踪 [J].科学通报，2001，46（9）：748-753.

[23] 邓宏文，郭建宇，王瑞菊，等.陆相断陷盆地的构造层序地层分析 [J].地学前缘，2008，15（2）：1-7.

[24] 周海民，汪泽成，郭英海，等.南堡凹陷第三纪构造作用对层序地层的控制 [J].中国矿业大学学报，2000，29（3）：326-330.

[25] 邓宏文，王红亮，王敦则.古地貌对陆相裂谷盆地层序充填特征的控制——以渤中凹陷西斜坡区下第三系为例 [J].石油与天然气地质，2001，22（4）：293-303.

[26] 吴磊，徐怀民，季汉成.渤海湾盆地渤中凹陷古近系沉积体系演化及物源分析 [J].海洋地质与第四纪地质，2006，26（1）：81-88.

[27] 王华，白云风，黄传炎，等.歧口凹陷古近纪东营期古物源体系重建与应用 [J].地球科学（中国地质大学学报），2009，34（3）：448-456.

[28] 黄传炎，王华，周立宏，等.北塘凹陷古近系沙河街组三段物源体系分析 [J].地球科学（中国地质大学学报），2009，34（5）：975-984.

[29] 王家豪，王华，赵忠新，等.层序地层学应用于古地貌分析——以塔河油田为例 [J].地球科学（中国地质大学学报），2003，28（4）：425-430.

[30] 林畅松，潘元林，肖建新，等.构造坡折带—断陷盆地层序分析和油气预测的重要概念 [J].地球科学（中国地质大学学报），2000，25（3）：260-265.

[31] 李思田，潘元林，陆永潮，等.断陷湖盆隐蔽油藏预测及勘探的关键技术——高精度地震探测基础上的层序地层学研究 [J].地球科学（中国地质大学学报），2002，27（5）：592-597.

[32] 冯有良，徐秀生.沉积构造坡折带对岩性油气藏富集带的控制作用——以渤海湾盆地古近系为例 [J].石油勘探与开发，2006，33（1）：22-31.

[33] 任建业，陆永潮，张青林.断陷盆地构造坡折带形成机制及其对层序发育样式的控制 [J].地球科学（中国地质大学学报），2004，29（5）：596-602.

[34] 林畅松，郑和荣，任建业，等.渤海湾盆地东营、沾化凹陷早第三纪同沉积断裂作用对沉积充填的的控制 [J].中国科学（D辑），2003，33（11）：1025-1036.

[35] 王英民，金武弟，刘书会，等.断陷湖盆多级坡折带的成因类型、展布及其勘探意义 [J].石油与天

　　然气地质，2003，24（3）：199-215.

[36] 黄传炎，王华，肖敦清，等.板桥凹陷断裂陡坡带沙一段层序样式和沉积体系特征及其成藏模式研究[J].沉积学报，2007，25（3）：386-391.

[37] 赵忠新，王华，陆永潮.断坡带对沉积体系的控制作用——以琼东南盆地为例[J].石油勘探与开发，2003，20（1）：25-27.

第四章 烃源岩和油气地球化学特征

海拉尔盆地是以古生界和前古生界变质岩为基底，其沉积层为中生界侏罗系、白垩系和新生界古近系—新近系、第四系。主力烃源岩层为下白垩统南屯组，其次是塔木兰沟组、铜钵庙组和大磨拐河组。由于海拉尔盆地各个凹陷的沉积环境不同，有淡水环境、微咸水环境、咸水环境和沼泽环境，形成的烃源岩类型较多，有湖相泥岩、油页岩、煤及煤系泥岩等；烃源岩有机质类型多样，Ⅰ—Ⅱ₁型有机质都有，母质来源有水生藻类、高等植物生源的孢子体、角质体、镜质体等，烃源岩生烃潜量的大小取决于有效生烃组分比例的多少。淡水—微咸水沉积环境的烃源岩以乌尔逊凹陷和贝尔凹陷为代表，这两个凹陷是目前海拉尔盆地的主力富油凹陷，还有红旗凹陷、乌固诺尔凹陷、莫达木吉凹陷、新宝力格凹陷和东明凹陷等；半咸水—咸水沉积环境的烃源岩以巴彦呼舒凹陷最为典型，钻探已获得工业油流，还有赫尔洪德凹陷等；淡水—沼泽沉积环境的烃源岩以呼和湖凹陷为代表，在凹陷南部已发现工业凝析油气藏，还有呼伦湖凹陷、查干诺尔凹陷、旧桥凹陷、鄂温克凹陷和五一牧场凹陷等。海拉尔盆地面积较大，凹陷多，烃源岩在整个盆地均有分布，范围较广，复杂性强，不同凹陷烃源岩的厚度、有机质的丰度、类型、成熟度差异较大。

第一节 烃源岩特征

一、烃源岩分布特征

海拉尔盆地纵向上发育塔木兰沟组（侏罗系）、铜钵庙组（下白垩统）、南屯组（下白垩统）、大磨拐河组（下白垩统）四套烃源岩，包括暗色泥岩和煤两种类型。总体上，贝尔凹陷和乌尔逊凹陷、塔南凹陷、南贝尔凹陷、红旗凹陷烃源岩最为发育，巴彦呼舒凹陷和呼伦湖凹陷次之。煤层和碳质泥岩，主要分布在呼和湖凹陷和呼伦湖凹陷的南屯组和大磨拐河组，为沼泽—湖相沉积的煤系烃源岩。盆地内的19个凹陷均有烃源岩分布，见表4-1-1，下面对西部断陷带、中部断陷带、东部断陷带9个有代表性凹陷的各层位烃源岩分布特征详细描述。

1. 西部断陷带烃源岩分布特征

海拉尔盆地西部断陷带暗色泥岩，主要分布在巴彦呼舒凹陷、查干诺尔凹陷和呼伦湖凹陷，主要烃源岩层位为铜钵庙组、南屯组、大磨拐河组。铜钵庙组暗色泥岩的统计主要是采用了钻井资料，由于许多井没有钻穿铜钵庙组，所以统计的暗色泥岩厚度应比实际厚度值小。下面主要介绍巴彦呼舒凹陷和查干诺尔凹陷各层位烃源岩分布特征。

1）塔木兰沟组烃源岩分布特征

根据单井暗色泥岩厚度统计数据来看，呼伦湖凹陷在该层位最大厚度可达350m，巴彦呼舒凹陷最大厚度不超过33m，有薄层暗色泥岩分布。

表 4-1-1　海拉尔盆地各凹陷暗色泥岩厚度统计表

断陷带	凹陷	凹陷面积（km²）	塔木兰沟组（m）	铜钵庙组（m）	南屯组（m）		大磨拐河组（m）
					南一段	南二段	
西部	巴彦呼舒凹陷	1426.5	$\frac{2\sim33}{14}$	$\frac{25\sim150}{85}$	$\frac{25\sim350}{185}$	$\frac{25\sim375}{200}$	$\frac{20\sim320}{170}$
	呼伦湖凹陷	3510.0	$\frac{50\sim350}{200}$	$\frac{10\sim450}{230}$	$\frac{10\sim340}{175}$	$\frac{20\sim550}{285}$	$\frac{20\sim182}{100}$
	查干诺尔凹陷	912.70	—	$\frac{50\sim350}{200}$	$\frac{50\sim350}{200}$	$\frac{50\sim400}{225}$	$\frac{30\sim150}{90}$
中部	乌尔逊凹陷	2007.0	$\frac{16\sim360}{210}$	$\frac{50\sim300}{175}$	$\frac{60\sim300}{180}$	$\frac{50\sim400}{225}$	$\frac{100\sim600}{350}$
	贝尔凹陷	2488.2	—	$\frac{20\sim120}{70}$	$\frac{100\sim500}{300}$	$\frac{50\sim320}{185}$	$\frac{50\sim700}{375}$
	红旗凹陷	1134.5	$\frac{41\sim207}{124}$	$\frac{50\sim200}{125}$	$\frac{50\sim350}{200}$	$\frac{50\sim300}{175}$	$\frac{20\sim330}{175}$
	东明凹陷	964.5	$\frac{12\sim117}{65}$	$\frac{17\sim185}{101}$	$\frac{87\sim629}{356}$	$\frac{53\sim498}{275}$	$\frac{300\sim810}{555}$
	鄂温克凹陷	1140.0	—	—	$\frac{50\sim120}{85}$		$\frac{50\sim200}{125}$
	五一牧场凹陷	620.0	—	$\frac{1\sim13}{7}$	$\frac{50\sim300}{175}$		$\frac{50\sim150}{100}$
	新宝力格凹陷	640.0	—	$\frac{10\sim50}{30}$	$\frac{50\sim150}{100}$		$\frac{50\sim350}{200}$
	莫达木吉凹陷	1000.0	—	$\frac{50\sim100}{75}$	$\frac{100\sim500}{300}$		$\frac{50\sim450}{250}$
	乌固诺尔凹陷	790.0	—	$\frac{10\sim50}{30}$	$\frac{50\sim350}{200}$		$\frac{50\sim398}{225}$
	赫尔洪德凹陷	1500.0	$\frac{30\sim234}{130}$	—	$\frac{137\sim172}{150}$	$\frac{112\sim141}{125}$	$\frac{300\sim475}{370}$
	塔南凹陷	—	—	$\frac{60\sim80}{70}$	$\frac{100\sim350}{225}$		$\frac{100\sim450}{275}$
	南贝尔凹陷	3200.0	—	$\frac{50\sim300}{175}$	$\frac{50\sim407}{226}$	$\frac{60\sim300}{180}$	$\frac{100\sim900}{500}$
东部	呼和湖凹陷	1846.0	$\frac{4\sim112}{58}$	$\frac{4\sim155}{45}$	$\frac{35\sim385}{171}$	$\frac{62\sim670}{291}$	$\frac{345\sim1200}{745}$
	伊敏凹陷	746.2	—	—	$\frac{20\sim140}{80}$	$\frac{20\sim84}{52}$	$\frac{40\sim210}{125}$
	旧桥凹陷	2600.0	—	—	$\frac{50\sim100}{75}$		$\frac{50\sim400}{225}$
	巴音戈壁凹陷	4000.0	—	$\frac{50\sim240}{145}$	$\frac{50\sim200}{125}$		$\frac{50\sim290}{170}$

注：表中数据格式为 $\frac{最小值\sim最大值}{平均值}$。

2）铜钵庙组烃源岩分布特征

铜钵庙组暗色泥岩在巴彦呼舒凹陷主要分布在西部斜坡带楚 5 井区，厚度最大为 150m，凹陷北部厚度为 100m，相对于南屯组明显减薄。查干诺尔凹陷铜钵庙组暗色泥岩分布范围较广，分布均匀，整体厚度差异不大，南部厚度最大值为 350m，中部为 250m，北部为 200m。

3）南屯组烃源岩分布特征

南屯组暗色泥岩在巴彦呼舒凹陷南二段泥岩厚度分布不均，差异大，范围广，在凹陷中部楚 4 井一带厚度达到 375m，而西南和东北部泥岩厚度只有 50m；南一段泥岩厚度中心在凹陷中部地带，如图 4-1-1 所示，厚度达到 350m，总体上厚度差异不大，西南和东北部最大厚度也达到 200m 以上。查干诺尔凹陷南二段泥岩在南部厚度较大，最大值为 400m，北部较薄为 250m；南一段有效烃源岩整体分布均匀，南部和北部厚度最大值达到 350m，中部厚度较薄为 250m。

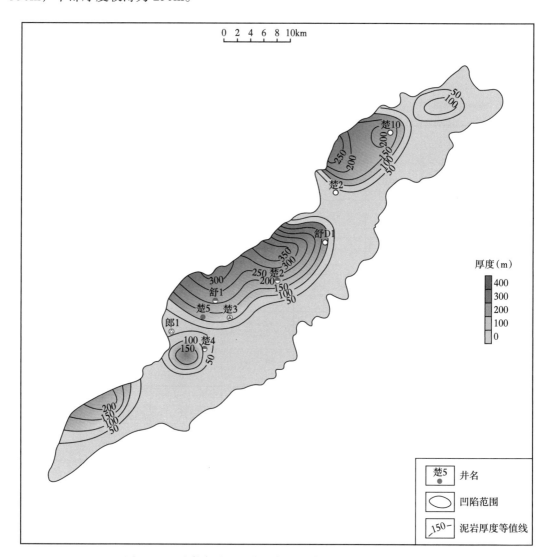

图 4-1-1　海拉尔盆地巴彦呼舒凹陷南一段泥岩厚度分布图

4）大磨拐河组烃源岩分布特征

大磨拐河组暗色泥岩在巴彦呼舒凹陷分布范围广，但厚度差异大，泥岩呈带状分布于凹陷中，以凹陷中部最厚，高值分布于凹陷中部楚 4 井周围，最大厚度可达 605m，其余地方泥岩厚度都不超过 80m。查干诺尔凹陷暗色泥岩在南部较发育，在凹陷北部较薄。

2. 中部断陷带烃源岩分布特征

海拉尔盆地中部带属于深湖—半深湖相沉积带，暗色泥岩主要分布在乌尔逊凹陷、贝尔凹陷、红旗凹陷、塔南凹陷和南贝尔凹陷等 12 个凹陷，层位有塔木兰沟组、铜钵庙组、南屯组（乌尔逊凹陷和贝尔凹陷细分为 8 个小层）及大磨拐河组。下面主要介绍乌尔逊凹陷、贝尔凹陷、红旗凹陷、塔南凹陷和南贝尔凹陷各层位烃源岩分布特征。

1）塔木兰沟组烃源岩分布特征

塔木兰沟组是侏罗系火山岩—沉积岩共生模式的一套沉积地层，在多个凹陷单井钻遇了暗色泥岩，暗色泥岩主要发育于盆地中部带和西部带，南部靠近德尔布干大断裂两侧的凹陷中。其中赫尔洪德凹陷、红旗凹陷和乌尔逊凹陷暗色泥岩厚度较大，根据乌尔逊凹陷苏 52 井、苏 37-49 井联井地震剖面泥岩反射特征来看，最大可达 900m，一般厚度在 100m 以上，分布面积广，几乎覆盖中部断陷带。单井暗色泥岩统计数据表明，乌尔逊凹陷最大厚度在 360m 左右，红旗凹陷为 207m，东明凹陷为 117m，赫尔洪德凹陷为 234m，见表 4-1-1。

2）铜钵庙组烃源岩分布特征

铜钵庙组的暗色泥岩在乌尔逊凹陷的乌北地区分布均匀，厚度范围主要在 40~100m；乌南地区的中部和东部暗色泥岩厚度大，范围广，厚度范围主要在 50~200m，洼槽区暗色泥岩厚度最大，乌 61 井附近最大厚度达到 318m。贝尔凹陷铜钵庙组暗色泥岩整体比乌尔逊凹陷薄，该套地层部分井未打穿，其暗色泥岩主要分布在贝西南部，最厚处在 100m 以上，贝中地区最厚泥岩厚度可达 120m。总体上，暗色泥岩在凹陷中较发育，但分布不集中。红旗凹陷铜钵庙组暗色泥岩厚度分布均匀，中部和西南部泥岩厚度值达到 207m，是红旗凹陷主要的生油层。塔南凹陷在铜钵庙组部分井未打穿，其暗色泥岩厚度主要分布在凹陷中部，总体厚度不大，最大值为 80m。南贝尔凹陷铜钵庙组暗色泥岩最大厚度达到 300m，平均 175m 左右，在凹陷西部烃源岩分布面积稍大，东南部仅中部有一定厚度的烃源岩发育，厚度薄，一般在 60~80m，面积小。

3）南屯组烃源岩分布特征

南屯组暗色泥岩是海拉尔盆地的主力烃源岩层，烃源岩有机质丰度高，类型好且多处于成熟演化阶段，对油气生成有重要意义。乌尔逊凹陷南屯组一段暗色泥岩在乌北地区较发育，厚度一般在 60m 以上，最大厚度可以达到 200m，主要是在苏仁诺尔断裂带南部洼槽中苏 15 井、苏 33-1 井附近，反映当时该区是沉积中心之一。乌南地区泥岩厚度一般在 50m 以上，主要分布在洼槽西部乌 23 井和西南部海参 1 井井区附近，以及巴彦塔拉地区，最大厚度可以达到 300m。南一段从上到下细分 6 个层（$K_1n_1^1$—$K_1n_1^6$），$K_1n_1^4$ 和 $K_1n_1^6$ 暗色泥岩厚度大，主要在 50~150m，分布范围广，而 $K_1n_1^5$ 段的暗色泥岩厚度较薄，平均值为 26.1m，见表 4-1-2。南屯组二段暗色泥岩在乌北地区和乌南地区都比较发育，乌北地区主要分布在苏仁诺尔断裂带南北两个洼槽中，大部分泥岩厚度超过 50m，最大达到 248m 左右。乌南地区厚度较大的区域主要分布在洼槽西部乌 23 井和西南部乌 13 井、乌 14 井井区附近，以及巴彦塔拉地区，最大厚度在 350m 以上，与南一段相似。乌南地区的中部和东部区域泥岩厚度主要在 50~75m 范围内。南二段从下到上细分 2 个层（$K_1n_2^2$—$K_1n_2^1$），$K_1n_2^2$ 段相比 $K_1n_2^1$ 段沉积范围大，断裂带南部超过 150m 厚的泥岩分布局限。

表 4-1-2　乌尔逊—贝尔凹陷细分层暗色泥岩平均厚度值统计表

细分层位	暗色泥岩厚度（m）	
	乌尔逊凹陷	贝尔凹陷
$K_1n_2^1$	66.5	62.9
$K_1n_2^2$	73.8	65.0
$K_1n_1^1$	—	61.4
$K_1n_1^2$	52.3	56.3
$K_1n_1^3$	45.7	57.4
$K_1n_1^4$	51.4	66.7
$K_1n_1^5$	26.1	21.3
$K_1n_1^6$	62.7	31.4

贝尔凹陷南一段泥岩主要分布在贝西次凹和贝中次凹。贝西北洼槽泥岩厚度可达550m，贝中次凹泥岩厚度主要分布在 100~250m，贝东地区泥岩最厚处为 350m。南一段暗色泥岩主要分布在下部 $K_1n_1^3$—$K_1n_1^5$ 段，与乌尔逊凹陷不同，贝尔凹陷 $K_1n_1^3$—$K_1n_1^4$ 暗色泥岩厚度相对大，主要在 50~250m，贝西次凹的贝西南洼槽、贝 18 洼槽等小洼槽暗色泥岩厚度也很大，贝西南洼槽内 $K_1n_1^3$—$K_1n_1^5$ 段暗色泥岩厚度可达 275m，贝 18 洼槽平均厚度约 300m。南二段暗色泥岩分布比较均匀，各次凹厚度相差较南一段不大，贝西南洼槽暗色泥岩最厚处约 320m，贝中次凹泥岩厚度主要分布在 50~150m，贝东地区泥岩厚度可达 175m。乌尔逊—贝尔凹陷细分层泥岩厚度统计数据显示，由于 $K_1n_1^5$ 地层厚度薄，暗色泥岩平均厚度只有 21.3m，但该层烃源岩品质突出，丰度高，类型好，母质类型 I 型占比高，为优质烃源岩，泥岩分布特征如图 4-1-2 所示。

红旗凹陷南一段泥岩分布面积小，主要分布在凹陷西南部，厚度最大为 350m，在东北部还有小部分泥岩分布。南二段泥岩分布范围相对广，面积大，凹陷中部泥岩厚度值最大，达到 300m 以上，西南部厚度为 250m，东北部厚度为 150m。

塔南凹陷南屯组的暗色泥质烃源岩分布比较均匀，厚度都达到 150m 以上，厚度最大处在南部的塔 19-46-1 井一带，达到 550m；凹陷中部基本在 350m 左右，凹陷北部也达到 250m 左右。

南贝尔凹陷南屯组暗色泥岩总体上分为东西两个区块，整个凹陷最大厚度可达 520m，位于凹陷东北部，面积大，且分布稳定。西北部则厚度较薄，一般在 50~150m，面积小。南一段在东次凹发育暗色泥岩，南洼槽最厚地区在塔 21-44 井处，为 408m；北洼槽最厚地区在塔 21-48 井处，为 517m；东次凹东部斜坡带及西次凹暗色泥岩厚度较小，一般小于 150m；南部潜山披覆带塔 21-28 井井区缺失南屯组一段。南二段在东西次凹暗色泥岩厚度均大于100m，东次凹较厚，最大可达300m左右；有效烃源岩厚度在东次凹北洼槽和南洼槽较大，在100~250m；西次凹基本都在100m以下。

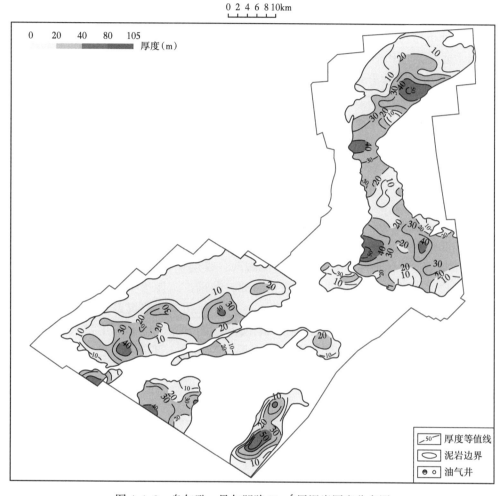

0 2 4 6 8 10km

0　20　40　80　105
厚度（m）

图 4-1-2　乌尔逊—贝尔凹陷 $K_1n_1^5$ 层泥岩厚度分布图

4）大磨拐河组烃源岩分布特征

大磨拐河组暗色泥岩在乌尔逊凹陷和贝尔凹陷各洼槽中均非常发育，说明该层段在当时的沉积时期为水进体系，湖水相对较深。乌尔逊凹陷暗色泥岩厚度略小于贝尔凹陷，乌北洼槽中暗色泥岩的最大厚度达到600m，在乌南洼槽最大厚度达到550m。贝尔凹陷暗色泥岩在贝西次凹厚度最大，可达到800m以上，而贝中次凹和贝东次凹的厚度相对薄些，一般在200m以上，较深洼槽区能达到300m。由于该层段的泥岩沉积晚，埋深较浅，成熟度低，故对生油贡献不大，但却是非常好的区域盖层。红旗凹陷大磨拐河组暗色泥岩总体上分为西南和东北两个区块，整个凹陷最大厚度可达330m，位于凹陷西南部；东北部厚度比较均匀，都在80m以下。塔南凹陷的三个次凹在大磨拐河组的暗色泥岩分布比较均匀，最厚处在中部次凹的塔19-69井一带，可达451m。南贝尔凹陷在该组暗色泥岩总体上分为东西两个区块，整个凹陷最大厚度可达530m，位于凹陷西部，且面积较大，东部厚度相对比较均匀，都在300~400m，面积相对较小。

3. 东部断陷带烃源岩分布特征

海拉尔盆地东部断陷带暗色泥岩主要分布在呼和湖凹陷、伊敏凹陷、旧桥凹陷、巴音戈壁凹陷等4个凹陷，其中呼和湖凹陷是海拉尔盆地煤系烃源岩沉积的典型代表；纵向上暗色泥岩分布与西部断陷带和中部断陷带相似，都以铜钵庙组、南屯组和大磨拐河组为主。下面主要介绍呼和湖凹陷和巴音戈壁凹陷各层位烃源岩分布特征。

1）塔木兰沟组烃源岩分布特征

根据单井暗色泥岩厚度统计数据来看，呼和湖凹陷局部最大厚度可达112m。

2）铜钵庙组烃源岩分布特征

呼和湖凹陷铜钵庙组暗色泥岩主要分布在凹陷的中部和南部，最大厚度为155m；煤主要分布在凹陷中部西侧，最大厚度为8m。巴音戈壁凹陷铜钵庙组见深灰、灰黑色泥岩夹层，连片分布，在各洼槽沉积中心暗色泥岩厚度在100m以上，最大厚度分布在凹陷西北部，可达240m。

3）南屯组烃源岩分布特征

呼和湖凹陷南一段暗色泥岩分布以凹陷南部和中部为主，最大厚度为385m，而凹陷北部泥岩厚度小，总体上厚度自中心向边部减薄；煤层主要在凹陷中部，厚度不大，25m左右。南二段暗色泥岩分布在凹陷中部和南部，范围广、厚度大，最大厚度达到550m，而凹陷北部泥岩分布面积小、厚度小（图4-1-3）；呼和湖凹陷煤系烃源岩在南二段、大一段和大二段较为发育，南二段煤层在凹陷南部东侧分布范围和厚度都大，最大厚度为100m左右。巴音戈壁凹陷南屯组暗色泥岩以黑灰色为主，部分灰黑色，主要分布在凹陷的南部，预测最大厚度在200m以上。

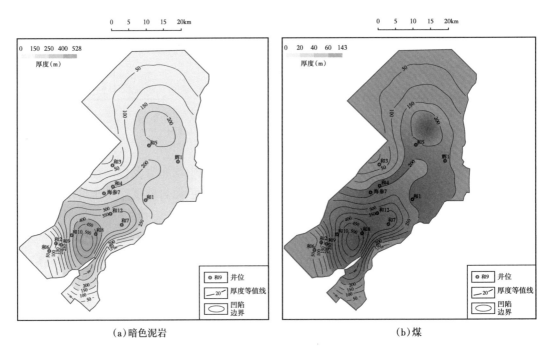

图4-1-3　呼和湖凹陷南二段暗色泥岩和煤厚度分布图

4）大磨拐河组烃源岩分布特征

大磨拐河组暗色泥岩在盆地东部的呼和湖凹陷最为发育，主要分布在凹陷南部的东侧，最大厚度1150m，在和18井—和8井—和12井的深洼槽内分布着等值线大于600m的区域，呈南北方向分布，从洼槽中心逐渐向四周变薄，凹陷中部和北部洼槽暗色泥岩分布范围相对小很多，北部洼槽厚度最大地方达到500m，但面积小；煤主要分布在南部，最大厚度为60m。巴音戈壁凹陷在大磨拐河组的暗色泥岩平面上可分为三个区带，凹陷西北部，厚度最大，可达290m，北部泥岩厚度最大220m，东部泥岩厚度最薄，不超过150m。

二、烃源岩有机地球化学特征

1.烃源岩有机质丰度特征

1）烃源岩有机质丰度垂向变化特征

（1）西部断陷带烃源岩有机质丰度垂向变化特征。

从有机质丰度看（表4-1-3和表4-1-4），巴彦呼舒凹陷和查干诺尔凹陷主力烃源岩主要分布在南一段和南二段。

表4-1-3　巴彦呼舒凹陷泥质烃源岩有机质丰度数据统计表

层位	TOC（%）	S_1+S_2（mg/g）	氯仿沥青"A"（%）
K_1t	$\frac{0.36\sim3.48}{1.96}$	$\frac{14.58\sim27.97}{19.92}$	$\frac{0.048\sim0.248}{0.129}$
K_1n_1	$\frac{0.31\sim9.65}{3.57}$	$\frac{0.24\sim72.54}{28.57}$	$\frac{0.013\sim1.001}{0.396}$
K_1n_2	$\frac{0.23\sim9.28}{3.47}$	$\frac{3.87\sim156.78}{43.67}$	$\frac{0.004\sim1.395}{0.273}$
K_1d	$\frac{1.74\sim8.97}{4.03}$	$\frac{1.64\sim51.71}{21.50}$	$\frac{0.004\sim0.385}{0.110}$

注：表中数据格式为$\frac{最小值\sim最大值}{平均值}$，后同。

表4-1-4　查干诺尔凹陷泥质烃源岩有机质丰度数据统计表

层位	TOC（%）	S_1+S_2（mg/g）	氯仿沥青"A"（%）
K_1t	$\frac{0.10\sim3.10}{0.92}$	$\frac{0.01\sim2.28}{0.72}$	$\frac{0.002\sim0.072}{0.034}$
K_1n_1	$\frac{0.84\sim34.00}{5.24}$	$\frac{0.33\sim94.90}{11.13}$	$\frac{0.048\sim0.455}{0.235}$
K_1n_2	$\frac{1.08\sim3.67}{2.12}$	$\frac{0.42\sim103.82}{11.21}$	$\frac{0.016\sim0.178}{0.059}$
K_1d	$\frac{0.069\sim6.42}{1.83}$	$\frac{0.07\sim5.43}{1.34}$	$\frac{0.002\sim0.092}{0.027}$

①铜钵庙组。

巴彦呼舒凹陷铜钵庙组烃源岩有机碳平均值为 1.96%，生烃潜量（S_1+S_2）平均为 19.92mg/g，氯仿沥青"A"平均为 0.129%。

查干诺尔凹陷铜钵庙组烃源岩有机碳含量平均值为 0.92%，氯仿沥青"A"平均值为 0.034%，生烃潜量（S_1+S_2）平均值 0.72mg/g。

②南屯组。

巴彦呼舒凹陷南一段烃源岩有机碳平均值为 3.57%，生烃潜量（S_1+S_2）平均为 28.57mg/g，氯仿沥青"A"平均为 0.396%，最高值在楚 4 井一带，有机碳含量达到 4.5%，凹陷东北部楚 1 井有机碳含量达到 3%。南二段烃源岩有机碳平均值为 3.47%，生烃潜量（S_1+S_2）平均为 43.67mg/g，氯仿沥青"A"平均为 0.273%。

查干诺尔凹陷南一段烃源岩有机碳平均值为 5.24%，氯仿沥青"A"平均值为 0.235%，生烃潜量（S_1+S_2）平均值为 11.13mg/g；南二段烃源岩有机碳含量平均值为 2.12%，氯仿沥青"A"平均值为 0.059%，生烃潜量（S_1+S_2）平均值为 11.21mg/g。

③大磨拐河组。

巴彦呼舒凹陷大磨拐河组烃源岩有机碳平均值为 4.03%，生烃潜量（S_1+S_2）平均为 21.5mg/g，氯仿沥青"A"平均为 0.110%。

查干诺尔凹陷大磨拐河组烃源岩有机碳平均值为 1.83%，氯仿沥青"A"平均值为 0.027%，生烃潜量（S_1+S_2）平均为 1.34mg/g。

（2）中部断陷带烃源岩有机质丰度垂向变化特征。

从有机质丰度看（表 4-1-5 至表 4-1-9），乌尔逊凹陷的乌北、乌南洼槽和贝尔凹陷主力烃源岩主要分布在南屯组；红旗凹陷主力烃源岩主要分布在南一段和南二段；塔南凹陷主力烃源岩主要分布在南一段；南贝尔凹陷主力烃源岩主要分布在南一段和南二段。

表 4-1-5　乌尔逊凹陷泥质烃源岩有机质丰度数据统计表

地区	层位	TOC（%）	S_1+S_2（mg/g）	氯仿沥青"A"（%）
乌北洼槽	K_1t	$\dfrac{0.14\sim4.46}{1.65}$	$\dfrac{0.03\sim6.99}{1.52}$	$\dfrac{0.036\sim0.289}{0.111}$
乌南洼槽		$\dfrac{0.03\sim4.19}{1.04}$	$\dfrac{0.02\sim77.57}{3.46}$	$\dfrac{0.001\sim0.677}{0.115}$
乌北洼槽	K_1n_1	$\dfrac{0.08\sim5.95}{2.17}$	$\dfrac{0.01\sim30.89}{5.60}$	$\dfrac{0.022\sim1.922}{0.255}$
	K_1n_2	$\dfrac{0.54\sim5.98}{2.78}$	$\dfrac{0.01\sim32.94}{4.71}$	$\dfrac{0.001\sim4.748}{0.137}$
乌南洼槽	K_1n_1	$\dfrac{0.13\sim4.25}{1.64}$	$\dfrac{0.07\sim25.91}{6.56}$	$\dfrac{0.001\sim0.432}{0.101}$
	K_1n_2	$\dfrac{0.27\sim5.85}{2.44}$	$\dfrac{0.08\sim17.08}{6.23}$	$\dfrac{0.004\sim4.748}{0.175}$

续表

地区	层位	TOC（%）	S_1+S_2（mg/g）	氯仿沥青"A"（%）
乌北洼槽	K_1d	$\dfrac{0.30 \sim 4.98}{2.21}$	$\dfrac{0.01 \sim 13.65}{1.79}$	$\dfrac{0.009 \sim 0.124}{0.043}$
乌南洼槽		$\dfrac{0.15 \sim 24.59}{1.93}$	$\dfrac{0.01 \sim 101.02}{3.87}$	$\dfrac{0.001 \sim 3.516}{0.111}$

表 4-1-6　贝尔凹陷烃源岩有机质丰度数据统计表

层位	TOC（%）	S_1+S_2（mg/g）	氯仿沥青"A"（%）
K_1t	$\dfrac{0.05 \sim 2.46}{0.47}$	$\dfrac{0.01 \sim 16.78}{1.31}$	$\dfrac{0.0004 \sim 0.065}{0.009}$
K_1n_1	$\dfrac{0.07 \sim 15.69}{1.65}$	$\dfrac{0.01 \sim 319.97}{7.04}$	$\dfrac{0.0004 \sim 0.788}{0.090}$
K_1n_2	$\dfrac{0.67 \sim 9.09}{1.96}$	$\dfrac{0.04 \sim 285.63}{6.06}$	$\dfrac{0.006 \sim 0.214}{0.059}$
K_1d	$\dfrac{0.15 \sim 12.31}{1.92}$	$\dfrac{0.01 \sim 137.30}{3.71}$	$\dfrac{0.001 \sim 0.389}{0.031}$

表 4-1-7　红旗凹陷烃源岩有机质丰度数据统计表

层位	TOC（%）	S_1+S_2（mg/g）	氯仿沥青"A"（%）
K_1tm	$\dfrac{0.406 \sim 4.274}{0.867}$	$\dfrac{0.37 \sim 8.51}{1.447}$	$\dfrac{0.015 \sim 0.065}{0.036}$
K_1t	$\dfrac{0.41 \sim 7.18}{1.55}$	$\dfrac{0.18 \sim 13.90}{4.48}$	$\dfrac{0.031 \sim 2.864}{0.474}$
K_1n_1	$\dfrac{1.48 \sim 7.92}{3.68}$	$\dfrac{1.17 \sim 36.08}{11.03}$	$\dfrac{0.017 \sim 0.165}{0.083}$
K_1n_2	$\dfrac{1.45 \sim 7.18}{3.27}$	$\dfrac{2.21 \sim 34.49}{10.69}$	$\dfrac{0.016 \sim 0.377}{0.084}$
K_1d	$\dfrac{0.86 \sim 5.41}{2.29}$	$\dfrac{0.22 \sim 33.25}{6.66}$	$\dfrac{0.003 \sim 0.098}{0.030}$

表 4-1-8　塔南凹陷烃源岩有机质丰度数据统计表

层位	TOC（%）	S_1+S_2（mg/g）	氯仿沥青"A"（%）
K_1t	$\dfrac{0.070 \sim 5.910}{1.380}$	$\dfrac{0.04 \sim 33.87}{4.64}$	$\dfrac{0.0023 \sim 0.3041}{0.0605}$
K_1n_2	$\dfrac{0\,386 \sim 3.600}{1.945}$	$\dfrac{0.37 \sim 25.48}{3.69}$	$\dfrac{0.0012 \sim 0.3607}{0.0467}$
K_1n_1	$\dfrac{0.129 \sim 5.220}{2.271}$	$\dfrac{0.06 \sim 24.36}{6.47}$	$\dfrac{0.0023 \sim 0.448}{0.1241}$
K_1d	$\dfrac{0.642 \sim 3.310}{1.836}$	$\dfrac{0.22 \sim 15.2}{1.96}$	$\dfrac{0.0024 \sim 0.2805}{0.0281}$

表 4-1-9　南贝尔凹陷烃源岩有机质丰度数据统计表

层位	TOC（%）	S_1+S_2（mg/g）	氯仿沥青"A"（%）
K_1t	$\dfrac{0.148 \sim 3.833}{1.626}$	$\dfrac{0 \sim 21.74}{4.71}$	$\dfrac{0.0012 \sim 0.5988}{0.1128}$
K_1n_2	$\dfrac{0.395 \sim 5.947}{2.170}$	$\dfrac{0.60 \sim 53.82}{7.38}$	$\dfrac{0.0008 \sim 0.1516}{0.0531}$
K_1n_1	$\dfrac{0.100 \sim 3.465}{1.362}$	$\dfrac{0.10 \sim 25.16}{5.34}$	$\dfrac{0.0014 \sim 0.5387}{0.0921}$
K_1d	$\dfrac{0.60 \sim 3.604}{1.685}$	$\dfrac{0.06 \sim 10.41}{2.30}$	$\dfrac{0.0004 \sim 0.1566}{0.018}$

①塔木兰沟组。

红旗凹陷塔木兰沟组烃源岩有机碳平均值为 0.867%，生烃潜量平均值为 1.447mg/g，氯仿沥青"A"平均值为 0.036%。

②铜钵庙组。

乌尔逊凹陷乌北洼槽铜钵庙组烃源岩有机碳平均值为 1.65%，氯仿沥青"A"平均值为 0.111%，生烃潜量平均值为 1.52mg/g。乌南洼槽铜钵庙组烃源岩有机碳平均值为 1.04%，氯仿沥青"A"平均值为 0.115%，生烃潜量（S_1+S_2）平均值为 3.46mg/g。贝尔凹陷烃源岩有机质丰度相对较低，有机碳平均值只有 0.47%，个别样品有机碳大于 2%；生烃潜量（S_1+S_2）平均值为 1.31mg/g，氯仿沥青"A"平均值为 0.009%。

红旗凹陷铜钵庙组烃源岩有机碳平均值为 1.55%，生烃潜量平均为 4.48mg/g，氯仿沥青"A"平均为 0.474%。

塔南凹陷铜钵庙组烃源岩有机碳平均值为 1.38%；氯仿沥青"A"平均值为 0.0605%；生烃潜量（S_1+S_2）平均值为 4.64mg/g。

南贝尔凹陷铜钵庙组烃源岩有机碳平均值为 1.626%，氯仿沥青"A"平均值为 0.1128%，生烃潜量（S_1+S_2）平均值为 4.71mg/g。

③南屯组。

乌尔逊凹陷南屯组有机质丰度整体好于铜钵庙组，南一段的烃源岩品质要好于南二段，南一段下部（$K_1n_1^3$—$K_1n_1^6$）烃源岩有机碳平均值为 2.09%~2.34%，生烃潜量（S_1+S_2）平均值为 5.89~8.81mg/g，明显好于上部。其中 $K_1n_1^5$ 段烃源岩品质尤为突出，其有机碳平均值达到 2.34%，生烃潜量（S_1+S_2）达到 7.93mg/g（表 4-1-10）。

表 4-1-10　乌尔逊凹陷南屯组有机质丰度数据统计表

层位	TOC 平均值（%）	S_1+S_2 平均值（mg/g）
$K_1n_2^1$	2.58	5.37
$K_1n_2^2$	2.30	6.04
$K_1n_1^1$	—	—
$K_1n_1^2$	1.80	5.58
$K_1n_1^3$	2.20	7.35
$K_1n_1^4$	2.00	8.81
$K_1n_1^5$	2.34	7.93
$K_1n_1^6$	2.09	5.89
$K_1n_1^7$	1.51	5.89
$K_1n_1^8$	1.42	2.74

贝尔凹陷南屯组有机质丰度整体好于铜钵庙组，南一段的烃源岩丰度要好于南二段（图 4-1-4），南一段下部 $K_1n_1^3$—$K_1n_1^6$ 段烃源岩有机碳平均值为 1.57%~2.17%，生烃潜量（S_1+S_2）平均值为 3.49~11.96mg/g，明显好于上部。其中 $K_1n_1^5$ 段烃源岩品质尤为突出，其有机碳平均值达到 2.17%，生烃潜量（S_1+S_2）平均值最高，达到 11.96mg/g（表 4-1-11）。

表 4-1-11　贝尔凹陷南屯组有机质丰度数据统计表

层位	TOC 平均值（%）	S_1+S_2 平均值（mg/g）
$K_1n_2^1$	1.88	2.98
$K_1n_2^2$	1.85	3.76
$K_1n_1^1$	1.78	3.49
$K_1n_1^2$	1.76	3.50
$K_1n_1^3$	2.03	6.78
$K_1n_1^4$	1.57	5.87
$K_1n_1^5$	2.17	11.96
$K_1n_1^6$	1.66	3.49

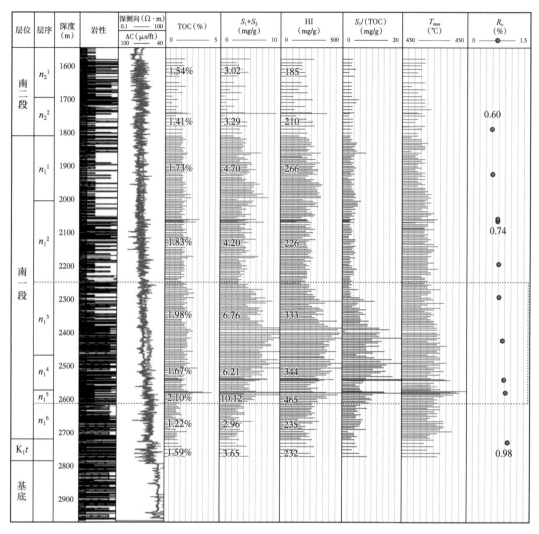

图 4-1-4　贝 56 井烃源岩地球化学综合剖面图

红旗凹陷南一段烃源岩有机碳平均值为 3.68%，生烃潜量平均为 11.03mg/g，氯仿沥青"A"平均为 0.083%；南二段烃源岩有机碳平均值为 3.27%，生烃潜量平均为 10.69mg/g，氯仿沥青"A"平均为 0.084%（表 4-1-7）。

塔南凹陷南一段组烃源岩有机碳平均值为 2.271%（表 4-1-8），氯仿沥青"A"平均值为 0.1241%，生烃潜量（S_1+S_2）平均值为 6.47mg/g；南二段组烃源岩有机碳平均值为 1.9451%，氯仿沥青"A"平均值为 0.0467%，生烃潜量（S_1+S_2）平均值为 3.69mg/g。

南贝尔凹陷南屯组烃源岩相比铜钵庙组有机质丰度较高（表 4-1-9）。南一段烃源岩有机碳平均值为 1.362%，氯仿沥青"A"平均值为 0.0921%，生烃潜量（S_1+S_2）平均值为 5.34mg/g；南二段相比南一段有机碳含量更高，平均值为 2.17%，最大值超过 5%，氯仿沥青"A"平均值为 0.0531%，生烃潜量（S_1+S_2）平均值为 7.38mg/g。

④大磨拐河组。

乌尔逊凹陷乌北洼槽大磨拐河组烃源岩有机碳平均值为 2.21%，氯仿沥青"A"平均值为0.043%，生烃潜量（S_1+S_2）平均值为1.79mg/g。乌南洼槽大磨拐河组烃源岩有机碳平均值为1.93%，氯仿沥青"A"平均值为0.111%，生烃潜量（S_1+S_2）平均值为3.87mg/g。

贝尔凹陷大磨拐河组烃源岩有机碳平均值为1.92%，生烃潜量（S_1+S_2）平均值为3.71mg/g，氯仿沥青"A"平均值为0.031%。

红旗凹陷大磨拐河组烃源岩有机碳平均值为2.29%，生烃潜量平均为6.66mg/g，氯仿沥青"A"平均为0.030%。

塔南凹陷大磨拐河组烃源岩有机碳平均值为1.836%，氯仿沥青"A"平均值为0.0281%，生烃潜量（S_1+S_2）平均值为1.96mg/g。

南贝尔凹陷大磨拐河组烃源岩有机碳平均值为1.685%，氯仿沥青"A"平均值为0.018%，生烃潜量（S_1+S_2）平均值为2.30mg/g。

（3）东部断陷带烃源岩有机质丰度垂向变化特征。

从有机质丰度看（表4-1-12和表4-1-13），呼和湖凹陷主力烃源岩主要分布在南二段；巴音戈壁凹陷主力烃源岩主要分布在南一段和大磨拐河组。

表4-1-12　呼和湖凹陷烃源岩有机质丰度数据统计表

层位	TOC（%）	S_1+S_2（mg/g）	氯仿沥青"A"（%）
K_1t	$\frac{0.20\sim18.69}{3.71}$	$\frac{0.03\sim42.31}{6.93}$	$\frac{0.005\sim0.072}{0.036}$
K_1n_1	$\frac{0.14\sim19.09}{2.22}$	$\frac{0.02\sim61.93}{3.68}$	$\frac{0.003\sim0.388}{0.065}$
K_1n_2	$\frac{0.33\sim19.93}{4.23}$	$\frac{0.14\sim57.18}{7.63}$	$\frac{0.009\sim0.930}{0.140}$
K_1d	$\frac{0.75\sim11.53}{2.60}$	$\frac{0.22\sim23.04}{4.01}$	$\frac{0.001\sim0.648}{0.056}$

表4-1-13　巴音戈壁凹陷烃源岩有机质丰度数据统计表

层位	TOC（%）	S_1+S_2（mg/g）	氯仿沥青"A"（%）
K_1d	$\frac{0.290\sim3.121}{2.179}$	$\frac{0.20\sim9.52}{4.74}$	—
K_1n_1	$\frac{0.155\sim3.254}{1.520}$	$\frac{0.01\sim12.45}{4.82}$	$\frac{0.0018\sim0.1986}{0.0778}$
K_1t	$\frac{0.080\sim3.329}{0.941}$	$\frac{0.01\sim21.74}{2.94}$	$\frac{0.0012\sim0.5988}{0.0917}$

①铜钵庙组。

呼和湖凹陷铜钵庙组煤系烃源岩的有机质丰度较高，有机碳平均值为3.71%，氯仿沥青"A"平均值为0.036%，生烃潜量（S_1+S_2）平均值为6.93mg/g。

巴音戈壁凹陷铜钵庙组有机碳含量平均值为0.941%，氯仿沥青"A"平均值为

0.0917%，生烃潜量（S_1+S_2）平均值为 2.94mg/g。

②南屯组。

从呼和湖凹陷总体来看，南二段暗色泥岩有机质丰度明显高于南一段。南一段烃源岩有机碳平均值为 2.22%，氯仿沥青"A"平均值为 0.0635%，生烃潜量（S_1+S_2）平均值为 3.68mg/g；南二段烃源岩有机碳平均值为 4.23%，氯仿沥青"A"平均值为 0.14%，生烃潜量（S_1+S_2）平均值为 7.63mg/g。

巴音戈壁凹陷南屯组烃源岩有机碳平均值为 1.520%，氯仿沥青"A"平均值为 0.0778%，生烃潜量（S_1+S_2）平均值为 4.82mg/g。

③大磨拐河组。

呼和湖凹陷大磨拐河组烃源岩有机碳平均值为 2.6%，氯仿沥青"A"平均值为 0.056%，生烃潜量（S_1+S_2）平均值为 4.01mg/g。

巴音戈壁凹陷大磨拐河组烃源岩有机碳平均值为 2.179%，生烃潜量（S_1+S_2）平均值为 4.74mg/g。

2）烃源岩有机质丰度平面分布特征

（1）西部断陷带烃源岩有机质丰度平面分布特征。

①铜钵庙组。

巴彦呼舒凹陷铜钵庙组烃源岩有机碳高值中心位于凹陷中心，有机碳最大值可达 3.48%。

查干诺尔凹陷铜钵庙组烃源岩相比南屯组范围有所扩大，以海参 8 井、查 2 井为中心展布，向北延伸至查 1 井附近。

②南屯组。

巴彦呼舒凹陷南二段泥岩在凹陷中部有机碳含量比较高，楚 4 井一带达到 4.5%，该处泥岩厚度比较大。南一段泥岩 TOC 分布范围增加，最高值仍在楚 4 井一带，有机碳可达 4.5%，凹陷东北部楚 1 井有机碳达 3%（图 4-1-5a）。

查干诺尔凹陷南屯组有机碳高值区主要分布在凹陷南部，面积较小，以海参 8 井为中心呈条带状展布（图 4-1-5b）。

③大磨拐河组。

巴彦呼舒凹陷大部分地区有机碳含量较低，在 1.6% 以下。

查干诺尔凹陷大磨拐河组烃源岩有机碳分布与铜钵庙组、南屯组特征相似，主要在凹陷的南部。

（2）中部断陷带烃源岩有机质丰度平面分布特征。

①铜钵庙组。

乌尔逊凹陷铜钵庙组暗色泥岩整体有机碳含量分布较均匀，乌南相对高于乌北，有机碳含量在 0.5%~2%，乌南有机碳含量大于 1.5% 的烃源岩主要分布在西南部的巴彦塔拉地区，面积局限。乌尔逊北部部分地区有机碳含量可超过 1.5%，但分布范围很小。总的来看该层段有机质丰度相对较低，对油气的贡献相对较小。

贝尔凹陷铜钵庙组烃源岩有机碳含量大于 1% 的面积较小。

红旗凹陷铜钵庙组暗色泥岩分布面积小，局限于凹陷西南部，有机碳最大值为 2.8%。

塔南凹陷铜钵庙组烃源层有机质丰度平面上变化大，分布范围为 0.2%~2.1%，但高值区范围较小，且零星分布。

　　南贝尔凹陷铜钵庙组烃源岩有机碳含量在西次凹南洼槽及潜山披覆带较高，大于1.8%；东次凹较低，大部分在 0.8%~1.8%。

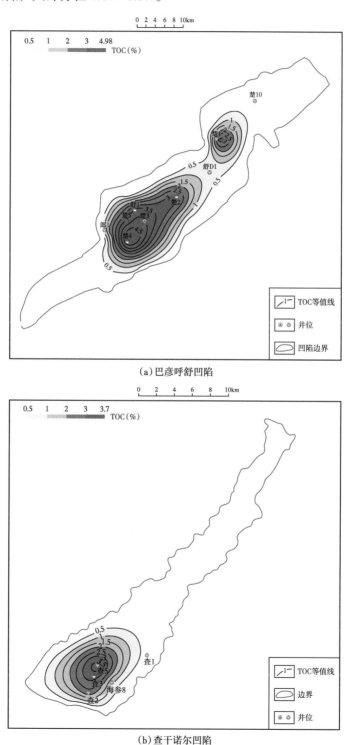

(a)巴彦呼舒凹陷

(b)查干诺尔凹陷

图 4-1-5　海拉尔盆地西部断陷带烃源岩南一段 TOC 平面分布图

②南屯组。

乌尔逊凹陷有机碳含量最高的烃源岩分布在苏仁诺尔断裂带南部（图4-1-6a），有机碳含量可达4%以上，一般大于2.5%；乌南地区有机碳含量大于2.0%的烃源岩主要分布于洼槽中心及中心东南部。整体上乌北有机碳含量高于乌南，平均在0.5%~2.84%，$K_1n_1^3$—$K_1n_1^6$段有机碳含量大于1.5%的烃源岩面积高于南二段，南一段烃源岩丰度高，对油气的生成有重要的贡献；乌尔逊凹陷南二段有机质丰度最高的烃源岩分布在乌北苏仁诺尔断裂带南深洼中，有机碳含量大于2.0%的烃源岩在乌北中部，横跨苏仁诺尔断裂带，分布范围较广，乌南洼槽中心区域内烃源岩有机碳含量可达2.0%以上，向东部及南部有机碳含量明显降低，一般多在1.0%~2.0%。$K_1n_2^2$段乌北洼槽有机碳含量要高于乌南，$K_1n_2^1$段有机碳含量在乌南和乌北相差不大，乌南洼槽有机碳含量最大值相对较高。

贝尔凹陷南一段$K_1n_1^3$—$K_1n_1^5$的烃源岩有机碳含量大于2%的面积很大，优质烃源岩分布广泛，$K_1n_1^3$有机碳高值区在贝西北和贝中地区，$K_1n_1^4$有机碳高值区在霍多莫尔地区和贝西南地区。$K_1n_1^5$有机碳高值区位于贝西地区，贝中大部分地区的有机碳含量在1.5%~2%。南二段的两个地层$K_1n_2^1$和$K_1n_2^2$的优质烃源岩面积较南一段下部有所减小，但是贝西地区依然是优质烃源岩分布区，南二段在贝中地区有机碳含量大于2%的面积很小。

红旗凹陷南一段烃源岩分布面积小（图4-1-6b），只分布在凹陷西南部，但有机碳含量高，海参6井一带最大值达到4%。南二段烃源岩有机碳平均值为3.27%，该段泥岩有机碳含量分布较均匀。

塔南凹陷南屯组烃源岩有机碳含量高值区主要分布在中部次凹的南部，但分布不集中（图4-1-6c）。

南贝尔凹陷南一段烃源岩有机碳含量较高，基本都大于1.8%，局部高值可达4%以上；南二段有机碳含量同样较高，除东次凹局部地区外都大于1.8%，在北洼槽及西次凹潜山披覆带高，在2.8%以上（图4-1-6d）。

③大磨拐河组。

乌尔逊凹陷大磨拐河组烃源岩有机质丰度相比南屯组普遍较低，总体看，乌南有机质丰度明显高于乌北。

贝尔凹陷大磨拐河组烃源岩有机质丰度低于乌尔逊凹陷，有机碳高值区主要集中在贝西北洼槽和贝中次凹地区。

红旗凹陷大磨拐河组烃源岩下段有机碳高值中心位于凹陷东北及西南部分地区，最高值可达2.8%。凹陷中部的有机碳含量较低，均在1.8%以下。该层上段暗色泥岩有机质丰度分布几乎遍布整个凹陷，有机碳含量大部分在1.2%以下，高值主要分布在凹陷的西南部，最大值可达2.0%。

塔南凹陷大磨拐河组暗色泥岩有机碳含量普遍较低，且零星分散。

南贝尔凹陷大磨拐河组烃源岩有机碳含量高，基本都大于2.8%，局部高值可达6%以上。

（3）东部断陷带烃源岩有机质丰度平面分布特征。

①铜钵庙组。

呼和湖凹陷铜钵庙组烃源岩有机碳高值区在凹陷中部。

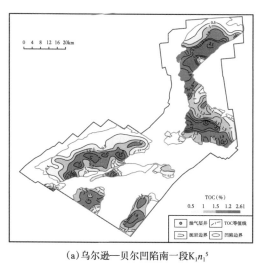

（a）乌尔逊—贝尔凹陷南一段$K_1n_1^5$

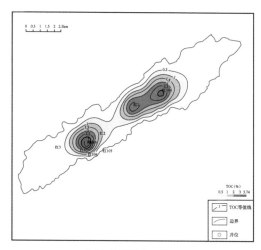

（b）红旗凹陷南二段

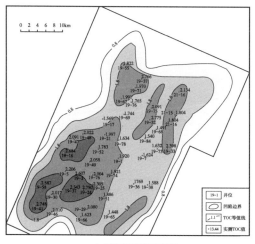

（c）塔南凹陷南屯组

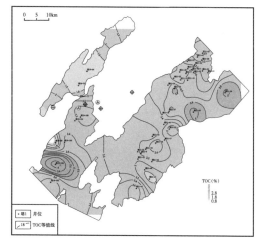

（d）南贝尔凹陷南一段

图4-1-6　海拉尔盆地中部断陷带烃源岩TOC平面分布图

巴音戈壁凹陷铜钵庙组烃源岩有机碳最大值可达2.6%，主要分布在南部次凹和北部次凹，北部次凹烃源灶范围在南屯组基础上增大，南部次凹分布在塔21-6井与塔22-2井之间，范围较北部大。

②南屯组。

呼和湖凹陷南屯组烃源岩在南部有机质丰度高（图4-1-7），$K_1n_1^1$烃源岩在凹陷中部和南部有机质丰度较高，整体上自中心向边部丰度值减小。$K_1n_1^2$烃源岩在凹陷南部的有机质丰度较高，中部有机质丰度低，主要在0.5%~1.5%。

巴音戈壁凹陷南屯组烃源岩相比铜钵庙组有机碳含量有所提高，烃源岩主要分布在巴音戈壁凹陷北部次凹，面积较小。

③大磨拐河组。

呼和湖凹陷有机碳最高值烃源岩分布在凹陷中部，向凹陷边缘有机碳含量逐渐减小，均在 1.8% 以下。

巴音戈壁凹陷大磨拐河组烃源岩有机碳最高可达 2.8%。

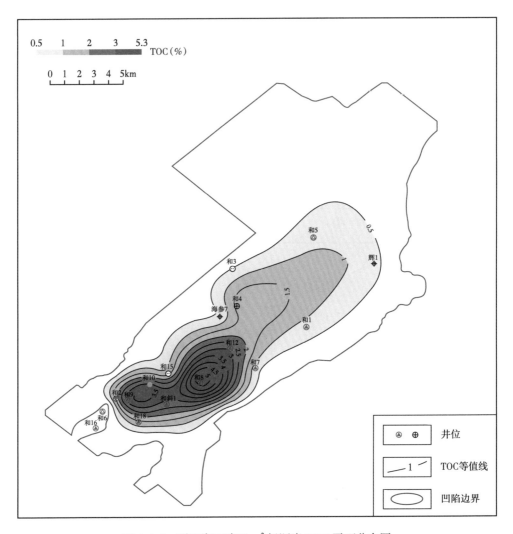

图 4-1-7 呼和湖凹陷 $K_1n_1^2$ 烃源岩 TOC 平面分布图

2. 烃源岩有机质类型

1）西部断陷带烃源岩有机质类型特征

（1）铜钵庙组。

巴彦呼舒凹陷铜钵庙组样品少，烃源岩类型好，烃源岩热解氢指数（HI）平均为 742.61mg/g TOC，最高可达 750.47mg/g TOC，T_{max} 分布在 435~446℃，根据 HI—T_{max} 关系图来看，泥岩以 I 型为主。

查干诺尔凹陷南二段、南一段暗色泥岩干酪根类型主要为 II$_2$ 型；铜钵庙组泥岩类型主要为 III 型，类型较差。

（2）南屯组。

从巴彦呼舒凹陷总体来看，南屯组烃源岩有机母质类型均好（图 4-1-8）。南一段烃源岩热解氢指数平均为 679.80mg/g TOC，是海拉尔盆地各凹陷中最高的，有机质类型以 I型为主，少量 II 型；南二段样品少，烃源岩热解氢指数平均为 618.58mg/g TOC，有机质类型以 I—II$_1$ 型为主。

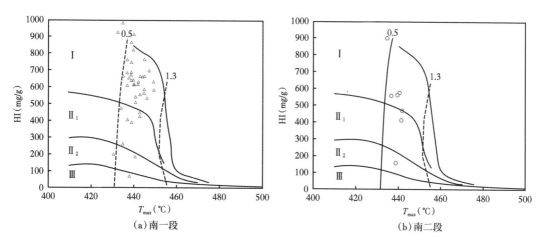

图 4-1-8　巴彦呼舒凹陷南屯组泥岩有机质类型划分图

查干诺尔凹陷南一段烃源岩泥岩有机质类型主要为 II$_2$ 型（图 4-1-9）。南二段烃源岩泥岩有机质类型以 II$_2$ 型为主。

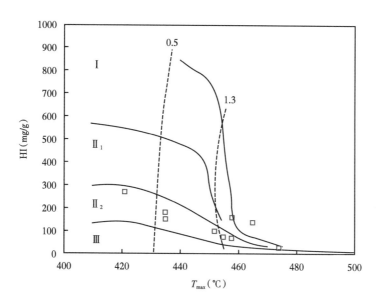

图 4-1-9　查干诺尔凹陷南一段泥岩有机质类型图

（3）大磨拐河组。

巴彦呼舒凹陷大磨拐河组各个凹陷样品较少，有机质类型研究比较少，总的来看大磨拐河组有机质类型比南屯组和铜钵庙组差。

查干诺尔凹陷大磨拐河组烃源岩有机质类型比南屯组、铜钵庙组差，以 III 型为主。

2）中部断陷带烃源岩有机质类型特征

（1）塔木兰沟组。

乌尔逊凹陷塔木兰沟组烃源岩有机质类型主要为Ⅱ型，同时发育少量的Ⅰ型和Ⅲ型。

红旗凹陷塔木兰沟组烃源岩有机质类型以Ⅱ型为主，发育少量Ⅰ型和Ⅲ型。

（2）铜钵庙组。

乌尔逊凹陷铜钵庙组以Ⅱ$_2$型和Ⅲ型为主，同时存在部分Ⅰ型和Ⅱ$_1$型干酪根。

贝尔凹陷铜钵庙组烃源岩热解氢指数平均为284.58mg/g TOC，类型以Ⅱ$_2$型和Ⅲ型为主，与南屯组相比，干酪根类型相对较差。

红旗凹陷铜钵庙组烃源岩Ⅰ型到Ⅲ型有机质均有分布，以Ⅱ$_1$—Ⅱ$_2$型为主，Ⅱ$_2$型呈条带状分布在凹陷中。

塔南凹陷铜钵庙组烃源岩有机质类型与南屯组相差不大，以Ⅱ$_2$型和Ⅱ$_1$型为主，各次凹中部有少量Ⅰ型干酪根。

南贝尔凹陷铜钵庙组烃源岩有机质类型较差，为Ⅱ$_2$—Ⅲ型。

（3）南屯组。

乌尔逊凹陷烃源岩有机质类型南二段主要为Ⅱ$_1$型（图4-1-10a），部分为Ⅱ$_2$型，个别为Ⅰ型和Ⅲ型，乌南干酪根类型以Ⅱ$_2$型和Ⅰ型为主，乌北以Ⅱ$_2$型和Ⅲ型为主，局部为Ⅱ$_1$型，乌南明显好于乌北。南一段烃源岩有机质类型以Ⅰ—Ⅱ型为主，Ⅰ型居多，$K_1n_1^3$—$K_1n_1^6$类型最好，乌南好于乌北。研究表明TOC值越高氢指数分布的频率范围越好，尤其是TOC大于2%的烃源岩，说明该段泥岩有机母质类型较好，总体上南一段类型好于南二段。

乌尔逊—贝尔凹陷南一段下部烃源岩类型好，生烃潜力大，有机质丰度品质好于其他层位的原因，可能是该层段沉积时水体偏咸水，属于微咸水环境，伽马蜡烷的丰度很高（图4-1-11），$K_1n_1^3$—$K_1n_1^6$中检测到β-胡萝卜烷的样品最多。在烃源岩研究中，β-胡萝卜烷是一种专属性较强的化合物，一般含量较高的β-胡萝卜烷指示盐度含量高的咸化的水体沉积，且一般具有较强的还原环境，有利于有机质的保存。

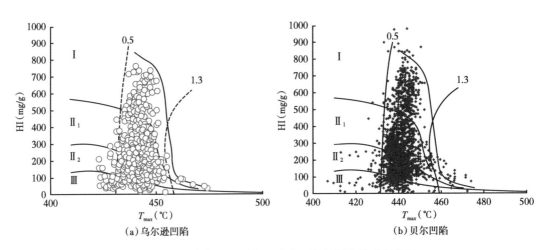

（a）乌尔逊凹陷 　　　　　　　　　　　　（b）贝尔凹陷

图4-1-10　乌尔逊—贝尔凹陷南一段烃源岩类型划分图

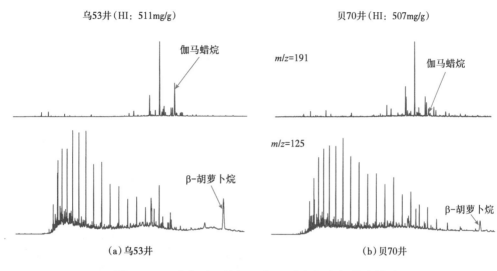

图 4-1-11 乌尔逊—贝尔凹陷 $K_1n_1^5$ 段泥岩色谱质谱图

贝尔凹陷南一段烃源岩热解氢指数平均为 326.92mg/g TOC，有机质类型从 Ⅰ 型到 Ⅲ 型均有分布（图 4-1-10b），Ⅰ—Ⅱ₁ 型为主要类型，母质类型较好，贝西北洼槽类型最好，以 Ⅱ₁ 型和 Ⅰ 型为主；南二段烃源岩热解氢指数平均为 205.59mg/g TOC，有机质类型以 Ⅱ₁—Ⅱ₂ 型为主，部分为Ⅲ型，少量 Ⅰ 型，贝西次凹和贝中次凹相对较好，特别是贝西北洼槽，部分为 Ⅰ 型。

贝尔凹陷有机岩石学全岩镜下观察对比研究显示（图 4-1-12），$K_1n_2^2$、$K_1n_1^2$ 和 $K_1n_1^5$ 烃源岩均含有藻，但从藻的富集程度和荧光强度对比可以明显看出，$K_1n_1^5$ 泥岩样品的藻类更丰富，荧光呈亮黄色，母质来源更好，而其氢指数为 680mg/g TOC，远高于其他样品，与镜下观察结果一致。

红旗凹陷南一段泥岩有机质类型主要为 Ⅱ₁—Ⅱ₂ 型（图 4-1-13c）。南二段泥岩有机质类型以 Ⅱ₁—Ⅱ₂ 型为主，少部分为 Ⅰ 型，Ⅱ₂ 型呈条带状分布在凹陷的西南部。

塔南凹陷南屯组有机质类型明显好于大磨拐河组（图 4-1-13a 和图 4-1-13b），以 Ⅱ₂ 型和 Ⅱ₁ 型为主，中、东、西三个次凹相差不大，从各次凹中心向边部干酪根类型逐渐变差。

南贝尔凹陷南一段烃源岩类型最好（图 4-1-13d），以 Ⅰ—Ⅱ₁ 型为主；其次为南屯组二段烃源岩，为 Ⅱ₁—Ⅱ₂ 型。

（4）大磨拐河组。

乌尔逊凹陷烃源岩干酪根类型较差，以Ⅲ型为主，少量Ⅱ₁ 型和Ⅱ₂ 型，没有 Ⅰ 型。乌北洼槽和乌南洼槽相差不大，Ⅱ₁ 型分布在两个次凹的中部。

贝尔凹陷大磨拐河组烃源岩有机质类型为Ⅲ型，与南屯组相比有机质类型较差。

红旗凹陷大磨拐河组有机质类型主要为Ⅲ型，发育少量的Ⅱ₂ 型和Ⅱ₁ 型。

塔南凹陷大磨拐河组有机质类型较差，绝大部分地区主要以Ⅲ型为主。中部次凹相对较好，以Ⅲ型和Ⅱ₂ 型为主。

南贝尔凹陷大磨拐河组烃源岩有机质类型较差，为 Ⅱ₂—Ⅲ型。

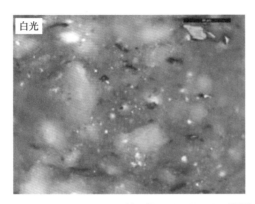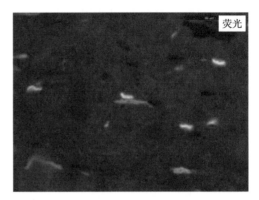

贝56井，1735.78m，$K_1n_2^2$泥岩，TOC=2.47%，HI=369mg/g TOC

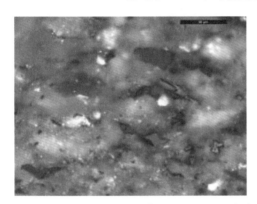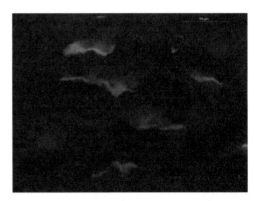

贝56井，2054.85m，$K_1n_1^2$泥岩，TOC=3.03%，HI=188mg/g TOC

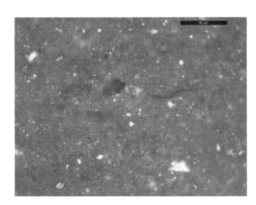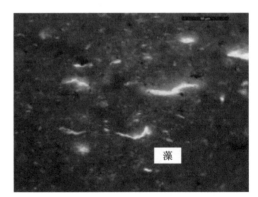

贝56井，2573.93m，$K_1n_1^5$泥岩，TOC=2.09%，HI=680mg/g TOC

图4-1-12　贝56井烃源岩全岩镜检照片

3）东部断陷带烃源岩有机质类型特征

（1）铜钵庙组。

呼和湖凹陷铜钵庙组烃源岩热解氢指数平均为84mg/g TOC，类型主要为Ⅱ$_2$型和Ⅲ型。

巴音戈壁凹陷铜钵庙组有机质类型主要为Ⅱ$_1$型和Ⅱ$_2$型。

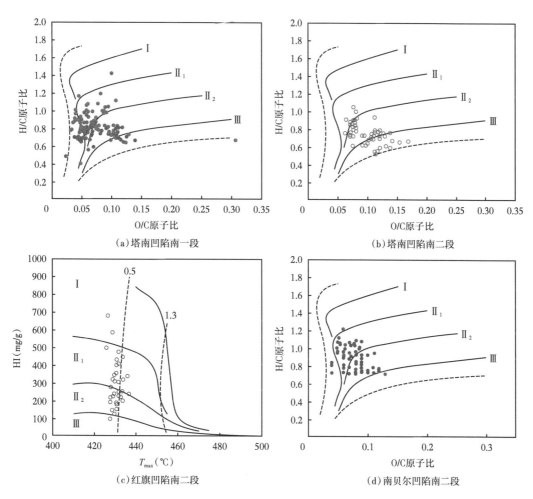

图 4-1-13 海拉尔盆地中部断陷带南屯组烃源岩有机质类型划分图

（2）南屯组。

呼和湖凹陷南屯组属于淡水沼泽相，为煤系烃源岩，镜下多富氢镜质体。南二段类型好于南一段，有机质Ⅰ—Ⅲ型均有分布，以Ⅱ$_2$型为主，其次为Ⅱ$_1$型，南一段氢指数平均为 101.6mg/g TOC，南二段氢指数平均为 138.4mg/g TOC，以Ⅱ$_2$型为主（图 4-1-14）。

巴音戈壁凹陷南屯组一段主要为Ⅱ$_1$型和Ⅱ$_2$型，并存在部分Ⅲ型（图 4-1-15）。

（3）大磨拐河组。

呼和湖凹陷大磨拐河组烃源岩有机质类型主要为Ⅱ$_2$型和Ⅲ型。巴音戈壁凹陷大磨拐河组泥岩母质类型较差，主要为Ⅲ型，少部分为Ⅱ$_2$型。

3. 烃源岩成烃演化特征

1）烃源岩成熟度

（1）西部断陷带烃源岩成熟度特征。

①铜钵庙组。

巴彦呼舒凹陷铜钵庙组泥岩成熟度明显高于南二段和南一段，凹陷中部镜质组反射率 R_o 值达到 1.6%，东北部达到 1.5%。

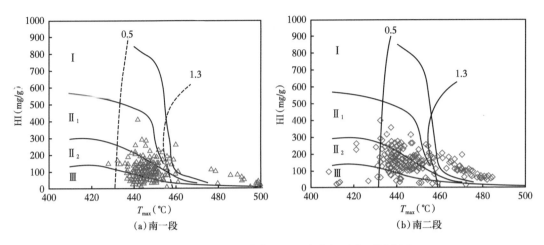

图 4-1-14　呼和湖凹陷南屯组泥岩有机质类型划分图

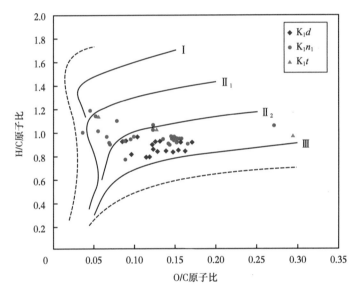

图 4-1-15　巴音戈壁凹陷烃源岩有机质类型划分图

　　查干诺尔凹陷铜钵庙组泥岩成熟度更高一些，尤其凹陷东南带成熟度最高，海参 8 井一带泥岩已达到高成熟，R_o 最大值为 1.7%，中部和北部泥岩部分达到成熟，R_o 最大值为 0.9%。

　　②南屯组。

　　巴彦呼舒凹陷样品少，目前钻探的井都在构造高部位，实测的 R_o 值都较低，属于低熟烃源岩，凹陷中部埋深大，应该存在成熟烃源岩。南一段泥岩在中部成熟度较高（图 4-1-16a），R_o 值为 1.4%，西南和东北部泥岩仍处于未熟—低熟阶段，东北部断陷边缘有成熟泥岩；南二段泥岩大部分处于未熟—低熟演化阶段，只在凹陷中部厚度较大处泥岩达到成熟，R_o 值为 1%。

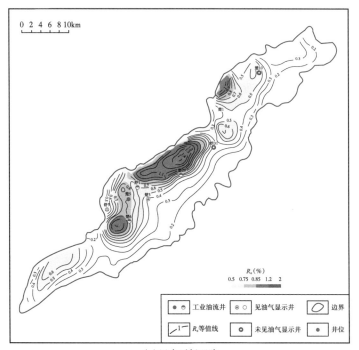

（a）巴彦呼舒凹陷

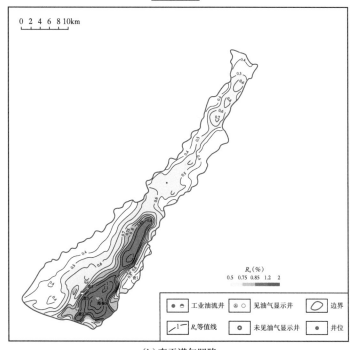

（b）查干诺尔凹陷

图 4-1-16 海拉尔盆地西部断陷带南一段底烃源岩 R_o 平面分布图

查干诺尔凹陷南一段成熟泥岩范围增加，如图 4-1-16b 所示，尤其凹陷西南一带呈长条状分布，R_o 最大值在海参 8 井一带达到 1.1%，北部泥岩仍处于未熟—低熟阶段。南二段泥岩凹陷南部成熟度要高于北部，泥岩基本上处于低熟—成熟阶段，R_o 最大值在海参 8 井一带达到 1%，而北部泥岩处于未熟—低熟阶段。

③大磨拐河组。

巴彦呼舒凹陷大磨拐河组烃源岩成熟度均较低，大部分处于未熟—低熟阶段。

查干诺尔凹陷大磨拐河组烃源岩在凹陷南部洼槽内热演化程度相对较高，R_o 已经达到 0.6%~0.7%，进入成熟阶段，范围很小；南部洼槽以外的大部分地区 R_o 小于 0.5%，尚未成熟。

（2）中部断陷带烃源岩成熟度特征。

①塔木兰沟组。

乌尔逊凹陷塔木兰沟组烃源岩热演化程度较高，R_o 平均值为 1.56%，最大值达到了 2.19%。

红旗凹陷塔木兰沟组热演化程度高，R_o 平均值为 1.82%，最大值超过 2%。

纵向上看，R_o 与深度具有较好的相关性，随深度增大，R_o 明显增大（图 4-1-17）。

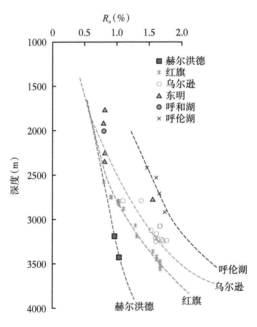

图 4-1-17　塔木兰沟组烃源岩 R_o 随深度变化图

②铜钵庙组。

乌尔逊凹陷烃源岩 R_o 为 0.5%~1.32%，成熟度高值区呈长条状分布在凹陷中部，尤其乌南洼槽中心已达到高成熟演化阶段。

贝尔凹陷铜钵庙组烃源岩大部分达到成熟演化阶段，烃源岩 R_o 为 0.65%~1.1%，平均值为 0.81%。

红旗凹陷铜钵庙组整体上进入成熟演化阶段的区域范围增加，R_o 平均值为 0.41%，中南部 R_o 最大值达到 1.2%，北部最大值为 0.9%。

塔南凹陷铜钵庙组烃源岩 R_o 在 0.57%~1.29%，该层段烃源岩绝大部分处于成熟阶段，对油气生成非常有利。

南贝尔凹陷铜钵庙组烃源岩 R_o 值为 0.91%~1.32%。

③南屯组。

乌尔逊凹陷南屯组烃源岩 R_o 为 0.37%~1.12%（图 4-1-18）。南一段烃源岩大部分都已达到成熟演化阶段，高值区域呈长条状分布在凹陷中心，乌南成熟度稍低于乌北；南二段乌南洼槽成熟度高于乌北洼槽，已进入成熟阶段，而乌北以低熟为主，局部达到成熟阶段。

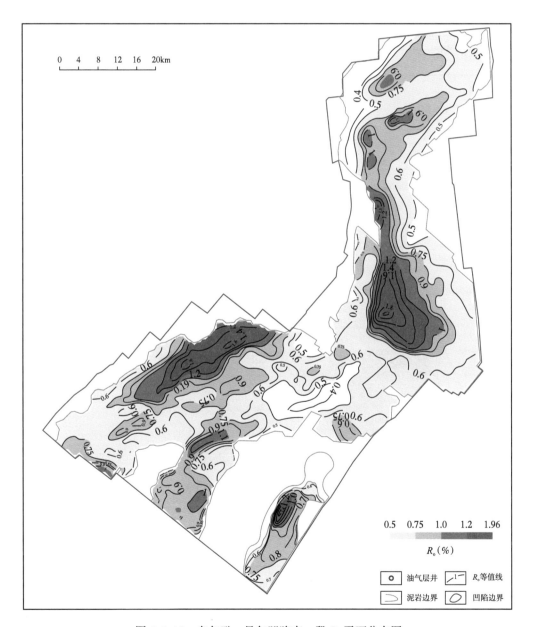

图 4-1-18　乌尔逊—贝尔凹陷南一段 R_o 平面分布图

贝尔凹陷南一段烃源岩在大部分地区达到成熟阶段（图4-1-18），R_o平均值为0.74%，贝西北洼槽成熟度最高，R_o达到1.6%以上；南二段烃源岩R_o平均值为0.67%，同样在贝西北洼槽成熟度最高，R_o最高达到1.1%以上，贝中次凹与贝西南洼槽有部分区域达到成熟演化阶段。

红旗凹陷南一段相比南二段泥岩成熟度整体上有所增加，R_o平均值为0.46%，南部最大值达到0.9%，北部仍处于未熟—低熟演化阶段；南二段泥岩热演化程度低，R_o平均值为0.43%，只在凹陷中南部进入未熟—低熟演化阶段。

塔南凹陷南屯组二段泥岩R_o为0.49%~1.03%（图4-1-19），处于未熟至成熟阶段，洼槽中部的烃源岩基本上成熟；南屯组一段烃源岩的R_o为0.51%~1.22%，处于低熟至成熟阶段，在靠近洼槽地区南屯组一段烃源岩大部分R_o超过了0.7%，该阶段也正是烃源岩大量生成油气时期。

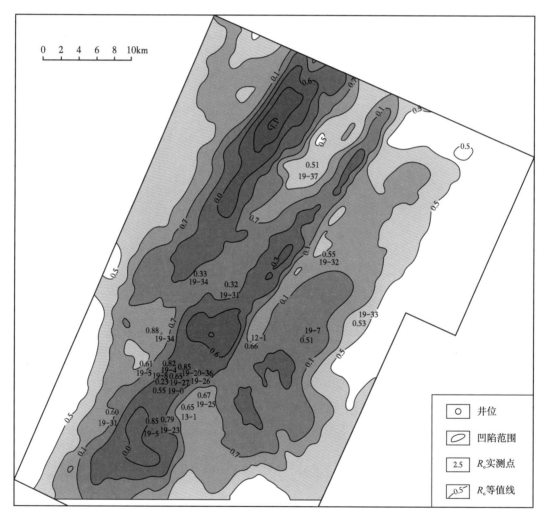

图4-1-19 塔南凹陷南屯组顶界R_o平面分布图

南贝尔凹陷南二段R_o在东次凹南北洼槽只有很小范围大于0.7%（图4-1-20），西次凹南洼槽在0.7%~1.0%。南一段R_o在东次凹南北洼槽均大于0.7%，西次凹南洼槽在

0.7%~1.1%。

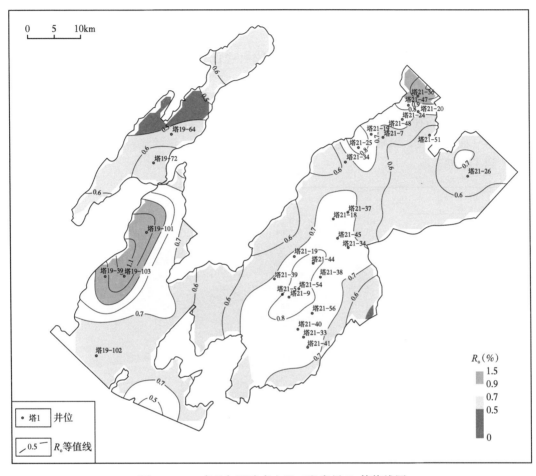

图4-1-20 南贝尔凹陷南屯组二段底界 R_o 等值线图

④大磨拐河组。

乌尔逊凹陷大磨拐河组乌北洼槽以低成熟为主，R_o 为0.31%~1.05%，乌南洼槽从北部到南部从低成熟逐渐过渡到成熟。

贝尔凹陷大磨拐河组大部分处于未熟—低成熟阶段，R_o 为0.35%~1.15%，平均值为0.64%。贝西北成熟度相对较高，处于低熟—成熟阶段。

红旗凹陷大磨拐河组烃源岩处于未成熟阶段。

塔南凹陷大磨拐河组泥岩 R_o 为0.46%~1.01%，处于未熟至成熟阶段，成熟的烃源岩主要分布于洼槽中部。

南贝尔凹陷大磨拐河组泥岩 R_o 为0.48%~0.79%，处于未熟至成熟阶段，成熟的烃源岩主要分布于西部次凹的南部（图4-1-21）。

（3）东部断陷带烃源岩成熟度特征。

①铜钵庙组。

呼和湖凹陷该层段缺少样品数据，根据南屯组的 R_o 数据推断，全区主体都已进入了成熟演化阶段。

巴音戈壁凹陷铜钵庙组烃源岩 R_o 为 0.74%~0.85%，该层段烃源岩处于成熟阶段，对油气生成非常有利。

②南屯组。

呼和湖凹陷南屯组烃源岩演化程度高（图 4-1-21），南一段烃源岩大部分进入成熟演化阶段，凹陷南部 R_o 最大值达到 1.6%，已进入高成熟演化阶段；南二段 R_o 主要分布在 0.5%~1.4%，整体上凹陷中部成熟度要高于边部。

巴音戈壁凹陷在该地区没有取到南二段泥岩；南一段烃源岩的 R_o 为 0.45%~0.74%，处于未熟—成熟阶段，该地区南屯组一段烃源岩大部分为低熟烃源岩，只有少部分地区烃源岩达到了成熟。

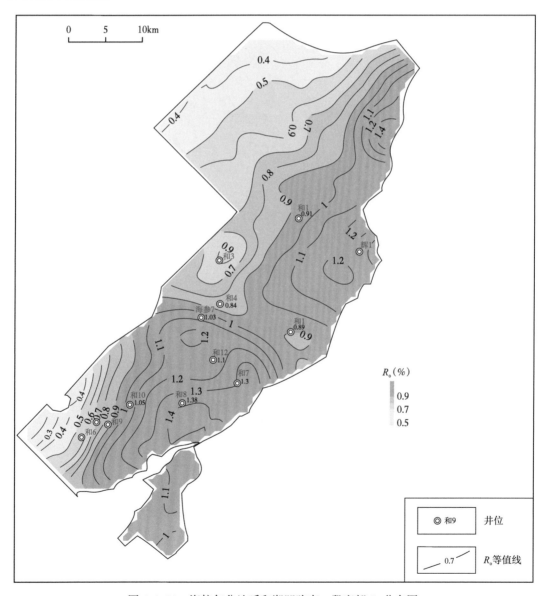

图 4-1-21 海拉尔盆地呼和湖凹陷南一段底部 R_o 分布图

③大磨拐河组。

呼和湖凹陷大磨拐河组烃源岩成熟度较低，为低成熟阶段，在凹陷中部只有小部分 R_o 大于 0.5%。

巴音戈壁凹陷大磨拐河组泥岩 R_o 为 0.46%~0.58%，处于未熟—低成熟阶段。

2）烃源岩生排烃模式

（1）西部断陷带烃源岩生排烃模式。

巴彦呼舒凹陷的生烃模式表现生排烃晚的特征（图 4-1-22），为早白垩世混合母质生烃特征。不同丰度、不同类型的烃源岩样品，生烃过程相似，但藻类和高等植物来源的母质混合比例不同，进入生烃期的早晚有差异。

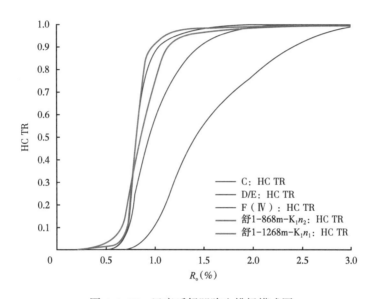

图 4-1-22　巴彦呼舒凹陷生排烃模式图

（2）中部断陷带烃源岩生排烃模式。

乌尔逊—贝尔凹陷选取了 12 块生烃动力学模拟样品，有机碳值分布在 0.8%~7.8%，有机质类型主要为 I—II$_1$ 型，根据生烃动力学参数，结合确定的原始氢指数 600mg/g TOC 和残留烃量 100mg/g TOC，建立了乌尔逊—贝尔凹陷烃源岩的生排烃模式（图 4-1-23），可以看出，R_o 在 0.75% 开始排烃，R_o 在 1.0% 时转化率达到 54%。

（3）东部断陷带烃源岩生排烃模式。

呼和湖凹陷煤和泥岩生烃转化率曲线相似（图 4-1-24），这是因为呼和湖凹陷煤系烃源岩为 II 型有机质（混合型），煤、碳质泥岩、泥岩显微特征相似，均以富氢基质镜质体为主（荧光较强），含孢子体、角质体等壳质组分，藻类含量很少，表明该区煤系烃源岩均以高等植物为主要生源，沉积环境为水体很浅的湖沼相。由于后期细菌降解等生物化学作用使得镜质体富氢，生烃潜力较大。煤的有机质更富集，R_o 达到 0.85% 时开始排油气，生排烃比较晚，表现为早白垩世煤系地层生烃特征。以高等植物和水生生物生源的有机质大量生烃范围很宽，数值较高，一部分大于 60kcal/mol，表明在进入成熟阶段后生烃潜力能够持续释放，同时存在较低活化能，在低熟条件下可以生烃。

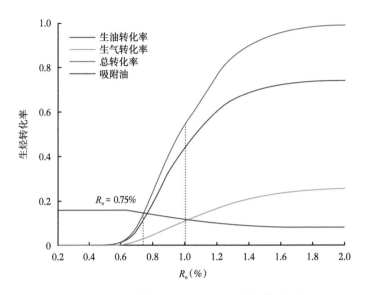

图 4-1-23　乌尔逊—贝尔凹陷生排烃模式图

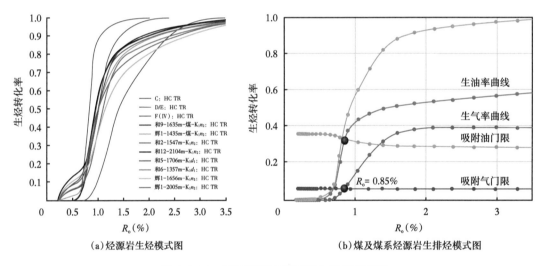

(a)烃源岩生烃模式图　　　　　　　　　(b)煤及煤系烃源岩生排烃模式图

图 4-1-24　呼和湖凹陷烃源岩生排烃模式图

3）烃源岩成烃演化阶段及生排烃门限

（1）西部断陷带。

巴彦呼舒凹陷的生油门限深度在 1300m，R_o 在 0.5% 左右，T_{max} 在 430~440℃，奇偶优势比（OEP）在 2.0~4.0，排油门限为 1800m（图 4-1-25）。

（2）中部断陷带。

贝尔凹陷烃源岩生排烃演化剖面图显示（图 4-1-26），贝尔凹陷的生油门限与乌尔逊凹陷大致相同，门限深度在 1400m 左右，R_o 为 0.5%，T_{max} 在 440~450℃，OEP 在 1.0~3.0 范围。排油门限为 2100m。同样在 2300m 深度达到生油高峰，氯化沥青"A"/TOC 可达到 50%，R_o 达到 0.85%，T_{max} 大约在 450℃。

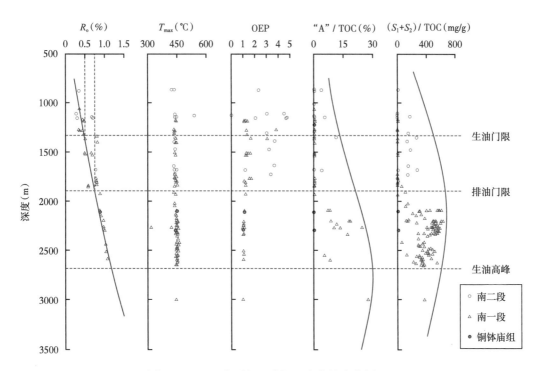

图 4-1-25　巴彦呼舒凹陷烃源岩自然演化剖面图

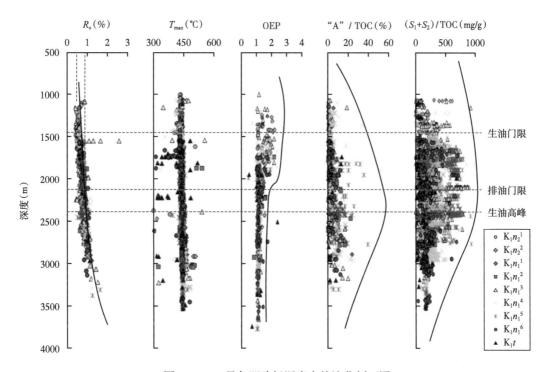

图 4-1-26　贝尔凹陷烃源岩自然演化剖面图

（3）东部断陷带。

呼和湖凹陷泥岩和煤的生油门限深度在 1100m 左右（图 4-1-27），R_o 为 0.5%，T_{max} 在 430~440℃，OEP 在 1.0~2.0 范围。R_o 在 0.85% 时烃源岩开始大量生油，排油门限为 2200m，在 2500m 深度达到生油高峰，氯仿沥青"A"/TOC 可达到 15% 以上，R_o 达到 0.9%，T_{max} 大约在 450℃。

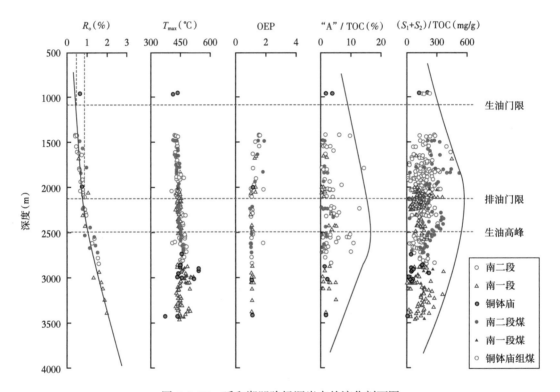

图 4-1-27　呼和湖凹陷烃源岩自然演化剖面图

三、烃源岩生排烃潜力分析

1. 西部断陷带烃源岩生排烃潜力

巴彦呼舒凹陷中部为主要生油区，生油面积不大，如图 4-1-28 所示。铜钵庙组在凹陷中部生油强度减小，最大值为 $5.5×10^6t/km^2$，北部最大值为 $3×10^6t/km^2$；中部排油强度为 $4.5×10^6t/km^2$，北部为 $2.5×10^6t/km^2$；南一段整体生油强度明显增加，尤其是中部，最大值达到 $14×10^6t/km^2$；另外南部和北部的生油中心最大值达到 $3×10^6t/km^2$；中部排油强度最大值为 $11×10^6t/km^2$；南二段在凹陷中部有 2 个生油中心，面积不大，生油强度最大值为 $3×10^6t/km^2$。从巴彦呼舒凹陷生排烃量统计表 4-1-14 可知：凹陷总生油量为 $9.93×10^8t$，排油量为 $3.4807×10^8t$；生气量 $1.34×10^8t$（油气当量），排气量为 $0.57×10^8t$。根据刻度区类比，巴彦呼舒凹陷油运聚系数取值为 10%，气运聚系数取值为 3.5%。最后计算巴彦呼舒凹陷油资源量为 $0.99×10^8t$，气资源量为 $47.25×10^8m^3$，凹陷油气主要由凹陷西侧深部烃源岩生成并运移聚集到斜坡带舒 1 井、楚 5 井等附近成藏。

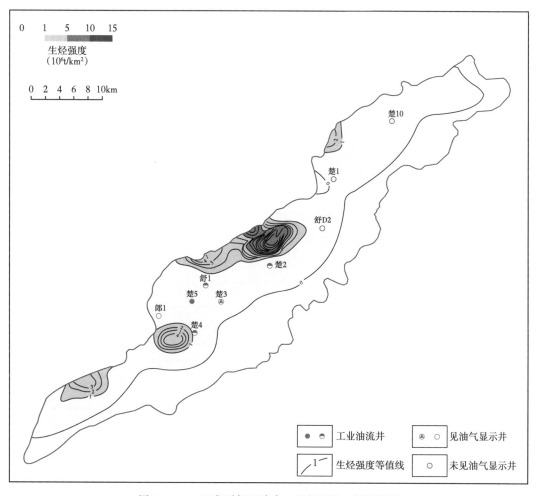

图 4-1-28　巴彦呼舒凹陷南一段烃源岩生烃强度图

表 4-1-14　巴彦呼舒凹陷不同层位烃源岩生排油气量统计对比表

层位	生油量 （10^8t）	生气量 （10^{11}m³）	排油量 （10^8t）	排气量 （10^{11}m³）	油资源量 （10^8t）	气资源量 （10^{11}m³）
南二段	1.93	0.06	0.0007	0		
南一段	5.12	0.71	1.50	0.18	0.99	47.25
铜钵庙组	2.88	0.57	1.98	0.39		
合计	9.93	1.34	3.4807	0.57		

　　查干诺尔凹陷既生油又生气，生油中心主要在凹陷的东南部。从生、排油强度分布特征来看，南二段泥岩只在凹陷南部有 1 个生油中心，在海参 8 井一带，面积不大，生油强度最大值为 3×10^6t/km²。由于泥岩成熟度低，南二段泥岩没有排油量。南一段泥岩在凹陷东南部有 2 个生油中心，生油面积有所增大，最大值为 5×10^6t/km²，北部泥岩没有生油特征，只在南部有排油特征，排油强度最大值为 0.3×10^6t/km²。铜钵庙组泥岩生油面积

明显增大，有 3 个生油中心，东南部 2 个，北部 1 个，南部生油强度有所降低，最大值为 $3.5×10^6t/km^2$，北部为 $1.5×10^6t/km^2$。3 个生油中心都有排油特征分布，东南部排油强度最大值为 $0.4×10^6t/km^2$。从生气强度分布特征来看，南二段泥岩只在凹陷南部有生气中心，生气强度最大值为 $5×10^6t/km^2$，由于泥岩成熟度低，南二段泥岩没有排气量。南一段泥岩生气强度增强，生气面积也增大，南部生气强度最大值为 $11×10^6t/km^2$，北部有少部分生气量；南一段泥岩只在南部有排气量，排气强度值为 $8×10^6t/km^2$。与生油特征相似，铜钵庙组泥岩生气强度明显增强，生气面积增大许多，有 3 个生气中心，南部生气强度最大，达到 $24×10^6t/km^2$，北部生气强度值达到 $3×10^6t/km^2$。

查干诺尔凹陷生排烃量统计见表 4-1-15，总体上凹陷南部是主要生烃和排烃区，南一段和铜钵庙组是主力生油、生气层，生油量占总生油量百分比分别为 30% 和 58%，生气量占 22% 和 72%。整个凹陷排油量不大，主要是铜钵庙组泥岩贡献，排油量占凹陷总排油量的 82%，而该层段泥岩排气量占总排气量的 86%。根据刻度区类比，查干诺尔凹陷油运聚系数取值为 2.5%，气运聚系数取值为 2.5%，计算得到查干诺尔凹陷的油总资源量为 $0.31×10^8t$。查干诺尔凹陷油气主要由凹陷南部地区深部烃源岩生成并运移聚集到四周高部位查 5 井—查 2 井—查 3 井附近聚集成藏。

表 4-1-15 海拉尔盆地查干诺尔凹陷生排烃量统计表

层位	生油量 (10^8t)	生气量 ($10^{11}m^3$)	排油量 (10^8t)	排气量 ($10^{11}m^3$)
南二段	1.50	0.11	0.09	0.02
南一段	3.78	0.43	0.49	0.20
铜钵庙组	7.18	1.43	1.55	1.00
合计	12.46	1.97	2.13	1.22

2. 中部断陷带烃源岩生排烃潜力

乌尔逊凹陷北部南一段、南二段和铜钵庙组均具有一定的生油能力，体现出了多层位生烃的特征，这也是断陷盆地油气生成相对复杂的特征之一。

从生、排油强度分布特征来看，乌尔逊凹陷铜钵庙组泥岩生油、排油强度都有所降低，乌北凹槽有两个生油中心最大强度为 $0.8×10^6t/km^2$，最大排油强度只有 $0.4×10^6t/km^2$；乌尔逊凹陷中部有一个生油中心，最大生油强度为 $0.8×10^6t/km^2$；乌南凹槽有两个生油中心，生油强度最大值为 $2.2×10^6t/km^2$，排油强度值在 $(0.2~1.4)×10^6t/km^2$。南一段泥岩乌北次凹最大生油强度为 $3×10^6t/km^2$，排油强度只有 $1.0×10^6t/km^2$，乌南生油强度最大值达到 $6×10^6t/km^2$ 以上，排油强度值为 $2.5×10^6t/km^2$。乌北地区从 $K_1n_1^4$ 段开始排油强度增大，到 $K_1n_1^6$ 段达到最大 $1.5×10^6t/km^2$；乌南地区从 $K_1n_1^2$ 开始排油强度逐渐增大，到 $K_1n_1^4$ 排油强度最大，达到 $1.5×10^6t/km^2$，$K_1n_1^5$ 和 $K_1n_1^6$ 段有所降低。从南一段 $K_1n_1^3$—$K_1n_1^4$—$K_1n_1^5$—$K_1n_1^6$ 泥岩生排油强度图和各层段分级泥岩生排油强度图（图 4-1-29）可看出，乌北和乌南地区烃源岩生排烃量主要是来自 TOC 大于 2% 的烃源岩，其贡献最大，其生油最大强度为 $3×10^6t/km^2$ 和 $5×10^6t/km^2$ 以上，排油最大强度为 $2.5×10^6t/km^2$ 和 $4×10^6t/km^2$ 以上。南二段泥岩乌北生油中心在苏仁诺尔断裂带南北两个洼槽中，生油强度最大值为 $1.6×10^6t/km^2$，排油强度最大值为

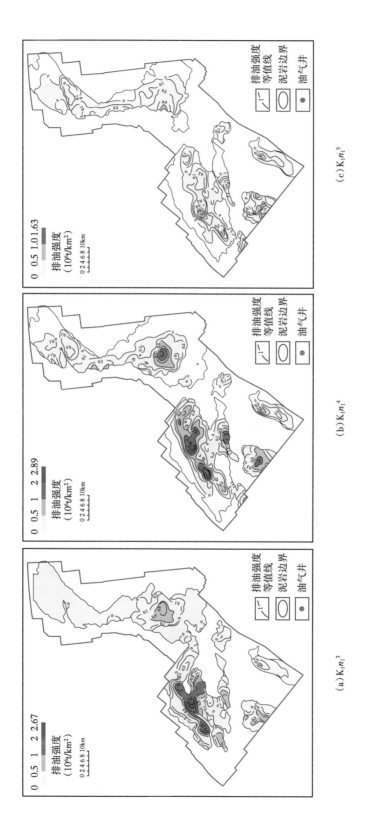

图 4-1-29　乌尔逊—贝尔凹陷南一段细分层泥岩排油强度图

$2.0 \times 10^6 t/km^2$。乌南凹槽生油中心生油强度大于乌北,最大值达到 $5 \times 10^6 t/km^2$ 以上,排油强度最大值为 $4 \times 10^6 t/km^2$。从细分层上分析,乌北凹槽在 $K_1 n_2^{~1}$ 段没有油气量产生,在 $K_1 n_2^{~2}$ 段开始生油;乌南凹槽在 $K_1 n_2^{~1}$ 段的生排油强度都大于 $K_1 n_2^{~2}$ 段。

贝尔凹陷铜钵庙组泥岩生油强度小很多,只在贝西南断陷边缘有分布,最大值为 $1 \times 10^6 t/km^2$,排油强度为 $0.8 \times 10^6 t/km^2$。南一段泥岩生排油分布范围和强度值要远远大于南二段,在贝西和贝中的大部分地区生油强度都很高,贝西最大值达到 $10 \times 10^6 t/km^2$,排油强度最大值为 $8 \times 10^6 t/km^2$;贝东和贝中生油强度值均达到 $4 \times 10^6 t/km^2$,排油强度最大值均为 $3 \times 10^6 t/km^2$。南二段泥岩生油强度最大值在贝西中部,达到 $3.4 \times 10^6 t/km^2$,排油强度最大值为 $2 \times 10^6 t/km^2$;贝东生油强度值达到 $1.4 \times 10^6 t/km^2$,排油强度最大值为 $0.5 \times 10^6 t/km^2$;贝中生油强度值达到 $1.6 \times 10^6 t/km^2$,排油强度最大值为 $1 \times 10^6 t/km^2$。总的看来,贝西北是主要的生排油区,其次贝中也是主力生排油区。南二段有效烃源岩分布主要在乌南洼槽、乌北南洼槽、贝西次凹和贝中次凹;南一段有效烃源岩以 $K_1 n_1^{~3}$—$K_1 n_1^{~6}$ 层为主,$K_1 n_1^{~1}$—$K_1 n_1^{~2}$ 层有效烃源岩主要分布在乌南洼槽和贝西次凹;铜钵庙组有效烃源岩在乌尔逊凹陷发育,特别是乌南,贝尔凹陷生排烃有限。贝尔凹陷的主生烃洼槽贝西北洼槽,由于南一段的沉积中心和沉降中心不一致,排油量东侧是西侧的 2.4 倍。由于南一段成熟烃源岩厚度大,分布面积广,烃源岩母质类型好,生、排烃强度高,因而成为凹陷主力生油层,其中 $K_1 n_1^{~3}$、$K_1 n_1^{~4}$、$K_1 n_1^{~5}$ 和 $K_1 n_1^{~6}$ 占南一段总生油量的 79%,优质烃源岩生烃能力显著,$K_1 n_1^{~3}$、$K_1 n_1^{~4}$、$K_1 n_1^{~5}$ 和 $K_1 n_1^{~6}$ 的生油量有 64% 由 TOC 大于 2% 的优质烃源岩贡献。贝 18 井区的生排烃能力仅次于贝西北洼槽和贝中次凹,烃源岩 $K_1 n_1^{~3}$—$K_1 n_1^{~6}$ 段烃源岩供烃量占 88.7%,TOC 大于 2% 的烃源岩供烃量占 72%;生成的油可向霍多莫尔和苏德尔特构造运移,从可供油量上看,贝 18 井区可向霍多莫尔构造供油占总量的 20%,向苏德尔特构造供油占总量的 9.6%。

乌尔逊凹陷烃源岩总生油量为 $2027.01 \times 10^6 t$,总排油量为 $1022.28 \times 10^6 t$。铜钵庙组烃源岩生油量为 $393.43 \times 10^6 t$,排油量为 $204.66 \times 10^6 t$。南一段烃源岩的总生油量为 $946.76 \times 10^6 t$,排油量为 $512.69 \times 10^6 t$。贝尔凹陷总生油量为 $2124.27 \times 10^6 t$,南一段生油量为 $1553.27 \times 10^6 t$,南二段生油量 $489.26 \times 10^6 t$。南一段排油量为 $1092.45 \times 10^6 t$,南二段排油量 $264.32 \times 10^6 t$。表 4-1-16 统计了乌尔逊—贝尔凹陷细分层泥岩生排烃量,乌尔逊—贝尔凹陷南一段生排烃能力最强,排油量占 68%;其中 $K_1 n_1^{~3}$、$K_1 n_1^{~4}$、$K_1 n_1^{~5}$ 和 $K_1 n_1^{~6}$ 占南一段总排油量的 85%;优质烃源岩生烃能力显著,$K_1 n_1^{~3}$、$K_1 n_1^{~4}$、$K_1 n_1^{~5}$ 和 $K_1 n_1^{~6}$ 的排油量中有 67% 是由 TOC 大于 2% 的优质烃源岩所贡献。

表 4-1-16　乌尔逊—贝尔凹陷南一段细分层泥岩生排烃量汇总表

层位		贝尔 ($10^6 t$)		乌尔逊 ($10^6 t$)	
		生油量	排油量	生油量	排油量
$K_1 n_1^{~1}$		143.70	90.63		
$K_1 n_1^{~2}$		171.68	116.78	39.02	24.29
$K_1 n_1^{~3}$	TOC > 2%	327.67	249.66	49.84	32.72
	1% < TOC ≤ 2%	124.10	78.39	55.18	29.46
	0.5% < TOC ≤ 1%	1.37	0.49	4.18	1.33

层位		贝尔（10^6t）		乌尔逊（10^6t）	
		生油量	排油量	生油量	排油量
$K_1n_1^4$	TOC＞2%	307.92	244.82	163.49	94.08
	1%＜TOC≤2%	163.95	98.87	134.67	62.04
	0.5%＜TOC≤1%	16.86	4.37	7.61	2.45
$K_1n_1^5$	TOC＞2%	98.07	75.80	78.07	45.27
	1%＜TOC≤2%	42.97	27.65	50.80	24.70
	0.5%＜TOC≤1%	3.49	0.73	5.35	1.64
$K_1n_1^6$	TOC＞2%	62.51	50.83	202.11	120.68
	1%＜TOC≤2%	78.98	50.89	138.71	69.46
	0.5%＜TOC≤1%	10.00	2.54	17.73	4.57

将乌尔逊凹陷分为 4 个洼槽、贝尔凹陷分为 10 个洼槽进行生排烃量计算，总生油量 $50.8×10^8$t，资源量 $6.1×10^8$t（乌尔逊凹陷 $2.4×10^8$t，贝尔凹陷 $3.7×10^8$t），乌尔逊凹陷铜钵庙组生、排烃量在凹陷总量占有较高的比例，是下步重点勘探层系。明确贝尔凹陷生烃量大于 $1×10^8$t 的贝 18、贝东、贝 50、德 3 等洼槽，虽然还未勘探突破，但具有较大勘探潜力。

红旗凹陷生油、排油区域分三个部分，其中西南部是主要的区域。从生、排油强度分布特征来看，南二段泥岩在凹陷西南部有 1 个生油中心，面积不大，生油强度最大值为 $1×10^6$t/km^2；由于泥岩成熟度低，南二段泥岩没有排油特征。南一段泥岩生油强度明显增强，生油面积有所增大，凹陷西南部生油中心最大值为 $4.5×10^6$t/km^2，东北部泥岩生油强度较低，只在西南部有排油特征，面积小，排油强度最大值为 $2×10^6$t/km^2。铜钵庙组泥岩生油强度有所降低，西南部生油强度最大值为 $2.5×10^6$t/km^2，中部为 $1×10^6$t/km^2；西南部排油强度最大值为 $1.5×10^6$t/km^2，中部为 $0.5×10^6$t/km^2。红旗凹陷生排烃量统计见表 4-1-17，总的来看，红旗凹陷西南部是主要生烃和排烃区，南一段和铜钵庙组是主力生油、生气层，生油量占总生油量百分比分别为 36.6% 和 41.5%。整个凹陷排油量不大，主要是铜钵庙组泥岩排油贡献，排油量占凹陷总排油量的 78.8%，而该层段泥岩排气量占总排气量的 81.25%。根据刻度区类比，红旗凹陷油运聚系数取值为 8%，气运聚系数取值为 3.5%，计算得到红旗凹陷的油总资源量为 $0.43×10^8$t，气总资源量为 $32.2×10^8$m^3。

表 4-1-17 红旗凹陷生排烃量统计表

层位	生油量（10^8t）	生气量（10^{11}m^3）	排油量（10^8t）	排气量（10^{11}m^3）
南二段	1.16	0.10		
南一段	1.95	0.36	0.25	0.06
铜钵庙组	2.21	0.46	0.93	0.26
合计	5.32	0.92	1.18	0.32

塔南凹陷主要以生油为主，且中部次凹是主要的生油区。铜钵庙组主要分布在西次凹，最大生油强度为 $0.42\times10^6t/km^2$。生气强度最大值为 $0.42\times10^6t/km^2$，主要分布在西次凹北部。南屯组总体特征与大一段相似，其中西次凹南部生油强度最大值为 7×10^6t。生气强度最大值为 $2.4\times10^6t/km^2$，主要分布在西次凹。大磨拐河组生油中心分为两部分，最大生油强度为 $2.5\times10^6t/km^2$，位于西次凹南部。生气强度最大值为 $0.24\times10^6t/km^2$，位于西次凹南部，生气中心主要分布在西次凹。

如表 4-1-18 所示，塔南凹陷的总生烃量为 31.919×10^8t。其中铜钵庙组生烃量 1.364×10^8t，仅占凹陷总生烃量的 4.3%；南屯组生烃量 23.991×10^8t，占凹陷总生烃量的 75.2%；大磨拐河组为 6.564×10^8t，占凹陷总生烃量的 20.6%；塔南凹陷总生油量为 27.638×10^8t。其中南屯组是主要生油层，为 20.636×10^8t，占总生油量的 74.7%。南屯组生气量最大，为 3.355×10^8t，占总生气量的 78.3%。因此，从生烃量、生油量、生气量来看，塔南凹陷主要烃源层是南屯组的有效烃源层。

表 4-1-18 塔南凹陷各时期各地层生烃量

层位	南屯组沉积末期	大磨拐河组沉积末期		伊一段沉积末期		伊敏组沉积末期		现今		合计	
	生油（10^8t）	生油（10^8t）	生气（$10^{11}m^3$）	生油（10^8t）	生气（$10^{11}m^3$）	生油（10^8t）	生气（$10^{11}m^3$）	生油（10^8t）	生气（$10^{11}m^3$）	生油（10^8t）	生气（$10^{11}m^3$）
大磨拐河组	0	0.022	0	0.185	0	1.669	0.035	4.068	0.586	5.944	0.621
南屯组	0.003	2.103	0.034	2.157	0.090	9.676	1.311	6.697	1.920	20.636	3.355
铜钵庙组	0.006	0.390	0.033	0.202	0.032	0.340	0.117	0.120	0.126	1.058	0.308
合 计	0.009	2.515	0.067	2.544	0.122	11.685	1.463	10.885	2.632	27.638	4.284

南贝尔凹陷的生油特征在铜钵庙组表现为生油强度分布较为局限，且生油面积较小。其中最大生油强度在东次凹中部，可达 $0.6\times10^6t/km^2$，西次凹南部地区有小范围生油分布，该小区域生油强度整体可达 $0.1\times10^6t/km^2$。生气强度分布同生油强度分布范围较为接近，范围较小，生气量也比较小，最大值在东次凹中部，仅为 $0.06\times10^6t/km^2$。南屯组为主力生油层。大部分区域生油强度大，且分布连续，最大值可达到 $2\times10^6t/km^2$，大部分地区超过 $0.5\times10^6t/km^2$。生气强度分布范围较大，但总体而言生气强度比较小，最大值在西次凹南部地区，为 $0.25\times10^6t/km^2$。大磨拐河组可生油范围面积较大，主要分布在东次凹南部及北部洼槽，局部最大值可达到 $2.0\times10^6t/km^2$，西部次凹主要分布在南部洼槽。南贝尔凹陷生排烃量见表 4-1-19，南贝尔凹陷有效烃源岩总生油量为 19.87×10^8t。其中大磨拐河组生油量为 8.638×10^8t，南屯组生油量为 10.119×10^8t，铜钵庙组生油量为 1.113×10^8t。南贝尔凹陷有效烃源岩总生气量为 1.536×10^8t（油气当量）。其中大磨拐河组生气量为 0.588×10^8t，南屯组生气量为 0.837×10^8t，铜钵庙组生油量为 0.111×10^8t。

3. 东部断陷带烃源岩生排烃潜力

呼和湖凹陷烃源岩生油和生气中心主要在凹陷的中部和南部，煤的生油、生气强度要远远大于泥岩。总体来看，由于南二段有一定厚度且具有巨大生烃潜量的煤层存在，煤的生油、生气量是凹陷总生油、生气量的 97% 和 95%，因而成为凹陷的主力生烃层。

表 4-1-19 南贝尔凹陷各时期各地层生烃量

层位	南屯组沉积末期	大磨拐河组沉积末期		现今		合计	
	生油 （10^8t）	生油 （10^8t）	生气 （10^{11}m³）	生油 （10^8t）	生气 （10^{11}m³）	生油 （10^8t）	生气 （10^{11}m³）
大磨拐河组	0	0.192	0	8.446	0.588	8.638	0.588
南屯组	0	1.442	0.002	8.677	0.835	10.119	0.837
铜钵庙组	0	0.293	0.010	0.820	0.101	1.113	0.111
合计	0	1.939		19.467		21.406	

从呼和湖泥岩及煤生烃强度分布特征来看，南二段 2 砂组和 3 砂组是主要的生油生气层位，泥岩和煤的生烃强度大于其他层位，南二段 3 砂组泥岩生油强度最大，分布在凹陷南部，达到 $1.5×10^6$t/km²；尤其凹陷南部煤的生气强度最大，达到 $40×10^6$t/km²，泥岩生气强度最大值为 $14×10^6$t/km²；煤的生油强度最大值达到 $5×10^6$t/km²，在南部和 7 井、和 8 井一带。南一段 1 砂组泥岩生烃强度降低，分布范围也减小，中南部最大值只有 $0.5×10^6$t/km²；煤的生油强度在中南部最大值为 $1.2×10^6$t/km²。

从呼和湖凹陷生排烃量统计表 4-1-20 可知：凹陷总生油量为 $45.99×10^8$t，排油量为 $1.20×10^8$t；生气量 $31.7×10^{11}$m³，排气量为 $23.64×10^{11}$m³。根据刻度区类比，呼和湖凹陷油运聚系数取值为 1%，气运聚系数取值为 2.5%，计算得到呼和湖凹陷的油总资源量为 $0.46×10^8$t，气总资源量为 $792.5×10^8$m³。

表 4-1-20 呼和湖凹陷各层位油气生排量统计表

层位		生油量（10^8t）		生气（10^{11}m³）		排油量（10^8t）		排气量（10^{11}m³）	
		泥岩	煤	泥岩	煤	泥岩	煤	泥岩	煤
南二段	1 砂层组	1.69	5.10	0.68	1.66	0.004	0.08	0.35	0.88
	2 砂层组	2.09	7.38	1.07	2.93	0.01	0.15	0.65	1.77
	3 砂层组	2.64	14.39	2.05	8.25	0.02	0.48	1.50	5.91
	4 砂层组	1.30	7.68	1.59	7.00	0.01	0.35	1.30	5.67
南一段	1 砂层组	1.65	0.76	2.28	1.14	0.02	0.05	1.89	1.00
	2 砂层组	1.32		3.10		0.02		2.73	
合计		10.68	35.31	10.76	20.98	0.09	1.11	8.42	15.22
总计		45.99		31.7		1.20		23.64	

巴音戈壁凹陷有效烃源岩总生烃量为 $21.746×10^8$t。其中大磨拐河组生烃量为 $1.54×10^8$t，占该凹陷总生烃量的 7.1%；南屯组生烃量为 $10.554×10^8$t，占该凹陷总生烃量的 48.53%；铜钵庙组生烃量为 $9.652×10^8$t，占该凹陷总生烃量的 44.39%（表 4-1-21）。

表 4-1-21　巴音戈壁凹陷各时期各地层生烃量统计表

层位	铜钵庙组沉积末期		南屯组沉积末期		大磨拐河组沉积末期		现今		合计	
	生油（10^8t）	生气（10^{11}m³）	生油（10^8t）	生气（10^{11}m³）	生油（10^8t）	生气（10^{11}m³）	生油（10^8t）	生气（10^{11}m³）	生油（10^8t）	生气（10^{11}m³）
大磨拐河组	0	0	0	0	0	0	1.186	0.354	1.186	0.354
南屯组	0	0	0	0	5.814	0.029	3.980	0.731	9.794	0.760
铜钵庙组	0.069	0	0.951	0.033	4.138	0.327	2.973	1.161	8.131	1.521
合计	0.069	0	0.0951	0.033	9.952	0.356	8.139	2.246	19.111	2.635

第二节　油气物理化学特征

海拉尔盆地油气资源丰富，已发现的商业性油气藏主要分布在盆地中部带的乌尔逊凹陷、贝尔凹陷、塔南凹陷和南贝尔凹陷，此外在西部带的巴彦呼舒凹陷、中部带的红旗凹陷和赫尔洪德凹陷、东部带的呼和湖凹陷还发现了工业油流井。纵向上油气主要分布在南屯组和铜钵庙组，其次为大磨拐河组、塔木兰沟组和基底。已经发现的原油类型多样，既有常规原油，也有挥发油、轻质油和稠油；天然气藏主要有乌尔逊凹陷的二氧化碳气藏和呼和湖凹陷的烃类气藏。海拉尔盆地各凹陷的烃源岩类型多样，经历的热演化史不同，生成的油气地球化学特征差异较大。

一、原油物理和化学性质

1. 原油物理性质

原油的基本物性特征包括密度、黏度、含蜡量、凝固点等，它们与成烃母质类型、烃源岩成熟度、原油的运移、油藏的后生改造等密切相关。总体来看，西部带的巴彦呼舒凹陷以稠油为主，中部带以轻质—中质油为主，东部带以轻质油和挥发油为主；自北向南来看，乌尔逊凹陷乌南洼槽原油的密度略低于乌北洼槽的原油，贝尔凹陷原油密度略低于乌尔逊凹陷原油；塔南凹陷原油的密度略低于贝尔凹陷原油。总体上存在由西向东、由北向南原油密度降低的趋势。这可能是由于烃源岩的成熟度和母质类型双重因素控制的结果，即烃源岩的成熟度总体上是西低东高、北低南高，烃源岩的母质类型西好东差。

1）西部断陷带原油物理性质

西部断陷带原油总体密度高，黏度高，多为重质稠油，凝固点中等，属于中凝、中等含蜡量原油。

（1）原油密度。

盆地最西部的巴彦呼舒凹陷舒 1 井南二段和南一段的两个原油密度都较高，密度分别为 0.9328g/cm^3 和 0.9401g/cm^3，属于稠油，但楚 4 井的原油密度为 0.8552g/cm^3，为正常油，总体上巴彦呼舒凹陷原油密度都较高。一方面受控于烃源岩的成熟度，烃源岩成熟度总体上偏低；另一方面，由于埋藏浅，可能发生油藏的水洗和降解作用。

（2）原油黏度。

原油的黏度与原油的组成、成熟度、含蜡量、生物降解等密切相关，舒 1 井的原油黏度为 57.75mPa·s，属于重质油。一般情况下，原油的成熟度越低，非烃和沥青质含量越高，含蜡量越高，其黏度就越高；而生物降解作用通常也会使非烃和沥青质含量相对增高，从而使得原油的黏度大大增高。

（3）原油凝固点。

巴彦呼舒凹陷原油凝固点为 17~21℃，属于中凝油，与松辽盆地原油凝固点基本相当。凝固点与原油的组成、成熟度密切相关，油质越轻，成熟度越高，凝固点就越低，蜡含量越高凝固点也越高。此外，生物降解作用可以使原油的凝固点降低。

（4）原油含蜡量。

巴彦呼舒凹陷原油含蜡量为 5.9%~7.0%，为中等含蜡量原油。原油的含蜡量与原油的密度、黏度均存在一定的正相关关系，含蜡量高，密度和黏度也高，而舒 1 井原油属于例外，尽管密度高，其含蜡量并不高，表明该原油的成因与常规原油有差异，经历过改造。

2）中部断陷带原油物理性质

中部断陷带自北向南主要分布赫尔洪德凹陷、红旗凹陷、乌尔逊凹陷、贝尔凹陷和南贝尔凹陷，以及塔南凹陷。整体上乌尔逊凹陷和贝尔凹陷原油物性相似，以轻质油和中质油为主，北部的赫尔洪德和红旗凹陷原油为轻质油和中质油；塔南凹陷原油的密度低于贝尔凹陷；南贝尔凹陷大部分属于轻质油和中质油。总体上中部断陷带的原油以轻质油和中质油为主，由北向南原油密度有降低的趋势。

（1）原油密度。

原油物性统计表（表 4-2-1）表明，乌尔逊凹陷原油密度变化范围为 0.7716~0.9667g/cm³，平均值 0.8491g/cm³，各层段原油密度主要集中在 0.81~0.87g/cm³。从分区看，乌尔逊凹陷的乌南洼槽密度和黏度略低于其他地区，凝固点、含蜡量、胶质含量都要低于乌北洼槽、乌南缓坡，以及巴彦塔拉地区，而乌南缓坡原油的各项物性参数相对都要高于乌尔逊凹陷的其他地区；从贝尔凹陷原油的密度看，范围在 0.80~0.88g/cm³，总体来看密度集中在 0.82~0.87g/cm³。贝尔凹陷的霍多莫尔和呼和诺仁构造带密度和黏度偏低，密度一般多在 0.80~0.83g/cm³，霍多莫尔构造带原油密度平均值为 0.825g/cm³，运动黏度也相对较低，平均值 7.60mPa·s；呼和诺仁构造带原油密度平均值为 0.827g/cm³，运动黏度平均值为 6.56mPa·s，霍多莫尔构造带原油油质轻可能主要与成熟度较高有关；呼和诺仁构造带原油油质偏轻可能主要是由于该地区的油是由贝西次凹运移而来，运移较长距离后，油气发生了分异，从而使轻组分得到了富集，油质变轻；苏德尔特构造带上的原油均为中质油，贝西南和贝中原油密度和黏度略高。北部的赫尔洪德凹陷赫 1 井和红旗凹陷的红 6 井原油密度在 0.8174~0.8707g/cm³，属于轻质油和中质油；塔南凹陷原油的密度基本都在 0.81~0.87g/cm³，以 0.83~0.85g/cm³ 为最多；南贝尔凹陷原油密度变化范围在 0.809~0.938g/cm³，大部分集中在 0.81~0.89g/cm³，属于轻质—中质油。

（2）原油黏度。

乌尔逊凹陷原油黏度变化范围在 1~926.7mPa·s，平均值为 19.6mPa·s，贝尔凹陷原油的运动黏度在 1.91~140.3mPa·s，包括了轻质油、中质油，反映出原油物性变化较大。采用对数坐标，得到原油密度与黏度关系图（图 4-2-1），可以看出整体上乌尔逊和贝尔凹陷原油物性相似，已经发现的原油都属于轻质油和中质油，各层位间原油物性变化不大；赫尔洪德凹陷赫 1 井原油和红旗凹陷的红 6 井原油黏度为 4.164~10.8mPa·s，用密度和黏度相关性进行判别（图 4-2-2），塔木兰沟组原油基本分布在中质油及轻质油区；塔南原油黏度大部分集中在 4.0~10.0mPa·s，属于中黏度油；南贝尔凹陷原油黏度变化范围在 2.64~2515.17mPa·s，主要属于中—高黏度原油，少数为低黏度原油和稠油。

表 4-2-1 中部断陷带原油物性统计表

地区		层位	密度（g/cm³）	运动黏度（mPa·s）	凝固点（℃）	含蜡量（%）	胶质（%）	含硫量（%）
乌尔逊凹陷	苏仁诺尔北	K₁d—JD	0.8279 ~ 0.8968 / 0.853	4.2 ~ 35.38 / 14.3	9 ~ 31 / 24.1	7.8 ~ 33.1 / 16.1	5.4 ~ 23.3 / 14.2	0.104 ~ 1.59 / 0.396
	苏仁诺尔南	K₁d—JD	0.8021 ~ 0.905 / 0.844	1.5 ~ 69.8 / 10.7	2 ~ 43 / 23.4	4.1 ~ 57.2 / 15.7	3.5 ~ 25.1 / 13.8	0.057 ~ 0.192 / 0.115
	乌南洼槽	K₁d—JD	0.7716 ~ 0.8813 / 0.832	1 ~ 25.46 / 6.01	7 ~ 41 / 23	2.2 ~ 29.7 / 14.7	4.8 ~ 24.1 / 12.1	0.037 ~ 0.208 / 0.114
	乌南缓坡	K₁d—JD	0.81 ~ 0.9667 / 0.867	1.3 ~ 926.7 / 53.8	5 ~ 45 / 28.1	6.2 ~ 46.4 / 16.62	6.1 ~ 35.6 / 18.1	0.007 ~ 0.213 / 0.155
	巴彦塔拉	K₁d—JD	0.8292 ~ 0.8745 / 0.854	5 ~ 45.59 / 48	22 ~ 34 / 28.3	5.7 ~ 29.2 / 17.1	9.2 ~ 27.5 / 18.7	0.068 ~ 0.161 / 0.113
	总体	K₁d—JD	0.7716 ~ 0.9667 / 0.8491	1 ~ 926.7 / 19.6	2 ~ 45 / 24.89	1.4 ~ 57.2 / 15.8	3.5 ~ 35.6 / 15.1	0.007 ~ 1.59 / 0.184
贝尔凹陷	霍多莫尔	K₁d—JD	0.799 ~ 0.855 / 0.825	1.91 ~ 16.87 / 7.60	3 ~ 37 / 19	4.6 ~ 24.9 / 10.34	4.6 ~ 26.3 / 9.92	0.041 ~ 0.108 / 0.067
	苏德尔特	K₁d—JD	0.823 ~ 0.852 / 0.841	5.3 ~ 16.02 / 11.14	12 ~ 31 / 24.78	6.8 ~ 42.9 / 15.85	8.8 ~ 33.3 / 17.07	0.042 ~ 0.28 / 0.096
	贝 18 井区	K₁d—JD	0.8454	20.78	36	17.7	19.1	0.083
	贝西洼槽南坡	K₁d—JD	0.807 ~ 0.881 / 0.841	2.1 ~ 108.6 / 27.68	14 ~ 41 / 29	9.8 ~ 20.2 / 15.58	6.9 ~ 36.4 / 22.66	0.081 ~ 0.599 / 0.209
	贝西斜坡	K₁d—JD	0.826 ~ 0.838 / 0.832	6.53 ~ 9.74 / 7.67	18 ~ 23 / 20.5	7.7 ~ 13.1 / 9.73	9.2 ~ 16.3 / 12.38	0.016 ~ 0.042 / 0.026
	呼和诺仁	K₁d—JD	0.819 ~ 0.839 / 0.827	3.76 ~ 10.49 / 6.56	12 ~ 25 / 18.6	2.4 ~ 20.6 / 11.24	7.5 ~ 26.9 / 12.59	0.036 ~ 0.133 / 0.093
	贝西南洼槽	K₁d—JD	0.868 ~ 0.884 / 0.876	49.43 ~ 140.3 / 94.87	33 ~ 34 / 33.5	22.7 ~ 32.2 / 27.45	17.8 ~ 19.3 / 18.55	
	贝中次凹	K₁d—JD	0.845 ~ 0.877 / 0.858	6.3 ~ 64.7 / 22.091	25 ~ 41 / 30.33	7.4 ~ 30.1 / 19.79	13.6 ~ 30.8 / 21.17	0.052 ~ 0.17 / 0.120
	总体	K₁d—JD	0.799 ~ 0.887 / 0.841	1.91 ~ 140.3 / 14.81	3 ~ 41 / 24.5	2.4 ~ 42.9 / 15.1	4.6 ~ 36.4 / 15.92	0.016 ~ 0.599 / 0.103

续表

地区	层位	密度 （g/cm³）	运动黏度 （mPa·s）	凝固点 （℃）	含蜡量 （%）	胶质 （%）	含硫量 （%）
红旗凹陷	K_1t	$\dfrac{0.8369 \sim 0.8593}{0.8481}$	$\dfrac{7.65 \sim 11.98}{9.815}$	$\dfrac{25 \sim 28}{26.5}$	$\dfrac{23.5 \sim 16.1}{19.8}$	$\dfrac{12 \sim 13.3}{12.65}$	$\dfrac{0.202 \sim 0.209}{0.2055}$
	J_3tm	$\dfrac{0.8649 \sim 0.8707}{0.8678}$	$\dfrac{8.5 \sim 10.8}{9.5}$	$\dfrac{2 \sim 3}{2.5}$			
赫尔洪德凹陷	J_3tm	0.8174	4.164	20			
南贝尔凹陷	K_1d—K_1t	$\dfrac{0.809 \sim 0.938}{0.860}$	$\dfrac{2.64 \sim 2515.17}{67.85}$	$\dfrac{9 \sim 41}{27.3}$	$\dfrac{2.5 \sim 24}{14.9}$		
塔南凹陷	K_1d—K_1t	$\dfrac{0.814 \sim 0.872}{0.840}$	$\dfrac{2.80 \sim 19.76}{6.49}$	$\dfrac{17 \sim 29}{23.5}$			

注：表中数据格式为 $\dfrac{\text{最小值} \sim \text{最大值}}{\text{平均值}}$，后同。

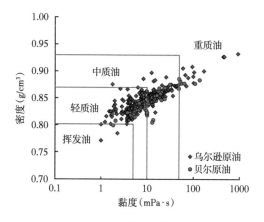

图 4-2-1 乌尔逊—贝尔凹陷原油密度—黏度关系图（据陆相源岩评价标准 SY/T 5735—2019[2]）

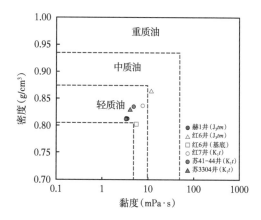

图 4-2-2 赫尔洪德—红旗凹陷原油密度—黏度关系图

（3）原油凝固点。

乌尔逊凹陷原油的凝固点为 2~45℃，平均值为 24.89℃；贝尔原油的凝固点一般为 15~36℃；赫尔洪德凹陷赫 1 井原油和红旗凹陷的红 6 井原油凝固点在 2~20℃；塔南凹陷原油凝固点变化范围在 17~29℃，平均值为 23℃；南贝尔凹陷原油凝固点变化范围在 9~41℃，多集中在 20~35℃。综合来看，中部断陷带原油属于中凝油。

（4）原油含蜡量。

乌尔逊凹陷含蜡量变化范围为 1.4%~57.2%，平均值为 15.8%。贝尔凹陷原油的含蜡量一般为 8%~26%，尤其集中在 8%~16%，显示出含蜡量低的特点；南贝尔凹陷原油含蜡量变化范围在 2.48%~24%，属于中蜡原油。

3）东部断陷带原油物理性质

自北向南主要包括呼和湖凹陷和巴音戈壁凹陷，呼和湖凹陷原油以轻质油为主，个别井出现挥发油，巴音戈壁凹陷原油属于正常原油。

（1）原油密度。

呼和湖凹陷的原油密度为 0.705~0.845g/cm³（表 4-2-2），属于挥发油和轻质油。其中和 10 井原油密度最轻，从层位看，南二段原油要比南一段原油密度小；位于呼和湖凹陷南部的巴音戈壁凹陷原油密度比呼和湖凹陷密度要大。

表 4-2-2 东部断陷带原油物性统计表

凹陷	层位	密度（g/cm³）	黏度（mPa·s）	凝固点（℃）	含蜡量（%）	胶质（%）
呼和湖凹陷	南一段	$\frac{0.816 \sim 0.845}{0.831}$	$\frac{2.4 \sim 3.1}{2.8}$	$\frac{21 \sim 22}{21.5}$	15	4.6
	南二段	$\frac{0.705 \sim 0.827}{0.797}$	$\frac{0.42 \sim 6.36}{3.54}$	$\frac{18 \sim 25}{21.0}$	$\frac{10.5 \sim 21}{14.8}$	$\frac{6.2 \sim 11.8}{9}$
巴音戈壁凹陷	南一段	0.8652	38.32	—	—	—

（2）原油黏度。

呼和湖凹陷原油黏度大部分集中在 0.42~6.36mPa·s，属于轻质油（图 4-2-3），和 10 井原油最轻，属于挥发油。巴音戈壁凹陷原油黏度要大于北部的呼和湖凹陷，原油黏度为 38.32mPa·s。

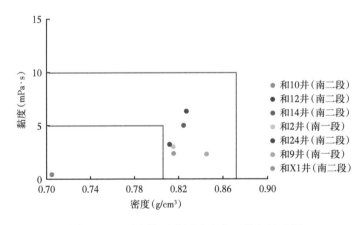

图 4-2-3 呼和湖凹陷原油密度—黏度关系图

（3）原油凝固点。

呼和湖凹陷原油凝固点在 18~25℃，属于中凝油。

（4）原油含蜡量。

呼和湖凹陷原油含蜡量在 10.5%~21%，属于中等含蜡原油，与松辽盆地相比，呼和湖凹陷原油含蜡量更低一些。

2. 原油化学性质

原油的基本地球化学特征包括原油的族组成特征、色谱特征、碳同位素组成，以及生标特征等。这些基本地球化学特征受控于烃源岩中有机质的类型、成熟度和原油在运载层和储层中的变化。

1）西部断陷带原油地球化学特征

巴彦呼舒凹陷在舒 1 井和楚 4 井见到原油，为咸水—半咸水沉积环境下的低熟—成熟原油。

舒 1 井饱和烃含量低，仅为 38%~46%，而非烃和沥青质含量在 40%~50%，且其中非烃的含量在 30% 左右，沥青质在 10%~20%。楚 4 井原油饱和烃含量比舒 1 井高，为63%。舒 1 井和楚 4 井原油 Pr/Ph 比值小于 0.8，以 C_{21} 或 C_{23} 为主峰，C_{21-}/C_{22+} 比值小于 1.0，伽马蜡烷和 β- 胡萝卜烷含量高，指示为还原性较强的咸水环境。舒 1 井原油低碳数正构烷烃含量相对较低，高碳数部分正构烷烃略呈奇偶优势，OEP 为 1.24~1.28，表明舒 1 井原油成熟度较低，楚 4 井原油 OEP 为 1.09，表明楚 4 井原油比舒 1 井原油成熟度高。舒 1井和楚 4 井原油碳同位素组成都比较轻，值在 -33‰ 左右。Ts、C_{29}Ts、C_{30} 重排藿烷含量低，不含重排甾烷。对于 Ts、C_{29}Ts、C_{30} 重排藿烷含量值，楚 4 井原油也比舒 1 井高一些，表现出淡水—微咸水沉积环境的常规成熟油特征。

2）中部断陷带原油地球化学特征

乌尔逊、贝尔、红旗、南贝尔和塔南凹陷沉积环境为淡水—微咸水，绝大部分原油的正构烷烃分布呈现单峰型，奇偶优势不明显，属正常成熟油，个别井原油成熟度较低，Pr/Ph一般大于 1.0，反映生油的有机质来源于弱氧化—弱还原的沉积环境，原油的母质类型较好，主要以低等水生生物来源为主；该类原油碳同位素组成也比较轻，在 -30‰ 左右；Ts、C_{29}Ts、C_{30} 重排藿烷和重排甾烷含量较丰富。

（1）原油族组成特征。

乌尔逊凹陷原油的饱和烃含量在 42%~66%，平均值为 56.17%，芳烃含量基本在5.5%~18%，平均值为 12.21%，非烃含量为 2.6%~18%，沥青质含量在 0.2%~14.6%。其中苏仁诺尔北、苏仁诺尔南、乌南洼槽饱和烃含量最高，其次是中央构造带和乌南缓坡，巴彦塔拉地区饱和烃含量最低，推测有两种原因：一是原油的成熟度比较低；二是原油遭受了生物降解。

贝尔凹陷苏德尔特构造带原油的饱和烃含量为 48.74%~63.67%，平均值为 54.84%，芳烃为 7.53%~15.26%，平均值为 11.42%，表现为饱和烃含量高的特征。呼和诺仁构造带的贝 3 井区原油除贝 13 井原油外，饱和烃含量较高，为 50.4%~63.25%，平均值为54.69%，芳烃含量为 10.35%~18.06%，平均值为 12.85%，饱和烃含量略低于苏德尔特原油。同样地，贝西斜坡南、霍多莫尔构造带和贝中次凹的原油也均表现为高饱和烃的特点，贝西斜坡南的原油为贝尔凹陷饱和烃含量最高的地区，饱和烃含量平均值为 58.35%，芳烃为 10.08%。

塔南凹陷绝大部分原油的饱和烃含量在 55%~80%，芳烃含量基本在 16%~21%，非烃和沥青质含量在 8%~22%。这些原油族组成的变化也比较大，饱和烃含量大部分集中在65%~75%，族组成含量的高低变化与原油密度的变化是基本相对应的。

南贝尔凹陷原油组分以饱和烃和芳烃为主，其中饱和烃含量在 40.2%~84.5%，芳烃含量在 9.66%~30.01%，非烃和沥青质含量在 3.49%~35.36%。

（2）原油气相色谱特征。

乌尔逊—贝尔凹陷原油色谱一般呈现单峰型，奇偶优势不明显，OEP 在 1.0~1.2，

Pr/Ph 一般大于 1，个别井例如巴 1 井原油 Pr/Ph 只有 0.45，其成熟度较低，大部分原油数值变化范围在 0.7~1.9，主峰碳为 nC_{19} 或 nC_{21}。

贝尔凹陷原油奇偶优势不明显，OEP 在 0.95~1.11，Pr/Ph 均大于 1，变化范围在 1.09~2.58，反映原油为弱还原—还原的淡水—微咸水沉积的成熟油。主峰碳多为 nC_{19} 或 nC_{21}，反映原油的母质类型较好，主要以低等水生生物来源为主，而以高等植物输入为特征的 nC_{29} 以后的重烃含量低。

塔南凹陷原油色谱呈现出单峰型，奇偶优势不明显，Pr/Ph 大于 1.0，一般在 1.29~1.99，反映原油中有机质的沉积环境为弱氧化—弱还原的淡水—微咸水沉积，OEP 为 1.05~1.11，基本上为成熟油，主峰碳为 nC_{19} 或 nC_{21}，属于前峰型奇偶优势正烷烃，反映出原油的母质类型较好，主要以低等水生生物来源为主，以高等植物输入为特征的 nC_{29} 以后的重烃含量低。$nC_{21}-/nC_{22+}$ 参数一般在 0.95~1.48，$nC_{21}+nC_{22}/nC_{28}+nC_{29}$ 参数在 3.21~6.35。

南贝尔凹陷原油色谱 OEP 基本分布在 1.02~1.14，反映为成熟油，主峰碳以 nC_{19} 和 nC_{21} 为主，少数为 nC_{23}，反映原油的母质类型主要以低等水生生物来源为主。

（3）原油碳同位素特征。

乌尔逊凹陷北部饱和烃碳同位素变化范围为 -33.5‰~-26.6‰，芳烃碳同位素变化为 -31.5‰~-23.8‰，说明原油的生油母质较好。乌尔逊凹陷南部原油饱和烃碳同位素变化范围为 -33.5‰~-28.3‰，芳烃碳同位素变化为 -31.5‰~-26.7‰，个别井碳同位素值偏重，如乌 11 井、乌 22 井、新乌 4 井原油，饱和烃碳同位素为 -29.2‰~-28.3‰，芳烃碳同位素为 -27.8‰~-26.7‰，说明原油的有机质成熟度高或生油母质性质偏差；而巴 13 井、乌 51 井、乌 4 井原油碳同位素轻，饱和烃碳同位素为 -33.5‰~-31.6‰，芳烃碳同位素为 -31.5‰~-30.1‰，反映原油的生油母质性质较好或原油成熟度偏低。巴彦塔拉地区原油碳同位素也偏轻，说明原油母质性质相对较好。

贝尔凹陷原油饱和烃碳同位素变化范围为 -32.03‰~-26.66‰，芳烃碳同位素变化为 -30.55‰~-23.87‰，原油碳同位素变化范围在 -31.54‰~-25.19‰，大约可以分为两类：第一类为霍多莫尔和贝西斜坡南部原油，该类原油饱和烃和芳烃碳同位素明显偏重，反映有机质成熟度高或母质性质偏差；第二类为苏德尔特原油，该类原油饱和烃和芳烃碳同位素偏轻，反映有机质母质性质较好。

塔南凹陷原油组分碳同位素分析结果表明，饱和烃碳同位素变化范围为 -29.85‰~-27.61‰，芳烃碳同位素变化为 -28.84‰~-26.99‰，非烃碳同位素变化为 -28.56‰~-25.98‰，沥青质碳同位素变化为 -29.35‰~-25.02‰。从单体烃同位素分析结果来看，塔南凹陷的油在单体烃分布上是从 nC_{16} 和 nC_{17} 碳同位素逐渐变轻，到 nC_{19} 碳同位素值基本保持不变，nC_{23} 以后则开始变重，在 nC_{19} 至 nC_{23} 显示出弱的折线性变化，即奇碳数的正构烷烃的碳同位素值要轻于相邻的偶碳数正构烷烃。nC_{23} 以后的正构烷烃碳同位素值出现先变重、后平稳的特点，nC_{27} 或 nC_{28} 后碳同位素值趋于平稳。

南贝尔凹陷的原油饱和烃碳同位素值在 -31.93‰~-27.69‰，芳烃碳同位素值在 -30‰~-25.19‰，单体烃同位素值在 -36.06‰~-29.39‰，总体上较轻。

（4）生物标志化合物特征。

乌尔逊、贝尔凹陷原油在生物标志化合物特征上相似，原油中的三环萜烷含量很低，五环三萜烷较丰富；在萜烷分布上以 C_{30} 藿烷的含量最高，其次含量相对较高的为 C_{29} 降

藿烷及 C_{31}—C_{35} 升藿烷，且在升藿烷系列中，随着碳数的增加，即从 C_{31} 到 C_{35}，含量逐渐降低，大部分原油的 Ts 大于 Tm，反映原油为成熟原油，原油中伽马蜡烷含量相对较低，伽马蜡烷 $/C_{30}$ 藿烷值一般小于 0.20，指示烃源岩原始沉积环境为淡水—微咸水环境。原油中含有一定数量的孕甾烷，C_{27-} 重排甾烷系列的含量也相对较高，甾烷 $C_{27}20$（R）、$C_{28}20$（R）、$C_{29}20$（R）呈近不对称 "V" 形分布，基本不含有四甲基甾烷，C_{29} 甾烷的 $\alpha\alpha\alpha20S$ 与 20R 含量大致相当，反映原油为成熟原油；大部分原油不含 β- 胡萝卜烷，只在贝尔的贝中、乌南的巴彦塔拉地区和乌 49 井、乌 51 井原油中发现含有 β- 胡萝卜烷，多分布在 $K_1n_1{}^5$ 层段，说明在同一凹陷的不同地区原油的生源与沉积环境有所差异。

红旗凹陷南屯组、铜钵庙组原油生物标志化合物特征与乌尔逊、贝尔凹陷相似，而塔木兰沟组有所不同，原油的三环萜烷丰富，生物标志化合物含量低。从成熟演化上看，红旗凹陷原油均为成熟油（图 4-2-4）。

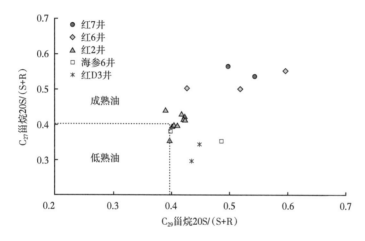

图 4-2-4 红旗凹陷原油 C_{27} 甾烷 S/（S+R）与 C_{29} 甾烷 S/（S+R）关系图

塔南凹陷原油和烃源岩抽提物中发现多环烷烃化合物，经鉴定为 6 环和 7 环的聚戊二烯化合物，其沉积环境为有藻类输入的淡水到微咸水的非海相沉积环境，主要在早白垩或更年轻的岩石中发现，为反映时代敏感的生物标志化合物[3]。塔南凹陷原油中的三环萜烷、五环三萜烷，以及藿烷含量特征与乌尔逊—贝尔凹陷相似，大部分原油的 Ts 要大于 Tm，反映原油为成熟原油，原油中伽马蜡烷的含量相对较低，伽马蜡烷 $/C_{30}$ 藿烷值一般小于 0.20，指示烃源岩原始沉积环境为淡水环境。原油中的甾类化合物主要包括孕甾烷、正常甾烷与重排甾烷系列，甲基甾烷含量甚微。该类原油的特征是，含有一定数量的孕甾烷，C_{27-} 重排甾烷系列的含量也相对较高，甾烷 $C_{27}20$（R）、$C_{28}20$（R）、$C_{29}20$（R）呈近不对称 "V" 形分布，基本不含有四甲基甾烷，C_{29} 甾烷的 20S 与 20R 含量大致相当，反映原油为成熟原油，大部分原油不含 β- 胡萝卜烷。

南贝尔凹陷油中三环萜烷含量很低，五环萜烷较丰富，以 C_{30} 藿烷含量为最高，其次为 C_{29} 降藿烷及 C_{31}—C_{35} 升藿烷，在升藿烷系列中，随碳数的增加含量逐渐降低。甾烷系列中 $C_{27}20$（R）、$C_{28}20$（R）、$C_{29}20$（R）呈不对称 "V" 形分布，4- 甲基甾烷含量很低。只在东次凹北洼槽发现 β- 胡萝卜烷和伽马蜡烷含量较高，而其他地区不含 β- 胡萝卜烷，伽马蜡烷含量也极低。

3）东部断陷带原油地球化学特征

通过碳同位素和生物标志化合物特征对比，相比巴音戈壁凹陷原油，呼和湖凹陷原油母质类型明显偏差。

呼和湖凹陷和 2 井原油，饱和烃含量较高，达到 80% 左右，非烃和沥青质含量较低，碳同位素组成也比较重，在 -26‰~-25‰，Pr/Ph 比值高（通常大于 3.0），Ts、C_{29}Ts、C_{30} 重排藿烷和重排甾烷含量十分丰富，C_{27} 甾烷含量低，伽马蜡烷含量很低，指示原油陆源有机质来源。

巴音戈壁凹陷原油主要特征为 Pr/Ph 一般小于 0.9，为植烷优势，组分碳同位素相对偏轻，含较高的 β- 胡萝卜烷。芳烃化合物中三芳甲藻甾烷含量高，反映烃源岩沉积于咸化的强还原环境。生油母质主要以藻类等低等水生生物为主。巴音戈壁凹陷的塔 21-4 井原油的饱和烃碳同位素变化范围为 -30.45‰~-29.47，芳烃碳同位素变化为 -30.56‰~ -29.15%，该类原油饱和烃和芳烃碳同位素比塔南凹陷的明显偏轻，反映该原油来源于母质性质较好或成熟度相对较低的烃源岩。

二、原油来源分析

油源关系研究是油气运移和成藏研究的基础，也决定着盆地勘探思路。20 世纪 90 年代前由于勘探程度较低，油源对比主要以单井油岩对比为主，目前油源分析主要针对不同地区不同含油气系统的油岩综合分析，采用多种手段，如生物标志化合物的绝对定量技术[4]。海拉尔盆地油气主要来自南屯组烃源岩，其次是铜钵庙组。下面以乌尔逊凹陷、贝尔凹陷和呼和湖凹陷为例，介绍海拉尔盆地的原油来源。

1. 乌尔逊凹陷和贝尔凹陷油源对比

乌尔逊凹陷北部地区苏仁诺尔构造在南二段、南一段，以及大磨拐河组多个层位见原油，通过油岩生物标志化合物对比，可看出各层位的原油谱峰相似，与南一段泥岩相近（图 4-2-5），Ts 较 Tm 含量高，C_{29}β/（α+β）与 C_{29}S/（S+R）值符合好，表现为成熟油岩，C_{27}—C_{28}—C_{29} 甾烷分布近似为"V"形指纹特征，重排甾烷含量较高，甾萜类化合物浓度对比特征与南一段泥岩相同，由此说明苏仁诺尔构造上的原油以南一段泥岩供油为主，通过生物标志化合物绝对定量技术，计算原油 65.5% 来自乌北南洼槽，34.5% 来自乌北次凹北洼槽。

同理研究了贝尔凹陷，贝尔凹陷原油也主要来自南屯组，但贝尔凹陷小洼槽多，原油多为混源成因。霍多莫尔构造上的原油 85% 来自贝西北洼槽，15% 来自贝 18 洼槽；苏德尔特构造上的原油 77% 来自贝西北洼槽，23% 来自贝 18 洼槽；呼和诺仁构造带原油 100% 来源于贝西北洼槽，而不是来自距离较近的贝西南洼槽。

2. 呼和湖凹陷油源对比

呼和湖凹陷原油具典型的煤成油特征，油质轻、Pr/Ph 值高、甾烷以 C_{29} 为主，三环萜烷低、伽马蜡烷低[5]。原油主要来自南一段和南二段煤系烃源岩，如图 4-2-6 所示，和 2 井南一段原油 C_{27}—C_{29} 甾烷呈不对称"V"形分布，伽马蜡烷含量较低，表征淡水湖相沉积环境，有一定量的水生生物母质的贡献，南一段暗色泥岩和南二段的暗色泥岩与和 2 井南一段原油的峰型都很相似，表现出较好的亲缘关系。

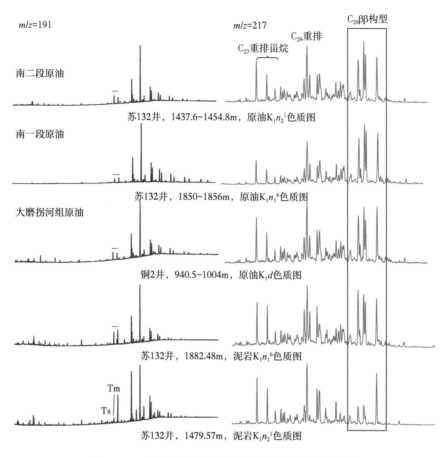

图 4-2-5 乌尔逊凹陷苏仁诺尔构造油岩样品色质图

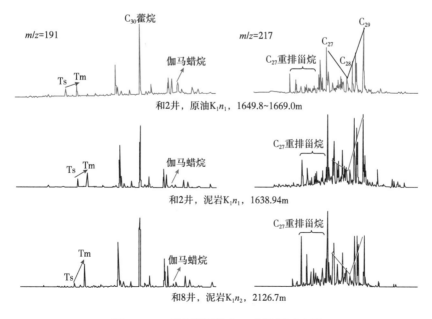

图 4-2-6 呼和湖凹陷和 2 井油源对比图

三、天然气特征

1. 天然气组分特征

1）二氧化碳气藏的天然气组分特征

海拉尔盆地二氧化碳气藏主要分布在乌尔逊凹陷，以乌北洼槽最为典型。乌尔逊凹陷天然气的二氧化碳含量为 65.06%~98.35%，一般大于 90%，并与烃类气共存，其中甲烷含量为 0.04%~20.22%，除乌 13 井油气层上部含甲烷较多外，一般甲烷含量小于 3%，重烃烃含量 0.176%~1.49%，主要为乙烷。此外，还含有一定的氮气、氦气等，其中氦气含量为 0~0.20%。烃类气的干燥系数大部分都小于 0.95，说明这些烃类气主要处于湿气阶段。

2）呼和湖凹陷气藏的天然气组分特征

呼和湖凹陷天然气主要分布在南二段，天然气组分以甲烷为主，含量在 65%~82%（表 4-2-3）；重烃气含量高，在 15.6%~30.4%，属于湿气；非烃类气体含量较多的是二氧化碳，含量在 0.54%~5.991%，还见到少量的氮气、氦气和氢气。

表 4-2-3　呼和湖凹陷南二段天然气组分统计数据表

井号	深度（m）	甲烷（%）	乙烷（%）	丙烷（%）	异丁烷（%）	正丁烷（%）	异戊烷（%）	正戊烷（%）	相对密度
和 10	1825.0~1831.0	82.004	7.644	5.272	1.150	1.087	0.276	0.167	0.7018
和斜 1	2286.2~2449.0	65.088	10.525	11.291	3.197	3.616	1.121	0.638	0.8997
和 18	2634.0~2639.6	74.246	9.802	5.197	1.040	1.425	0.493	0.414	0.7778
和 18	2634.0~2639.6	79.064	9.526	4.563	1.013	1.331	0.479	0.369	0.7261
和 18	2536.0~2639.6	72.984	10.192	5.676	1.105	1.533	0.482	0.391	0.7865

2. 天然气碳同位素特征

1）二氧化碳气藏的天然气碳同位素特征

海拉尔盆地二氧化碳气藏中二氧化碳的 $\delta^{13}C$ 值为 -13.1‰~-8.2‰，普遍轻于 -8‰无机二氧化碳界限值，盆地中典型的二氧化碳气井的同位素见表 4-2-4，不同井中烃类组分的碳同位素值变化不大，说明二氧化碳气藏的烃类气为同一成因。

表 4-2-4　乌尔逊凹陷天然气组分碳同位素统计表

井号	CO_2（%）	$\delta^{13}C_{CO_2}$（‰）	$\delta^{13}C_1$（‰）	$\delta^{13}C_2$（‰）	$\delta^{13}C_3$（‰）
苏 2	97.60	-11.4	-47.7	-41.2	-31.6
	96.20	-8.2			
苏 6	98.80	-10.2	-47.9		
苏 8	92.25	-13.1			
乌 10	94.51	-11.4	-49.3	-37.6	-40.0
乌 13	76.08	-8.8	-46.4	-39.8	
乌 208-54	92.66	-12.2	-45.3	-30.0	-29.7
	91.32	-12.7	-48.2	-35.9	-32.1

2）呼和湖凹陷气藏的天然气同位素特征

呼和湖凹陷南二段见到的天然气组分以甲烷为主（表4-2-5），碳同位素值$C_1 < C_2 < C_3$，呈正碳系列，碳同位素值相近，表明成因和来源相同。

表4-2-5　呼和湖凹陷南二段天然气组分碳同位素统计表

井号	深度（m）	碳同位素（‰）						
		甲烷	乙烷	丙烷	异丁烷	正丁烷	异戊烷	正戊烷
和10	1825.0~1831.0	−39.689	−27.151	−25.960	−25.671	−26.839	−24.828	−25.911
和斜1	2286.2~2449.0	−39.695	−27.436	−27.755	−28.922	−28.617	−26.680	−27.541
和18	2634.0~2639.6	−39.081	−25.896	−25.490	−24.117	−25.090	−23.777	−25.181
和18	2536.0~2639.6	−39.457	−26.048	−24.523	−23.868	−25.086	−24.282	−24.046

四、天然气成因类型及来源

1. 二氧化碳气藏成因类型及来源

根据海拉尔盆地二氧化碳同位素数据、与二氧化碳气有关的稀有气体同位素数据，综合二氧化碳成因判别图版（图4-2-7和图4-2-8）可以看出，海拉尔盆地二氧化碳主要为壳幔混合成因。

海拉尔盆地二氧化碳气藏，二氧化碳含量普遍较高，一般大于60%，$\delta^{13}C$一般大于−15‰。无机成因二氧化碳的碳同位素一般介于−10‰~−2‰，平均在−5‰左右，虽然海拉尔盆地二氧化碳的碳同位素值偏轻，但综合海拉尔盆地的地质背景，可以确定海拉尔盆地二氧化碳为岩浆成因和幔源成因。在$\delta^{13}C_{CO_2}$和R/R_a组合图版上可以看出，海参3井氦气为壳源成因，苏6井、苏12井和苏16井气藏中氦气为壳幔混合成因。

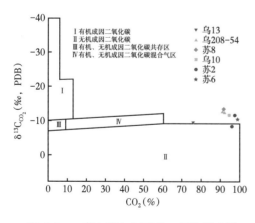

图4-2-7　苏仁诺尔气田井二氧化碳成因类型划分图[6]

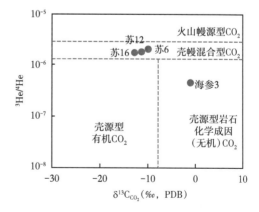

图4-2-8　天然气中氦与碳同位素划分成因类型[7]

戴春森等研究认为[8]，气藏中的$^3He/^4He$（R）与大气中的$^3He/^4He$（R_a）的比值大于1时，表明气藏中的氦主要为幔源成因；小于1时，则表明气藏中的氦为壳幔混合成因。海

拉尔盆地 R/R_a 一般大于 1（表 4-2-6），说明气藏中的氦主要为幔源成因氦，而海参 3 井中的氦为壳幔混合成因。

表 4-2-6 海拉尔盆地天然气中氦、氩同位素测试结果

井号	井深（m）	层位	$R=^3He/^4He$	R/R_a	$^{38}Ar/^{36}Ar$	$^{40}Ar/^{36}Ar$
海参 3	2068.0~2094.0	K_1t	$(3.31\pm0.09)\times10^{-7}$	0.24	0.189（9）	591（1）
苏 12	1491.8~1508.6	K_1n_1	$(1.76\pm0.05)\times10^{-6}$	1.26	0.1907（9）	966（6）
苏 16	1655.8~1771.4	K_1n_2	$(1.68\pm0.05)\times10^{-6}$	1.20	0.1900（9）	916（5）
苏 6	2010.0~2024.0	K_1n_1	2.08×10^{-6}	1.49	0.1837×10^{-6}	289.6×10^{-5}

从平面上看，海拉尔盆地中部凹陷带具有三个高二氧化碳气富集区块（带）：苏仁诺尔断裂构造带、乌南洼槽地区和巴彦塔拉断裂构造带。在二氧化碳聚集区带中不同区块之间二氧化碳含量变化平面不明显，均具有高的二氧化碳含量。

2. 呼和湖凹陷天然气藏成因类型及来源

根据甲烷碳同位素与组分关系图版，呼和湖凹陷的天然气介于油型气与煤型气之间，属于混合气（图 4-2-9）。探井揭示在地层条件下气藏呈单一气相，在地面为凝析油，颜色呈淡黄透明状，原油族组成以饱和烃为主，饱和烃为 70.83%~74.21%，平均为 72.52%；芳烃为 14.876%~27%，平均为 20.938%；非烃和沥青为 2.16%~10.915%，平均为 6.5375%；密度为 0.7047~0.8177g/cm³（20℃），平均为 0.7612g/cm³；地面原油黏度 0.42~2mPa·s（20℃），平均为 1.21mPa·s；凝固点为 -25~21℃，含硫量为 0.067%，含蜡量为 9.8%。凝析气藏气油比的变化范围一般分布在 1000~25000m³/m³，南部地区气油比介于 1450~10389m³/m³。依据产出的气油比将凝析气藏划分为低含凝析油、中含凝析油、高含凝析油和特高含凝析油凝析气藏，南部地区属于中等—高含凝析油气藏。

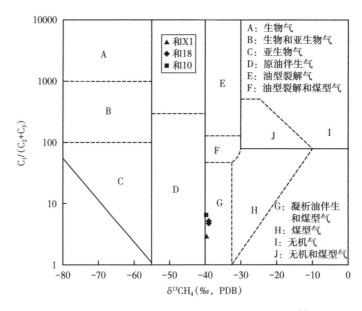

图 4-2-9 呼和湖凹陷天然气成因类型划分图[9]

第三节 油藏地球化学

油气成藏地球化学研究，主要采用地球化学分析测试技术，研究油气成藏中流体和矿物的相互作用、油气藏流体的非均质性及其成藏机理，探索油气充注、聚集历史与成藏机制[10]。油气运移路径和油气成藏时间的厘定是含油气盆地油气藏形成与分布规律研究的前沿，也是石油和天然气资源勘探的关键环节。理想的油气藏定年方法不仅要求其测试流程具有较强的可操作性（即快速、简单、高性价比），更要求能给出具有明确地质意义的绝对年龄。前些年国内油气藏定年主要采取间接手段定性或半定量地进行，如赵靖舟和李秀荣[11]总结的油气成藏时期的确定方法有生排烃史法、圈闭形成时间法、饱和压力—露点压力法、油藏地球化学法、有机岩石学法、油气水界面追溯法和流体包裹体均一温度—埋藏史投影法，这些方法都是通过其他地质过程参数间接地确定油气的成藏时期。随着近年来同位素定年技术和高精度实验方法的发展，利用不同放射性同位素体系，如Re-Os（铼—锇）、K-Ar（钾—氩）、^{40}Ar-^{39}Ar（氩—氩）、U-Pb（铀—铅）、Rb-Sr（铷—锶）等，测定油气成藏绝对年龄的设想正逐步得以实现。目前确定油气藏形成时间的方法较多，但不同方法依据的原理不同，所确定的成藏年代意义各异。在海拉尔盆地油气成藏研究中，采用多种元素同位素体系，多种技术手段联合运用，包括富含有机质地质样品Re-Os（铼—锇）定年法、自生黄铁矿Rb-Sr（铷—锶）定年法、储层K-Ar（钾—氩）定年法，确定油藏的绝对地质年龄；通过包裹体鉴定检测技术，结合埋藏史和热史，研究油气成藏期；利用含氮化合物和流体运移趋势线，分析油气运移方向，以上地球化学分析技术的应用为海拉尔盆地油气勘探部署提供了技术支撑。

一、油气运移优势路径和方式

油气运移通道的研究是油气运移研究中一项重点也是难点问题之一。定量地识别运移通道则更加困难，但运移通道的研究对油气勘探有着重要意义，如Pratsch研究墨西哥湾盆地发现，有75%以上的油气聚集在占盆地面积不到25%的优势运移通道上[12-13]，Hindle研究巴黎盆地发现，有81%以上的油气聚集在占盆地面积13%的优势运移通道上。可见，研究和确定油气优势运移通道的主运移方向和路线对油气勘探具有重大意义[14]。

在海拉尔盆地利用含氮化合物绝对定量方法，结合流体运移趋势，分析油气的运移方向[15]。原油中含氮咔唑类化合物具有较强的极性，氮原子上键合的氢原子与地层中的有机质或黏土矿物上的负电性原子（如氧原子）构成氢键，使部分咔唑类分子滞留于输导层或储层中，从而在油气运移途中出现咔唑类化合物绝对浓度减少的趋势[16]。乌尔逊凹陷北部和南部原油的咔唑类化合物绝对定量分析表明（图4-3-1），乌北苏仁诺尔构造带洼槽内原油咔唑类化合物浓度相对较高，到了洼槽边部咔唑类化合物浓度较低，例如，原油沿苏仁诺尔构造带苏301井到苏20井再到苏46井，咔唑类化合物浓度从53.46μg/g降到9.46μg/g再降到2.49μg/g；从苏132井到苏29井再到铜1井，原油咔唑类化合物浓度从13.16μg/g降到0.73μg/g再降到0.21μg/g，说明原油具有沿苏仁诺尔构造带运移的特征。乌北地区原油运移路径复杂，在洼槽内，邻近井间原油的咔唑类化合物浓度，有的差异很大，表明油气来源有本地的，也有经断裂沟通运移来的。乌南洼槽原油运移路径相对清晰简单，油气从洼槽向周边运移，例如，从乌 X1 井到乌 38 井再到乌 51 井，咔唑类化合物浓度从 7.24μg/g 降到 2.37μg/g 再降到 1.28μg/g；从乌 31 井到乌 27 井再到乌 28 井，咔唑类化合物总量从 17.54μg/g 降到 7.22μg/g 再降到 1.99μg/g。乌南洼槽附近的乌 39 井、乌 29 井、乌 X1 井、新乌 4 井等原油咔唑类化合物浓度都比较高，远离洼槽的乌东斜坡带和巴彦塔拉构造的原油咔唑类化合物浓度相对较低，指明了乌南洼槽中原油的运移方向。

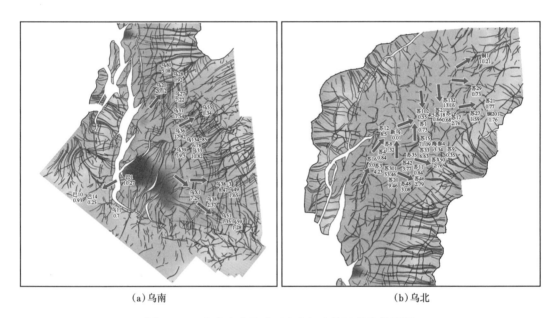

(a)乌南　　　　　　　　　　　　　　　　　　(b)乌北

图 4-3-1　乌南和乌北地区南屯组流体运移趋势线图

贝尔凹陷原油的运移路径与乌尔逊凹陷相似，从南一段原油运移路线图上看（图 4-3-2），从贝西北洼槽到呼和诺仁构造带贝 35 井—贝 3 井—贝 D8 井，原油的咔唑类化合物浓度随运移逐渐降低，由 19.86μg/g 降到 1.03μg/g 再降到 0.61μg/g；苏德尔特构造带从靠近贝西北洼槽的贝 38 井到贝 20 井，原油咔唑类化合物浓度由 6.71μg/g 降到 2.70μg/g，进一步证明呼和诺仁、苏德尔特等构造带的原油主要来源于贝西北洼槽。贝中次凹的原油来源于本地，在洼槽中心的希 4 井原油咔唑类化合物浓度相对高，为 13.16μg/g，周边的希 12 井、希 9 井、希 2 井，由于与烃源灶距离的远近差异，咔唑类化合物浓度有不同程度的降低，分别是 8.37μg/g、3.24μg/g、1.96μg/g。

利用含氮化合物和生物标志化合物浓度分析技术，发现乌尔逊—贝尔凹陷存在 3 种 4 类的油气运移聚集方式（表 4-3-1）。第一种是侧向连续充注模式，受有效烃源岩周边构造圈闭控制，油气连续充注差异聚集，表现出两种类型的聚集方式，一是原油离生烃灶越远成熟度越高，如霍多莫尔构造带的原油；二是原油离生烃灶越远成熟度越低，如苏德尔特构造带的原油，这可能与油藏的岩性、物性和断层等的性质和匹配关系有关。第二种是侧向集中充注模式，在烃源岩主排烃期间，一次大型的构造运动，在应力驱使下使当时生成的油气沿断裂或疏导层，短期内集中充注到有利聚集区，使油藏内的原油成熟度相似，如呼和诺仁构造带的原油。第三种为复合型运聚模式，有效烃源岩范围内自生自储和侧向运移，两种方式共存，原油的含氮化合物和生物标志化合物浓度分布复杂，例如苏仁诺尔构造带的原油。

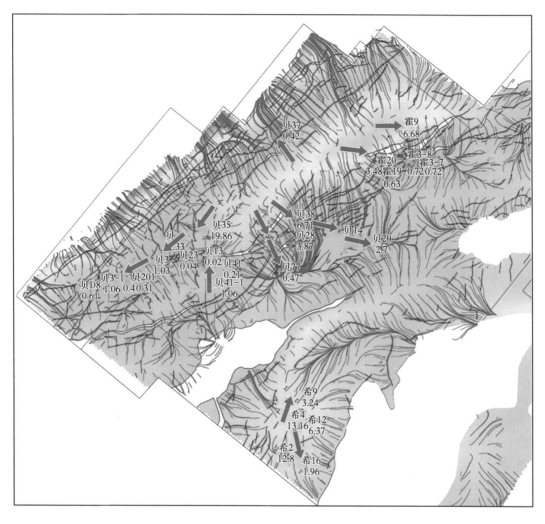

图 4-3-2 贝尔凹陷南一段流体运移趋势线图

表 4-3-1 乌尔逊—贝尔凹陷油气运移聚集方式

类型	运聚方式	典型地区	油气来源	特征
I	侧向连续充注模式	霍多莫尔构造	90% 来自贝西北洼槽，10% 来自贝 18 井洼槽	油气连续充注，原油成熟度越高离生烃灶越远
		苏德尔特构造	80% 来自贝西北洼槽，20% 来自贝 18 井洼槽	油气连续充注差异聚集，原油成熟度越低离生烃灶越远
II	侧向集中充注模式	呼和诺仁构造	100% 来自贝西北洼槽	主排烃期时，受构造运动控制，相似成熟度的原油集中充注
III	复合型运聚模式	苏仁诺尔构造	以南一段供油为主，占 60%~80%	在有效烃源岩范围内，自生自储和侧向运聚共存

塔南凹陷原油和油砂的咔唑类化合物检测结果表明，油气是从洼槽中心向西部断阶带和塔南隆起带方向运移，油气在深洼槽中生成后，沿高势区向低势区流动。塔南中部的低隆起被三个主力生油洼槽所围绕，同时有断裂沟通了烃源岩，各洼槽的油气均呈汇聚流的方式向低隆起带充注，是油气的有利聚集区，目前在该隆起带上钻探已发现了大量油气。西部斜坡带由于近邻生油洼槽，油气由洼槽内排出后主要呈平行流或汇聚流方式，向西部斜坡运移，第一个断阶带是油气运移的必经之路，在有圈闭的地方容易形成油气聚集，目前钻井结果显示西部斜坡油气主要分布在断裂附近，断裂对油气有遮挡作用。

南贝尔凹陷原油咔唑类化合物浓度由洼槽中心向斜坡带及隆起有减小的趋势，1-甲基咔唑/4-甲基咔唑比值增大，表明油气运移方向是由洼槽中心指向边部。在西部次凹，油气呈平行流的方式向西部斜坡充注，遇到断层遮挡可以形成油气藏，同时可以向东南部的构造高点运移。在东部次凹，油气在洼槽中排出后，主要呈平行流或汇聚流方式，向周边的构造高点运移，或者遇到断层遮挡形成油气藏。

二、油气成藏期次和时间

1. 多种放射性元素绝对定年

采用多种放射性元素同位素定年，包括 Re-Os（铼—锇）定年法、Rb-Sr（铷—锶）定年法、K-Ar（钾—氩）定年法，确定油藏的绝对地质年龄。

1）Re-Os（铼—锇）和 Rb-Sr（铷—锶）同位素定年

Re、Os 属于氧化还原敏感元素，在氧化条件下的水体中常以 ReO_4^- 及 $HOsO_5^-$、$H_3OsO_6^-$ 等易于迁移的形式存在；在还原水体中，则难以溶解且易被有机物捕获。Re、Os 对氧化还原的敏感性和亲有机质的特性，使得它们可以在缺氧还原环境下形成的、有机质含量较高的烃源岩、油砂、原油、沥青、干酪根等油气藏相关富有机质地质样品中富集，丰度往往可达数十、甚至数百倍于地壳组成。因此，^{187}Re 的放射性衰变，以及油气藏相关地质样品富集 Re、Os 元素的特性，使 Re-Os 同位素具有先天的优势，可以获取油气成藏演化过程的年代学信息[17-19]。通过测试分析乌尔逊—贝尔凹陷原油和烃源岩样品的 Re-Os 同位素，可取得以下认识：

（1）乌尔逊—贝尔凹陷的原油和烃源岩样品具有超低的铼（Re）和锇（Os）含量，通常低于世界其他地区 4~5 个数量级。其中，原油的 Re 含量多在 1ng/g（10^{-9}）以下，最低达 0.08ng/g（世界其他地区平均值为 118.0ng/g）；原油的 Os 含量多在 10pg/g（10^{-12}）以下，最低仅为 0.17pg/g（世界其他地区平均值为 481.8pg/g）；烃源岩的 Re 含量为 0.33~2.89ng/g（世界其他地区平均值为 66.0ng/g），烃源岩的 Os 含量为 38.3~201.5pg/g，平均值为 83.8pg/g（世界其他地区平均值为 540.7pg/g）。

（2）乌尔逊—贝尔凹陷南屯组原油样品中可识别出三期 Re-Os 等时线年龄，分别是 131.1Ma，46Ma 和 1.28Ma（图 4-3-3a），最早一期的 131.1Ma 年龄与乌尔逊—贝尔凹陷南屯组烃源岩开始生排烃的时期正好吻合；在古近纪 46Ma 和第四系 1.28Ma 的两期较晚的年龄，推测可能是晚期盆地演化构造变动，油藏发生了重新调整的缘故[20]。

Rb-Sr（铷—锶）定年法，是提取储层黏土矿物中自生黄铁矿进行测试，记录了乌尔逊—贝尔凹陷储层中早白垩世 130Ma 原油充注事件（图 4-3-3b），与 Re-Os（铼—锇）同位素定年较早一期的油气充注时间吻合。

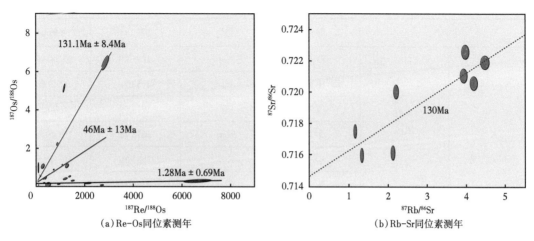

（a）Re-Os同位素测年　　　　　　　（b）Rb-Sr同位素测年

图 4-3-3　乌尔逊—贝尔凹陷原油 Re-Os 和储层自生黄铁矿 Rb-Sr 的同位素年龄

2）K-Ar（钾—氩）定年法

利用储层砂岩中自生伊利石 K-Ar 同位素研究油气的充注时间，是近年来开展起来的一项常用技术。伊利石是在富钾的水介质环境中形成的，当油气进入到储层后，储层中的水被驱替后，介质条件发生了改变，这时储层中自生伊利石会停止生长，且是油气进入储层之前形成的最后成岩矿物，因此具有独特的意义。人们利用自生伊利石中放射性元素 ^{40}K 来确定油气藏形成的年龄[21-22]。

分区带选取含油的砂岩样品进行 K-Ar 同位素测年，发现乌尔逊—贝尔凹陷油气成藏时间在 118~92Ma，乌尔逊凹陷各地区的油气成藏时间差别不大，贝尔凹陷样品相对少，测得的 K-Ar 同位素年龄也在乌尔逊凹陷测得年龄范围内（表 4-3-2）。与 Re-Os 和 Rb-Sr 定年法相比，K-Ar 同位素年龄相对小，这是由于不同的元素所确定的成藏年代意义不同。Re-Os 同位素年龄主要是体现油气生成时的年龄，而 K-Ar 同位素年龄主要是体现油气充注到储层后的时间。

表 4-3-2　乌尔逊—贝尔凹陷 K-Ar 同位素成藏时间

地区		井号	层位	井深（m）	年龄（Ma）
乌尔逊凹陷	乌北地区	苏 131	K_1n_2	1470.50	101.72±1.48
		苏 131	K_1n_2	1458.00	103.89±1.51
		苏 16	K_1n_1	2019.12	101.70±2.40
		苏 21	K_1n_2	1191.00	118.55±1.89
		苏 301	K_1n_1	1957.00	99.42±1.44
		苏 33	K_1n_1	2346.08	117.20±3.00
		苏 6	K_1d	1520.00	94.87，92.52

续表

地区		井号	层位	井深（m）	年龄（Ma）
乌尔逊凹陷	乌南地区	乌11	K_1t	1895.00	93.28，93.07
		乌18	K_1d	2053.71	92.80±2.00
		乌27	K_1n_1	1928.99	97.00±1.90
		乌30	K_1n_2	1676.75	103.20±3.40
		乌31	K_1n_1	2586.95	107.40±2.50
		乌33	K_1n_1	2376.11	98.30±1.70
	巴彦塔拉构造	巴10	K_1n_2	903.51	105.40±3.40
		巴13	K_1n_1	1457.15	112.50±2.60
		巴16	K_1t	2165.55	109.30±2.80
贝尔凹陷	苏德尔特构造带	贝10	K_1n_1	1842.93	95.20±2.40
		贝16	K_1n_2	1361.81	94.10±2.30
	贝中次凹	希13	K_1n_1	2475.88	93.50±2.10
		希3	K_1n_1	2421.90	95.60±2.30

2. 包裹体测温法研究油气成藏期

储层流体包裹体测试分析是研究油气运移、成藏时间和期次等问题的一种非常有效的方法。流体包裹体是矿物结晶过程中捕获于晶体缺陷中的成岩成矿流体。自生矿物中的流体包裹体形成于成岩及部分构造时期，是成岩流体保存至今的原始微小样品，它形成后一般不与体系外发生物质交换，包裹体的均一相流体的均一温度能准确反映流体包裹体形成时的环境温度，因此分析与油气包裹体同期的盐水包裹体的均一温度，结合研究区埋藏史和热史可以确定油气的成藏时间。

乌尔逊凹陷和贝尔凹陷的油包裹体多赋存在石英微裂隙和方解石胶结物中，少量在长石溶蚀孔中（图4-3-4）。油气成藏期次分为1期成藏和2期成藏，第一期成藏，油气包裹体主要发育在次生石英加大边或石英微裂隙中；第二期成藏，油气包裹体主要发育在方解石胶结物中。油包裹体丰度不高，一般小于5%，而在乌尔逊凹陷的乌南洼槽和贝尔凹陷的苏德尔特构造带中，油包裹体丰度较高，分别是5%~15%和7%~23%。以乌南洼槽为例分析油气的成藏时间，乌南洼槽是两期成藏，第一期油气包裹体主要在石英中，同期盐水包裹体的均一温度在78~106℃；第二期油气包裹体主要在方解石中，同期盐水包裹体的均一温度高，在109~114℃（图4-3-5）。结合乌南洼槽的沉积埋藏史和热史，以及烃源岩生排烃史确定油气的成藏时间，第一期油气成藏为120~112Ma（伊敏组沉积中期），第二期油气成藏为95~93Ma（伊敏组沉积末期）（图4-3-6）。同理研究了乌尔逊凹陷和贝尔凹陷各地区的油气成藏，见表4-3-3。研究结果表明，乌尔逊凹陷的油气成藏时间在120~93Ma，乌南地区比乌北地区略早一些。贝尔凹陷油气成藏时间在120~65Ma，各地区由于生排烃史的差异，成藏时间也不同，贝西次凹油气成藏时间相对较早，主成藏期在

120~96Ma，而贝中次凹油气成藏较晚，主成藏期在 94~65Ma。

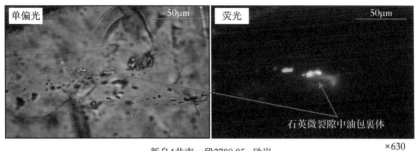

新乌4井南一段2780.85m砂岩　×630

乌42井大磨拐河组2032.55m砂岩　×630

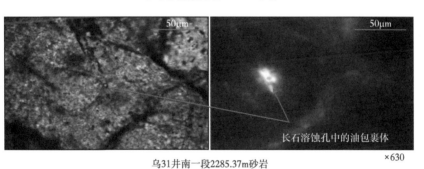

乌31井南一段2285.37m砂岩　×630

图 4-3-4　乌尔逊凹陷砂岩样品镜下包裹体照片

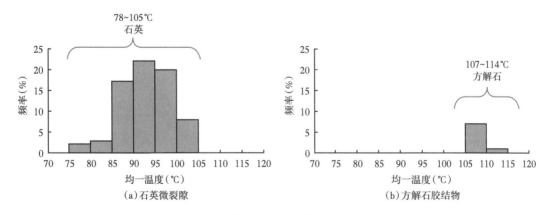

图 4-3-5　乌尔逊凹陷南洼槽包裹体均一化温度分布直方图

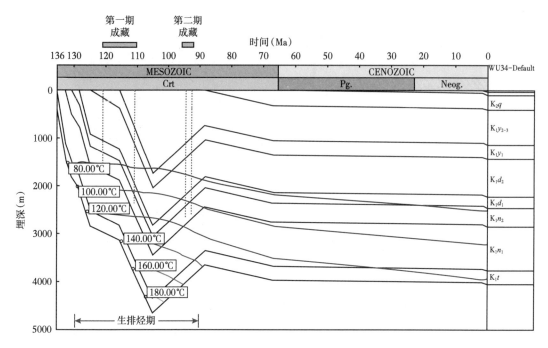

图 4-3-6 乌南洼槽乌 34 井埋藏史和热史图

表 4-3-3 乌尔逊—贝尔凹陷各地区成藏时间表

地区		油气来源	主生排烃高峰时间（Ma）	成藏时间（Ma）
乌尔逊凹陷	乌北北洼槽	运移和本地	124，114	110~104
	乌北南洼槽	运移和本地	124，114	113~108
	乌南洼槽	本地	124，114	120~112，95~93
	乌东斜坡带	乌南洼槽	124，114	118~110
	巴彦塔拉构造	乌南洼槽	124，114	116~112
贝尔凹陷	霍多莫尔构造带	贝西北洼槽为主	124，114	120~110
	苏德尔特构造带	贝西北洼槽为主	124，114	116~105，99~96
	贝西南洼槽	本地	114，89	113~107，98~96
	呼和诺仁构造带	贝西北洼槽	124，114	110~99
	贝中次凹	本地	100~76	94~65

　　塔南凹陷油气包裹体分两期成藏，第一期为中质油包裹体，成熟度中等偏低，且数量较少，透射单偏光下，包裹体中液烃呈淡褐色或褐色，紫外光下显黄白色、浅黄色荧光，主要赋存在早期胶结方解石、长石溶蚀孔和石英微裂隙中；第二期为轻质油包裹体，成熟度属于中等偏高，且数量较多，透射单偏光下，包裹体中液烃呈现近无色或无色，紫外光下显黄绿色或绿色荧光，主要赋存在胶结石英、长石中。南屯组包裹体均一温度范围在

65~125℃，主要集中在 85~100℃；铜钵庙组包裹体均一温度范围在 60~130℃，主要集中在 80~120℃。结合埋藏史和热演化史认为，南屯组成藏时间为 125~107Ma，铜钵庙组成藏时间为 130~112Ma。而 K-Ar 同位素年龄略偏小，在 116~88Ma。结合塔南凹陷油气大量生排烃时期为距今 125~100Ma，总体认为油气成藏时期主要为距今 116~88Ma，即在伊敏组沉积晚期至末期。

南贝尔凹陷储层包裹体镜下鉴定表明，油气成藏也分为两期，与塔南凹陷相似。第一期包裹体均一温度为 85~100℃，第二期包裹体均一温度为 100~125℃，对应的成藏时间距今 128~112Ma；自生伊利石年龄在 102~86Ma，结合南贝尔凹陷油气大量生排烃时期为距今 125~100Ma，总体认为油气成藏时期主要为距今 112~86Ma，即在伊敏组沉积晚期至末期，与塔南凹陷相似。

参 考 文 献

[1] 邬立言，顾信章.热解技术在我国生油岩研究中的应用 [J]，石油学报，1986，7（2）：13-19.

[2] 陆相烃源岩地球化学评价方法 [S].SY/T 5735—2019.

[3] 杨永才，李友川，孙玉梅，等.四环聚异戊二烯类化合物：中国东部断陷湖盆新分子化石 [J].沉积学报，2017，35（4）：834-842.

[4] WANG X，LIU T，DONG Z L，et al. Quantitative Study on the Proportion of Oil Sources of Wuerxun-Beier Depression, Hailaer Basin, China[J].IOP earth and environmental science，1992.

[5] 张帆.呼和湖凹陷中低煤阶煤系烃源岩地球化学特征及生烃潜力评价 [J].天然气勘探与开发，2014（2）：19-23.

[6] 戴金星.戴金星天然气地质和地球化学论文集（卷二）[M].北京：石油工业出版社，2000.

[7] 戴金星，宋岩，戴春森.中国东部无机成因及其气藏形成条件 [M].北京：科学出版社，1995.

[8] 戴春森，宋岩，戴金星.中国两类无机成因 CO_2 组合、脱气模型及构造专属性 [J].石油勘探与开发，1996（2）：1-4.

[9] 戴金星.各类烷烃气的鉴别 [J].中国科学（B 辑），1992（2）：185-193.

[10] 陈红汉.油气成藏年代学研究进展 [J].石油与天然气地质，2007，28（2）：143-149.

[11] 赵靖舟.油气成藏年代学研究进展及发展趋势 [J].地球科学进展，2002，17（3）：378-382.

[12] Pratsch J C.安第斯山前陆盆地主要油气田位置的确定 [J].吐哈油气，1996（4）：63-70.

[13] 韩彧，黄娟，赵雯.墨西哥湾盆地深水区油气分布特征及勘探潜力 [J].石油实验地质，2015，37（4）：473-478.

[14] 李明诚.对油气运聚研究中一些概念的再思考 [J].石油勘探与开发，2002（2）：13-16.

[15] 霍秋立，王振英，李敏，等.海拉尔盆地贝尔凹陷油源及油气运移研究 [J].吉林大学学报（地球科学版），2006，36（3）：377-383.

[16] 王铁冠，李素梅，张爱云，等.利用原油含氮化合物研究油气运移 [J].石油大学学报，2000，24（4）：82-86.

[17] 沈传波.油气成藏定年的 Re-Os 同位素方法应用研究 [J].矿物岩石，2011，31（4）：87-93.

[18] Finlay A J，Selby D，Osborne M J.Re-Os geochronology and fingerprinting of United Kingdom Atlantic margin oil：Temporal implications for regional petroleum systems [J].Geology，2011（39）：475-478.

[19] Selby D，Creaser R A，Fowler M G.Re-Os elemental and isotopic systematics in crude oils[J].Earth and Planetary Science Letters，2007（71）：378-386.

[20] MENG Q A，WANG X，HUO Q L，et al.Rhenium-osmium（Re-Os）geochronology of crude oil from

lacustrine source rocks of the Hailar Basin, NE China, 2021[J]. Petroleum Science, 2021, 18(1): 1-9.

[21] 邱华宁. 新一代 Ar-Ar 实验室建设与发展趋势——以中国科学院广州地球化学研究所 Ar-Ar 实验室为例 [J]. 地球化学, 2006, 35（2）: 133-140.

[22] 王飞宇, 何萍, 张水昌, 等. 利用自生伊利石 K-Ar 定年分析烃类进入储集层的时间 [J]. 地质论评, 1997, 43（5）: 540-546.

第五章 储层特征及分布

本章对海拉尔—塔木察格盆地储层类型及盆地发育演化的不同阶段储层特征进行讨论，重点对碎屑岩储层岩石学、储层的孔隙结构及物性特征及其控制因素进行讨论。

第一节 储层类型

海拉尔—塔木察格盆地的储层类型多样，主要有沉积岩类、火山—沉积碎屑岩类、火山碎屑岩类和火山岩四种类型。

海拉尔—塔木察格盆地的发育演化的不同阶段，储层的发育类型不同，布达特群浅变质碎屑岩系储层，具有密度较大、碎屑成分较单一、破碎蚀变较强烈等特点。岩性为碎裂含钙中砂岩，碎裂细粒长石岩屑砂岩，碎裂碳酸盐质砾岩、黄铁矿化砂岩、泥质粉砂岩、粉砂质泥岩，碎裂沉凝灰岩，碎裂菱铁矿化沉凝灰岩、碎裂安山质凝灰岩。岩石由粉砂质、黏土质、黄铁矿粉尘及少量火山物质相混组成。局部黄铁矿粉尘富集。岩石受力作用后，产生了大量裂隙，裂隙中充填方解石、石英、黄铁矿、黏土矿物等。

海拉尔—塔木察格盆地经历了强烈的断裂构造活动，孕育形成了以塔木兰沟组火山碎屑岩建造，铜钵庙组砂砾岩为主的磨拉石堆积，南屯组湖相泥质岩及砂岩、砂砾岩储层沉积，形成了多层位、多类型的含油气储层。

塔木兰沟组储层包括火山岩和碎屑岩两大类，据薄片资料统计显示，除乌尔逊凹陷外，其他凹陷都以火山岩储层为主（图 5-1-1）。巴彦呼舒凹陷塔木兰沟组储层岩石类型以凝灰岩、火山角砾岩、安山岩为主；红旗凹陷岩石类型比较复杂，凝灰岩、沉凝灰岩、粗面岩和安山岩较为常见，部分为碎屑岩；呼和湖凹陷主要岩石类型为凝灰岩、玄武岩、安山岩。其他凹陷样品数量较少，统计显示岩石类型较少，未能呈现岩石类型分布规律，海塔盆地侏罗系岩石类型分布特征如图 5-1-2 所示。

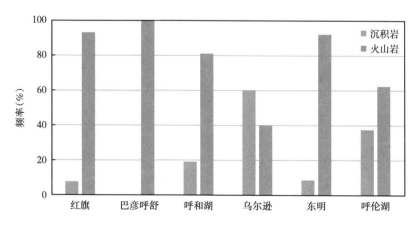

图 5-1-1 海拉尔—塔木察格盆地各凹陷侏罗系沉积岩—火山岩分布频率图

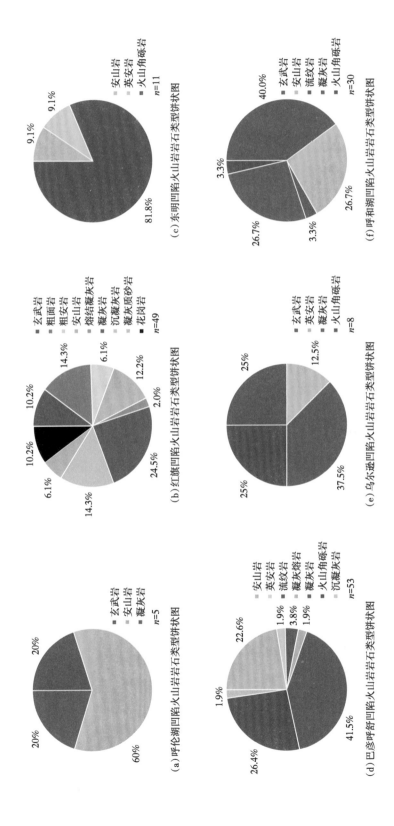

(c) 东明凹陷火山岩岩石类型饼状图

(f) 呼和湖凹陷火山岩岩石类型饼状图

(b) 红旗凹陷火山岩岩石类型饼状图

(e) 乌尔逊凹陷侏罗系岩石类型图

(a) 呼伦湖凹陷火山岩岩石类型饼状图

(d) 巴彦呼舒凹陷火山岩岩石类型饼状图

图 5-1-2 海塔盆地各凹陷侏罗系岩石类型图

海拉尔—塔木察格盆地白垩系铜钵庙组—南屯组储层主要由火山碎屑岩和陆源碎屑岩组成（表5-1-1）。其中，中部断陷带火山碎屑岩主要分布在贝尔凹陷和南贝尔凹陷，陆源碎屑岩在各个凹陷中皆有分布，以乌尔逊凹陷含量为最高。储层岩石类型主要由正常普通砂岩、凝灰质砂岩、凝灰岩和沉凝灰岩组成。贝尔凹陷铜钵庙组以凝灰岩、凝灰质砂岩为主，其次为沉凝灰岩和熔结凝灰岩；南屯组主要由砂岩和沉凝灰岩组成，其次为凝灰岩和凝灰质砂岩（图5-1-3）[1]。从目前掌握的资料看，贝尔凹陷的铜钵庙组为凝灰质砂岩较发育的层位，表现为铜钵庙组下部以凝灰质砂岩为主，上部以凝灰质砂岩和凝灰岩为主，到南屯组则过渡为凝灰质砂岩及砂岩。乌尔逊凹陷储层岩石类型主要以正常普通砂岩为主，凝灰质砂岩、凝灰岩和沉凝灰岩发育较少。砂岩储层主要分布于铜钵庙组、南一段和南二段，砂岩类型为岩屑砂岩、长石岩屑砂岩、岩屑长石砂岩和长石砂岩。

表5-1-1 塔南凹陷—南贝尔凹陷—贝尔凹陷—乌尔逊凹陷储层岩石类型组成

凹陷	样品数	地层	陆源碎屑岩（%）	凝灰质砂（砾）岩（%）	凝灰岩（%）	沉凝灰岩（%）
塔南凹陷	241	南二段	80.91（195）	18.26（44）	0.83（2）	0
	477	南一段	57.02（272）	33.54（160）	8.60（41）	0.84（4）
	1441	铜钵庙组	21.30（307）	29.70（428）	40.87（589）	8.12（117）
南贝尔凹陷	323	南二段	78.00（283）	9.90（36）	12.12（4）	0
	3345	南一段	43.56（1457）	42.90（1435）	12.53（419）	1.02（34）
	307	铜钵庙组	8.14（25）	83.71（257）	8.14（25）	0
贝尔凹陷	285	南二段	63.00（180）	21.00（59）	15.00（44）	1.00（2）
	640	南一段	30.00（193）	33.00（208）	23.00（146）	14.00（92）
	414	铜钵庙组	14.00（56）	12.00（49）	68.00（284）	6.00（25）
乌尔逊凹陷	758	南二段	68.90（522）	23.30（177）	6.90（52）	0.90（7）
	1232	南一段	82.80（1020）	12.00（148）	4.55（56）	0.65（8）
	307	铜钵庙组	47.60（146）	31.20（96）	18.60（57）	2.60（8）
合计	9770					

注：67.4（5）= 该岩石类型占相应组段岩石类型的百分比（薄片数）。

海拉尔—塔木察格盆地断陷期（铜钵庙组—南屯组沉积期）储层富含火山碎屑物质的成因机制研究认为，海塔盆地中部富油凹陷中高含凝灰质储层的成因机制主要有2种类型[1]：一种是同沉积期火山灰直接空降入湖型；另一种是同沉积期火山灰先降至陆上经河流搬运后沉积的水携型。直接空降型成因是指邻区或本区火山喷发至空中的尘状凝灰质，经空中飘浮后降落至湖泊中直接沉积，火山灰经成岩作用后多形成凝灰岩和沉凝灰岩，这类地层的凝灰质含量较高，凝灰质的粒径和成分在局部区域内横向差异很小，可对比性好，沉积构造以水平层理和均质层理为主。水携型是指火山灰先沉降至陆上后经河流搬运

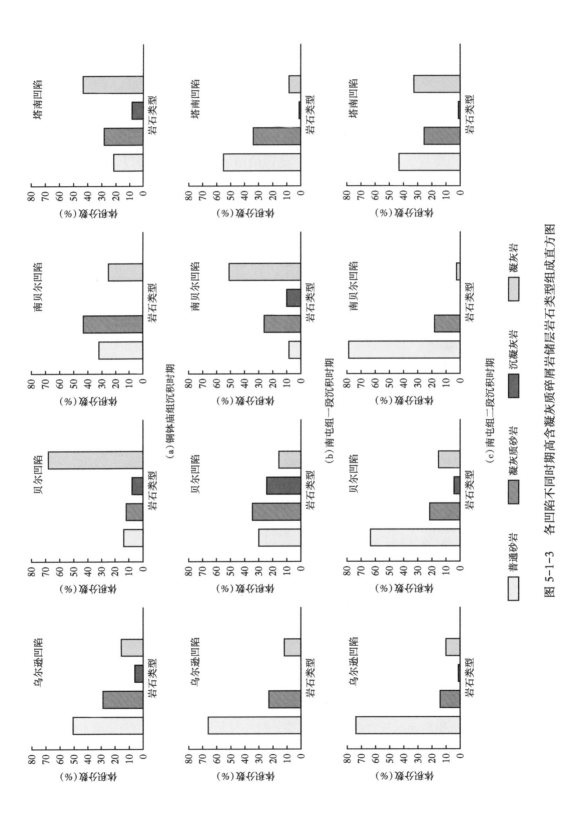

(a) 铜钵庙组沉积时期

(b) 南屯组一段沉积时期

(c) 南屯组二段沉积时期

图 5-1-3 各凹陷不同时期高含凝灰质碎屑岩储层岩石类型组成直方图

作用沉积的一种成因类型，该类型形成的高含凝灰质碎屑岩储层主要由凝灰质砂岩和凝灰质泥岩组成，岩心可见明显的水流指向标志，如具有统计意义的长形颗粒定向排列和碎屑定向排列，组成类似斜向微递变的单向斜层理，除此之外还可见交错层理、平行层理、水平层理及波状层理，以及同生变形构造及生物扰动构造等丰富的沉积构造类型（图 5-1-4）。

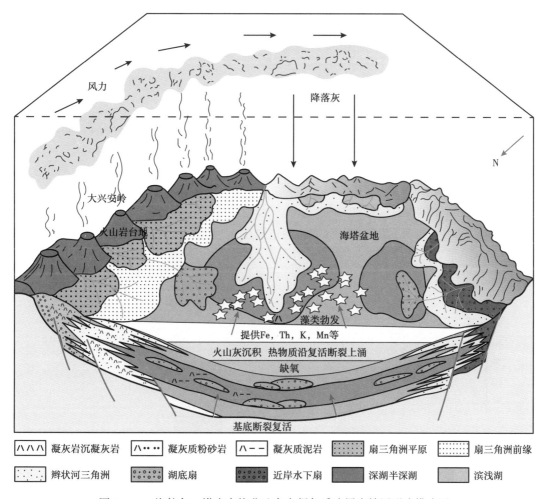

图 5-1-4　海拉尔—塔木察格盆地高含凝灰质碎屑岩储层形成模式图

综合以上分析可以看出，海拉尔—塔木察格盆地中部断陷带铜钵庙组和南屯组沉积时期大兴安岭火山喷发形成的火山灰经由塔南凹陷向乌尔逊凹陷飘散，塔南凹陷距离火山喷发区最近，因此其储层中的凝灰质含量较其他凹陷明显偏高，南贝尔凹陷和贝尔凹陷次之，而乌尔逊凹陷距离火山喷发区最远，因此储层中的凝灰质含量最低。从成因类型来看：在铜钵庙组沉积时期，塔南凹陷和贝尔凹陷高含凝灰质碎屑岩储层主要包含凝灰岩和凝灰质砂岩，沉凝灰岩含量亦较高，因此成因以空降型为主，乌尔逊凹陷和南贝尔凹陷则是主要发育凝灰质砂岩，成因以水携型为主；南一段沉积时期，南贝尔凹陷以空降型成因为主，乌尔逊凹陷、塔南凹陷以水携型成因为主，贝尔凹陷为空降型和水携型成因强度相当；南二段沉积时期，南贝尔凹陷以水携型成因为主，乌尔逊凹陷、塔南凹陷和贝尔凹陷水携型与空降型成因强度均相当（图 5-1-3）。

巴彦呼舒凹陷南屯组储层由砂岩、凝灰质砂岩及凝灰岩组成，从南屯组各砂层组储层类型来看，南一段凝灰质储层比重大于南二段凝灰质储层比重。

呼和湖凹陷南屯组储层由砂岩、凝灰质砂岩及沉凝灰岩组成，从南屯组各砂层组储层类型来看，南二段凝灰质储层比重较小，南一段凝灰质储层比重大。西部断陷带巴彦呼舒凹陷的储层类型主要为砂砾岩、泥质粉砂岩和凝灰质粉砂岩。东部断陷带呼和湖凹陷南屯组储层由砂岩、凝灰质砂岩及沉凝灰岩组成。

第二节　碎屑岩储层特征

下面重点论述海拉尔—塔木察格盆地下白垩统铜钵庙组和南屯组碎屑岩储层主要特征，按照西部断陷带、中部断陷带和东部断陷带分别论述。

一、岩石学特征

1. 铜钵庙组储层岩石学特征

西部断陷带巴彦呼舒凹陷不发育铜钵庙组储层。

中部断陷带塔南凹陷铜钵庙组储层岩石类型由凝灰岩、凝灰质砂（砾）岩、陆源碎屑岩及沉凝灰岩组成（图 5-2-1）。凝灰岩主要由流纹质和英安质凝灰岩组成。

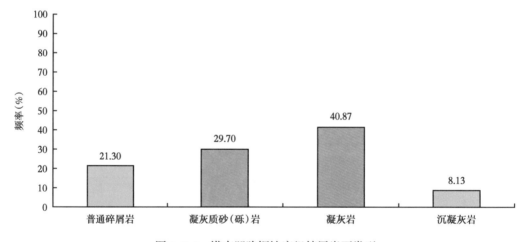

图 5-2-1　塔南凹陷铜钵庙组储层岩石类型

凝灰质砂（砾）岩包括凝灰质砾岩、凝灰质不等粒砂岩、凝灰质粗砂岩、凝灰质中砂岩和凝灰质细砂岩，并以凝灰质砾岩为主（图 5-2-2）。

陆源碎屑岩由砾岩和砂岩所组成，包括砾岩、粗砂岩和细砂岩，并以砾岩为主（图 5-2-3）。砂岩类型为长石砂岩和长石岩屑砂岩。铜钵庙组砂岩中石英颗粒含量很低，一般小于 15%，长石含量约 20%，风化普遍且程度较深，主要为中酸性火山岩、少量长石和沉积岩岩屑，以及花岗岩及浅变质岩岩屑，岩屑含量很高，约 70%，砂岩类型为岩屑砂岩和长石岩屑砂岩，自生矿物含量少。铜钵庙组砾岩较普遍，也多为中酸性火山岩，砾岩分选较差，砾石大小混杂，粒径一般为 3~8mm，大者可达 30mm。粒间为砂级碎屑和泥质填隙。

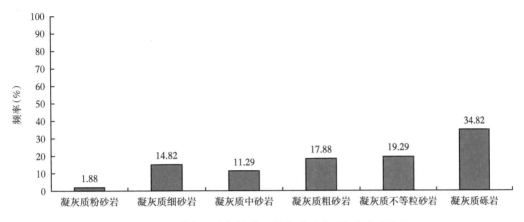

图 5-2-2 塔南凹陷铜钵庙组凝灰质砂（砾）岩岩石类型

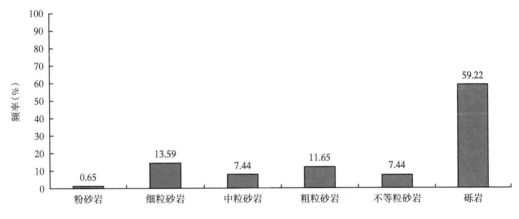

图 5-2-3 塔南凹陷铜钵庙组陆源碎屑岩岩石类型

2. 南屯组储层岩石学特征

塔南凹陷南一段储层岩石类型分布如图 5-2-4 所示，其中凝灰质砂（砾）岩可细分为凝灰质砾岩、凝灰质细砂岩和凝灰质不等粒砂岩（图 5-2-5）。

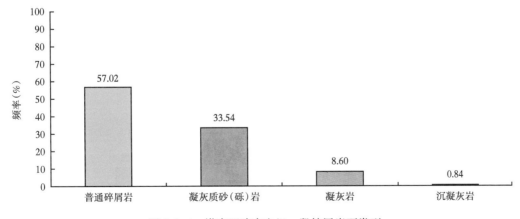

图 5-2-4 塔南凹陷南屯组一段储层岩石类型

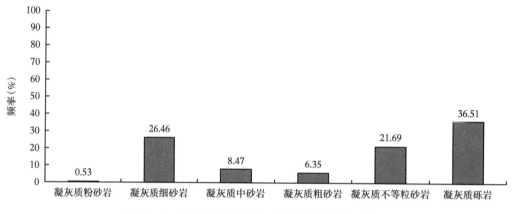

图 5-2-5　塔南凹陷南屯组一段凝灰质砂岩岩石类型

南二段岩石类型主要由陆源碎屑岩及凝灰质砂（砾）岩组成（图 5-2-6）。

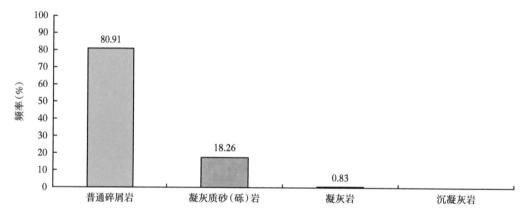

图 5-2-6　塔南凹陷南屯组二段储层岩石类型

陆源碎屑岩以细粒砂岩为主（图 5-2-7）。砂岩类型为岩屑长石砂岩、长石岩屑砂岩和岩屑砂岩（图 5-2-8）。凝灰质砂（砾）岩主要为凝灰质细砂岩（图 5-2-9）。

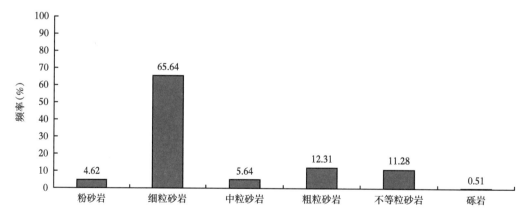

图 5-2-7　南贝尔凹陷南屯组二段砂岩岩石类型

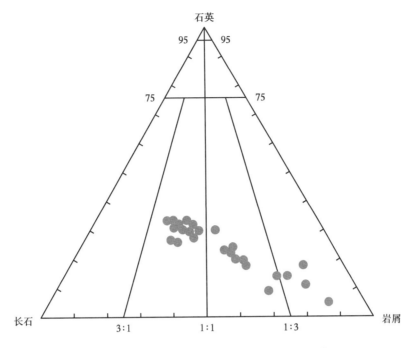

图 5-2-8 塔南凹陷南屯组二段砂岩岩石类型三角图

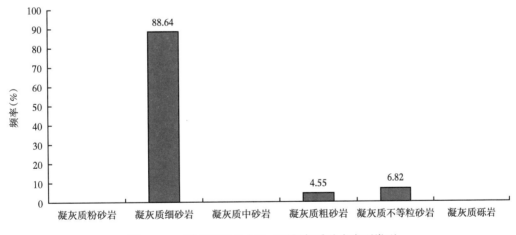

图 5-2-9 塔南凹陷南屯组二段凝灰质砂岩岩石类型

　　陆源碎屑岩主要分布在中部次凹北部和西部断裂潜山构造带中部，零星分布于东部断鼻构造带和东部次凹。凝灰质砂砾岩少量分布于中部次凹北部。

　　南贝尔凹陷南屯组储层岩石类型主要为凝灰岩，其次为凝灰质砂砾岩及沉凝灰岩和陆源碎屑岩（图 5-2-10）。其中，凝灰质砂砾岩主要由不等粒凝灰质砂岩和凝灰质粗砂岩和凝灰质细砂岩组成（图 5-2-11），陆源碎屑岩主要为砾岩，其次为细砂岩和不等粒砂岩（图 5-2-12）。

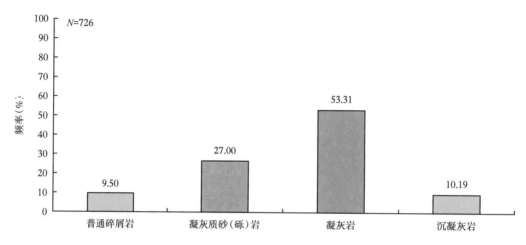

图 5-2-10 南贝尔凹陷南一段储层岩石类型

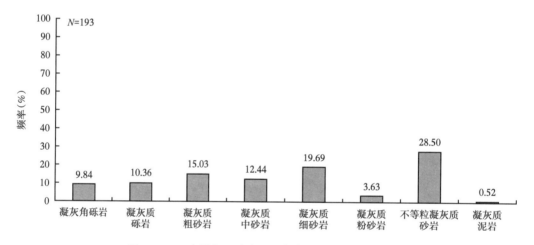

图 5-2-11 南贝尔凹陷南一段凝灰质砂（砾）岩石类型

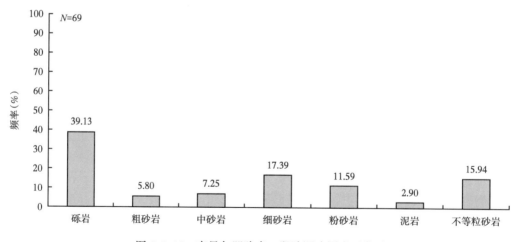

图 5-2-12 南贝尔凹陷南一段陆源碎屑岩石类型

　　南贝尔凹陷凝灰岩主要分布于东次凹北洼槽和南洼槽的中央部位及西次凹南洼槽，凝灰质砂砾岩及陆源碎屑岩主要分布于东次凹北洼槽和南洼槽的边部，以及东部断裂构造带。

　　南屯组二段储层岩石类型主要为陆源碎屑岩，其次为凝灰岩和凝灰质砂砾岩（图 5-2-13）。其中，陆源碎屑岩以细砂岩为主（图 5-2-14），凝灰质砂砾岩主要为凝灰质细砂岩（图 5-2-15）。

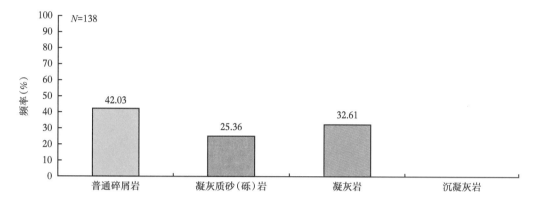

图 5-2-13　南贝尔凹陷南二段储层岩石类型

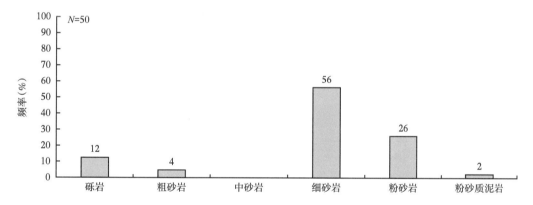

图 5-2-14　南贝尔凹陷南二段陆源碎屑岩岩石类型

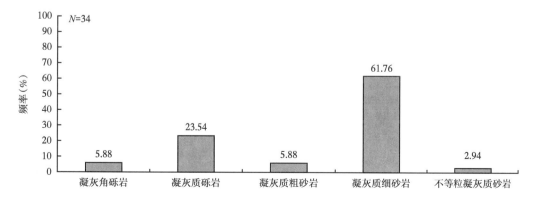

图 5-2-15　南贝尔凹陷南二段凝灰质砂（砾）岩岩石类型

陆源碎屑岩及凝灰质砂砾岩主要分布于东次凹南洼槽，其他储层岩石类型分布规律不明朗。

在南二段沉积时期，火山碎屑岩的岩石类型主要为凝灰质砂岩，凝灰岩少见。普通砂岩在贝尔凹陷和乌尔逊凹陷中均有分布。含片钠铝石砂岩在乌尔逊凹陷南二段分布比较集中。含片钠铝石砂岩的结构—成因类型为岩屑长石砂岩和长石岩屑砂岩（图 5-2-16）。含片钠铝石砂岩既可以作为 CO_2 气储层[2-3]，又可以作为油气储层[3-4]。关于片纳铝石砂岩构成 CO_2 气储层的实例报道较多。例如，乌尔逊凹陷在含片钠铝石的新乌 1 井、苏 2 井、苏 16 井、苏 8 井、乌 10 井等井获 CO_2 气流[2]。

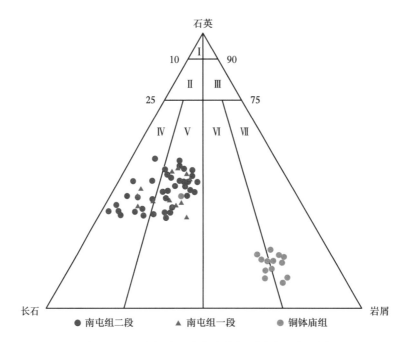

图 5-2-16　乌尔逊凹陷含片钠铝石砂岩三角相图

Ⅰ—石英砂岩；Ⅱ—长石石英砂岩；Ⅲ—岩屑石英砂岩；Ⅳ—长石砂岩；Ⅴ—岩屑长石砂岩；
Ⅵ—长石岩屑砂岩；Ⅶ—岩屑砂岩

在南屯组一段沉积时期，火山活动减弱，表现为火山碎屑岩、含片钠铝石砂岩与普通砂岩共同堆积。含片钠铝石砂岩主要分布于苏仁诺尔断裂带、乌北次凹，以及乌南次凹。普通砂岩是南屯组一段的主力储层，在贝尔凹陷和乌尔逊凹陷中均有分布。

贝尔凹陷普通砂岩主要为岩屑砂岩和长石岩屑砂岩（图 5-2-17），其中，岩屑主要为火山岩岩屑。乌尔逊凹陷普通砂岩类型比较复杂，岩屑砂岩、长石岩屑砂岩、岩屑长石砂岩和长石砂岩皆有所发育（图 5-2-18），砂岩中的碎屑主要为单晶石英、钾长石、花岗岩岩屑、凝灰岩岩屑，以及少量沉积岩岩屑及变质岩岩屑。

东部断陷呼和湖凹陷南屯组储层由砂岩、凝灰质砂岩及沉凝灰岩组成，从南屯组各砂层组储层类型来看，南二段凝灰质储层比重较小，南一段凝灰质储层比重大，南二段砂岩占 71%，凝灰质砂岩占 21%，沉凝灰岩占 8%；南一段砂岩占 56%，凝灰质砂岩占 31%，沉凝灰岩占 13%。

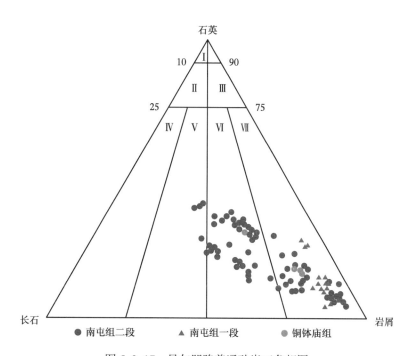

图 5-2-17 贝尔凹陷普通砂岩三角相图

Ⅰ—石英砂岩；Ⅱ—长石石英砂岩；Ⅲ—岩屑石英砂岩；Ⅳ—长石砂岩；Ⅴ—岩屑长石砂岩；
Ⅵ—长石屑砂岩；Ⅶ—岩屑砂岩

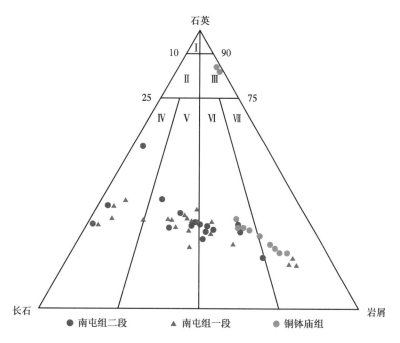

图 5-2-18 乌尔逊凹陷普通砂岩三角相图

Ⅰ—石英砂岩；Ⅱ—长石石英砂岩；Ⅲ—岩屑石英砂岩；Ⅳ—长石砂岩；Ⅴ—岩屑长石砂岩；
Ⅵ—长石屑砂岩；Ⅶ—岩屑砂岩

二、孔隙类型与孔隙结构

1. 储层孔隙类型

根据碎屑岩储层孔隙分类及孔隙识别标准，通过铸体薄片鉴定和扫描电镜图像观察，对西部断陷带巴彦呼舒凹陷砂岩的孔隙类型进行了归纳总结，其主要特征如下（表 5-2-1）。

表 5-2-1　巴彦呼舒凹陷储层孔隙类型

孔隙类型			孔隙特征
原生孔隙	粒间孔	剩余粒间孔	次生石英、黄铁矿、高岭石、伊/蒙混层、微晶石英等自生矿物充填后剩余的孔隙空间
	填隙物内孔		杂基或高岭石、绿泥石等自生矿物集合体中的晶间空间
次生孔隙	溶蚀粒间孔		孔隙壁的碎屑颗粒或早期形成的胶结物部分溶解
	溶蚀粒内孔	长石粒内孔	长石沿解理面开始溶解形成的弥漫状次生孔隙
	孔洞		由多个碎屑颗粒溶解形成

1）粒间孔隙

剩余粒间孔为次生石英、高岭石、绿泥石等自生矿物充填后剩余的粒间孔。剩余粒间孔是压实作用和胶结作用联合作用的产物。有时缩小粒间孔呈三角形（照片 5-2-19），说明自生矿物的生长晚于压实作用。

楚5井，$K_1n_1^1$，1356.67m，
长石岩屑砂岩，原生粒间孔和
少量粒内溶孔

楚5井，$K_1n_1^3$，1759.69m，
长石岩屑砂岩，原生粒间孔和
少量粒内溶孔

楚5井，$K_1n_1^5$，2095.6m，
凝灰质砂砾岩，原生粒间孔和
粒内溶孔

楚5井，$K_1n_1^5$，2098.13m，
凝灰质砂砾岩，粒内溶孔、火山灰
溶蚀微孔和原生粒间孔

楚5井，$K_1n_1^5$，2286.58m，
凝灰质砂砾岩，粒内溶孔、粒间孔

楚4井，$K_1n_1^1$，1825.3m，
岩屑砂岩，粒间孔和少量粒内溶孔

图 5-2-19　巴彦呼舒凹陷孔隙类型

2）填隙物内孔

杂基或高岭石、绿泥石、片钠铝石等自生矿物集合体中的晶间空间，发育于火山碎屑岩、普通砂岩和含片钠铝石砂岩中。

3）溶蚀粒间孔

溶蚀粒间孔指的是，孔隙壁的碎屑颗粒或早期形成的胶结物部分溶解形成的孔隙。常见于被溶解的早期填隙物。

4）长石溶蚀粒内孔

长石颗粒中的溶蚀孔隙比较发育，一般沿颗粒边部、解理面、双晶纹开始发育，有时长石颗粒的三分之二被溶解成斑状，甚至长石颗粒的内部几乎完全被溶解，仅保留长石颗粒外缘的黏土矿物包壳。

5）孔洞

孔隙的直径往往超过碎屑颗粒的最大直径，系单个或多个碎屑颗粒被溶解形成，其原始颗粒类型已不能恢复。

中部断陷带塔南—南贝尔—贝尔—乌尔逊凹陷孔隙类型归纳总结特征如下（表5-2-2）。

塔南凹陷的孔隙类型有完整粒间孔隙、剩余粒间孔隙、溶蚀孔隙、填隙物内孔隙、超大溶蚀孔隙五种（图5-2-20至图5-2-25）。

表 5-2-2　塔南—南贝尔—贝尔—乌尔逊凹陷孔隙类型

孔隙类型		表现形式及发育情况		
		塔南	南贝尔	贝尔—乌尔逊
原生孔隙	完整粒间孔	粒间孔呈三角形、四边形和长条状，极少量发育		
	碎屑颗粒粒内孔	主要发育于火山碎屑岩内，包括玻屑粒内孔、塑性玻屑粒内孔		
	剩余粒间孔	微晶石英、次生石英加大、高岭石、片钠铝石、钠长石、玉髓充填剩余粒间孔	微晶石英、次生石英加大、高岭石、绿泥石、钠长石充填剩余粒间孔	次生石英加大、片钠铝石、菱铁矿、高岭石、伊/蒙混层、微晶石英等自生矿物充填后剩余的孔隙空间
次生孔隙	收缩缝	不规则、延伸短，仅发育于凝灰岩中，塔南地区见玉髓与碎屑颗粒间的剥离缝		
	溶蚀粒间孔	在岩屑长石砂岩和凝灰质砂岩中均较为常见		较为发育，表现为孔隙壁的碎屑颗粒或早期形成的胶结物部分溶解
	溶蚀粒内孔	长石粒内溶孔、玻屑粒内溶蚀孔、玻屑粒内脱玻化孔	长石粒内溶蚀最常见，另见岩屑粒内溶蚀、玻屑粒内溶蚀孔、玻屑粒内脱玻化孔	包括长石粒内孔和火山岩屑粒内孔，其中火山岩屑粒内孔由塑性玻屑、火山岩屑内部弥漫性溶解形成
	填隙物内孔	包括火山物质溶蚀孔隙和碳酸盐矿物溶蚀孔隙两类，其中以火山物质溶蚀孔隙为主	方沸石溶蚀孔，方解石溶孔	杂基或高岭石、绿泥石、片钠铝石等自生矿物集合体中的晶间空间，发育于火山碎屑岩、普通砂岩和含片钠铝石砂岩中
	铸模孔	由长石、塑性玻屑、火山尘等颗粒内部完全溶解形成，在各种岩石类型中都发育		
	超大孔	由多个碎屑颗粒溶解形成		
	溶蚀缝	收缩缝或构造缝沿边部溶解扩容形成		

南贝尔凹陷的孔隙类型包括粒间孔隙、填隙物内孔隙、裂缝孔隙、溶蚀粒间孔隙、溶蚀粒内孔隙、溶蚀填隙物内孔隙、溶蚀裂缝孔隙（图5-2-26至图5-2-31）。

图 5-2-20　塑性玻屑粒内孔（一）（塔 19-34 井，1757.22m，铜钵庙组，熔结凝灰岩）

图 5-2-21　塑性玻屑粒内孔（二）（塔 19-34 井，1757.22m，铜钵庙组，熔结凝灰岩）

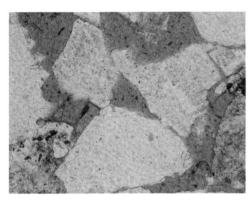

图 5-2-22　完整粒间孔（三角形）（塔 19-34 井，1540.75m，南屯组，岩屑长石细砂岩）

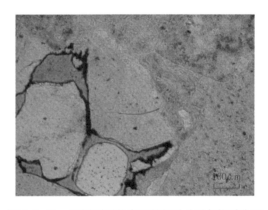

图 5-2-23　不规则形状完整粒间孔（黑色物质为沥青）（塔 19-34 井，1751.64m，铜钵庙组，岩屑砂砾岩）

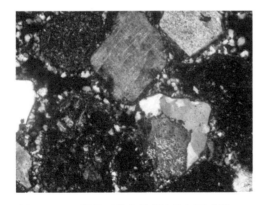

图 5-2-24　微晶石英充填剩余粒间孔（塔 19-24 井，铜钵庙组，2105.93~2106.03m，含砾粗粒岩屑砂岩）

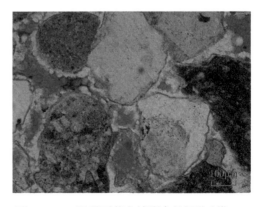

图 5-2-25　微晶石英充填剩余粒间孔（塔 19-24 井，铜钵庙组，2105.93~2106.03m，含砾粗粒岩屑砂岩）

图 5-2-26 浮石粒内孔（塔 21-24-2 井，
1988.80m，南一段，灰褐色油浸细砂岩）

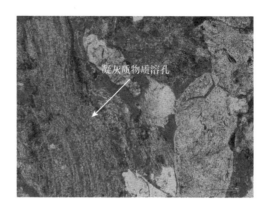

图 5-2-27 塑性玻屑粒内孔（塔 21-50 井，
1770.06m，南一段，灰色粉砂岩）

图 5-2-28 塑性玻屑（塔 21-21 井，1648.59m，
南一段，凝灰质细砂岩）

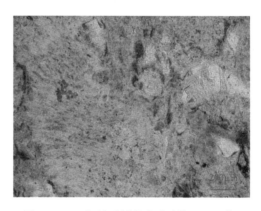

图 5-2-29 塑性玻屑粒内孔（塔 21-21 井，
1648.59m，南一段，凝灰质细砂岩）

图 5-2-30 完整粒间孔（塔 21-50 井，
1765.66m，南一段，灰色粉砂岩）

图 5-2-31 石英次生加大剩余粒间孔
（塔 21-36-3 井，2466.13m，南一段，
灰棕色油浸凝灰质粗砂岩）

贝尔及乌尔逊凹陷的孔隙类型主要有粒间孔隙、粒内孔隙、填隙物孔隙、收缩缝、粒内溶蚀孔隙、粒间溶蚀孔隙、铸模孔、溶蚀裂缝和超大孔。

总体而言，各凹陷原生粒间孔隙发育不多，溶蚀粒间孔隙及溶蚀粒内孔隙均较发育，其中富含凝灰岩和凝灰质砂岩的地区见有收缩缝。

2. 储层孔隙结构

储层孔隙结构实质上是岩石的微观物理性质，是指岩石所具有的孔隙和喉道的几何形态、大小、分布及其相互连通关系等，储层孔隙结构可使研究人员比常规物性更全面、更深入了解储层的产能、渗透能力及储集性能。孔隙结构特征的研究主要应用压汞资料。压汞曲线形态受孔喉分选性、孔喉分布的歪度，以及平均孔喉半径的影响，是孔隙结构最直观的反映；排驱压力（p_d）是指压汞实验中汞开始大量注入岩样的压力，表示非润湿相开始注入岩样中最大连通喉道的毛细管压力，排驱压力越小，说明大孔喉越多，孔隙结构越好；孔喉半径的集中范围与百分含量反映了孔喉半径的粗细程度和分选性，孔喉粗、分选好，其孔隙结构好。

西部断陷带巴彦呼舒凹陷借鉴海拉尔盆地贝尔凹陷 30 口井、乌尔逊凹陷南部 15 口井和塔南凹陷 7 口井，共计 52 口井、637 组压汞实验数据进行整理，把压汞曲线 21 个变量进行因子分析，得到 21 个变量之间的相关系数（表 5-2-3 ）。

表 5-2-3　压汞曲线 21 个变量相关性数据表

变量	K	ϕ	R_a	R_p	R_{50}	R_v	R_m	R_f	F_m	S_p	S_{kp}	K_p	D_m	Φ	D	$1/(D\Phi)$	a	S_{max}	S_r	W_e	p_d
K	1.0	0.3	0.6	0.6	0.6	0.5	0.1	0.6	0.1	0.3	0.2	0	0.6	0	-0.2	0.2	0.1	0.1	0.2	-0.2	-0.1
ϕ	0.3	1.0	0.5	0.5	0.3	0.4	0	0.5	-0.2	0.6	0.4	0.1	0.4	0.1	-0.6	-0.1	-0.3	0.5	0.4	0.1	-0.5
R_a	0.6	0.5	1.0	1.0	0.7	0.9	-0.1	1.0	0	0.7	0.3	0	0.9	0.2	-0.5	0	-0.2	0.3	0.4	-0.2	-0.4
R_p	0.6	0.5	1.0	1.0	0.8	0.9	0	0.9	0	0.7	0.3	0	1.0	0.2	-0.4	0	0	0.3	0.3	-0.2	-0.3
R_{50}	0.6	0.3	0.7	0.8	1.0	0.6	0.2	0.6	0	0.4	0.3	0.1	0.9	0.2	-0.3	0.1	0.1	0.3	0.3	-0.2	-0.2
R_v	0.5	0.4	0.9	0.9	0.6	1.0	-0.1	0.9	0.1	0.7	0.3	-0.1	0.9	0.2	-0.4	0	0	0.2	0.3	-0.2	-0.3
R_m	0.1	0	-0.1	0	0.2	-0.1	1.0	-0.1	0	-0.3	0.3	0.3	0.1	-0.2	0.1	0.1	0.5	0	0	-0.1	0.2
R_f	0.6	0.5	1.0	0.9	0.6	0.9	-0.1	1.0	0	0.7	0.3	0	0.9	0.2	-0.5	0	-0.2	0.3	0.4	-0.2	-0.4
F_m	0.1	-0.2	0	0	0	0.1	0	0	1.0	-0.1	-0.4	-0.3	0	-0.1	0.3	0.1	0.1	-0.4	-0.4	0	0.3
S_p	0.3	0.6	0.7	0.7	0.4	0.7	-0.3	0.7	-0.1	1.0	0.4	-0.2	0.6	0.3	-0.7	-0.1	-0.5	0.4	0.4	-0.1	-0.7
S_{kp}	0.2	0.4	0.3	0.3	0.3	0.3	0.3	0.3	-0.4	0.4	1.0	0.3	0.3	0.1	-0.7	-0.1	-0.1	0.8	0.7	0	-0.6
K_p	0	0.1	0	0	-0.1	0.3	0.3	0	-0.3	-0.2	0.3	1.0	0.1	0.1	-0.2	0.1	0	0.6	0.5	0.1	-0.2
D_m	0.6	0.4	0.9	1.0	0.9	0.9	0.1	0.9	0	0.6	0.3	0.1	1.0	0.1	-0.4	-0.1	0.1	0.3	0.4	-0.2	-0.3
Φ	0	0.1	0.2	0.2	0.2	0.2	-0.2	0.2	-0.1	0.3	0.1	0.1	0.1	1.0	-0.3	-0.3	0.2	0.2	0.4	-0.1	-0.2
D	-0.2	-0.6	-0.5	-0.4	-0.3	-0.4	0.1	-0.5	0.3	-0.7	-0.7	-0.2	-0.4	-0.3	1.0	0.2	0.6	-0.8	-0.8	0.1	0.9
$1/(D\Phi)$	0.2	-0.1	0	0	0	0	0.1	0	0.1	-0.1	-0.1	0.1	0.1	-0.1	0.2	1.0	0.2	-0.2	-0.2	0.1	0.3

续表

变量	K	ϕ	R_a	R_p	R_{50}	R_v	R_m	R_f	F_m	S_p	S_{kp}	K_p	D_m	Φ	D	$1/(D\Phi)$	a	S_{max}	S_r	W_e	p_d
a	0.1	-0.3	-0.2	0	0.1	0	0.5	-0.2	0.3	-0.5	-0.1	-0.2	0	-0.3	0.6	0.2	1.0	-0.5	-0.4	-0.1	0.7
S_{max}	0.1	0.5	0.3	0.3	0.3	0.2	0.2	0.3	-0.4	0.4	0.8	0.6	0.3	0.2	-0.8	-0.2	-0.5	1.0	0.9	0	-0.7
S_r	0.2	0.4	0.4	0.3	0.3	0.3	0.2	0.4	-0.4	0.4	0.7	0.5	0.4	0.2	-0.8	-0.2	-0.4	0.9	1.0	-0.4	-0.7
W_e	-0.2	0.1	-0.2	-0.2	-0.2	-0.2	-0.1	-0.2	0	-0.1	0	0.1	-0.2	-0.1	0	0.1	-0.1	0	-0.4	1.0	0
p_d	-0.1	-0.5	-0.4	-0.3	-0.2	-0.3	0.2	-0.4	0.3	-0.7	-0.6	-0.2	-0.3	-0.2	0.9	0.3	0.7	-0.7	-0.7	0	1.0

注：K—渗透率；ϕ—孔隙度；R_a—最大孔隙半径；R_p—孔隙半径均值；R_{50}—孔隙半径中值；R_v—孔隙分布峰位；R_m—孔隙分布峰值；R_f—渗透率分布峰位；F_m—渗透率分布峰值；S_p—分选系数；S_{kp}—偏态；K_p—峰态；D_m—喉道半径均值；Φ—结构系数；D—相对分选系数；$1/(D\Phi)$—特征结构系数；a—均质系数；S_{max}—最大进汞饱和度；W_e—退汞效率；p_d—排驱压力。

当取相关系数的绝对值大于 0.5 时，可得到孔隙度、渗透率与其他压汞曲线最相关的变量（表 5-2-4）。可看出渗透率与最大孔隙、孔隙均值、孔隙中值、孔隙分布峰位、渗透率分布峰位、喉道半径均值相关性高，孔隙度与最大孔隙、孔隙均值、渗透率分布峰位、分选系数、最大进汞饱和度正相关较高，而与相对分选系数、排驱压力负相关较高。

表 5-2-4　孔隙度、渗透率与其他压汞变量较相关的数据表

变量	最大孔隙（R_a）	孔隙均值（R_p）	孔隙中值（R_{50}）	孔隙分布峰位（R_v）	渗透率分布峰位（R_f）	分选系数（S_p）	喉道半径均值（D_m）	相对分选系数（D）	最大进汞饱和度（S_{max}）	排驱压力（p_d）
渗透率（K）	0.6	0.6	0.6	0.5	0.6		0.6			
孔隙度（ϕ）	0.5	0.5			0.5	0.6		-0.6	0.5	-0.5

在表 5-2-3 中，孔隙均值与最大孔隙、孔隙中值、喉道半径均值的相关系数分别为 1.0、0.8、1.0，说明孔隙均值与三者相关性高，可用孔隙均值代替；分选系数与相对分选系数的相关系数为 -0.7，其反相关程度高，可用其一代替，这里选择了与孔隙度相关性较高的变量分选系数。通过相关性分析最后得到聚类分析的变量（表 5-2-5）。

表 5-2-5　因子分析所得聚类分析变量

常规物性参数	K	ϕ	
反映孔喉大小	R_p	R_v	S_{max}
反映孔喉分选程度	S_p		
反映孔喉连通性	R_f	p_d	

把表 5-2-5 中因子分析所得变量的 637 个样本进行 Q 型聚类分析，把具有相近的样本放在一起，并依照邸世祥的碎屑岩储层孔隙结构级别及其主要划分标志把孔隙结构划分五类：好，较好、中、较差、差，具体各变量的范围见表 5-2-6。

表 5-2-6　孔隙结构划分表

级别	K（mD）		φ（%）		R_p（μm）		R_v（μm）		R_f（μm）		S_p		S_{max}（%）		p_d（MPa）	
	范围	平均	范围	平均	范围	平均	范围	平均	范围	平均	范围	平均	范围	平均	范围	平均
差	0.01~1.08	0.090	0.3~16.4	6.53	0.010~0.042	0.022	0.016~0.040	0.028	0.016~0.060	0.034	0.382~1.534	1.211	10.116~87.928	37.812	8.403~27.635	16.248
较差	0.01~9.98	0.341	1.1~24.1	11.55	0.026~2.163	0.294	0.020~6.300	0.332	0.040~6.300	0.743	0.065~4.081	2.399	26.359~98.268	75.517	0.077~12.590	1.892
中	1.02~9.79	3.597	8.7~24.3	15.34	0.142~3.684	1.037	0.020~10.000	1.486	0.250~10.000	2.592	2.081~4.270	3.277	38.926~98.910	80.287	0.049~1.719	0.273
较好	8.59~124.00	34.717	10.9~26.5	17.65	0.173~5.820	2.535	0.030~10.000	3.910	0.400~16.000	5.022	2.367~4.610	3.753	59.118~97.870	80.262	0.035~1.380	0.126
好	107.0~857.00	269.880	15.1~29.3	21.78	3.803~9.715	5.611	4.000~10.000	7.313	6.300~16.000	9.363	2.466~4.723	4.095	67.748~96.587	84.844	0.035~0.077	0.052

巴彦呼舒凹陷 8 口井不同层系 71 组压汞分析数据表明，该地区孔隙结构总体较差。其中，差、较差类储层孔隙结构占 69.01%，而中等以上储层孔隙结构仅占 30.99%（图 5-2-32）。

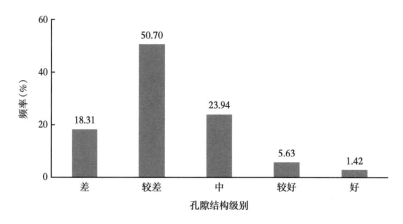

图 5-2-32　巴彦呼舒凹陷储层孔隙结构直方图

对中部断陷带塔南、南贝尔、贝尔、乌尔逊凹陷储层压汞实验数据进行研究，对孔隙结构以好、较好、中和差四类进行评价。

研究发现除南贝尔凹陷铜钵庙组外，其余地区各层位的孔隙结构均以中级为主（图 5-2-33），南贝尔铜钵庙组储层孔隙结构级别为中和差，其中差级别孔隙结构所占比重要稍高于中级别。

1）塔南凹陷

铜钵庙组储层孔隙结构级别以中级别为主（占 81.95%），其次为差级别（10.03%），好级别和较好级别少量（仅占 8.02%）。

南屯组一段储层孔隙结构级别亦以中级别为主（89.63%），其次为差级别（5.93%），以及好和较好级别（4.44%）。

南屯组二段储层孔隙结构级别也以中级别为主（80.33%），其次为较好级别（14.75%）。

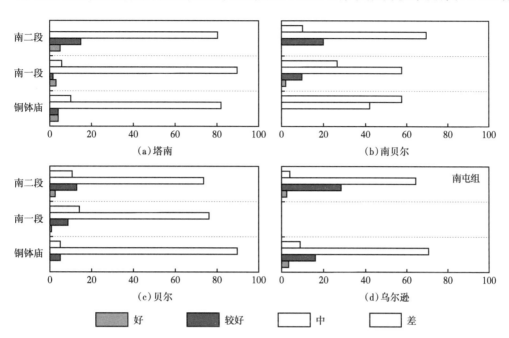

图 5-2-33 塔南—南贝尔—贝尔—乌尔逊凹陷孔隙结构评价直方图

2）南贝尔凹陷

铜钵庙组孔隙结构有两个级别，中和差，其中差级别孔隙结构所占比重要稍高于中级别。

南屯组一段孔隙结构以中级别为主，约占 57.7%，其次为差级别，约占 27.0%，较好和好级别较少，分别为 9.8% 和 5.5%。

南屯组二段孔隙结构以中级别为主，约占 70.0%，较好级别和差级别分别占 20.0% 和 10.0%。

3）贝尔凹陷

铜钵庙组储层孔隙结构级别总体为中级别，约占 90%。

南屯组一段孔隙结构以中级别为主，约占 76.2%，其次为差级别，占 14.2%。

南屯组二段孔隙结构同样以中级别为主，约占 73.92%，好和较好占 15.21%。

4）乌尔逊凹陷

铜钵庙组储层孔隙结构级别总体为中级别，约占 70.9%。

南屯组孔隙结构以中级别为主，约占 64.4%，其次为较好级别，占 28.8%。

总体而言，在平面上同一层位内，塔南的孔隙结构明显好于南贝尔地区；纵向上，随着深度的增加，储层孔隙结构变差，以塔南为例，在南二段有 14.75% 为好级别，铜钵庙组出现 10.03% 的差级别。

3. 储层岩性对孔隙结构影响的分析

由于凝灰岩中火山物质含量较高，火山物质的充填降低孔隙的连通性，使其排驱压力等值升高，导致孔隙级别的降低，因此陆源碎屑岩发育的区域其孔隙级别要远好于凝灰岩发育区域。

如塔南凹陷铜钵庙组好级别的孔隙级别分布区岩石类型主要为陆源碎屑岩，而中部较差孔隙结构岩石类型则以凝灰岩为主。与南一段岩石类型平面分布图对照后发现，陆源碎屑岩发育的东部区域孔隙级别要好于中部凝灰岩发育的区域，从铜钵庙组到南二段可以看出陆源碎屑岩对于孔隙级别有指导作用。

三、储层物性及影响因素

1. 储层物性特征

1）巴彦呼舒凹陷储层物性特征

根据岩心孔隙度、渗透率数据分析，按照中国石油储层评价标准（表 5-2-7），对储层物性特征分类评价。从区内目前钻井情况看，按照中国石油评价标准，西部断陷带巴彦呼舒凹陷南屯组储层属于特低孔、低孔超低渗透型储层[5-6]。南屯组孔隙度为：小于 5% 级别的占 15%，5%~10% 级别的占 36%，10%~15% 级别的占 31%，15%~25% 级别的占 18%；渗透率为：小于 0.1mD 级别的占 64%，0.1~1mD 级别的占 21%，1~10mD 级别的占 11%，10~100mD 级别的占 3%，大于 100mD 级别的占 1%（图 5-2-34）。

表 5-2-7　中国石油储层评价标准表（SY/T 6285—2011）

孔隙分类（%）		渗透性分类（mD）	
特高孔	≥ 30	特高渗透	≥ 2000
高孔	25~30	高渗透	500~2000
中孔	15~25	中渗透	50~500
低孔	10~15	低渗透	10~50
特低孔	5~10	特低渗透	1~10
超低孔	< 5	超低渗透	0.1~1

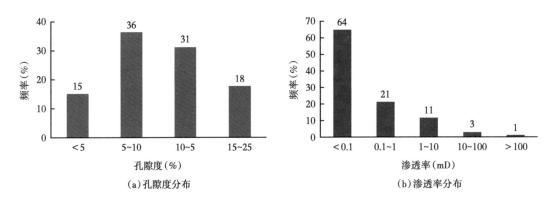

（a）孔隙度分布　　　　　　　　（b）渗透率分布

图 5-2-34　巴彦呼舒凹陷南屯组孔隙度、渗透率分布直方图

巴彦呼舒凹陷南一段的孔隙度为 1.3%~25.2%，平均为 10.9%，且主要分布于 5%~15%；渗透率为 0.01~379mD，平均为 2.89mD，且主要分布于 0~0.1mD（图 5-2-35）。按照中国石油评价标准，南一段组属于特低孔、低孔超低渗透型储层；按照海拉尔评价标准，该组属中孔低渗透型储层。

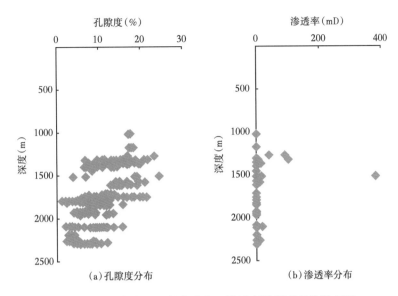

图 5-2-35 南屯组二段孔隙度、渗透率随深度变化散点图

巴彦呼舒凹陷南一段孔隙度为：小于 5% 级别的占 15.3%，5%~10% 级别的占 36.4%，10%~15% 级别的占 31.4%，15%~25% 级别的占 16.9%；渗透率为：小于 0.1mD 级别的占 65.8%，0.1~1mD 级别的占 18.6%，1~10mD 级别的占 12.3%，10~100mD 级别的占 2.5%，大于 100mD 级别的占 0.8%（图 5-2-36）。

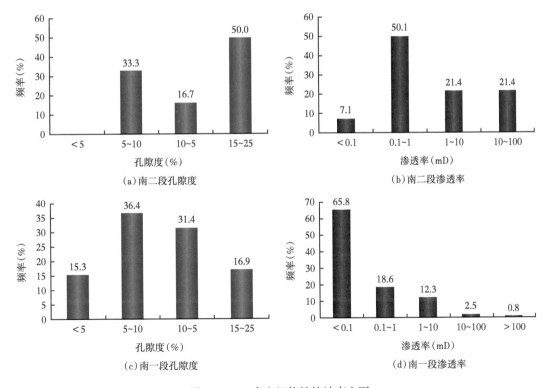

图 5-2-36 南屯组物性统计直方图

南二段的孔隙度为 6.1%~23.4%，平均为 14.5%，且主要分布于 15%~25%；渗透率为 0.1%~24.3mD，平均为 5.19mD，且主要分布于 0~1.0mD（图 5-2-37）。按照中国石油评价标准，南二段属于中孔特低渗透储层；按照海拉尔评价标准，该属高孔、中低渗透型储层。

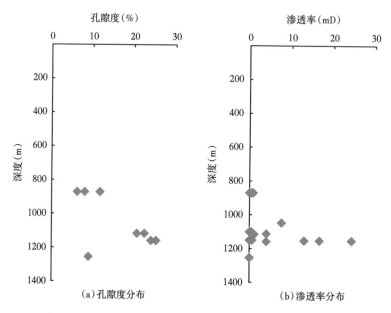

图 5-2-37 南屯组一段孔隙度、渗透率随深度变化散点图

南二段物性好于南一段，南二段孔隙度为：5%~10% 级别的占 33.3%，10%~15% 级别的占 16.7%，15%~25% 级别的占 50%；渗透率为：小于 0.1mD 级别的占 7.1%，0.1~1mD 级别的占 50.1%，1~10mD 级别的占 21.4%，10~100mD 级别的占 21.4%（图 5-2-36）。

巴彦呼舒凹陷陡坡带的孔隙度为 2.0%~25.2%，平均为 12.7%，且主要分布于 10%~25%；渗透率为 0~379mD，平均为 3.99mD，且主要分布于 0~1.0mD（图 5-2-38）。按照中国石油评价标准，陡坡带属于中低孔、特低渗透型储层；按照海拉尔评价标准，该组属中孔、中低渗透型储层。

巴彦呼舒凹陷缓坡带的孔隙度为 1.3%~20.8%，平均为 10.01%，且主要分布于 5%~15%；渗透率为 0.01~7.5mD，平均为 0.13mD，且主要分布于 0~0.1mD（图 5-2-39）。按照中国石油评价标准，缓坡带属于低孔、超低渗透储层；按照海拉尔评价标准，该属中孔、低渗透型储层。

陡坡带物性好于缓坡带，陡坡带孔隙度为：小于 5% 级别的占 11.16%，5%~10% 级别的占 22.74%，10%~15% 级别的占 27.90%，15%~25% 级别的占 38.20%；渗透率为：小于 0.1mD 级别的占 37.7%，0.1~1mD 级别的占 35%，1~10mD 级别的占 27.7%，10~100mD 级别的占 3.7%，大于 100 级别的占 0.9%（图 5-2-38）。缓坡带的孔隙度为：小于 5% 级别的占 11.3%，5%~10% 级别的占 37.1%，10%~15% 级别占 39%，15%~25% 级别占 12.6%；渗透率为：小于 0.1mD 级别的占 82%，0.1~1mD 级别的占 16.77%，1~10mD 级别的占 1.23%（图 5-2-39）。

266

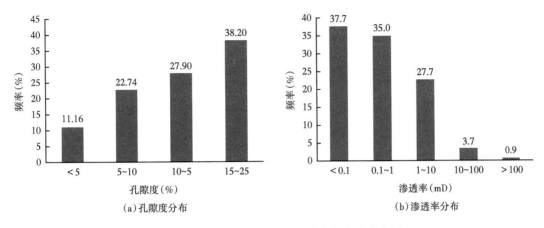

（a）孔隙度分布 　　　　　　　　　　 （b）渗透率分布

图 5-2-38　巴彦呼舒凹陷陡坡带物性统计直方图

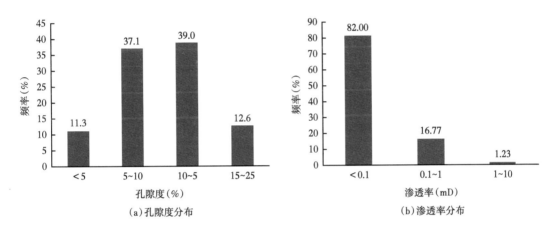

（a）孔隙度分布 　　　　　　　　　　 （b）渗透率分布

图 5-2-39　巴彦呼舒凹陷缓坡带物性统计直方图

2）中部断陷带储层物性特征

为了便于中部断陷带各凹陷之间储层物性对比，本次研究将塔南、南贝尔、贝尔、乌尔逊凹陷孔渗透数据按照通过聚类分析得出的针对低孔低渗透储层的分类方案（表 5-2-8）重新进行分类整理。查明各凹陷之间物性分布特征，并对物性控制因素进行探讨。

表 5-2-8　中部断陷带铜钵庙组—南屯组储层物性分级标准

铜钵庙组			南屯组一段			南屯组二段		
分类	物性参数		分类	物性参数		分类	物性参数	
	K（mD）	ϕ（%）		K（mD）	ϕ（%）		K（mD）	ϕ（%）
Ⅰ	>12	>12	Ⅰ	>15	>13	Ⅰ	>30	>20
Ⅱ	1.5~12	9~12	Ⅱ	1~15	10~13	Ⅱ	1~30	16~20
Ⅲ	0.08~1.5	7~9	Ⅲ	1~0.05	6~10	Ⅲ	0.2~1	10~16
Ⅳ	<0.08	<7	Ⅳ	<0.05	<6	Ⅳ	<0.2	<10

注：Ⅰ—高孔高渗透储层；Ⅱ—中孔中渗透储层；Ⅲ—低孔低渗透储层；Ⅳ—超低孔超低渗透储层。

塔南凹陷物性最好，孔隙度以中孔为主（67.2%），南贝尔及贝尔地区显示为低孔＋超低孔特征，向北至乌尔逊地区，孔隙度值稍有升高（图5-2-40）。

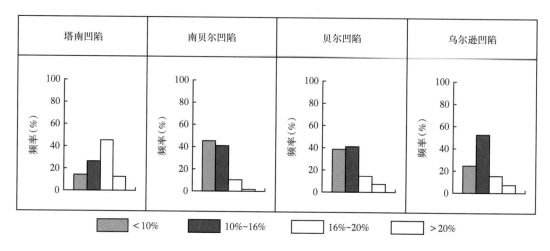

图5-2-40 塔南—南贝尔—贝尔—乌尔逊凹陷南二段孔隙度直方图

海拉尔—塔木察格盆地渗透率值大部分小于10mD，整体均属于特低渗透储层，但是塔南凹陷南一段、乌尔逊凹陷南一段，以及南贝尔地区铜钵庙组显示相对较高的渗透率值。

（1）南屯组储层物性特征。

如表5-2-9和图5-2-41所示，南一段南贝尔地区物性相对较好，50%显示为高孔特征；乌尔逊凹陷次之，21.7%为高孔，30.9%为低孔；塔南凹陷物性最差，32%显示为超低孔特征。

表5-2-9 塔南—南贝尔—贝尔—乌尔逊凹陷下白垩统铜钵庙组—南屯组储层物性

层位	地区	高孔高渗透 Φ（%）	中孔中渗透 Φ（%）	低孔低渗透 Φ（%）	超低孔超低渗透 Φ（%）
南二段	渗透率	＞20mD	16~20mD	10~16mD	＜10mD
	塔南凹陷	20.1~24.1（12.7/88）	16.1~20（46.1/39）	10.1~16（27/187）	0.4~10（14.2/98）
	南贝尔凹陷	20.1~21.9（1.3/8）	16.1~20（10.9/66）	10.1~16（4.8/254）	0.3~10（46/279）
	贝尔凹陷	20.2~30.4（7.07/58）	16.1~20（14.27/117）	10.1~16（40.73/334）	1~10（37.93/311）
	乌尔逊凹陷	20.1~25.8（7.88/200）	16.06~20（15.09/383）	10.1~16（52.56/1334）	0.46~10（24.47/621）
南一段	渗透率	＞13mD	10~13mD	6~10mD	＜6mD
	塔南凹陷	13.1~24.6（13.75/358）	10.1~13（14.99/390）	6.1~10（39.28/1022）	0~6（31.98/832）
	南贝尔凹陷	13.1~31.8（1.3/8）	16.1~20（10.9/66）	10.1~16（24.6/1014）	0.6~6（8/329）
	贝尔凹陷	13.1~29.5（18.69/214）	10.1~13（18.69/214）	6.1~10（31.18/357）	0.4~6（31.44/360）
	乌尔逊凹陷	13.1~25.2（31/294）	10.1~13（16.08/151）	6.1~10（31/290）	0.6~6（22/204）

续表

层位	地区	高孔高渗透 Φ（%）	中孔中渗透 Φ（%）	低孔低渗透 Φ（%）	超低孔超低渗透 Φ（%）
铜钵庙组	渗透率	＞12mD	9~12mD	7~9mD	＞7mD
	塔南凹陷	12.1~34.8（23.5/1216）	9.1~12（20.4/1060）	7.1~9（20/1038）	0~7（36.1/1873）
	南贝尔凹陷	12.1~23（27.1/142）	9.1~12（17.4/91）	07.1~9（14.3/75）	0.4~7（41.2/216）
	贝尔凹陷	12.1~30.7（54.56/628）	9.1~12（15.81/182）	7.1~9（12.34/142）	0.6~7（17.29/199）
	乌尔逊凹陷	12.1~17.1（5.68/26）	9.1~12（13.1/60）	7.1~9（17.46/80）	0.6~7（63.76/292）

注：表中数据格式为趋势范围（百分比/频数）。

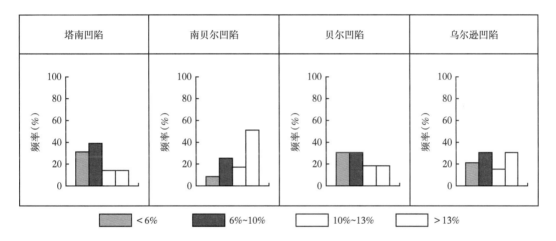

图 5-2-41　塔南—南贝尔—贝尔—乌尔逊凹陷南一段孔隙度直方图

如图 5-2-42 所示，塔南凹陷及乌尔逊凹陷的渗透率明显好于南贝尔凹陷及贝尔凹陷，以中渗透＋高渗透为主。如图 5-2-43 所示，南贝尔凹陷渗透率好于其他地区，约 13% 显示高渗透特征，18% 为中渗透特征。值得注意的是，与其他凹陷不同，南贝尔凹陷南一段的渗透率好于南二段。

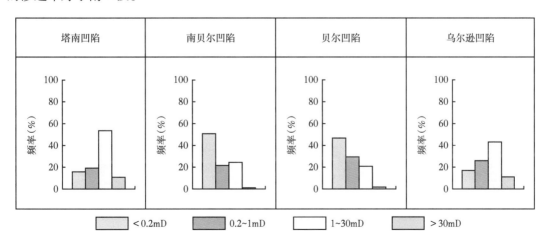

图 5-2-42　塔南—南贝尔—贝尔—乌尔逊凹陷南二段渗透率直方图

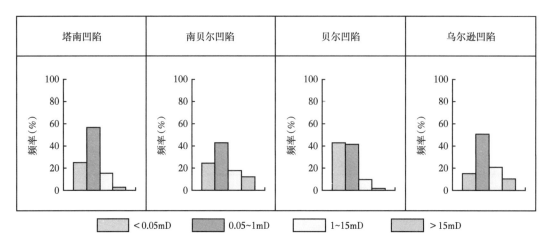

图 5-2-43　塔南—南贝尔—贝尔—乌尔逊凹陷南一段渗透率直方图

（2）铜钵庙组储层物性特征。

如表 5-2-9 和图 5-2-44 所示，贝尔凹陷孔隙度值相对较高，54.6% 显示为高孔特征，由贝尔凹陷向南北两侧孔隙度值普遍降低，其中乌尔逊凹陷物性最差，约 63.8% 显示为超低孔特征。

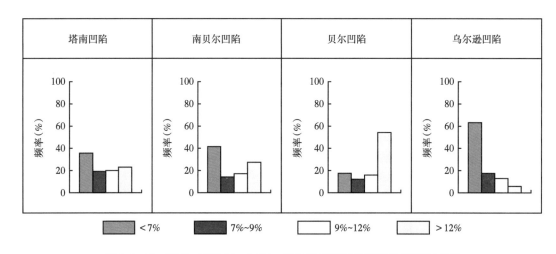

图 5-2-44　塔南—南贝尔—贝尔—乌尔逊凹陷铜钵庙组孔隙度直方图

总体上，南二段南北两侧地区孔隙度高，中间低；南一段和铜钵庙组中间地区孔隙度高于南北两侧。

如图 5-2-45 所示，海拉尔—塔木察格盆地整体渗透率偏低，以低渗透 + 超低渗透为主，贝尔凹陷渗透率高于其他地区，约 12% 显示高渗透特征，11% 为中渗透。

总体而言，渗透率横向变化特征与孔隙度相似，为南二段南北两侧地区渗透率较好，中间变差；南一段和铜钵庙组中间地区渗透率值高于南北两侧。

3）储层物性纵向分布特征

塔南凹陷在 1900~2100m、2500~2900m 及 3400m 处存在三个明显的异常区，分别标记为第Ⅰ异常高孔隙带、第Ⅱ异常高孔隙带和第Ⅲ异常高孔隙带。

南贝尔凹陷表现为在纵向上存在着五个异常高孔隙度带，第Ⅰ异常高孔隙带，位于1450~1500m；第Ⅱ异常高孔隙带，位于1560~1775m；第Ⅲ异常高孔隙带，位于1840~2030m；第Ⅳ异常高孔隙带，位于2110~2230m；第Ⅴ异常高孔隙带，位于2330~2520m。

贝尔凹陷铜钵庙组—南屯组储层孔隙度随埋深变化表现出两个异常高孔隙带，第Ⅰ异常高孔隙带的埋深为1300~1800m，第Ⅱ异常高孔隙带的埋深为2400~2700m。

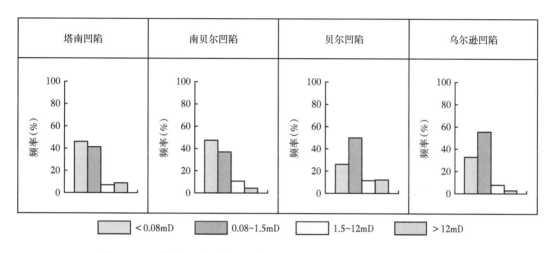

图5-2-45　塔南—南贝尔—贝尔—乌尔逊凹陷铜钵庙组渗透率直方图

乌尔逊凹陷发育三个异常高孔隙带，其埋深依次为1200~2000m、2200~2500m和2700~2740m。

总体而言，由北向南异常高孔隙带发育深度逐渐加深，至塔南地区，在3400m附近仍有次生孔隙带发育（图5-2-46）。

2. 储层物性控制因素

1）储层岩石类型对物性的影响

火山碎屑岩内的填隙物易于溶解，同时碎屑颗粒包壳相对陆源碎屑岩而言较为发育，因此火山碎屑岩的物性好于陆源碎屑岩。从南贝尔凹陷东次凹北洼槽铜钵庙组—南屯组不同岩石类型对应孔隙度随埋深变化图上可看出，陆源碎屑岩的孔隙度在整个深度范围内普遍较低，总体上，火山碎屑岩的孔隙度高于砂岩。以塔南地区为例，在火山碎屑岩中，凝灰岩和沉凝灰岩的孔隙度最高，凝灰质砂岩最低[7-8]。

因此在海拉尔—塔木察格盆地南一段和

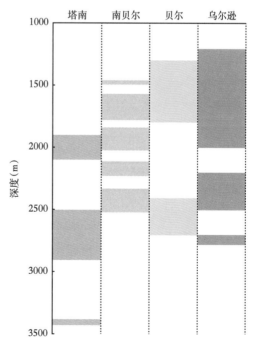

图5-2-46　塔南—南贝尔—贝尔—乌尔逊凹陷异常高孔隙带发育深度

铜钵庙组，以火山碎屑岩为主要岩石类型的贝尔及南贝尔凹陷，其孔隙度普遍高于塔南及乌尔逊凹陷（图 5-2-47）。

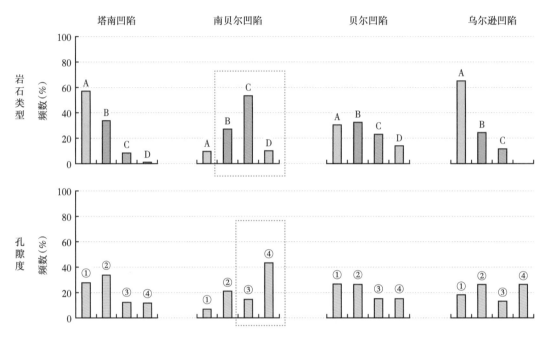

图 5-2-47　塔南—南贝尔—贝尔—乌尔逊凹陷南一段岩石类型与孔隙度关系

A—陆源碎屑岩；B—凝灰质砂（砾）岩；C—凝灰岩；D—沉凝灰岩；

孔隙度①＜6%；②6%~10%；③10%~13%；④＞13%

2）沉积环境对物性的影响

优质深层储层多形成于水动力条件较强的高能环境，如三角洲、扇三角洲、滨岸、辫状河三角洲、重力流水道等[9-11]。高能环境既有利于原生孔隙保存，又有利于次生孔隙发育。

扇三角洲前缘相为高能环境，并且由于邻近半深湖—深湖和滨浅湖，在埋藏成岩作用过程中，半深湖—深湖及滨浅湖泥质沉积物释放出的成岩流体，首先进入邻近的扇三角洲前缘储层，引起碎屑颗粒及先形成的自生矿物的溶蚀、溶解，形次生孔隙。扇三角洲平原相储层孔隙度高是由于其砂体处于高能环境所致。

塔南凹陷的扇三角洲前缘相和扇三角洲平原相的孔隙度相对较高。

南贝尔凹陷的辫状河道、辫状河道 + 河道间和辫状沟道 + 沟道间的孔隙度相对较高。

贝尔—乌尔逊凹陷扇三角洲—辫状河三角洲平原、扇三角洲—辫状河三角洲前缘、低凸起带冲积平原相的孔隙度相对较高。

3）成岩作用对物性的影响

压实作用是初始孔隙度降低的主要原因，此外溶蚀溶解作用、碳酸盐矿物的含量、碎屑颗粒包壳的生长、钠长石化的发育对次生孔隙发育也有着重要的影响。

（1）溶蚀溶解作用。

通过对部分异常孔隙的井做铸体图像分析发现，异常孔隙的井中溶蚀溶解作用很发育，因此溶蚀溶解作用是海拉尔—塔木察格盆地部分地区次生孔隙发育的一个主要的原因。

（2）碳酸盐矿物。

碳酸盐含量分析数据可以作为胶结物含量的"替代指标"，在大多数情况下，碳酸盐含量与储层孔隙度呈互为消长关系。塔南地区铜钵庙组—南屯组储层中的自生碳酸岩矿物包括方解石、白云石和菱铁矿[12]；南贝尔、贝尔和乌尔逊地区碳酸盐矿物主要为方解石和铁白云石，这些碳酸盐的发育在一定程度上堵塞孔隙，使储层物性变差。

（3）碎屑颗粒包壳。

薄片鉴定、扫描电镜观察证实，塔南—南贝尔—贝尔—乌尔逊凹陷铜钵庙组—南屯组储层中发育较多的绿泥石、伊利石和微晶石英包壳，这些碎屑颗粒包壳的存在抑制了次生加大石英的发育，能够有效降低压实作用对孔隙的减少，从而使部分原生孔隙得以保存。

（4）钠长石化。

长石的钠长石化对储层物性的改善在塔南及南贝尔地区表现得最为明显。碎屑长石的钠长石化有利于次生孔隙形成。

4）大气水淋滤作用

大气水淋滤作用对纵向上次生孔隙带的发育有着一定的影响。研究发现，各凹陷内发育的异常孔隙带中部分井与层位的距顶距离较小，有可能这些层位的不整合面提供了溶蚀溶解的流体，表现为大气水由于断裂活动而向下渗流，对不整合面附近储层进行淋滤，溶蚀易溶物质加大次生孔隙[13]。

5）CO_2 注入

片钠铝石作为一种在 CO_2 高分压下形成的自生矿物[14]，其存在指示该地区曾存在 CO_2 充注事件。本区在塔南凹陷、贝尔凹陷及乌尔逊凹陷目的层位内发现含片钠铝石砂岩及含片钠铝石火山碎屑岩，说明上述地区存在 CO_2 运移[15]。

CO_2 充注既可以形成次生孔隙，也可以产生新的矿物。前者可以提高储层质量，后者则降低储层质量。实际上，CO_2 注入对砂岩储层物性的影响取决于流通条件。如果流体流动通畅，片钠铝石沉淀的机会小，CO_2 注入形成次生孔隙发育带；如果流体流动受限，则主要形成片钠铝石沉淀，使储层物性变差。

对于火山碎屑岩而言，其内片钠铝石主要以交代矿物存在，被交代矿物主要为长石晶屑，充填孔隙的片钠铝石比较少见；同时含片钠铝石火山碎屑岩的孔隙度并没有比其他火山碎屑岩的孔隙度明显偏低。因此，CO_2 注入后对火山碎屑岩储层的孔隙度改变不明显。

在含片钠铝石砂岩内，片钠铝石充填孔隙的现象较为常见，因此需要具体讨论片钠铝石含量及产状对储层物性的具体影响。以乌尔逊凹陷为例，相近深度段的含片钠铝石砂岩（597组数据，埋深为1309.15~2140.71m）与普通砂岩（1550组数据，埋深为1323.72~2141.3m）的孔隙度、渗透率统计表明，含片钠铝石砂岩的孔隙度峰值为5%~15%，渗透率峰值为0.01~1mD；普通砂岩的孔隙度峰值为10%~15%，渗透率峰值为0.01~10mD。此外，孔隙度为20%~25%、渗透率大于500mD的物性数据，在普通砂岩中存在的概率远大于含片钠铝石砂岩（图5-2-48）。显然，含片钠铝石砂岩的储层质量整体低于普通砂岩。

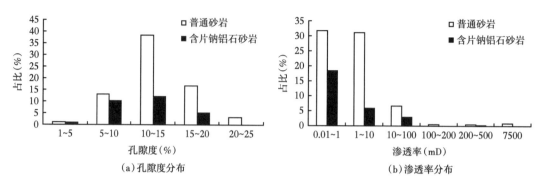

图 5-2-48　乌尔逊凹陷含片钠铝石砂岩与普通砂岩孔隙度与渗透率比较

　　在片钠铝石含量—孔隙度和片钠铝石含量—渗透率图解上（图 5-2-49），虽然整体上表现为随片钠铝石含量增加孔隙度、渗透率降低的趋势，但是在片钠铝石含量小于 10% 区间却表现出片钠铝石含量低，孔隙度、渗透率也低或片钠铝石含量高，孔隙度、渗透率偏高的两极分化情况。当片钠铝石含量大于 10% 时，趋势变得明朗和确切，即随片钠铝石含量增加，孔隙度和渗透率降低。片钠铝石含量 10% 大致是 CO_2 充注影响程度的界限，即片钠铝石含量大于 10%，储层质量差；片钠铝石含量小于 10%，储层质量既有差的也有好的。

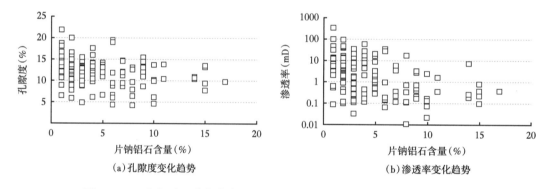

图 5-2-49　乌尔逊凹陷含片钠铝石砂岩中片钠铝石含量与孔隙度渗透率关系

　　因此，CO_2 注入后对火山碎屑岩储层的孔隙度改变不明显，而对砂岩储层的孔隙度有着一定的影响，在本区 CO_2 充注后的长期的复杂水岩相互作用导致的片钠铝石等矿物的沉淀抵消了 CO_2 充注初期所引起的物性增加，使含片钠铝石砂岩的储层质量整体低于普通砂岩。

　　6）有机质热演化

　　塔南凹陷及南贝尔凹陷的有机质热演化对铜钵庙组—南屯组储层次生孔隙发育可能具有重要作用，但目前缺乏有关烃源岩研究资料，尚不能进行详细分析。

　　有机质热演化是乌尔逊—贝尔凹陷异常高孔隙带形成的主要机制。贝尔凹陷第二个异常高孔隙带的形成与有机质热演化有关。在乌尔逊凹陷的三个异常高孔隙带中，有 7 个异常高孔隙亚带的形成与有机质热演化有关。此外，早期烃类的注入抑制了晚期碳酸盐的胶结作用，有利于初始孔隙度的保存。典型实例见于乌 27 井。

总体而言，岩石类型及沉积相的展布对全区物性有着重要的影响，控制着平面上孔隙度的分布，其中凝灰岩的物性明显好于陆源碎屑岩；高能环境有利于优质储层的形成；大气水淋滤作用及成岩作用可能对异常高孔隙带的发育有着一定的意义；CO_2 充注对火山碎屑岩的物性影响不大，但对砂岩却有着较大的影响，表现为含片钠铝石砂岩的储层质量整体低于普通砂岩。

四、成岩作用与成岩相

1. 成岩作用

成岩阶段划分方案采用中华人民共和国石油与天然气行业标准《碎屑岩成岩阶段划分》（SY/T 5477—2003），将成岩阶段划分为同生成岩阶段、早成岩阶段、中成岩阶段、晚成岩阶段和表生成岩阶段。划分的参数采用镜质组反射率（R_o）、最高热解温度（T_{max}）、伊/蒙混层中蒙皂石比率、自生矿物纵向分布、黏土矿物纵向分布五项指标。除自生矿物纵向分布和黏土矿物纵向分布外，其他各指标与成岩作用阶段之间的对应关系严格按照中华人民共和国石油与天然气行业标准《碎屑岩成岩阶段划分》（SY/T 5477—2003）进行。自生矿物和黏土矿物纵向分布是根据扫描电镜形貌资料和 X 射线衍射分析数据确定的。

1）填隙物/成岩矿物

通过薄片的鉴定与统计，在海塔盆地铜钵庙组—南屯组火山碎屑岩和砂岩中识别出12 种填隙物/成岩矿物（表 5-2-10），其主要特征如下：

表 5-2-10　海拉尔—塔木察格盆地铜钵庙组—南屯组储层中填隙物/成岩矿物特征与成因

填隙物/自生矿物	产状	成因
渗滤黏土	碎屑伊利石平行贴附于碎屑颗粒表面，有时碎屑伊利石的边缘具有精巧的尖状突起或具有搭桥现象	近地表成岩作用，干旱气候条件下洪水携带的鳞片状碎屑伊利石渗入粒间形成，一般形成于潜水面附近。精巧的尖状突起和搭桥现象是埋藏成岩作用中新形成的
微晶石英	碎屑颗粒包膜。微晶石英断续分布于颗粒表面形成有特征的微晶石英包膜	玻屑脱玻化析出的硅质于颗粒表面结晶成微晶石英晶体
	孔隙充填，在孔隙中零星分布，与晚期高岭石共生	在埋藏成岩作用过程中，长石溶蚀溶解、形成高岭石的过程中析出的硅质沉淀形成
伊/蒙混层	伊利石/蒙皂石主要以碎屑颗粒包膜形式产出，表现为伊利石/蒙皂石呈毯状整体包覆玻屑等火山碎屑物质，有时包覆膜发生龟裂，包覆膜外翻并形成精巧的尖锐突起	在近地表或地表处由于玻屑等火山碎屑物质水解形成，尔后在埋藏成岩作用过程中龟裂，边缘趋向于向自生伊利石转化
	孔隙充填。在孔隙中零星分布	
绿泥石	碎屑颗粒包膜。绿泥石集合体呈绒球状不连续附着于碎屑颗粒	形成绿泥石的组分来自火山玻璃或玻屑等火山碎屑的蚀变，其形成的流体以高 pH 值、高 Mg^{2+} 和 Fe^{2+} 含量为特征
	孔隙充填。以绒球状或叶片状分布于孔隙中	
高岭石	全孔隙充填。偏光显微镜下具微弱光性，隐约可见书页状，为火山灰杂基水化形成。在扫描电镜下，高岭石晶体边缘多具溶解现象	主要为火山灰水解的产物
	部分孔隙充填。在孔隙中零星分布，与微晶石英共生	酸性流体—碎屑长石相互作用的产物

填隙物/自生矿物	产状	成因
钠长石	交代长石。钠长石部分或完全交代长石，当完全交代时往往保留长石轮廓	形成于富钠的碱性流体，一般以钾长石和富钙的斜长石为前驱矿物
	孔隙充填。钠长石呈板状相互交叉分布于孔隙中	
方解石	微晶。微晶方解石在偏光显微镜下难以分辨单个晶体，往往围绕碎屑颗粒周围沉淀	在强烈压实之前形成
	粗晶方解石往往充填于强烈压实后的剩余孔隙空间	在强烈压实之后形成
	嵌晶方解石为单个方解石晶体中包裹若干个碎屑颗粒，呈连生结构，往往是强烈压实后伴随强烈的交代作用形成	在强烈压实之后，伴随强烈交代作用形成
片钠铝石	交代长石。片钠铝石一般呈板状、束状及放射状交代长石晶屑	CO_2—H_2O—长石晶屑相互作用的产物，高 CO_2 分压是片钠铝石形成的基本条件，片钠铝石形成于碱性、中性和弱酸性介质条件，钠长石是其形成的主要钠和铝离子来源
	孔隙充填。片钠铝石以孔隙充填物形式产出	
铁白云石	呈菱形结晶，一般交代粗晶方解石和嵌晶方解石	
次生加大石英	碎屑石英的同轴增长产物	
菱铁矿	呈菱形结晶，沿碎屑颗粒的边部分布，有时存在于刚性颗粒之间的线状接触部位	一般形成于强烈压实之前

（1）渗滤黏土。

渗滤黏土表现为鳞片状黏土矿物平行贴附于碎屑颗粒表面（图 5-2-50）。一般情况下，在碎屑颗粒的接触处也见有渗滤黏土，说明渗滤黏土形成于强烈压实之前。

渗滤黏土是在干旱气候条件下洪水携带的鳞片状黏土矿物渗入粒间形成，一般形成于潜水面附近。

渗滤黏土主要发育于砂岩和凝灰质砂岩中。

（2）伊利石/蒙皂石混层。

伊利石/蒙皂石混层主要以碎屑颗粒包膜形式产出，表现为伊利石/蒙皂石混层呈毯状包覆玻屑等火山碎屑颗粒，有时包膜发生轶裂、外翻并形成精巧的尖锐突起。微晶石英往往生长于伊利石/蒙皂石包膜之上（图 5-2-51），说明微晶石英的形成晚于伊利石/蒙皂石混层包膜。

伊利石/蒙皂石包膜是在近地表或地表处由于玻屑等火山碎屑颗粒及火山灰水解形成，尔后在埋藏成岩作用过程中轶裂，轶裂边缘趋向于向自生伊利石转化。伊利石/蒙皂石混层也往往随机分布于孔隙中。

（3）伊利石。

自生伊利石往往呈搭桥状（图 5-2-52）、发丝状（图 5-2-53）和须状（图 5-2-54）形式产出，须状自生伊利石的形成似乎晚于微晶石英（图 5-2-55）。自生伊利石的形成温度一般超过 70℃，当温度超过 130℃ 时自生伊利石普遍发育，其形成主要受控于孔隙水中的 $\alpha K^+/\alpha H^+$。

图 5-2-50　渗滤黏土（塔 19-43 井，
1789.48m，铜钵庙组，含角砾流纹
质晶屑岩屑熔结凝灰岩）

图 5-2-51　伊 / 蒙混层包膜与微晶石英
共生（塔 19-13-2 井，2190.65m，
铜钵庙组，沉凝灰岩，SEM）

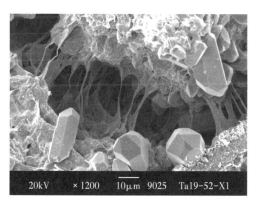

图 5-2-52　搭桥状伊利石（塔 19-52-
x1 井，2840.45m，铜钵庙组，流纹质晶
屑岩屑熔结凝灰岩，SEM）

图 5-2-53　发丝状伊利石（塔 19-49 井，
2546.95m，铜钵庙组，凝灰质砂岩，SEM）

图 5-2-54　须状伊利石（塔 19-52-x2 井，
2895.06m，铜钵庙组，凝灰质砂岩，SEM）

图 5-2-55　须状伊利石与微晶石英共生（塔 19-49
井，2638.50m，铜钵庙组，凝灰质砂岩，SEM）

（4）绿泥石。

主要以碎屑颗粒包膜形式产出。在偏光显微镜下，绿泥石集合体呈椭球状不连续附着于碎屑颗粒（图 5-2-56）。在扫描电镜下，绿泥石呈玫瑰花状或绒球状充填孔隙（图 5-2-57）。绿泥石与微晶石英共生，并且见有微晶石英包裹绿泥石现象（图 5-2-58），说明微晶石英的形成晚于绿泥石，有时见伊/蒙混层、绿泥石和微晶石英顺序共生的现象（图 5-2-59）。

图 5-2-56　绿泥石包膜（塔 19-33 井，2260.42m，南屯组一段，凝灰质砂砾岩）

图 5-2-57　孔隙充填绿泥石（塔 19-3-3 井，2698.84m，南屯组一段，凝灰质砂砾岩，SEM）

图 5-2-58　绿泥石与微晶石英共生（塔 19-33 井，2266.57m，南屯组，凝灰质砂砾岩，SEM）

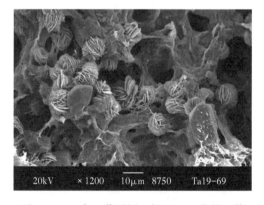

图 5-2-59　伊/蒙混层、绿泥石、微晶石英共生（塔 19-69 井，2695.03 m，铜钵庙组，凝灰质粉砂岩，SEM）

绿泥石的形成需要高 pH 值、高 Fe^{2+} 和 Mg^{2+} 浓度。火山玻璃或玻屑等火山碎屑的脱玻化和溶解为绿泥石的形成提供了 Fe^{2+}、Mg^{2+}、Al^{3+} 和 Si^{4+} 等的丰富来源。

（5）高岭石。

高岭石可分为全孔隙充填和部分孔隙充填两种产状。其中，全孔隙充填为整个孔隙均为高岭石所充填，未见其他自生矿物。全孔隙充填的高岭石填集杂乱，晶形粗糙，边缘似有溶解现象（图 5-2-60）。这种产状的高岭石类似于鄂尔多斯盆地的"脏高岭石"[16]，可能是火山灰水解的产物。

　　高岭石亦呈孔隙充填形式产出（图5-2-61）。在大多数情况下，高岭石局部或大部交代碎屑长石，有时见高岭石化的长石又被嵌晶方解石交代的现象（图5-2-62），说明长石的高岭石化的时间早于嵌晶方解石。有时长石被高岭石完全交代，形成长石假象。

　　（6）微晶石英。

　　微晶石英集合体往往围绕碎屑颗粒的表面呈不连续状分布，形成有特征的微晶石英包壳（图5-2-63）。在碎屑颗粒之间的线状接触处有时存在微晶石英阙如，说明微晶石英的形成早于或与强烈压实作用同步。微晶石英是火山物质在脱玻化或水解过程中释放出的大量硅质快速沉淀的产物。微晶石英包膜主要发育于火山碎屑岩中。

图5-2-60　高岭石全孔隙充填（塔10-43井，1792.72m，铜钵庙组，凝灰质砂岩，SEM）

图5-2-61　高岭石部分孔隙充填（塔19-34井，1542.21m，南屯组，岩屑长石砂岩，SEM）

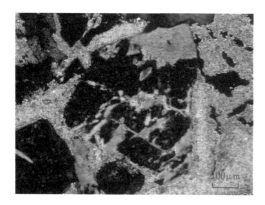

图5-2-62　长石被高岭石和方解石交代（塔19-43井，1789.76m，铜钵庙组，流纹质沉凝灰岩）

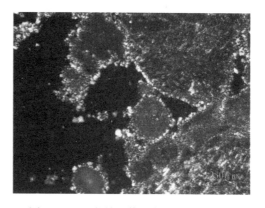

图5-2-63　微晶石英包壳（塔19-34井，1723.12m，铜钵庙组，凝灰质砂砾岩）

　　（7）玉髓。

　　在凝灰质砂砾岩中，局部发育以玉髓为主的胶结物。玉髓呈杂乱状、栉状充填于孔隙空间，有时发育栉状和杂乱充填（图5-2-64）。玉髓可能是充填于孔隙中的火山灰和玻屑脱玻化的产物。

　　玉髓主要发育于凝灰质砂砾岩中。

（8）钠长石。

钠长石呈自形，表面干净、呈板状相互交叉分布于孔隙中（图5-2-65和图5-2-66），局部可见钠长石部分交代碎屑长石或整体交代长石。当完全交代时往往保留长石的轮廓。

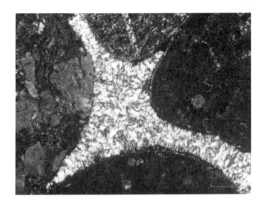

图5-2-64　玉髓孔隙充填（塔19-34井，1724.92m，铜钵庙组，砾岩）

图5-2-65　钠长石孔隙充填（塔19-46-1井，2713.14m，铜钵庙组，不等粒凝灰质岩屑砂岩）

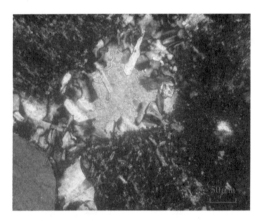

图5-2-66　钠长石孔隙充填（塔19-57-2井，2947.63m，铜钵庙组，流纹质晶屑岩屑角砾凝灰岩）

钠长石形成于富钠的碱性流体，一般以钾长石和富钙的斜长石为前驱矿物。

①钾长石的钠长石化反应实质是钠对钾的置换：

$$Na^+ + 钾长石 \Longrightarrow 钠长石 + K^+ \tag{5-2-1}$$

②钾长石的钠长石化往往伴随着其他铝硅酸盐矿物和硅质岩屑的消耗：

$$2\,钾长石 + 2.5\,高岭石 + 2Na^+ + 石英 \Longrightarrow 钠长石 + 2\,伊利石 + 5H_2O + 2H^+ \tag{5-2-2}$$

③斜长石的钠长石化反应式为：

$$斜长石 + 2Na^+ + 4\,石英 \Longrightarrow 2\,钠长石 + Ca^{2+} \tag{5-2-3}$$

钠长石主要分布于火山碎屑岩中。

（9）方解石。

按照产状方解石可细分为微晶方解石、粗晶方解石和嵌晶方解石三种类型。其中，微晶方解石在偏光显微镜下难以分辨单个晶体，往往围绕碎屑颗粒周围沉淀。粗晶方解石往往充填于强烈压实后的剩余孔隙空间（图 5-2-67）。嵌晶方解石为单个方解石晶体中包裹若干个碎屑颗粒，呈连生结构，往往是强烈压实后伴随强烈的交代作用形成。

方解石是火山碎屑岩和砂岩中的主要胶结物。

（10）片钠铝石。

片钠铝石一般呈板状、束状及放射状。片钠铝石往往呈交代矿物产出，被交代的矿物一般为长石晶屑。当部分交代长石时，片钠铝石往往沿长石的解理或双晶缝生长。当完全交代长石时，往往形成长石假象（图 5-2-68）。少量片钠铝石以孔隙充填物形式产出。片钠铝石往往被铁白云石交代（图 5-2-69）。

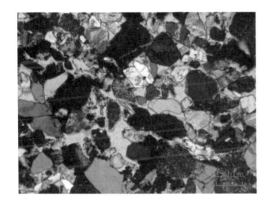 

图 5-2-67　方解石孔隙充填（塔 19-34 井，1748m，　图 5-2-68　片钠铝石交代长石晶屑（塔 19-48 井，
　　　铜钵庙组，熔结角砾凝灰岩）　　　　　　　　　　　1982.53m，铜钵庙组，凝灰岩）

图 5-2-69　片钠铝石被铁白云石交代（塔 19-47 井，1774.00m，铜钵庙组，凝灰岩）

高 CO_2 分压是片钠铝石形成的基本条件。Knauss 等[17] 和 Boram 等的热化学模拟表明，高 CO_2 逸度可以引起片钠铝石过饱和。Zerai 等[18] 进行的平衡模拟、反应路径模拟和动力学模拟结果为，在低 CO_2 分压区，片钠铝石在热动力学上不稳定。Ryzhenko[19] 的热力学计算证实，在饱和 CO_2 的水溶液中，由钠长石、蒙皂石和云母形成片钠铝石的 CO_2 分压依次为等于或大于 $10^{-2.09}$bar、$10^{0.21}$bar 和 $10^{-1.83}$bar。Moore 等以美国 Springerville–St. Johns CO_2 气田储

层为研究对象进行了地球化学模拟，模拟结果显示，当 CO_2 的逸度达到 20bar 时片钠铝石沉淀，当 CO_2 的逸度降低时高岭石沉淀。在 Na_2O-Al_2O_3-SiO_2-CO_2-H_2O 体系中，片钠铝石的稳定性随（Na^+）/（H^+）活度比和 CO_2 分压的增加而增加，随温度增加而降低。一旦 CO_2 分压降至其稳定区之外，片钠铝石将溶解殆尽[20]。天然 CO_2 气藏是现今 CO_2 地下充注的天然类比，越来越多的证据表明，片钠铝石是示踪天然 CO_2 充注的特征矿物[12]。

片钠铝石形成于碱性、中性和弱酸性介质条件。由于一些天然片钠铝石与沸石或与蒸发盐等指示高 pH 值的矿物共生，并且在实验室合成片钠铝石时需要碱性环境，因此，长期以来片钠铝石一直被认为只能形成于碱性流体环境。随着研究的深入，人们发现片钠铝石形成的介质条件不仅仅限于碱性。长石溶解与片钠铝石和高岭石之间的成因联系暗示酸性流体参与了片钠铝石和高岭石的形成。Baker 等认为，澳大利亚 BGS 盆地片钠铝石的形成与岩浆成因 CO_2 充注引起的地层水富含 HCO_3 和酸化有关。根据溶解的 CO_2 的摩尔浓度等于 $10^{-1.47}$bar CO_2 分压计算，Ryzhenko 将钠长石、蒙皂石和云母形成片钠铝石的 CO_2 分压（等于或大于 $10^{-2.09}$bar、$10^{0.21}$bar 和 $10^{-1.83}$bar）换算为水溶 CO_2 浓度，结果依次为 12mg/kg、2400mg/kg 和 22mg/kg。显然，具有这样水溶 CO_2 浓度的水溶液不是碱性的。因此，片钠铝石也可以形成于具有高 Na^+ 活度的中性和弱酸性介质条件。Moore 等的反应过程的计算表明，片钠铝石形成的 pH 值可以低至 6。在较高的 HCO_3^- 的活度和较低的 pH 值条件下，片钠铝石是稳定的。

形成片钠铝石的主要成岩反应为：

$$钠长石 + CO_2 + H_2O \Longrightarrow 片钠铝石 + 石英 \tag{5-2-4}$$

（11）次生加大石英。

仅发育于砂岩储层。次生加大边一般较薄（大多在 0.01mm 左右），在次生加大石英与碎屑石英之间的黏土线中见有绿泥石包体（图 5-2-70），暗示次生加大石英的形成晚于自生绿泥石。石英次生加大形成的温度一般为 90~130℃，形成的埋深超过 3km。

（12）铁白云石。

铁白云石呈菱形（图 5-2-71），往往交代粗晶方解石和嵌晶方解石（图 5-2-72），说明铁白云石的形成晚于方解石的前两种方解石类型。

图 5-2-70　次生加大石英及其中的绿泥石包体（塔19-7-1 井，2807.75m，南一段，细粒岩屑砂岩）

图 5-2-71　孔隙充填白云石（塔 19-45 井，2067.32m，铜钵庙组，凝灰质砂岩，SEM）

铁白云石普遍分布于火山碎屑岩和砂岩中。

（13）菱铁矿。

菱铁矿呈菱形自形晶体分布于碎屑颗粒的周缘，呈不连续的包膜。在碎屑颗粒的线接触处亦分布有菱铁矿（图 5-2-73），说明菱铁矿的形成早于强烈压实作用。

菱铁矿主要分布于砂岩中。

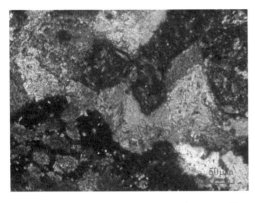

图 5-2-72 白云石交代方解石（塔 19-36 井，
118 号，2291.79m，铜钵庙组，砂砾岩）

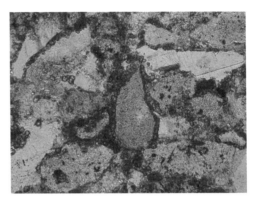

图 5-2-73 菱铁矿环边（塔 19-82 井，
2593.62m，南屯组，岩屑长石砂岩）

2）成岩阶段划分参数

（1）镜质组反射率。

对塔南凹陷铜钵庙组、南屯组一段和南屯组二段的镜质组反射率（R_o）数据的统计表明，镜质组反射率数据分布范围为 0.51%~1.19%，按照镜质组反射率的划分标准，目的层段处于中成岩阶段 A 期（0.5%~1.3%）（图 5-2-74）。

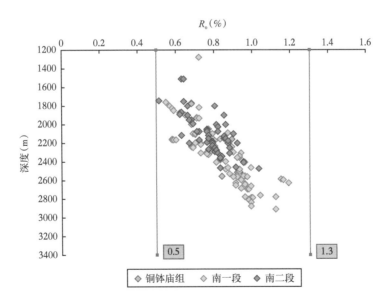

图 5-2-74 铜钵庙组—南屯组镜质组反射率随埋深变化

为了确定各成岩阶段之间的转变深度，对铜钵庙组—南屯组的镜质组反射率（R_o）数据与埋深进行了回归分析，建立了二者之间的回归方程：

$$y=1148e^{0.8144x} \tag{5-2-5}$$

式中：y 为埋深，m；x 为镜质组反射率，%。

根据上述回归方程求得各成岩阶段之间转变的镜质组反射率（R_o）参数（0.35%、0.5%、1.3%、2%）所对应的埋深（H），确定了各成岩阶段转变的埋深：

早成岩阶段 A 期（R_o＜0.35%）：1526m。

早成岩阶段 B 期（R_o=0.35%~0.5%）：1725m。

中成岩阶段 A 期（R_o=0.5%~1.3%）：3309m。

中成岩阶段 B 期（R_o=1.3%~2.%）：5852m。

（2）最高热解温度。

对塔南凹陷铜钵庙组、南屯组一段和南屯组二段的最高热解温度（T_{max}）数据（28口井、427组数据）统计表明，铜钵庙—南屯组储层最高成岩阶段为中成岩阶段 A 期，约50%的数据落于早成岩阶段（图5-2-75）。

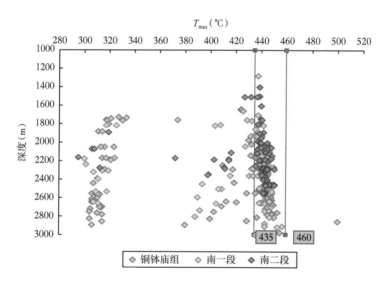

图 5-2-75 塔南凹陷铜钵庙组—南屯组最高热解温度随埋深变化

（3）伊/蒙混层黏土矿物中的蒙皂石比率。

对铜钵庙组、南屯组一段和南屯组二段的伊/蒙混层中蒙皂石的比率数据（14口井、260组数据）统计表明：铜钵庙组—南屯组的伊/蒙混层中蒙皂石的比率分布区间为15%~30%，按照成岩阶段划分的行业标准，目的层段成岩作用处于中成岩阶段 A 期（蒙皂石比率为15%~50%）（图5-2-76）。

（4）相对黏土矿物含量随埋深变化。

根据塔南—南贝尔—贝尔—乌尔逊凹陷 X 衍射分析相对黏土矿物含量数据（图5-2-77和表5-2-11），铜钵庙组—南屯组黏土矿物组合类型随埋深呈规律性变化（图5-2-78）。其中埋深小于1700m为蒙皂石+绿泥石+伊利石+高岭石+伊/蒙混层组合（M+C+I+K+ I/S），

1700~2500m 为伊利石＋伊/蒙混层＋高岭石＋绿泥石组合（I+I/S+K+C），2500~3000m 为伊利石＋伊/蒙混层＋绿泥石＋高岭石组合（I+I/S+C+K），即，随埋深增加，蒙皂石消失，高岭石含量显著降低，伊利石和伊/蒙混层呈互为消长关系，绿泥石基本稳定存在。

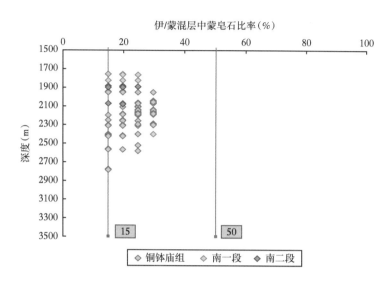

图 5-2-76 塔南凹陷铜钵庙组—南屯组伊/蒙混层中蒙皂石比率随埋深变化

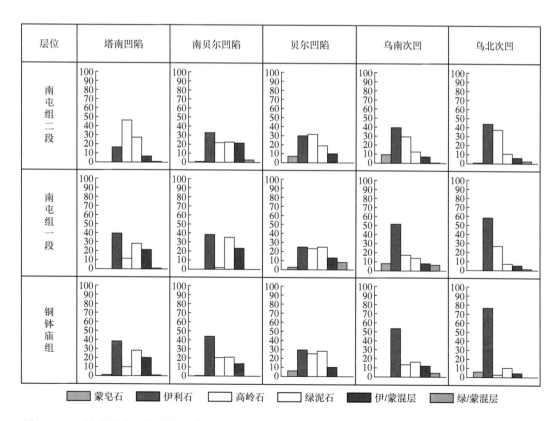

图 5-2-77 塔南凹陷—南贝尔凹陷—贝尔凹陷—乌尔逊凹陷乌南（北）次凹黏土矿物相对含量柱状图

图中数据为分布频率（%）

表 5-2-11　塔南凹陷—南贝尔凹陷—贝尔凹陷—乌南（北）次凹黏土矿物类型及相对含量

凹陷	层位	蒙皂石	伊利石	高岭石	绿泥石	伊/蒙混层	绿/蒙混层
塔南	K_1n_2	0	$\frac{9\sim34.71}{17.24}/(12)$	$\frac{0\sim69.44}{47}/(12)$	$\frac{11.71\sim62.14}{27.65}/(12)$	$\frac{3\sim28.43}{7.05}/(12)$	$\frac{0\sim12.71}{1.06}/(12)$
塔南	K_1n_1	$\frac{0\sim0.24}{0.01}/(28)$	$\frac{16\sim67.67}{39.03}/(28)$	$\frac{0\sim40.83}{11.24}/(28)$	$\frac{5\sim45}{27.9}/(28)$	$\frac{5.86\sim57.43}{21.06}/(28)$	$\frac{0\sim20}{0.76}/(28)$
塔南	K_1t	$\frac{0\sim60.66}{1.61}/(62)$	$\frac{9\sim66.33}{38.61}/(62)$	$\frac{0\sim62.8}{10.31}/(62)$	$\frac{0\sim62.83}{28.29}/(62)$	$\frac{0.06\sim65.07}{20.11}/(62)$	$\frac{0\sim25}{0.74}/(62)$
南贝尔	K_1n_2	$\frac{0\sim2.77}{0.4}/(7)$	$\frac{6\sim68}{32.45}/(7)$	$\frac{0\sim71}{21.58}/(7)$	$\frac{13\sim33}{22.22}/(7)$	$\frac{4.46\sim71}{21.21}/(7)$	$\frac{0\sim18}{2.57}/(7)$
南贝尔	K_1n_1	0	$\frac{13\sim49}{38.61}/(10)$	$\frac{0\sim20}{2}/(10)$	$\frac{17\sim49}{35.94}/(10)$	$\frac{16\sim39.5}{23.55}/(10)$	0
南贝尔	K_1t	$\frac{0\sim1}{0.25}/(4)$	$\frac{6.6\sim85}{44.15}/(4)$	$\frac{0\sim58.12}{21.03}/(4)$	$\frac{3\sim43}{21.3}/(4)$	$\frac{10\sim17.08}{13.77}/(4)$	0
贝尔	K_1n_2	$\frac{0\sim31}{7.6}/(7)$	$\frac{0\sim49}{30.2}/(7)$	$\frac{0\sim61.5}{32.4}/(7)$	$\frac{0\sim74.7}{19.6}/(7)$	$\frac{0\sim45}{10.2}/(7)$	0
贝尔	K_1n_1	$\frac{0\sim13}{3.3}/(16)$	$\frac{0\sim71}{25.2}/(16)$	$\frac{0\sim59}{23.6}/(16)$	$\frac{0\sim54}{25.4}/(16)$	$\frac{0\sim61}{13.9}/(16)$	$\frac{0\sim69.75}{8.6}/(16)$
贝尔	K_1t	$\frac{0\sim37}{6}/(8)$	$\frac{3\sim51}{30}/(8)$	$\frac{0\sim71}{25}/(8)$	$\frac{10.3\sim49}{28}/(8)$	$\frac{0\sim35}{10}/(8)$	0
乌南	K_1n_2	$\frac{0\sim99}{9.74}/(23)$	$\frac{0\sim89}{40.04}/(23)$	$\frac{0\sim86}{29.22}/(23)$	$\frac{0\sim49}{13.09}/(23)$	$\frac{0\sim21}{7.26}/(23)$	$\frac{0\sim13}{0.65}/(23)$
乌南	K_1n_1	$\frac{0\sim86}{6.94}/(17)$	$\frac{0\sim88}{50.59}/(17)$	$\frac{0\sim52}{16.82}/(17)$	$\frac{0\sim55}{13.5}/(17)$	$\frac{0\sim23}{6.94}/(17)$	$\frac{0\sim40}{6}/(17)$
乌南	K_1t	$\frac{0\sim1}{0.07}/(14)$	$\frac{13\sim92}{53.5}/(14)$	$\frac{0\sim61}{13.64}/(14)$	$\frac{0\sim67}{16.07}/(14)$	$\frac{4\sim22}{12.14}/(14)$	$\frac{0\sim29}{4.57}/(14)$
乌北	K_1n_2	0	$\frac{0\sim88}{44}/(30)$	$\frac{0\sim96.2}{37}/(30)$	$\frac{0\sim91.6}{11}/(30)$	$\frac{0\sim11.4}{6}/(30)$	$\frac{0\sim12.7}{2}/(30)$
乌北	K_1n_1	0	$\frac{0\sim100}{58}/(19)$	$\frac{0\sim88}{27}/(19)$	$\frac{0\sim34}{8}/(19)$	$\frac{0\sim21}{6}/(19)$	$\frac{0\sim24}{2}/(19)$
乌北	K_1t	$\frac{0\sim39.5}{7}/(6)$	$\frac{11.2\sim100}{76}/(6)$	$\frac{0\sim14.8}{3}/(6)$	$\frac{0\sim34.5}{10}/(6)$	$\frac{0\sim11}{5}/(6)$	0

注：表中数据格式为 $\dfrac{\text{相对含量最小值}\sim\text{相对含量最大值}}{\text{相对含量平均值}}/\text{频数}$，相对含量数据的单位为"%"。

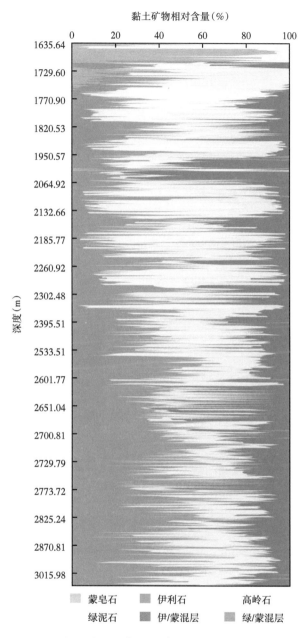

黏土矿物相对含量（%）

图 5-2-78　铜钵庙组—南屯组黏土矿物组合类型随埋深变化

（5）绝对黏土矿物含量随埋深变化。

X 衍射分析绝对黏土矿物含量（83 口井、1609 组数据）随埋深也呈规律性变化。其中，蒙皂石发育的深度段约小于 1700m，在埋深 2000m 以下消失（图 5-2-79a）；伊/蒙混层含量随埋深增加表现出降低趋势（图 5-2-79b）；高岭石含量随埋深增加而降低，约在 3000m 处消失（图 5-2-80a）；伊利石含量随埋深增加显著增加（图 5-2-80b）；绿泥石（图 5-2-81a）和绿/蒙混层（图 5-2-81b）随埋深增加呈互为消长关系。

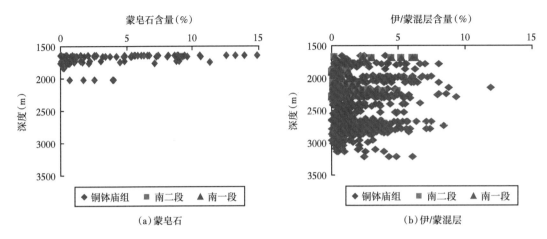

图 5-2-79　铜钵庙组—南屯组蒙皂石和伊/蒙混层绝对含量随埋深变化

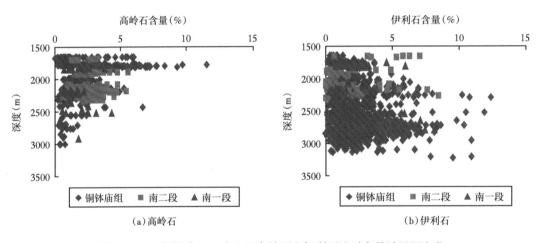

图 5-2-80　铜钵庙组—南屯组高岭石和伊利石绝对含量随埋深变化

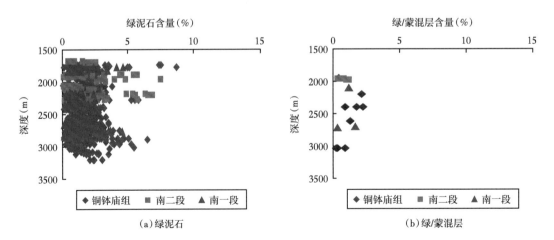

图 5-2-81　铜钵庙组—南屯组绿泥石和绿/蒙混层绝对含量随埋深变化

3）成岩阶段综合划分

根据以上镜质组反射率（R_o）、最高热解温度（T_{max}）、伊/蒙混层中蒙皂石比率、相对与绝对黏土矿物含量随埋深变化的统计分析结果，结合 990 个薄片的鉴定结果，建立了塔南凹陷铜钵庙组—南屯组储层成岩阶段综合划分方案（图 5-2-82），成岩阶段划分如下：

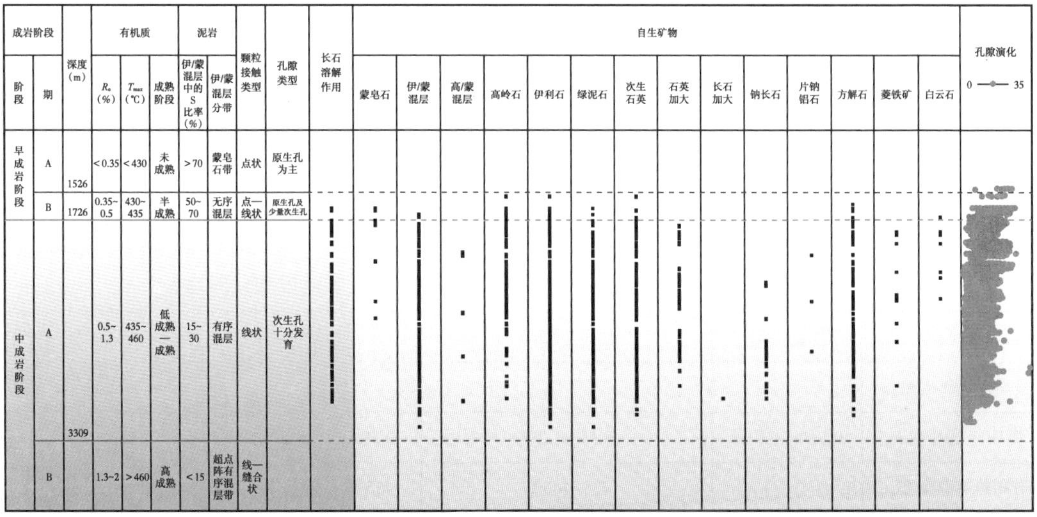

成岩阶段		有机质				泥岩		颗粒接触类型	孔隙类型	长石溶解作用	自生矿物														孔隙演化 0—35
阶段	期	深度(m)	R_o(%)	T_{max}(℃)	成熟阶段	伊/蒙混层中的S比率(%)	伊/蒙混层分带				蒙皂石	伊/蒙混层	高/蒙混层	高岭石	伊利石	绿泥石	次生石英	石英加大	长石加大	钠长石	片钠铝石	方解石	菱铁矿	白云石	
早成岩阶段	A	1526	<0.35	<430	未成熟	>70	蒙皂石带	点状	原生孔为主																
	B	1726	0.35-0.5	430-435	半成熟	50-70	无序混层	点—线状	原生孔+少量次生孔																
中成岩阶段	A	3309	0.5-1.3	435-460	低成熟	15-30	有序混层	线状	次生孔十分发育																
	B		1.3-2	>460	高成熟	<15	超点阵有序混层	线—缝合状																	

图 5-2-82　铜钵庙组—南屯组储层成岩阶段综合划分

（1）成岩作用处于早成岩阶段 B 期（1500~1700m）—中成岩阶段 A 期（1700~3300m），以中成岩阶段 A 期为主。

（2）早成岩阶段 B 期的黏土矿物组合以蒙皂石+绿泥石+伊利石+高岭石+伊/蒙混层组合（M+C+I+K+I/S）为特征，微晶石英和方解石相对发育，长石溶解不普遍。

（3）中成岩阶段 A 期的黏土矿物组合由伊利石+伊/蒙混层+高岭石+绿泥石组合（I+I/S+K+C）和伊利石+伊/蒙混层+绿泥石+高岭石组合（I+I/S+C+K）组成，微晶石英、石英次生加大和方解石普遍发育，钠长石和白云石相对发育，长石溶解普遍。

总之，塔南凹陷铜钵庙组、南屯组成岩作用阶段属于中成岩阶段的 A 期，局部地区部分井处于早成岩阶段 B 期。镜质组反射率数据都处于 0.51%~1.19%；最高热解温度（T_{max}）为 415~453℃；黏土矿物主要以埋藏浅部绿泥石及蒙皂石发育为特征，其次为随埋增加，蒙皂石逐渐消失，伊利石含量增加，伊/蒙混层、绿泥石和高岭石含量降低；代表性自生矿物主要为微晶石英、钠长石、铁碳酸盐矿物及片钠铝石。

南贝尔凹陷目的层位成岩作用阶段主要处于中成岩阶段的 A 期，部分处于早成岩阶段 B 期。镜质组反射率（R_o）值绝大多数分布在 0.5%~1.2%；最高热解温度主要分布在 435~460℃；黏土矿物组合为伊利石+高岭石+绿泥石+伊/蒙混层；代表性自生矿物主要为微晶石英、石英次生加大、方解石、钠长石、长石次生加大和白云石。

贝尔凹陷铜钵庙组—南屯组储层最高成岩阶段也为中成岩阶段 A 期。埋深为 1500~2700m；镜质组反射率为 0.5%~1.3%；最高热解温度（T_{max}）为 435~460℃；黏土矿物主要以埋藏浅部绿泥石及蒙皂石发育特征，其次为随埋增加，蒙皂石逐渐消失，伊利石含量增加，伊／蒙混层、绿泥石和高岭石含量降低；中成岩阶段 A 期的代表性自生矿物主要为微晶石英、碳酸盐矿物。

乌尔逊凹陷铜钵庙组—南屯组最高成岩作用阶段为中成岩阶段 A 期，部分井段仍处于早成岩阶段 B 期，少数井段处于早成岩阶段 A 期。镜质组反射率（R_o）主要分布区间为 0.5%~1.3%；最高热解温度（T_{max}）为 435~460℃；蒙皂石逐渐消失，高岭石含量降低，绿泥石大量形成，贴附状伊利石向自生伊利石转变。代表性自生矿物为微晶石英、碳酸盐矿物及片钠铝石。

综上，塔南—南贝尔—贝尔—乌尔逊凹陷铜钵庙组—南屯组所处成岩阶段相近（表 5-2-12），均主要为中成岩阶段 A 期。各凹陷代表性自生矿物主要为微晶石英、碳酸盐矿物，其中塔南及南贝尔地区钠长石较为发育，塔南、贝尔与乌尔逊凹陷出现片钠铝石。

表 5-2-12　塔南—南贝尔—贝尔—乌尔逊凹陷成岩阶段划分对比

参数	塔南凹陷	南贝尔凹陷	贝尔凹陷	乌尔逊凹陷
最高成岩作用阶段	中成岩阶段 A 期			
镜质组反射率 R_o	0.51%~1.19%	0.5%~1.2%	0.5%~1.3%	
最高热解温度 T_{max}		435~460℃	435~460℃	435~460℃
自生矿物		微晶石英、石英次生加大、方解石、钠长石、长石次生加大和白云石；绿泥石		微晶石英、方解石、铁白云石及片钠铝石；绿泥石、伊利石

2. 成岩相

碎屑岩成岩相是不同成因砂岩和沉积物，在不同成岩环境下，经受各种物理、化学和生物作用，包括温度、压力、水与岩石，以及有机、无机之间的综合反应而形成的，并具有一定共生成岩矿物和组构特征的岩石类型组合，所以成岩相是成岩演化过程的具体体现，反映了碎屑岩成岩特征的总的面貌。因此，成岩相可以根据成岩环境（如同生、浅埋、深埋和表生成岩环境）、成岩作用类型和岩石类型来划分。本次研究采用岩石类型框架下的以成岩作用类型为主体的成岩相划分，具体如下。

普通砂岩成岩相划分，共划分早期弱压实成岩相、强压实溶蚀溶解＋高岭石孔隙充填成岩相及溶蚀溶解＋碳酸盐胶结交代成岩相三种成岩相。

1）早期弱压实成岩相

本成岩相的地层埋藏较浅，一般小于 900m。岩石疏松，原生孔隙发育。

2）强压实溶蚀溶解＋高岭石孔隙充填成岩相

本成岩相的地层埋深为 900~1400m。随着地层埋深和温度的增加，压实作用逐渐增强。有机质在演化过程中脱羧基形成大量有机酸和二氧化碳，使得砂岩碎屑中不稳定组分长石、岩屑发生溶蚀溶解，溶出的硅质形成少量次生加大石英和大量自生高岭石。砂岩物性较好，属混合孔隙类型，次生孔隙开始并大量出现，次生加大胶结和高岭石的充填一方面减少了原生孔隙，另一方面使后期压实作用减弱，从而保存了现有的原生孔隙。

3）溶蚀溶解＋碳酸盐胶结交代成岩相

本成岩相埋深为1400~2700m，压实作用明显减弱，而溶解作用和胶结作用逐渐增强。随着有机质整体进入成熟演化阶段，演化过程中释放出更多的有机酸和CO_2等酸性流体，砂岩中已被溶解的长石、碎屑及次生的加大石英继续遭受溶蚀溶解，长石出现部分或全部溶蚀，次生孔隙较为发育。形成的自生矿物主要为黄铁矿，其次为菱铁矿、重晶石及泥碳酸盐等，减少了原生孔隙。因此，总体来看，砂岩中的孔隙度普遍有所减少，但次生孔隙所占比例则相对有所增加。

塔南凹陷成岩相可划分为方解石胶结成岩相、方解石充填成岩相、钠长石充填成岩相、片钠铝石充填成岩相和溶蚀溶解成岩相五大类。其中铜钵庙组方解石充填相十分发育，发育上述五种成岩相；南屯组仅发育方解石胶结成岩相、方解石充填成岩相，以及溶蚀溶解成岩相。

南贝尔凹陷成岩相可划分为方解石胶结成岩相、方解石充填成岩相、钠长石充填成岩相和溶蚀溶解成岩相。其中方解石胶结成岩相、方解石充填成岩相，以及溶蚀溶解成岩相在各个层位均发育，钠长石充填成岩相仅在南屯组一段大量发育。

贝尔凹陷主要发育碎屑颗粒包壳成岩相、菱铁矿充填成岩相、碳酸盐胶结成岩相、碳酸盐充填成岩相、溶蚀溶解成岩相、片钠铝石成岩相六种成岩相，其中碎屑颗粒包壳成岩相主要发育于火山碎屑岩内。

乌尔逊凹陷主要发育有菱铁矿充填成岩相、高岭石充填成岩相、碳酸盐胶结成岩相、碳酸盐充填成岩相、片钠铝石充填成岩相。

比较而言，碳酸盐胶结成岩相、碳酸盐交代成岩相，以及溶蚀溶解成岩相在各个凹陷均有发育，其中塔南—南贝尔地区碳酸盐以方解石为主，乌尔逊地区碳酸盐包括方解石及铁白云石；钠长石充填成岩相仅在塔南—南贝尔凹陷铜钵庙组发育；菱铁矿充填成岩相主要发育于贝尔—乌尔逊凹陷；片钠铝石充填成岩相发育于塔南、贝尔及乌尔逊凹陷（表5-2-13）。

表5-2-13　塔南—南贝尔—贝尔—乌尔逊凹陷成岩相划分对比

凹陷	塔南凹陷	南贝尔凹陷	贝尔凹陷	乌尔逊凹陷
成岩相	方解石胶结成岩相、方解石充填成岩相、钠长石充填成岩相（K_1t）、片钠铝石充填成岩相（K_1t）、溶蚀溶解成岩相	方解石胶结成岩相、方解石充填成岩相、钠长石充填成岩相（K_1n_1）、溶蚀溶解成岩相	碎屑颗粒包壳成岩相、菱铁矿充填成岩相、碳酸盐胶结成岩相、碳酸盐充填成岩相、溶蚀溶解成岩相、片钠铝石充填成岩相	菱铁矿充填成岩相、高岭石充填成岩相、碳酸盐胶结成岩相、碳酸盐充填成岩相、片钠铝石充填成岩相

五、储层分布特征

1.储层评价参数的选取

根据储层控制因素分析和数据量，选取碳酸盐含量、孔隙度和渗透率的平均值作为评价参数，根据它们对储层的影响程度，把"权"系数依次定为0.1、0.6和0.3。将各项参数的得分以给定的"权"系数权衡后即得综合评价分值，分值分类标准为，0.7~1划为Ⅰ类（好），0.33~0.7划为Ⅱ类（中），0.10~0.33划为Ⅲ类（差），小于0.10划为Ⅳ类（极差）。

2. 储层评价结果平面分布特征

1）铜钵庙组

铜钵庙组砂岩厚度分布如图 5-2-83 所示，其储层由Ⅱ类和Ⅲ类组成，主要为Ⅲ类（图 5-2-84）。其中贝尔凹陷全区为Ⅲ类储层，仅在贝东和苏德尔特构造带的局部发育Ⅱ类储层；乌尔逊凹陷的Ⅱ类和Ⅲ类储层分布相近，Ⅱ类储层分布于巴彦塔拉构造带和乌北次凹，其余为Ⅲ类储层。

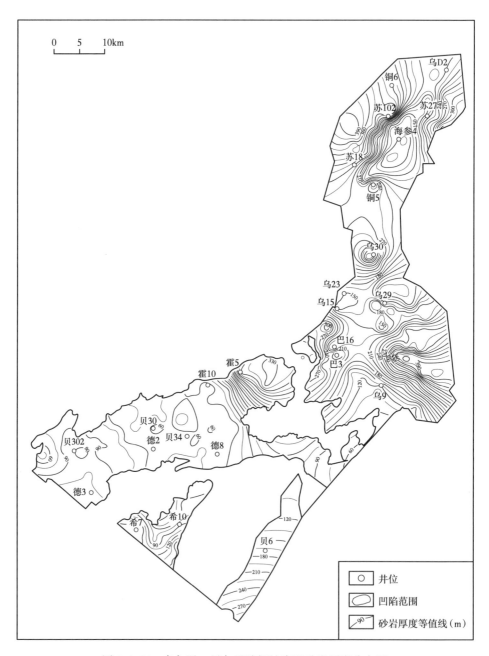

图 5-2-83　乌尔逊—贝尔凹陷铜钵庙组砂岩厚度分布图

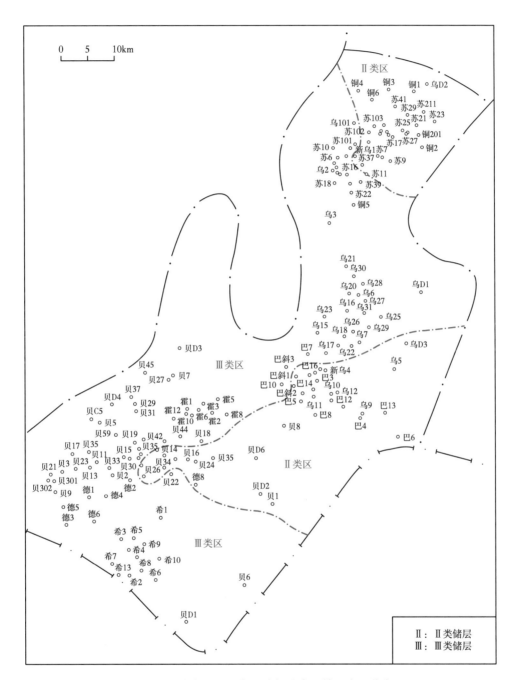

图 5-2-84 乌尔逊—贝尔凹陷铜钵庙组储层类型分布图

2）南屯组一段

南一段砂岩厚度分布如图 5-2-85 所示，其储层类型同样以Ⅲ类为主（图 5-2-86）。仅在贝尔凹陷的贝西和贝东的局部，以及乌尔逊凹陷的乌东弧形构造带的中部发育Ⅱ类储层。

图 5-2-85 乌尔逊—贝尔凹陷南一段砂岩厚度分布图

3）南屯组二段

南二段砂岩厚度分布如图 5-2-87 所示，其储层明显好于南一段和铜钵庙组，其储层类型以Ⅱ类为主（图 5-2-88），少部分为Ⅲ类。仅在贝尔凹陷的贝西北和贝南的局部发育Ⅲ类储层，在乌尔逊凹陷的乌南次凹和乌北次凹的局部发育Ⅲ类储层。

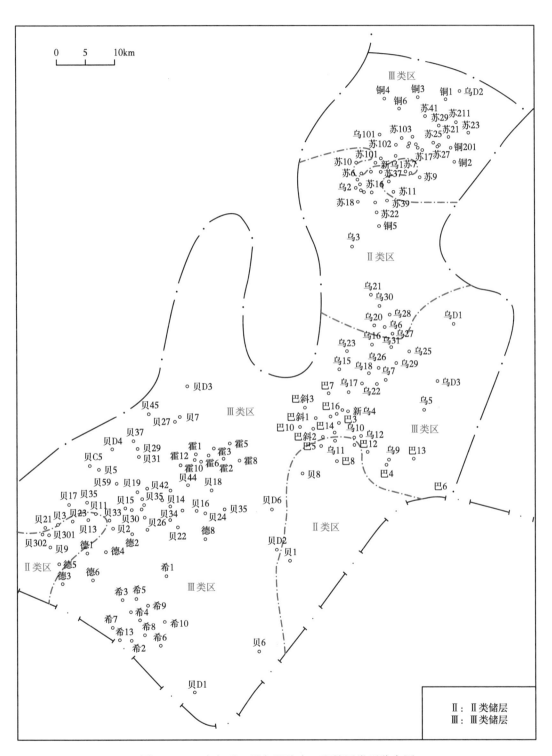

图 5-2-86 乌尔逊—贝尔凹陷南一段储层类型分布图

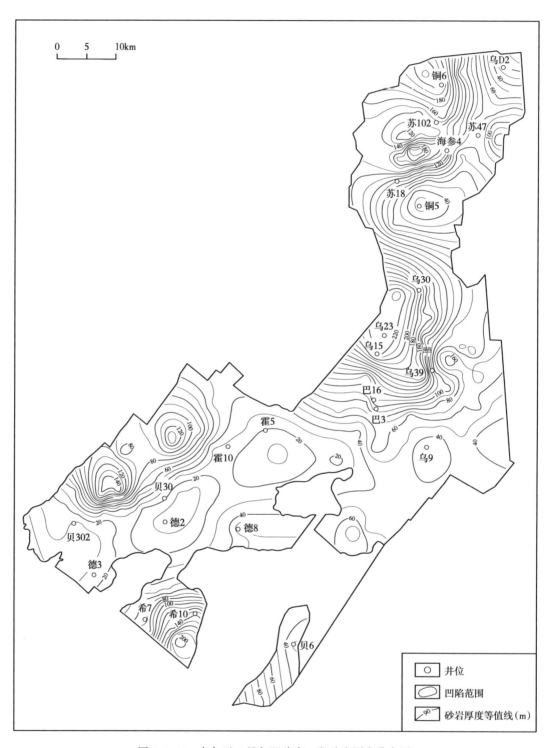

图 5-2-87　乌尔逊—贝尔凹陷南二段砂岩厚度分布图

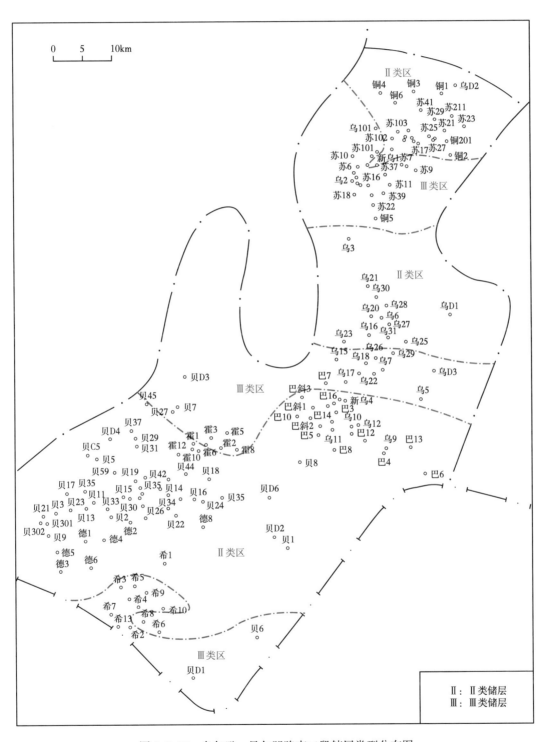

图 5-2-88 乌尔逊—贝尔凹陷南二段储层类型分布图

第三节　潜山储层特征

一、岩石学特征及储层空间类型

南平组主要由陆源碎屑岩、火山碎屑岩和石灰岩组成。岩石普遍遭受极低级变质作用和低温热液蚀变作用，原生孔隙消失殆尽，储层空间以裂缝和裂缝充填物的溶蚀孔洞为主（图 5-3-1 和表 5-3-1）。岩心观察表明裂缝储层在南平组比较发育（埋深大于 1700m），以 1900m 以下最为发育。裂缝宽度一般在 1~30mm 变化，最常见的范围是 1~7mm，裂缝的倾角主要分布在两个峰值区间：15°~35° 和 65°~80°。

图 5-3-1　南平组见有裂缝、溶蚀裂缝—孔洞

表 5-3-1　苏德尔特构造带南平组储集空间分类表

形态分类	成因分类	成因及控制因素
裂缝	构造缝	构造应力作用形成，受应力性质、岩性、围岩等因素影响
	溶蚀缝	沿裂缝溶蚀扩大而形成，受裂缝发育程度、岩性和水介质的性质控制
	层理缝	沉积作用形成，受沉积物质及环境控制
	闭合缝（裂纹）	应力或沉积作用形成
孔洞	粒间溶孔	溶蚀形成，受岩性、水介质等因素控制
	粒内溶孔	埋藏成岩过程中的溶解作用形成
	角砾间溶孔	溶蚀、破裂等作用形成，受岩性、断裂、水介质等因素控制
	裂缝内残留孔（洞）	充填沉淀作用
	裂缝内溶孔（洞）	孔缝溶解作用

二、储层发育的控制因素

1. 影响裂缝的因素分析

1）裂缝发育程度与岩性有关

不同岩性其力学性质不同，因而其破裂发育情况也存在区别。在泥质岩中，随着粉砂

质、碳质和钙质含量的增加，构造缝密度呈增加趋势。在粉砂岩中，随着泥质、凝灰质含量的减少，构造缝密度呈增加趋势。在凝灰岩中，碳酸盐化使构造缝密度呈增加趋势。因此，岩性与裂缝的发育具有明显关系。裂缝常常终止于岩性界面附近，也说明由于不同岩性具有不同的力学性质，导致岩性界面往往是裂缝发育层的力学层界面。

2）岩层厚度

裂缝的发育程度还受岩层厚度制约，在一定厚度范围内，随着岩层厚度增加，裂缝间距相应增大，裂缝间距与层厚之间表现出较好的线性相关性。对苏德尔特构造带 7 口探评井成像测井资料进行裂缝统计，结果证实随着砂、泥岩单层厚度的减小，其裂缝发育程度有逐渐增大的趋势。

3）沉积环境

经岩心裂缝观察、成像裂缝统计，以及试油显示，发现苏德尔特构造带扇三角洲前缘扇末端，席状砂微相中裂缝最为发育，试油效果最好，间湾微相、分流河道侧缘微相、河口坝、水下分流河道微相裂缝发育依次变差，深湖—半深湖亚相裂缝发育差或不发育。

4）裂缝发育程度与断层密切相关

断裂带往往也是破裂带，在苏德尔特构造带内发育许多断层，往往这些断裂带附近也是裂缝发育带。随着井到断层距离的增大，裂缝密度有逐渐减小的趋势。如距断层较近的贝 20 井、贝 14 井，裂缝线密度为 20.36 条 /m、18.18 条 /m，而距断层稍远的贝 26 井裂缝线密度为 3.29 条 /m。

2. 影响溶蚀孔洞的因素分析

1）岩石成分

从矿物成分看，火山碎屑含量高，岩石塑性强，压实作用对储层的影响非常大，原生孔隙不发育。从填隙物的结构上看，岩石中大小矿物颗粒杂乱分布，岩石分选差—中，磨圆度为次圆，接触关系为点—线接触，胶结方式以孔隙式胶结为主，孔隙发育较差。因此，南平组基质原生孔隙不发育，物性较差。

2）成岩作用

苏德尔特构造带南平组储层物性受成岩作用影响显著。其中强烈的裂缝作用和溶解作用改良储集物性、提高孔渗性，起建设性的作用；而压实作用和胶结作用，缩小或堵塞孔喉，大大降低了孔渗性，破坏了储层的物性；重结晶作用和交代作用也很普遍，它们对储集物性的影响相对较小。

3）继承性发育的古隆起

由地层发育及演化特征看出，南平组沉积后该区整体抬升遭受不同程度的风化剥蚀，其中北部、南部隆起较高，剥蚀程度较强，至兴安岭群沉积初期，其北部、西部及东部大部分地区为隆起的环山带，部分南平组出露地表，接受大气降水的淋滤溶蚀，因此，在长期处于抬升状态的部位由于接受大气降水的淋滤作用较长，溶蚀孔洞发育（如贝 40 井和贝 38 井），在其对应的地震提取方差体纵向切片上也看出继承性发育的古隆起上，方差体值较大，表明溶蚀孔洞较为发育。

4）裂缝

晚期尤其是伊敏组沉积末期活动的断层、裂缝沟通基质孔隙，使得介质流体沿断层、裂缝发育带附近对基质进行溶蚀。苏德尔特构造带南平组储层的孔隙（洞）大多与裂隙有关。

参 考 文 献

[1] 蒙启安，李军辉，李跃，等.海拉尔—塔木察格盆地中部富油凹陷高含凝灰质碎屑岩储层成因及油气勘探意义 [J].地学前缘，2015，22（3）：88-98.

[2] 高玉巧，刘立，蒙启安，等.海拉尔盆地与澳大利亚 Bowen-Gunnedah-Sydney 盆地系片钠铝石碳来源的比较研究 [J].世界地质，2005，24（4）：344-349.

[3] 宋荣华，王军，何艳辉，等.荧光显微图像技术判断储层流体性质研究 [J].油气井测试，2000，9（4）：28-32.

[4] 吴新民，康有新，张宁，等.吉林油田大 26 井区储层潜在伤害因素分析 [J].西安石油学院学报，2001，16（5）：29-32.

[5] 李军辉，吴海波，李跃，等.海拉尔盆地致密储层微观孔隙结构特征分析 [J].中国矿业大学学报，2020，40（4）：721-729.

[6] 何松霖，李军辉.内蒙古海拉尔盆地乌尔逊及贝尔凹陷南屯组致密砂岩储层微观结构表征 [J].矿产普查，2020，11（3）：417-425.

[7] 蒙启安，刘立，曲希玉，等.贝尔凹陷与塔南凹陷下白垩统铜钵庙组南屯组油气储层特征及孔隙度控制作用 [J].吉林大学学报（地球科学版），2010，40（6）：1222-1240.

[8] 张丽媛，纪友亮，刘立，等.火山碎屑岩储层异常高孔隙成因——以南贝尔凹陷东次凹北洼槽为例 [J].石油学报，2012，33（5）：814-821.

[9] 谯汉生，方朝亮，牛嘉玉，等.中国东部深层石油地质 [M].北京：石油工业出版社，2002.

[10] 陈纯芳，赵澄林，李会军，等.板桥和歧北凹陷沙河街组深层碎屑岩储层物性特征及其影响因素 [J].石油大学学报（自然科学版），2002，26（1）：4-7.

[11] 高勇，张连雪.板桥—北大港地区深层碎屑岩储集层特征及影响因素研究 [J].石油勘探与开发，2002，28（2）：36-39.

[12] 董林森，刘立，朱德丰，等.海拉尔盆地贝尔凹陷火山碎屑岩自生碳酸盐矿物分布及对储层物性的影响 [J].地球科学与环境学报，2011，33（3）：253-260.

[13] 曲希玉，刘立，蒙启安，等.大气水对火山碎屑岩改造作用的研究——以塔木察格盆地为例 [J].石油实验地质，2012，34（3）：285-290.

[14] 于志超，杨思玉，刘立，等.饱和 CO_2 地层水驱过程中的水—岩相互作用实验 [J].石油学报，2012，33（6）：1032-1042.

[15] 高玉巧，刘立.海拉尔盆地乌尔逊凹陷无机 CO_2 与油气充注的时间记录 [J].沉积学报，2007，33（4）：574-582.

[16] 石石，耳闯，张稳，等.鄂尔多斯盆地大宁—吉县区块上古生界致密储层孔隙结构特征及其与黏土矿物的关系 [J].西安石油大学学报（自然科学版），2023，28（3）：1-9.

[17] JOHNSON J W, NITAO J J, STEEFEL C I, et al. Reactive Transport Modeling of Geologic CO（2）Sequestration in Saline Aquifers：The Influence of Intra-aquifer Shales and the Relative Effectiveness of Structural, Solubility, and Mineral Trapping During Prograde and Retrograde Sequestration[M].2001.

[18] ZERAI B. Carbon dioxide sequestration in saline aquifer：Geochemical modeling, reactive transport simulation and single-phase flow experiment[M].Case Western Reserve University, 2006.

[19] RYZHENKO B N. Genesis of dawsonite mineralization：Thermodynamic analysis and alternatives[J]. GEOCHEMISTRY INTERNATIONAL, 2006, 44（8）：835-840.

[20] HELGE H, PER A, ERIC H O, et al. Can dawsonite permanently trap CO_2[J].ENVIRONMENTAL SCIENCE & TECHNOLOGY, 2005, 39（21）：8281-8287.

第六章 油气藏形成及聚集规律

海拉尔—塔木察格盆地为中—晚侏罗世、早白垩世两期叠合型的盆地，白垩纪盆地由多个凹陷组成断陷群，凹陷一般由多个次凹及次级小洼槽组成，每个次凹或洼槽就是一个油气成藏的基本单元。围绕这些小洼槽发育多种类型的储集岩、多种圈闭类型，形成多套生储盖组合，为油气藏的形成创造了良好的条件，形成多种类型的油气藏和油气富集区带。基于上述认识和成果，提出了未来一个时期的勘探方向[1-2]。

第一节 油气成藏组合与类型

一、油气藏形成基本条件

1. 发育 3 套有效烃源层，为油气成藏提供物质基础

白垩纪盆地自下而上主要发育铜钵庙组、南屯组和大磨拐河组一段三套烃源岩层，其中南屯组一段是主力烃源岩。乌尔逊—贝尔凹陷烃源岩分析表明，铜钵庙组有机碳含量1.65%，氯仿沥青"A"含量0.25%，生烃潜量为4.45mg/g，干酪根类型以Ⅱ型为主，综合评价为中等—好烃源岩；南屯组有机碳含量2.16%，氯仿沥青"A"含量0.17%，生烃潜量4.65mg/g，干酪根类型以Ⅱ型为主，综合评价达到好烃源岩标准；大一段有机碳含量1.75%，生烃潜量为1.66mg/g，氯仿沥青"A"含量0.082%，干酪根类型以Ⅲ为主，综合评价达到中等烃源岩标准。资源评价表明，3套烃源层总石油资源量10.38×10^8t，气资源量$2137.56 \times 10^8 m^3$，其中中部断陷带乌尔逊、贝尔、南贝尔，以及塔南凹陷内发育的生烃洼槽为最佳生油区，这为白垩系油藏的形成提供了重要的物质基础。此外，侏罗纪盆地塔木兰沟组钻井揭示最大厚度可达900m，发育有烃源岩，具有较好的生烃能力，主要分布在盆地中部断陷带，已见到零星油藏，受勘探程度和认识程度的影响，对其生烃、排烃特征还需要进一步认识。

2. 发育 6 种沉积体系类型

盆地具有沉积洼槽小、多物源、近物源、相带窄、相变快的特点，主要发育冲积扇、扇三角洲、辫状河三角洲、河流三角洲、湖底扇和湖泊相6种沉积体系。受边界断层和凹陷内的同生断层的控制，不同构造单元砂体类型分布有所区别。陡坡带受边界断层控制，坡度大，沉积物快速入湖，形成冲积扇、扇三角洲和深水浊积扇等砂体，单个砂体分布面积不大，但数量多，厚度大，故也可形成规模较大的岩性油气聚集。缓坡带一般受多级断裂坡折控制，砂体延伸距离较远，一般发育辫状河三角洲或扇三角洲砂体，部分凹陷的缓坡带还发育滨浅湖沙坝砂体。由于坡度较缓砂体展布范围比较大，故可形成大型岩性地层油藏。洼槽带发育的湖底扇、深水浊积砂等砂体，与烃源岩直接接触，有利于形成自生自储型透镜体油气藏[3]。

3. 发育 4 种储层和多个异常高孔隙带，为油气成藏提供了有利空间

盆地含油气储层主要集中在铜钵庙组—南屯组，局部发育大磨拐河组，以及塔木兰沟组和基岩。储层岩石类型多样，主要由火山碎屑岩（熔结凝灰岩和凝灰岩）、火山—沉积岩（沉凝灰岩和凝灰质砂岩）、普通砂岩、火山岩及变质—浅变质岩组成。其中，火山碎屑岩、火山—沉积岩和普通砂岩主要分布在铜钵庙组—南屯组储层中，火山岩及变质岩主要分布在基底。在纵向上，从铜钵庙组到南屯组储层自下而上表现为火山碎屑物质含量逐渐降低、最后过渡为砂岩的演变趋势。

储层中次生孔隙的形成与分布是决定油气藏产能和规模大小的关键。铜钵庙组—南屯组储层以孔隙型储层为主，孔隙度主要受储层岩石类型、碎屑颗粒包壳、大气水淋滤、沉积相带及无机 CO_2 注入等因素控制。一般在纵向上发育 2 个主要的异常高孔隙带，第一个异常高孔隙带的埋深一般在 1500m 左右，第二个异常高孔隙带的埋深在 2500m 左右。基岩以裂缝型储层为主，裂缝发育程度受断裂活动强度控制。

4. 经历了多期构造运动，形成了多种类型圈闭，为油气聚集提供了有利场所

盆地演化主要经历了五期构造抬升活动，形成下白垩统与上白垩统之间、大磨拐河组与南屯组之间、下白垩统与下伏地层之间三个区域性不整合面，构成三个圈闭主要形成期，其中大磨拐河组与南屯组之间、下白垩统与下伏地层之间定型的圈闭，由于早于成藏期形成，是有利含油圈闭，目前已发现的油藏大多数分布于此；下白垩统与上白垩统之间的构造活动对油藏起到再分配的作用。另外，形成伊敏组与大磨拐河组之间、大磨拐河组二段与一段之间、铜钵庙组与南屯组之间局部不整合面的构造运动，由于影响范围相对较小，其形成的圈闭分布范围不大，其中，铜钵庙组与南屯组之间的构造运动形成的圈闭成藏条件较为有利，是目前油藏主要分布层系。

二、生储盖组合特征及含油组合

1. 生储盖组合特征

盆地构造演化的阶段性、湖盆扩展与收缩的周期性、沉积体系也出现周期性的变化。纵向上发育多级次层序，形成不同的沉积充填类型，致使多套砂岩储层、多套烃源岩层和多套盖层相互叠置，从而构成了多套生储盖组合。按照生储盖匹配关系，主要发育上生下储型生储盖组合、自生自储型生储盖组合和下生上储型生储盖组合三种（图 6-1-1）。

1）上生下储型

烃源岩层沉积晚于储层，生油层同时起到盖层的作用。油气以侧向运移为主，断裂和不整合面为主要运移通道，油藏类型多为地层不整合油藏和潜山油藏。在盆地内主要发育在铜钵庙组及基底。

2）自生自储型

烃源岩层与储层同时沉积，上覆泥质沉积起到封盖作用，油气主要沿断裂和砂体运移，受构造沉积背景的控制形成多种油藏有序分布。盆地内主要分布在南一段。

3）下生上储型

烃源岩层早于储层沉积，油气主要沿断裂进行垂向运移，油藏类型以构造油藏为主，油藏受盖层条件控制，主要沿油源断裂分布。在盆地内主要分布在南屯组二段和大磨拐河组二段。

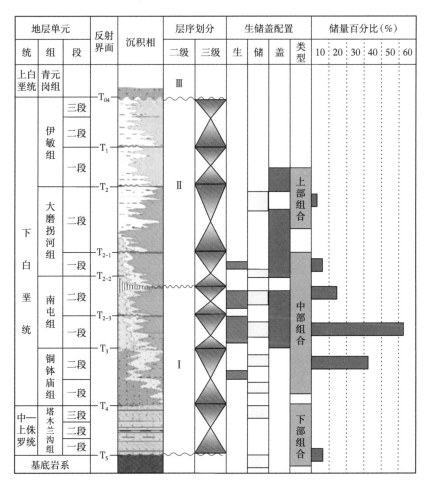

图 6-1-1　海拉尔盆地生储盖组合关系配置图

2. 含油组合特征

盆地强烈裂陷沉降幕期和断—拗转换幕期两次大的湖盆扩张，形成南屯组和大磨拐河组两期大的湖泛面，成为盆地最重要的烃源层和区域盖层，围绕这两个层，纵向上构成 3 个有利含油组合。

1）下部含油组合

下部含油组合位于主力烃源岩层之下，主要包括铜钵庙组、塔木兰沟组和基底。南屯组为主要烃源岩，塔木兰沟组和铜钵庙组二段为局部烃源岩，塔木兰沟组和铜钵庙组砂岩、砂砾岩为油气储集空间，南屯组一段下部及铜钵庙组上部泥质沉积为盖层，构成以上生下储型储盖组合为主的有利含油组合。已发现的储量规模占总储量的 40% 左右。

2）中部含油组合

这套组合是盆地内最重要的生储盖组合形式。主要以主力烃源岩层南屯组为主。烃源岩为南屯组的泥岩，南屯组砂岩、砂砾岩为油气储集空间，大磨拐河组为良好盖层，南屯组内部泥岩比较发育，形成多个局部盖层，形成多个储盖组合，造成含油组合内油层多层发育。总体上中部含油组合为自生自储形成储盖组合，是盆地内油气最为富集的含油组合，已发现储量规模占总储量的 60% 以上。

3）上部含油组合

该组合位于区域盖层之上。油气主要来自南屯组主力烃源岩，大磨拐河组辫状河三角洲、湖底扇等砂体为储层，伊敏组底部泥质沉积为盖层，构成下生上储型储盖组合。由于储层与生油岩不直接接触，下部南屯组生油岩排出的油气沿着断层运移到上部储集体的圈闭内，油藏规模较小，已发现的储量规模占总储量小于 2%。

纵向上三套含油组合在平面上往往相互叠置，晚期构造活动形成的断层造成三套含油组合相互沟通，在部分构造带出现油气混源特征。

第二节 油藏类型及其特征

盆地复杂的基底结构、凹隆相间的构造展布、多阶段的断—坳演化史、多沉积旋回与沉积体系、充足的油源，以及多种储盖组合为多样性油藏的形成提供了良好的地质条件。结合国内外油藏划分方案[4-6]，按圈闭形态、成因类型等对海拉尔—塔木察格盆地油藏进行分类，主要发育四大类油藏，分别是构造油藏、岩性油藏、地层油藏和复合油藏。

一、构造油藏

构造油藏是盆地内主要的油藏类型，受不同级别断裂的控制，多分布于二级断裂形成的构造带上，以断块、断鼻、断背斜油藏为主。邻洼构造带油源丰富，其周缘控陷断层长期活动，成为油气运移的良好通道，埋深中等，储层物性较好，成为最有利的复式油气聚集带，如苏德尔特、呼和诺仁、苏仁诺尔和塔南油田等。构造油藏主要包括背斜油藏和断层油藏。

1. 背斜油藏

背斜油藏是由于地层受到构造侧向挤压或同生沉积作用发生弯曲，向四周倾覆而形成的圈闭中的油气聚集。盆地内背斜型油藏主要表现为 2 种类型，一种是以巴 10 井为代表的穹窿背斜油气藏；另一种是以巴 13 井为代表的断层复杂化背斜油藏（图 6-2-1）。

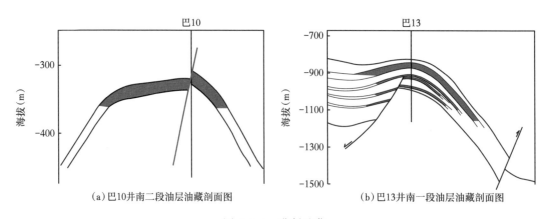

(a) 巴10井南二段油层油藏剖面图　　(b) 巴13井南一段油层油藏剖面图

图 6-2-1　背斜油藏

巴 10 井、巴 13 井油藏均位于乌尔逊凹陷与贝尔凹陷之间的巴彦塔拉构造带上。巴 10 油藏整体上为一被断层切割背斜，油底海拔为 -325.4m，水顶海拔为 -398.0m，断层断距较小，为 10m，未断穿油层。南屯组二段岩性为砂砾岩，有效厚度 12.2m，孔隙度 24.9%，该区原油具有混源特征，既可能有横向上来自乌南次凹中心的原油，也有纵向上该井区南屯组一段或铜钵庙组烃源岩提供的原油。大磨拐河组一段泥岩是该区稳定沉积的泥岩，是该区的区域盖层；断穿上、下各层位的断层和较发育的砂体有机地结合在一起，为巴 10 油藏形成创造了有利的条件。

2. 断鼻油藏

在斜坡带形成的鼻状构造上倾方向受断层切割封闭而成，油藏较为完整，具有统一的油水界面，油藏规模取决于上倾方向断裂的规模，如呼和诺仁构造带贝 301 井油藏。南屯组沉积末期，受呼和诺仁断裂活动的影响，呼和诺仁构造带表现为缓坡带上发育的一个规模较大的鼻状构造，上倾方向受呼和诺仁断裂遮挡形成断鼻构造，油气主要沿着呼和诺仁断裂运移，上覆大磨拐河组一段泥岩为油藏提供了良好的封盖条件，形成断鼻构造油藏，油藏沿断裂分布。

呼和诺仁构造带是在西部斜坡背景下，上倾方向由北东向早期发育的反向正断层遮挡形成的平缓断鼻构造，断鼻展布方向北东，长轴长 20km，短轴长 3.0km。构造带长期发育，有明显的继承性，伊敏组沉积后期随着反向断层停止活动而消失。主要含油层位为南一段和兴安岭群。南一段油层主要为扇三角洲前缘亚相沉积和浅湖亚相沉积，岩性以长石岩屑砂岩、岩屑砂岩和凝灰质砂岩为主，为中孔中渗透储层，平均孔隙度为 20.2%，平均空气渗透率为 76.5mD；兴安岭群储层主要为灰色玄武岩和灰色砾岩及砂砾岩，孔隙度一般 16.6%~18.8%，渗透率一般 0.09~0.25mD，为中孔特低渗透型储层。油藏基本为上油下水特征，油水分布主要受构造控制，油藏具有相对统一的油水界面（图 6-2-2）。

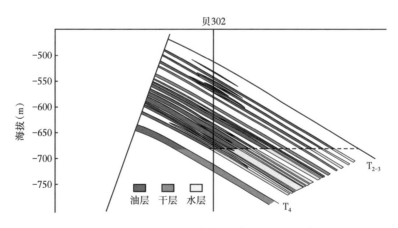

图 6-2-2　贝尔凹陷呼和诺仁构造带贝 302 井油藏剖面

3. 断块油藏

断块油藏是海拉尔—塔木察格盆地数量最多的油藏类型，在缓坡带、陡坡带及凹中构造带的不同位置均有分布。受多期构造活动影响，盆地内形成了众多不同规模的断裂体系，强烈切割地层，形成了不同类型的断块圈闭，这些圈闭聚集油气形成断块油藏，主要发生于反向断块油藏、顺向断块油藏、地垒断块油藏、地堑断块油藏（图 6-2-3），油气主要以侧向运移方式向断块高部位聚集，下伏烃源层的部分烃类沿断层（尤其是垂直断距小于紧邻储层的泥岩厚度的断层）以垂向运移方式向上运移。断层的封堵性是影响油藏规模的重要因素，一般反向断块和地垒断块可形成富集程度高的油藏，其他类型规模较小。

以苏仁诺尔油田苏131断块油藏为例。苏131断块油藏位于苏仁诺尔构造带中部，苏仁诺尔大断裂的下盘，其含油层位主要为南屯组二段。储层以长石砂岩和岩屑长石砂岩为主，石英含量一般为20%~40%，长石含量为35%~50%，岩屑含量一般为6%~25%。胶结物以泥质和方解石为主，多为孔隙式胶结，胶结物含量一般15%。储层平均厚度为34m，平均孔隙度为15%，有效孔隙度主要集中在13%~20%，渗透率一般在0.3~100mD，平均渗透率为46mD，属于中低孔隙低渗透储层，局部见有高孔高渗透型。苏131油藏东、西两侧各被几条北北东向主干大断层包围，地层倾向北西向，倾角6°~8°，走向北北东向。在油层顶面构造图上，构造高点海拔-790m。闭合深度海拔-910m，闭合幅度-120m。

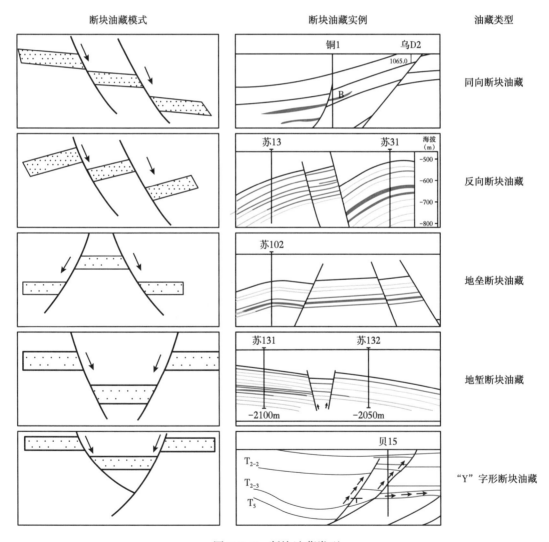

图6-2-3　断块油藏类型

二、地层油藏

地层油藏往往与地层不整合有密切关系。由于构造运动、地层剥蚀和超覆沉积作用，使不整合面上下的储集岩体被非渗透性岩层围限或遮挡而形成地层圈闭，这种圈闭中聚集油气形成地层油气藏[7-8]。海拉尔盆地内主要发育地层超覆油藏、地层不整合油藏。

1. 地层不整合油藏

地层不整合遮挡油藏主要分布在凹陷的斜坡带、盆地内部的古隆起、古凸起的周缘。由于盆地经历了多期次构造运动，沉积砂体常被抬升剥蚀，形成不整合面，后来又被新沉积的非渗透泥岩层遮挡，在不整合面之下形成地层不整合油藏。油藏受地层超覆不整合线与构造等高线相交的闭合面积控制，如乌北次凹南洼槽苏33井铜钵庙组油藏。苏33井铜钵庙组油层主要为砂质砾岩、砂砾岩和不等粒长石砂岩。孔隙类型主要为原生粒间孔，其次为长石、岩屑粒内孔，缩小粒间孔，另见少量粒间、粒内微裂隙。孔隙度变化范围为6.1%~14%，平均孔隙度为9.6%。渗透率范围为0.30~9.46mD，平均渗透率为1.68mD。属于特低孔隙特低渗透储层。乌尔逊凹陷铜钵庙组沉积后，受乌西断裂活动的影响，造成东部地层发生掀斜抬升剥蚀，在铜钵庙组储层上倾方向形成角度不整合面，其后在不整合面之上沉积了南一段泥质沉积，即为铜钵庙组油藏提供了油源，又为油藏提供了封盖。油藏受断层和不整合面联合控制，油藏位于不整合面之下，油藏一般面积较小，闭合度不高，油水关系不统一，具有一块一藏特点（图6-2-4）。

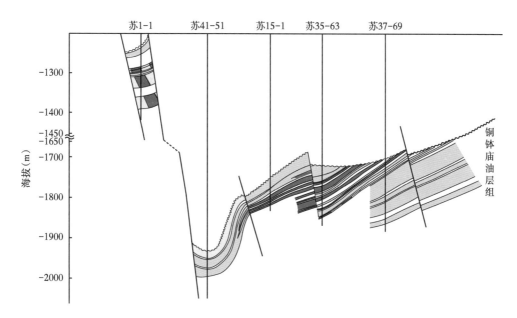

图 6-2-4　乌尔逊凹陷乌北次凹南洼槽苏33井区铜钵庙组油藏

2. 地层超覆油气藏

一般分布在盆地边缘斜坡带上部或凸起上，在湖盆由低水位体系域向水进体系域转化初期，在沉积盆地或坳陷边缘的侵蚀面上沉积了一套储集物性较好的砂岩。随着水域的进一步扩大，水体逐渐加深，此时沉积的非渗透的泥岩覆盖在砂岩之上，超覆层上部泥岩盖层分布范围往往大于其下伏的砂岩体分布范围，形成了地层超覆圈闭。地层超覆圈闭主要分布在盆地斜坡边缘带，盆地内部古隆起、古凸起的周缘，多呈舌状、裙边状断续分布。生油洼槽中生成的油气从两侧沿不整合面、断层或砂体侧向运移到圈闭中聚集成藏，运移距离较长。如贝西次凹中生成的油气沿不整合面、断层或砂体侧向运移到贝西斜坡带上部的圈闭中聚集成藏。如贝 D8 井等油藏（图 6-2-5），南一段低位域砂体超覆于基岩不整合面之上，形成侧向遮挡，其上为南一段水进体系域泥岩覆盖，形成地层超覆油藏。

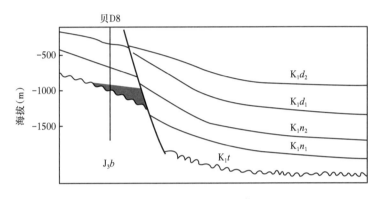

图 6-2-5　地层超覆油藏

三、岩性油藏

岩性油藏是指储层因岩性横向变化或由于纵向沉积连续性中断而形成的圈闭中的油气聚集，油气分布主要受岩性变化的控制。岩性油藏储集岩体往往穿插或尖灭在烃源岩体中，油源往往来自同期沉积的烃源岩，油气经过一次运移直接排入储层，有良好的储盖组合条件，具有"源储一体"的成藏特征[9]。岩性油藏分布与沉积带和古地形有关。

1. 透镜体岩性油藏

发育在三角洲前缘断续砂分布带中及深湖相中的砂岩储集体，周边为泥岩或渗透性不好的岩层所围限而形成的圈闭，其中聚集油气形成砂岩透镜体油藏（图 6-2-6a）。该类油藏发育有利区主要是洼槽内断层下降盘的较低洼处或古地形的低洼处，油藏受岩性控制。主要发育层位为南一段的水进域。油藏以夹于生油岩之中的规模相对较小的滑塌浊积透镜体作为储层，其四周低位域、水进域的深灰色的深水湖相泥岩为烃源岩，油气在浊积透镜体内部聚集成藏。该类油藏规模不大，油藏砂体规模小、数量多，厚度一般较薄，横向变化大，纵向上相互叠置，但是其处于生油岩包围之中，往往形成"小而肥"的特点，如苏 20 井、乌 34 井等油藏。

2. 上倾尖灭岩性油藏

岩性上倾尖灭油藏主要发育层位为南屯组的低位域、水进域和高位域的储集体中，分布于凹陷的斜坡上，夹于生油岩之中的近岸水下扇中扇及外扇砂体和滑塌浊积透镜体砂体和扇三角洲前缘砂体之中，主要发育在滑塌浊积扇体的上倾部位和中扇及外扇砂体的上倾尖灭部位。如贝尔凹陷贝 39 井等油藏（图 6-2-6b）。

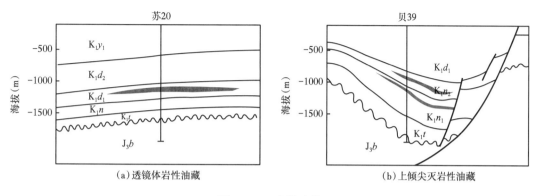

图 6-2-6 岩性油藏

四、复合油藏

复合油藏一般受两种及以上因素控制，海拉尔—塔木察格盆地复合油藏控制因素较复杂，既受构造条件控制也受岩性和地层条件控制，主要形成于断层较发育且地层和岩性变化较大的地区。主要包括断层—岩性油藏、断层—地层油藏 2 类。

1. 断层—岩性油藏

断层—岩性油藏主要受岩性和断层两种因素控制，其中以岩性控制为主，在断层侧向沟通的砂体形成的断层—岩性油藏中，断层仅起到沟通油源和通道的作用，为输导体系的重要构成部分。该类圈闭主要分布于构造背景下的中低部位，其成因既受同生断层断阶坡折带的发育所控制，又有不同沉积体系域发育的各类砂体变化区域被断裂复杂化而形成。该种油藏在南屯组低位域、水进域近岸水下扇和远岸水下扇砂体中大量发育，是由断裂和岩性共同起作用而形成的圈闭。由下伏或自身的烃源岩提供油气，通过断层和渗透性砂岩运移，在圈闭中聚集油气而成藏。该种油藏形成的关键是砂体和断层的配合形成的有利圈闭。因此，在研究区近岸水下扇和远岸水下扇砂体、三角洲前缘砂体发育的位置，只要具有有利的构造条件，又有油气的运移聚集，均可形成该类油气藏，如苏 6 井、苏 8 井、乌31 井等油藏（图 6-2-7 和图 6-2-8）。

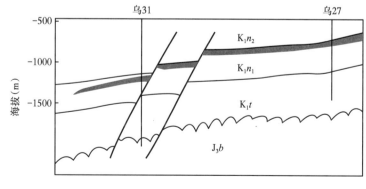

图 6-2-7 顺向断层—岩性油藏

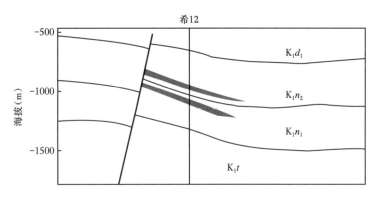

图 6-2-8　反向断层—岩性油藏

2. 断层—地层油藏

断层—地层油藏主要受断层和地层两种因素封闭和控制，其在上倾方向主要靠地层不整合面遮挡（或不整合面和断层共同遮挡），侧向靠断层遮挡封闭。主要发育在断层比较发育的斜坡带高部位，如乌28井、乌55井油藏。乌55井油藏主要含油层位为南屯组二段，主要是在古构造背景下，发育北东向和西南向扇体，顺河道延伸方向，砂体连续性较强，自南向北有规律地减薄尖灭。垂直河道方向，砂体厚度变化快、不连续，体现出河道与分流间湾相间发育的特点。砂体分一个主砂带自南西向北东方向呈带状展布。受近南北向断层和一套水下分流河道砂体沉积控制，形成断层—地层油藏，表现为上油下干、上油下水的油藏特征（图 6-2-9）。

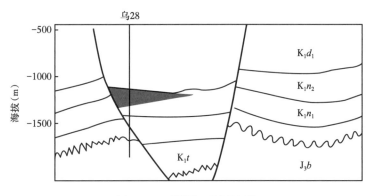

图 6-2-9　断层—地层油藏

五、潜山油藏

潜山油藏的成藏是因潜山在盆地沉积演化过程中曾长期处于剥蚀区，在盆地进入拉张阶段期同凹陷一起沉降，因此，其结构为铜钵庙组、南屯组、大磨拐河组直接覆盖于潜山之上，成为有利的油气聚集带，易形成高产高丰度的大油田，如苏德尔特、巴彦塔拉潜山油藏。根据储层类型可细分为基岩风化壳型油藏和基岩裂缝型油藏两种。

1. 变质岩残丘油藏

变质岩侵蚀残山容易形成较厚的风化壳，发育大量裂缝和孔洞，后被上覆泥质岩覆盖形成圈闭，油气沿不整合面侧向或沿断层面垂向运移至基岩风化壳型圈闭中形成的油藏，如乌 13 井油藏（图 6-2-10a）。

2. 潜山裂缝油藏

基岩裂缝型油藏是指以泥质岩类为基质、以泥质岩中发育的裂缝和孔隙为主要储集空间和渗滤通道的圈闭。

潜山裂缝油藏以苏德尔特油田布达特群油藏为代表。苏德尔特构造带是在古隆起背景上发育的大型构造，构造主体部位以控制构造带的断层与地层等高线形成圈闭，这种在生油凹陷的中部被深大断层分割的断块构造对于油气的聚集非常有利。布达特群储层为碎裂含钙中砂岩，碎裂细粒长石岩屑砂岩，碎裂碳酸盐质砾岩。成分以岩屑、长石为主。胶结物为碳酸盐和方解石，填隙物泥质含量 3%~66%，泥质含量较高，分选好—中，磨圆度为次圆，接触关系为点—线接触。属于薄膜式胶结。布达特群储层类型复杂，有孔隙型、裂缝、孔洞及溶孔型，属于缝洞、孔隙双孔介质储层，平均孔隙度为 4.9%。平均渗透率为 0.03mD。布达特群储层裂缝发育受应力方向、断层等多种因素影响，油层厚度在横向上变化大，连通性差，但同一个断块内有基本统一的油底，布达特群油藏为受大断层和潜山顶面构造控制的潜山块状油藏（图 6-2-10b）。

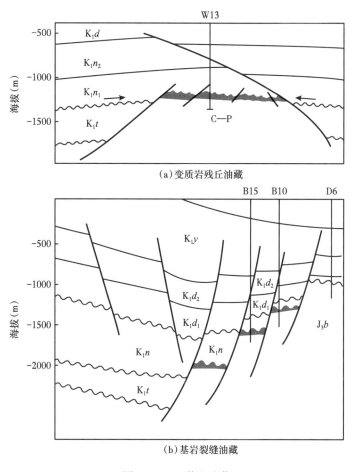

（a）变质岩残丘油藏

（b）基岩裂缝油藏

图 6-2-10　潜山油藏

第三节　油气富集规律及控制因素

一、油气富集规律

断陷型盆地的每个凹陷都是一个独立的油气生成、运移、聚集单元，成藏条件非常复杂，勘探难度非常大，明确油气富集规律，就明确了主要勘探方向和靶区[10]。研究表明，生烃岩范围控制油气藏分布，富烃次凹油气相对富集[11]。主干断裂和不整合是油气运移的主要通道，以有利烃源区为中心，四周构造高部位的构造圈闭、岩性圈闭、基岩有利储层均是油气运移的主要指向，断裂构造带油气相对富集，浊积扇、扇三角洲、冲积扇是油气富集和高产相带。

海拉尔—塔木察格盆地主要发育北北东、北东两组控陷断裂，控陷断层活动形成了各个凹陷内凸凹相间的构造格局。这种构造格局，使各洼槽具有相对独立的构造单元和沉积体系，发育多个沉降沉积中心，各生油洼槽也具有相对独立的油气生成系统。这就决定了油气具有以洼槽为中心的多个运聚单元。发育的多个主烃源灶区，为油气藏形成提供了丰富、优质的资源基础，烃源层生成油气通过砂体、断裂或不整合等向周边各类型圈闭运聚，凹陷内构造、岩性等多种油藏类型共生存在，形成了横向叠加连片的复式油气聚集区带。

海拉尔盆地下白垩统成熟门限深度变化范围较大，介于1400~1800m。然而同一层位又经历过相似的埋藏史，尽管门限深度差别较大，但是成熟层位基本上相当大磨拐河组一段—铜钵庙组，与本区主力产油层位相对应，原生油藏主要位于断陷期及前断陷期地层中，以南屯组为主体的成熟烃源岩层控制油气分布层位。

1. 纵向上沿不整合面及各级次湖泛面上下分布

海拉尔—塔木察格盆地经历了5期构造运动，主要形成了6次沉积间断。其中区域性沉积间断有3次，即下白垩统与上白垩统之间、大磨拐河组与南屯组之间、下白垩统与下伏地层之间的沉积间断；局部沉积间断有3次，分别是伊敏组与大磨拐河组之间、大二段与大一段之间、铜钵庙组与南屯组之间的沉积间断。这6次沉积间断形成的6个不整合面不仅为区域性油气运移提供了有利通道，而且在油气运移结束后对油气起到了封堵作用。特别是铜钵庙组、南屯组和大磨拐河组一段3套成熟生油层上、下的不整合面是最有利的"聚油面"。

海拉尔—塔木察格盆地油气主要分布在南一段、南二段、铜钵庙组和潜山，铜钵庙组油藏主要发育在T_3不整合面之下，油气沿断裂、不整合面和广泛发育的砂体运移，在有利构造圈闭中聚集成藏。南屯组最大湖泛面之下低位、水进和高位体系域砂体发育，油气优先富集在南一段储层岩性圈闭当中。可见不整合面及南屯组最大湖泛面控制了油藏的纵向分布。

2. 主生烃次凹内及周边的多种类型构造带是油气富集高产区

断陷盆地以断裂复杂发育为特点，不同时期、不同构造位置上的断裂对油藏的形成与分布作用不同。断穿有效烃源岩层的断裂，是油气运移的主要通道。当断裂活动时，可以使烃源岩与储层侧式、上覆式直接沟通接触，形成各种类型的油气藏。频繁剧烈的断裂构造活动往往伴生形成不同类型构造带，这些构造带多为地层压力释放区，成为油气的有利指向区，大断裂两侧油气富集。

在主生烃次凹内，储层被烃源层包围，油气资源丰富，油气运移距离短。铜钵庙组、南屯组扇三角洲前缘砂体和大磨拐河组一段发育的低位体系域及湖侵体系域砂体与构造、断层结合形成断层—岩性、岩性—地层、砂岩上倾尖灭和透镜体等复合圈闭。但由于砂岩薄、厚度小，多为透镜体，延伸短、埋藏较深、受埋深影响，物性较差，寻找优质储层和有效圈闭是发现富集成藏的关键。

成盆前或成盆早期的断裂活动造成基岩块体翘倾、解体，造成潜山与生油洼槽镶嵌的格局。基岩在断陷盆地沉积之前经历过长期的风化剥蚀过程，在伸展断陷盆地形成过程中及形成之后受到的多期改造过程，形成良好的溶孔、溶洞和裂缝储层，为油气的富集提供空间，储层物性受深度影响较小，如苏德尔特构造带。

缓坡单斜带由断阶和单斜组成，邻近主生油次凹，是油气运移的主要指向和主要途径。在缓坡单斜带内，低位体系域及湖侵体系域砂体与上覆湖侵域泥岩构成了良好的区域储盖组合，若上倾方向有断层、地层不整合遮挡，将是油气聚集的有利场所，易形成构造—地层、岩性油气藏，在乌东、贝西北单斜带已见到较好的油气前景。由于多发育有顺向正断层，侧向封堵条件及油源条件是形成有效圈闭的关键。断陷盆地勘探的实践证实，斜坡带是油气聚集的有利场所，在有油源的条件下，寻找有效圈闭发育区，将是又一勘探目标区。

二、油气藏分布控制因素

1.区域性盖层及其断层的变形机制控制油气富集层位

区域性盖层及局部盖层控制着油气富集的层位，特殊岩性段既是烃源岩层，又是上生下储式油气富集的区域性盖层。它对上生下储式储盖组合起到了重要作用。特殊岩性段和南一段湖泛泥岩是自生自储式油气富集的区域性盖层，特殊岩性段和南一段顶部湖泛泥岩区域性盖层距烃源岩层最近，其下所封闭工业油流井最多，地质储量最大，这是自生自储式生储盖组合油气最丰富的条件之一。大一段泥岩是下生上储式油气富集的区域性盖层，虽然大一段泥岩盖层距南一段烃源岩距离相对烃源岩距另2套区域性盖层要远些，但是其下所封闭的工业油流井数和地质储量多于上生下储式生储盖组合，但小于自生自储式生储盖组合，其对下生上储式生储盖组合油气富集起到了重要作用。

海拉尔—塔木察格盆地油气分布与断裂有着密切关系，但并不是所有断裂均对油气成藏与分布起着重要作用。由地震解释结果可知，海拉尔—塔木察格盆地主要发育4种类型的断裂，即早期伸展断裂、中期走滑断裂、晚期反转断裂和长期发育断裂。通过4种类型断裂分布与油气分布之间关系研究得到，只有早期伸展断裂和长期发育断裂对油气成藏与分布起着重要作用。

海拉尔—塔木察格盆地自生自储式和上生下储式生储盖组合油气分布与早期伸展断裂有着密切关系，均分布在早期伸展断裂附近，而且早期伸展断裂密度越大，油气井数越多，反之则越少。这是因为早期伸展断裂对自生自储式和上生下储式生储盖组合油气成藏起到了遮挡作用。南一段烃源岩在伊敏组沉积末期进入大量生烃期，开始向外排烃，此时早期伸展断裂已停止活动，在上覆沉积载荷的作用下形成封闭，遮挡断块形成圈闭使油气聚集成藏。早期伸展断裂越发育，形成的封闭断块越多，聚集的油气越多，反之则越少。

下生上储式油气聚集主要受到长期发育断裂的控制[12]，海拉尔—塔木察格盆地下生上储式油气分布与长期发育断裂关系密切，主要分布在长期发育断裂附近，且长期断裂越发育，油气井数就越多，反之则越少。这是因为长期发育断裂对下生上储式生储盖组合油气成藏与分布起到了运移输导作用。由于南二段和大磨拐河组储层与南一段烃源岩之间被多套泥岩层相隔，南一段烃源岩生成的油气难以通过孔隙直接向南二段和大磨拐河组储层中运移，只能通过长期发育断裂向上覆南二段和大磨拐河组储层中运移，沿长期发育断裂运移进入南二段和大磨拐河组储层中的油气便在其附近聚集成藏，长期发育断裂越发育，从南一段烃源岩运移上来的油气越多，富集的油气越多，反之越少。

综上所述，长期发育断层附近次生油气聚集控制上部含油气系统的分布，该类断层在盖层段（大一段泥岩盖层）具有分段扩展特征，当晚期反转活动时，下部油气输导到大磨拐河组中，断层和砂体配合形成断层—岩性和断层遮挡油藏，早期断层控制下部含油系统的分布，控制着铜钵庙组和南屯组油气藏的分布。

2. "优质烃源岩"和"优质储层"控制油气平面分布范围

油气分布受有效烃源岩中心的控制，主要分布在油源区内或其周边的断裂构造带上[8]。从有效烃源岩分布范围与油藏分布关系看，油气分布受有效烃源岩中心的控制，目前所发现的含油区带及已提交油气储量地区如苏仁诺尔、乌南、贝中、塔南、南贝尔等油田的油藏均围绕着有效烃源岩灶分布，且均处于有效烃源岩分布范围内（图 6-3-1）。

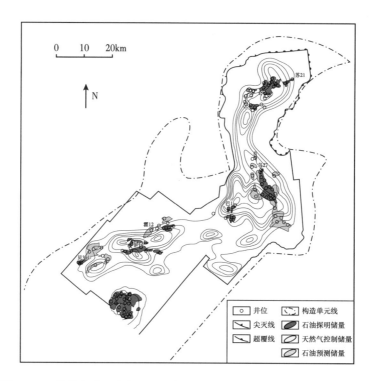

图 6-3-1　海拉尔盆地乌尔逊—贝尔凹陷南一段优质烃源岩与油气分布图

已发现的油藏与有效烃源岩中心距离统计资料表明：98% 的油气层井和油藏在有效烃源岩中心的 25km 范围内，95% 以上的石油探明地质储量分布在距有效烃源岩中心 10km 范围内，95% 以上试油见油井距有效烃源岩中心的距离也小于 25km。由此可见，距有效烃源岩中心 25km 范围是本区找油的主要场所，显示了有效烃源岩中心对油藏分布的控制作用。

储层中次生孔隙的形成与分布是决定岩性—地层油藏产能和规模大小的关键。一般来说，埋藏越深，其成岩作用就越强烈，岩石孔隙的发育程度及其连通性就越差。但由于储集体本身的特性不同，以及埋藏后所经历的各种成岩环境不同，最终导致它们的储集性能差别很大。纵向上发育异常高孔隙发育带。碎屑颗粒包壳对异常高孔隙发育带原生孔隙的保存具有一定的贡献，有机酸对异常高孔隙带发育具有较大的贡献，溶蚀、溶解作用是异常高孔隙发育带形成的主要原因。

优质储层是油气富集高产的重要因素。优质储层控制了油气藏的分布范围，已发现的油藏均位于优质储层发育带内部或者边缘（图 6-3-2）。

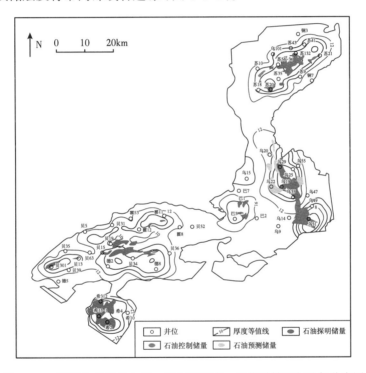

图 6-3-2 海拉尔盆地乌尔逊—贝尔凹陷南一段优质储层与油气分布图

3. 反向断层和翘倾隆起及扇体前缘控制油气聚集的部位

反向断层形成时伴随着下盘的隆升，反向断层下盘翘倾，间歇地暴露地表，遭受风化剥蚀作用，在南屯组一段、二段顶界面出现局部或者区域削截不整合，长期大气水淋滤改造，形成支撑型砾岩，孔隙度为 20%~30%，渗透率 10~500mD，比凹陷内储层物性好得多，反向断层、下盘隆起、局部削截型不整合和支撑型砾岩发育 4 种现象，表明"抬升、剥蚀和淋滤"作用 3 期同步，形成优质储层。反向断层、不整合面和三级层序界面构成梳状输导体系，油气沿着不整合面和砂体侧向运移，受反向断层和不整合面侧向遮挡，受三级层序界面之上的区域盖层封盖聚集成藏，具有典型的"三面组合"成藏特征，自下而上形成了 3 种类型的油气藏：断层遮挡型油气藏、不整合遮挡型油气藏和岩性上倾尖灭型油气藏。

沉积相带是影响油气富集的重要因素。铜钵庙组沉积时期处于初始裂陷期，为浅湖盆层序，发育扇三角—滨浅湖沉积体系。来自四周物源，广泛发育扇三角洲平原和扇三角洲前缘砂体，下部地层为杂色砂砾岩与红色泥岩互层的冲积扇沉积体系，上部地层为扇三角洲沉积体系，厚层砾岩、砂岩发育，岩石成分成熟度低，扇体成群成带、叠加连片，砂地比一般大于70%，是形成构造油气藏的主要含油层位。南屯组沉积时期处于强烈裂陷期，为半深湖—深湖盆层序，发育扇三角洲、水下扇—湖泊沉积体系，下部地层以近岸水下扇和湖底扇沉积为主，岩性变化较大，是岩性油气藏的主要发育层段，上部以河流三角洲、扇三角洲沉积为主，储层物性好，多形成岩性—构造油气藏。总之，（扇）三角洲前缘、水下扇扇中及远岸水下扇相带发育良好的储集砂体，砂体分选较好，储层物性好，为铜钵庙组构造油气藏和南屯组岩性、复合油气藏聚集提供了优质的储集体及输导通道，从已发现的如塔南、贝中及乌南等油田和已发现的油气藏沉积相带统计证实，扇三角洲前缘、三角洲前缘及水下扇中扇相带是最有利的含油相带（图6-3-3）。

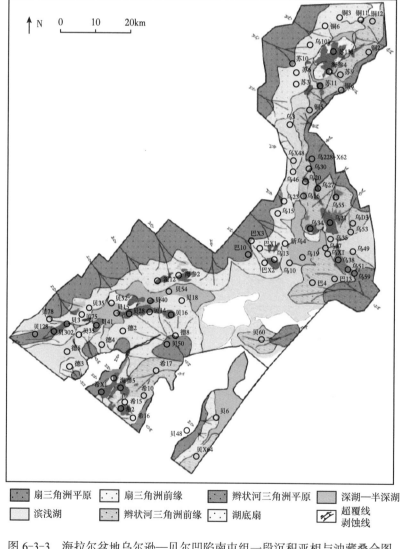

图 6-3-3　海拉尔盆地乌尔逊—贝尔凹陷南屯组一段沉积亚相与油藏叠合图

第四节 油气勘探方向

海拉尔盆地整体评价石油总资源量超过 $10 \times 10^8 t$，天然气资源量 $2 \times 10^{11} m^3$ 以上，是一个富油气的断陷盆地，但盆地内资源相对分散，不同凹陷油气资源差异较大，应用地质综合评价方法对海拉尔盆地内勘探区带进行了评价。

一、贝尔凹陷油气资源潜力

贝尔凹陷面积 $3000 km^2$，是一个复式箕状凹陷，已探明石油地质储量 $1 \times 10^8 t$ 以上。贝尔凹陷经历三期改造，形成北东向展布的三凹两隆一单斜的构造格局，断陷期地层是主要勘探层系。古构造控制油气富集，基底卷入型反向断层控藏。三条北东东向断裂控制断陷期凹陷的展布和有效烃源岩分布，反向断层形成的古构造是油气最有利的富集区带，油气在主控断裂及次级断裂形成的高点富集。具有多种油藏类型、多层位立体含油的特点。贝尔凹陷油气资源主要集中在贝西次凹、贝中次凹、塔拉汗—霍多莫尔隆起带、贝东次凹、基岩潜山，整体评价，资源量 $1.6 \times 10^8 t$。

二、乌尔逊凹陷油气资源潜力

乌尔逊凹陷面积 $2200 km^2$，是一个规模较大的箕状凹陷，已探明石油地质储量 $5 \times 10^7 t$ 以上。受控陷断裂活动差异性控制，将分为乌北次凹和乌南次凹。油气富集的主控因素有以下几点：乌南及乌北两大烃源岩中心控制乌南、乌北油气藏分布；物源体系控制了储层的分布、决定了形成圈闭的关键环节，是油气藏形成的主要因素；盖层与烃源岩的配置关系制约着油气藏的形成和分布；有利沉积相带制约着有效储层的分布，有效的储层控制油气藏的形成和分布；断层的形成发育制约着油气藏的形成和分布；多期次的构造运动形成的区域性不整合面控制了油气藏的纵向分布。乌尔逊凹陷油气资源主要分布在乌南洼槽区、乌北次凹南洼槽、乌北次凹北洼槽、乌南次凹斜坡区、乌北铜钵庙组构造带五个有利勘探区带，整体评价，资源量 $1.1 \times 10^8 t$。

三、外围凹陷油气资源潜力

除了乌尔逊、贝尔凹陷之外，盆地还发育多个规模较小的凹陷，这些凹陷大多数表现为残留断陷特征。综合分析认为巴彦呼舒、呼和湖、红旗等凹陷资源潜力相对较好，东明、赫尔洪德和伊敏等凹陷资源潜力有限。

巴彦呼舒凹陷位于海拉尔盆地西部断陷带西南部，是一个孤立的呈北东向展布的二级负向构造单元，沉积岩最大厚度大于3500m，巴彦呼舒凹陷为一北东向箕状断陷，具有"东西分带、南北分块"的构造格局。发育了巴南、巴中、巴北三个次凹。以中部次凹地层最为发育，沉积厚度大，南北两个较浅，面积约 $1500 km^2$。已提交了预测石油地质储量。巴彦呼舒凹陷是受西部阿敦楚鲁断层控制的西断东超的箕状凹陷。阿敦楚鲁断层并不是一条完整的边界断层，根据断层走向及断面特征，可以划分为三段，各段活动强度具有较大的差异性，在南北方向上形成三凹夹两隆的构造形态。由于西部边界断层在南北段活动较弱，中部活动较强，导致了巴南巴北两个次凹沉积地层相对较薄，巴中次凹地层厚。

巴彦呼舒凹陷南一段烃源岩是海拉尔盆地最好的烃源岩，有机质类型为Ⅰ型干酪根，有机碳平均为3.46%，氯仿沥青"A"为0.3593%，生烃潜量为26.92mg/g，综合评价为很好的烃源岩。凹陷陡坡带发育两期构造反转，自南向北形成尧道毕、哈尔达郎、哈北、阿敦楚鲁4个不同规模的鼻状构造，哈尔达郎、哈北构造已获得突破，其他两个构造是下步探索重点目标区。

呼和湖凹陷在构造上属于东部断陷带的次一级构造单元。凹陷呈北东向展布，凹陷东北窄、西南宽，长90~100km，宽10~40km，面积约为2500km²，沉积岩最大埋深约6000m。主要含油层系为铜钵庙组和南屯组。已有2口井获得工业油气流，3口井获得低产油气流，多口井见到油气显示，展现出良好的勘探前景。发育南一段湖相及南二段煤系两种类型烃源岩。南屯组一段湖相泥岩有机碳平均为1.13%，生油潜量平均为2.7mg/g，氯仿沥青"A"平均为0.02%，氢指数平均为66.47mg/g，氢/碳平均为0.76，综合评价为中等—差烃源岩，有机质类型为Ⅱ₂型。南二段碳质泥岩有机碳平均为2.72%，生油潜量平均为4.46mg/g，氯仿沥青"A"平均为0.1%，氢指数平均为125.01mg/g，氢/碳平均为0.78，综合评价为中等—好烃源岩，有机质类型为Ⅱ₁型。南二段煤有机碳平均为60.5%，生油潜量平均为124.5mg/g，氯仿沥青"A"平均为0.65%，氢指数平均为229.15mg/g，氢/碳平均为0.92，综合评价为中等—好烃源岩，有机质类型为Ⅲ型。南屯组发育上、下两套成藏组合，上部储盖组合以南二段砂岩为储层，下部储盖组合以南一段砂岩为储层，为自生自储型。呼和湖凹陷纵向上在南二段、南一段不同程度见到油气显示，其中南二段油气显示活跃，为勘探重点，整个凹陷具有1000×10⁸m³天然气潜力。西部缓坡带和洼中低凸起是有利的构造带。这两个带邻近生油条件较好的洼槽区，油源供给充足，南屯组沉积时期东部、西部短轴物源扇体发育，分布广泛，砂体物性较好，易于捕集油气，形成油气藏，是下步勘探的重点区带。同时，呼和湖凹陷大二段、南二段煤层发育，大二段煤层气和南二段煤岩致密气具备较好的资源潜力，是勘探重要的新领域。

红旗凹陷位于海拉尔盆地中部断陷带中北部，是一个受红西断裂控制的北东东向展布的狭长箕状凹陷，沉积岩最大埋深约4000m。凹陷基岩为中—上古生界（Pz₂—Pz₃）黑色片岩，沉积盖层自下而上发育侏罗系塔木兰沟组、白垩系铜钵庙组、南屯组、大磨拐河组、伊敏组、青元岗组和古近—新近系、第四系。主要勘探目的层为铜钵庙组和塔木兰沟组。该凹陷总体勘探程度较低，已有工业油流井1口，油气显示井4口，展现出红旗凹陷良好的勘探潜力。铜钵庙组暗色泥岩为主力烃源岩，有机碳平均为2.16%，生油潜量平均为6.09mg/g，氯仿沥青"A"平均为0.2469%，综合评价为中等—好；干酪根类型以Ⅱ型为主，生烃门限埋深一般在1450m左右，烃源岩的排烃门限为1750m，凹中断隆带最有利于油气聚集。同时，发育塔木兰沟组烃源岩，是勘探的新层系和新地区。

东明凹陷呈近东西向展布，是南断北超的箕状凹陷，多口井见到油气显示。东明凹陷烃源岩条件好，南屯组烃源岩丰度高，类型以Ⅱ型为主，达到中等—好烃源岩标准，生烃门限为819m，排烃门限为1100m，暗色泥岩厚度普遍大于100m，最厚达700m，R。大于0.7%的面积230km²，集中分布在东次凹，具有形成规模油藏的物质基础。明3井揭示洼槽区南一段发育高丰度泥岩，地震上呈空白弱反射特征，有机质类型为Ⅰ—Ⅱ型，埋深一般超过820m，厚度为50~300m，面积140.6km²，烃源岩条件优越。南屯组储层岩石类型以长石岩屑为主，物性较差，孔隙度小于10%，渗透率小于1mD。纵向上发育三套成藏组合，中部成藏组合为勘探重点，明 2 井获得 0.016t/d 的低产油流，展现了良好的勘探前景。东次凹缓坡带发育一系列源储与构造匹配好的反向断块圈闭，值得探索。

　　伊敏凹陷与南部呼和湖凹陷相连，沉积岩最大厚度超过 2900m。该凹陷总体油气勘探程度低，2 口探井均见到好的油气显示，凹陷内分布的两口油页岩井及煤田钻井也见到好的油气显示，证实该凹陷虽面积较小但具有良好的勘探前景。伊敏凹陷整体具有"东西分带，南北分块"的构造格局，分布 6 个构造带，发育南、北两个次凹。伊敏凹陷以煤系烃源岩为主，暗色泥岩有机碳平均为 2.61%，生油潜量平均为 9.17mg/g，氯仿沥青"A"平均为 0.077%，综合评价为中等—好烃源岩；碳质泥岩有机碳平均为 14.1%，生油潜量平均为 77.62mg/g，氯仿沥青"A"平均为 1.5%，综合评价为中等—好烃源岩；煤岩有机碳平均为 39.79%，生油潜量平均为 212.96mg/g，氯仿沥青"A"平均为 1.61%，综合评价为中等—好烃源岩。南一段以湖相烃源岩为主，暗色泥岩有机碳平均为 3.73%，生油潜量平均为 22.15mg/g，氯仿沥青"A"平均为 1.28%，综合评价为中等—好烃源岩。生烃门限为 981m 左右，排烃门限为 1580m，南屯组烃源岩进入高成熟阶段，油气资源集中分布在北次凹，北次凹西部缓坡带发育一系列反向断块，有利于油气聚集。

参 考 文 献

[1] 冯志强，张晓东，任延广，等.海拉尔盆地油气成藏特征及分布规律[J].大庆石油地质与开发，2004，23（5）：16-19.

[2] 李明刚，庞雄奇，马中振，等.乌尔逊—贝尔凹陷油气成藏主控因素分析[J].大庆石油地质与开发，2007，26（5）：1-4.

[3] 吴海波，李军辉，刘赫.乌尔逊—贝尔凹陷岩性—地层油藏形成条件及分布规律[J].中南大学学报（自然科学版），2015，46（6）：2178-2187.

[4] 张厚福，张万选.石油地质学[M].2 版.北京：石油工业出版社，1989.

[5] 李丕龙，等.陆相断陷盆地油气地质与勘探[M].北京：石油工业出版社，地质出版社，2003.

[6] 张吉光，彭苏萍，张宝玺，等.乌尔逊—贝尔断陷油气藏类型与勘探方法探讨[J].石油勘探与开发，2002，29（3）：48-50.

[7] 李丕龙，庞雄.陆相断陷盆地隐蔽油气藏形成[M].北京：石油工业出版社，2004.

[8] 杜金虎.二连盆地隐蔽油藏勘探[M].北京：石油工业出版社，2003.

[9] 杜金虎.二中国东部裂谷盆地地层岩性油气藏[M].北京：地质出版社，2007.

[10] 刘震，赵贤正，赵阳，等.陆相断陷盆地"多元控油—主元成藏"概念及其意义[J].中国石油勘探，2006，11（5）：13-20.

[11] 赵文智，邹才能，汪泽成，等.富油气凹陷"满凹含油"论——内涵与意义[J].石油勘探与开发，2004，31（2）：5-13.

[12] 曲方春，霍秋立，付广，等.乌尔逊凹陷"源、断、势"控藏作用及模式[J].大庆石油地质与开发，2012，31（1）：13-18.

第七章 油气勘探发现与实践

经过四十多年的勘探实践，认识到海拉尔—塔木察格盆地的复杂程度是前所未遇的，应对这样复杂的局面，油田勘探工作者树立"天生油盆必成藏"的理念，始终坚持解放思想，不断开拓找油思路，创新地质认识，发展适用技术，在坚持中求变，改变的是思路，创新的是认识，攻克的是技术，在两个盆地四大凹陷不同类型油气聚集区带发现呼和诺仁等 8 个油气田，外围 6 个凹陷实现工业性突破，有效指导了勘探工作，实现了规模效益增储，建成百万吨原油生产能力。

本章对海拉尔盆地自 20 世纪 50 年代至今油气勘探历程进行回顾，对塔木察格盆地勘探历程进行了概要论述，总结了各勘探阶段的地质认识和工程技术，以及由此取得的重要勘探成果。优选海拉尔—塔木察格盆地不同勘探阶段具有代表性的油田进行了地质特征描述，展示了在不同类型油气聚集区带油气勘探工作的创新成果。多年油气勘探实践表明，每次认识创新和思路转变，都给勘探工作带来了新的转机。地质理论认识的创新和工程技术进步，是复杂断陷盆地拓展勘探领域持续发现的根本途径和重要保障，这些对于今后的勘探工作具有促进作用和借鉴意义。

第一节 油气勘探历程

自 20 世纪 50 年代末开始，海拉尔盆地勘探经历了由坳陷盆地向断陷盆地的调整，由常规勘探逐步转向常规与非常规油气并重勘探。实现了复杂断陷盆地勘探的 3 个转变：由浅层坳陷向深部断陷的转变，由构造油藏向断块—岩性油藏的转变，由单一类型油藏向多类型油藏立体勘探的转变。随着勘探地质理论认识的不断深化和勘探技术的不断进步，将盆地勘探历程划分为 4 个阶段[1]（图 7-1-1）。

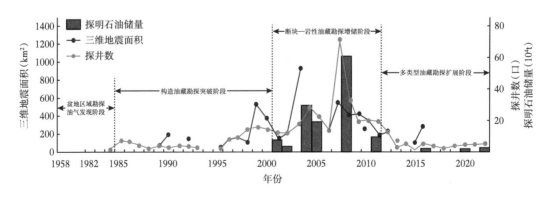

图 7-1-1 海拉尔盆地油气勘探历程划分

一、盆地区域勘探油气发现阶段（1958—1984年）

20世纪50年代末，采取地球物理勘探与野外地质调查相结合的方法，开展盆地评价，初步建立了地层层序，将盆地划分为5个一级构造单元，圈定盆地范围和有利勘探凹陷，确定了呼伦湖、乌尔逊、贝尔和呼和湖凹陷，认识到盆地基底为古生界及其之下的变质岩系和花岗岩，盖层为侏罗系—第四系，厚度最大达3000m。推测下白垩统扎赉诺尔群是主要生油层和储层，指出贝尔凹陷和乌尔逊凹陷为最有利含油区。

1982年，按照地震先行、定凹选带的勘探思路，首次开展盆地二维地震勘探试验。1984年，依据初步研究成果，开始进行钻探工作，海参1井和海参4井均见到了较好的油气显示。海参4井钻遇厚逾千米的烃源岩，中途测试日产油3.65t，由此海拉尔盆地勘探进入了一个新的阶段。通过这一时期的工作，明确了该盆地是一个断陷型盆地，由北东—南西向展布的3个坳陷和2个隆起组成，细分为20个二级构造单元，沉积岩最大厚度超过5000m。初步建立了盆地地层层序和岩性剖面，确定生油岩为扎赉诺尔群的中部，贝尔、乌尔逊、呼伦湖和呼和湖凹陷含油远景好，预测海拉尔盆地石油资源量 $2.70 \times 10^8 \sim 6.84 \times 10^8$t。

通过上述两个阶段的工作，基本搞清了盆地的轮廓和基本地质特征。采取地球物理勘探与野外地质调查相结合的方法，成为盆地早期评价最有效的手段，为进一步开展盆地评价、选择重点勘探靶区提供了科学依据。

二、构造油藏勘探突破阶段（1985—2000年）

在乌尔逊凹陷发现厚层烃源岩和工业油流后，为扩大勘探领域，全面评价各断陷的含油性与优选区带，以"源控论"为指导[2]，以凹陷为勘探单元，开展二维地震和部署参数井的区域勘探工作。1985年，按照定凹选带、大构造找油思路，在乌尔逊凹陷针对缓坡埋藏较浅的大构造展开预探，由于与地震普查同步进行，虽见到含油显示，但效果不理想。以大构造背斜油藏模式坳陷找油受挫，没有认识到断陷盆地的复杂性，由坳陷找油到断陷找油还不适应。20世纪80年代后期到90年代前期，开始从局部断陷评价中跳出，加强区域性地震大剖面和区域参数井部署，开展凹陷资源评价和重点区带优选及预探，呈现出良好的勘探前景。

20世纪90代中期至2000年，以复式油气聚集区（带）勘探理论为指导[3]，深化地质规律研究，认识到海拉尔盆地为中地温场低热流、具有走滑性质的拉张叠置型断陷盆地，南屯组为主要生油层，烃源岩具有早生早排特点。油藏分布受洼槽区控制，大凹陷深洼槽有利于油气成藏，局部高地温场是油气生成条件较好的地区。针对储层物性偏差、探井产量低的问题，加大了压裂改造试验。以大凹陷资源潜力大的地区为重点，以区带为勘探单元，由简单断背斜、断鼻转向断块油藏，目的层由浅层大磨拐河组转向中深部南屯组。由于构造复杂、地震成像差，开始三维地震采集，落实有利区带和目标，首次在苏仁诺尔地区苏1井自然产能获得工业油流。1995年重上海拉尔，找准突破口，选择新技术，实现贝3井、苏1井产量的大突破，打开了勘探的局面。

"九五"时期，确定了海拉尔盆地以区带、圈闭预探为主，以油气藏评价为辅，甩开外围凹陷，争取有新发现的勘探思路，加大三维地震勘探力度和重新处理力度，精细解释，落实构造，开展储层预测及油气藏描述，从断块入手，寻找油气富集区。加强地化录井、核磁测井、试油压裂等技术攻关，解剖苏仁诺尔断裂背斜带，总结出 4 种油气成藏模式[4]，油藏类型多样，油气富集程度差别大。重上霍多莫尔构造带，三维地震精细解释落实断层与断块，霍 1 井在浅层大磨拐河组自然产能日产超 20t，霍 3 井在南屯组中深层取得突破，改变了十多年来 1800m 以上难以找到好储层的传统认识，拓宽了勘探空间。解剖苏仁诺尔构造带，低断块和洼槽区勘探获得突破，将是深洼槽中寻找构造—岩性油藏和岩性油藏的一个转折点。外围凹陷甩开勘探又获 1 个含工业油气流凹陷和 2 个新的含油气凹陷，勘探成效明显提高。

近 20 年的勘探实践说明，对任何事物的认识不是能够一次性完成的，实践是认识客观世界的唯一途径。对于复杂断陷盆地，突破固有思想的束缚，不断创新发展地质规律认识，形成科学勘探程序和有效方法，勇于探索新区新领域，只有这样才能实现久攻不克地区勘探的突破。

三、断块—岩性油藏勘探增储阶段（2001—2011 年）

2001—2011 年，从成盆、成岩和成藏角度，创新发展了复式箕状断陷油气勘探理论认识。开展盆地原型恢复研究，揭示了断陷期构造层是由多个复式小断陷构成的断陷群，沉积了一套富含火山物质的扇三角洲—湖泊沉积，是主要勘探目的层。原型盆地不仅控制了烃源岩的形成和演化，还对油气成藏过程起着至关重要的作用，早期断陷的残留小洼槽也具有较好的勘探潜力。早期断陷成熟烃源岩区控制了油气藏的分布，优质烃源岩层是主力生油层，其上、下和不整合面附近油气富集。构建了主洼槽供烃、长轴扇体供砂、断层—斜坡控圈、多层油藏叠合的复式箕状断陷油气成藏模式，明确了断裂隆起带和洼槽—缓坡带是勘探重点区带[5-7]。勘探思路开始由"洼中隆"断裂构造带转向复式油气聚集带，由基岩隆起风化壳转向基底潜山裂缝油藏，由简单—复杂断块油藏转向斜坡带的断块和断层－岩性油藏，逐步进入洼槽区探索潜山油藏、断块—岩性油藏和岩性油藏，勘探重点由乌尔逊凹陷转向贝尔凹陷，不断向外围凹陷勘探，创新了叠前深度偏移处理技术，形成了复杂断块地震精细解释技术，建立了复杂岩性和双重介质油气层识别评价技术，研发出低伤害的乳化压裂液体系，解决了含凝灰质储层产能低的问题，地质认识和技术研究成果指导了盆地的勘探工作。

2001 年，以断块油藏为主，探索潜山油藏和岩性油藏的勘探，认识到富油洼槽相邻的反向断块是构造油气藏的重要分布区。贝 302 井日产油超过百吨，现场地化录井和核磁测井为发现油层提供了重要依据。将钻探工程量调整到高效益区块，提交探明石油储量后，当年就投入开发。伴随 2003 年加快海拉尔盆地勘探和 2006 年加快海拉尔—塔木察格盆地勘探的决策部署与实施，在苏德尔特构造带发现了多层系高丰度高产中型油田。在贝中次凹小洼槽埋深超过 2400m 的储层中发现工业油气流。探索斜坡带断层—岩性油藏，在乌尔逊凹陷东部缓坡带取得重要突破。探明了 3 个 5000×10^4t 级油田，发现 2 个新的含油气凹陷。2001 年开始对油田实现工业性开发，2009 年海拉尔油田原油年产量 55×10^4t。

2007 年，实施盆地级区域大剖面和外围重点凹陷二维地震重新采集，为整体研究与落实资源潜力奠定了基础。通过外围凹陷研究与类比，西部断陷带早厚晚薄优于东带，巴彦呼舒凹陷生油条件全盆地最好，次凹是控制油气的基本单元，反转构造带是有利的油气聚集带。2009 年，二维、三维地震联合解释及原型恢复，受三条北东向断裂控制的雁列式复式箕状断陷，巴中次凹存在优质烃源岩，陡坡带扇三角洲前缘砂体发育，反转构造有利于油气成藏。转变思路，探索近生油洼槽封闭条件较好的陡坡带低断阶，2010 年舒 1 井、楚 5 井稠油蒸汽吞吐热采和水力泵抽汲分别获得较高产工业油流，打开了外围凹陷勘探的新局面。加强呼和湖凹陷再认识，研究认为发育煤系和湖相烃源岩，均具有较好的成烃条件。针对多期构造改造叠加有效圈闭识别和含煤系地层有效储层预测难题，重新落实有利砂体分布与构造，构建了低幅度缓坡带油气成藏模式，探索近生油洼槽的下断阶带断层—岩性圈闭带，和 10 井获得工业油流，有望成为新的增储领域。

2005 年，大庆油田成功收购塔木察格盆地 19 区块、21 区块、22 区块，勘探期仅有 5 年，必须在短期内发现并找到规模储量。为了有效利用国外区块较短的勘探期，探索了高效的研究、组织与管理新模式，以实现快速、高效勘探。借鉴海拉尔盆地地质认识和勘探经验，在塔木察格盆地找到 2 个超亿吨油田，原油年产量超 $80 \times 10^4 t$。

没有思想的解放，发展就没有新思路，这正是合理制定部署、正确执行部署和及时调整部署在追求勘探最佳效果上的高度统一结果。

四、多类型油藏勘探扩展阶段（2012 年至今）

随着海塔石油会战的结束，海拉尔盆地的勘探工作转入稳步推进阶段。按照精细勘探乌尔逊和贝尔凹陷，拓展巴彦呼舒和呼和湖凹陷，研究其他外围凹陷的勘探思路，发展完善了复式箕状断陷盆地勘探理论与配套技术。通过原型盆地恢复，提出了早期复式箕状断陷分隔洼槽发育的沉积岩厚度、岩相与晚期坳陷泥岩不同，烃源岩差异较大，优质烃源岩中有机质富集与藻类勃发事件有关，并对油藏有明显的控制作用。构造沉积充填演化对不同构造带油藏类型的控制作用，使得形成的稳定型和改造型凹中凸起带、顺向和反向断阶型缓坡带及稳定洼槽带具有不同的油藏类型和油气成藏模式，早期断陷近洼槽形成的反向断层遮挡型油藏条件好[8]。发展了细分层精细地质、致密储层等复杂断陷盆地勘探配套技术，为精细勘探和非常规油气勘探提供了保障。

通过深化精细研究，按照致密油的勘探思路，分带探索不同类型油藏，贝尔凹陷西部缓坡断块油藏、断层—岩性油藏勘探获得高产工业油流，北部霍多莫尔构造带下降盘低部位的断层—岩性油藏、上升盘中高部位断块油藏获高产油流。东部次凹小洼槽和贝中次凹"源储一体"的低渗透断层—岩性油藏一体化评价获得高产油流，水平井提产取得好效果，带动了低品位资源升级动用。

通过外围凹陷二维地震处理技术研究，地震分辨率大幅度提高，为落实断陷结构、断层圈闭和储层预测奠定了基础。区域盆地及盆缘对比发现，中国北部兴蒙构造带从西到东发育侏罗纪残留盆地，并具有一定的勘探资源潜力。受断层控制形成一系列北东—南西向斜列式的侏罗纪残留断陷，为有利区带和钻探目标。甩开勘探外围凹陷新层系，红旗凹陷发现了中—上侏罗统成熟烃源岩[9]，在赫尔洪德凹陷获得工业性突破，发现了全新的勘探领域。

勘探实践表明，勘探有高潮，就会有低潮。宏观的规律性，局部的差异性，单体的不确定性，建造与改造使其复杂的多元性，决定了认识盆地与油藏是一个"实践、认识、再实践、再认识"的过程。触类旁通，用它山之石攻玉不失为勘探的重要途径。追本溯源，方可认识事物的本质。

第二节　乌尔逊—贝尔凹陷油气勘探

乌尔逊—贝尔凹陷位于我国内蒙古自治区东部呼伦贝尔草原，区域构造属于海拉尔盆地中部断陷带，凹陷总面积5050km²。自海参4井发现后，逐步认识到断陷盆地的复杂性，不断转变勘探思路，深化地质认识，攻关瓶颈技术，针对凹陷边部的大构造与凹陷内古隆起、洼中隆起的断裂背斜带、凹陷间断裂构造带、缓坡斜坡带和洼槽带进行勘探，先后在洼中、凹间构造带、斜坡带和洼槽带获得突破，发现了碎屑岩构造、复杂断块、岩性地层、安山岩和变质岩潜山等多种类型油藏，以及含氦富二氧化碳气藏。

截至2022年底，海拉尔盆地已发现6个油田，主要集中在中部断陷带的乌尔逊、贝尔两大凹陷内。主要含油层位为下白垩统扎赉诺尔群和兴安岭群，以及侏罗系布达特群与古生界基底。其中乌尔逊凹陷内有3个油田，分别是苏仁诺尔、乌东和巴彦塔拉油田，前两个油田已投入开发；贝尔凹陷有3个油田，分别为苏德尔特、贝中和呼和诺仁油田，全部投入开发（图7-2-1）。

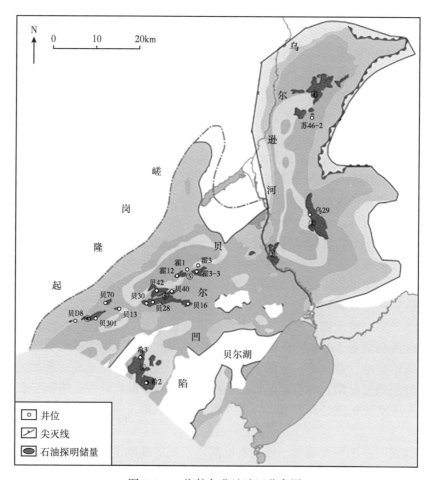

图7-2-1　海拉尔盆地油田分布图

一、乌尔逊凹陷油气勘探

1. 苏仁诺尔油田

苏仁诺尔油田地理位置位于内蒙古自治区呼伦贝尔市新巴尔虎左旗境内，处于乌尔逊凹陷北部乌北次凹的苏仁诺尔构造带及南洼槽，构造带面积约200km²，含油层位主要为下白垩统南二段，局部发育南一段、铜钵庙组，勘探开发历程大体经历了区域勘探、圈闭预探和油气藏评价与开发三个阶段，是海拉尔盆地最早发现的油田。截至2022年底，苏仁诺尔油田探明石油地质储量1883.78×10⁴t，动用地质储量832.52×10⁴t。投产采油井205口，开井183口。累计生产原油67.1×10⁴t，采出程度8.1%，综合含水率61.8%（图7-2-2）。

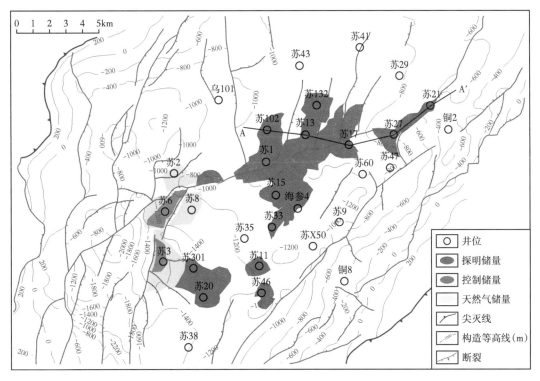

图 7-2-2　乌尔逊苏仁诺尔油田油藏分布及含油面积图

1）构造特征

乌尔逊凹陷乌北次凹具有"两洼夹一隆"的构造格局，由南向北分别为乌北南洼槽、苏仁诺尔构造带和乌北北洼槽。苏仁诺尔区块主要沿苏仁诺尔断裂构造带上下盘分布。苏仁诺尔断裂构造带是一个受苏仁诺尔断裂控制形成的走向近东西向的长条带状构造带。带内断层十分发育，主要有两组，一组北东—北北东向，一组近南北向，北东—北北东向断层规模相对较大，数量多。苏仁诺尔断裂上升盘表现为一个北东东向大断层控制的断背斜构造，构成了苏仁诺尔断裂构造带的主体地层倾向为北北西，倾角5°~8°。苏仁诺尔断裂下降盘表现为受苏仁诺尔断裂、乌西断裂和铜钵庙断裂共同控制的洼槽，呈北东东向展布，构造形态呈西北高东南低的构造趋势，向东北方向抬升为单斜。苏仁诺尔断裂走向北东东，延长28km，最大断距1000m，倾角陡，达80°，并伴生有羽状断层，这些次级断裂以北东、北东东向展布为主，最小延伸长度 200m，断距在 15~120m，以 35m 左右断距断层为主。由于断裂对构造控制作用明显，所以局部构造在平面上具有分带性，构造类型以断块、断背斜为主，它们多沿断裂带展布。这些构造带多位于主干断层的两侧，多数是主干断层与其次级断层交会产生的局部断块、断鼻与断背斜构造。它们多沿断裂带展布，与断层关系密切。

2）储层特征

苏仁诺尔油田主要含油层位为南二段，其次是南一段、铜钵庙组油层。

南二段油层主要为扇三角洲前缘砂体，局部发育滑塌浊积扇砂体。砂岩类型为中—细粒长石砂岩，碎屑成分主要为长石、石英，岩屑含量较少。长石含量最高，平均为 41.0%，石英含量平均为 28.3%，岩屑以酸性喷出岩为主，平均含量为 14.4%。填隙物以泥质为主，泥质含量平均 6.3%，另含少量高岭石、方解石、碳酸盐矿物，胶结类型主要为孔隙式、再生—孔隙式胶结。孔隙类型主要为原生粒间孔、长石粒内溶孔，少量铸模孔、缩小粒间孔。平均孔隙度为 14.1%，平均渗透率为 31.9mD。

南一段油层主要为扇三角洲前缘砂体。砂岩为细粒长石砂岩，碎屑成分为长石、石英和岩屑，长石含量高，为 47.3%，石英为 31.5%，岩屑为 10.8%，岩屑成分主要为陆源岩屑，含少量安山岩岩屑、酸性喷出岩岩屑。填隙物以泥质为主，泥质含量平均 5.3%，另有白云石等碳酸盐矿物和黏土矿物，胶结类型以孔隙、再生—孔隙、薄膜—孔隙式胶结为主。南一段储层孔隙类型主要为原生粒间孔、长石粒内溶孔。平均孔隙度为 13.0%，平均渗透率为 3.35mD。

铜钵庙组油层主要为扇三角洲前缘砂体。岩性主要为砂质砾岩、砂砾岩和不等粒长石砂岩，碎屑物含量平均 88.5%，填隙物含量平均 11.5%。砾石成分主要为花岗岩、片岩等，颗粒排列较紧密，颗粒大小不一，分选性差，为次磨圆或角砾状。泥质含量平均 5.6%，碳酸盐胶结物含量 2.1%。胶结类型以孔隙式胶结为主。储层孔隙类型主要为原生粒间孔，其次为长石、岩屑粒内孔，缩小粒间孔，另见少量粒间、粒内微裂隙。平均孔隙度为 9.3%，平均渗透率为 1.98mD（图 7-2-3）。

3）油气藏特征

苏仁诺尔油田油水分布主要受构造、岩性、断层三方面控制（图 7-2-4）。铜钵庙组油层纵向成上油下水、上油下干、上油下同、油干互层等分布形式的特点，各块各层油水系统相对独立，全区无统一的油水界面。同一区块内油水界面接近，受岩性、构造倾角等影响界面不完全统一。南一段 1 油组为构造—岩性油气藏，油水分布呈受构造影响局部受岩性制约的特点，垂向上以上油下水为主，区块内没有统一的油水界面。南二段油水分布垂向上区块间受断层控制，形成不同断块的独立油藏，各断块内油水界面不统一，同一区块内受岩性影响油水界面不完全相同，油水分布在纵向上呈现出上油下水特征，下部为油水同层、水层，上部为油层。

构造主要沿断裂带发育，受断裂控制，发育有断块、断鼻等构造。同一个断块油水分布主要受构造控制，岩性物性等因素对油藏亦具有一定的控制作用。南二段油层为岩性—构造油藏，南一段油层为构造—岩性油藏，铜钵庙组油层为构造—岩性油藏。

苏仁诺尔油田平均地温梯度为 4.13℃/100m，属正常地温梯度。苏仁诺尔油田地层压力系数变化范围是 0.92~1.08，平均压力系数为 0.99，为正常压力油藏。

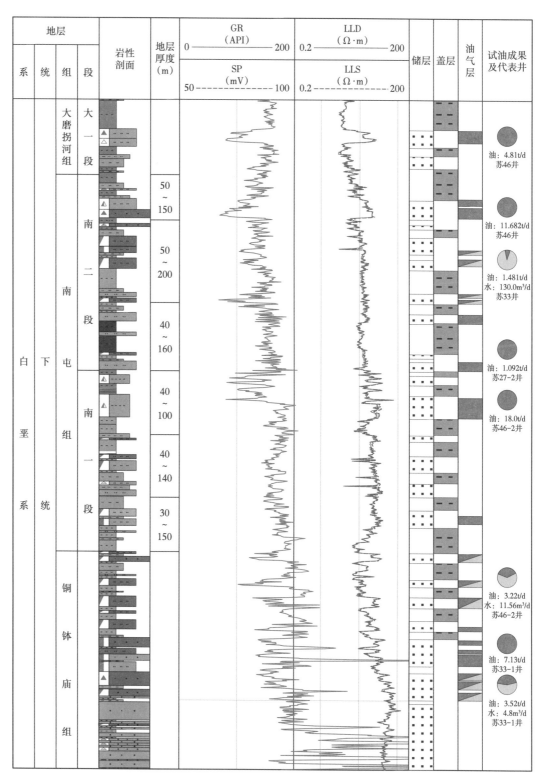

图 7-2-3　苏仁诺尔油田白垩系油气层综合柱状图

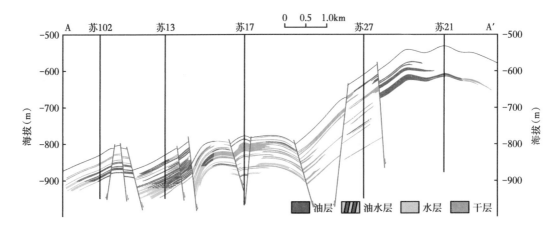

图 7-2-4　苏 102 井—苏 21 井南屯组二段上部油层组油藏剖面图

4）流体性质

苏仁诺尔油田原油具有密度低、黏度低、凝固点低的特点。南二段地面原油密度平均为 0.847t/m³，原油黏度平均 9.5mPa·s，凝固点平均为 24℃，含胶量平均 13.2%，含蜡量平均 16.5%。南二段油层地层原油密度平均 0.8039t/m³，地层原油黏度平均 5.43mPa·s。南一段油层地面原油密度平均为 0.850t/m³，原油黏度平均为 10.5mPa·s，凝固点平均为 21.5℃，含胶量平均为 14.8%，含蜡量平均为 14.7%。南一段油层地层原油密度 0.7989t/m³，地层原油黏度 3.03mPa·s。铜钵庙组油层地面原油密度平均为 0.836t/m³，原油黏度平均为 5.78mPa·s，凝固点平均为 19℃，含胶量平均 13.7%，含蜡量平均 14.8%。铜钵庙组油层地层原油密度 0.653t/m³，地层原油黏度 0.50mPa·s。

南二段地层水矿化度在 4879.81~18032.59mg/L，氯离子为 252.69~1219.57mg/L，pH 值在 8.42~9.06，平均为 8.65。南一段地层水矿化度为 9045.72~18354.86mg/L，氯离子为 605.66~1081.23mg/L，pH 值平均为 8.15。铜钵庙组油层总矿化度 12886.0mg/L，氯离子 1055.0mg/L，pH 值平均为 7.6。

2. 乌东油田

乌东油田地理位置位于内蒙古自治区呼伦贝尔市新巴尔虎左旗巴彦塔拉乡境内，构造位于乌尔逊凹陷南部由乌西断裂控制的箕状断陷的东部斜坡带内，西部与嵯岗隆起相接，东部以近单斜的形式向巴彦山隆起带过渡。发育下白垩统铜钵庙组、南屯组一段、南屯组二段、大磨拐河组四套油层。1984 年乌尔逊凹陷南部开始钻探工作，2005 年乌 27 井在南屯组一段获得工业突破，发现了乌东油田。勘探开发历程大体经历了区域勘探、圈闭预探和油藏评价与圈闭预探相结合三个阶段。截至 2022 年底，乌东油田探明石油地质储量 1158.46×10⁴t，动用地质储量 1084.36×10⁴t。投产采油井 140 口，开井 122 口。累计生产原油 62.4×10⁴t，采出程度 5.8%，综合含水率 62.1%（图 7-2-5）。

1）构造特征

乌东油田位于乌尔逊凹陷乌南次凹乌东斜坡带上。乌东构造带呈现为西南倾的单斜带构造形态，受多期形成的南北向、北北西向、北东东向断裂系统的切割，使斜坡带复杂化，形成了多种类型的构造圈闭，其中以断块、断鼻圈闭为主。

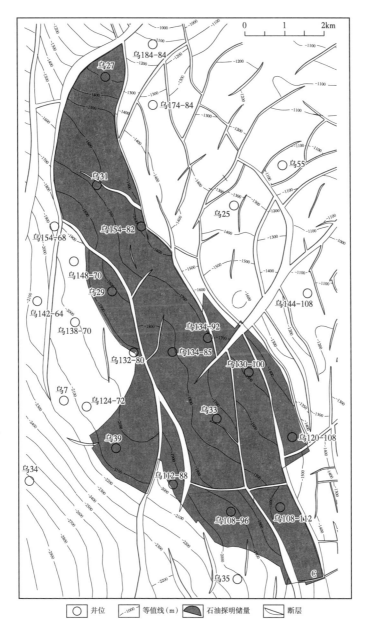

图 7-2-5 乌尔逊乌东油田油藏分布及含油面积图

2）储层特征

乌东油田主要含油层位为南二段油层、南一段油层和铜钵庙组油层。

南二段油层砂岩成分成熟度较低，石英平均 23.3%，长石含量平均 33.3%，岩屑平均 32.8%。主要岩石类型为细—粗粒岩屑长石砂岩、细—中粒长石岩屑砂岩、砂砾岩和不等粒砂岩等岩性。胶结方式为泥质胶结和碳酸盐胶结，泥质含量一般为 2%~30%，方解石为 3%~24%，以孔隙式和孔隙—薄膜式胶结为主。孔隙类型主要为原生粒间孔隙、溶蚀粒间孔隙、溶蚀粒内孔隙和裂缝溶蚀孔隙。

南一段油层砂岩成分成熟度低，以岩屑长石砂岩为主。石英含量平均 24.5%，长石含量平均为 34.7%，岩屑含量平均 28.0%。胶结方式为泥质胶结和碳酸盐胶结，泥质含量一般为 2%~20%，方解石为 3%~24%。孔隙类型主要为原生粒间孔隙、溶蚀粒间孔隙、溶蚀粒内孔隙、裂缝溶蚀孔隙和铸模溶蚀孔隙。储层物性平均孔隙度为 7.80%，平均空气渗透率为 6.20mD。

铜钵庙组岩性主要为杂色砂砾岩、灰色粉—细砂岩与灰黑色泥岩互层。物性孔隙度主要分布在 8%~15%，渗透率主要分布在 0.1~4mD。

3）油藏特征

乌东油田油水关系复杂，油层主要富集在断裂坡折带上，油藏东部边界为近南北向断层所控制，断层东侧南一段普遍含水，含油面积内自北而南含油性呈现"好—差—好"的规律。

南部区块由北向南，自东向西随着构造变低，油水界面随构造降低而加深，油水过渡带不明显，含油性整体变好。总体看，各断块间无统一的油水界面，无明显的边水和底水，油水分异较差。从各小层油水分布关系看，北部断块油层分布规模小，水层较发育，南部断块油层分布较连续，油水分布规律性不强。

铜钵庙组油藏分布规律为上油下干、上油下水，中间发育油水过渡带。各断块间无统一的油水界面，无明显的边水和底水，油水分异较差。

乌东油田主要发育断块油气藏、断层—岩性油气藏和岩性油气藏等 3 种类型油藏（图 7-2-6）。油藏解剖表明，砂地比大于 40% 的区域所发育的油藏类型主要为断块油气藏，断块的含油气性主要受断层侧向封堵能力控制；砂地比介于 10%~40% 区域所发育的油藏类型为断层—岩性油藏，含油气性受二者联合控制；而砂地比小于 10% 的区域主要发育岩性油气藏，含油气性仅受砂体控制。

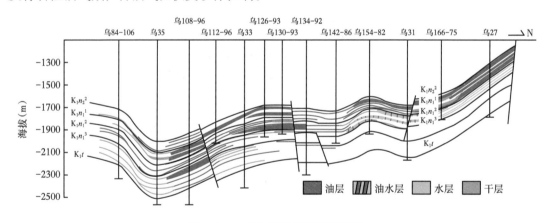

图 7-2-6 乌尔逊油田油藏剖面图

油层地温梯度变化为 3.2~4.2℃/100m，平均 3.67℃/100m，属正常地温梯度。油层地层压力系数 0.84~1.09，平均 0.97，属正常压力系统油藏。

4）流体性质

南二段油层地面原油密度在 0.805~0.912t/m³，平均为 0.844t/m³，原油黏度在 1.2~137.5mPa·s，平均为 14.49mPa·s，凝固点在 12~29℃，平均为 21℃，含蜡量在 9.3%~16.8%，平均为 13.0%，含胶量在 5.7%~12.3%，平均为 9.6%。地层原油密度在

0.8050~0.8482g/cm³，平均为 0.8299g/cm³，地层原油黏度在 5.51~16.30mPa·s，平均为 11.54mPa·s，原始饱和压力在 2.16~3.16MPa，平均为 2.61MPa，体积系数在 1.049~1.058，平均为 1.054，原始气油比在 8.3~12.4m³/t，平均为 10.1m³/t。南一段油层地面原油密度在 0.8177~0.8896t/m³，平均为 0.8473t/m³，原油黏度在 2.0~25.2mPa·s，平均为 9.0mPa·s，凝固点在 20~38℃，平均为 28.6℃，含蜡量在 6.4%~22.9%，平均为 15.0%，含胶量在 10.2%~30.8%，平均为 15.5%。铜钵庙组油层地面原油密度在 0.8220~0.8263t/m³，平均为 0.8241t/m³，原油黏度在 2.7~16.4mPa·s，平均为 9.5mPa·s。

南二段油层地层水氯离子含量在 203~1294mg/L，平均为 558mg/L，总矿化度在 3002~37100mg/L，平均为 14543mg/L，pH 值在 6.34~8.31，平均为 8.01，水型为 NaHCO₃ 型。南一段油层地层水氯离子含量在 255~1491mg/L，平均为 880mg/L，总矿化度在 3375~23480mg/L，平均为 13257mg/L，pH 值在 7.5~8.53，平均为 8.1，水型为 NaHCO₃ 型。铜钵庙组油层地层水氯离子含量在 602~1063mg/L，平均为 760mg/L，总矿化度在 5046~7428mg/L，平均为 6494mg/L，pH 值在 7~8.32，平均为 7.7，水型为 NaHCO₃ 型。

3. 油田勘探实践

1982 年按照地震先行、定凹选带、构造找油的勘探思路，开展乌尔逊凹陷二维地震勘探。1984 年首选乌尔逊凹陷南北部各实施 1 口定凹参数井，北部海参 4 井获得工业油流，证实了乌尔逊凹陷为有利含油气区，发现了苏仁诺尔含油构造带。加强三维地震勘探，相继发现了凹陷间巴彦塔拉和南次凹中部断裂构造带。探索构造—岩性油藏、构造—地层复合油藏，带来了苏仁诺尔油田的外扩，发现了乌东斜坡带的乌东油田。

1）以地震为基础选带定目标，洼中断裂背斜带滚动勘探，苏仁诺尔油田不断扩展

由于构造复杂、地震成像差，加强三维地震采集，落实有利区带和目标。改变勘探部署思路，即由二维地震概查到精查落实圈闭，获得油气发现后直接部署三维地震。三维构造解释发现，原来二维的完整背斜构造，三维呈现整体断背斜背景下被断层复杂化的分割断块，根据二维地震部署的几口探井未打在构造高点上，利用三维地震部署的苏 1 井首次在苏仁诺尔地区自然产能获得工业油流，改变了"井井见油，井井不流"的被动局面。解剖苏仁诺尔断裂背斜带，研究认为断裂的发育决定着圈闭的形成、油气运聚及盖层封闭性，以断层发育为核心的断源储盖的组合样式决定了油气的输导能力、圈闭的封闭性和充满度，从而最终控制了油气的成藏。总结出 4 种油气成藏模式，原油中含氮化合物半裸露异构体反映原油由生烃中心沿烃源断裂向苏仁诺尔构造带聚集，油藏类型多样，油气富集程度差别大。从断块入手，寻找油气富集区。解剖苏仁诺尔构造带，上升盘一侧的高断块多井发现高产工业油流，苏 21 井自然产能突破 40t/d。西部苏 2 井南屯组获得工业气流，是深源无机成因气，具有东油西气的特征。预探下降盘一侧低构造背景下构造—岩性油藏，苏 301 井获得工业突破。探索深洼槽岩性油藏，苏 20 井获得工业油流，证实了岩性油藏的勘探潜力。深化老油区成藏再认识，开展铜钵庙组砂砾岩油藏特征研究，揭示高阻贫泥砂砾岩是优质储层。构建南屯组和铜钵庙组成藏模式，明确了有效供烃范围内油气富集受一系列反向断块控制，铜钵庙组不整合面控制储层及油层纵向厚度。一体化部署与实施，苏 1—平 1 井等井获得工业油流。多层位、多类型预探评价一体化，实现了效益增储和有效开发。

勘探表明，油藏含油性与控藏断层封闭性有关，断裂构造带是油气富集带，受二级、

三级断裂控制、分割的断块区控制油气富集区，同一断块区上的不同断块含油情况不尽相同，反向断块有利于油气富集，目的层由浅部大磨拐河组转向中部南屯组和铜钵庙组。采用直接部署三维地震和断块区评价方法等适用手段，整体研究，滚动评价，减少了工作量和投入，取得了事半功倍的效果。

2）构建缓坡带沉积成藏模式，斜坡带勘探发现乌东油田

20世纪80年代，针对乌尔逊凹陷南部缓坡埋藏较浅的大构造展开预探，效果不理想。2000年后加大乌南地区三维地震勘探，2002年集中埋藏较浅的乌中断裂构造带大磨拐河组取得成功，兼探深部南屯组未获得突破。由于浅层储量规模小，勘探又转向有望规模发现的乌东斜坡带，探索高断块和低部位构造—岩性油藏，出现上倾方向高断块钻探厚层砂体见水，下倾方向钻探薄层砂体见含油显示的不利状况。2005年深化构造、沉积与成藏研究，认识到沉积弯折带和构造坡折带控制的低位体系域砂体为岩性油气藏的有利带，三维可视化技术精细刻画扇体（图7-2-7），使斜坡带沉积物源体系由东部继承性短轴沉积到东北部与东部长短轴多期叠置沉积认识的改变，乌27井南屯组获得50t/d高产油流，发现了乌东油田。2006年在原三维的基础上向东部署三维地震。2007年认识到斜坡古鼻状构造背景控制了油气成藏，砂体成因类型控制了油藏类型和规模，沿长轴物源展布的扇三角洲前缘水道砂体分选好、砂层厚、物性好，与同沉积翘倾掀斜形成古构造相匹配的有利油气聚集，构建了沉积成藏模式（图7-2-8）。以断裂、不整合侧向运移在乌东斜坡带的转换部位形成构造—岩性油藏带。确定了下洼探岩性、上坡找构造的勘探思路，在不同构造位置和圈闭类型整体部署，实现由南一段拓展到铜钵庙组和南二段，由点到线、再到面的拓展，探明石油地质储量超 $4000×10^4$ t。

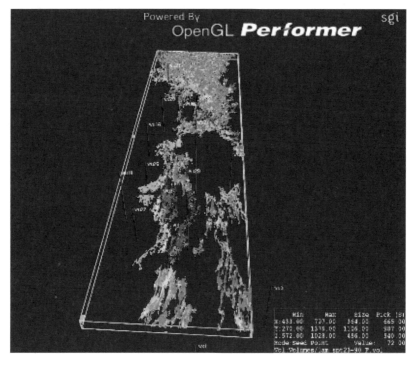

图7-2-7　乌南南一段砂体预测图

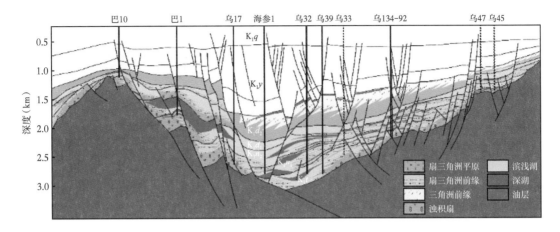

图 7-2-8　乌尔逊油田巴 1—乌 27 区块成藏模式图

勘探表明，坚持的是信念，改变的是思路。在有争议的情况下，加强宏观成藏条件的科学判断、地震勘探目标的精细刻画，打开了勘探的局面。

二、贝尔凹陷油气勘探

1. 呼和诺仁油田

呼和诺仁油田地理位置位于内蒙古自治区呼伦贝尔盟新巴尔虎右旗贝尔乡境内，构造位于贝尔凹陷西部缓坡断鼻带，贝西次凹南、中洼槽间的呼和诺仁构造。含油层系为上侏罗统塔木兰沟组及下白垩统南屯组。1985 年二维地震发现了呼和诺仁构造，1990 年该构造上钻探了贝 3 井，1995 年在南屯组压裂改造获工业油流，发现了呼和诺仁油田。勘探开发历程大体经历了区域勘探、圈闭预探和滚动评价开发三个阶段。截至 2022 年底，呼和诺仁油田探明石油地质储量 1886.4×10^4t，动用地质储量 1607.6×10^4t。投产采油井 120 口，开井 104 口。累计生产原油 232.1×10^4t，采出程度 14.4%，综合含水率 74.1%（图 7-2-9）。

1）构造特征

贝尔呼和诺仁油田位于贝尔凹陷贝西斜坡呼和诺仁构造。呼和诺仁构造带是在西部斜坡背景下，受上倾方向早期发育的北东向反向正断层遮挡而形成的平缓断鼻构造。断鼻构造展布方向北东，长轴 20km，短轴长 3km。构造带长期发育，有明显的继承性，伊敏组沉积后期随着反向断层停止活动而消失。东部发育了一组性质与该断层一致的北东向断层，受这几组断层的影响，在该构造带形成了一系列断块、断鼻圈闭，贝 D8 区块、贝 301 区块和贝 13 区块由南向北沿主断裂依次分布。

2）储层特征

油层主要分布于南屯组及塔木兰沟组，油层纵向集中分布。

塔木兰沟组储层岩性主要为玄武岩及火山碎屑岩，呈厚层状。玄武岩具斑状结构，基质由斜长石组成的骨架中充填橄榄石、辉石、火山玻璃、磁铁矿等组成，气孔中为绿泥石、方解石等充填。火山碎屑岩为块状杂色、灰色砾岩及砂砾岩。玄武岩孔隙度为 16.6%~18.8%，渗透率一般为 0.09~0.25mD。碎屑岩储层孔隙度一般为 10.5%~16.3%，渗透率一般为 0.96~1.74mD。

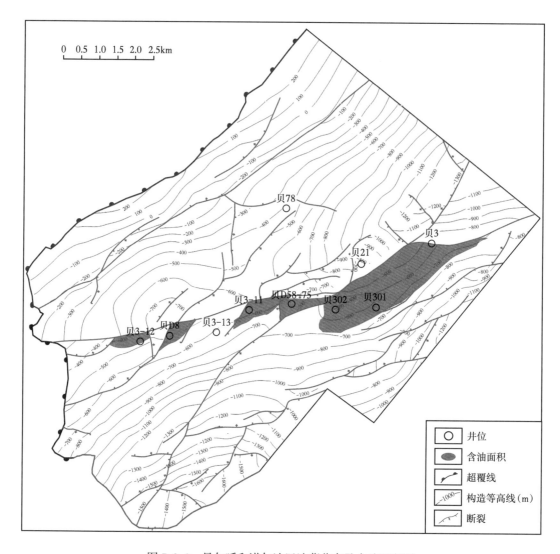

图 7-2-9 贝尔呼和诺仁油田油藏分布及含油面积图

南屯组储层岩石为长石岩屑细砂岩、粉砂岩、砾质砂岩、岩屑中粗砂岩、不等粒砂砾岩、泥质砾岩，呈不等厚互层。碎屑成分主要为岩屑、长石和石英。岩屑含量49.7%~75%，长石含量11%~23.8%，石英含量12.5%~18.3%。孔隙度最大29.5%，一般7.11%~11.35%，平均18.4%，渗透率最大111mD，一般1.06~2.56mD（图7-2-10）。

3）油藏特征

油田总体上为上油下水特征。油水平面分布主要受构造控制，油藏具有相对统一的油水界面，油水界面海拔为-690m。平面上，海拔-690m以上为油层，海拔-690m以下为水层。兴安岭群油藏类型为受构造控制的边水层状断块油藏。南屯组油层以受构造控制的岩性—构造油藏为主（图7-2-11）。

塔木兰沟组油层温度变化范围是48.9~53.3℃，平均温度梯度为4.08℃/100m，属正常地温梯度。压力分别为12.55MPa和11.72MPa，压力系数平均为0.96，为正常压力油藏。

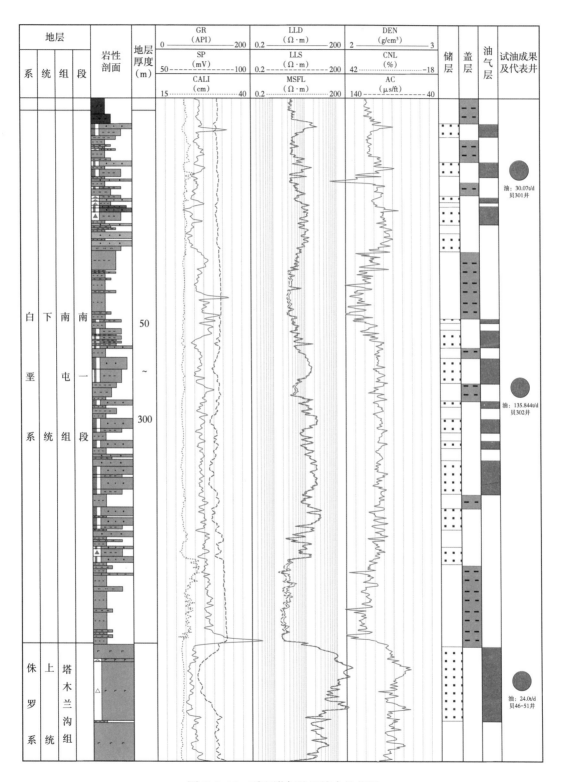

图 7-2-10 呼和诺仁油田综合柱状图

335

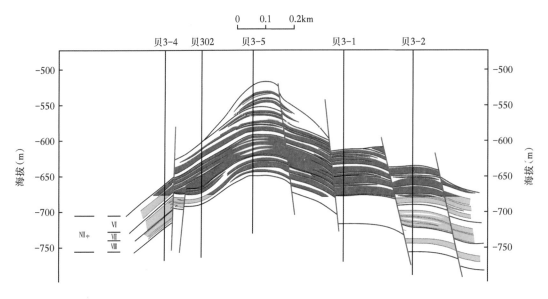

图 7-2-11　呼和诺仁油田贝 3-4 井—贝 3-2 井白垩系南屯组油藏剖面图

南屯组油层温度变化范围是 48.9~62.8℃，平均温度梯度为 3.92℃/100m，属正常地温梯度。油层压力变化范围是 11.53~14.78MPa，平均压力系数为 0.928，为正常压力油藏。

4）流体性质

兴安岭群油层原油性质具低密度、低黏度和低凝固点特点，地面原油密度平均 0.8307t/m³，黏度 5.5mPa·s，含蜡 14.6%，凝固点为 20.2℃；地层原油密度为 0.7756t/m³，原始饱和压力 2.59MPa，体积系数 1.075，原始气油比 19.39m³/m³。地层水总矿化度为 2571.8mg/L，氯离子 442.4mg/L，pH 值 8.8，水型属 NaHCO₃ 型。

南屯组油层原油具低密度、低黏度和低凝固点特点，地面原油密度 0.8241t/m³，黏度 4.3mPa·s，含蜡 10.2%，凝固点为 14.5℃。地层原油密度 0.773t/m³，原油黏度 2.0mPa·s，体积系数 1.0875，饱和压力 3.455MPa。地层水总矿化度为 2230.42~4853.03mg/L，平均 3261.81mg/L，氯离子 387~632.07mg/L，平均 466.18mg/L，pH 值 8.25~8.60，平均 8.37，水型属 NaHCO₃ 型。

2. 苏德尔特油田

苏德尔特油田地理位置位于内蒙古自治区呼伦贝尔盟新巴尔虎右旗贝尔乡境内，构造上位于贝尔凹陷中部苏德尔特构造带。勘探主要目的层段自上而下分别为布达特群、兴安岭群。1985 年二维地震发现了苏德尔特构造带，1996 年在苏德尔特构造带上部署了贝 10 井，1997 年于兴安岭群油层获日产油 0.024t 的低产油流，展示出苏德尔特构造带的勘探前景。2001 年对贝 10 井压裂后抽汲，获得 39.7t/d 的高产工业油流，发现了苏德尔特油田。勘探开发历程大体经历了圈闭预探、预探评价一体化和精细油藏评价与油田开发三个阶段。截至 2022 年底，苏德尔特油田探明石油地质储量 4900.8×10⁴t，动用地质储量 4900.8×10⁴t。投产采油井 351 口，开井 268 口。累计生产原油 292.7×10⁴t，采出程度 6.0%，综合含水率 45.1%（图 7-2-12）。

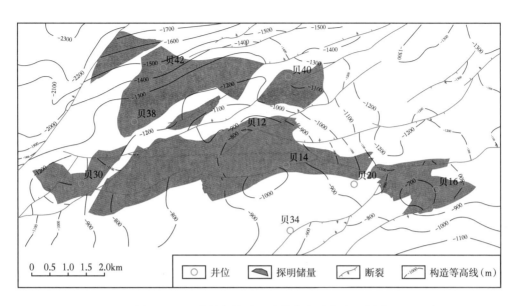

图 7-2-12　苏德尔特油田油藏分布及含油面积图

1）构造特征

苏德尔特油田位于贝尔凹陷的苏德尔特构造带上。苏德尔特构造带是在古隆起背景上发育的大型构造，整体呈北东东—南西西向展布。构造带内的断裂系统非常复杂，断层展布方向大致为北东东向，断面宽度大、断距横向变化快，大断层交错分割，小断层发育，反映受多次构造运动的影响。东西受北东向和近东西向断层切割分为几个大的断块，断块走向北东东向。在构造带中部，由北东东向和北北东向内部断层进一步切割，形成了大小不等的复杂断块、断背斜、断鼻等构造圈闭。

2）储层特征

兴安岭群油层属沉积岩及火山碎屑岩系。火山碎屑由玻屑、晶屑及火山灰组成。陆源碎屑为石英、长石及酸性喷发岩岩块。泥质具重结晶，与火山灰相混合充填孔隙。Ⅰ油组、Ⅱ油组为火山碎屑和正常沉积碎屑之间的过渡岩石。Ⅰ油组岩性为粉砂岩与暗色泥岩互层沉积，最大厚度241m，最小厚度73m，平均厚度140m。有效孔隙度平均值21.86%，平均空气渗透率97.21mD。Ⅱ油组为一套进积的凝灰质砂砾岩为主的沉积体，最大厚度123m，最小厚度32m，平均厚度80m。有效孔隙度平均值15.68%，平均空气渗透率1.9mD。Ⅲ油组岩性为砂砾岩、凝灰质砂砾岩与泥岩、凝灰质泥岩的进积沉积体，最大厚度148m，最小厚度17m，平均厚度50m，平均有效孔隙度16.20%，平均空气渗透率8.59mD。Ⅳ油组为灰色泥岩、凝灰质泥岩、凝灰岩及凝灰质砂岩的组合沉积在不整合面之上，最大厚度206m，最小厚度21m，平均厚度100m。平均有效孔隙度14.61%，平均空气渗透率0.57mD。兴安岭群油层储层孔隙类型较多，原生孔隙包括完整粒间孔隙、剩余粒间孔隙、缝状粒间孔隙和填隙物孔隙，次生孔隙包括溶蚀粒间孔隙、溶蚀粒内孔隙、铸模孔、特大溶蚀孔隙和裂缝溶蚀孔隙等。

布达特群储层为碎裂含钙中砂岩，碎裂细粒长石岩屑砂岩，碎裂碳酸盐质砾岩。储层有孔隙型，裂缝、孔洞及溶孔型，属于缝洞、孔隙双孔介质储层。裂缝较发育，高角缝、网状缝并存，顶部多为网状裂缝，裂缝部分有岩脉充填。布达特群储层平均有效孔隙度5.3%，平均空气渗透率0.14mD（图7-2-13）。

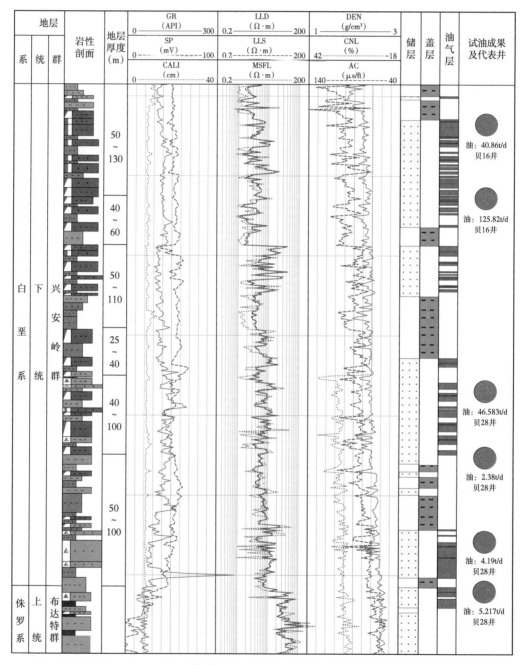

图7-2-13　苏德尔特油田白垩系油气层综合柱状图

3）油藏特征

苏德尔特油田以构造油藏为主，主要分布在大断裂的上升盘。在断裂下降盘发育有构造—岩性油藏。主要含油层位是兴安岭群和基底，其中兴安岭群以断块—构造油藏为主，基底为基岩潜山构造油藏。油田主体部位油层连续含油，兴安岭群和基底形成统一的油藏系统。各块因构造部位的不同，油水分布差别很大，无统一的油水界面，总体表现为上油下干（水）。南一段油层从上至下划分为 4 个油组，基岩油层划分为 3 个油组。各油组地层厚度在平面上的变化很大，贝 16 断块各油组地层发育较全，厚度较大，往西各油组地层厚度变薄的同时断失、剥失现象严重。南一段油藏属于正常温压系统油藏，地温梯度平均 3.95℃/100m，地层平均压力系数 0.93。基底油藏油层地温梯度较高，属较高地温梯度油藏，平均 4.08℃/100m；地层平均压力系数 0.96，为正常压力系统油藏（图 7-2-14）。

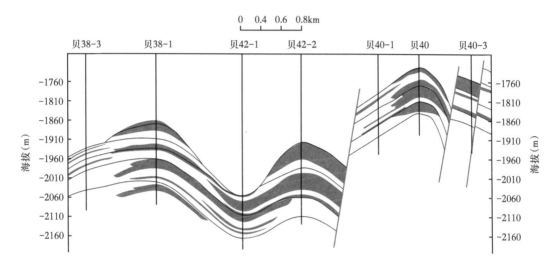

图 7-2-14 苏德尔特油田贝 38-3 井—贝 40-3 井基岩油藏剖面图

4）流体性质

兴安岭群油层原油具低密度、低黏度、低凝固点的特点，地面原油密度为 0.8362g/cm³，原油黏度为 7.2mPa·s，凝固点为 25℃，含胶量为 12.96%，含蜡量为 15.8%。地层原油密度为 0.769t/m³，原油黏度为 4.32mPa·s，原始饱和压力 4.19MPa，体积系数 1.079，原始气油比 21m³/t。布达特群油层地面原油密度为 0.8459g/cm³，原油黏度为 10.4mPa·s，凝固点为 27℃，含胶量为 14.8%，含蜡量为 17.7%。地层原油密度为 0.7534g/cm³，黏度为 3.05mPa·s，原始饱和压力 5.51MPa，体积系数 1.141，原始气油比 34m³/t。

贝 16 区块兴安岭油层 Ⅲ～Ⅳ 油层组见地层水，其他区块未见到明显的地层水。水的氯离子含量为 348mg/L，总矿化度 4972mg/L，pH 值为 8.60，水型为 $NaHCO_3$ 型。

3. 霍多莫尔油田

霍多莫尔油田地理位置位于内蒙古自治区呼伦贝尔盟新巴尔虎右旗贝尔乡境内，构造上位于贝尔凹陷北部霍多莫尔构造带。勘探主要目的层为南屯组一段。1985 年二维地震发现了霍多莫尔构造带，1995 年完成霍多莫尔地区三维地震，1997 年霍 1 井于南屯组自然产能获日产油 25.44t 高产工业油流，发现了霍多莫尔油田。勘探开发历程大体经历了区域勘探、圈闭预探和预探评价一体化三个阶段。截至 2022 年底，探明石油地质储量 1771.3×10⁴t，动用地质储量 1233.8×10⁴t。投产采油井 68 口，开井 54 口。累计生产原油 51.6×10⁴t，采出程度 4.2%，综合含水率 66.4%（图 7-2-15）。

339

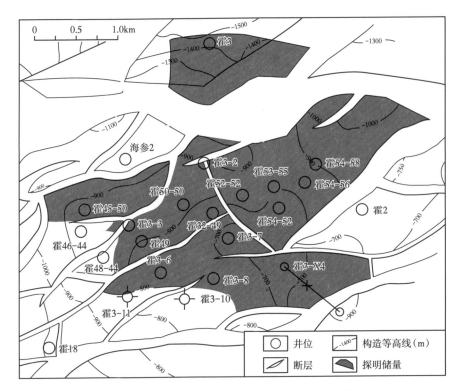

图 7-2-15　霍多莫尔油田油藏分布及含油面积图

1）构造特征

霍多莫尔油田位于霍多莫尔构造带上，南部与苏德尔特构造带相邻，西部为贝西次凹，东部为巴彦塔拉构造带。霍多莫尔构造带是一个受多期构造改造的隆起带，继承性强，受断裂控制，局部构造为断块、断鼻、断背斜，受霍多莫尔断裂分隔形成下降盘和上升盘。纵向上分为两套断裂系统，晚期构造活动形成的断层极少切穿到早期地层。局部构造较发育，其中断块数目最多，受地层剥蚀影响，地层不整合圈闭较发育。

2）储层特征

霍多莫尔油田油藏主要集中在大二段和南一段。南屯组一段是主要的含油层段，储层岩石具不等粒结构、粉砂状结构等。以长石岩屑砂岩或岩屑长石砂岩为主。以原生粒间孔为主，次生孔隙主要是长石粒内溶孔和岩屑粒内溶孔，少量铸模孔。南一段Ⅱ油组平均孔隙度为 21.5%，平均渗透率为 98.6mD。南一段Ⅲ油组平均孔隙度为 20.2%，平均渗透率 92.7mD。大磨拐河组二段储层岩石类型主要为陆源碎屑岩，其次为火山碎屑岩，其主要岩石类型有长石岩屑砂岩、岩屑砂岩、含泥粉砂岩、泥岩等。平均孔隙度为 20.6%，平均空气渗透率为 92.69mD。

3）油藏特征

南一段油藏油水垂向分布上升盘为上油下水为主、局部上油下干，由于构造、断层组合与砂体展布特征不同，各断块相互独立，且没有统一油水界面；下降盘为上油下干，油藏受构造与岩性共同控制，油气主要分布在沿霍多莫尔断裂发育的一系列扇体中，且在构造高部位相对富集。

南一段油藏主要受断层、不整合面和砂体共同控制，油藏类型主要为断块油藏（图7-2-16）。大二段油藏主要发育在深大断裂附近的构造圈闭上，储层相带的变化大，储层分布范围有限，岩性对油藏起着一定的控制作用，为岩性—构造油藏。

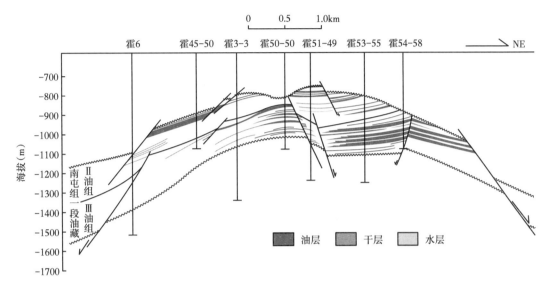

图 7-2-16　霍多莫尔油田霍 6 井—霍 54-58 井油藏剖面图

南一段油层平均地温梯度为 3.82℃/100m，平均地层压力系数为 0.93，为正常压力系统。大二段油层地温梯度平均 4.18℃/100m，地层平均压力系数 0.97，为正常压力油藏。

4）流体性质

原油属于常规轻质原油。大一段油层地面原油密度平均为 0.8228g/cm³，原油黏度平均为 4.7mPa·s，凝固点平均为 16℃。地层原油密度为 0.7949g/cm³，原始饱和压力 2.34MPa，地层原油黏度为 5.3mPa·s。南一段 II 油组地面原油密度平均为 0.813t/m³，黏度平均 4.6mPa·s，含蜡量平均为 11.4%，含胶量平均为 7.3%，凝固点平均为 18℃。南一段 III 油组地面原油密度平均为 0.819t/m³，黏度平均 4.1mPa·s，含蜡量平均为 14.7%，含胶量平均为 9.36%；凝固点平均为 24℃。南一段平均地层原油密度为 0.757t/m³，平均地层原油黏度为 1.88mPa·s。

地层水分析表明，水型为 $NaHCO_3$ 型，矿化度平均为 4622.16mg/L，氯离子平均为 200.12mg/L，pH 值平均为 7.6。

4. 贝中油田

贝中油田地理位置位于内蒙古自治区呼伦贝尔盟新巴尔虎右旗贝尔乡境内，西南部紧邻中蒙边界。构造位于贝尔凹陷南部贝中次凹。主要目的层为南屯组一段、二段、基岩及大磨拐河组一段。1985 年二维地震发现了贝中次凹，2003 年完成贝中地区三维地震，2005 年希 3 井于南屯组获日产油 31.48t 高产工业油流，发现了贝中油田。勘探开发历程大体经历了区域勘探、圈闭预探和油藏评价两个阶段。截至 2022 年底，贝中油田探明石油地质储量 2575.3×10⁴t，动用地质储量 1985.3×10⁴t。投产采油井 299 口，开井 239 口。累计生产原油 155.3×10⁴t，采出程度 7.8%，综合含水率 55.3%（图 7-2-17）。

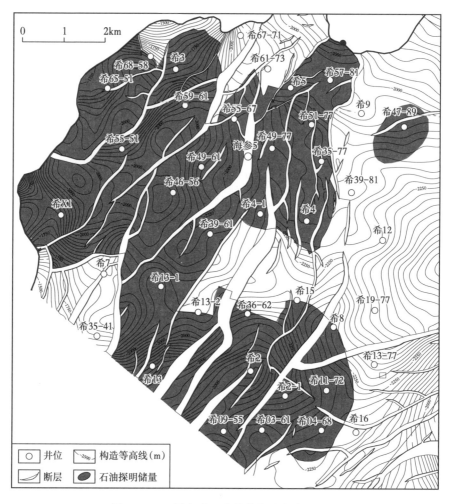

图 7-2-17　贝中油田油藏分布及含油面积图

1）构造特征

贝中油田处于海拉尔盆地贝尔凹陷南部，贝中次凹呈东深西浅不对称双断结构，在 T_2—T_1 反射层表现为断陷边界断层活动减弱，以坳陷式构造形态为主，整体趋于平缓，表现为东西高、南北低、南宽北窄勺状凹槽的构造特点，南北低凹的鞍部呈现向西南倾的鼻状构造形态。在 T_3—T_{2-2} 反射层的构造格局具有较强的继承性，东西向为受边界断裂控制的不对称双断式结构，平面上呈"两洼一隆一斜坡"的构造格局，东深西浅，南低北高。西部斜坡带为北北东向断层控制的断阶带，南部为继承性隆起带，中部为向南倾没的鼻状构造形成的低隆带。大多数的构造圈闭分布于低隆起之上或断阶带内，构造圈闭按形态划分为断块、断背斜、背斜等类型，其中以断块为主。整体上北部圈闭比南部圈闭多，位于断层上升盘的圈闭比下降盘圈闭多。

2）储层特征

大一段储层主要为辫状河三角洲前缘相，岩性主要为大套深灰、黑灰、灰黑色泥岩、粉砂质泥岩夹灰色泥质粉砂岩、粉砂岩。南屯组发育扇三角洲前缘亚相，主要由陆源碎屑岩类、凝灰质砂岩类、凝灰岩类、沉凝灰岩类四种岩石类型组成。南一段孔隙类型主要为粒间溶蚀孔、粒内溶蚀孔、长石粒内溶孔、铸模孔等。平均孔隙度为12.5%，平均空气渗透率6.03mD。南二段油层孔隙类型主要为粒间溶蚀孔、粒内溶蚀孔、长石粒内溶孔、铸模孔等。平均孔隙度为10.21%，平均渗透率为2.67mD。基岩储层岩性为碎裂碳酸盐化砂岩、黄铁矿化砂岩、泥质粉砂岩、粉砂质泥岩，碎裂沉凝灰岩、碎裂菱铁矿化沉凝灰岩、碎裂安山质凝灰岩。基岩孔隙类型复杂，有孔隙型、裂缝、孔洞及溶孔型，属于双孔隙介质储层。裂缝较发育，高角缝、网状缝并存，顶部多为网状裂缝，裂缝部分有岩脉充填。基质平均孔隙度为4.11%，平均渗透率为0.33mD。

3）油藏特征

贝中油田油藏主要受古潜山、构造、断层、古地貌和沉积相带控制。油藏类型主要为西部断裂构造带的构造—岩性油藏和岩性油藏；中部低凸起构造带为复式油气藏，主要为南屯组的构造—岩性油藏和基岩潜山构造油藏；东部断裂构造带主要为构造—岩性油藏和岩性油藏。

贝中油田含油层系纵向上主要分布在大一段、南二段、南一段和基底。大一段分为两个油层组，Ⅰ油组发育厚层状砂岩、含油性好、油层发育，Ⅱ油组储层不发育，只在东南部局部砂岩较发育、含油性较好；南二段划分为两个油组，Ⅱ油组为主力油层发育段；南一段划分为三个油层组，Ⅱ油组、Ⅲ油组为主力油层发育段。

贝中油田油藏油水垂向分布总的规律以上油下干或上油下水为主。大一段油藏纵向上油水分布以油—干为主，油—同—水、油—水次之。南二段油藏纵向上油水分布以油—干为主，油—同—水、油—水次之。南一段油藏受构造和岩性双重控制，油水分布纵向上具有油—干、油—同—水、油—水等分布形式。基岩油藏油气分布受早期构造形态控制，油水具有上油下干的特点，油气主要集中在上部，试油底部未见水层（图7-2-18）。

贝中区块地温梯度平均3.5℃/100m，属正常地温梯度。地层平均压力系数0.95，为正常压力系统。

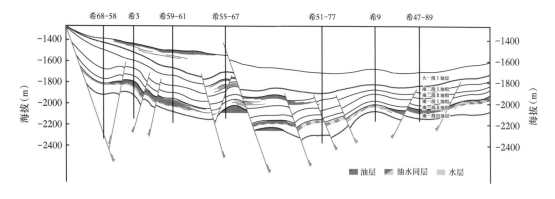

图7-2-18　贝中油田过希68-58井—希47-89井油藏剖面图

4）流体性质

贝中油田原油属于常规轻质原油。大一段地面原油平均密度0.8553t/m³，平均黏度4.35mPa·s，平均凝固点24.0℃。地层原油密度为0.797t/m³，地层原油黏度为4.79mPa·s。南二段地面原油密度平均0.8575t/m³，黏度平均9.51mPa·s，凝固点平均27.55℃，含蜡平均 18.28%，含胶平均 18.33%。地层原油密度为 0.803t/m³，地层平均原油黏度为 2.99mPa·s。南一段地面原油密度平均 0.8746g/cm³，黏度平均为 28.73mPa·s，含蜡平均为 20.93%，含胶平均为 21.73%，凝固点平均为 33.58℃。地层原油密度为 0.792t/m³，平均地层原油黏度为 4.04mPa·s。基岩油层地面原油密度平均 0.8476t/m³，黏度平均 14.20mPa·s，凝固点平均 32.0℃，含蜡平均 21.73%，含胶平均 12.86%。地层原油密度为 0.731t/m³，地层原油黏度为 2.00mPa·s。

贝中油田水型为 $NaHCO_3$ 型。大一段地层水氯离平均为 647.14mg/L，pH 值为 7.51，矿化度为 5787.65mg/L。南二段地层水氯离子平均为 413.11mg/L，矿化度为 5976.84mg/L，pH 值为 8.2。南一段地层水氯离子平均为 610.56mg/L，矿化度为 6066.32mg/L，pH 值为 8.0。

5. 油田勘探实践

1982 年按照地震先行、定凹选带工作思路，开展贝尔凹陷二维地震勘探。1985 年地震解释发现贝尔凹陷规模大，深达 4000 多米。为此，按照构造找油思路，两口探井虽见到含油显示，但未取得实质性突破。逐步认识到断陷的复杂性，深化地质研究和三维地震勘探，1995 年重上海拉尔，优化压裂改造技术，贝 3 井获较高产工业油流，开启了贝尔凹陷勘探新篇章。探索不同层系、不同类型正负向构造带，经历了曲折的历程最终才得以发现，带来了勘探思路转变、地质认识的深化、工程技术的进步，实现了石油储量的规模增长和有效开发。

1）潜心研究持续攻难关，坚持勘探终获突破

1985 年，在隆起带大构造和凹陷中的背斜构造上钻探的贝 1 井、海参 2 井未获得预期效果。定凹的海参 2 井虽见到了一定的含油显示，但未见生油岩。地层严重缺失，潜力难以判断，大突破没有实现，"一箭双雕"的目的没有达到。勘探未发现好的含油气区，贝尔凹陷勘探陷入低谷。认识到海拉尔的复杂性，深化地质研究，加强地震准备和凹陷定凹工作。1987 年南部贝中次凹钻探的海参 5 井揭示了地层发育较全，具有好的烃源条件。说明小凹陷也具有较好生油潜力，增强了勘探信心。

1988 年以后，面对极其复杂的地质情况，放缓了勘探节奏，没有轻言放弃，而是知难而进，潜心攻关。经过两轮研究，重新进行了地质统层，应用层序地层学方法研究了沉积相，开展烃源岩层评价、成藏主控要素和资源潜力分析，预测出有利油气勘探区带。优选近洼斜坡带最有利的断鼻构造上钻探了贝 3 井，试油只获油 0.012t/d。出现"井井见油，井井不流"的被动局面。1995 年，重新开始新一轮勘探，总结经验认识到勘探的最大问题是探井产量较低。为此，优化了压裂改造技术，贝 3 井在南屯组获得工业油流，发现了一个新的含油气凹陷，从而找到了呼和诺仁油田。

2000 年，三维地震勘探成果揭示，贝 3 井钻在断层上，缺失部分油层。研究认为富油洼槽相邻的反向断块是构造油藏的重要分布区。依据断层封闭性研究和 Jason 反演技术预测南屯组砂岩的分布，部署实施的贝 302 井发现厚砂层，压裂后产能突破百吨大关。2001 年呼和诺仁构造当年提交优质探明地质储量 $1336×10^4$t，实现储量零的突破。实施勘探开发一体化，建立了开发试验区。

2）高度重视现场地化录井，不放过蛛丝马迹是取得新发现的必要手段

海拉尔盆地油质普遍较轻（密度小于 0.84g/cm³），早期勘探过程中，显示级别低，低阻油层更是难以判断，如霍 3 井，油像水一样，密度只有 0.7971g/cm³，压裂时以为压裂

液和水同出，给准确判断油层带来很大困难。因此，提出加强现场地化录井。

2001 年钻探的贝 302 井常规测井解释，30~53 号层 1138.8~1273.0m 井段，深侧向电阻率 6~15Ω·m，具水层特征（图 7-2-10）。贝 302 井现场录井取心发现含油砂岩，很短时间变成没有含油产状的灰白色砂岩。地化录井及时分析，30~55 号层地化热解总值（S_t）均较高，且 S_1/S_2 值均较大，反映为轻质油特征。现场油砂气相色谱显示典型油层特征，一周后分析，谱图不具油层特征。相同岩性和含油级别的同一含油砂岩段相隔 5d 实验室分析结果，差异明显，反映相同特点（图 7-2-19）。后加测核磁测井，显示为油层特征，反映常规测井难以解决油质轻的低阻油层问题，需要有针对性地加测特殊测井项目来解决。经过多轮讨论，先 MFE II + 抽汲测试 45 号层工业不含水，而后整体合压自喷获得了 135.84 t/d 的高产油流。油分析表明，地面原油密度 0.8241g/cm³，证实为轻质油。解决了是油层还是水层、是轻质油还是残余油、是断层破坏的小油藏还是断层封闭性较好的整装油藏问题，发现了呼和诺仁高产高丰度区块。针对油质轻的特点，应用现场地化录井技术，对及时发现油层起到了关键作用。

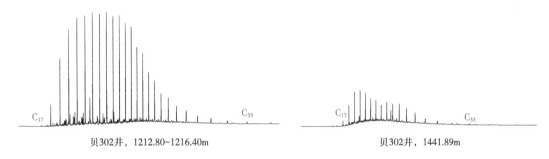

贝302井，1212.80~1216.40m　　　　　　　贝302井，1441.89m

图 7-2-19　贝 302 井南屯组油砂色谱对比图

3）重视小洼槽的勘探，有盆就可能成藏

贝中次凹主体勘探面积只有 100km²，沉积岩最大厚度可达 4600m，目的层埋深普遍在 2200m 以上，一度不被看好。研究认为早期发育箕状断陷，后期稳定沉降，构造活动弱，上覆 2600~2800m 巨厚地层，以泥岩为主，封盖条件好。2003 年加快勘探部署三维地震 379.72km²，第三轮资源评价仅为 0.05×10⁸~0.2×10⁸t，重新评价石油资源量为 0.7×10⁸~1.0×10⁸t，坚定了找油的信心。三维地震常规解释，主要目的层基本没有构造圈闭。精细目标解释，层间构造圈闭发育，分为三个带，为构造—岩性复合油藏有利区。2005 年西部断阶带钻探的希 3 井南屯组压裂后产油 31.48t/d，突破 2400m 以下储层产能关。

2007 年，整体研究，贝中次凹处于贝中—南贝尔—塔南开阔的深洼槽带内，为早期宽缓、后期稳定的深洼槽。优质生油岩——南一段含钙泥岩 1500m 进入生烃门限，2000m 进入排烃门限，具有早生、早排、生烃周期长的特点。南一段下部以长轴扇三角洲及辫状河三角洲前缘沉积为主，前缘水道分选好、砂层厚、物性好，而非短物源、粗相带、储层差沉积。南屯组优质烃源岩与扇三角洲的前缘砂体错叠分布，形成岩性及复合油藏。研究部署与实施一体化，开发紧跟预探提前进入，南一段勘探取得规模突破的同时，又在南二段、基底勘探获得突破，形成了多层位叠置连片的满凹含油场面。2008 年，一体化评价，新增石油探明地质储量 6591.15×10⁴t。

贝中次凹，改变传统认识，发现整装规模油藏。深化成藏认识，南二段低渗透油藏获新进展。2003—2008 年，贝中次凹以南一段为主要目的层，勘探见好效果，已经投入开发。南二段作为兼探层系普遍含油，但单井产量低。2014 年，按照致密油的勘探思路，老井复查，希 39-61 井南一段缝网压裂获得工业油流，坚定了勘探的信心。通过三年深化成藏研究，改变了以往南屯组二段粗粒沉积和烃源条件一般的认识，不但发育有好的烃源岩条件，而且有分布广泛的细碎屑沉积，储层厚度大，普遍含油，形成"源储一体"的低渗透岩性油藏。老井复查，多口井压裂改造获得工业油流。细分层地震精细解释及地质统计学反演预测砂体展布，2017 年以后，希 38—平 1 井等井压裂获得高产工业油流，水平井提产取得好效果，带动了低品位资源升级动用。

4）不断深化复式断陷成藏规律认识，攻关关键技术带来领域突破和油田发展

2000 年以后，深化了盆地成藏规律的认识，三期构造运动形成了三大构造层，明确了断陷期地层是主要目的层，将勘探重点转向贝尔凹陷和断陷期复式油气藏。通过老井复查，贝 10 井布达特群岩屑录井只见到 10% 荧光浅变质砂砾岩，气测见低异常油气显示。取心裂缝发育，可形成大量的溶孔、溶洞和裂缝。邻近生油洼槽，处在苏德尔特西部断阶带构造位置有利。2001 年采用 FracproPT 压裂设计，优化施工参数，对贝 10 井布达特群顶部压裂改造获 39.7t/d 高产工业油流，发现了潜山油藏，由此开始了苏德尔特构造带的勘探。

1999 年苏德尔特构造带开展了 480 道三维地震勘探，2000 年完成的常规处理解释，未能正确认识基底形态。两片三维拼接成图发现，基底相差 800m，构造格局差异大。2001 年针对地震成像差和储层预测难点，以刻画基底形态为重点，开展目标处理攻关，重新编制了 T_5 反射层构造图。第一轮地震资料目标处理解释有效指导了贝 12 井、贝 14 井部署，发现了兴安岭群断块油藏。认识到带内发育多种圈闭类型，具有复式聚集油气成藏条件。甩开预探上升盘高部位部署贝 16 井，于兴安岭群解释油层 53 层 176.2 m，合试求产获 125t/d，发现了苏德尔特复式油藏带。贝 16 井区 3 口滚动评价井储层横向变化大、含油性差别也很大，需要构造精细解释和储层预测工作。甩开预探下降盘贝 18 井却出现钻遇薄砂层、厚泥岩新情况，从失败中总结经验，逆向思维，由找储层到评价烃源岩，说明北部小洼槽有好的生烃潜力，进一步证实苏德尔特构造带具有多洼槽供烃的优越条件。

2003 年以后，加强勘探评价一体化联合攻关，深化成藏规律认识，发展叠前深度偏移技术，实现苏德尔特构造带小断块和基底的准确成像。以层序分析为基础，建立地层格架。开展油气运聚规律研究，深化成藏认识。针对兴安岭群进一步开展精细构造、沉积、储层评价及地球物理识别，精选勘探目标。通过全三维地震解释，搞清了断裂和构造展布特征。利用频谱检测和属性分析等方法预测储层，采用宽带约束反演和能量梯度检测技术，预测了该区兴安岭群和基底的油气分布，勘探转向西部高位潜山和兴安岭群复式成藏有利区，贝 28 井兴安岭群和基底分别获得工业油流，贝 30 井压裂后产油 34t/d，发现双重孔隙介质高产高丰度潜山油藏，从而改变了对潜山储层的认识。在苏德尔特构造带勘探过程中，勘探思路由单一目的层南屯组或基底风化壳向多层兼顾兴安岭群和基底内幕转变，由简单构造油藏或断块油藏勘探向复杂断块油藏、断层—岩性复合油藏转变，由单一类型油藏向多类型油藏立体勘探转变。在认识、实践反复过程中，研发低伤害的乳化压裂

液体系，攻克了含凝灰质储层产能关。认识到大断裂是油气运移的主要通道和多层位复式油气聚集规律，勘探重点由初期西部外扩向中东部发展，又转向加强西部与中部并重，发现了西部多层系高产富油区块。探索北部低位潜山，3 口井钻遇厚油层，压裂后均获得了较高产的工业油流。滚动评价实施的德 112-227 井获得日产 170.2t 高产工业油流。三年加快勘探，累计探明石油地质储量 6159.54×10⁴t，发现了东北中生代裂谷盆地群中较大规模的高产高丰度潜山油藏。

创新需要实践支撑，细节决定成败。勘探工作从大局着想，从小处着手。求真务实是勘探人特有的工作作风，时时处处注意新情况、研究新问题，从海参 5 井发现多年老井有油流出，到轻油荧光级别显示的基岩潜山重要性，任何小的显示都可能带来新的发现，转变观念带来了贝 10 井的重大突破。油气勘探是对地下目标逐渐认识的过程，实践中观察到的只是地质体的部分或某个侧面的反映，认识具有阶段性和局限性，所有认识都将被实践进一步完善和否定。面对苏德尔特勘探过程中的得与失，发现其复杂性，找准关键问题，开展重点攻关，实践中认识到大断裂是油气运移的主要通道和复式油气聚集规律，苏德尔特典型的"洼中之隆"，在南屯组沉积末期构造基本定型，后期改造弱。构建了潜山内幕与断块—岩性复式油气成藏模式，勘探重点由中东部向加强西部与中部并重转移，从开始西部勘探转向东部又转到西部，发现了西部贝 28 井区多层系高产富油区块，这正是合理制定部署、正确执行部署和及时调整部署在追求勘探最佳效果上的高度统一结果。

2007 年以后，开展盆地整体研究，创新了复式箕状断陷地质规律认识。通过原型恢复，受北东、北东东向控制形成多种类型的复式箕状断陷，早期北东东向断裂控油，南屯组沉积期、伊敏组沉积期沉积改造过程中有油源断层沟通形成反向断块，有利于油气富集。贝尔凹陷西南部老二维、三维地震联合解释，北东东向控藏断层向西仍然发育，解释发现和落实了高部位的反向断块，部署的贝 D8 井自喷获得油 61.8t/d，使得呼和诺仁油田面积向西拓展。借鉴贝中勘探认识与经验，2020 年贝东次凹贝 x62 井获得油 66.5t/d，小洼槽勘探又获新突破。

2010 年以后，通过反复实践、反复认识，逐步揭示了霍多莫尔构造带地质和成藏规律。研究认为霍多莫尔构造带与苏德尔特构造带具有相似的构造背景，是有利的油气富集区带。构造原型解析与精细构造研究，明确了霍多莫尔构造带勘探方向及目标。细分层精细研究，确定了南一段主力烃源岩及储层，残留地层为南一段Ⅲ～Ⅵ砂组，形成良好的生储盖组合。具有多层位含油、多油藏类型并存的特点。带下为断层—岩性油藏，带中为潜山油藏、次生构造油藏，带上为断块油藏。整体认识，整体部署，一体化分步实施。勘探评价打认识，霍 3-2 井等 3 口井获得工业油流。评价、开发首钻控规模，霍 3-6 井、霍 53-55 井试油超百吨。优化部署，快速探明超千吨油田。霍多莫尔勘探成功，来自对海拉尔盆地整体地质特征的宏观把握，来自对贝尔凹陷油气富集规律认识的借鉴。盆地原型的认识带来了霍多莫尔构造带建造、改造过程、沉积相带及成藏规律认识的转变，是实现突破的根本。从 1985 年海参 2 井获低产油流，1997 年霍 1 井获发现到 2011 年找到高产富油区块，经历了曲折的探索过程，才获得勘探的突破和储量的增长。

勘探实践反复表明，地质综合研究是勘探的核心环节，是决策的基础，它的好坏不仅直接决定着探井的成败，而且影响着勘探的长远走向。勘探的不断突破，需要三维地震技术和录测井及压裂工程技术的进步。要用发展的眼光看待问题，与时俱进。善于综合分析与宏观判断，不断创新地质认识，构建地下三维空间可能的油气藏模型，转变勘探思路，明确勘探方向，选准突破目标，助推勘探发现和突破。

第三节　塔南—南贝尔凹陷油气勘探

塔南—南贝尔凹陷位于蒙古东部，区域构造为塔木察格盆地中部断陷带，面积约7000km²。2005年，大庆油田公司从SOCO公司成功收购蒙古东部19、21、22勘探区块。交割前，完成不规则测网的二维地震和1块三维地震，钻探井24口，仅在塔南凹陷19区块发现19-3、17两个小规模含油断块，南贝尔凹陷未获突破。借鉴海拉尔盆地勘探认识、技术与经验，创新研究、组织与管理模式，深化地质规律认识，针对不同类型区带和油藏，整体部署、分步实施、一体化预探和评价，先后在洼间断裂构造带、斜坡断阶带和洼槽带获得突破，发现了断块、构造—岩性、岩性和潜山等多种类型油藏。

截至2022年底，塔木察格盆地已发现塔南和南贝尔2个油田，主要含油层位为下白垩统扎赉诺尔群和兴安岭群，以及古生界基底，油田主体已投入开发。

一、塔南凹陷油气勘探

1. 油田概况

塔南油田位于蒙古东部东方省境内，距我国呼伦贝尔市新巴尔虎左旗西南约200km，其西以近单斜的形式向巴兰—沙巴拉格隆起过渡，东北部与贝尔—布伊诺尔隆起相接，北部与南贝尔凹陷相接。塔南油田位于盆地中部断陷带的最南部，勘探目的层为铜钵庙组和南屯组。交割前完钻探井23口，塔19-2井于铜钵庙组获得工业油流，发现了塔南油田。而后在两个构造带不同层位又有4口井获得工业油流。采用衰竭式开采，产量降低快、含水率上升，前景不乐观而放弃。收购后，加强区域和类比研究，宏观判断塔南凹陷是最有利的富油凹陷。加快塔南凹陷区带评价和三维地震勘探，取得好的效果。截至2022年底，塔南油田19区块探明石油地质储量超亿吨，累计生产原油超500×10⁴t。

2. 油田地质特征

1）构造特征

塔南凹陷面积3500km²，基底最大埋深4600m。凹陷主体为由3个半地堑、半地垒组成的东断西超宽缓的复杂箕状断陷，形成北东向展布的3个构造带、3个次凹和1个斜坡带，具有东西成带、南北分区的特点。由西向东划分成西部斜坡带、西部次凹、西部潜山断裂带、中部次凹、中部断裂潜山带、东部次凹和东部断鼻构造带，在主要断裂带上发育有背斜、断鼻、断块圈闭。南北分区的特点是将每个构造带进一步细化成多个四级构造。整体上来看，本区受北东、北东东向基底大断裂的控制，形成了"多米诺式"箕状断陷。局部构造明显受断层控制，主要沿早期活动强烈的断层两侧分布，四级构造类型多为断鼻、断块，多数构造属反向翘倾断块构造，在空间上形成深浅叠置的复式圈闭，由深至浅构造幅度逐渐减小。

2）储层特征

铜钵庙组以扇三角洲沉积为主，南一段以近岸水下扇沉积为主，南二段以三角洲沉积为主，具有多物源、短流程、相变快的特点。铜钵庙组储层主要为碎屑岩，其次为火山碎屑岩。碎屑岩储层主要为砂砾岩、砂岩和粉砂岩，包括凝灰质不等粒砂岩、凝灰质含砾不等粒砂岩、凝灰质砂砾岩、凝灰质中砂质细砂岩、凝灰质含泥不等粒砂岩和薄层不含凝灰质的砂砾岩。火山碎屑岩储层主要为凝灰岩和沉凝灰岩等。孔隙类型主要为粒间溶蚀孔隙、粒内溶蚀孔隙和铸模孔隙等，平均有效孔隙度 12.8%，平均空气渗透率 10.6mD。南屯组主要为砂岩、凝灰质砂岩和凝灰质砾岩，孔隙类型主要为完整粒间孔隙、剩余粒间孔隙、溶蚀孔隙。南一段平均有效孔隙度 11.0%，平均空气渗透率 3.20mD，属于低孔特低渗透储层。南二段平均有效孔隙度 16.5%，平均空气渗透率 16.7mD。

3）油藏特征

铜钵庙组和南屯组油层油水垂向分布总的规律是上油下水为主，其次为上油下干。各块各层油水系统相对独立，全区无统一的油水界面。平面上，一般构造高部位为油层，向构造低部位油层变薄，出现油水过渡带或变为干层，主要受构造和岩性变化控制。油藏以铜钵庙组和南屯组油层为主，呈北东向条带状分布，受断层和岩性控制，油藏类型主要为断块油藏。

铜钵庙组油层地层温度在 60.5℃/1713.36m 至 102.9℃/2949.39m，地温梯度变化范围是 3.3~3.91℃/100m，平均地温梯度为 3.6℃/100m。铜钵庙组油层地层压力的变化范围为 12.17~29.31MPa。压力系数变化范围 0.816~1.1652，平均压力系数 0.94，属正常压力油藏。

南屯组油层地层温度在 62.17℃/1702.4m 至 108.81℃/3094.6m，平均地温梯度为 3.56℃/100m，属正常地温梯度。南屯组油层地层压力的变化范围为 17.83~22.04MPa，平均压力系数 0.94，属正常压力油藏。

4）流体性质

铜钵庙组地面原油密度为 0.840t/m^3。原油黏度为 5.66 mPa·s，凝固点为 21℃，含蜡量为 17.04%，含胶量为 12.21%。南屯组二段地面原油密度为 0.8389t/m^3，原油黏度为 5.14 mPa·s，凝固点为 20.5℃，含蜡量为 11.77%，含胶量为 9.35%。

水分析表明，水型为 $NaHCO_3$ 型，总矿化度为 1797.19~2734.9mg/L，氯离子为 248.22~1950mg/L，pH 值平均为 7.4。

3. 油田勘探实践

2005 年塔木察格 3 个区块交割后，面临着五方面问题：未来勘探期限短，不足 5 年时间；三维地震资料少，两块不到 250km^2，且品质较差，进一步甩开预探的难度大；落实储量少，经两家国际权威公司评估可靠储量不足 500×10^{4}t，未来储量规模待评价；油井产量低，仅剩 5 口生产井，且含水率已呈上升趋势；未做系统的基础研究，缺乏整体地质认识。

面对上述不利因素，借鉴海拉尔勘探认识和经验，加强对塔木察格盆地前景分析。通过与贝尔凹陷对比分析表明，塔南凹陷勘探面积大，结构好；沉积岩厚度大，沉积相带宽；烃源岩丰度高，资源潜力大等有利条件，明确主攻塔南凹陷。确定加强研究、加快节奏、整体部署、分步实施的工作思路，勘探部署上针对已发现区三维地震资料重新解释，甩开预探落实和扩大含油面积。一次性覆盖凹陷主体三维地震部署，进一步研究与落实构造格局、沉积储层和油藏成藏分布规律，构造、岩性多类型油气勘探并重，找到主力油田。通过三维地震采集、处理、解释一体化和预探—评价—开发一体化组织，加快了塔南凹陷油气勘探开发节奏。

1）实施三个"一体化"，加快了塔南凹陷勘探开发进程

首先，海拉尔—塔木察格盆地研究一体化，指导了油气勘探方向。通过区域分析，认识到海拉尔与塔木察格具有相似的地质特点。具有相似的构造、沉积演化特征，断陷构造层是主要含油层系。主力烃源岩下宗巴音组地层厚度大，有机质丰度高，生烃条件好。塔南凹陷为大型宽缓的东断西超箕状断陷，形成两大断裂构造带，构造带间夹持东、西两个次凹。生烃洼槽中的构造带是油气聚集的有利地区，断块、潜山油气藏是主要勘探目标；缓坡区和洼槽区内发育的辫状河三角洲前缘、扇三角洲前缘及水下扇砂体，是岩性油藏勘探的重点目标。具有多层位含油特点，断块油藏、岩性油藏和潜山油藏是主要的勘探目标。三维资料覆盖面积有限，不能满足预探需求。果断决定部署三维地震一次性覆盖凹陷主体，为主攻塔南做好了准备。

其次，三维地震采集、处理、解释一体化，加快了勘探开发步伐。采取了边采集、边处理、边解释的工作方式，仅用5个月的时间就高质量地完成了面积超千平方米的采集处理任务，阶段解释成果较常规提前1年应用于生产，极大地缩短了勘探周期，为塔南凹陷油气勘探打下了良好的基础。

最后，勘探开发一体化，加快油藏评价认识。（1）对已发现含油区块加快落实储量参数及含油边界，编制滚动开发方案，为尽早实现开发动用做准备；（2）积极跟踪预探成果，对新发现区块及时开展评价控制，油藏评价部署设计与滚动开发方案紧密结合，尽快落实储量面积，确保未来储量的合理动用。

2）集中构造带与甩开洼槽带多类型勘探并重，加快了塔南凹陷规模增储步伐

在深化地质研究的基础上，立足中西部构造带，着眼多类型目标，整装控制储量规模。西部构造带紧邻西部生油主洼槽，油源条件好，储层发育，物性好，是油气运移的主要指向区，在斜坡背景上可形成断鼻、断块和构造—岩性等多种类型油藏，成为塔南凹陷油气勘探主要突破区。根据三维地震解释成果，中、西部潜山构造带落实了一批构造圈闭，中部潜山构造带已发现区预探评价一体化，多井获工业油流，进一步落实了油藏的构造、储层、油水界面和产能。西部构造带整体部署5口探井，均于查干组见到了好油层，3口试油井产油28~62t/d，发现了西部查干组高产富集区带。两带南北拓展取得好效果，含油面积不断扩大。用不到三年时间，整装探明超亿吨油田。

针对塔南凹陷复式箕状断陷构造格局，构建潜山构造带成藏模式，在发现和控制中、西部构造带油藏规模的同时，建立了"五定三步走"立体勘探流程与方法，"五定"即构造分析定背景、层序分析定层系、相带分析定区带、综合分析定类型和储层预测定目标，"三步"即探区域、打类型和控规模，为快速勘探提供了有效手段。创新了快速识别扇体技术，实现快速锁定有利勘探区带。发展了适用储层预测技术，实现了岩性目标精细刻画。提出了"沟谷控源、断坡控砂"多物源扇体分布模式，明确了主要勘探层位，预测了9个有利岩性大目标区。构建了复式箕状断陷岩性油藏成藏模式，建立了陡坡断层—岩性等4种成藏模式（图7-3-1），指导了选区定带。用不到四年时间，探明超亿吨油田。

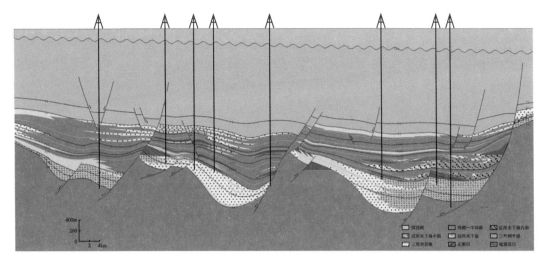

图 7-3-1　塔南凹陷油气成藏模式图

二、南贝尔凹陷油气勘探

1. 油田概况

南贝尔油田位于蒙古国东方省境内，北部与中国呼伦贝尔市新巴尔虎右旗接壤，南贝尔凹陷与贝尔凹陷相接。勘探主要目的层为南屯组。交割前仅部署了几条二维地震测线，在凹陷最有利的构造完钻探井 1 口，未取得突破。收购后，加强与海拉尔盆地类比研究，与贝中次凹具有相似的成藏条件。2006 年塔 21-7 井于南屯组获得工业油流，发现了南贝尔油田。加快南贝尔凹陷区带评价和三维地震勘探，取得好的效果。截至 2022 年底，南贝尔油田 21 区块探明石油地质储量超亿吨，累计生产原油超 $300×10^4$t。

2. 油田地质特征

1）构造特征

南贝尔油田构造位于中部断陷带的中部，南贝尔凹陷是国内贝尔凹陷向南延伸部分，东部与布伊诺尔隆起区相接，西部以单斜形式向巴—沙隆起区过渡，南部与塔南凹陷以低凸起相连。南贝尔凹陷与贝尔凹陷为统一凹陷，勘探面积约 $3500km^2$，基底最大埋深 3700m。构造格局为两凹夹一凸，走向为北东向。东次凹南部呈双断结构，向北过渡为单断式结构，基底最大埋深 3500m，受一级、二级断裂的控制，发育南北两个洼槽。

南贝尔油田处于南贝尔凹陷东次凹，主体分布在北洼槽。铜钵庙组—南屯组构造格局具有较强的继承性，为一个西北倾斜坡，被北东向为主的二级、三级小断层切割，形成断鼻、断块、断背斜等局部构造圈闭。主力油层南一段Ⅱ油组顶面北东向条形分带特征明显，可以分为三个含油带：第一个含油带，即西部含油带，由三个鼻梁和两个鼻翼组成的复合鼻状构造，北东走向，复合鼻状构造东部控边断层由 5 个首尾相连的正断层组成，是南贝尔油田油藏所在的构造区带；第二个含油带，即中部含油带，呈北东走向的断块形态，断块控边断层仍由 3~4 条北东向首尾搭接的正断层组成，该含油带油质偏稠；第三个含油带，由北西向与北东向断层组成的断块带，是北洼槽的有利勘探目标区。

2）储层特征

南一段以扇三角洲沉积为主，岩石类型主要由碎屑岩和火山碎屑岩组成，其中火山碎屑岩包括凝灰质砂岩、凝灰岩及沉凝灰岩。油层主要分布于南一段Ⅱ、Ⅲ油组。南一段Ⅱ油组地层厚度一般50~160m，孔隙度平均15.8%，渗透率平均19.3mD。南一段Ⅲ油组厚度50~200m，孔隙度平均11.2%，渗透率平均1.3mD。

3）油藏特征

南一段主要受岩性和构造控制，为岩性—构造油藏。南一段Ⅱ油组油藏纵向上为上油下干的特点。构造高部位以纯油层为主，油层多，累计厚度大；Ⅲ油组油藏纵向上具有多个油层叠置、纯油及上油下水的特点。南一段Ⅱ油组油藏受构造、岩性双重控制，构造为主，岩性为辅，油藏类型为岩性—构造油藏。南一段Ⅲ油组受构造控制明显，也受断块控制明显，油藏类型总体为构造油藏。

南贝尔油田油层地温梯度变化为3.4~4.0℃/100m，平均3.7℃/100m，属正常地温梯度。油层地层压力系数0.78~0.95，平均0.90，属正常压力系统油藏。

4）流体性质

南贝尔油田南屯组一段Ⅱ油组油层地面原油密度平均为0.8698t/m³，原油黏度平均为25.39mPa·s，凝固点平均为31℃，含蜡量平均为18.17%，含胶量平均为17.30%。南屯组一段Ⅲ油组油层地面原油密度平均为0.8730t/m³，原油黏度平均为25.045mPa·s，凝固点平均为34℃，含蜡量平均为19.89%，含胶量平均为20.895%。

南一段Ⅱ油组地层水氯离子为643.8mg/L，总矿化度平均值2709.9mg/L，pH值平均值为7.0，水型为$NaHCO_3$型；南一段Ⅲ油组地层水氯离子值为718.07mg/L，总矿化度值4546.16mg/L，pH值7.0，水型为$NaHCO_3$型。

3. 油田勘探实践

南贝尔凹陷所处的21区块，因其构造复杂、断裂发育、凹陷规模小，一直没有发现。外国公司在塔木察格盆地工作了15年，只看好塔南、巴音戈壁凹陷，对南贝尔凹陷一直没有重视，仅部署了几条二维地震测线，钻探井1口，效果却不理想，认为该凹陷埋藏浅、洼槽小且分散、没有价值而放弃勘探。收购后，定凹选带获得突破，三维地震勘探一次性覆盖凹陷主体，勘探评价一体化，用不到三年时间，整装探明了超亿吨油田，并投入了开发。

1）理思路冲迷雾，"三点定凹"花开南贝尔

初上南贝尔，面对诸多不利因素：地下资料少，几条二维地震测线零散且不规则，难以建立整体构造格局；对凹陷的分布范围、结构及地层发育情况等认识程度低。针对这种状况，油田在该区重点开展了重磁力、地震联合勘探。在深入分析的基础上，初步确定南贝尔凹陷为两凹夹一凸的构造格局及三个主洼槽基本构造特征。但对烃源条件、储层及圈闭含油气性等都缺乏认识。通过与国内相接的贝尔凹陷对比认为，应该为统一凹陷，具有相似的结构和地质背景，也应具有相似的成藏条件。贝尔凹陷贝西次凹、贝中次凹均具有优越的生烃条件，已呈现出满凹含油的场面。小洼槽不是没有潜力，小洼槽也有可能带来规模储量。

仅有的1口井所在洼槽面积比贝中大，但从剖面对比看，现今埋藏较浅。研究认为现今埋藏浅不等于成藏时期埋藏就浅。通过开展早期断陷期盆地原型研究发现，南贝尔

凹陷地层普遍较贝中次凹厚，推断其沉积早期埋藏应该更深，现今的"浅"应该是抬升惹的"祸"。同时，二维地震资料也显示南贝尔凹陷断陷面积大，沉积厚度大，生储盖条件较好，预测有利区相带面积达 1000km²，并发育一定规模的构造带，有利于油气的运移和聚集，也应具有很好的勘探前景。从对新老地震资料再解释再认识入手，重新厘定了断层组合，圈定了主洼槽大致范围，随后主动下凹，针对三个主洼槽部署 3 口探井，探索各洼槽烃源岩发育情况及生烃潜力。3 口井揭示 200 多米厚的暗色泥岩，东次凹北洼槽 21-7 井自喷获得工业油流。"三点定凹"，证实南贝尔凹陷三个洼槽均具有良好的生油条件，而且也获得了工业油气发现，展示了广阔的勘探前景，进一步坚定了在南贝尔大规模勘探的信心。

2）大手笔快节奏，整体勘探发现主力油田

地震勘探是勘探人的眼睛，眼睛不明方向也不明。尤其在断陷盆地，构造活动强烈、期次多，断裂发育，构造破碎，地层倾角大，能否快速部署地震勘探是全面展开、扩大战果的关键。可是，南贝尔凹陷 3000 多平方千米，是按常规一个区块一个区块工作，还是一次部署、整体实施，并不确定。在对地上地下、国内国外宏观形势充分认识把握及投入、风险、效益几番斟酌对比之后，果断做出一次性整体部署 3000 多平方千米三维地震的大胆决策。

一次性部署实施 3000 多平方千米三维地震，相当于常规区块面积工作量的 10 倍以上，这创下了中国石油陆上勘探史之最！如此非常之举，若按照常规程序——采集 1 年、处理解释 1 年这都是快的，然后再部署钻探，油田不可能在有限的勘探期内完成工作任务。如此非常之举既要速度也要质量，破解好这一矛盾必须有一套科学完善的组织管理体系作保证。通过发展"分块连续滚动，现场监控处理，一体化无缝衔接"的采集、处理、解释技术与方法，保证了地震勘探快节奏高质量实施。改变以往 200~300 平方千米分年多块部署、分步骤滚动勘探模式，创建了一次性整体部署、立体快速勘探模式。常规的采集处理解释到应用，周期在 2~3 年，而比常规区块大 10 倍的南贝尔仅用 1 年。落实了较有利圈闭面积和资源量，三轮探井，当年获工业油流井 6 口。创造了"当年设计、当年采集、当年处理、当年解释，当年研究部署，当年现场实施，当年获得工业油流"的"七个当年"的历史记录。仅用一年时间就实现突破，发现并控制了东次凹亿吨级主力油田。

3）破成规转思路，快速高效拿下大油田

在证实南贝尔凹陷勘探潜力后，又面临一个难题：一方面，要快速高效地控制含油面积，提交探明储量；另一方面，要求在勘探合同期内尽可能多地找到更多的储量，为快速增储上产创造条件。从预测储量到控制储量再到探明储量，实质上就是对地下油藏规律认识逐步深化的过程。预测储量直接升级到探明储量，意味着南贝尔勘探要再一次打破常规，在地质研究上打"组合拳"，构造、沉积、储层同步研究深化；在部署上打"组合拳"，打破探井和评价井的区分，探井即是评价井，既要甩开又尽可能兼顾控制规模。评价井也是探井，既要落实储量也要兼顾多层位，寻求新目标，最大限度地提高勘探效益。

为快速拿下大油田，在东次凹两个主洼槽整体研究部署。继中央隆起带 1 口井高产之后，甩开预探的 2 口井相继失利，在近油源且落实可靠的圈闭上又钻 1 口，钻探也未见任何油气显示。是不是构造不行，应该"近源下洼找岩性"。按照这一思路又部署了 2 口井，钻探显示良好。勘探到底是找岩性还是找构造，这不仅是油藏类型和资源潜力的问题，更关乎今后的勘探方向。认真总结反思，开展了对地震资料和钻探资料进行深入研究、沉积演化分析，南一段裂陷初期及伸展期较深水环境下形成优质烃源岩。在北洼槽为咸水沉积环境，具有早生、早排、生烃周期长的特点，在南洼槽为淡水沉积环境，2000m 才开始排烃。现今构造分析，南洼槽大且深，扇体延伸远；北洼槽小且浅，扇体延伸近，初期以南洼槽陡坡断块勘探为主。原型构造分析，洼槽间发育转换带，南屯组缓坡发育长轴物源，储层物性较好，扇三角洲前缘砂体与缓坡带反向断层有效匹配，有利于形成岩性—构造油气藏，勘探重点转到北洼槽缓坡岩性—构造勘探。突破以往陡坡扇体控制主体储层的认识，提出转换带控砂新模式，转换带构造活动强，易风化剥蚀，成为主要物源区，形成长轴向展布的扇三角洲前缘砂体。找到两个洼槽之间的大型转换带可以形成缓坡的大型扇体，而且物性比陡坡扇更好。盆地原型恢复后，确定了储油层位和有利组合。提出了"翘板式"断陷结构的油气运聚规律，构造转换带控砂控藏模式，早期翘倾形成的缓坡带控制了油气富集，缓坡带大型扇三角洲是形成大规模油藏的基础（图 7-3-2）。

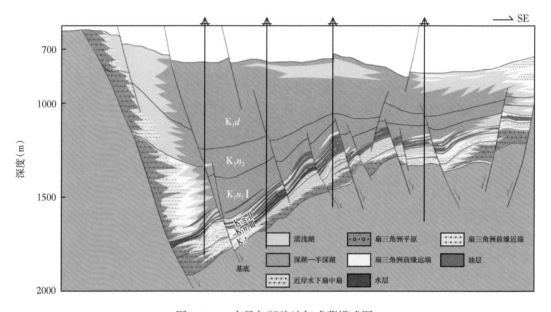

图 7-3-2　南贝尔凹陷油气成藏模式图

认识的深化带来勘探思路和方向的重大转变，从找构造油藏到断块与岩性复合油藏并举、多层位多类型立体勘探。根据研究成果，勘探与评价先后部署实施 40 余口，取得好的效果。南贝尔凹陷多类型油藏快速勘探，仅三年就探明了整装、优质、超亿吨的探明储量，并获得了 SEC 的认可。

第四节　勘探经验与启示

勘探是一项不断探索未知的工作，不同盆地的油气勘探历史，呈现出许多相似的经验和教训，并在勘探实践中反复证实。勘探的发展也具有规律性，有规律就能预测未来[10]。经过几十年的实践，逐步形成一套行之有效的勘探程序[11]，遵守勘探程序就是尊重勘探发展规律。地质理论认识创新是拓展勘探领域的原动力，技术进步是油气勘探持续发展的不竭动力[12-13]。从海拉尔—塔木察格盆地的勘探实践中，可以得到以下勘探经验与启示。

一、地震关键技术的突破是实现勘探突破的手段和保障

20 世纪 80—90 年代，海拉尔盆地实施的二维地震的覆盖次数大都为 12~20 次，但地震剖面深部信息品质差，对断陷结构和沉积地层认识不清，勘探效果不理想。当时认为的基底和古隆起，有的地区后来资料证实是坳陷转换期的底界面及非古隆起，影响了地质规律认识，推迟了油气勘探的发现。为此，改变勘探部署思路，即由二维地震概查到精查落实圈闭，变成获得油气发现后直接部署三维地震。随着地震勘探精度的提高，发现根据二维地震部署的很多探井未打在构造高点上。

2000 年以后，加大了三维地震勘探力度，覆盖次数由 60 次增加到 1056 次，观测系统由 12 线 ×120 炮 ×18 道发展到 32 线 ×3 炮 ×264 道，共深度点面元由 25m×50m 缩小到 10m×20m。形成了高接收道数、高覆盖次数、高时间采样率、高空间采样率，精确测量、精确表层调查、精确吸收衰减分析、精确激发井深，小面元、小组合距、小滚动距，中频检波器、中药量，宽方位角观测震检联合组合，实时现场质量监控、实时动态环境干扰监控的"四高、四精确、三小、二中、一宽、三措施"的复杂断陷盆地地震资料采集技术系列，以叠前深度偏移处理为核心的复杂断块和储层预测技术，使盆地复杂构造成像效果明显改观，高陡构造和基底潜山形态清晰，为复杂断块区构造、岩性精细解释提供了保障。苏德尔特构造带由二维地震解释的基底古隆起带到三维地震揭示在原基底界面下发现一套新地层，认清了苏德尔特构造带基底和构造展布特征，构建了复式油气聚集带与潜山内幕油气成藏模式。勘探思路由单一目的层南屯组或基岩风化壳向多层兼顾兴安岭群和基底潜山内幕的转变，探明了一个多层系、多类型油藏的中型油田。

二、构造控藏的规律认识是引领勘探方向突破的基础和关键

对于断陷盆地，明确原型盆地特征、构造单元特点至关重要。海拉尔盆地总体呈现三拗夹两隆的构造格局，西部断陷带发育时间早，埋藏深，晚期剥蚀改造强烈；东部断陷带断陷发育时间晚，规模小；中部断陷带断陷埋藏适中，沉积厚度大，后期构造活动影响小，成藏最为有利，是最重要的油气赋存区域，也是油田发现和规模较大的地区。断陷带内发育的凹陷多具有相对独立的油水系统，复杂的断裂活动形成了多沉降中心和沉积中心，构成了凹陷内的多生烃中心，形成良好的生储盖组合和多类型油气聚集有利区带，是主要的产油气层系。

断陷盆地以发育油页岩和多层煤为特征，油气成藏受构造和沉积作用控制，凹陷内的构造带对油气运聚和富集有明显的控制作用，多为断裂控藏。由构造演化和原型盆地恢复结果划分出盆底、裂陷、走滑、坳陷和盆岭 5 个构造层，由 3 期沉降机制和充填特征不同的盆地叠置而成，现今凹陷的赋存状况是多期沉降过程叠加改造的结果。下白垩统南屯组沉积期，盆地受控于北东—南西走向的低角度伸展断裂系统，呈现分隔的小型箕状断陷；下白垩统伊敏组沉积期，盆地受控于德尔布干断裂、海拉尔断裂等潜伏构造活动的控制，形成了高角度走滑断裂系统，构成中等规模的上覆盆地；下白垩统青元岗组沉积期，盆地形成大陆内坳陷。南屯组沉积期伸展作用控制了主力烃源岩的形成，伊敏组沉积期伸展走

滑作用控制了烃源岩的赋存；伸展与区域挤压褶皱作用，决定了局部构造的形成、定型与油气的运聚格局。裂陷构造层"凹中隆"主要发育早期伸展断裂，为断裂复杂化的背斜构造。缓坡带发育早期伸展、早期伸展中期张扭和中期张扭 3 种类型断裂，油气沿断裂短距离侧向运移，断裂在伊敏组沉积晚期成藏关键时刻起遮挡作用，形成烃源灶内洼槽区"箱内"、凹中降"弥散式"和灶缘油气侧向运移反向断裂遮挡油气成藏模式的原生油藏[14]。裂陷—走滑构造层发育早期伸展中期张扭晚期反转断裂组合，受中期张扭断裂遮挡，油气在断裂密集带富集，形成油气沿断裂垂向运移"伞式"油气成藏模式的次生油藏。因此，确定了早期复式箕状断陷为主要勘探方向，复式箕状断陷间的凹中断裂凸起带形成构造油藏富集区、缓坡带构造—岩性油藏及洼槽区岩性油藏聚集区。有效指导了海拉尔盆地 2 次勘探，实现了快速规模增储。

通过贝尔凹陷连片三维地震解释和原型盆地恢复研究，认识到南屯组一段沉积期为开阔的凹陷，经南屯组二段沉积末期挤压抬升改造，形成凹凸相间的复式箕状断陷格局。南屯组沉积期霍多莫尔构造带为水下低凸起，接受厚层沉积，而非水上的早期高凸起局部薄层沉积；残留部分存在优质烃源岩及其上、下发育扇三角洲前缘砂体的主力含油层，构成良好的生储盖组合；断裂、砂体和不整合面是霍多莫尔构造带油气成藏的主控因素，并控制了构造带内不同构造单元的油藏类型、输导体系组合和成藏模式，构造带中部的隆起区发育地层—构造油气藏和潜山油气藏，构造带西部浅层走滑断裂带发育断背斜—岩性油藏，深层伸展断裂控制形成断层—岩性油藏，构造带东南部斜坡区发育地层—构造油藏和地层—岩性油藏，具有多层含油、多油藏类型并存的特点。勘探开发一体化评价，发现了霍多莫尔超千万吨高产富油区块。原型盆地的认识带来了霍多莫尔构造带建造、改造过程及沉积相带的转变，是实现油气发现突破的关键，发展先进适用的工程技术是实现勘探突破的重要保障。勘探证实，以往评价高、勘探程度相对较高的复杂老探区，利用新思路、新认识、新技术进行勘探，仍可发现新的油田，认识和技术创新是成熟探区持续突破的保障。

三、洼槽区—缓坡带油气富集规律认识带来领域拓展和增储空间

随着勘探程度和研究工作的不断深入，寻找大规模构造油气藏越来越难，勘探方向由寻找构造油气藏向寻找岩性油气藏、复合油气藏等油气藏转变。洼槽区—缓坡带具有形成大—中型岩性及复合油气藏的条件，勘探由成熟探区向勘探程度低的洼槽区—缓坡带拓展，洼槽区—缓坡带逐渐成为勘探工作的重点。

研究结果表明，不同构造演化阶段发育的沉积砂体类型不同，靠近隆起区的缓坡、陡坡及之间的转换带为主要物源区，凹陷内的局部凸起为次要物源区。根据原型盆地恢复和古地貌特征，将斜坡区划分为缓坡同向断阶型、缓坡反向断阶型、陡坡同向断阶型和洼槽边缘型 4 种类型，不同构造带位置和不同类型构造坡折带发育的沉积砂体类型迥异，缓坡反向断阶型和洼槽边缘型具备近源成藏的有利条件，是最有利的勘探部位。乌尔逊凹陷乌东斜坡带南部近南北向顺向断层控制的缓坡断阶为伊敏组沉积期特征，通过原型盆地恢复，南屯组沉积期发育古构造和反向断层，早期为缓坡反向断阶型，沿控坡和控洼断层找到了东北部缓坡发育的长轴物源分布较大规模的扇三角洲前缘砂体，而非东部缓坡近源短轴扇体沉积。扇三角洲前缘砂体与同沉积翘倾掀斜形成的古构造相匹配有利于油气聚集，复式箕状断陷伸展掀斜翘倾缓坡带形成构造—岩性油藏。根据下洼探岩性、上坡找断块—

岩性油藏的勘探思路，发现了乌东油田，打开了斜坡带多类型油藏的勘探局面。贝尔凹陷贝中次凹勘探面积仅110km²，与塔木察格盆地中部为统一断陷区，是早期宽缓、后期稳定的深洼槽。"翘板式"断陷结构早期翘倾形成的缓坡带，转换带控制缓坡带扇三角洲砂体有利于油气聚集，高含火山碎屑岩储层次生孔隙发育，在深洼槽仍然发育有优质储层，密井网解剖证实为远源—长轴沉积体系，南屯组优质烃源岩与远源扇三角洲前缘砂体叠置，构成好的储盖组合，形成断块、潜山、岩性及断层—岩性多类型油藏。贝中次凹下洼勘探形成了多层位、多类型油藏叠置连片的满凹含油场面，发现中型贝中油田。

借鉴海拉尔盆地勘探认识和经验，在塔木察格盆地勘探发现了亿吨大油田。凹陷是"油源之本"，有生油凹陷，盆地就有油藏，应重视斜坡带和小凹陷的勘探。

复杂断陷盆地地震技术的突破，有效地提高了物探成像精度，为复杂构造区深化认识奠定了基础，已成为破解勘探难题的关键，是实现勘探突破的重要手段和保障。原型盆地不仅控制了烃源岩的形成和演化，还对油气成藏起着至关重要的作用。凹陷内的构造带对油气运移和富集有明显的控制作用，多为断裂控藏。确定断陷原型、选准主洼槽和明确构造控藏的规律认识是勘探突破的基础和关键。对洼槽区—缓坡带油气富集规律的认识，带来勘探思路的转变和勘探领域及空间的拓展。地质理论认识创新、关键技术突破是勘探持续发现和突破的必要条件，地质认识的持续创新和工程配套技术的不断进步是实现勘探发现、突破和油气储量稳定增长的关键。

四、形成"整体、快速、立体、高效"勘探模式

海拉尔—塔木察格盆地下白垩统属陆相伸展断陷盆地体系。由于是分割的断陷群，每一个断陷本身就是一个油气系统，具有复式油气成藏的特征。从规划入手，科学编制五年勘探总体规划部署方案。明确突出整体、突出重点、突出境外的"三突出"勘探部署原则，努力寻求勘探大发现，在短期内实现快速发现并找到规模储量。在海拉尔—塔木察格盆地勘探实践中，逐步探索和建立了"整体、快速、立体、高效"的勘探模式，实现了精细高效的工作目标。

一是整体。整体研究部署，优化实施调整，整装控制规模储量。通过整体认识中部断陷带石油地质规律，分三个层次确定部署思路，明确四大凹陷16个重点区带50个勘探目标。以区带为单元，整体解释，中部带连片成图。整体研究，建立盆地统一地层格架和三级、四级层序格架。以洼槽为中心，寻找断陷期原型断裂构造带为突破方向。整体部署，实施过程动态跟踪研究调整，整装控制储量规模。整体认识勘探潜力，把握勘探节奏，以区带为单元，三年来实现了整装规模储量接替。

二是快速。面对海外区块勘探周期短，必须在短期内快速发现并找到规模储量。精心组织实施大面积三维地震，为了有效利用国外区块较短的勘探期，在综合考虑国外环境、盆地特点和运作方式的基础上，建立了"五定三步走"勘探流程与方法，为快速勘探提供了有效手段。探索了"在充分的前期论证基础上，整体实施大面积三维地震，整体研究认识石油地质条件，多类型油藏勘探并举，靠前设计，靠前组织，研究部署—现场实施一体化快节奏推进，快速发现主力油田，整装控制储量规模"的境外区块快速勘探模式，取得了显著的勘探成果。

三是立体。实施多层位、多类型油藏立体勘探。针对塔南、南贝尔凹陷的19区块、

21区块，南北分区，地质条件差别大，北部"翘板式"结构，多期构造活动继承性差；南部凹隆相间，"复式箕状"继承性叠置，勘探技术方法完全不同。为此，建立了复式箕状断陷构造、岩性油藏成藏模式，为确定有利勘探目标区提供了理论依据。提出了构造转换带控砂控藏模式，明确了以"洼槽"为单元的油气勘探重点区带。整体预探、评价铜钵庙组、南屯组，甩开探索大磨拐河组、基底；构造、岩性、潜山多类型油藏勘探并举，构造、岩性多类型油藏立体同步勘探，在多类型油气聚集有利带勘探中取得了较好的效果。

四是高效。面对复杂断陷盆地及快速勘探实践过程，为了避免大的风险及勘探的失误，坚持勘探开发一体化，整体优化部署，优势互补，节省了勘探开发时间。勘探整装控制规模，开发优化动用储量，南贝尔凹陷东部次凹北洼槽等多个区带实现了整装探明，整体开发设计，见到了好效果。

在海拉尔—塔木察格盆地勘探实践中，持续开展技术攻关和认识创新，部署实施大面积三维地震，整体研究、整体部署、实行勘探开发一体化组织，是快速取得规模勘探发现的成功经验。勘探过程就是地质认识不断加深和技术不断进步的过程。转变勘探理念、重视基础研究、创新地质认识、发展关键技术是油气勘探突破的关键。实践没有止境，创新也没有止境。需要用"亦此亦彼""彼此融合"的认识才可能真正了解复杂的客观世界。

参 考 文 献

[1] 李春柏.海拉尔盆地油气勘探历程与启示[J].新疆石油地质，2021，42（3）：374-380.

[2] 胡朝元.石油天然气地质文选[M].北京：石油工业出版社，1999.

[3] 胡见义，黄第藩，徐树宝，等.中国陆相石油地质理论基础[M].北京：石油工业出版社，1991.

[4] 张吉光，张宝玺，陈萍，等.海拉尔盆地苏仁诺尔成藏系统[J].石油勘探与开发，1998，25（1）：25-28.

[5] 李春柏，蒙启安，朱德丰，等.海拉尔—塔木察格盆地原型特征与控油作用[J].大庆石油地质与开发，2014，33（5）：138-146.

[6] 朱德丰，刘赫，高春文，等.乌尔逊—贝尔凹陷构造沉积充填演化对油气成藏的控制作用[J].大庆石油地质与开发，2014，33（5）：147-153.

[7] 吴海波，任延广，李军辉，等.乌尔逊—贝尔凹陷优质烃源岩发育特征及成因机制[J].大庆石油地质与开发，2014，33（5）：154-161.

[8] 蒙启安，吴海波，李军辉，等.陆相断陷湖盆斜坡区类型划分及油气富集规律：以海拉尔盆地乌尔逊—贝尔凹陷为例[J].大庆石油地质与开发，2019，38（5）：59-67.

[9] 张晓东，李敬生，侯艳平，等.海拉尔盆地红旗凹陷构造演化及其对成藏的控制作用[J].大庆石油地质与开发，2019，38（5）：117-125.

[10] 田在艺，徐旺，张传淦，等.愿翁文波院士的预测事业能继续发展[J].石油勘探与开发，2002，29（6）：105-106.

[11] 丁贵明，张一伟，吕鸣岗，等.油气田勘探工程[M].北京：石油工业出版社，1997.

[12] 冯志强.技术进步是油气勘探持续发展的不竭动力[J].大庆石油地质与开发，2009，28（5）：6-12.

[13] 王玉华.大庆油田勘探形势与对策[J].大庆石油地质与开发，2014，33（5）：1-8.

[14] 付晓飞，董晶，吕延防，等.海拉尔盆地乌尔逊—贝尔凹陷断裂构造特征及控藏机理[J].地质学报，2012，86（6）：877-889.

第八章 地震勘探方法与技术

海拉尔盆地构造复杂、断裂发育、构造破碎，沉积相变快，扇体发育，储层横向变化非均质性强，储层多样，针对断裂复杂、沉积相变快，含油砂体分布范围小、厚度薄，预测难的问题，地震资料处理、解释和储层精细预测一体化研究主要开展了四个方面的研究工作：

（1）海拉尔盆地地层速度横向变化快，地震波波场复杂，使得复杂断块构造成像困难，地层间的接触关系不清，应用以往的叠前时间偏移地震资料尽管能够落实整体构造带的构造形态，但一些小断层和小断块的细节还无法进一步精细刻画，无法满足水平井勘探部署和精细勘探的地质需求，为此，针对复杂断块构造成像困难的问题进行了逆时叠前深度偏移处理。

（2）海拉尔盆地含油砂体分布范围小、厚度薄，预测难，将无线电领域的频率域"载波调制"理念创新性地引入到地震资料处理中，用基于最大熵（Max Entropy）谱估计的LS-LUD算法，研发了ButHRS地震高分辨率双向拓频处理技术，把改进型Butterworth带通子波谱的包络作为目标函数，通过L1模计算方法得到谱调制加权因子，将短时窗数据的LS-LUD谱分解得到的振幅包络向改进型Butterworth带通子波谱的包络形态逼近，得到短时窗地震数据高分辨谱。该技术不但在低频和高频两个方向上拓展了地震频带，有效地压制了地震子波旁瓣，而且提高地震资料分辨率的同时，保持了地震资料的信噪比、相对振幅关系和时频特性，提高了地震资料识别小薄砂体的能力。

（3）在构造建模技术的指导下，开展叠前深度偏移处理技术政策，发展常规偏移和叠前偏移联合解释技术，提高对复杂构造，地质体的识别和描述能力。充分利用相干、水平切片、三维可视化等解释技术，准确落实断裂和构造特征，实现多层位、多界面，以及层间的全三维地震解释，为复杂断块区构造、岩性精细解释提供保证。

（4）应用基于小波边缘分析建模的AIW波阻抗反演技术，利用小波边缘分析方法从地震记录中直接提取地震属性特征参数，在断层参与的高密度层控构造框架约束下，同测井声波阻抗数据一起建立初始模型，三个条件相互约束、相互补充，充分利用地震数据横向分辨率高、纵向控制层位密度大的优势，避免了常规波阻抗反演过程中初始模型建立不准而产生的地质影响。

第一节 复杂勘探区地震资料精细处理技术

海拉尔盆地构造复杂、断裂发育、构造破碎，沉积相变快，扇体发育，储层横向变化非均质性强，储层多样，地层速度横向变化快，地震波波场复杂，使得复杂断块构造成像困难，地层间的接触关系不清。应用以往的叠前时间偏移地震资料尽管能够落实整体构造带的构造形态，但一些小断层和小断块的细节还无法进一步精细刻画，无法满足水平井勘探部署和精细勘探的地质需求。为此，针对复杂断块构造成像困难的问题进行了逆时叠前深度偏移处理。

一、逆时叠前深度偏移技术

从逆时深度偏移的基本原理和实现过程入手，分析精细速度地质建模及偏移孔径、偏移频率等主要深度偏移参数对复杂构造成像效果的影响，给出了贝尔凹陷贝中复杂构造区三维地震资料逆时叠前深度偏移处理结果。通过叠前时间偏移与逆时深度偏移资料的对比分析，表明逆时深度偏移技术对复杂断裂构造能更好地成像，满足构造精细解释和勘探生产的地质需求。

逆时叠前深度偏移是基于波动理论的深度域偏移方法，它不需要对地震波的上、下行波场进行分离，用双程波波动方程对波场进行逆时延拓，有效地避免对波动方程的近似，是一种最精确的波动方程成像方法[1-2]。逆时叠前深度偏移不受速度横向变化及介质倾角限制影响，回转波成像处理好，能够对复杂构造区准确成像，同时对速度敏感性比 Kirchhoff 有限差分方法弱，逆时深度偏移具有保幅保真、偏移噪声低、能量聚焦好的成像效果[3-4]。

1. 逆时叠前深度偏移原理

三维介质的双程声波方程为：

$$\frac{1}{v^2}g\frac{\partial^2 \varphi}{\partial t^2}=\nabla^2 \varphi + S \qquad (8\text{-}1\text{-}1)$$

式中：$\varphi=\varphi(x, y, z, t)$ 为介质的压力场；$v=v(x, y, z)$ 为速度场；$s=s(x, y, z, t)$ 为震源项；g 为重力加速度。

方程（8-1-1）是一个双向波动方程，其解可以精确地描述包括上行波和下行波在内的复杂地震波的波场传播特征。逆时偏移成像条件满足以下关系：

$$I(x)=\int F(x,t)R(x,t)\mathrm{d}t \qquad (8\text{-}1\text{-}2)$$

式中：$F(x, t)$ 为正向外推的震源波场；$R=R(x, t)$ 为反向外推的记录波场；$I=I(x)$ 为点 x 的成像结果。假设子波为脉冲函数，P 波传播情况下，正向震源波场 $F(x, t)$ 可以表示成：

$$F(x,t)=\delta(t-t_{\mathrm{p}}) \qquad (8\text{-}1\text{-}3)$$

式中：t_{p} 是从炮点到空间任意点 x 的旅行时，逆时偏移成像条件式（7-1-2）变为：

$$I(x)=\int \delta(t-t_{\mathrm{p}})R(x,t)\mathrm{d}t=R(x,t_{\mathrm{p}}) \qquad (8\text{-}1\text{-}4)$$

逆时偏移从最终的时间 $t_{\max}$ 以逆时的方式偏移，在某个 $t_1<t_{\max}$ 时间点某个空间位置 x，如果 $t_1=t_{\mathrm{p}}$，那么就可以得到点 x 的矢量波场。假设炮点波场 $S(t, z, x)$ 代表下行波场，检

波点波场 $R(t,z,x)$ 代表上行波场，那么成像条件可进一步简化为：

$$I(z,x)=\sum_s\sum_t S(t,z,x)R(t,z,x)\qquad(8\text{-}1\text{-}5)$$

2. 逆时叠前深度偏移实现过程

1）初始深度域速度模型建立

选择能够控制全区构造形态、连续性好、能量强的同相轴在时间偏移剖面上从上到下进行层位解释，为了保证成像效果及水平井勘探需求，进行了细分层速度建模，在原有 7 个层位基础上在目的层段南屯组和大磨拐河组加密 5 个层位控制，保障构造复杂、速度变化快的南屯组深度速度模型更准确。陡倾角地层和横向速度变化都会引起 CMP 道集共中心点发散，求取层速度困难，利用叠前偏移可以消除构造倾角和横向速度变化影响，得到反映同一反射点信息的 CRP 道集求取均方根速度[5-6]。

（1）利用叠前时间偏移求取的 RMS 速度场由 DIX 公式转换成层速度 v_n：

$$v_n=\left(\frac{t_{0,n}v_{\sigma,n}^2-t_{0,n-1}v_{\sigma,n}^2}{t_{0,n}-t_{0,n-1}}\right)^{\frac{1}{2}}\qquad(8\text{-}1\text{-}6)$$

式中：v_n 为第 n 层的层速度；$v_{\sigma,n}$、$t_{0,n}$ 分别为第 n 层的均方根速度和 t_0 时间。

（2）考虑速度横向和纵向变化，利用速度梯度函数将时间域的层速度转到深度域 $H=(v_0+\alpha\Delta T)\times T$。引用速度梯度，从"垂向"到"横向"调整速度，利用 CRP 道集检查垂向剩余速度谱，如果层间能量团趋于零，则速度梯度合理。再沿层做剩余速度分析，检查并修改层速度，优化速度模型，最终得到准确的深度层速度场。

（3）将时间域构造实体模型充填沿层层速度进行时深转换即可得到深度域的构造实体模型，再将深度域的构造实体模型充填沿层层速度即可得到初始的深度层速度体。

2）深度域层析成像模型修改

叠前时间偏移与叠前深度偏移相比对速度的敏感度要小，容易求取 v_{rms}，但是由于叠前时间偏移速度是一个非常平滑的长波场速度，不利于精细速度模型的建立，所以适合时间偏移的速度未必适合叠前深度偏移，即使速度相当准确，叠前时间偏移成像质量也无法提高，因此需要在深度域继续对初始速度场进一步细化。

层析成像反演是一种结合叠前深度偏移，通过深度域射线追踪方法来求取剩余速度。该方法假设在剩余偏移过程中，地下某一反射地震界面旅行时保持不变，也就是深度域 CIP 道集剩余的动校正量 Δt 必须有小的 Δv_i 来补偿[6-7]。PP 数据的表达式为：

$$\Delta t=\sum_i\frac{\partial t}{\partial v_i}\Delta v_i+\frac{2\Delta z}{v}\cos\alpha\cos\beta\qquad(8\text{-}1\text{-}7)$$

式中：Δt 为旅行时变化量；Δz 为反射层深度变化量；Δv_i 为速度变化量；α 为开启角的一半；β 为地层倾角。

层析反演求取的速度变化量 Δv_i 沿偏移距的方向来拉平拾取的 CIP 道集。Δz 和 Δv_i 的关系表达式为：

$$z_h^* = z_h + \Delta z = z_h = \sum_i \frac{\partial t}{\partial v_i} \Delta v_i + \frac{v}{2 \cos\alpha \cos\beta} \qquad (8\text{-}1\text{-}8)$$

式中：z_h^* 为剩余偏移深度；h 为偏移距。

反射地层真深度（z_h^*）未知，层析反演通过最小化 $z_h^* - z_0^*$ 来求解 Δv_i。

$$z_h - z_0 = \sum_i \left[\left(\frac{2v_h}{\cos\beta \cos\alpha_h} \right) \frac{\partial t_h}{\partial v_i} \left(\frac{2v_0}{\cos\beta \cos\alpha_h} \right) \frac{\partial t_0}{\partial v_i} \right] \Delta v_i \qquad (8\text{-}1\text{-}9)$$

通过求解方程（8-1-9）不但得到更新的速度变量 Δv，而且得到新的速度场 $v_1 = v_0 + \Delta v$。利用速度场 v_1 进行 Kirchhoff 法叠前深度偏移，检查 CRP 道集是否被拉平，否则再进行下一次层析反演，直至所有 CRP 道集拉平，图 8-1-1 为经过二次层析反演前后的速度剖面对比。

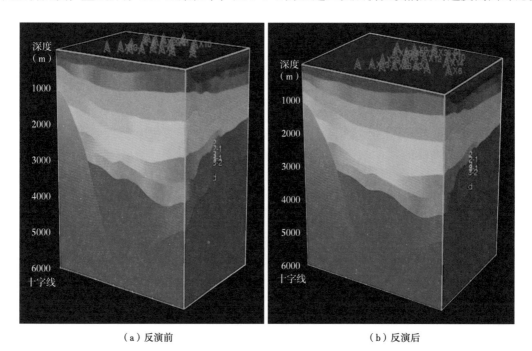

（a）反演前　　　　　　　　　　　　　（b）反演后

图 8-1-1　二次层析反演前后的速度模型对比

3）高密度剩余速度调整

初始的三维深度层速度模型要满足地质要求，必须经过三维叠前深度偏移模型优化—三维叠前深度偏移—模型优化若干次迭代过程，检查 CRP 道集是否拉平、深度剖面成像是否合理，在 100m×25m 的小网格解释速度谱，更好地刻画扇体内幕速度基础之上，采取沿层剩余速度分析和垂向剩余速度分析，纵向细分层速度界面、横向沿层拾取剩余谱，通过层析成像对层速度进行优化，形成更新后的深度层速度体，再用新层速度体进行目标偏移，反复迭代直到横向和纵向剩余层速度误差趋于最小。

4）井约束速度分析

成像最佳层速度不同于地层速度[8]。利用深度—速度模型对叠前炮集或共中心点道集进行深度偏移之后，得到共反射点 CRP 道集。如果深度—速度模型正确，则 CRP 道集上所有同相轴都被拉平，且与钻井地质分层数据一致，否则 CRP 道集上同相轴不平，成像后的深度层位与钻井深度存在误差。在零偏移距旅行时不变的情况下，认为深度误差主要由速度误差引起，所以可在最佳成像后用井速度对深度偏移的数据进行一次校正，以便使地震数据和井数据吻合。应用区内 46 口钻井标志层约束经深度偏移的井旁地震道相应反射层位，利用 DT 曲线与所在位置的层速度比较来调整速度大小，使井旁地震道的成像深度向井中的深度逼近，修正速度，然后沿着修正后的深度界面进行层速度的内插、外推，最终获得修正后的深度—速度模型（图 8-1-2）。

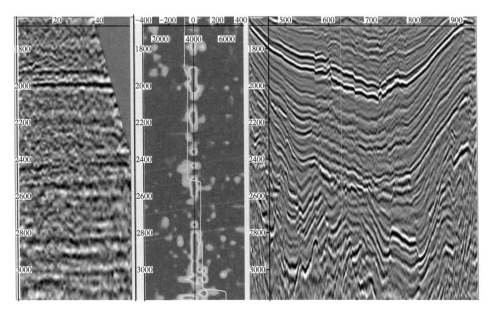

图 8-1-2　钻井约束速度调整

5）逆时叠前深度偏移处理参数

深度偏移参数直接影响资料的信噪比、分辨率，在处理参数的选取上主要依据理论公式和必要的处理试验。

（1）最大偏移孔径，对地下反射点进行绕射叠加成像时，地表接受该点有效反射信号的相应区域即为叠前偏移孔径。在理论上偏移孔径是根据地层最大倾角确定的，如果偏移孔径过小，将丢失有效信号，引起成像变形；如果偏移孔径过大，则降低偏移剖面的信噪比，不能确定真振幅，同时也耗费机时，因此根据实际资料的倾角及深度情况选择适当的孔径，既能保证成像质量，又能尽量少地引入噪声，通过试验结果分析对比，选取偏移孔径 11000m×11000m。

（2）偏移频率，包括偏移的最大频率、主频及带宽。受成像条件等因素的影响，逆时偏移剖面上存在各种干扰，为了提高成像剖面的分辨率，通常采用频率域带通滤波的方法进行滤波。当最大频率过高时，产生太多噪声，影响资料的信噪比，因此应选择适当的带宽确保信噪比与分辨率的平衡。通过试验结果分析对比，选取频率范围为 5~70Hz，主频为 33Hz。

3. 逆时叠前深度偏移应用效果

图 8-1-3 是贝尔凹陷贝中地区叠前时间偏移和逆时深度偏移剖面对比。逆时深度偏移

剖面目的层分辨率较高，成像质量较好，频带由 10~58Hz 拓展到 8~67Hz，波组特征清楚，构造、断层、断点清晰，层间信息丰富，叠前时间偏移剖面频带较窄，地层内幕接触关系不清，而逆时偏移剖面上地层内幕信息比较丰富，小断层清晰。从整个剖面上来看，逆时偏移剖面信噪比要明显高于叠前时间偏移剖面。

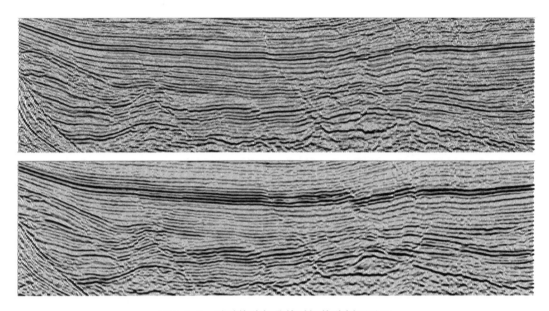

图 8-1-3 逆时偏移与叠前时间偏移剖面对比

逆时偏移是基于全波动方程偏移算法，无倾角限制，可以使回转波、多次波等各种体波精细成像，完全适合海拉尔盆地复杂断裂地区的构造精细成像，并具有保幅保真的特点，为扇体刻画和有利储层精细预测奠定了基础。

通过贝尔凹陷三维地震资料逆时叠前深度偏移处理，主要目的层和油层顶界面成像清晰，地层和扇体内幕信息丰富，地层接触关系清晰，陡倾角地层和断裂成像较为清晰，断裂位置可靠，断陷结构清晰，能满足高精度勘探开发工作需求。

（1）准确的深度—速度建模是逆时深度偏移成像的关键，初始速度模型是建模基础，速度分析和模型迭代修改是建模的重要环节。最大偏移孔径和偏移的最大频率、主频及带宽是提高偏移成像质量的重要参数，应依据理论公式和必要的处理试验反复试验。

（2）逆时叠前深度偏移改善了陡倾角、断裂复杂地区的成像质量，使断裂位置更加清晰可靠，可以使回转波、多次波等各种体波精细成像，地层归位更准确，地层接触关系清晰。对于地层内幕及接触关系的成像，逆时偏移提高了信噪比，地层反射特征清楚、结构合理。通过贝中地区 46 口井地质分层深度与逆时深度偏移剖面对比，深度偏移剖面绝对误差均小于 3.8m，相对误差均小于 2.3‰，满足勘探开发生产精度要求。

二、高分辨率地震双向拓频处理技术

针对断裂复杂、沉积相变快，含油砂体分布范围小、厚度薄，预测难的问题，将无线电领域的频率域"载波调制"理念创新性地引入到地震资料处理中，用基于最大熵谱估计的 LS-LUD 算法，研发了 ButHRS 地震高分辨率双向拓频处理技术，把改进型 Butterworth 带通子波谱的包络作为目标函数，通过 L1 模计算方法得到谱调制加权因子，将短时窗数据的 LS-LUD 谱分解得到的振幅包络向改进型 Butterworth 带通子波谱的包络形态逼近，得到短时窗地震数据高分辨谱。该技术不但在低频和高频两个方向上拓展了地震频带，有效地压制了地震子波旁瓣，而且提高地震资料分辨率的同时，保持了地震资料的信噪比、相对振幅关系和时频特性，提高了地震资料识别小薄砂体的能力。

1. 技术原理

1）最大熵谱估计技术

根据 Burg[7] 所提出的概念，地震信号估计的最大熵谱 $\hat{G}_x(f)$ 为[7]：

$$\hat{G}_x(f) = \frac{P_M}{\left|1 + \sum_{k=1}^{M} a_k \mathrm{e}^{-j2\pi kf}\right|^2}$$ （8-1-10）

式中：P_M 为 M 阶预测误差滤波器的输出功率；$a_k(k=1, 2, \cdots, M)$ 为模型参数；f 为频率；M 为预测阶数。

最大熵谱估计的优点如下：

（1）传统的功率谱估计方法是将样本自相关函数乘以某种窗函数，尽管窗函数增加了谱估计的稳定性并减少了谱泄漏，但窗函数会限制谱的分辨力。而最大熵谱估计的 Burg 算法和 LS-LUD 算法是在外推相关函数过程中既能保证相关函数已知部分不变，又能在新增加外推值之后使概率分布具有最大的熵，因而能提高谱的分辨力。

（2）最大熵谱估计的 Burg 算法合理的外推和正、反向误差平方和的最小化，相对传统方法提高了分辨率，但 Burg 算法还保留了 Levinson 递推形式，因此每次外推不是对所有的回归系数求最小值，而只对最末项相关系数求最小值。当地震数据信噪比低且所取阶数较高时，Burg 算法容易产生"谱峰偏移"（峰值频率估值和真值间的偏离度）和"谱线分裂"（估计谱中出现两个或多个相距很近的谱峰）现象，地震信号无法保持地震资料的信噪比、相对振幅关系和时频特性。而 LS-LUD 是在最小二乘法（LS）基础上采用上下三角阵分解（LUD）算法求解自适应 AR 谱，由于 AR 模型的最小二乘（LS）解的频率偏移小，在短时窗数据下不受 Toeplitz 矩阵形式限制的 LS 方法可以得到更好的结果，所以 LS-LUD 解决了"谱峰偏移"及"谱线分裂"现象，为后续的提频、保幅高分辨率处理奠定了基础。

（3）应用最大熵谱估计进行地震资料处理，不但在高噪声背景下可以识别有效信号，而且输出信噪比较大。当输入信号特征未知时，传统的信号处理方法则很难从强噪声背景中检测出有用信息。

2）频率域 Butterworth 子波谱算子

Buterworth 滤波器是英国工程师 Stephen Butterworth 在 1930 年发表在英国《无线电工程》期刊的一篇论文中提出的。Butterworth 带通滤波器相对于普通带通滤波具有很多优点，时间域的 Btttterworth 子波算子可由其频率域振幅谱的反傅里叶变换构建[8-9]。Butterworth 传统滤波算子由不同阶数滤波器（如 $n=1, 2, 3, \cdots$）构建，陡度调整不便。在频率域构造

Butterworth 低通、高通滤波算子组合 Butterworth 带通算子，改进算子计算方法，可任意调节 Butterworth 带通算子高、低频响应的陡度，构建改进型 Butterworth 滤波器带宽 BT（FL, dBFL, FH, dBFH）。

图 8-1-4 中 FL 代表低频（Hz），dbFL 代表低频段倍频程（dB），FH 代表高频（Hz），dbFH 代表高频段倍频程（dB）。在 Butterworth 子波谱中，倍频程越大，频率过渡带陡度越大，反之亦然。Butterworth 滤波器优点是通频带内的频率响应曲线最大限度平坦，而在阻频带则逐渐下降为零，在通频带和阻频带内都是频率的单调函数。

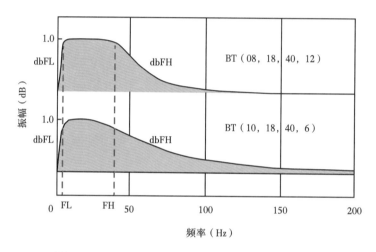

图 8-1-4　不同频带的改进型 Butterworth 子波谱对比

图 8-1-5 分别为应用常规带通子波、改进型宽带 Butterworth 子波和俞氏 Ricker 子波制作的理论合成地震记录。从图 8-1-5 中可以看出改进型宽带 Butterworth 子波旁瓣最小，用于制作的理论合成记录与实际反射系数对应关系最吻合，保真度高。显然，改进型宽带 Butterworth 子波谱算子的脉冲响应平坦光滑，Gibbs 效应小，Butterworth 子波旁瓣小、分辨率高。

3）频率域"载波调制"技术

根据无线电载波信号发射中的调制方法，就是在传送信号的一方将所要传送的信号附加在高频振荡上，这里高频振荡波是指携带信号的运载工具，即载波，将这一理念引申到地震资料处理的谱自适应加权算子计算过程中，把改进型频率域 Butterworth 带通子波谱的包络线称为载波，而短时窗数据的 LS-LUD 谱分解得到的振幅包络作为被调制对象，应用调制信号（改进型 Butterworth 带通子波谱的包络作为目标函数），通过 L1 模计算方法（稀疏、分段逼近）得到谱调制加权因子，将短时窗数据的 LS-LUD 谱分解得到的振幅包络向改进型 Butterworth 带通子波谱的包络形态逼近，得到短时窗地震数据高分辨谱，其中低频及高频信息的能量调制幅度相对较大，此过程就是让短时窗地震记录的 LS-LUD 高精度谱整体趋势与 Butterworth 子波谱包络形态相对保持一致，可形象比喻 LS-LUD 高精度谱在 Butterworth 子波谱包络上"跃动"，从而使短时窗数据的 LS-LUD 谱分解得到的高精度谱具有 Butterworth 子波谱的功能，子波旁瓣小、分辨率高，在此基础上反变换得到双向拓频后的地震记录，其分辨率高，有效减少了旁瓣。同时由于最大熵谱估计不但在高噪声背景下可以识别有效信号，输出信噪比也较大，而且当输入信号特征未知时，很容易从高频背景中检测出低频信息，所以通过最大熵谱估计的短时窗数据的 LS-LUD 谱分解不但拓展并保留了低频，而且突出高频弱反射信息，双向拓展了地震频带，提高了地震资料的分辨能力。

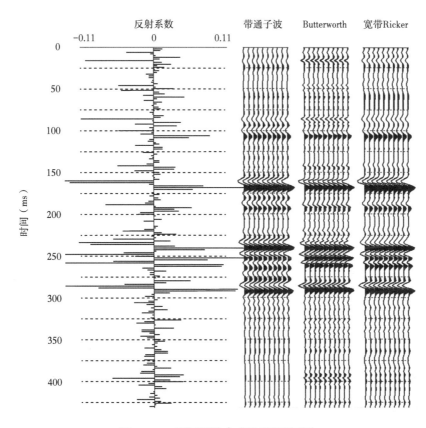

图 8-1-5　不同子波合成地震记录对比

由于 L1 模计算方法通过对局部计算时窗地震数据自相关函数的归一化处理，以及应用高精度的短时窗 LS-LUD 谱估计算法，使得双向拓频后的各时窗数据能量调整不大，且整体振幅关系保持较好，此过程仅通过双向拓频提高地震记录的分辨率，减少地震子波旁瓣且突出地震记录波组特征，而不改变其相位。

2. 双向拓频处理技术应用效果

1）双向拓频剖面分辨率高

在实际地震资料处理中，针对乌尔逊断陷北部构造复杂、断裂发育，地震资料分辨率低、砂体地震响应特征不明显的特点，首先在频率域内构造改进型宽带 Butterworth 子波算子，合理调整低频、低频段倍频程或者高频、高频段倍频程参数来保证足够的频带宽度，在设计滤波器时，如将低频响应设计较陡，有利于地震记录中面波的衰减，将高频响应设计较缓，并且相对于宽带 Ricker 俞氏子波有更宽的通放带，则有利于地震记录的高分辨率处理，其算子的旁瓣更小，地震处理保真度会更高，通过实验确定频率域 Butterworth 子波参数为 BT（6Hz，12dB，90Hz，12dB）；其次在频率域把短时窗地震记录的 LS-LUD

谱通过 L1 模方法（稀疏、分段逼近）"调制"到改进型 Butterworth 子波谱包络上，得到短时窗地震数据高分辨谱，其中低频及高频信息的能量调制幅度相对较大，此过程就是让短时窗地震记录的 LS-LUD 高精度谱整体趋势与 Butterworth 子波谱包络形态相对保持一致，可形象比喻 LS-LUD 高精度谱在 Butterworth 子波谱包络上"跃动"，拓宽了地震记录优势频率的带宽，突出高频弱反射信息，将频率域的 Butterworth 子波谱"载波调制"因子长度选取为 Nyquist 频率的 1/5，即实际地震记录的短时窗谱稀疏、分段逼近 BT 子波谱；最后通过快速傅里叶反变换得到拓频后的时间域地震数据。ButHRS 处理后地震剖面的波组特征及横向一致性更好，处理前后数据的相对振幅关系及振幅能量级别基本保持不变，叠后分辨率提高，同时在保证信噪比条件下，最大程度展宽了地震频带宽度。

图 8-1-6 为拓频处理前、后的地震偏移剖面对比，经拓频处理地震资料分辨率得到提高，波组特征清楚，构造、断层、断点清晰，层间信息丰富，地层接触关系明确。经 ButHRS 子波旁瓣压制拓频处理后铜钵庙组储层弱反射特征得到突出，拓频后的地震资料频带明显展宽，不但高频端振幅能量增高，频率提高，而且低频端频率也拓展了 2~3Hz（图 8-1-7），不但大幅度拓宽了地震频带，也很好地保持了原始地震数据的时频特性，提高了地震数据的分辨率。通过 ButHRS 高分辨率地震数据双向拓频处理，地震数据主频提高，频带拓宽了 40Hz（由 10~55Hz 拓宽到 8~95Hz），反映的层间地震信息更加丰富。

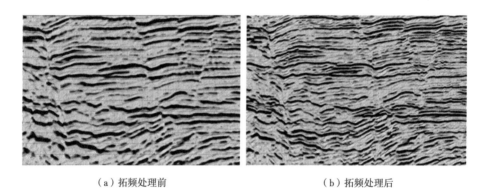

（a）拓频处理前 　　　　　　　　　　　　　（b）拓频处理后

图 8-1-6　L235 拓频处理前后的地震剖面对比

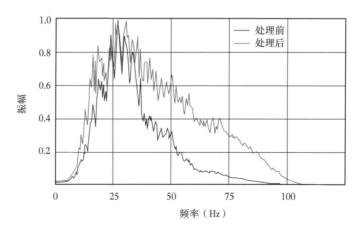

图 8-1-7　L235 拓频处理前后地震频谱对比

2）井震对应关系和波组特征一致

通过乌尔逊北部地区 ButHRS 高分辨率地震数据双向拓频地震剖面与合成地震记录对比，合成地震道和地震剖面波组特征清晰，对应关系一致，地震反射同相轴井震对应关系和波组特征吻合，说明 ButHRS 拓频剖面保幅、保真。图 8-1-8 为 S11 井 ButHRS 拓频前、后的合成地震记录标定剖面图（从左至右分别为合成地震记录、井旁道和地震剖面），通过标定对比，在常规叠前、叠后偏移资料中与地震合成记录相吻合、波组特征一致的地震反射层位，在 ButHRS 拓频处理后也能够很好地吻合，而且波组也能够保持一致。更重要的是经 ButHRS 地震拓频处理以后，分辨出来的薄层地震反射信息也能够与地震合成记录吻合很好，同实际钻井的岩性、电性保持相一致的波组对应关系，拓频前地震合成记录与地震剖面的相关系数为 0.64，而拓频后合成地震记录与地震剖面的相关系数为 0.87，地震剖面与实际地层的吻合度明显提高。

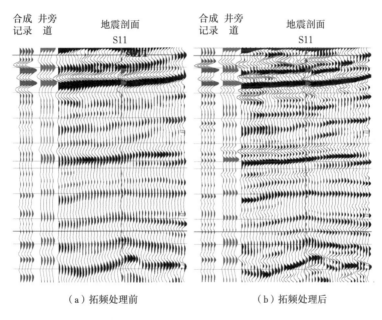

（a）拓频处理前　　　　　　　　　　（b）拓频处理后

图 8-1-8　拓频前、后的合成地震记录标定剖面图

统计乌北地区 28 口探评井资料，其中在主要目的层段南一段有 24 口井的地震薄层识别能力与钻井符合，符合率达 85.7%，较常规地震资料地震识别的符合率提高了 14%。其中有 4 口钻井不符，主要是由于目的层位于断层处所致，这说明常规地震资料经过地震 ButHRS 拓频处理后得到的高频信息是真实可靠的，完全可以识别不同尺度的地震—地质薄互层储层信息。图 8-1-9 为 S15-55 井—S17 井 ButHRS 拓频前、后的测井曲线—地震对比剖面图，S17 井在大一段上部 1170~1180ms 间发育一层厚度为 5.7m 的砂岩储层，在原始偏移剖面上表现为波谷反射，地震资料无法识别，经 ButHRS 拓频处理后该套砂体表现为一明显的中—弱波峰反射，可以对比追踪，说明原始叠后地震资料由于分辨率低，目的层段大一段上部 1170~1180ms 间的薄层砂体尽管在测井曲线上的电性特征有明显的变化，但原始地震数据并没有形成地震反射，经 ButHRS 地震拓频处理后，由于地震频带拓宽、地震分辨率提高，这一现象普遍得到较大的改善，说明 ButHRS 拓频得到的高频信息

可以真实反映地质信息。

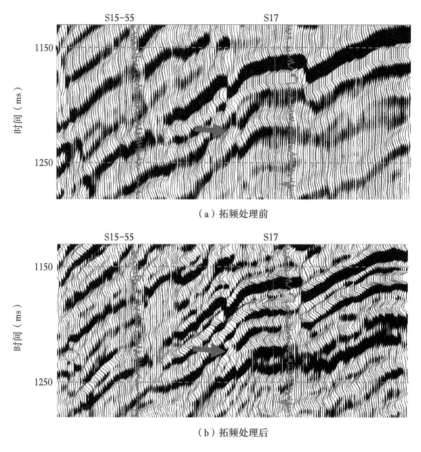

（a）拓频处理前

（b）拓频处理后

图 8-1-9　拓频前、后的测井—地震对比剖面图

　　从图 8-1-9 也可以看到，S17 井在大一段下部（图中箭头 T_{2-2} 地震反射层之上）发育两套砂岩，由于原始资料频带较窄、分辨率较低，该两套地层的地震反射波互相干涉，在原始偏移剖面上地震反射特征表现为较大的复波谷反射，在钻井上为砂体与上、下围岩的复合响应，而且大一段底界地震反射（T_{2-2} 地震反射层）表现为一复波峰特点，ButHRS 拓频后该两套砂岩表现为两个较强的波峰，复波得到分解，T_{2-2} 地震反射层表现为波峰反射，横向可连续追踪，ButHRS 拓频处理后新增同相轴与测井、钻井岩性一一对应，为分析大一段下部和南屯组砂岩储层和砂体刻画提供了依据，满足精细构造解释和精细储层预测的精度需求。

　　本节基于最大熵谱估计的 LS-LUD 算法原理，将无线电领域的"载波调制"理念引入到地震资料处理中，通过频率域 Butterworth 子波"载波调制"来实现地震记录子波旁瓣压制，给出一种在低频和高频两个方向上可实现的双向拓频高分辨地震处理技术，并称之为 ButHRS（But-Butterworth、HRS-High resolution processing system）技术。同常规叠前、叠后地震资料处理方法中的强调低频压制、高频提升的处理过程不同，ButHRS 高分辨率地震双向拓频处理重点是在保幅的前提下，强调低频、高频端弱信号地震反射能量增强和薄储层地震响应能力的提高。

（1）ButHRS 拓频处理后地震剖面的波组特征及横向一致性更好，处理前后数据的相对振幅关系基本保持不变。在保证主频有更大带宽的同时，不降低地震数据的信噪比。

（2）ButHRS 拓频技术可在低频、高频双向拓展地震记录优势频率带宽，有效减少旁瓣，突出低频、高频弱反射信息，提高地震记录分辨率。不但可应用于叠前、叠后资料的提高分辨率的双向拓频处理，而且 ButHRS 提频时对原始信噪比要求没有反褶积那么严格，对于低信噪比资料可以通过合理的多时窗 BT 子波谱参数调整，降低高频噪声的影响。本算法要求叠前预处理过程尽可能保留更多有效的低频及高频信息。

（3）通过设计低频、低频段倍频程、高频、高频段倍频程参数及 BT 谱"载波调制"因子长度，在频率域构造改进型宽带 Butterworth 子波算子，可在频率域调节子波谱形态。设计较陡的滤波器低频响应有利于地震面波衰减，高频响应较缓，压制部分高频噪声的同时，又有较大的带宽，则更利于地震高分辨率处理，其算子的旁瓣更小，保真度更高。对于复杂断裂发育区 ButHRS 处理参数低频、低频段倍频程尽可能小，可适当减少带宽，以不降低低频断面波能量为原则。

（4）通过 ButHRS 拓频处理，乌北 3D 地震数据频带拓宽了 40Hz（由 10~55Hz 拓宽到 8~95Hz），ButHRS 双向拓频后地震资料反映的地震—地质信息丰富、层间反射波细节明确，断层、断点清楚，不同尺度的地质体横向和纵向识别能力增强。以拓频地震资料为基础，通过精细地震层位追踪和属性预测可以精细刻画砂体，识别有利储层，适于复杂断陷复杂目标区中构造—岩性及岩性等各种隐蔽性油气藏的勘探和开发。

第二节　地震构造精细解释技术

海拉尔盆地经过多期构造改造，多期盆地叠加，断裂、构造复杂，断块发育，沉积具多物源、短物源、相变快的特点，更新传统地震解释理念，建立全三维地震解释体系，形成了一套创新性地震精细解释技术系列，创新了地质层位精细对比、层面和断层联合解释，以及构造变速成图和岩性体识别与三维立体刻画等地震解释新技术。

在构造模式的指导下，开展叠前深度偏移处理，进行常规偏移和叠前偏移联合解释。充分利用相干、水平切片、三维可视化等解释技术，准确落实断裂和构造特征，实现多层位、多界面，以及层间的全三维地震解释，为复杂断块区构造、岩性精细解释提供保证。因此在断陷型盆地中，三维地震解释必须要更新理念，建立全三维地震解释观点以解决断陷型盆地构造复杂、沉积地层横向变化快的问题。

一、厘定地震地质层序序列，建立等时地震解释格架

在构造精细解释中，通过构造解析技术和层序地层学技术建立层序构造格架。在格架的基础上，首先确定标志层的地震响应，然后进行单井标定，利用过井、连井剖面进行多井闭合标定，做到井间地质、地震层位的全区统一，在此基础上进行地震层序划分、层序接触关系识别，并与钻井分层相结合进一步确定地震解释层位，做到全区构造解释的合理、一致。

二、厘清断裂构造期次和模式，确定断层三位一体的解释方法

对于多期构造运动的地区，由于早期的构造应力场只能对老的构造层发生作用，而较新的构造应力场则可以对新、老不同的各个构造层发生不同程度的作用，又因为构造变形的类型、规模、组合特征及其空间上的分布和范围等是区域构造应力场的外在表象，所以应用应力与应变存在的必然联系，依据区域构造应力场推断较合理的构造、断裂组合特征，根据断裂的发育特征和区域构造特点，建立区域构造解释模式，在构造模式的指导下开展层序格架的追踪对比，确定解释方案。

为了保证层位和断层解释的可靠性，在断层解释过程中采用断点空间闭合、断层剖面解释、断面立体验证、断层面三角剖分的断层解释流程，确定断层三位（点、线、面）一体（数据体）的解释方法，消除断层解释的多解性。

（1）利用剖面解释断层。多数情况下，断层在地震剖面上所表现的特征比较清楚，地震反射同向轴发生非常明显中断、错开现象，可以沿着错断划出断层的形变轨迹。

（2）利用水平切片和面块切片解释断层。由于断层错断，断层上下盘的地层产状、地层倾角，以及岩性对置关系会有较大的变化，在水平切片或面块切片上断层两侧的地震反射特征有明显的差别，因此可以根据同相轴的振幅、频率、连续性，以及延伸方向等较好地识别出大断层，有助于构造解释。

（3）利用地层对比和瞬时相位技术联合解释断层。在地震剖面上有时断点不清，而且断层两侧地震反射同向轴连续性和地层的产状基本一致，看不出断层存在，但根据钻井地层对比、分层标定，以及断层组合的区域走向，相连的两个层并不是同一地质层位，存在一条断层，常规剖面很难解释这种层断轴不断、断点黏合问题，断点的位置很难卡准。由于断层两侧不同的岩性组合有不同的反射相位角，就是利用这样一种特性，通过提取地震反射波瞬时相位属性，借助瞬时相位剖面上断层两侧相位属性的差异直观地解释断层，振幅剖面上反映不清的断点在瞬时相位剖面上能够被准确地解释出来。

（4）利用相干数据体了解断层展布规律。相干数据体就是相邻地震道波形相似程度的反映，与相邻地震道相比断层附近地震道的地震特征会发生变化，出现局部的道与道之间波形特征相似性的改变，这种改变在相干数据体切片上表现为在断层面附近出现规律性的低相干条带，这些低相干条带能真实反映断裂的展布和延展方向，因此应用相干数据体可以了解工区内断层展布规律，在解释之后可检查断层组合的合理性。

（5）利用断裂展布法解释区域构造形态。断裂展布法就是利用浅中深地震反射特征明显的标志反射层位来确定断层的位置，在工作站上解释断层时，首先给每一条断层命名而且分配一个不同于相邻断层的颜色，通过断层解释在另一个方向的剖面上就可以找到各个断层的相应闭合点，然后将地震剖面上相同名字的断点连成断层，对每条断层的断面逐点闭合，并且对联络线也要像对主测线一样认真解释，用这种方法解释，走向与测线方向相同的断层就不会被漏掉，断点位置更准确，断层组合更加合理。

三、以层序地层学为理论依据实现构造精细解释

贝西地区构造复杂、沉积相变快，在对沉积和构造都复杂的断陷盆地进行层序格架追踪解释，不可采取常规地震解释的地层等厚追踪原则，要在标志层解释的基础上，运用陆

相高精度层序地层学中的基准面、可容纳空间、沉积物体积分配等理论概念进行等时格架追踪解释。由上述概念可知古地形控制沉积物堆积，当古地形高于可容纳空间的地区，接受剥蚀，则地震剖面上会表现为削蚀现象；当物源充足，古地形低于基准面的区域，即存在潜在的沉积物可容纳空间，接受沉积，地震剖面上会出现下超、上超或双面上超等现象；当古地形与基准面同高，沉积物过路而不留，地震剖面上可能会表现为顶超现象。根据这些沉积规律，分析构造层沉积前后各楔形体、透镜体等沉积异常体之间的关系，分析地震剖面上现存沉积物在不同区域体积分配的地球物理响应，恢复沉积前后的古地形及构造活动，实现构造层与沉积体系的空间闭合解释，完成地层等时格架追踪。

四、构造变速成图

海拉尔盆地地质结构复杂，构造起伏大，断裂发育程度高，沉积环境、沉积物组成、沉积压实作用及后期构造运动的影响，均可造成地震波传播速度的横向变化。同时代地层在不同构造部位、不同埋深的速度纵、横向均存在较大差异。特别是地层尖灭点和大断层突变点速度均势通过，增大成图误差。因此，单一速度成图显然不能准确地反映地下真实的构造形态。常规成图方法已经不适合断陷盆地，成图速度的求取和成图方法直接影响构造图的精度。随着地震解释工作站的应用和地震解释技术的进步，成图方法也在不断完善，向空变、时变方向发展。针对以上地质特点，采用地震叠加速度和井点平均速度相结合，在构造解释立体框架约束下，建立全区速度场，进行空间变速时深转换，得到精确的构造图。通过以上方法，经变速成图后构造图精度较高，井震对比一般绝对误差小于 2m，最小绝对误差 0.4m，最大绝对误差 4.8m，相对误差一般小于 0.6%，最小相对误差 0.04%。

第三节　储层精细预测技术

随着含油气盆地精细构造解释、精细储层预测和精细油藏描述工作的深入，对地震资料分辨率的地质需求也越来越高[10-15]，精细储层预测的手段也一直以地震波阻抗反演为主[16-19]。根据目标区的构造背景、沉积环境制定合理的技术对策和波阻抗反演方法来减小波阻抗反演结果的多解性、提高储层预测能力一直是地震波阻抗反演和储层精细预测的攻关方向。

姚逢昌通过对基于模型的波阻抗反演方法进行分析，认为多解性是基于测井约束性框架模型波阻抗反演方法所固有的特性，取决于初始模型和实际地下构造特点、沉积特征的符合程度。现有的测井约束波阻抗反演方法主要包括稀疏脉冲反演、基于模型的波阻抗反演，以及地质统计学随机模拟反演三类方法，尽管三类反演方法在储层预测领域都取得了良好效果，但由于各自不同的方法原理，均存在一定局限[20-24]：(1) 在稀疏脉冲波阻抗反演过程中，由于稀疏度准则对目标函数的限制，导致波阻抗反演的低频分量可靠程度降低；(2) 在基于框架模型波阻抗反演过程中，地震数据仅能贡献波阻抗反演参数的中频段成分，而大于地震有效频宽的高频段成分主要依赖建立的初始波阻抗模型，从测井、地质资料中获取，导致波阻抗反演高频成分多解性较强；(3) 在地质统计学反演过程中，在构造复杂、沉积环境多变的目标区，应用已知样本点难以拟合出反映空间变异程度随距离变化的变差函数模型，导致插值的高频成分与地下地质情况产生差异，导致波阻抗反演结果随机性强，横向分辨率降低。

通过以上分析可见，目前波阻抗反演方法中，地震高频分量主要依赖于初始波阻抗模型从测井曲线中获取，初始建模主要是在解释层位控制下的井间插值，没有考虑断层在初始建模中的作用，影响断层两侧的岩性对应关系，横向上也没有充分利用地震信息。当目标区构造条件复杂、断层发育、沉积环境和岩性横向变化较大时，利用钻井数据井间插值或外推得到的初始模型低频背景较好，而反映岩性横向井间局部变化的高频成分获取较难，距离插值井点越远，产生的误差越大，减小了波阻抗反演方法对初始模型高频成分的应用程度，降低了波阻抗反演储层预测精度。针对上述问题，HISPEC 公司提出的基于小波边缘分析建模的 AIW 波阻抗反演技术，利用小波边缘分析方法从地震记录中直接提取地震属性特征参数，在断层参与的高密度层控构造框架约束下，同测井声波阻抗数据一起建立初始模型，三个条件相互约束、相互补充，充分利用地震数据横向分辨率高、纵向控制层位密度大的优势，避免了常规波阻抗反演过程中初始模型建立不准而产生的地质影响。

一、AIW 波阻抗反演基本算法

AIW 波阻抗反演采用非线性全局优化的非常快速模拟退火法（VFSA，Very Fast Simulated Annealing）作为基本反演方法，该算法不但可以避免线性反演算法强烈依赖初始模型而落入局部极值的弊端，且可以高精度求得反演问题的全局最优解[25]，使得 AIW 波阻抗反演结果与地下地质情况更加符合，其算法如下：

（1）首先对地震数据 $d(t)$ 进行小波变换 $W_s[d(t)]$：

$$W_s[d(t)] = \frac{1}{s} \int_{-\infty}^{\infty} d(x) \psi\left(\frac{t-x}{s}\right) dx \qquad (8\text{-}3\text{-}1)$$

然后联合 $\frac{\partial W_s[d(t)]}{\partial t} = 0$、$\frac{\partial^2 W_s[d(t)]}{\partial t^2} = 0$ 两式并求解此方程组，得到地震记录的边缘分析结果，即反映地下岩性横向局部变化的地震属性特征参数。

（2）将归一化相似系数定义为基于小波边缘分析的井震联合建模 AIW 波阻抗反演的目标函数 $E^{[26]}$ 来计算初始框架模型 g_0 的目标函数值 $E(g_0)$。目标函数 E 的表达式如下：

$$E = 1 - \frac{\sum_{i=1}(a_i - \overline{a})(a_i' - \overline{a}')}{\left[\sum_{i=1}(a_i - \overline{a})^2\right]^{1/2}\left[\sum_{i=1}(a_i' - \overline{a}')^2\right]^{1/2}} \qquad (8\text{-}3\text{-}2)$$

式中：a、$\overline{a}$ 分别为实际地震道的振幅和平均振幅；a'、$\overline{a}'$ 分别为合成地震道的振幅和平均振幅。

（3）利用小波边缘分析方法从地震数据本身提取能够反映岩性横向局部变化的地震属性特征参数，联合测井数据建立初始模型，获取波阻抗高、低频成分，并和钻井声波测井曲线中速度或声波阻抗数据一起来约束模型扰动中的模型变量的变化区间 $[A_i, B_i]$，修改初始模型 g_0 获取新模型 g，并根据关系式（8-3-2）计算新模型 g 的目标函数值 $E(g)$，以

及新模型目标函数 $E(g)$ 与当前模型目标函数 $E(g_0)$ 差 ΔE，即 $\Delta E=E(g)-E(g_0)$。

（4）当 ΔE 小于零时，确定新模型 g 为最终的初始模型，如果确定了新模型 g，设置 $g_0=g$，$E(g_0)=E(g)$；当 $\Delta(E)$ 大于零，则按依赖于温度的似 Cauchy 分布产生新模型：

$$g_i' = g_i + y_i(B_i - A_i) \tag{8-3-3}$$

$$y_i = T\,\mathrm{sgn}(u-0.5)\left[(1+1/T)^{|2u-1|}-1\right] \tag{8-3-4}$$

式中：g_i 为当前的第 i 模型，$g_i \in [A_i, B_i]$，且保证扰动修改后的模型 $g_i' \in [A_i, B_i]$；u 为均匀分布的随机量，且 $u \in [0,1]$；T 为温度；$\mathrm{sgn}(X)$ 为符号函数。模型反复扰动修改不但能够高精度求得 AIW 波阻抗反演问题的全局最优解、提高反演收敛速度，而且可以避免线性反演算法强烈依赖初始模型而落入局部极值的弊端。如果 ΔE 大于零，则按如下概率关系确定新模型。

$$P = \left[1-(1-h)\Delta E/T\right]\left[1/(1-h)\right] \tag{8-3-5}$$

当实数 $h \to 1$ 时，有 $P=\exp(-\Delta E/T)$。

（5）同一温度下，多次重复步骤（3）和（4）。

（6）缓慢降低温度重复步骤（3）~（5），直至收敛条件（ΔE）满足小于 0 为止，反复迭代反演，获取高精度的 AIW 波阻抗反演数据体。

二、AIW 波阻抗反演技术流程

同以往的常规波阻抗反演方法相比，AIW 波阻抗反演利用小波边缘分析方法从地震记录中直接提取地震属性特征参数，并和钻井声波测井曲线中速度或声波阻抗数据一起建立初始模型并参与波阻抗模型扰动修改，由于提取的地震属性特征参数不但反映地下岩性横向局部变化，而且直接参与了波阻抗反演过程中初始模型的建立和反复迭代反演，弥补了井间插值建模过程中井间高频成分的缺失和井间岩性的局部变化，避免了常规波阻抗反演过程中初始模型建立不准确而产生的影响，主要技术流程如下（图 8-3-1）：

（1）利用测井和地震资料开展井震精细对比，确定不同波组的地质表征，通过纵向细化地层对比单元、横向精细对比，对三维地震资料开展精细的构造解释，得到精细的构造和沉积格架，联合测井曲线建立波阻抗低频模型。

（2）通过小波边缘分析提取反映地下岩性横向局部变化的地震属性特征参数，结合精细标定的测井曲线，以及应用解释层位、解释断层和测井曲线建立的波阻抗低频模型重新建立新的 AIW 波阻抗模型，进一步获取波阻抗高、低频成分。

（3）提取的地震属性特征参数同钻井声波测井曲线中速度或声波阻抗数据一起进行模型扰动和修改，利用非线性全局优化的非常快速模拟退火法，反复迭代反演，获取高精度的 AIW 波阻抗反演数据体。

在 AIW 波阻抗反演中，地震属性特征参数不但作为反演的控制参数参与反演的整个过程，控制反演的结果，而且由于初始框架模型本身具有来源于地震数据的高频成分，使得 AIW 波阻抗反演结果比常规波阻抗反演结果的分辨率更高，而对井的依赖性也较弱，更能客观地反映地下地质情况。

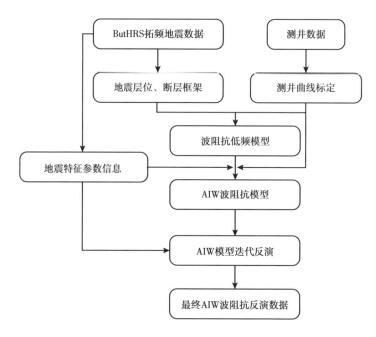

图 8-3-1　AIW 波阻抗反演技术流程

三、波阻抗反演关键环节

1. 地震资料双向拓频处理

AIW 波阻抗反演前，针对铜钵庙断裂带复杂的构造条件及分辨率较低的三维地震资料，在保幅、保真、保护好低频有效信号精细成像基础上，应用 ButHRS 双向拓频处理技术对铜钵庙断裂带三维地震资料进行拓频处理。

（1）应用短时窗数据的最大熵谱 LS-LUD 分解算法计算振幅包络，拓展地震资料的优势频宽、减少子波旁瓣，突出高频弱地震信号反射信息。

（2）调整低频、低频段倍频程或者高频、高频段倍频程四个参数以保证足够的频宽，在频率域内构建改进型宽带 Butterworth 子波算子。如果低频响应段较陡则利于地震记录中的面波衰减；如果高频响应段较缓，同宽带 Ricker 子波相比，通放带更宽、算子旁瓣更小，则更利于铜钵庙断裂带 3D 地震资料提频处理，不但保真而且保幅，通过处理实验确定频率域 Butterworth 子波参数为 BT（6Hz，12dB，9Hz，12dB）。

（3）在频率域内利用稀疏、分段逼近的 L1 模方法得到 BT（6Hz，12dB，9Hz，12dB）子波"载波调制"加权因子，选取 Nyquist 频率的 1/5 作为因子长度，将短时窗地震数据的 LS-LUD 频谱"调制"到改进型 BT（6Hz，12dB，9Hz，12dB）子波频谱的包络上，通过调制 LS-LUD 频谱低频、高频段的能量，使短时窗地震数据的 LS-LUD 高精度频谱曲线形态同 BT（6Hz，12dB，9Hz，12dB）子波谱曲线形态保持一致，可将 LS-LUD 高精度频谱比喻成在 BT（6Hz，12dB，9Hz，12dB）子波频谱曲线上"跃动"，不但拓展了地震数据优势频带，而且保护了地震低频信息、突出高频弱地震信号反射信息，得到了高分辨率短时窗地震频谱。

（4）通过多时窗数据调制谱的快速傅里叶反变换、数据合并得到时间域双向拓频高分辨率地震数据。

图 8-3-2 为乌尔逊断陷铜钵庙断裂带三维地震 L235 线经 ButHRS 双向拓频处理前、后的 3D 地震偏移剖面对比图，由图 8-3-2 可见，经 ButHRS 技术拓频后地震剖面不但波组反射特征清楚、层间反射信息丰富、分辨率明显提高，而且断面清晰、断点明确，地层间接触关系清楚。

铜钵庙断裂带三维地震资料经 ButHRS 技术拓频处理后很好地保持了原始地震数据的波组反射特征、相对振幅关系，最大限度地拓展了地震资料的频带，地震频带由原地震资料的 10~55Hz 拓宽到拓频后的 8~95Hz，频带双向拓宽了 40Hz，高频端地震信号不但频率提高、振幅增强，而且低频端地震信号频率也拓展了 2~3Hz，提高了地震数据的分辨率。

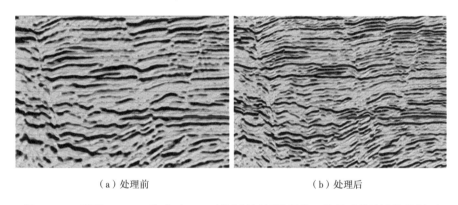

（a）处理前　　　　　　　　　　　　　　　（b）处理后

图 8-3-2　采用 ButHRS 技术对 L235 线进行拓频处理前、处理后的地震偏移剖面

2. 层序纵向细化与井震精细标定

为了建立精细的波阻抗反演初始框架模型，以海拉尔盆地重要的地层对比标志"含钙泥岩层"为指导，对乌尔逊凹陷南屯组进行纵向细分、横向精细对比，划小纵向地层对比单元。

从乌尔逊凹陷完钻的探井来看，多数钻井钻遇该套"含钙泥岩层"，泥岩特征稳定、分布范围广，地层生物标志化合物中含有 β- 胡萝卜烷，反映该套"含钙泥岩层"形成于封闭咸水、缺氧还原环境中，乌尔逊凹陷经历了缺氧的地质时代，是主要生烃层位。根据地层旋回、地震层序特征，基于井震精细标定技术，将南一段和南二段纵向细划了 8 个百米级地层层序旋回的砂组，而且南屯组的油气主要围绕"含钙泥岩层"的上、下砂层分布，其上部的南 1-3 砂组是乌尔逊凹陷北部铜钵庙断裂带的主力含油层。从地层纵向细化、横向精细对比出发，以南二段、南一段顶界不整合界面和南一段的"含钙泥岩层"为地震资料时间—深度转换的标准层，在拓频的地震剖面上精细标定各砂组位置，以砂组为单元开展精细构造追踪、解释。在南屯组南 1-3 砂组沉积时期，构造活动相对增强，地貌高差构造变化较大，受铜钵庙断裂坡折影响，在铜钵庙断裂带沿铜钵庙断层下盘发育一系列北东向展布的扇三角洲前缘砂体。扇三角洲前缘砂体具有高阻、低伽马、较高波阻抗的特征，与上覆和下伏地层具有较大的波阻抗差，经过 ButHRS 拓频处理后砂体表现为一个强的地震反射轴。

3. 岩石物理与储层敏感性分析

通过对铜钵庙断裂带内所有钻井的测井资料进行曲线重采样、去野值、归一化和标准化预处理,对铜钵庙断裂带主要含油层段南屯组南 1-3 砂组的测井曲线响应进行砂、泥岩识别的敏感性分析,发现砂岩表现为高电阻、低伽马、低声波和低密度的特征,利用波阻抗、密度和电阻率等电性曲线无法区分含油层段南 1-3 砂组的砂、泥岩,而自然伽马曲线可以较好地区分南Ⅰ~Ⅲ砂组的砂、泥岩(图 8-3-3 和图 8-3-4a)。因此以声波曲线作为低频背景、自然伽马曲线作为高频成分重构拟声波曲线,来反演和预测南Ⅰ~Ⅲ砂组砂体的展布情况。经伽马拟声波测井曲线重构,铜钵庙断裂带的砂岩均表现为高波阻抗特征,而泥岩则表现为低波阻抗特征,砂岩和泥岩能够很好地区分出来,砂岩和泥岩间波阻抗界限为 $0.67×10^4$ (kg/m^3) · (m/s)(图 8-3-4b)。

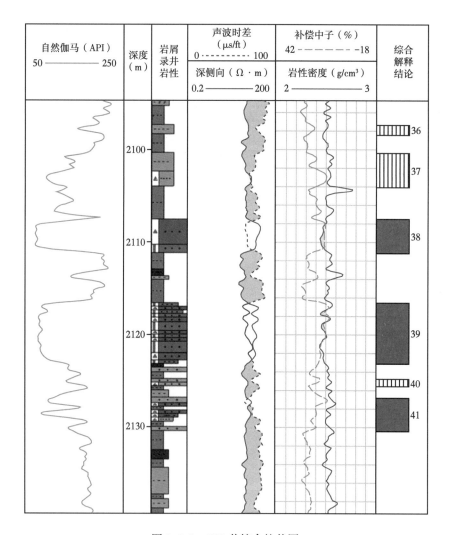

图 8-3-3　S52 井综合柱状图

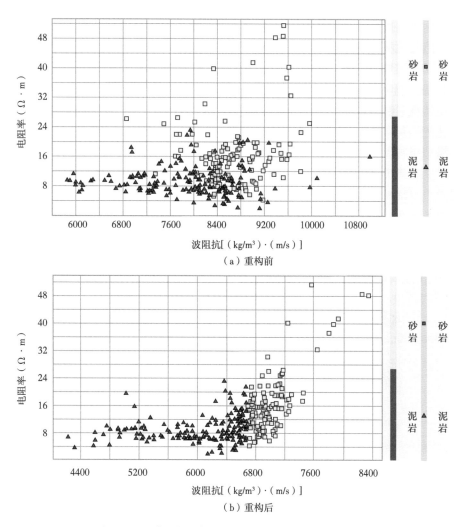

图 8-3-4　波阻抗重构前、后的电阻率与波阻抗交会图

4. 断层参与的高密度层控构造框架建立

以往波阻抗反演的构造框架模型建立主要是依赖于地震解释的区域性组、段级标准反射层位，而很少应用一些层间的砂组和油层反射层位，同时也完全不考虑断层对反演结果的影响，在构造简单、地层横向变化不大的凹陷性盆地这种影响较小，但在构造复杂、断层发育、地层横向变化较大的断陷盆地就会产生相当大的影响：

（1）由于断陷盆地地层横向变化，在大的区域性标准反射层控下内插的井间测井信息就会发生构造误差，为了减小内插测井信息的构造误差，开展层序地层研究，纵向细化地层单元，开展砂组级层序对比，以砂组级的地震反射层面来实现层控构造框架建模，减小区域性标准反射层控下井间内插测井信息发生的构造误差。

（2）由于断陷盆地复杂的断裂结构，井间内插时也没有考虑断层两侧内插测井数据的突变，不但影响断层两侧的岩性接触关系，降低断层两侧波阻抗反演精度，而且降低了波阻抗反演剖面对断层的识别能力，为了解决这一问题，将断层转化为地震层位，明确断层与纵向细化地层单元间的接触关系，同地震反射层位一起控制测井信息的井间内插，克服了断层两侧由于井间测井数据内插而引起的测井数据、地震属性特征参数误差，实现了断层两侧内插测井数据及地震属性特征参数突变。

5. 小波边缘分析

小波边缘分析具有多尺度分辨的特点，可以有效地区分地震剖面中不同尺度、不同级别的地震特征参数边缘点，利用小波边缘分析获取的地震特征参数中的边缘点可以是断层、岩性体的边缘。图 8-3-5 和图 8-3-6 分别为铜钵庙构造带三维 T285 地震剖面，以及经小波边缘分析得到的地震特征参数边缘检测特征点剖面，从图 8-3-5 可见，经过小波多尺度边缘分析处理后，纵向地层有效分开，相邻道的不连续性明显，微断裂的断点被突出、地层微小错动特征清晰，反映的地层接触关系更准确，提取的地震特征参数的边缘点可以反映原始剖面中不易识别的地质特征，将边缘点控制的地震特征参数同测井曲线一起参与波阻抗反演的建模，不但补充了波阻抗高、低频成分，而且把地层横向间的接触关系完全考虑在波阻抗反演的整个过程中，并且在迭代过程中应用此参数对其进行扰动限制，使 AIW 波阻抗反演模型反映的地下地质情况更加真实，减少了波阻抗反演的多解性。

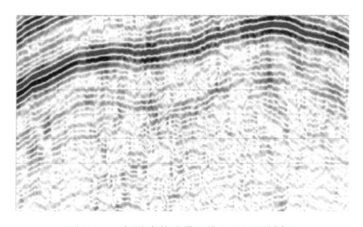

图 8-3-5　铜钵庙构造带三维 T285 地震剖面

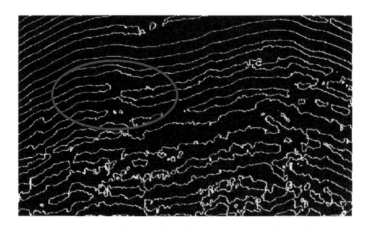

图 8-3-6　铜钵庙构造带三维 T285 边缘检测特征点剖面

6. 井震一体化初始模型建立

在波阻抗反演框架模型的建立过程中，低频分量主要来源于两种途径：一是将测井数据中的高频成分滤去；二是直接应用地震处理的速度谱资料，目前大多数波阻抗反演的低频成分主要是滤去声波测井曲线中的高频成分获得。同常规波阻抗反演不同，乌尔逊断陷北部铜钵庙断裂带 AIW 波阻抗反演初始模型建立过程中突出井震一体化、构造—岩性统一：

（1）应用钻井拟声波测井曲线获得速度或者阻抗的低频成分，然后在断层参与的高密度层控构造框架控制下横向沿着纵向细化的层序界面外推。为了纵向细化低频模型，保证低频模型井间构造精度，纵向选择南屯组一段 5 个砂组和南屯组二段 3 个砂组的底界，以及南二段、南一段顶、底界 11 个地震反射层作为主要的控制层，当遇到断层时，按该断层转换后的层位与纵向细化的层序界面间的接触关系处理，断层上盘层序界面与断层关系按超覆处理，下盘层序界面与断层关系按剥蚀处理，建立准确的铜钵庙断裂带 AIW 波阻抗反演的低频阻抗模型。

（2）通过井震结合精细标定钻井有利储层和纵向细化的层序界面，提取拟波阻抗曲线的低频阻抗分量，在建立的断层参与的高密度层控构造框架控制下内插和外推低频阻抗建立低频阻抗模型后，根据 AIW 波阻抗反演基本原理，依据小波边缘分析技术从经过拓频处理的提频三维地震资料中提取反映岩性局部变化的地震属性特征参数，在断层参与的高密度层控构造框架控制下，同拟声波阻抗的低频阻抗模型一起建立 AIW 波阻抗反演的最终初始模型，由于断层参与的高密度层控构造框架减小了层间测井信息内插引起的层间构造误差、实现了断层两侧内插测井数据的突变，通过井震精细标定，依据小波边缘分析技术从双向拓频地震数据中提取地震属性特征参数不但补充了井间内插造成的高频成分缺失，也加入了反映岩性变化信息的地震属性参数，实现了井震一体化、构造—岩性统一的波阻抗反演初始模型。

图 8-3-7 和图 8-3-8 分别为铜钵庙构造带三维地震 T285 线测井声波阻抗内插外推得到的低频模型，以及小波边缘分析得到的地震属性特征参数联合测井声波阻抗、构造框架建立的井震统一的 AIW 波阻抗反演模型。对比图 8-3-7 和图 8-3-8 可见，井震统一的 AIW 波阻抗反演模型不但包含测井声波阻抗内插外推的低频模型井间横向内插的低频成分，同时也引入了反映井间岩性变化的地震属性数据的小波边缘分析结果，在图 8-3-7

波阻抗
$[10^4（kg/m^3）\cdot（m/s）]$

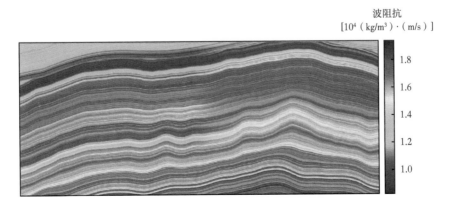

图 8-3-7　测井声波阻抗内插外推的低频模型

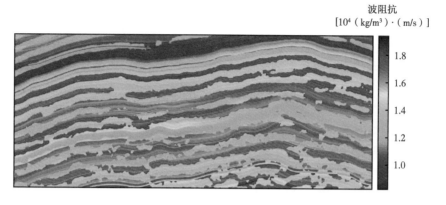

波阻抗
[10⁴（kg/m³）·（m/s）]

图 8-3-8　井震统一的 AIW 波阻抗反演模型

中，由于井间声波阻抗横向连续内插，无法体现井间岩性的变化和地层间的叠置关系，而在井震统一的 AIW 波阻抗反演模型图 8-3-8 中，地层纵向上岩性变化可以通过图 8-3-7 中的低频成分来区分，而横向上岩性的变化、地层间接触关系，以及断层、断点则通过地震属性特征参数来表征，同测井声波阻抗内插外推的低频模型图 8-3-7 相比，井震统一的 AIW 波阻抗反演模型图 8-3-8 更能反映地下的实际地质情况。

四、应用效果分析

在乌尔逊凹陷铜钵庙断裂带，南屯组一段是铜钵庙断裂带的主力含油层系，上部砂岩发育，储层较厚，下部泥岩增多。南 1-3 砂组构造活动相对增强，地貌高差构造变化较大，乌尔逊断陷北部受铜钵庙断裂坡折影响，在铜钵庙断裂带沿铜钵庙断层下盘发育一系列北东向展布的扇三角洲前缘砂体，砂体顶部和底部主要发育泥岩、粉砂质泥岩沉积，储层结构具有典型的"泥包砂"特点，单层砂岩厚度一般小于 2.0m，单层砂岩最大厚度 3.6m，前缘砂体累计厚度大于 8.0m。应用 AIW 波阻抗反演方法，充分考虑乌尔逊断陷北部铜钵庙断裂带复杂的构造特点、多变的沉积环境形成的"小而薄"扇三角洲前缘砂体，以及三维地震资料波组反射特征、地下全方位地震波场的分布特征与变化因素，依据小波边缘分析技术从经过拓频处理的三维地震资料中提取反映岩性局部变化的地震属性特征参数，在断层参与的高密度层控构造框架控制的基础上同测井数据一起参与初始模型建立，并反复迭代修改反演道的波阻抗模型，最终得到铜钵庙断裂带高精度的反演波阻抗资料。

利用 AIW 波阻抗反演结果，对南屯组南 1-3 砂组砂体顶、底界面进行精细井震对比、追踪解释构造成图。以南屯组南 1-3 砂组顶、底地震反射界面为层段时窗界限，按照砂岩和泥岩间波阻抗界限 0.67×10⁴（kg/m³）·（m/s）预测砂体分布（图 8-3-9）。如图 8-3-10 可见，受来自铜钵庙断裂东部物源控制，在乌尔逊断陷北部铜钵庙断裂带发育扇三角洲—半深湖（深湖）沉积体系。在扇三角洲—半深湖（深湖）沉积背景下，受铜钵庙断裂坡折带影响在铜钵庙断层下盘发育一系列扇三角洲前缘砂体，前缘砂体主要沿着铜钵庙断裂带呈北东向展布，在铜钵庙断裂下降盘砂体连片发育，砂体规模不同，具有多物源、短物源、相变快的特点，砂体东部主要受铜钵庙断裂控制，并沿着铜钵庙断裂走向向南西和北东向尖灭，具有明显的"沟谷控扇"的特征，砂体与早期控陷的铜钵庙断裂及次生断层相配合在铜钵庙断裂带可形成断层—岩性油气藏和岩性油气藏。

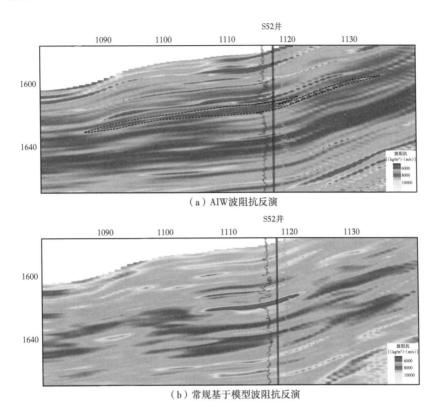

（a）AIW波阻抗反演

（b）常规基于模型波阻抗反演

图 8-3-9 AIW 波阻抗反演与常规基于模型波阻抗反演剖面对比

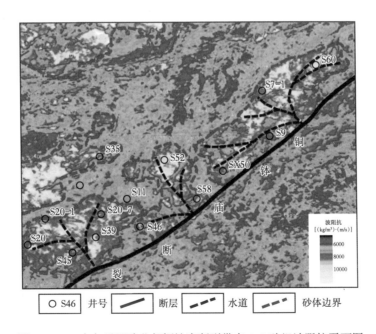

图 8-3-10 乌尔逊凹陷北部铜钵庙断裂带南 1-3 砂组波阻抗平面图

按照砂岩和泥岩间波阻抗界限 $0.67×10^4（kg/m^3）·（m/s）$ 为标准，提取图 8-3-10 中 S45、S46、S9 和 S35 四个砂体井点处的砂体预测厚度值，表 8-3-1 为预测砂体厚度和实钻砂体厚度统计对比表，从表 8-3-1 可见，预测砂体厚度与实钻砂体厚度误差较小，证明 AIW 波阻抗反演结果的准确度较高。通过图 8-3-10 和表 8-3-1 也可以看出，针对南 1-3 砂组预测的 S45、S46 和 S9 三个砂体先后部署的 12 口探井和评价井均钻遇所预测的储层，钻井实际与钻前预测相符，井点处砂体顶界构造深度的绝对误差小于 4.0m，相对误差小于 0.30%，井点处砂体厚度的绝对误差小于 0.80m，相对误差小于 3.84%，预测精度满足精细储层预测、精细油藏描述和精细勘探开发的地质需求。

表 8-3-1　南 1-3 砂组预测砂体精度统计表

砂体名称	井名	含油砂体顶面深度				含油砂体厚度			
		预测深度（m）	实钻深度（m）	绝对误差（m）	相对误差（%）	预测厚度（m）	实际厚度（m）	绝对误差（m）	相对误差（%）
S45 砂体	S45	-1371	-1374	3.00	0.22	16.50	17.00	0.50	2.87
	S39	-1334	-1337	3.00	0.20	21.00	21.80	0.80	3.84
	S20	-1429	-1431	2.00	0.15	19.20	19.00	0.20	1.03
	S20-1	-1439	-1436	3.00	0.21	13.20	13.00	0.30	2.25
	S20-7	-1440	-1439	1.00	0.07	18.00	18.10	0.10	0.54
S46 砂体	S46	-1221	-1224	3.00	0.25	8.10	8.40	0.30	3.61
	S58	-1329	-1330	1.00	0.08	22.10	21.70	0.40	1.86
	S52	-1319	-1323	4.00	0.30	27.50	27.00	0.50	1.83
S9 砂体	SX50	-1243	-1245	2.00	0.16	10.80	11.00	0.20	1.81
	S9	-1291	-1289	2.00	0.16	13.20	13.40	0.20	1.51
	S7-1	-1349	-1352	3.00	0.20	13.70	13.60	0.30	2.23
	S60	-1216	-1214	2.00	0.17	23.70	23.30	0.40	1.72
S35 砂体	S35	-1589	-1591	2.00	0.13	14.10	14.30	0.20	1.42

通过 AIW 波阻抗储层反演与储层精细解释，在乌尔逊断陷北部铜钵庙断裂带铜钵庙组、南屯组南 1-3 砂组、南屯组南 2-1 砂组和大磨拐河组一段共发现有利含油砂体 11 个，砂体累计面积 $55.8km^2$，砂体上倾方向多受控于铜钵庙断层，下倾方向向湖盆中心尖灭，表现为明显的强波阻抗特点。

结合 AIW 波阻抗反演属性图分析，由图 8-3-11 可见，铜钵庙断裂带北部 SX50-S60 井区南 1-3 砂组 S9 砂体顶界构造图和根据 AIW 反演资料得到的砂体厚度图中，S9 砂体受来自铜钵庙断裂上盘的东部物源控制，在铜钵庙断裂下降盘形成的扇三角洲前缘砂体，砂体的沉积中心位于 S7-1 井、S60 井和 S9 井三井之间，砂体最大厚度大于 30m，砂体东部和西部主要受铜钵庙断裂和 S7 井断层控制，并沿着铜钵庙断裂走向向南西和北东向尖灭，具有明显的"沟谷控扇"的特征，在该套砂体上钻探的 S7-1 井、S60 井、S9 井和

SX50 井四口探井均钻遇该套砂体，与钻前储层预测相符。沿着铜钵庙断裂带，在大一段、南 1-3 砂组、南 2-1 砂组，以及铜钵庙组识别出来的 11 个有利砂体，在已钻探 8 个砂体中的 7 个砂体获工业油流，在 1 个砂体中获得低产油流，其中 S46 井在铜钵庙组、南屯组和大磨拐河组一段多层系分别获得 9.6t/d、11.7t/d 和 4.8t/d 的工业油流，展现出良好的勘探开发前景。

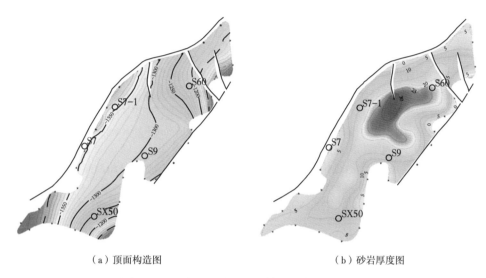

（a）顶面构造图　　　　　　　　　　　　（b）砂岩厚度图

图 8-3-11　南 1-3 砂组顶面构造图与砂岩厚度图

　　小波边缘分析建模波阻抗反演技术（AIW）是在非常快速模拟退火反演算法的基础上，利用小波边缘分析技术从地震记录中直接提取地震属性特征参数，并和测井声波阻抗数据一起建立初始模型并参与波阻抗模型扰动修改。提取的地震特征属性参数不但反映了构造复杂、相变快地区的岩性变化，而且全程参与波阻抗反演，测井、地震两类约束条件相互补充，弥补了井间插值建模过程中井间高频成分的缺失和井间岩性的局部变化，实现了井震一体化、构造—岩性统一，避免了常规波阻抗反演过程中初始模型建立不准确而产生的影响，使得波阻抗反演结果与地下地质情况更加符合，提高了地震资料识别"小而薄"砂体的分辨能力。

　　（1）AIW 波阻抗反演技术采用测井波阻抗及直接从地震数据本身获取的地震特征数据作为约束条件并参与初始模型建立，充分考虑了地震波场在各方向上的分布与变化因素，弥补了常规反演过程中井间测井数据内插建模而缺少的井间局部构造、岩性变化信息，增加了波阻抗反演过程中高频成分，反演结果能够反映井间岩性的变化，同常规反演相比，AIW 波阻抗反演结果更加接近实际地质情况。

　　（2）针对复杂目标区的低信噪比、低分辨率地震资料，地震拓频处理技术不但可以提高成像精度，保证了剖面整体的清晰，而且可以提高目的层段的纵向分辨率，为储层预测奠定了基础。

　　（3）在断层参与的高密度层控构造框架控制下，测井波阻抗和地震属性特征参数联合建模实现了井震一体化、构造—岩性统一，但应用的地震属性特征参数比较单一，多属性联合建模仍是波阻抗反演的研究方向。

（4）利用基于小波边缘分析的井震联合建模 AIW 波阻抗高反演方法，对海拉尔盆地乌尔逊断陷铜钵庙构造带大磨拐和组、南屯组南 1-3 砂组砂岩储层进行精细反演和预测，刻画了扇三角洲前缘砂体，预测砂体厚度的相对误差均小于 3.84%，预测精度高，完全适用于海拉尔等复杂断陷盆地及复杂目标区构造—岩性、岩性等各种隐蔽性油气藏的精细储层预测和精细油藏描述。

参 考 文 献

[1] 李振春.震叠前成像理论与方法 [M].东营：中国石油大学出版社，2011.

[2] 马在田.论反射地震偏移成像 [J].勘探地球物理进展，2002，25（3）：1-5.

[3] 王华忠.地震波成像原理 [M].上海：同济大学出版社，2009.

[4] ETGEN J，SAMUEL H，ZHANG Y.An overview of depthimaging in exploration geophysics[J]. Geophysics，2009，74（6）：5-17.

[5] 吴佳乐，郭平，高源，等.逆时叠前深度偏移技术在辽河西部凹陷高升潜山勘探中的研究和应用 [J]. 石油地球物理勘探，2012：548-551.

[6] 刘西宁，刘司红，马秀国，等.叠前深度偏移技术在焉耆盆地宝南地区的应用 [J].石油物探，2006，45（2）：197-201.

[7] 杨位钦，顾岚.时间序列分析与动态数据建模 [M].北京：北京工业学院出版社，1987.

[8] 程乾生.信号数字处理的数学原理 [M].北京：石油工业出版社，1993.

[9] 陈传峰，朱长仁，宋红芹.基于巴特沃斯低通滤波器的图像增强 [J].现代电子技术，2007，24（5）：163-165.

[10] LI G F，ZHOU H，ZHAO C. Potential risks of spectrum whitening deconvolution compared with well-driven deconvolution [J].Petroleum Science，2009，6（2）：146-152.

[11] 潘海娣，吕健飞，陈娟，等.三步法提高地震分辨率处理技术在鄂尔多斯盆地苏东南地区薄砂体识别中的应用 [J].大庆石油地质与开发，2021，40（6）：144-150.

[12] 李奎周，郑绪瑭，赵海波，等.基于波形分解的重构地震数据体技术在致密油薄储层预测中的应用 [J].大庆石油地质与开发，2022，41（4）：131-137.

[13] 刘俊州，韩磊，时磊，等.致密砂岩储层多尺度裂缝地震预测技术：以川西 XC 地区为例 [J].石油与天然气地质，2021，42（3）：747-754.

[14] 刘军，李伟，龚伟，等.顺北地区超深断控储集体地震识别与描述 [J].新疆石油地质，2021，42（2）：238-245.

[15] 李春梅，彭才，韦柳阳，等.小尺度缝洞型碳酸盐岩储集体地震预测技术：以四川盆地台内 GS18 井区灯影组四段储层为例 [J].断块油气田，2022，29（2）：189-193.

[16] 刘建伟.济阳坳陷东营凹陷北带砂砾岩扇体沉积相井震联合地震精细描述 [J].特种油气藏，2021，28（1）：18-25.

[17] 向阳臣.叠前地质统计学反演在松辽盆地徐家围子断陷 X 区块火山岩储层预测中的应用 [J].大庆石油地质与开发，2022，41（1）：141-147.

[18] 马昭军，沈杰，张剑飞.超深层地震资料低频成像处理关键技术及其应用 [J].大庆石油地质与开发，2021，40（4）：132-136.

[19] 王月蕾，王树华，毕俊凤，等.纵波阻抗精细重构下的地震反演技术在东风港油田的应用 [J].大庆石油地质与开发，2021，40（1）：137-145.

[20] 王江，赵传军，李国福，等.地震拓频处理技术在乌尔逊断陷北部储层预测中的应用 [J].大庆石油

地质与开发，2021，40（4）：125-131.

[21] 姚逢昌，甘利灯.地震反演的应用与限制［J］.石油勘探与开发，2000，27（2）：53-56.

[22] 李国发，王艳仓，熊金良，等.地震波阻抗反演实验分析［J］.石油地球物理勘探，2010，45（6）：868-872.

[23] 王江，陈沫，王杰，等.地震分频技术在扇三角洲前缘砂体预测中的应用：以海拉尔盆地乌尔逊断陷铜钵庙断裂带南屯组为例［J］.海相油气地质，2021，21（3）：90-96.

[24] INGBER L. Very fast simulated re-annealing［J］. Mathematical and Computer Modelling，1989，12（8）：967-973.

[25] HUANG X R，KELKAR M，CHOPRA A，et al.Wavelet sensi-tivity study on inversion using heuristic combinational algorithms［C］. Houston：SEG Annual Meeting，1995.

[26] 杨位钦，顾岚.时间序列分析与动态数据建模［M］.北京：北京工业学院出版社，1987.